河北省住房和城乡建设领域施工现场专业人员岗位培训系列用书

施 工 员
（装饰装修方向）

主　编　郝永池
副主编　张　伟

中国建材工业出版社

图书在版编目（CIP）数据

施工员．装饰装修方向/郝永池主编．--北京：中国建材工业出版社，2018.9

河北省住房和城乡建设领域施工现场专业人员岗位培训系列用书

ISBN 978-7-5160-2013-5

Ⅰ.①施…　Ⅱ.①郝…　Ⅲ.①建筑工程－工程施工－岗位培训－自学参考资料 ②建筑装饰－工程施工－岗位培训－自学参考资料　Ⅳ.①TU7

中国版本图书馆CIP数据核字（2017）第207650号

施工员（装饰装修方向）

主　编　郝永池

副主编　张　伟

出版发行：中国建材工业出版社

地　　址：北京市海淀区三里河路1号

邮　　编：100044

经　　销：全国各地新华书店

印　　刷：北京鑫正大印刷有限公司

开　　本：787mm×1092mm　1/16

印　　张：26.75

字　　数：678.4千字

版　　次：2018年9月第1版

印　　次：2018年9月第1次

定　　价：79.00元

本社网址：www.jccbs.com　　微信公众号：zgjcgycbs

编 委 会

主　　编　郝永池

副 主 编　张　伟

参　　编　杨晓光　袁利国　史瑞英　薛　勇　郑　震
胡文革　杨占新　王连兴　周武峰　祝向东
朱少峰　乔　欣

参编单位　河北省建设人才与教育协会
河北省建设人才与教育协会建设教育培训分会
邢台市建设系统职工培训中心
承德市建设职业技能培训中心
廊坊市城市建设勘察院培训中心
河北城乡建设学校
张家口市城建职工中等专业学校
秦皇岛经济技术开发区润安建设工程职业培训学校
邯郸建筑工程中专学校
保定铭诚建筑工程技术咨询服务有限公司
大元建业集团股份有限公司
唐山建工职业技能培训学校有限公司
定州市定安建筑工程技术职业培训学
辛集市辛安职业培训学校

前　　言

2011年7月，住房和城乡建设部发布了《建筑与市政工程施工现场专业人员职业标准》JGJ/T 250—2011，于2012年1月1日起实施，为满足我省各专业人员的培训、考评需要，本书编委会组织编写了建筑与市政工程施工现场专业人员职业标准培训系列教材。本书是其中的一本，用作施工员（装饰方向）专业岗位知识和技能的培训和考试用书。

本书依据住房和城乡建设部发布了《建筑与市政工程施工现场专业人员考核评价大纲》编写，共包括7章。第1章工程材料和机械的基本知识，第2章建筑装饰识图、构造的基本知识，第3章建筑力学及幕墙结构的基本知识，第4章建筑装饰工程施工工艺和方法，第5章施工测量的基本知识，第6章建筑装饰技术、质量及安全管理，第7章建筑施工组织管理。

在本书编写过程中，还得到了河北工业职业技术学院及石家庄常宏装饰装修有限责任公司大力支持，在此表示感谢。

限于作者水平，本书难免存在缺陷和不足之处，敬请读者提出宝贵意见，以便我们改正。

编　者

目　　录

基 础 知 识

第一章　工程材料和机械的基本知识

第一节　工程材料基本知识

建筑装饰材料指起装饰作用的建筑材料。它是指主体建筑完成之后，对建筑物的室内空间和室外环境进行功能和美化处理而形成不同装饰效果所需用的材料。它是建筑材料的一个组成部分，是建筑物不可或缺的部分。

建筑装饰材料的主要功能是：铺设在建筑表面，以美化建筑与环境，调节人们的心灵，并起到保护建筑物的作用。

现代建筑要求建筑装饰要遵循美学的原则，创造出具有提高生命意义的优良空间环境，使人的身心得到平衡，情绪得到调节，智慧得到更好的发挥。在为实现以上目的的过程中，建筑装饰材料起着重要的作用。

按材质分类：塑料、金属、陶瓷，玻璃、木材、无机矿物、涂料、纺织品、石材等种类。

按功能分类：吸声、隔热、防水、防潮、防火、防霉、耐酸碱、耐污染等种类。

按装饰部位分类：外墙装饰材料、内墙装饰材料、地面装饰材料、顶棚装饰材料、屋面装饰材料等。

一、无机胶凝材料

1. 无机胶凝材料的分类及其特性

胶凝材料，又称胶结材料。是指在物理、化学作用下，能从浆体变成坚固的石状体，并能胶结其他物料，制成有一定机械强度的复合固体的物质。

根据化学组成的不同，胶凝材料可分为无机与有机两大类。石灰、石膏、水泥等工地上俗称为“灰”的建筑材料属于无机胶凝材料；而沥青、天然或合成树脂等属于有机胶凝材料。

无机胶凝材料按其硬化条件的不同又可分为气硬性和水硬性两类。

（1）水硬性胶凝材料

和水成浆后，既能在空气中硬化，又能在水中硬化、保持和继续发展其强度的称水硬性胶凝材料。这类材料通称为水泥，如硅酸盐水泥、铝酸盐水泥、硫铝酸盐水泥等。

（2）气硬性胶凝材料

非水硬性胶凝材料的一种。只能在空气中硬化，也只能在空气中保持和发展其强度的称气硬性胶凝材料，如石灰、石膏和水玻璃等。气硬性胶凝材料一般只适用于干燥环境中，而不宜用于潮湿环境，更不可用于水中。

2. 石灰的主要技术性质及应用

石灰一种以氧化钙为主要成分的气硬性无机胶凝材料。石灰是用石灰石、白云石、白垩、贝壳等碳酸钙含量高的产物，经900～1100℃煅烧而成。所得的以氧化钙（CaO）为主要成分的产品即为石灰，又称生石灰。煅烧出来的生石灰呈块状，称块灰，块灰经磨细后成为生石灰粉。

（1）石灰的熟化与硬化

生石灰（块灰）不能直接用于工程，使用前需要进行熟化。生石灰（CaO）与水反应生成氢氧化钙（熟石灰，又称消石灰）的过程，称为石灰的熟化或消解（消化）。石灰熟化过程中会放出大量的热，同时体积增大1～2.5倍。根据加水量的不同，石灰可熟化成消石灰粉或石灰膏。

石灰的“陈伏”，为了消除过火石灰的危害，石灰熟化后需要一定时间“陈伏”。生石灰陈伏期一般不得少于15天；磨细的生石灰粉，其熟化时间不得少于2天。

（2）石灰的技术性质

1）保水性好。在水泥砂浆中掺入石灰膏，配成混合砂浆，可显著提高砂浆的和易性。

2）硬化较慢、强度低。1∶3的石灰砂浆28d抗压强度通常只有0.2～0.5MPa。

3）耐水性差。石灰不宜在潮湿的环境中使用，也不宜单独用于建筑物基础。

4）硬化时体积收缩大。除调成石灰乳作粉刷外，不宜单独使用，工程上通常要掺入砂、纸筋、麻刀等材料以减小收缩，并节约石灰。

5）生石灰吸湿性强。储存生石灰不仅要防止受潮，而且也不宜储存过久。

石灰的保水性、可塑性好，工程上常被用来改善砂浆的保水性，以克服水泥砂浆保水性差的缺点。石灰凝结硬化速度慢、强度低、耐水性差。石灰的干燥收缩大，因此除粉刷以外，不宜单独使用。

（3）石灰在建筑上的主要用途

1）石灰乳涂料。石灰加大量的水所得的稀浆，即为石灰乳，主要用于要求不高的室内粉刷。

2）砂浆。利用石灰膏或消石灰粉可配制成石灰砂浆或水泥石灰混合砂浆，用于抹灰和砌筑。

3）灰土和三合土。消石灰粉与黏土拌合后称为灰土，再加砂或石屑、炉渣等即成三合土。灰土和三合土广泛用于建筑物的基础和道路的垫层。

4）硅酸盐混凝土及其制品。以石灰与硅质材料（如石英砂、粉煤灰、矿渣等）为主要原料，经磨细、配料、拌合、成型、养护（蒸汽养护或压蒸养护）等工序得到的人造石材。常用的硅酸盐混凝土制品有蒸汽养护和压蒸养护的各种粉煤灰砖、灰砂砖、砌块及加气混凝土等。

5）碳化石灰板。将磨细生石灰、纤维状填料（如玻璃纤维）或轻质骨料加水搅拌成型为坯体，然后再通入二氧化碳进行人工碳化（约12～24h）而成的一种轻质板材，适合作非承重的内隔墙板、顶棚等。

生石灰块及生石灰粉须在干燥条件下运输和贮存，且不宜存放太久。长期存放时应在密闭条件下，且应防潮、防水。

3. 石膏的主要技术性质及应用

石膏胶凝材料是一种以硫酸钙（$CaSO_4$）为主要成分的气硬性无机胶凝材料。其品种主要有建筑石膏、高强石膏、粉刷石膏、无水石膏水泥、高温煅烧石膏等。其中，以半水石膏（$CaSO_4 \cdot 1/2H_2O$）为主要成分的建筑石膏和高强石膏在建筑工程中应用较多，最常用的是建筑石膏。

建筑石膏是以β型半水石膏 $\beta-CaSO_4 \cdot 1/2H_2O$）为主要成分，不添加任何外加剂的粉状胶结料，主要用于制作石膏建筑制品。建筑石膏色白，杂质含量很少，粒度很细，亦称型石膏，也是制作装饰制品的主要原料。由于建筑石膏颗粒较细，比表面积较大，故拌合时需水量较大，因而强度较低。

（1）建筑石膏的技术性质

1）凝结硬化快。石膏浆体的初凝和终凝时间都很短，一般初凝时间为几分钟至十几分钟，终凝时间在半小时以内，大约一星期左右完全硬化。为满足施工要求，需要加入缓凝剂，如硼砂、酒石酸钾钠、柠檬酸、聚乙烯醇、石灰活化骨胶或皮胶等。

2）硬化时体积微膨胀。石膏浆体凝结硬化时不像石灰、水泥那样出现收缩，反而略有膨胀（膨胀率约为1%），使石膏硬化体表面光滑饱满，可制作出纹理细致的浮雕花饰。

3）硬化后孔隙率高。石膏浆体硬化后内部孔隙率可达50%～60%，因而石膏制品具有表观密度较小、强度较低、导热系数小、吸声性强、吸湿性大、可调节室内温度和湿度的特点。

4）防火性能好。石膏制品在遇火灾时，二水石膏将脱出结晶水，吸热蒸发，并在制品表面形成蒸汽幕和脱水物隔热层，可有效减少火焰对内部结构的危害。建筑石膏制品在防火的同时自身也会遭到损坏，而且石膏制品也不宜长期用于靠近65℃以上高温的部位，以免二水石膏在此温度下失去结晶水，从而失去强度。

5）耐水性和抗冻性差。建筑石膏硬化体的吸湿性强，吸收的水分会减弱石膏晶粒间的结合力，使强度显著降低；若长期浸水，还会因二水石膏晶体逐渐溶解而导致破坏石膏制品吸水饱和后受冻，会因孔隙中水分结晶膨胀而破坏。所以，石膏制品的耐水性和抗冻性较差，不宜用于潮湿部位。为提高其耐水性，可加入适量的水泥、矿渣等水硬性材料，也可加入有机防水剂等，可改善石膏制品的孔隙状态或使孔壁具有憎水性。

（2）建筑石膏的主要用途

建筑石膏在建筑工程中可用作室内粉刷、制造建筑石膏制品等。

a. 室内粉刷　由建筑石膏或由建筑石膏与无水石膏混合后再掺入外加剂、细骨料等可制成粉刷石膏。按用途分为面层粉刷石膏（M）、底层粉刷石膏（D）和保温层粉刷石膏（W）三类。粉刷石膏是一种新型室内抹灰材料，既具有建筑石膏快硬早强、尺寸稳定、吸湿、防火、轻质等优点，又不会产生开裂、空鼓和起皮现象，不仅可在水泥砂浆或混合砂浆上罩面，还可粉刷在混凝土墙、板、顶棚等光滑的底层上。粉刷成的墙面致密光滑，质地细腻，且施工方便，工效高。

b. 建筑石膏制品　建筑石膏除用于室内粉刷外，主要用于生产各种石膏板和石膏砌块等制品。

石膏板具有轻质、高强、隔热保温、吸声和不燃等性能，且安装和使用方便，是一种较好的新型建筑材料，广泛用作各种建筑物的内隔墙、顶棚及各种装饰饰面。我国目前生产的石膏板主要有纸面石膏板、石膏空心条板、石膏装饰板、纤维石膏板及石膏吸声板等。石膏砌块是一种自重轻、保温隔热、隔声和防火性能好的新型墙体材料，有实心、空心和夹芯三种类型。在建筑石膏中掺入耐水外加剂（如有机硅憎水剂等）可生产耐水建筑石膏制品；掺入无机耐火纤维（如玻璃纤维）可生产耐火建筑石膏制品。

建筑石膏在运输和贮存中，需要防雨防潮。贮存期为3个月，过期或受潮的石膏，强度显著降低，需经检验后才能使用。

4. 通用水泥的品种、主要技术性质及应用

水泥加水拌合成塑性浆体，能胶结砂、石等材料，既能在空气中硬化又能在水中硬化的粉末状水硬性胶凝材料。水泥为无机水硬性胶凝材料，是重要的建筑材料之一，在建筑工程中有着广泛的应用。水泥品种非常多，按其主要水硬性物质名称可分为硅酸盐水泥、铝酸盐水泥、硫铝酸盐水泥、氟铝酸盐水泥、磷酸盐水泥等。根据国家标准《水泥的命名原则和术语》GB/T4131—2014规定，水泥按其性能及用途可分为通用水泥和特种水泥两类。我国建筑工程中常用的是通用水泥，主要有硅酸盐水泥、普通硅酸盐水泥、矿渣硅酸盐水泥、火山灰质硅酸盐水泥、粉煤灰硅酸盐水泥和复合硅酸盐水泥。

硅酸盐水泥：由硅酸盐水泥熟料、0%～5%石灰石或粒化高炉矿渣、适量石膏磨细制成的水硬性胶凝材料，称为硅酸盐水泥，分P·I和P·II，即国外通称的波特兰水泥。

普通硅酸盐水泥：由硅酸盐水泥熟料、6%～20%混合材料，适量石膏磨细制成的水硬性胶凝材料，称为普通硅酸盐水泥（简称普通水泥），代号：P·O。

矿渣硅酸盐水泥：由硅酸盐水泥熟料、20%～70%粒化高炉矿渣和适量石膏磨细制成的水硬性胶凝材料，称为矿渣硅酸盐水泥，代号：P·S。

火山灰质硅酸盐水泥：由硅酸盐水泥熟料、20%～40%火山灰质混合材料和适量石膏磨细制成的水硬性胶凝材料，称为火山灰质硅酸盐水泥，代号：P·P。

粉煤灰硅酸盐水泥：由硅酸盐水泥熟料、20%～40%粉煤灰和适量石膏磨细制成的水硬性胶凝材料，称为粉煤灰硅酸盐水泥，代号：P·F。

复合硅酸盐水泥：由硅酸盐水泥熟料、20%～50%两种或两种以上规定的混合材料和适量石膏磨细制成的水硬性胶凝材料，称为复合硅酸盐水泥（简称复合水泥），代号P·C。

（1）通用水泥的主要技术性质

1）密度：标准水泥密度为3100kg/m^3。

堆积密度：松堆状态为1000～1100kg/m^3，紧密时可达1600kg/m^3。在配制混凝土和砂浆时，堆积密度可取1200～1300kg/m^3。

2）细度：指水泥颗粒的粗细程度。颗粒越细，硬化得越快，早期强度也越高。

水泥的细度既可用筛析法和比表面积法检验。

筛析法：采用边长为0.080mm的方孔筛对水泥试样进行筛析试验，用筛余百分数表示。筛析法有负压筛法、水筛法及干筛法。当试验结果发生争议时，以负压筛法为准。

比表面积法：根据一定量空气通过一定空隙率和厚度的水泥层时所受阻力不同而引起流速的变化测定水泥的比表面积。比表面积即单位重量水泥颗粒的总表面积（m^2/kg）。比表面积越大，表明水泥颗粒越细。

国家标准GB 175—2007规定，硅酸盐水泥细度以比表面积表示，其比表面积须大于

$300m^2/kg$；普通水泥细度用筛析法检验，要求在 0.080 毫米方孔筛余量不得超过 10.0%。

凡水泥细度不符合规定者为不合格品。

3）凝结时间：水泥的凝结时间分初凝和终凝。

初凝时间为自水泥加水拌合时起，到水泥浆（标准稠度）开始失去可塑性为止所需的时间。终凝时间为自水泥加水拌合时起，至水泥浆完全失去可塑性并开始产生强度所需的时间。初凝的时间不宜过快，终凝时间又不宜过迟。水泥凝结时间的测定，是以标准稠度的水泥净浆，在规定温度和湿度条件下，用凝结时间测定仪进行。国家标准 GB175—2007 规定，硅酸盐水泥的初凝时间不得早于 45 分钟，终凝时间不得迟于 6.5 小时。凡初凝时间不符合规定者为废品，终凝时间不符合规定者为不合格品。

4）强度：将水泥、标准砂及水按规定比例拌制成塑性水泥胶砂，并按规定方法制成 4cm×4cm×16cm 的试件，在标准温度（20±1)℃的水中养护，测定其抗折及抗压强度。各强度等级、各类型水泥的各龄期强度不得低于表中的数值，如有一项指标低于表中数值，则应降低强度等级使用。

5）体积安定性：水泥的体积安定性是指水泥在凝结硬化过程中体积变化的均匀性。

当水泥浆体硬化过程发生了不均匀的体积变化，会导致水泥石膨胀开裂、翘曲，即安定性不良。安定性不良的水泥会降低建筑物质量，甚至引起严重事故。

安定性的测定方法可以用雷氏法和试饼法。当试饼法与雷氏法有争议时以雷氏法为准。

游离氧化钙引起的安定性不良，必须采用沸煮法检验。游离氧化镁引起的安定性不良，必须采用压蒸法才能检验出来，因为游离氧化镁的水化比游离氧化钙更缓慢。三氧化硫造成的安定性不良，则需长期浸在常温水中才能发现。

国家标准规定：水泥中氧化镁含量不得超过 5.0%，如果水泥经压蒸安定性试验合格，则水泥中氧化镁的含量允许放宽到 6.0%。三氧化硫含量不得超过 3.5%。水泥安定性必须合格。安定性不良的水泥应作废品处理，不得用于工程中。

6）水化热：水泥与水作用会产生放热反应，在水泥硬化过程中，不断放出的热量称为水化热。每克硅酸盐水泥能放出大约 500J 的热量。

为了选择适于特定的目的最适宜的水泥，就需知道水泥的放热性能。对大体积混凝土工程，如大型基础、大坝、桥墩等，水化热大是不利的，常使内部温度高达 50～60℃。冬期施工时，水化热有利于水泥的正常凝结硬化。

7）标准稠度：指水泥净浆对标准试杆的沉入具有一定阻力时的稠度。

（2）水泥的包装、标志、运输与贮存

1）包装

水泥可以散装或袋装，袋装水泥每袋净含量为 50kg，且应不少于标志质量的 99%；随机抽取 20 袋总质量（含包装袋）应不少于 1000kg。其他包装形式由供需双方协商确定，但有关袋装质量要求，应符合上述规定。水泥包装袋应符合 GB 9774 的规定。

2）标志

水泥包装袋上应清楚标明：执行标准、水泥品种、代号、强度等级、生产者名称、生产许可证标志（QS）及编号、出厂编号、包装日期、净含量。包装袋两侧应根据水泥的品种采用不同的颜色印刷水泥名称和强度等级，硅酸盐水泥和普通硅酸盐水泥采用红色，矿渣硅酸盐水泥采用绿色；火山灰质硅酸盐水泥、粉煤灰硅酸盐水泥和复合硅酸盐水泥采用黑色或蓝色。

散装发运时应提交与袋装标志相同内容的卡片。

3）运输与贮存

水泥在运输与贮存时不得受潮和混入杂物，不同品种和强度等级的水泥在贮运中避免混杂。水泥储存日久，易吸收空气中的水分和二氧化碳，在水泥颗粒表面进行缓慢的水化和碳化作用，从而丧失其胶结能力，降低强度，即使在条件良好的仓库里贮存，时间也不宜过长。一般贮存三个月后，水泥强度降低10～20%；六个月后，约降低15～30%；一年后约降低25%～40%。水泥自出厂至使用，不宜超过三个月。超过期限的，必须重新试验，鉴定后方可使用。细度大、强度等级高的水泥更易吸湿变质。

5. 装饰工程常用特性水泥的品种、特性及应用

装饰水泥常用于装饰建筑物的表层，施工简单，造型方便，容易维修，价格便宜。其品种有如下几种：

（1）白色硅酸盐水泥

白色硅酸盐水泥是以硅酸钙为主要成分，加少量铁质熟料及适量石膏磨细而成。

硅酸盐水泥的颜色主要由氧化铁引起。当氧化铁含量在3%～4%时，熟料呈暗灰色；在0.45%～0.7%时，带淡绿色；而降低到0.35%～0.40%后，接近白色。

白色硅酸盐水泥（简称白水泥）的生产主要是降低氧化铁含量。此外，氧化锰、氧化钴和氧化钛也对白水泥的白度有显著影响，故其含量也应尽量减少。石灰质原料应选用纯的石灰石或方解石，黏土可选用高岭土。燃料最好用无灰分的天然气或重油。

白水泥主要矿物为C_3S、C_2S和C_3A，C_4AF含量极少。白水泥的物理性能要求主要的是白度（Whiteness）。白度是以白水泥与MgO标准白板的反射率的比值来表示的。采用铁含量很低的铝酸盐或硫铝酸盐水泥生料也可生产出白色铝酸盐或硫铝酸盐水泥。

（2）彩色硅酸盐水泥

以白色硅酸盐水泥熟料和优质白色石膏，掺入颜料、外加剂共同磨细而成。常用的彩色掺加颜料有氧化铁（红、黄、褐、黑）、二氧化锰（褐、黑）、氧化铬（绿）、钴蓝（蓝）、群青蓝（靛蓝）、孔雀蓝（海蓝）、炭黑（黑）等。装饰水泥与硅酸盐水泥相似，施工及养护相同，但比较容易污染，器械工具必须干净。

二、砂浆

砂浆在建筑工程中是用量大、用途广泛的一种建筑材料。例如在砌体结构中，砂浆薄层可以把单块的砖、石以及砌块等胶结起来构成砌体；大型墙板和各种构件的接缝也可用砂浆填充；墙面、地面及梁柱结构的表面都可用砂浆抹面，以便满足装饰和保护结构的要求；镶贴大理石、瓷砖等也常使用砂浆。

1. 砌筑砂浆的分类、组成材料及主要技术性质

（1）砌筑砂浆的种类

常用的砌筑砂浆有水泥砂浆、石灰砂浆、水泥石灰混合砂浆等。

水泥砂浆适用于潮湿环境及水中的砌体工程；石灰砂浆仅用于强度要求低、干燥环境中的砌体工程；混合砂浆不仅和易性好，而且可配制成各种强度等级的砌筑砂浆，除对耐水性有较高要求的砌体外，可广泛用于各种砌体工程中。

（2）砌筑砂浆的组成材料

1）胶结材料

① 水泥

可根据工程要求选择砌筑水泥、普通水泥、矿渣水泥、火山灰质水泥、粉煤灰水泥以及砌筑水泥等都可以用来配制砌筑砂浆。砌筑砂浆常用的胶凝材料有水泥、石灰膏、建筑石膏等。

水泥砂浆适用于潮湿环境及水中的砌体工程；石灰砂浆仅用于强度要求低、干燥环境 中的砌体工程；混合砂浆不仅和易性好，而且可配制成各种强度等级的砌筑砂浆，除对耐水性有较高要求的砌体外，可广泛用于各种砌体工程中。

砌筑砂浆用水泥的强度等级应根据设计要求进行选择。水泥品种的选择与混凝土相同。水泥强度等级过高，将使水泥用量不足而导致保水性不良。石灰膏和熟石灰不仅是作为胶凝材料，更主要的是使砂浆具有良好的保水性。水泥砂浆采用的水泥，其强度等级不宜大于32.5级；水泥混合砂浆采用的水泥，其强度等级不宜大于42.5级。

为合理利用资源、节约材料，在配制砂浆时要尽量选用低强度等级水泥和砌筑水泥。由于水泥混合砂浆中，石灰膏等掺加料会降低砂浆强度，因此规定水泥混合砂浆可用强度等级为42.5级的水泥。对于一些特殊用途的砂浆，如修补裂缝、预制构件嵌缝、结构加固等可采用膨胀水泥。装饰砂浆采用白色与彩色水泥等。

M15及以下的砌筑砂浆宜选用的32.5级的通用硅酸盐水泥或砌筑水泥；M15及以上的砌筑砂浆宜选用的32.5级的通用硅酸盐水泥。

② 石灰

为了改善砂浆的和易性和节约水泥，常在砂浆中掺入适量的石灰。为了保证砂浆的质量，经常将生石灰先熟化成石灰膏，然后用孔径不大于3mm×3mm的网过滤，且熟化时间不得少于7天；磨细的生石灰粉，其熟化时间不得少于2天。

沉淀池中储存的石灰膏，应采取防止干燥、冻结和污染的措施。严禁使用脱水硬化的石灰膏。消石灰粉不得直接使用于砂浆中。

2）掺加料

掺加料是为改善砂浆和易性而加入的无机材料。

为改善砂浆和易性，降低水泥用量，往往在水泥砂浆中掺入部分黏土膏或粉煤灰等，这些材料不得含有影响砂浆性能的有害物质，含有颗粒或结块时应用3mm的方孔筛过滤。掺合料必须经过砂浆的技术性质检验，在不影响砂浆质量的前提下才能够使用。

砂浆掺入外加剂是发展方向。砂浆中掺入的砂浆外加剂，应具有法定检测机构出具的该产品砌体强度型式检验报告，并经砂浆性能试验合格后，方可使用。

应用于建筑砂浆的常用外加剂是引气剂。

3）聚合物

在许多特殊的场合可采用聚合物作为砂浆的胶凝材料，由于聚合物为链型或体型高分子化合物，且黏性好，在砂浆中可呈膜状大面积分布，因此可提高砂浆的粘结性、韧性和抗冲击性，同时也有利于提高砂浆的抗渗、抗碳化等耐久性能，但是可能会使砂浆抗压强度下降。

常用的聚合物有聚醋酸乙烯酯、甲基纤维素醚、聚乙烯醇、聚酯树脂、环氧树脂等。

4）细骨料

配制砂浆的细骨料最常用的是天然砂，所配制的砂浆称为普通砂浆。砂的粗细程度对水泥用量、和易性、强度和收缩性影响很大。

由于砂浆层较薄，砂的最大粒径应有所限制，理论上不应超过砂浆层厚度的1/4～1/5，例如砖砌体用砂浆宜选用中砂，最大粒径不大于2.5mm为宜；石砌体即毛石砌体用砂浆宜选用粗砂，砂的最大粒径以不大于5.0mm为宜；光滑的抹面及勾缝的砂浆宜采用细砂，其最大粒径不大于1.2mm为宜。

为保证砂浆质量，尤其在配制高强度砂浆时，应选用洁净的砂。因此对砂的含泥量应予以限制，例如砌筑砂浆的砂含泥量不应超过5%，强度等级为M2.5级的水泥混合砂浆用砂的含泥量不应超过10%。

也可以采用细炉渣等作为细骨料，但应该选用燃烧完全、未燃煤分和其他有害杂质含量较小的炉渣，否则将影响砂浆的质量。

5）水

与混凝土拌合用水相同。选用不含有害杂质的洁净水，应采用符合国家标准的生活饮用水。

6）外加剂

为改善新拌及硬化后砂浆的各种性能或赋予砂浆某些特殊性能，常在砂浆中掺入适量外加剂。例如为改善砂浆和易性，提高砂浆的抗裂性、抗冻性及保温性，可掺入微沫剂、减水剂等外加剂；为增强砂浆的防水性和抗渗性，可掺入防水剂等；为增强砂浆的保温隔热性能，除选用轻质细骨料外，还可掺入引气剂提高砂浆的孔隙率。混凝土中使用的外加剂，对砂浆也具有相应的作用。外加剂应具有法定检测机构出具的该产品砌体强度型式检验报告，并经砂浆性能试验合格后，方可使用。

(3) 砌筑砂浆的技术性质

包括新拌砂浆的和易性、硬化后砂浆的强度和粘结强度，以及抗冻性、收缩值等指标。这里仅介绍和易性、强度和粘结力。

1）新拌砂浆的和易性

新拌砂浆的技术性质主要指和易性，是指在搅拌运输和施工过程中不易产生分层、析水现象，并且易于在粗糙的砖、石等表面上铺成均匀的薄层的综合性能。

通常用流动性和保水性两项指标表示。

新拌砂浆的流动性（又称稠度），指砂浆在自重或外力作用下能产生流动的性能。流动性采用砂浆稠度测定仪测定，以沉入度（mm）表示。

新拌砂浆能够保持水分的能力称为保水性。砂浆的保水性用分层度表示。用分层度测定仪测定。分层度值越小，则保水性越好。砌筑砂浆的分层度以在30mm以内为宜。

2）砂浆的强度及强度等级

砂浆强度等级是以70.7mm×70.7mm×70.7mm的6个立方体试块，按标准条件养护至28d的抗压强度代表值确定。根据《砌筑砂浆配合比设计规程》JGJ 98—2000的规定，砂浆强度等级分为M5、M7.5、M10、M15、M20、M25、M30等7个等级。砂浆的实际强度除了与水泥的强度和用量有关外，还与基底材料的吸水性有关。

2. 普通抹面砂浆、装饰砂浆的特性及应用

凡涂抹在基底材料的表面，兼有保护基层和增加美观作用的砂浆，可统称为抹面砂浆。

其作用是保护墙体不受风雨、潮气等侵蚀，提高墙体防潮、防风化、防腐蚀的能力，同时使墙面、地面等建筑部位平整、光滑、清洁美观。

根据抹面砂浆功能不同，一般可将抹面砂浆分为普通抹面砂浆、防水砂浆、装饰砂浆和特种砂浆（如绝热、吸声、耐酸、防射线砂浆）等。

与砌筑砂浆相比，抹面砂浆的特点和技术要求有：

1）抹面层不承受荷载；

2）抹面砂浆应具有良好的和易性，容易抹成均匀平整的薄层，便于施工；

3）抹面层与基底层要有足够的粘结强度，使其在施工中或长期自重和环境作用下不脱落、不开裂；

4）抹面层多为薄层，并分层涂抹，面层要求平整、光洁、细致、美观；

5）多用于干燥环境，大面积暴露在空气中。

6）砌筑砂浆要求强度不低于砌块强度，施工图往往标注砂浆标号，强调强度。

7）抹灰砂浆主要是装饰性，往往标注配合比，防止偷工减料。

抹面砂浆的组成材料与砌筑砂浆基本上是相同的。但为了防止砂浆层的收缩开裂，有时需要加入一些纤维材料，或者为了使其具有某些特殊功能需要选用特殊骨料或掺加料。

与砌筑砂浆不同，对抹面砂浆的主要技术性质不是抗压强度，而是和易性以及与基底材料的粘结强度。

（1）普通抹面砂浆

抹灰层往往分为不同构造层次，一般分为底层、中层及面层等。底层主要是起物面初步找平作用；中层主要是使物面的表面平整；面层则是起艺术装饰作用。各层的作用不同，则所用材料及其配合比也不相同，不相同的抹灰材料理所当然要分层进行涂抹。

即使抹灰层的各层材料相同，也不能一次抹上去，一次抹成不但操作困难，不易压实，而且过厚的抹灰层自重就越大，当抹灰层的自重超过抹灰层与物面的黏结力时，抹灰层就会掉落下来。

若分层抹灰，每层抹灰自重就小，抹灰层与物面及各抹灰层之间的黏结力足够使抹灰层不会掉下来。

抹灰砂浆如掺有石灰膏等气硬材料时，由于石灰膏在气化时需要吸收空气中的二氧化碳，而二氧化碳在空气中含量又少，使石灰膏的化学反应进行缓慢，尤其是抹灰层深处，长时间不能结硬，为了加快石灰膏气化，使每层抹灰层薄一些，即将抹灰层分成若干分层来涂抹。而且各抹灰分层之间有一定施工间歇，使各层有充分硬化的环境条件。

普通抹面砂浆通常分为两层或三层进行施工，各层抹灰要求不同，所以各层选用的砂浆也有区别。

底层砂浆：主要起与基层粘结，物面初步找平的作用：要求与基层能牢固粘结，应具有良好的和易性和粘结力，基层粗糙，有利于与砂浆的粘结。其组成材料常随底层而异。底层砂浆要求稠度较稀，沉入度较大（100～120mm）。

中层砂浆：主要起找平作用，多用混合砂浆或石灰砂浆，比底层砂浆稍稠些（沉入度70～90mm）。有时可省去。

面层砂浆：主要起保护和装饰作用，多采用细砂配制的混合砂浆、平整光洁，达到饰面要求。多用水泥混合砂浆或掺麻刀、纸筋的石灰砂浆（沉入度70～80mm）。

水泥砂浆宜用于潮湿或强度要求较高的部位，混合砂浆多用于室内底层或中层或面层抹灰；石灰砂浆、麻刀灰、纸筋灰多用于室内中层或面层抹灰。水泥砂浆不得涂抹在石灰砂浆层上。普通抹面砂浆的组成材料及配合比，可根据使用部位及基底材料的特性确定，一般情况下参考有关资料和手册选用。

（2）装饰砂浆

装饰砂浆是指涂抹在建筑物内外墙表面，具有美观装饰效果的抹面砂浆。

装饰砂浆的底层和中层抹灰与普通抹面砂浆基本相同，但是其面层要选用具有一定颜色的胶凝材料和骨料或者经各种加工处理，使得建筑物表面呈现各种不同的色彩、线条和花纹等装饰效果。

装饰砂浆的组成材料包括：

① 胶凝材料。装饰砂浆所用胶结材料与普通抹面砂浆基本相同，只是灰浆类饰面更多地采用白色水泥或彩色水泥。

② 骨料。装饰砂浆所用骨料，除普通天然砂外，石碴类饰面常使用石英砂、彩釉砂、着色砂、彩色石碴等。

③ 颜料。装饰砂浆中的颜料，应采用耐碱和耐光晒的矿物颜料。

三、建筑装饰石材

建筑石材分天然石材和人造石材。具有一定物理、化学性能，可用作建筑材料的岩石称建筑石材。具有装饰性能的建筑石材，加工后可供建筑装饰用的称装饰石材。

1. 天然饰面石材的品种、特性及应用

（1）天然石材的品种

岩石按地质形成条件不同，通常可分为三大类，即岩浆岩、沉积岩和变质岩。

1）岩浆岩

岩浆岩又称火成岩，它是因地壳变动，熔融的岩浆由地壳内部上升后冷却而成。岩浆岩根据岩浆冷却条件的不同，又分为深成岩、浅成岩、喷出岩和火山岩。

2）沉积岩

沉积岩又称水成岩。沉积岩是由原来的母岩风化后，经过搬运、沉积等作用形成的岩石。与火成岩相比，其特性是：结构致密性较差，密度较小，孔隙率及吸水率均较大，强度较低，耐久性也较差。根据生成条件，沉积岩分为以下三类：机械沉积岩、化学沉积岩和生物沉积岩。

3）变质岩

变质岩是由原生的岩浆岩或沉积岩，经过地壳内部高温、高压等变化作用后而形成的岩石。沉积岩变质后，性能变好，结构变得致密，坚实耐久；而岩浆岩变质后，性质反而变差。其碎块可用于道路或作混凝土的骨料。

（2）天然石材的技术指标

1）表观密度

天然石材按其表观密度大小分为重石和轻石两类。

表观密度大于 1800kg/m^3 的为重石，主要用于建筑的基础、贴面、地面、路面、房屋外墙、挡土墙、桥梁以及水工构筑物等；表观密度小于 1800kg/m^3 的为轻石，主要用作墙体材料，如采暖房屋外墙等。

2）抗压强度

天然岩石是以 100mm×100mm×100mm 的正方体试件，用标准试验方法测得的抗压强度值作为评定石材强度等级标准。根据《砌体结构设计》GBJ 3 的规定，天然石材的强度等级为MU100、MU80、MU60、MU50、MU40、MU30、MU20、MU15 和 MU10 九个等级。

3）吸水性

石材吸水性的大小用吸水率表示，其大小主要与石材的化学成分、孔隙率大小、孔隙特征等因素有关。酸性岩石比碱性岩石的吸水性强。常用岩石的吸水率：花岗岩小于 0.5%；致密石灰岩一般小于 1%；贝壳石灰岩约为 15%。石材吸水后，降低了矿物的粘结力，破坏了岩石的结构，从而降低石材的强度和耐水性。

4）抗冻性

石材的抗冻性用冻融循环次数表示，一般有 F10、F15、F25、F100、F200。致密石材的吸水率小、抗冻性好。吸水率小于 0.5%的石材，认为是抗冻的，可不进行抗冻试验。

5）耐水性

石材的耐水性用软化系数 K 表示。按 K 值的大小，石材的耐水性可分为高、中、低三等，$K>0.90$ 的石材为高耐水性石材，$K=0.70\sim0.90$ 的石材为中耐水性石材，$K=0.60\sim0.70$ 的石材为低耐水性石材。一般 $K<0.80$ 的石材，不允许用在重要建筑中。

（3）天然大理石

天然大理石是一种变质岩，属于中硬石材。其主要矿物有方解石和白云石，主要化学成分包括碳酸钙（约占 50%）、碳酸镁、氧化钙、氧化镁、氧化硅等。

1）天然大理石的特点和用途

① 性质与特点：表观密度 2600～2700Kg/m^3，抗压强度 100～150MPa，吸水率小于 0.75%。耐磨性、耐久性好。具有美丽的花纹，如波形纹、山形纹、环形纹等。易被酸侵蚀，不宜做室外装修。

② 用途：天然大理石用于高级宾馆、展览馆、影剧院、纪念性建筑等的室内墙面、柱面、地面、栏杆、服务台等。经过精心挑选，将具有花纹的大理石拼成大幅壁画，用来装饰厅堂，很有欣赏价值。还可用于制作工艺品、生活用品等。

2）天然大理石的分类、等级和命名标记

① 分类：按形状分为普通板材（N）和异形板材（S）。

② 等级：按其外观质量和镜面光泽度，分为优等品 A、一等品 B、合格品 C 三个等级。

③ 命名顺序：荒料产地、花纹色调特征名、大理石（M）。标记顺序：命名、分类、规格尺寸、等级、标准号。

3）天然大理石板材的质量技术要求

① 镜面光泽度。抛光面应具有镜面光泽，能清晰地反映景物。

② 体积密度不小于 2.60g/cm^3。

③ 吸水率不大于 0.75%。

④ 干燥压缩强度不小于 20.0MPa。

⑤ 弯曲强度不小于 7.0MPa。

（4）天然花岗岩

天然花岗岩是岩浆岩（火成岩），属于硬质石材，主要矿物有石英、长石和云母等，属酸性岩石，极耐酸性腐蚀。对碱侵蚀也有较高的抵抗力。其主要化学成分为二氧化硅（silicon dioxide），约占 65%～75%，常呈灰色、黄色、蔷薇色、红色等，以深颜色花岗岩较名贵。

1）天然花岗岩的特性和用途

① 特性：表观密度 2600～2800kg/m³；抗压强度 120～250MPa；孔隙率和吸水性很小，吸水率小于 1%；膨胀系数为（5.6～7.34）$\times 10^{-8}$/℃；抗冻性好，100～200 次；耐风化，耐酸性强（石烂千年）；磨光板材表面平整光滑、色彩斑斓、质感坚实、华丽庄重，装饰性好。不抗火，因石英在 573℃和 870℃高温下会发生晶态转变，产生体积膨胀，发生爆裂。有些花岗岩有辐射性（微量）。

② 用途：制作高级饰面板。用于宾馆、饭店、纪念性建筑物等的门厅、大堂的墙面、地面、墙裙、勒脚及柱面的饰面等。

2）天然花岗岩的分类、等级和命名标记

① 分类：按形状分为普型板材（N）和异型板材（S）。

按加工程度分为细面板材（RB）——平整光滑；镜面板材（PL）——平整具有镜面光泽；粗面板材（RU）——平整粗糙三类。

② 等级。按外观质量分为：优等品 A、一等品 B、合格品 C。

③ 命名：荒料产地、花纹色调特征名称、花岗岩（G）

标记顺序：命名、分类、规格尺寸、等级、标准号。

3）技术质量技术要求

① 镜面光泽度，不低于 75 光泽单位。

② 体积密度不小于 2.5 g/cm³。

③ 吸水率不大于 1.0%。

④ 干燥压缩强度不小于 60.0MPa。

⑤ 弯曲强度不小于 8.0MPa。

2. 人造装饰石材的品种、特性及应用

人造石材是用人工方法制造的具有天然石材的花纹和质感的合成石。如：仿大理石、仿花岗岩、仿玛瑙石、仿玉石等。人造石材质量轻、强度高、耐污染、耐腐蚀、施工方便。

（1）人造石材的类型

按其所用材料不同，可分为树脂型人造石材、水泥型人造石材、烧结型人造石材、复合型人造石材等。

1）树脂型人造石材

树脂型人造石是目前足常用的人造石材。以不饱和聚酯树脂为胶结剂，以石英、大理石、方解石及石粉为骨料，经配料、搅拌、成型、养护、切磨等工序制成。其主要优点是色彩花色均匀，光泽性好。

2）水泥型人造石材

以白水泥、普通水泥（硅酸盐水泥、铝酸盐水泥等）为胶凝材料，以大理石碎石、石粉为骨料，经配制、拌合、成型、养护、切磨等工序而制成。水泥型人造石材造价低，色彩可按要求配制，可在室外大面积采用。

3）复合型人造石材

粘结剂中，既有无机材料，又有有机高分子材料。

4）烧结型人造石材

烧结型人造石材是以高岭土、长石、石英、方解石、辉绿石和铁矿粉混合，用泥浆法制备坯料、成型，再经 1000℃高温焙烧而成。烧结型人造石材，如似陶似玉的微晶玻璃制品，强度可高于花岗岩，而光泽宛若玻璃，花纹美似碧玉，色彩优于陶瓷，具有很高的装饰艺术性。

（2）树脂型人造石材的类型和用途

按表面图案不同，可分为：

人造大理石：填料为石英砂、硅石粉、碳酸钙。

人造花岗岩：填料按其花色而定。

人造玛瑙石：填料有很高的细度和纯度，可用氢氧化铝和大理石粉。

人造玉石：填料有很高的细度和纯度，如仿山田玉、仿紫晶等。

用途：室外立面、柱面装饰；室内铺地和墙面装饰；卫生洁具；还可做楼梯面板、窗台板、服务台面、茶几面等。

（3）树脂型人造石材的性能

1）色彩花纹仿真性强。

2）强度高、不易破碎，板材厚度薄，重量轻。

3）具有良好的耐酸碱、耐腐蚀和抗污染性。

4）会老化。

5）可加工性好。

四、木质装饰材料

木材泛指用于建筑工程的木制材料，常被统分为软材和硬材。工程中所用的木材主要取自树木的树干部分。木材因取得和加工容易，自古以来就是一种主要的建筑材料。

1. 木材的分类、特性及应用

（1）按树叶分

木材可分为针叶树和阔叶树两大类。针叶树纹理平顺、材质均匀、木质较软，又称“软木材”，强度高、表观密度小，胀缩变形小，耐腐蚀。针叶树是主要的建筑用材，用于门、窗、地面等。如：松木、杉木、柏木等。阔叶树表观密度大、材质较硬、较难加工，又称“硬木材”。阔叶树强度高，胀缩变形大，易翘曲、开裂，适合做较小尺寸的构件。如：榆木、桦木、水曲柳、樟木、榉木等。

（2）按加工程度和用途分

木材按加工程度和用途可分为原条、原木、板方材、枕木四大类。

原条指除去皮、根、树梢的木料，但尚未按一定尺寸加工成规定直径和长度的木材。用于建筑脚手架、家具等。原木指除去皮、根、树梢的木料，并已按一定尺寸加工成规定直径和长度的木料，用于屋架、檩、椽、桩木、电杆等。板方材是指按一定尺寸锯解，加工成的板材和方材。板材指截面宽度为厚度的 3 倍或 3 倍以上的木材，方才指截面宽度不足厚度的 3 倍的木材。板方材主要用于建筑工程、家具、车辆、包装箱板等。枕木指按枕木断面和长度加工而成的成材，枕木主要用于铁道工程。

2. 人造板材的品种、特性及应用

人造板材主要有胶合板、纤维板、细木工板、刨花板、木丝板等。

（1）胶合板

胶合板是将原木经蒸煮软化，沿年轮切成大张薄片，经过干燥、整理、涂胶、组坯、热压、锯边而成。胶合板中相邻层木片的纹理互相垂直，木片层数为奇数，一般为3～13层。胶合板的尺寸规格：2440×1220mm。胶合板的厚度为：2.5，3.0，3.5，4，5，6，9，12mm。3，5，9mm厚的胶合板为最常用。

特点：材质均匀、强度高、无明显的纤维饱和点存在，吸湿性小、不翘曲开裂、无疵病、幅面大，使用方便，装饰性好。

胶合板主要用于室内隔墙板、天花板、门面板、各种家具及装修等。

(2) 纤维板

纤维板是以植物纤维为主要原料，经破碎、浸泡、研磨成木浆，再加入一定的胶料，经热压成型、干燥等工序制成的一种人造板材。

纤维板原料非常丰富，如木材采伐加工剩余物（板皮、刨花、树枝等）、稻草、麦秸、玉米秆、竹材等。

纤维板可按原料不同分为：木质纤维板，它是由木材加工废料制成的；非木质纤维板，它是由草本纤维或竹材纤维制成的。根据材质可分为硬质、半硬质、软质三种。

特点：木材的利用率达90%以上，材质均匀，各向强度一致，胀缩性小，不翘不裂，有一定的绝热性。

用途：软质纤维板主要用于绝热、吸声材料。硬质纤维板主要用于室内壁板、门板、地板、家具等。

(3) 细木工板

细木工板属于特种胶合板，芯板用木板拼接而成，两面胶粘一层或二层板。

细木工板按结构分为芯板条不胶拼和芯板条胶拼两种。按表面加工状况分为一面砂光、两面砂光和不砂光三种。按所使用胶合剂分Ⅰ类胶、Ⅱ类胶细木工板。按面板材质和加工质量分一、二、三等板。

细木工板具有质坚、吸声、绝热等特点，适用于家具和建筑物内装修等。

(4) 刨花板、木丝板、木屑板

刨花板、木丝板、木屑板是利用木材加工中产生的大量刨花、木丝、木屑为原料，经干燥，与胶结料拌和，热压而成的板材，所用胶结料有动植物胶、合成树脂胶、无机胶凝材料等。

这类板材表观密度小，强度较低，主要用作绝热和吸声材料。经饰面处理后，不可用作吊顶板材、隔断板材等。

(5) 关于人造木板材的甲醛释放量控制问题

人造木板材在我国普遍采用的胶黏剂是酚醛树脂和脲醛树脂，二者皆以甲醛为主要原料，使用中会散发有害、有毒气体，影响环境质量。

《民用建筑工程室内环境污染控制规范》GB 50325—2001规定：人造木板及饰面人造木板根据游离甲醛含量或游离甲醛释放量限量划分为E_1类和E_2类。E_1类为可直接使用的人造板材，E_2类为必须经饰面处理后方可允许用于室内的人造板材。

另外《人造木制板材环境标志产品技术要求》对人造木制板材中的甲醛释放量也提出了具体要求：人造板材中甲醛释放量应小于0.20mg/m^3；木地板中甲醛释放量应小于0.12mg/m^3。

3. 木制品的品种、特性及应用

(1) 实木地板

实木地板按形状情况，可分为榫接实木地板、平接实木地板和仿古实木地板（具有独特表面结构，包括平面、凹凸面、拉丝面等和特殊色泽的实木地板）。按表面涂饰情况可分为未涂饰实木地板和涂饰实木地板。实木地板具有质感强、弹性好、脚感舒适、美观大方等特点。板材材质可以是松、杉等软木材，也可选用柞、榆等硬木材。实木地板的技术要求有分等、外观质量、加工精度、物理性能。实木地板适用于体育馆、练功房、舞台、住宅等地面装饰。

（2）人造木地板

1）实木复合地板：结构组成特点使其既有普通实木地板的优点，又有效地调整了木材之间的内应力，不易翘曲开裂；既适合普通地面铺设，又适合地热采暖地板铺设。面层木纹自然美观，可避免天然木材的疵病，安装简便。适用于家庭居室、客厅、办公室、宾馆的中高档地面铺设。

2）浸渍纸层压木质地板：规格尺寸大、花色品种较多、铺设整体效果好、色泽均匀、视觉效果好；表面耐磨性高，有较高的阻燃性能，耐污染腐蚀能力强，抗压、抗冲击性能好。便于清洁、护理，尺寸稳定性好，不易起拱。铺设方便，可直接铺装在防潮衬垫上。价格较便宜，但密度较大、脚感较生硬、可修复性差。适用于办公室、写字楼、商场、健身房、车间等的地面铺设。

3）软木地板：绝热、隔振、防滑、防潮、阻燃、耐水、不霉变、不易翘曲和开裂、脚感舒适有弹性。原料为栓树皮，可再生，属于绿色建材。

4）竹地板：华丽高雅、足感舒适。用于室内地面装饰。

（3）线木装饰条

线木装饰条简称木线，木装饰线条品种较多。主要有压边线、柱脚线、压角线、墙角线、墙腰线、覆盖线、封边线、镜框线等。各种木线立体造型各异，每类木线有多种断面形状，如平线、半圆线、麻花线、十字花线。

木线条主要用做建筑物室内墙面的腰饰线、墙面洞口装饰线、护壁和勒脚的压条饰线、门框装饰线、顶棚装饰角线、栏杆扶手镶边、门窗及家具的镶边等。

五、金属装饰材料

金属是指具有良好的导电、导热和可锻性能的元素。如铁、铝、铜等。合金是指两种以上的金属元素，或者金属与非金属元素所组成的具有金属性质的物质。如钢是铁和碳所组成的全金。黑色金属是以铁为基本成分的金属及合金。有色金属的基本成分不是铁，而是其他元素，例如铜、铝等金属和其合金。

金属材料用在装修工程中可分为两大类：一为结构承重材，一为饰面材。色泽突出是金属材料的最大特点。铝、不锈钢、钢材较具时代感；铜材较华丽、优雅，其中古铜色铜材则较古典，而铁则古朴厚重，在现代装修工程中，因为铝材可塑性及变化性最大，且价格相对低廉，故应用最多。不锈钢材次之，再次为铁、钢类金属材料，再其次为铜材，其他金属材料多配合实际需求使用。

金属材料色泽效果好，韧性大，耐久性强，保养维护容易，是其优点，但造价高，硬度大，施工不易是最大的缺点。使用金属材料时，一定要了解所用材的性质及规格尺寸，尽量避免留下难看的接缝、接点和接头。在裁割、弯角、粘贴、胶合时，亦应倍加小心。

1. 建筑装饰钢材的主要品种、特性及应用

(1) 钢材

理论上，凡是把含碳量小于2%，含杂质比较少的铁碳合金称为钢。含碳量超过2%，称为生铁；含碳量小于0.08%，称为工业纯铁。

(2) 钢材的特点

钢材具有强度高，塑性好，具有良好的韧性；工艺性能良好，易于加工；但是，钢材易锈蚀、耐火性差。

(3) 钢材的主要品种类型

1) 型钢

简单截面型钢：圆钢、方钢、六角钢、八角钢等；

复杂截面型钢：工字钢、角钢、槽钢、钢轨等。

2) 线材

如钢筋、钢丝等。

3) 管材

无缝钢管、焊接钢管等。

4) 板材

光面钢板、花纹钢板、彩色涂层钢板等。

(4) 建筑装饰钢材的主要品种、特点

建筑装饰钢材主要有彩色涂层钢板、彩色涂层压型钢板、轻钢龙骨。

1) 彩色涂层钢板

彩色涂层钢板是用镀锌钢板或冷轧钢板为基体，表面处理后涂各种保护、装饰涂层而成的一种复合金属板材。

特点：具有较高的强度、刚性、良好的可加工性，耐腐蚀、耐湿热、耐低温、色彩丰富、美观耐用等。

用途：建筑物的外墙板、屋面板、室内的护壁板、吊顶板，排气管道、通风管道等。

2) 彩色涂层压型钢板

彩色涂层压型钢板是以镀锌钢板为基材，经辊压、冷弯成异形断面，表面涂彩色防腐涂层或彩色烤漆而制成的板材。

特点：钢板轧制或冷弯成V形、U形、梯形或波形后，抗弯刚度提高，受力合理、自重减轻，具有抗震、耐久、色彩鲜艳、加工简单、安装方便等。

应用：外墙、屋面、吊顶、夹芯保温板的面板等。

表示方法：代号，波高，波距，有效覆盖宽度。如YX75-230-600，表示压型钢板的波高为75mm，波距为230mm，有效覆盖宽度为600mm。

3) 轻钢龙骨

轻钢龙骨是以镀锌钢带薄钢板由特制扎机以多道工艺扎制而成。

优点：强度大、通用性强、耐火性好、安装简易。

用途：可用于装配各种类型的石膏板、钙塑板、吸声板等饰面材料，是室内吊顶装饰和轻质板材隔断的龙骨支架。

断面形状有：U形、C形、T形、L形。

吊顶龙骨代号D分为：主龙骨（大龙骨、承重龙骨）和次龙骨（中小龙骨）。隔断龙骨代号Q有：竖龙骨、横龙骨、通贯龙骨。

2. 铝合金装饰材料的主要品种、特性及应用

(1) 铝及其特性

从铝矿石中提炼出三氧化二铝，由三氧化二铝通过电解，提纯，分离出杂质，制成铝锭。铝的密度为2.7g/cm^3，仅为钢材的1/3。

特性：熔点低，强度和硬度较低，导电性和导热性能优良，有良好的塑性和延展性，易加工成板、管、线及箔（6～25μm）等。

(2) 铝合金及其特性

铝合金强度高、密度小，有较高的比强度，耐腐蚀、低温性能好，易着色，有较好的装饰性。

(3) 铝合金的分类与牌号

1) 铝合金的分类

按化学成分分：二元铝合金、三元铝合金。

按加工方法分：变形铝合金、铸造铝合金。

变形铝合金：通过冲压、弯曲、辊轧、挤压等工艺使合金组织、形状发生变化的铝合金。

铸造铝合金：供不同种类的模型和方法（砂型、金属型、压力铸造等）铸造零件用的铝合金。

2) 铝合金的牌号

铸造铝合金的牌号：字母“ZL”（铸铝）和三位数字组成，如ZL101、ZL102、ZL201等。

第一位数表示合金的组别，其中，1——铝硅合金、2——铝铜合金、3——铝镁合金、4——铝锌合金。后两位数字表示该合金的顺序号。

变形铝合金分：防锈铝合金、硬铝合金、超硬铝合金、锻铝合金和特殊铝合金等，分别用字母“LF”“LY”“LC”“LD”“LT”表示。变形铝合金的牌号用其代号加顺序号表示，如LF10、LD8等。

(4) 铝合金的性质

1) 铝锰合金和铝镁合金

Al-Mn和Al-Mg合金，不能热处理强化，耐腐蚀性较高，抛光性好，强度较高，塑性和焊接性良好，切削加工性能不好。用于承受中等或低等荷载的构件。

2) 铝铜镁合金

硬铝合金，强度高，有一定耐热性，塑性、韧性、抗腐蚀性差，可焊性差，易产生裂纹。用于各种薄板、管材、线材、冲击件等。

3) 铝锌镁铜合金

超硬铝合金，热处理后强度比硬铝合金更高。制造飞机构件，焊接性差，有应力腐蚀开裂倾向，须作保护性处理。

4) 铝镁硅合金

锻铝合金，具有良好的耐热性和耐蚀性。是制作铝合金门窗、幕墙等最主要的合金品种。

(5) 铝合金的表面处理

铝材表面自然氧化膜很薄且较软，耐腐蚀性有限，因此用人工方法增加氧化膜厚度，并

进行着色处理，增加铝合金制品的装饰效果。

处理程序：表面预处理、阳极氧化处理、表面着色处理和封孔处理四个过程。

1）表面预处理

除油、碱腐蚀、中和及水洗等过程。

2）阳极氧化处理

使铝合金表面形成较厚的氧化膜层。铝合金氧化膜的厚度分为 AA10、AA15、AA20、AA25 等级，分别表示氧化膜厚度为 10μm、15μm、20μm、25μm。

3）表面着色处理

自然着色法（阳极氧化同时着色）分为：合金着色法（控制合金成分）和溶液着色法（控制电解液成分及氧化条件）。

电解着色法：对常规硫酸法阳极氧化后生成的氧化膜进一步电解，使电解液中所含金属盐的金属阳离子沉积到氧化膜孔底而着色的方法。

化学着色法以及树脂粉末静电喷涂着色法等。

4）封孔处理

原因：铝合金经阳极氧化、着色后的膜层为多孔状，具有很强的吸附力，易吸附有害物质而被污染或腐蚀。

① 水合封孔：高温下水与氧化膜发生反应，生成 $Al_2O_3 \cdot H_2O$，因其密度小于 Al_2O_3 而体积增大，堵塞了氧化膜孔隙，达到了封孔的目的。

② 金属盐溶液封孔：在金属盐溶液中发生氧化膜的水化反应，同时盐类水解生成氢氧化物在膜孔中沉淀析出而使膜孔封闭。

③ 有机涂层封孔：在铝合金表面涂敷封孔涂料。

（6）建筑装饰铝合金制品

铝合金制品主要用于隔墙、幕墙、天花、吊顶、门窗、卷闸、百页窗帘、饰柜和招牌等。

1）铝合金装饰板

① 铝合金花纹板：采用防锈铝合金坯料，用专制的花纹轧辊轧制而成，通过表面处理可获得各种美丽的颜色，用于建筑墙面装饰、楼梯踏板等处。

② 铝合金波纹板：铝合金波纹板是将防锈铝在波纹机上轧制成横截面为波纹形状的铝合金板，用于屋面和墙面等。

③ 铝合金穿孔吸声板：用各种铝合金平板经机械冲孔而成，具有吸声、降噪的功能，广泛应用于影剧院、播音室及噪声较大车间的天棚和墙面。有铝合金压型板、搪瓷铝合金板等。

2）铝合金门窗

铝合金门窗具有质量轻、气密性、水密性和隔声性好，色泽美观、不锈蚀，不褪色，强度高，刚度大，坚固耐用的特点。

按结构与开闭方式可分为平开门窗、推拉门窗、回转门窗、固定窗、悬挂窗、百叶窗、纱窗等。

铝合金门窗的技术要求包括强度、气密性和水密性。分别用风压强度、空气渗透性能和雨水渗漏性能三项指标表示。

3）铝合金型材

铝合金型材主要用于顶棚、隔断、隔墙、屏风、幕墙、门窗、橱柜、装饰线条等多个部位。

铝合金型材制品包括顶棚龙骨、隔墙龙骨、幕墙型材、地柜型材、线条、窗帘架、百叶窗帘、出风口型材。

3. 不锈钢装饰材料的主要品种、特性及应用

不锈钢是含铬12%以上，具有耐腐蚀性能的铁基合金。不锈钢可分为不锈耐酸钢和不锈钢两种，能抵抗大气腐蚀的钢称不锈钢，而在一些化学介质（如酸类）中能抵抗腐蚀的钢为耐酸钢。通常将这两种钢统称为不锈钢。用于装饰上的不锈钢主要是板材和型材。

(1) 普通不锈钢板

不锈钢是以铬（Cr）为主加元素的合金钢。还需加入镍（Ni）、锰（Mn）、钛（Ti）、硅（Si）等合金元素，以改善不锈钢的性能。

分类。按化学成分分为：铬不锈钢、铬镍不锈钢和高锰低铬不锈钢；按耐腐蚀性分为：普通不锈钢和耐酸不锈钢。

特点：普通不锈钢，耐大气、水蒸气侵蚀；耐酸钢还对化学侵蚀（酸、碱、盐溶液）具有良好的抗蚀性。

用途：不锈钢包柱，用于大型商场、宾馆、餐厅的入口、门听等，还可做广告牌。

(2) 彩色不锈钢板

由普通不锈钢板经艺术加工后，成为各种色彩的不锈钢装饰板。颜色有蓝、灰、紫、红、绿、橙、金黄等多种。

特点：抗腐蚀性强；机械性能好；耐磨、耐刻划、耐高温；色彩经久不褪。

用途：电梯箱板、车厢板、厅堂、墙板、顶棚板、招牌等。

(3) 不锈钢型材

不锈钢型材按截面分：方管、圆管、扁圆管材。按壁厚分：薄壁管（<2mm）或厚壁管（>4mm）。按表面光泽度分：抛光管、亚光管和浮雕管。

不锈钢型材主要应用于楼梯扶手和栏杆、屏风、店面装饰。

不锈钢材在现代装修工程中的运用，主要包括以下三大部分：①不锈钢薄板；②不锈钢钢管；③不锈钢角材及槽材。这三部分的具体产品包括：

不锈钢薄板主要包括：光面或镜面不锈钢（反射率在90%以上）、雾面板、丝面板、腐蚀雕刻板（腐蚀雕刻深度通常为：0.015～0.5mm）、凹凸板、半球型板或弧形板等。

不锈钢管材主要包括：平管、花管、方管、圆管、圆管两端斜管、方管两端斜管、彩色管及半球板管等。

不锈钢角材与槽材主要包括：等边不锈钢角材、不等边不锈钢角材、等边不锈钢槽材、不等边不锈钢槽材等。

4. 铜材

铜材在建筑装修中有悠久的历史，应用广泛，铜材表面光滑，光泽中等，有很好的导电、传热性能，经磨光处理后表面可制成亮度很高的镜面铜。常被用于制作铜装饰件、铜浮雕、门框、铜条、铜栏杆及五金配件等。

铜材会生铜绿，故使用铜材作器具多加其他金属而成合金，如高级水龙头，而另一种方式为铜板、铜管面加其他保护膜。

在装修工程中常用的铜材种类有：

纯铜：性软、表面光滑、光泽中等，可产生绿锈。

黄铜：是铜与亚铝合金，耐腐蚀性好。

青铜：铜锡合金。

白铜：含 9%～11%镍。

红铜：铜与金的合金。

六、建筑陶瓷与玻璃

1. 常用建筑陶瓷制品的主要品种、特性及应用

（1）常用建筑陶瓷制品的分类

陶瓷是陶器和瓷器两大类产品和总称。有陶质、炻质两种。

陶质：分粗陶手精陶、有一定的吸水率（9%～22%），断面粗糙无光，不透明，敲之声音粗哑，有的无釉，有的施釉，如釉面砖、部分外墙砖等都属长石精陶质。

炻质：分粗炻质和细炻质，坯体较致密，吸水率为 4%～10%，颜色有深有浅，其材质介于陶质和瓷质之间。如地面砖、锦砖等。亦有一种外墙砖属于炻质。

在现代建筑装修工程中应用的陶瓷制品主要包括陶瓷墙地砖、卫生陶瓷玻璃陶瓷制品等，但应用最为广泛的仍是陶瓷墙地砖。

墙地砖是釉面砖、地砖与外墙砖的总称。地砖中包括锦砖（马赛克），梯沿砖、铺路砖、大地砖等，外墙砖包括彩釉砖和外墙砖，其中具有独特装饰效果的是陶瓷锦砖。

锦砖，也称马赛克，是由各种颜色多种几何形状的小块瓷片铺贴在牛皮纸上形成色彩丰富、图案繁多的装饰，又称纸皮砖（石）。

釉面砖是用于建筑物内墙装饰的薄板精制品，也有称为瓷片的，用釉面砖装饰建筑物内墙，可使建筑物具有独特的卫生、易清洗和清新美观的建筑效果。

瓷砖地使用上可分：①地面用砖：②墙面用砖。以场所分右分为室外用砖。在制造上可分一般瓷砖及瓷化瓷砖。后者窑烧温度较高、硬度亦高。

（2）釉面内墙砖

釉面内墙砖，简称釉面砖。是厨房、卫生间及公共卫生设施的装饰和维护材料。

1）釉面砖的品种、形状及规格尺寸

① 按颜色分单色、花色和图案砖。

② 按表面釉层分结晶釉、花釉和有光釉。

③ 按正面形状分：正方形、长方形和异形配件砖。

规格：297×247、297×197、197×197、197×148、148×148 等。

2）物理力学性能

① 吸水率应不大于 21%。

② 弯曲强度应不小于 16MPa。当厚度大于或等于 7.5mm 时，弯曲强度应不小于 13MPa。

③ 经耐急冷急热试验和抗龟裂试验后，釉面不应出现裂纹。

④ 釉面抗化学性能，需要时由供需双方商定。

3）釉面砖的特点和用途

特点：强度高、抗冻、抗急冷急热、热稳定性好、防潮防火、耐酸碱，表面光滑、易

清洗。

用途：适用于厨房、卫生间、实验室、医院等室内墙面、台面、台度的饰面材料。

釉面砖不宜用于室外，原因是釉面砖是多孔的精陶坯体，在长期与空气中的水分接触过程中，会吸收大量水分而产生吸湿膨胀的现象。而釉的吸湿膨胀非常小，当坯体膨胀增长到使釉面处于张应力状态，特别是当应力超过釉的抗张强度是，釉面产生开裂。如果用于室外，经长期冻融，会出现釉面剥落掉皮现象。注意釉面砖铺帖前，必须浸水 2h 以上，然后取出晾干至表面无明水，才可进行粘贴施工。

（3）墙地砖

墙地砖包括室内外地面铺帖用砖、外墙装饰贴面用砖、彩釉砖；按其表面是否施釉分为无釉陶瓷地砖。

墙地砖表面质感多种多样，通过配料和改善工艺，可制成平面、麻面、毛面、磨光面、抛光面、无光釉面、有光釉面、防滑面等。

1）墙地砖的产品等级与尺寸

按表面质量和允许变形偏差，分为：优等品、一等品、合格品。

2）墙地砖的技术质量要求

① 吸水率应不大于 10%，表观密度 1800kg/m^3 左右。

② 耐急冷急热，经 3 次急冷急热循环不出现炸裂。

③ 抗冻性。经 20 次冻融循环不出现破裂、剥落或裂纹。

④ 抗弯强度。平均值不低于 24.5MPa。

⑤ 耐磨性。仅指地砖，按耐磨转数，可分为Ⅰ、Ⅱ、Ⅲ、Ⅳ四级。

⑥ 耐化学腐蚀性。根据耐酸碱试验，分为 AA、A、B、C、D 五个等级。

3）墙地砖的特点与应用

特点：质地致密，强度高，吸水率小，热稳定性、耐磨性及抗冻性好。

应用：较厚的用于铺地砖；较薄的用于外墙饰面。

安装：可垂直、水平，接缝可错缝、齐缝，接缝宽度有密缝和齐缝。

4）新型墙地砖

① 劈离砖：适用于各类建筑的外墙装饰，也可适用于办公楼、图书馆、商场、车站、等室内地面及楼梯的铺设。厚砖适用于广场、公园、停车场、人行道等露天地面铺设。也可用作游泳池、浴池池底和池岸的贴面材料。

② 彩胎砖：彩胎砖是一种本色无釉瓷质饰面砖，呈多彩细花纹，富有天然花岗岩的纹点。多为浅色调。适用于人流大的商场、剧院、宾馆等公共场所地面铺设，也可用于住宅厅堂的墙地面装修。

③ 麻面砖：麻面砖属炻质面砖。薄型砖适用于建筑物外墙装饰，厚型砖适用于广场、停车场、码头、人行道等地面铺设。

（4）陶瓷锦砖

陶瓷锦砖又名马赛克，它是用优质瓷土烧成，一般做成 18.5×18.5×5（mm）、39×39×5（mm）的小方块，或边长为 25mm 的六角形等。这种制品出厂前已按各种图案反贴在牛皮纸上，每张大小约 30cm 见方，称作一联，其面积约 0.093m，每 40 联为一箱，每箱约 3.7m^2。施工时将每联纸面向上，贴在半凝固的水泥砂浆面上，用长木板压面，使之粘贴平实，待砂浆硬化后洗去皮纸，即显出美丽的图案。

1）陶瓷锦砖的技术质量要求

① 尺寸允许偏差，应符合规范规定。

② 外观质量缺陷允许范围，应符合规范规定。

③ 无釉锦砖吸水率不大于0.2%；有釉锦砖吸水率不大于1.0%。

④ 抗压强度要求达到15～25MPa。

⑤ 要求耐酸度大于95%，耐碱度大于84%。

⑥ 有釉锦砖经急冷急热试验应无裂纹；无釉锦砖无要求。

⑦ 成联质量。锦砖与铺帖指粘结牢固，不得在运输和施工时脱落，浸水后要脱指纸方便，脱纸时间不大于40min。

2）特点和用途

特点：色泽明净、图案美观、质地坚实、抗压强度高、耐污染、耐腐蚀、耐磨、耐水、抗冻抗火、防滑、易清洗。

用途：

① 主要适用于厨房、盥洗室、卫生间、浴室等的地面铺设。

② 高级建筑物外墙饰面。

③ 镶拼壁画。分为：绘陶壁画和碎陶壁画。（北京建国门地铁车站的《天文纵横》，180m^2，是我国迄今最大的陶瓷壁画；北京首都国际机场的《科学的春天》、北京国际饭店的《丝绸之路》等是广受赞誉、人所共知的陶瓷壁画。）

2. 普通平板玻璃的规格和技术要求

玻璃在建筑装饰装修中主要的作用是采光和美化。玻璃依透光性可分为全透明玻璃，半透明玻璃，深色玻璃或有色玻璃。半透明玻璃有毛玻璃、磨砂玻璃、压花玻璃、夹丝玻璃。

室内用装饰玻璃主要为艺术玻璃，它是在玻璃上通过不同的加工工艺而制成的具有特殊效果的艺术玻璃。常用的有镜面玻璃、彩绘玻璃、雕刻玻璃、腐蚀玻璃、镭射玻璃、聚油玻璃和热融玻璃等，品种和效果非常丰富。

镜面安装的方法，大致可分五种：螺钉固定、嵌钉固定、黏结固定、托压固定和粘结支托固定。每种做法都有各自的特点和适用范围。

（1）普通平板玻璃的规格

按照生产方法普通平板玻璃可分为垂直引上法（引拉法）和浮法玻璃，垂直引上法石我国传统方法。浮法是较先进的生产方法，玻璃质量好，表面平整，无波筋。

引拉法玻璃有2、3、4、5、6mm五种。

浮法玻璃有3、4、5、6、8、10、12mm七种。

（2）普通平板玻璃的性能

1）具有较好的透光性，较高的化学稳定性和耐久性，但韧性小、抗冲击强度低，易破碎。

2）密度为2.5g/cm^3，莫氏硬度为5.5～6.5。抗压强度800～930MPa，而抗拉抗弯强度较低，约为40～60MPa。

3）比热$C>0.83$kJ/kg·K，导热系数$\lambda=0.76\sim0.82$W/（m·K），软化温度为720～730℃。

(3）普通平板玻璃的类型

按外观质量，可分为优等品、一等品、合格品三个等级。

(4）普通平板玻璃的应用

1）建筑物的门、窗玻璃，一般为 3mm 厚。

2）加工成钢化玻璃、夹层玻璃、中空玻璃、镀膜玻璃等。

如：玻璃幕墙、采光屋顶、橱窗、柜台等多采用 5.6mm 的钢化玻璃；公共建筑的大门，则采用 8mm 以上的钢化玻璃。

3. 安全玻璃、节能玻璃、装饰玻璃、玻璃砖的主要品种、特性及应用

(1）安全玻璃

安全玻璃的主要功能是力学强度大，抗冲击性能好，破碎时不会飞溅伤人，具有防火和装饰效果。

常用的安全玻璃有：钢化玻璃、夹丝玻璃、夹层玻璃等。

1）钢化玻璃

钢化玻璃也称强化玻璃，是将平板玻璃经过物理钢化（淬火）或化学钢化处理而获得的玻璃。钢化处理可使玻璃中形成可缓解外力作用的均匀预应力，使产品的强度、抗冲击性、热稳定性大幅度提高。破碎后形成无尖锐表面的小块。钢化玻璃不能切割、磨削、边角不能碰击。需要时由供需双方商定。

钢化玻璃的特性

① 机械强度高　比普通平板玻璃高 3～5 倍，抗弯强度不低于 200MPa。

② 弹性好

③ 热稳定性高　受急冷急热不易炸裂。最大按温度可达 288℃，能承受 204℃的温差。

钢化玻璃可用作建筑物的门窗、幕墙、隔墙、屏蔽、桌面玻璃及汽车挡风玻璃等。

2）夹层玻璃

夹层玻璃是将、两片或多片玻璃之间嵌夹透明塑料薄片，经加热、加压黏合而成。破碎后，碎片不飞散，只产生辐射裂纹，不致伤人。

夹层玻璃的原片，可采用平板玻璃、钢化玻璃、吸热玻璃、反射玻璃等。层数有 3、5、7、9 层，9 层时成为防弹玻璃。

常用的塑料夹层有：赛璐珞和聚乙烯醇缩甲醛树脂。赛璐珞夹层玻璃不耐潮，长期受日晒会发黄，透明度降低。树脂夹层玻璃具有抗水和抗日光性。可用在飞机门窗、汽车、银行橱窗等部位防振动或防弹。按夹层的特性，可分为多个品种：

① 电热夹层玻璃　可保持表面干燥，如防雾镜。

② 报警夹层玻璃　一旦破碎即可报警，可用于银行、办公室、商务中心等。

③ 防紫外线夹层玻璃　可大大减少紫外线的透射作用。

④ 防弹型夹层玻璃　遮阳型等。

夹层玻璃耐久、耐热、耐湿、耐寒、隔声等，适用于有特殊要求的建筑物的门窗、隔墙、天窗和水下工程等。

3）夹丝玻璃

夹丝玻璃也称防碎玻璃和钢丝玻璃或防火玻璃。是将编织好的钢丝压入已软化的红热玻璃中而制成的。抗压强度、抗冲击能力、耐温度剧变性能比普通玻璃高。破而不碎，碎而不

散，不会飞溅伤人。

夹丝玻璃主要用于公共建筑的阳台、楼梯、电梯间、防火门、厂房的天、各种采光屋顶等。

（2）节能玻璃

1）吸热玻璃

吸热玻璃能吸收大量红外线辐射能，又能保持良好的透光率的平板玻璃称为吸热玻璃。

吸热玻璃的特点：

① 吸收太阳辐射热。可产生冷房效应，节约冷气能源。

② 吸收太阳可见光。可减弱太阳光强度，使刺眼的阳光变得柔和舒适，起到良好的防眩作用。

③ 吸收太阳的紫外线。可显著减少紫外线的透射而对人体与物体的损害，即可防止紫外线对室内家具、日用器具、商品、书籍等褪色和变质的影响。

吸热玻璃主要用于建筑物的外墙、门窗等。

2）热反射玻璃

热反射玻璃又称遮阳镀膜玻璃或镜面玻璃。是具有较高的热反射性能而又保持良好的透光性的平板玻璃。

热反射玻璃反射率最高可达 61%，而普通平板玻璃仅为 7%～8%。

镀金属膜的热反射玻璃还具有单向透像作用。

热反射玻璃主要用于有绝热要求的建筑物门窗、玻璃幕墙、汽车和轮船的玻璃窗。

3）中空玻璃

中空玻璃是由两片或两片以上平板玻璃构成。四周用高强度、高气密性复合黏接剂，将玻璃与密封条、玻璃条粘结、密封。中间充入干燥空气或惰性气体，也可放置干燥剂。

中空玻璃的特点：

① 优良的绝热性能。

② 隔声性能好。可使噪声下降 30～44dB。

③ 露点低。

④ 重量轻。相当于混凝土墙的 1/16。

中空玻璃隔热、隔声，耐温差大，可用于需要采暖、空调、防止噪声以及需要无直射阳光的建筑物，如住宅、学校、医院、工厂的门窗、天窗和玻璃幕墙等。

（3）玻璃砖和玻璃马赛克

1）玻璃砖

玻璃砖又称“特厚玻璃”，分为实心和空心两种。

空心玻璃砖的特性：

① 透光性可在较大范围内变化。能透散射光或将光折射到某一方向，提高室内的采光深度和均匀性。

② 隔热保温性能好。

③ 隔声效果好。

④ 密封性强，不透灰尘，不结露。

⑤ 不燃烧，能短期隔断火焰。

⑥ 机械强度高，虎穴性能稳定，使用寿命长。

用途：砌筑透光墙壁、非承重结构的内外墙、门厅、浴室，特别适用于要求艺术装饰、防太阳眩光、控制透光、提高采光深度的高级建筑，如宾馆、展览馆、体育场馆等。

2）玻璃马赛克

玻璃马赛克又称“玻璃锦砖”。

特点：

① 质地坚硬，性能稳定，不易污染，用于外墙能够长期保持原有色彩和光泽，并具有耐热、耐寒、耐酸碱等特性。

② 表面光滑，色泽度好，色调丰富。

用途：主要用于高级宾馆、礼堂的门面、厨房、卫生间等的内外墙，大型壁画。

（4）装饰玻璃

1）彩色玻璃

彩色玻璃有透明和不透明两种。主要用于建筑物的内外墙、门窗及对光线有特殊要求的部位。

2）玻璃贴面砖

玻璃贴面砖用作内外墙的饰面材料。

3）压花玻璃

压花玻璃又称滚花玻璃，是用带花纹图案的滚筒压制处于可塑状态的玻璃料坯而制成的。颜色有黄色、浅蓝色、橄榄色等。

压花玻璃可分为普通压花玻璃、真空冷膜压花玻璃和彩色膜压花玻璃等。

特点：透光不透视。

用途：办公室、浴室、卫生间的门窗、隔断等，花纹朝向室外。

4）磨砂玻璃

磨砂玻璃又称“毛玻璃”。是指经研磨、喷砂或氢氟酸溶蚀等加工，使表面（单面或双面）成为均匀粗糙的平板玻璃。

用硅砂、金刚砂、石榴石粉等作研磨材料，加水研磨制成的，称为磨砂玻璃。

用压缩空气将细砂喷射到玻璃表面而制成的，称为喷砂玻璃。

用氢氟酸溶蚀的称为酸蚀玻璃。

特点：透光不透视。

用途：卫生间、浴室等的门窗、隔断，还可作黑板、灯罩。

5）镭射玻璃

镭射玻璃是经特种工艺处理后，玻璃背面出现全息或其他光栅，形成物理衍射分光而出现艳丽的七色光。

适用于酒店、宾馆、商业、文化娱乐设施等的装饰。

6）光致变色玻璃

在玻璃中加入卤化银、或在玻璃有机夹层中加入钼或钨的感光化合物而获得光致变色性。

应用：挡风玻璃、计算机图像显示装置、光学透视材料如变色眼镜。

七、建筑装饰涂料与塑料制品

1. 内墙涂料的主要品种、特性及应用

涂料是于物体表面，经过物理变化或化学反应，形成坚韧保护膜的物料的总称，其中，大多数是含有或不含颜料的有机黏稠液体，通常叫作漆。长期以来，涂料都是用植物油和天然树脂熟练而成的，因此，人们一直将涂料产品叫作油漆。尽管以水作主要溶剂的涂料产品逐渐增多，但是由于油漆两字沿用已久，所以人们仍旧按习惯称有机涂料为油漆，而涂料多用于称呼以水作主要溶剂的水性涂料，尤指建筑涂料。

各种涂料由主要成膜物质、次要成膜物质和辅助或膜物质三部分组成。涂料的这些组成成分，按其性能形态可完全包括在 5 大类原料中：油料、树脂、颜料、溶剂、催干剂及其他涂料助剂。内墙涂料主要有以下类型：

（1）溶剂型涂料

溶剂型涂料是以高分子合成树脂为主要成膜物质，有机溶剂为稀释剂，加入一定量的颜料、填料及助剂，经混合、搅拌溶解、研磨而配制成的一种挥发性涂料。涂刷在外墙面以后，随着涂料中所含溶剂的挥发，成膜物质与其他不挥发组分共同形成均匀连续的薄膜，即涂层。

（2）乳液型涂料

以高分子合成树脂乳液为主要成膜物质的外墙涂料称为乳液型外墙涂料。按乳液制造方法不同可以分为两类：一是由单体通过乳液聚合工艺直接合成的乳液；二是由高分子合成树脂通过乳化方法制成的乳液。按涂料的质感又可分为乳胶漆（薄型乳液涂料）、厚质涂料及彩色砂壁状涂料等。

（3）特种涂料

特种涂料对被涂物不仅具有保护和装饰的作用，还有其特殊作用。例如，对蚊、蝇等害虫有速杀作用的卫生涂料，具有阻止霉菌生长的防霉涂料，能消除静电作用的防静电涂料，能在夜间发光起指示作用的发光涂料等等，这些特种涂料在我国才问世不久，品种较少，但其独特的功能打开了建筑涂料的新天地，表现了建筑涂料工业无限的生命力。

（4）防火涂料

防火涂料可以有效延长可燃材料（如木材）的引燃时间，阻止非可燃结构材料（如钢材）表面温度升高而引起强度急剧丧失，阻止或延缓火焰的蔓延和扩展，使人们争取到灭火和疏散的宝贵时间。

（5）发光涂料

发光涂料是指在夜间能指示标志的一类涂料。发光涂料一般有两种：蓄发性发光涂料和自发性发光涂料。它由成膜物质、填充剂和荧光颜色等组成，之所以能发光是因为含有荧光颜料的缘故。当荧光颜料（主要是硫化锌等无机颜料）的分子受光的照射后而被激发、释放能量，夜间或白昼都能发光，明显可见。

自发性发光涂料除了蓄发性发光涂料的组成外，还加有极少量的放射性元素。当荧光颜料的荧光消失后，因放射物质放出的射线的刺激，涂料会继续发光。

（6）防水涂料

防水涂料用于地下工程、卫生间、厨房等场合。早期的防水涂料以熔融沥青及其他沥青加工类产物为主，现在仍在广泛使用。近年来以各种合成树脂为原料的防水涂料逐渐发展，按其状态可分为溶剂型、乳液型和反应固化型三类。

溶剂型防水涂料是以各种高分子合成树脂溶于溶剂中制成的防水涂料，快速干燥，可低温操作施工。常用的树脂种类有：氯丁橡胶沥青、丁基橡胶沥青、SBS改性沥青、再生橡胶改性沥青等。

乳液型防水涂料是应用最多的涂料，它以水为稀释剂，有效降低了施工污染、毒性和易燃性。主要品种有：改性沥青系防水涂料（各种橡胶改性沥青）、氯偏共聚乳液、丙烯酸乳液防水涂料、改性煤焦油防水涂料、涤纶防水涂料和膨润土沥青防水涂料等。

反应固化型防水涂料是以化学反应型合成树脂（如聚氨酯、环氧树脂等）配以专用固化剂制成的双组分涂料，是具有优异防水性、变形性和耐老化性能的高档防水涂料。

2. 外墙涂料的主要品种、特性及应用

外墙涂料可用于装饰和保护建筑物的外墙面。应具备装饰性好、耐水性好、耐候性好、耐污染性好、施工及维修容易，价格合理的特点。

外墙涂料主要类型有：合成树脂乳液外墙涂料、合成树脂乳液砂壁状建筑涂料、液溶剂型涂料、外墙无机建筑涂料和复层建筑涂料等。

（1）合成树脂乳液外墙涂料

主要用于各种基层表面装饰，可以单独使用，也可作复层涂料的面层。

常用品种有：醋酸乙烯丙烯酸乳液外墙涂料、苯乙烯丙烯酸乳液外墙涂料、丙烯酸酯乳液外墙涂料、氯乙烯偏氯乙烯乳液外墙涂料等。

（2）合成树脂乳液砂壁状建筑涂料

主要用于各种板材及水泥砂浆抹面的外墙装饰，装饰质感类似于干粘石、水刷石，但粘接强度、耐久性比较好，适合于中、高档建筑物的外墙装饰。

（3）溶剂型外墙涂料

溶剂型外墙涂料是以合成树脂溶液为基料，有机溶剂为稀释剂，加入一定量的颜料、填料及助剂，经混合溶解、研磨而配制成的建筑涂料。

特点：涂膜紧密，具有较好的硬度、光泽、耐水性、耐酸碱性、耐候性、耐污染性等优点。透气性较差。

常用于外墙装饰，也可作复层涂料的高档罩面层。

常用品种：丙烯酸酯涂料（保色性好、耐候性好、不易变色、脱落或粉化）；丙烯酸一聚氨酯溶剂型涂料（耐热性、耐候性优良、耐水、耐酸、耐碱性能好表面光洁度好）

（4）外墙无机建筑涂料

外墙无机建筑涂料按基料种类，可分为碱金属硅酸盐涂料（A类）和硅溶胶涂料（B类）。

（5）复层建筑涂料

复层建筑涂料用刷涂、滚涂、喷涂等方法，一般由底涂层、主涂层和面涂层组成。

3. 地面涂料的主要品种、特性及应用

地面涂料能装饰与保护室内地面，使其清洁美观。地面涂料应具备良好的粘接性能；耐碱、耐水、耐磨、耐污染性好；抗冲击性能好。

（1）木地板涂料

木地板涂料又称“地板漆”，是木地板专用涂料。

(2) 过氯乙烯地面涂料

特点：耐老化和防水性能好，漆膜干燥快（2h），有一定的硬度、附着力、耐磨性和抗冲击力，色彩丰富，漆膜干燥后无刺激性气味。

(3) H80——环氧地面涂料

环氧地面涂料具有良好的耐腐蚀性能，涂层坚硬、耐磨，有一定韧性，涂层与水泥基层黏结力强，耐油、耐水、耐热、不起尘，装饰性好。适用于机场、工业与民用建筑中的耐磨、防尘、耐酸碱、耐有机溶剂、耐水等工厂的地面涂料。

(4) 聚氨酯地面涂料

聚氨酯地面涂料具有较高的强度和弹性；对金属、水泥、木材、陶瓷等地面的黏结力强，整体性好；耐磨性好，耐油、耐水、耐酸碱；色彩丰富，可做成各种图案；不起尘、易清扫，有良好的自熄性，不变色，不需打蜡，可代替地毯；价格较贵，施工复杂；原材料有毒性，施工中注意通风、防火及劳动保护等特点。适用于会议室、放映厅、图书馆等人流较多的地面作弹性地面装饰。

(5) 氯-偏共聚乳液地面涂料

氯-偏共聚乳液地面涂料又称“RT-170 地面涂料”。其无味、快干、不燃、易施工；涂层坚固光洁，有良好的防潮、防霉、耐酸碱、耐磨和耐化学稳定性。适用于机关、学校、商店、宾馆等公共场所的地面涂料。

(6) 聚乙烯醇缩甲醛水泥地面涂料

聚乙烯醇缩甲醛水泥地面涂料又称“777 水性地面涂料”。其具有无毒、不燃、涂层与水泥基层粘接牢固，干燥快，耐磨、耐水，不起砂，不裂缝，可在潮湿的水泥基层上施工的特点。适用于公共民用建筑、住宅建筑以及一般实验室、办公室水泥地面的装饰。

(7) 聚醋酸乙烯酯水泥地面涂料

聚醋酸乙烯酯水泥地面涂料又称“HC-地面涂料”。其具有无毒、不燃、干燥快，黏结力强，耐磨、耐冲击，有弹性，装饰效果好，操作工艺简单，施工方便，价格便宜的特点。适用于民用及其他建筑的地面，特别适用于水泥旧地面的翻修。

4. 建筑装饰塑料制品的主要品种、特性及应用

所谓塑料，是以合成树脂（高分子聚合物或预聚物）为主要成分，或加有其他添加剂（如填料、增塑料、稳定剂和着色剂等），经一定温度、压力塑制成型的材料。

塑料具有许多优异的性能，如此重小，耐腐蚀，良好的隔热、吸声、防震性能，而且易于加工，安装性能好，价格较低，以及良好的装饰效果。

作为建筑装饰装修材料使用的塑料制品，主要有塑料壁纸、塑料地板、塑料门窗、塑料管道、塑料吊顶材料、塑料卫生洁具、塑料灯具、楼梯扶手等。

(1) 塑料的特性

1) 质量轻。密度为 $0.9 \sim 2.2 g/cm^3$。可降低劳动强度，减轻建筑物自重。

2) 导热性低。密实塑料 $\lambda = 0.12 \sim 0.80$W/（m·K），泡沫塑料导热系数最小，为 $0.02 \sim 0.046$ W/（m·K），是理想的保温材料。

3) 比强度高。材料的强度与表观密度的比值，称为比强度。比强度高于水泥混凝土、钢材，是一中轻质高强材料。

4) 耐腐蚀性好（化学稳定性好）。对酸、碱、盐及水蒸气，具有较强的抵抗性。可用于

建筑的上下水管材和管件。

5）电绝缘性好。是优良的绝缘材料，是电的不良导体。

6）装饰性好。色彩鲜艳耐久，经印刷、压花、电镀几烫金技术制成具有图案花纹的表面，质感美观，富有装饰艺术性。

7）多功能性。隔热、隔声、耐腐蚀等，通过改变塑料组成，也能改变其性能，使之具有多功能性。

8）弹性好。

9）耐磨性好。

10）经济性好。低能耗、高价值。

11）耐热性差。一般热塑性塑料的热变形温度为 80～120℃，热固性塑料一般不超过 150℃。

12）易燃。塑料的燃烧可产生三种灾难性作用：①燃烧迅速，放热剧烈；②发烟量大，浓烈弥漫；③生成毒气，毒害窒息。

13）易老化。在环境介质的作用下，机械性能变差，易发生脆裂、破坏的现象。

14）刚度小。弹性模量低，只有钢的 1/20～1/10。

（2）塑料的组成

塑料是一种合成高分子聚合物，由树脂、填料、助剂（增塑剂、固化剂、着色剂、稳定剂等）等组分经聚合而成。

有机物按相对分子量大小，分为低分子有机物和高分子有机物。见表 1-1。

表 1-1　按相对分子质量对有机物的分类

分类	有机低分子化合物				有机高分子化合物	
名称	甲烷	乙烯	乙醇	苯	聚乙烯	聚氯乙烯
相对分子量	16	28	46	78	2～20×104	2～16×104

高分子化合物按其生产的条件，可分为：

天然高分子化合物：如植物淀粉、纤维、动物脂胶、草木竹藤、松香等。

人工高分子化合物：合成橡胶、塑料、尼龙、丙纶、的确良等。

1）合成树脂

合成树脂是塑料的基本组成材料，起胶结作用，在塑料中约占 30%～60%。

合成树脂按生产时化学反应的不同，可分为聚合树脂和缩聚树脂。

聚合树脂（热塑性），如：聚乙烯 PE、聚氯乙烯 PVC、聚苯乙烯 PS、聚丙烯 PP、聚四氟乙烯 F-4、聚酰胺 PA-尼龙。

缩聚树脂（热固性），如：酚醛树脂 PF、环氧树脂 EP、聚氨酯树脂 PU、聚酯树脂 PES。

合成树脂按受热时性能变化的不同，分为热塑性树脂和热固性树脂。

热塑性树脂具有可反复受热软化（或熔化）和冷却硬化的性质。具有加工成型简便，有较高的机械性能。但耐热性差，刚性较差。如 PVC、PE、PS 等聚合树脂。

热固性树脂成型后，再受热不能软化，也不能改变其形状，只能塑制一次。具有耐热性好，受压不易变形的特点。但物理力学性能差质地硬而脆。

2）填料

主要是一些化学性质不太活泼的粉状、块状或纤维状的有机和无机化合物。加入填料可提高塑料的强度、硬度和耐热性，降低成本。掺加量为40%～70%。

无机填料：云母（改善绝缘性能）、石墨（增加耐磨性）、玻璃纤维（提高力学性能）、滑石粉、石棉等。

有机填料：木粉、纸屑、废棉、废布等。

3）添加剂

① 增塑剂：增塑剂可提高塑料在高温加工条件下的可塑性，提高制品在使用条件下的弹性和韧性，改善低温脆性。常用增塑剂有：邻苯二甲酸二丁酯（DBP）、邻苯二甲酸二辛酯（DOP）、樟脑等。

② 固化剂：又称硬化剂。在成型前加入固化剂，才能成为坚硬的塑料制品。如胺类、酸酐类、过氧化物等。

③ 着色剂：为使塑料制品具有特定的色彩和光泽，可加入着色剂。着色剂按其在介质中的溶解性分为染料和颜料两种。

对着色剂的要求是：较好的光稳定性，在阳光下不易褪色；稳定性好，其分解温度要高于塑料的加工和使用温度；在树脂中易分散，不易被油、水抽提；色泽鲜艳，着色力强；没有毒性，不污染产品；不影响产品的物理和力学性能。

④ 阻燃剂：又称防火剂，是一种能提高聚合物的耐热性，阻滞塑料的燃烧，并使其具有自熄性的物质。

⑤ 发泡剂：又称起泡剂，能发生泡沫而形成闭孔或开孔结构的物质。主要有偶氮化合物和过氧化合物等。

⑥ 润滑剂：为了脱模和塑料制品表面光洁，需用润滑剂。常用润滑剂有：硬脂酸钙和硬脂酸镁。

⑦ 抗老化剂：为了稳定塑料制品质量，延长使用寿命。

（3）主要塑料产品

1）PVC（聚氯乙烯）

PVC是目前生产装饰材料最多的一种塑料，例如：塑料墙纸、塑料管道、塑料地板等。它是一种多功能的塑料，通过配方的变化，可以制成硬质和软质的制品，也能得到轻质的发泡制品。

2）PU（聚氨酯）

PU是性能优异的热固性树脂，它可制成单组分或双组分的涂料、黏合剂、泡沫塑料。根据组成的不同，PU可以是软质的，也可以是硬质的。

3）PMMA（有机玻璃）

PMMA透光性极好，可透过光线的99%，并能透过紫外红光的73.5%。因此，可代替玻璃，而且不易破碎。但其表面硬度比无机玻璃差。

4）GRP（玻璃纤维增强塑料、玻璃钢）

GRP是用玻璃纤维制品（纱、布、短切纤维、毡、无纺布等）增强UP、EP等树脂得到的一类热固化塑料。它是一种复合材料，通过玻璃纤维的增强，得到机械强度很高的增强塑料。

八、装饰面材

装饰面材包括装饰和可曲性贴面材两大类。装饰板材是指用作墙面板或天花板或家具板，以装饰美化为主的装饰材料。可曲性贴面材是指贴于基本材面的薄皮层。贴面材柔软可弯曲，对方弧角、弯曲面均可施工，造成整体的柔美感。

装饰板材包括饰面石材、金属饰面板材、塑料装饰板材、木质饰面板材、石膏饰面板材、植物纤维饰面板材等。

可曲性贴面材种类较装饰板材为多，可分为：①真木皮类；②纸质类；③布质类；④塑料类；⑤编织类；⑥防火皿类；⑦软木类；⑧金属类；⑨真皮类；⑩合成皮类等。

(1) 真木皮类

真木皮类是指实木利用机器切割挤压一体成型的薄木皮。薄木皮贴面与原底材结合力强，不像防火板边角易断，此外木皮贴合会使较长的板面无接缝感，尤其刷过漆后，能显出木纹的真实感和亲切感。木皮的幅面一般宽度多为：300～500mm，长度在2500～3000mm之间。

真木皮的种类极多，较常见的有紫檀木皮、非洲木皮、杉木皮、桂楠木皮、樟木皮等。木皮施工是施工面在清理后，以漆筒均匀布胶（乳胶为主），再将木皮贴上，可用熨斗烫平，再清理表面即可。

(2) 贴皮夹板

贴皮夹板是利用珍贵树种，如花樟、榉木、紫檀木、栓木等经过精密刨切，制得厚度在0.2～0.5mm的微薄木，以胶合板为基材，采用先进的胶粘工艺及胶粘剂制成。

常用贴皮装饰木夹板、有樱桃木板、胡桃木板、枫木板、沙比利板、酸枝板、红影板、柚木板、水曲柳板等。

(3) 防火板

装饰防火板分无机和有机两种，无机轻质板由水玻璃，珍珠岩粉和一定比例的填充剂混合后压制成型。具有防火、防尘、耐磨、耐酸碱、耐撞击、防水、易保养等特点。

防火板花色品种主要包括下述四大类：

1) 木纹颜色的光面和雾面胶板。

2) 皮革颜色的雾面和光面胶板。

3) 仿大理石花纹的雾面和光面胶板。

4) 细格几何图案及各款条纹杂色的雾面和光面胶板。

防火板可分为水平面板及垂直面板。水平面板要具高耐磨度及抗热度，厚度一般为：0.8mm、1.0mm、1.1mm、1.2mm、1.3mm、1.5mm，垂直面板厚度多为：0.5～0.8mm。防火板的幅面尺寸常见2440mm×1220mm。

防火板施工最大缺点是直角收边易碰撞，日久后断落的齿痕十分难看。一般改用木皮油漆或贴人造成纸，也可用PVC收边条或实木收边补救。

防火板在施工时，底板一定要清洁后再上胶滚压密合，收边皆为直角、斜角、圆弧角，前两种会有交界缝，而收圆弧角则较圆滑美观。

(4) 铝塑板

铝塑板两面是0.1×0.3mm厚的铝层，中间的夹芯材料主要采用中低压聚乙烯（高密度聚乙烯）。铝板表面可以进行防腐、轧花、涂装、印刷等二次加工，铝塑板的特点是重量轻，有适当的刚性，能减振和隔声。过去使用玻璃钢和木材之类材料的部位，均可用这种材料代替。可作为门窗或装饰材料，是绝热和装饰的绝佳材料。常规尺寸 2440mm×1220mm，厚度 3mm～4mm。

九、壁纸

壁纸又称墙纸，是一种应用相当广泛的室内装饰材料，因为墙纸具有色彩多样、图案丰富、豪华气派、安全环保、施工方便、价格适宜等多种其他室内装饰材料所无法比拟的特点。

1. 壁纸分类

(1) 一般壁纸

一般壁纸是最经济的壁面装饰材，花色很多，厂牌也多，现今市面产品仍以国产品为大宗。进口品价格较高，花色高雅，高级性并不比国产品高出多少，所以一般选用国产品，只要得当同样有很好的效果。

(2) 浮雕壁纸

浮雕壁纸是将纸质料材压刻成各式设计图案或形状使贴铺后成一浮雕面。浮雕壁纸多为一片一片加以组合，若厚度不大，才成“卷”包装。市面上多以金箔纸或铝箔纸压刻成品。一此类产品不宜过量使用，作一片主墙点缀，或中心式天花板，效果都很好。

(3) 泡棉壁纸

泡棉壁纸在纸质面上经泡棉胶合作用呈现立体图案。在制作上，进口泡棉壁纸，皆经过喷泡棉材之方式施工，保表面图案细致均匀，但价格较高，而国产品用滤网模型滚压而成，品质多不及进口细致。泡棉壁纸成卷包装，大小尺寸与一般壁纸相同，泡棉壁纸依发泡程度分为低度泡棉、中度泡棉、高度泡棉。泡棉壁纸表面有各式立体发泡图案，色彩以白色、米色为主，褐色、绿色或橙色次之。

(4) 金箔壁纸

金箔本身有金属光泽，尤其在灯光照射射下会反光，颇具金碧辉煌的效果。对于餐厅、卧房、隔屏、样品屋、服饰店等场所使用十分适合，颇具气氛。

(5) 绒质壁纸

绒质壁纸是将一般壁纸，面层加以植绒处理，使之有花色，又有绒植的柔美与质感，很具温馨感。对于卧房、客厅、服饰店、门厅、餐厅、展示场都很具效果。

(6) 风景壁纸

风景壁纸是将风景或书经摄影放大印刷成人视觉的尺度，张贴于墙面。风景壁纸较一般壁纸厚，一幅大型风景壁纸一般分 8 张或 6 张加以组合，中型风景壁纸一般为 4～6 张组合，小型一般为 1～2 张组合。

(7) 印刷花式壁纸

一般有：风景照相印刷在纸上、油画图样、国画图样。风景图以树林、海边、黄昏、花园、瀑布、桥、欧洲建筑居多，其次为人物与动物，油画及国画花式较少，油画以农村景为主，国画以八仙过海、孔雀开屏、梅花、松、山水、花鸟为主。

2. 壁纸优点

(1) 装饰效果强烈：墙纸的花色、图案种类繁多，选择余地大，装饰后效果富丽多彩，能使家居更加温馨、和谐。经过改良颜料配方，现在的墙纸已经解决了褪色问题。

（2）应用范围较广：基层材料为水泥、木材，粉墙时都可使用，易于与室内装饰的色彩、风格保持和谐。

（3）维护保养方便：墙纸耐擦洗性能好，清洁剂就是清水，易于清洁，并有较好的更新性能。

（4）使用安全：墙纸具有一定的吸声、隔热、防霉、防菌功能，有较好的抗老化、防虫功能，无毒、无污染。

（5）装饰效果好：墙纸具有很强的装饰效果，不同款式的墙纸搭配往往可以营造出不同感觉的个性空间。无论是简约风格还是乡村风格、田园风格还是中式、西式、古典、现代，墙纸都能勾勒出全新的感觉。

（6）铺装时间短：墙纸的铺装时间短，可以大大缩短工期。

（7）使用特点：墙纸具有相对不错的耐磨性、抗污染性，便于保洁等特点。

（8）防裂功能：墙纸具有防裂功能，在保温板上做乳胶漆，不管是加了的确良布还是绷带，交工之后没有多长时间，有的裂缝便显露出来，而墙纸能很好地起到规避这一缺陷的作用。只要铺装到位，细小的裂缝就不会再出现，当然，如果是楼盘质量问题较大的保温墙，无论是什么装饰都能裂得一塌糊涂。

3. 壁纸材质组成

（1）塑料壁纸

塑料壁纸是目前市面上常见的壁纸，所用塑料绝大部分为聚氯乙烯（或聚乙烯），简称 PVC 塑料壁纸。

（2）发泡壁纸

发泡壁纸用 100 克/平方米的纸作基材，涂塑 300～400 克/平方米掺有发泡剂的 PVC 糊状树脂，印花后再发泡而成。这类壁纸比普通壁纸显得厚实、松软。其中高发泡壁纸表面呈富有弹性的凹凸状；低发泡壁纸是在发泡平面上印有花纹图案，形如浮雕、木纹、瓷砖等效果。

（3）纯纸壁纸

主要由草、树皮等，及现代高档新型天然加强木浆（含 10%的木纤维丝）加工而成，花色自然、大方、纯朴，粘贴技术简易，不易翘边、起泡、无异味、环保性能高，透气性强，为欧洲儿童房间指定专用型壁纸，尤其是现代新型加强木浆壁纸更有耐擦洗、防静电、不吸尘等特点。

（4）天然效果壁纸

它是用草、木材、树叶等制成面层的墙纸，风格古朴自然，素雅大方，生活气息浓厚，给人以返朴归真的感受。

（15）木纤维壁纸

此种壁纸性能优越，克服了很多壁纸的不足，为经典、实用型高档壁纸。经久耐用，可用水擦洗，更可以用刷子清洗。抗拉扯效果优于普通壁纸 8～10 倍。防霉、防潮、防蛀，使用寿命是普通壁纸的 2～3 倍。

（6）金属壁纸

这种金属壁纸是将金、银、铜、锡、铝等金属，经特殊处理后，制成薄片贴饰于壁纸表面，繁富典雅、高贵华丽，这是金属墙纸带给我们的体验。这种墙纸构成的线条颇为粗犷奔放，整片的用于墙面可能会流于俗气，但适当地加以点缀就能不露痕迹地带出一种炫目和前卫。

4. 壁纸辅料

（1）胶浆：专门适用于重型墙纸和墙布，增强墙纸胶粉黏力及修边的专用黏合剂有白胶浆（无抗冻性）和透明胶浆（适合北方，防冻性好）两种．请根据自己所在城市及个人喜好来选用。

（2）接缝胶：具有环保、无毒、无味、干燥快、黏力强、使用方便等优点，干后为全透明，不会影响墙纸外观。适用于金属、毛状、厚重植物等各种墙纸、墙布等。

（3）墙纸胶粉：简称墙纸粉，是为墙纸张贴而配制的专用黏合剂。和水搅拌成为胶水再添加适量胶浆后黏性更强，稳定性好，溶解后不会水化。

（4）接着剂：适用于粘贴各种壁纸，墙布以及较重的墙纸，用于粘贴金属特殊墙纸时，更显其优越性，能修补各种墙纸边口。原料是糯米。

（5）清洁剂：除油、除污、清洁、粉迹、胶迹等。

（6）基膜：以水为载体，健康环保，使用后能快速干燥，在墙面上能有效形成一层致密的保护膜，具有稳定墙面，防水、防碱的作用，有利于墙纸的施工及保护。

（7）接着剂：（壁布胶）适用于粘贴各种壁纸，墙布以及较重的墙纸，用于粘贴金属特殊墙纸时，更显其优越性，能修补各种墙纸边口。原料是糯米。

（8）腻子膏：（修补膏）消除干缩裂缝的产生。能填补基面不平的表面及凹凸的孔洞。

（9）强力强布胶：用于粘贴各类厚重墙布、墙纸，尤其适用于粘贴纺织复合墙布、玻纤墙布、石英纤维壁布。具有玻璃钢化体的性质，对那透气性不好的墙纸或墙布效果会更好，不容易发霉。十字布底等难贴的墙纸或墙布强力墙布胶可能会更适合。黏性远远强于糯米胶。

十、吊顶材料

1. 纸面石膏板

纸面石膏板是以建筑石膏为主要原料，并掺入某些纤维和外加剂所组成的芯材，和与此芯材牢固地结合在一起的护面纸所组成的装饰板材。

普通纸面石膏板适用于建筑物的围护墙、内隔墙和吊顶。在厨房、厕所必须采用防水纸面石膏板纸面经行防水处理，其石膏芯材也含有防水成分，因此可用于温度较大的房间墙面。纸面石膏板具有质地轻、强度高、变形小、防火、防蛀、可加工、易于装修、有利抗震等特点。

纸面石膏根据棱边形状不同有矩形（代号 PJ）、45°倒角形（代号 PD）、楔形（代号 PC）、半圆形（代号 PB）和圆形（代号 PY）五种。其常用板材规格：3000mm×1500mm，9mm、12mm 厚的板为最常用。

石膏板之所以能得到迅速的推广应用，并在一百多年的进程中不被淘汰，与其优越的性能分不开，总的归纳为以下十点：

（1）生产能耗低，生产效率高：生产同等单位的纸面石膏板的能耗比水泥节省 78%。且投资少生产能力大，便于大规模生产，国外已经有年生产量可达到 4000 万平方米以上的生产线。

（2）轻质：用纸面石膏板作隔墙，重量仅为同等厚度砖墙的 1/15，砌块墙体的 1/10，有利于结构抗震，并可有效减少基础及结构主体造价。

（3）保温隔热：由于石膏板的多孔结构，其导热系数为0.16W/（m·K），与灰砂砖砌块（1.1W/（m·K））相比，其隔热性能具有显著的优势。

（4）防火性能好：由于石膏芯本身不燃，且遇火时在释放化合水的过程中会吸收大量的热，延迟周围环境温度的升高，因此，纸面石膏板具有良好的防火阻燃性能。经国家防火检测中心检测，纸面石膏板隔墙耐火极限可达4h。

（5）隔声性能好：纸面石膏板隔墙具有独特的空腔结构，大大提高了系统的隔声性能。

（6）装饰功能好：纸面石膏板表面平整，板与板之间通过接缝处理形成无缝表面，表面可直接进行装饰。

（7）可施工性好：仅需裁制刀便可随意对纸面石膏板进行裁切，施工非常方便，用它做装饰，可以摆脱传统的湿法作业，极大的提高施工效率。

（8）舒适的居住功能：由于石膏板具有独特的“呼吸”性能，可在一定范围内调节室内湿度，使居住舒适。

（9）绿色环保：纸面石膏板采用天然石膏及纸面作为原材料，决不含对人体有害的石棉（绝大多数的硅酸钙类板材及水泥纤维板均采用石棉作为板材的增强材料）。

（10）节省空间：采用纸面石膏板作墙体，墙体厚度最小可达74mm，且可保证墙体的隔声、防火性能。

2. 矿棉板

矿棉板是以矿物纤维棉为原料制成，最大的特点是具有很好的吸声、隔热效果。其表面有滚花和浮雕等效果，有满天星、毛毛虫、十字花、中心花、核桃纹、条状纹等。矿棉板能隔声、隔热、防火，任何制品都不含石棉，对人体无害，并有抗下陷功能。

3. 硅钙板

硅钙板具有防火、防潮、隔声、隔热等性能，在室内空气潮湿的情况下能吸引空气中水分子、空气干燥时，又能释放水分子，可以适当调节室内干、湿度、增加舒适感。天然石膏制品又是特级防火材料，在火焰中能产生吸热反应，同时，释放出水分子阻止火势蔓延，而且不会分解产生任何有毒的、侵蚀性的、令人窒息的气体，也不会产生任何助燃物或烟气。

4. PVC板

（1）概念

PVC板是以PVC为原料制成的截面为蜂巢状网眼结构的板材。大多以素色为主，也有仿花纹、仿大理石纹的。

（2）特性

防水、防潮、防蛀，内含阻燃原料，使用安全。

（3）用途

主要用于卫生间和厨房中，价格比较便宜。

（4）选择

PVC板两边有加工成型的企口和凹榫完整平直，互相咬合顺畅，局部没有起伏和高度差现象。

5. 铝扣板

（1）概念

铝扣板是铝制品，安装方法因为是扣在龙骨上，所以称为铝扣板。铝扣板一般厚0.4～

0.8mm，有条形、方形、菱形等。10～15m之间，厚度有0.55mm、0.6mm、0.7mm、0.8mm的规格。

（2）用途

卫生间的天花板要选择镂空花型。厨房的天花板要选择平板型。

（3）选择

选购铝扣板时，要小心用不锈铁假冒，可以使用磁铁来验证。

6. 铝塑板

（1）概念

铝塑板由薄铝层和塑料层构成，分单面铝塑板和双面铝塑板，厚度一般3～5mm左右。

（2）用途

装饰性好，用于餐厅、浴室、形象墙、展柜、暖气罩、厨卫吊顶、隔断等造型上等。

（3）选择

选购铝塑板时应用游标卡尺测量一下厚度是否达到要求，再准备磁铁检验是铁还是铝。

（4）特性

铝塑板是易于加工、成型性好的材料。铝塑板可以切割、裁切、开槽、带锯、钻孔、加工埋头，也可以冷弯、冷折、冷轧，还可以铆接、螺丝连接或胶合粘接等。

装修用铝塑板施工时，首先板材基面要干燥平整，最好用多层板、细木工板做底层，防止发生开裂变形。其次在粘贴铝塑板时要注意涂胶一定要均匀，待强力胶稀释剂挥发用手摸不粘手即可粘贴，用木锤敲击压实。第三，铝塑板在使用时注意按设计要求分割成若干块。不宜整张或大面积使用，否则容易引起空鼓开胶。第四，铝塑板接缝企口一般用玻璃胶封口，要求玻璃胶注封时一定要均匀饱满，干透后要将表面清理干净，使线条粗细一致。

7. 集成吊顶

（1）概念

集成吊顶就是将吊顶模块与电器模块，均制作成标准规格的可组合式模块，安装时集成在一起而已。

（2）优点

1）板面款式多。方矩搭配，灵动组合，色彩鲜艳，覆膜、表面处理漆面坚固，持久耐用。而普通板面不易清洗，安装后易变形，老化的缺点都会排除。

2）高热低耗，加倍温暖。

3）整合方式好。将原浴霸产品拆分成若干模块，自由组合，集成取暖、换气、照明和吊顶为一体的全托式吊顶。

4）吊顶性能优化。选择空间和生活情趣多样。均光受热，避免了头热脚凉；扩展进气，避免了无效空转；照面换气结合，避免了高温和灯光死角的影响；板块灵动组合，安装一体设计，避免了耗力耗材。

5）安全性能好。板材韧性好，顶面平整度高，板面是采用德国进口阳极氧化板，表面坚固，耐用，自然隔离，整齐且绝缘性好，不易变形、老化、短路，拆装简便、擦洗方便，减少二次浪费，方便升级换代。

十一、目前常用的节能环保新型装饰材料

随着时代的发展，越来越多的新型装饰材料不断出现，目前常用的节能环保新型装饰材料介绍如下。

1. 瓷质抛光砖

瓷质抛光砖是国内外非常流行的新型装饰材料，具有坚硬耐磨、抗冻防污、耐酸碱、光亮华丽、经久如新的特点。装饰效果可与花岗岩比美。其种类有无釉抛光砖、花岗岩抛光砖、幻彩抛光砖和渗花抛光砖四大系列上百个品种。

2. 防滑、耐磨地板地砖

防滑、耐磨地板地砖是在塑胶材料中掺入适量的金刚砂或其他硬质耐磨材料，经配料、混合、搅拌、挤塑、压延制成地板块或地砖。具有耐磨、防滑的良好性能，并兼有防水、防油、防酸碱的性能，卫生和装饰效果良好。制作者在国内申请了专利。

3. 软石地板

软石地板是以天然大理石粉及多种高分子材料合成的新一代高档建筑装饰材料。它既有天然大理石的纹理，又有特殊的图案与性能，具有柔、轻、坚、防滑、防火阻燃、安装简单，是物美价廉的一种符合潮流的环保装饰材料。我国政府及有关部门，对推广使用绿色环保建材非常重视，由于软石地板具有节能无污染、可回收再利用的优点，被愈来愈多的专家消费者青睐，成为时下消费新时尚。

4. 高科技、无毒、无污染、高强度木质材料

在欧洲流行一种高科技，无毒、无污染、高强度装饰板，现在国内已生产并走俏市场。这种装饰板表面呈枫木、榉木、柚木、樱桃木等丰富纹理饰面，可制成能拆卸护墙板、强化地板、吊顶板、踢脚 板等木制品。不需要大面积施工，可节能木材和提高利用率。优点是工艺简单、加工制作快捷方便、安全卫生。

5. 玻晶砖

玻晶砖是一种能实现建材工业清洁生产的玻晶砖装饰材料在西北轻工业学院研制成功。其特点是：

（1）以碎玻璃为原料，加入极少量其他配合料（黏土），低温烧成，二氧化碳废气的排放减少25%，达到清洁生产成本低于其他同类建材产品。

（2）性能优异，与烧结法生产的微晶玻璃饰面板材性能相当，硬度高、强度大，使用范围广，并可长期反复使用于不同的场合。

（3）产品可回收循环利用，为我国碎玻璃的利用开辟了一条新途径。

6. 水晶玻璃内墙砖

水晶玻璃内墙砖集水晶、玻璃、瓷砖的主要特征于一身，既有水晶明快亮丽，又像玻璃晶莹剔透，更似瓷砖坚固耐久。其内在质量经强化处理而得。经有关部门测试证明，它的吸水率、耐冷热变化、耐磨损、耐腐蚀、抗折强度、规格尺寸等性能指标完全符合国家标准，而且达到了国际水平。该砖属美感产品，有白、粉、红、水蓝、浅驼色五大色系，又有深、中、浅不同色彩的变化。当辅以单花、腰带、单双圆弧等配件装饰时，使室内呈现立体感和层次感，浑然一体，极富有艺术感染力。

7. 赖特利（WRIGHT. L）海底化石地砖

赖特利（WRIGHT. L）海底化石地砖由法国赖特利总部原品引进，每块化石图案都出自

法国名设计师并且是手工绘制，承袭16～18世纪欧洲古典建筑风范，匠心独具地展示出现代古典情怀，化石图案，片片珍贵。赖特利海底化石地砖自然朴拙的风格及其决然不同于一般建材的品位，深受各国高尚人士厚爱。在装饰艺术中应用十分广泛，从园艺路面到建筑物墙壁；从泳池、浴池、花池到饭店别墅；从现代公寓到高尚家居；从室内到户外等广泛领域尽显光彩。其特点是：

(1) 化石地砖是由天然火山岩和高强度树脂材料混合（比率为95/5），再经先进设备加工处理而制成。

(2) 强度高，其强度远远高于大理石，且无色差，耐腐蚀性、防滑性、放射性检测均属A级。使用范围不受限制，是环保绿色产品。

(3) 海底化石地砖可根据用户的不同需要，切割成不同规格、不同形状的异形板材，从而满足多种需要。

(4) 可根据用户要求，拼装成多种图案。

8. 微晶玻璃花岗岩装饰板

微晶玻璃花岗岩装饰板是目前际上开始流行的高级建筑装饰材料，较天然花岗岩石材更能进行灵活设计，而且装饰效果更佳，是21世纪的绿色建材，是内、外墙及地面的理想装饰材料。

微晶玻璃花岗岩是应用受控晶化新技术生产的新型装饰材料，其结构致密、高强、耐磨、耐蚀，在外观上纹理清晰、色彩鲜艳、无色差、不褪色。是天然花岗岩石材最理想的替代产品，与天然花岗岩比，具有以下优点：

(1) 色泽。可根据要求生产各种色彩、色调和混合色的各种装饰材料，颜色有白、绿、灰、黄、红、蓝、黑等，而且装饰效果更佳。

(2) 材质。微晶玻璃花岗岩装饰板的成分与天然花岗岩相同，均属硅酸盐质，在材料内部结构中，生长有硅灰石的主晶相，所以耐磨、耐蚀、强度上均优于天然花岗岩石材。

(3) 环保。天然花岗岩石材具有微量有害人体的放射性物质，而微晶玻璃花岗岩板材却无任何类型的放射性物质，符合环保要求，有益人体。

(4) 规格。可生产各种厚度、尺寸的平板，弧形板。另外还可生产30多种混合色和多种规格异型微晶玻璃花岗岩装饰板，是机场、银行、地铁、宾馆、酒楼、别墅及居室的首选理想装饰材料。

9. 火山岩立柱与板材

火山岩立柱与板材是上海巴洛克制品，火山岩主柱与板材一切源于自然，以自然的风格，天然的创意赢得了众设计师和客房的欢迎，无论是柱还是板，具有以下特点：

(1) 所有饰件均由天然火山岩与高强度树脂材料混合（比率为95/5），再经先进的设备加工处理而制成。

(2) 该材料具有极高的强度，强度远远高于天然大理石，无色差，经检测耐腐蚀、防滑性、放射性均属A级。使用范围不受限制，是游泳池、桑拿浴池、园林广场路面、别墅内外墙及地面等的最佳选择装饰材料，是国际公认的绿色环保产品。

(3) 火山岩装饰板的用途不但是建筑物内外墙及地面的装饰材料，而且可根据用户的不同需要切割成多种规格、不同形状的异形板材，从而可满足多方面多种部位的装饰需要。

（4）火山岩化石板的图案丰富多彩包罗万象，设计师可设计制作出各种各样的艺术美丽图案。

10. 防火木地板

法国威得胜公司推出的防火木地板，其内部为高密度木纤维，具有木材的温馨感和接近石材的特性。具有抗冲击、防断裂等特点。它的底层采用特殊树脂浸泡处理，防潮效果明显，不起鼓变形，表面是木纹和石纹的装饰层，上面再涂以高强度、耐磨损的合成树脂漆膜。不自然也不助燃，还具有抗污的特点。适用于家庭，办公室或商业设施等。

11. 高密度地板

英国市场上推出一种高密度组合式地板，它采用高科技纤维物质，由多层不同功能的物质经高温加工而成，再加上保护层、装饰层和聚酯喷涂层后，其表层坚固耐用，不易磨损，既富有原木的质感，又可配合图案拼装组成。

第二节　常用施工机械机具的性能

一、垂直运输常用机械机具

1. 吊篮的基本性能

建筑吊篮一般分手动和电动两种。建筑吊篮作为施工外墙用吊篮，与外墙面满搭钢管脚手架相比，具有搭设速度快、节约大量脚手架材料、节省劳力、操作方便、灵活、技术经济效益较好等优点。

现采用手动吊篮的较多，它具有安拆方便、不占场地、经济适用等特点。手动吊篮无定型设计，当前由取得建筑机械生产许可的厂家生产，其产品质量必须符合行业标准《建筑施工安全检查标准》和《高处作业吊篮安全规则》的规定。施工单位依据《施工现场安全防护用具及机械设备使用监督管理规定》使用由建筑安全监督机构推荐的经鉴定合格的吊篮脚手架，无论采用何种吊篮脚手架，都必须对吊篮及挑梁结构进行强度和刚度验算，钢丝绳安全系数验算，并经上级审批。制作及组装搭设时，应加强技术安全监督，严格检查质量，经上级技术、质量、安全部门验收合格后投入使用，确保安全施工。

建筑吊篮的使用在建筑行业中是十分广泛的，我们可以根据我们在施工过程中遇到的不同情况来进行选择。

1）配重块数量必须满足要求，并且要将配重块固定牢固，防止人员随意挪动配重块。

2）安全锁在安装前必须进行检测合格，且必须保证安全锁齐全、有效、动作灵敏。

3）钢丝绳的直径、绳卡数量、间距、方向严格按照使用说明书上的相关要求执行，严禁用吊篮钢丝绳做电焊机的接地线使用。

4）对作业人员加强安全教育，增强作业人员的自我保护意识。吊篮操作人员必须经过培训合格后方上岗，吊篮必须由专人按照操作规程谨慎操作。施工人员必须在地面进出吊篮，严禁在空中进出吊篮。

5）吊篮在安装过程中，严格按照吊篮说明书的相关要求进行安装。吊篮安全绳的强度和材料必须符合规范要求，转角部位按照要求做保护措施。吊篮的超高限位、行程限位挡板、安全锁必须齐全有效，各项性能满足要求。高处作业人员必须按照要求正确佩戴安全防护用品；有高处作业禁忌症的人员严禁从事高处作业。

建筑吊篮在建筑工程中是十分重要的建筑机械。其基本原理和安全知识如下：

当工作钢丝绳断裂时，悬吊平台一端工作钢丝绳断裂时，悬吊平台发生倾斜，至一定倾斜位置时安全锁自动闭合，将悬吊平台锁住在安全钢丝绳。此时，悬吊平台内施工人员应保持镇静，严禁在悬吊平台内奔跑和蹦跳，并按各自钢丝绳卡塞在提升机内时的紧急措施进行处理。

当工作钢丝绳因松股，扭结或提升机机件损坏而卡塞在提升机内进行强行解脱。在确保安全的情况下撤离悬吊平台内的施工人员，派遣经过专业培训的维修人员进入悬吊平台进行维修。首先将安全钢丝绳缠绕于两端提升机安装架上，用绳扣将安全钢丝绳两端扣紧。然后松开两端安全锁摆臂滚轮的保护环，将工作钢丝绳与滚轮脱开，使两端安全锁处于锁绳状态。

在采取上述安全措施后，取下提升机检查，并退出卡塞的钢丝绳，必要时可将鼓掌钢丝绳截断和打开提升机箱盖进行检查，并小心取出留在提升机内的钢丝绳。同时在悬挂机构的相应位置换上新的钢丝绳，将换好钢丝绳重新放下和穿入提升机内至拉紧钢丝绳，然后将工作钢丝绳装入安全锁摆臂轮槽中，装好保护环，使安全锁打开后，将悬吊平台提升 0.5m 左右停止，取出安全钢丝绳上的绳扣和将安全钢丝绳放至垂直位置，再将悬吊平台下降至地面，经过提升机进行严格检查、维修后，方允许继续使用。

2. 施工电梯的基本性能

建筑工程施工中，建筑材料的垂直运输和施工人员的上下，需要依靠垂直运输设施。垂直运输机械是指承担垂直运输建筑材料或供施工人员上下的机械设备和设施。塔式起重机、施工电梯和自行式起重机是建筑施工中最为常见的垂直运输设备。

建筑起重机械进入施工现场须出具：建筑起重机械特种设备制造许可证、产品合格证、制造监督检验证明、备案证明、安装使用说明书和自检合格证明。

施工电梯是一种使用工作笼（吊笼）沿导轨架作垂直（或倾斜）运动用来运送人员和物料的机械。

1）地基应浇制混凝土基础，必须符合施工升降机使用说明书要求，说明书无要求时其承载能力应大于 150kPa，地基上表面平整度允许偏差为 10mm，并应有排水设施。

2）应保证升降机的整体稳定性，升降机导轨架的纵向中心线至建筑物外墙面的距离宜选用说明书提供的较小的安装尺寸。

3）导轨架安装时，应用经纬仪对升降机在两个方向进行测量校准。其垂直度允许偏差应符合表 1-2 的要求。

表 1-2　导轨架垂直度允许偏差

架设高度（m）	≤70	>70～100	>100～150	>150～200	>200
垂直度偏差（mm）	≤1/1000H	≤70	≤90	≤110	≤130

注：H 为架设高度。

4）导轨架顶端自由高度、导轨架与附墙距离、导轨架的两附墙连接点间距离和最低附墙点高度均不得超过出厂规定。

5）升降机的专用开关箱应设在底架附近便于操作的位置，馈电容量应满足升降机直接启动的要求，箱内必须设短路、过载、错相、断相及零位保护等装置。

6）升降机梯笼周围应按使用说明书的要求，设置稳固的防护栏杆，各楼层平台通道应平整牢固，出入口应设防护门。全行程四周不得有危害安全运行的障碍物。

7）升降机安装在建筑物内部井道中间时，应在全行程范围井壁四周搭设封闭屏障。装设在阴暗处或夜班作业的升降机，应在全行程上装设足够的照明和明亮的楼层编号标志灯。

8）升降机安装后，应经企业技术负责人会同有关部门对基础和附墙支架以及升降机架设安装的质量、精度等进行全面检查，并应按规定程序进行技术试验（包括坠落试验），经试验合格签证后，方可投入运行。

9）升降机的防坠安全器，只能在有效的标定期限内使用，有效标定期限不应超过一年。使用中不得任意拆检调整。

10）升降机安装后，在投入使用前，必须经过坠落试验。升降机在使用中每隔3个月，应进行一次坠落试验。试验程序应按说明书规定进行，梯笼坠落试验制动距离不得超过1.2m；试验后以及正常操作中每发生一次防坠动作，均必须由专门人员进行复位。

11）启动前，应检查并确认电缆、接地线完整无损，控制开关在零位。电源接通后，应检查并确认电压正常，应测试无漏电现象。应试验并确认各限位装置、梯笼、围护门等处的电器联锁装置良好可靠，电器仪表灵敏有效。启动后，应进行空载升降试验，测定各传动机构制动器的效能，确认正常后，方可开始作业。

12）升降机应按使用说明书要求，进行维护保养，并按使用说明书规定，定期检验制动器的可靠性，制动力矩必须达到使用说明书要求；

13）梯笼内乘人或载物时，应使载荷均匀分布，不得偏重。严禁超载运行。

14）升降机在风速10.8m/s及以上大风、大雨、大雾以及导轨架、电缆等结冰时，必须停止运行，并将梯笼降到底层，切断电源。暴风雨后，应对升降机各有关安全装置进行一次检查，确认正常后，方可运行。

15）升降机运行到最上层或最下层时，严禁用行程限位开关作为停止运行的控制开关。

16）作业后，应将梯笼降到底层，各控制开关拨到零位，切断电源，锁好开关箱，闭锁梯笼门和围护门。

3. 麻绳、尼龙绳、涤纶绳及钢丝绳的基本性能

绳索在起重吊运工作中专门用来捆绑、搬运和提升物件，常用的绳索有麻绳、尼龙绳、涤纶绳和钢丝绳。

（1）麻绳

1）麻绳的种类与用途

麻绳可分为白棕绳、混合麻绳和线麻绳三种。其中白棕绳的强度较高，使用较广。

麻绳是起重吊运作业中常用的一种绳索，具有轻便、柔软、易捆绑等优点。一般用于重量较小的物件的捆扎，也可作起重绳、缆绳或平衡绳使用。麻绳每卷约长200m。

2）麻绳的破断拉力与安全系数

为了保证起重吊运作业的安全，麻绳在实际工作中所承受的拉力应小于试验时的破断拉力，并使它在工作中有一定的安全储备。麻绳的许用应力只有破断拉力的1/3～1/10。

使用其他种类的麻绳，安全系数应比白棕绳取得大。

3）使用麻绳的注意事项

① 麻绳只能用于重量较轻物体的捆绑，机动的起重机械及受力较大的地方不得使用麻绳。

② 用于滑轮组的麻绳，要求滑轮的直径不得小于麻绳直径的10倍。

③ 麻绳应避免绳结通过滑轮槽等狭窄地方。

④ 捆绑构件时，应在构件的棱角处，用衬垫垫好。

⑤ 不要将麻绳和有腐蚀作用的化学物品接触，并存放在干燥木板上，不可受潮和高温烘烤。

⑥ 当麻绳表面均匀磨损超过绳径30%或局部损伤深度超过绳径的10%时，应降级使用；有断股时禁止使用。

（2）尼龙绳、涤纶绳

1）尼龙绳、涤纶绳的特性

尼龙绳和涤纶绳统称化学纤维绳两种，具有重重轻、柔软、耐腐蚀、弹性好等特点。通常用于吊挂表面光洁或表面不允许磨损的机件和设备。

尼龙绳和涤纶绳都有较大的弹性，当吊物刚刚吊起时，绳子会有明显的伸长，达到许用应力时，其最大伸长率可达40%左右。因而化学纤维绳对吊物能起到缓冲作用，但却增加了吊运时的不稳定程度。

2）尼龙绳、涤纶绳的使用注意事项

① 尼龙绳、涤纶绳遇高温时易熔化，要防止暴晒，远离火焰。

② 尼龙绳、涤纶绳弹性较大，起吊时不稳定，应防止吊物摆动伤人。另外，一旦断绳，其回弹幅度较大，应采取防止回弹伤人的措施。

③ 尼龙绳、涤纶绳摩擦力小，当带载从缆桩上放出时，要防止绳子全部滑出伤人。

（3）钢丝绳

1）钢丝绳的用途。

钢丝绳普遍用于起重机的起升、变幅和牵引机构。还可用作桅杆起重机的张紧绳、缆索起重机与架空索道的支承绳等。在起重吊运作业中，常常被用来捆扎构件、物料和用作索具。

2）钢丝绳的种类。

制造钢丝绳时，首先将钢丝捻成股，然后再将各股（通常为6股）围绕绳芯捻制成绳。钢丝绳的种类很多。

在起重吊运作业中，通常采用的钢丝绳是6×17+1、6×19+1、6×37+1，即采用6股的钢丝绳，每股由17根、19根、37根钢丝组成，钢丝绳内带有一根有机物芯。6×17+1钢丝绳的钢丝直径较粗，比较硬，不易弯曲，一般适用做缆绳；6×19+1一般用作吊索和在卷扬机上使用；6×37+1钢丝绳的钢丝直径较细，比较柔软，常用于高速转动的起重机械以及穿绕滑轮组。

钢丝绳按搓捻方法不同可分为顺捻、交捻、混合捻等几种。在起重机械上广泛采用交捻，这种钢丝绳中钢丝绕成的方向和绳股绕的方向相反，所以在负荷时不会扭动和松散。

绳芯分为麻芯（棉芯）、石棉芯、金属芯三种。

钢丝绳的选用应考虑滑轮直径、钢丝绳的安全系数和抗拉强度以及吊索因素。

3）钢丝绳的破断拉力和安全系数

钢丝绳的破断拉力，可由有关手册中查到。使用中应根据实际工作的最大静拉力和安全系数，选取相应规格的钢丝绳，应满足如下强度条件：

$$S_{破} \geqslant KS$$

式中　$S_{破}$——钢丝绳的破断拉力（N）；

K——钢丝绳安全系数；

S——钢丝绳的安全起重能力（N）。

$$S_{破} = \varphi \sum S_{丝}$$

φ——钢丝绳破断拉力换算系数；

$\sum S_{丝}$——钢丝破断拉力总和（N）。

4）钢丝绳的选择和使用注意事项

① 钢丝绳的规格，应根据不同的用途来选择。如作起吊重物或穿绕滑轮用的钢丝绳，可选择 6×37 或 6×61 规格的钢丝绳；作缆绳或牵引绳，可选择 6×19 规格的钢丝绳。

② 钢丝绳的直径，应根据所要承受载荷的大小及钢丝绳的许用拉力来选择。

③ 钢丝绳的长度，应能满足当吊钩处于最低工作位置时，钢丝绳在卷筒上还缠绕有 2～3 圈的减载圈，避免绳尾压板直接承受拉力。

④ 新钢丝绳在使用之前，应认真检查其合格证，确认钢丝绳的性能和规格符合要求。

⑤ 钢丝绳穿过滑轮时，滑轮槽的直径应略大于绳的直径。如果滑轮槽的直径过大，钢丝绳容易压扁；槽的直径过小，钢丝绳容易磨损。为延长钢丝绳的寿命，卷筒和滑轮的直径 D 与钢丝绳直径 d 的比值可参照表 1-3 选用。

表 1-3　卷筒和滑轮的直径与钢丝绳直径的比值

起重机类型	使用情况		滑轮式卷筒与钢丝绳直径比
桅杆式、汽车式、履带式及一般起重机	手动		$D \geqslant 16d$
	机动	轻型	$D \geqslant 16d$
		中型	$D \geqslant 18d$
		重型	$D \geqslant 20d$
除以上以外的起重机	手动		$D \geqslant 18d$
	机动	轻型	$D \geqslant 20d$
		中型	$D \geqslant 25d$
		重型	$D \geqslant 30d$
一吨以下卷扬机			$D \geqslant 12d$
带抓斗起重机	一类轻型		$D \geqslant 20d$
	二类轻型		$D \geqslant 30d$

4. 滑轮和滑轮组的基本性能

在起重吊运工作中需要各种型式的吊具。常用的有吊索（千斤顶）、卸扣、吊钩吊环、平衡架和滑轮等。吊具应构造简单、使用方便、容易拆卸，以达到节省人力和时间，并保证起重吊运工作安全可靠。

（1）吊索

是用钢丝绳制成的一种吊具，因此钢丝绳的许用拉力即为吊索的许用拉力，但还应知道吊索内力大小。吊索内力就是吊物件时，吊索实际产生的拉力，在工作中吊索内力不应超过其许用拉力。即吊索内力≤许用拉力＝破断拉力/安全系数。

吊索内力不仅与物件的重量有关，还和吊索与水平面夹角有关，夹角越大，内力越小；

反之夹角越小，吊索内力越大，而且它的水平力还对起吊物件产生相当的压力。吊索最理想状态为垂直，但往往不能如愿，一般不要小于30°，控制在45°～60°之间。钢丝绳吊索所受拉力以及钢丝绳直径选择符合要求。

（2）卸扣

卸扣用以连接起重滑轮和固定吊索等，是吊装工作的重要工具之一，通用的有销子式和螺旋式两种。螺旋式较常用，它一般用碳素钢锻制而成，由马蹄形环和横销两个主要部分组成。为了脱钩方便，将一般卸扣改制成半自动卸扣，即将横轴改成能在地面用拉绳拉动，横轴被拉出而形成脱钩；放松拉绳，横轴又借弹簧的弹力回到原来位置。

卸扣如无合格证明书，在使用前应按额定能力的1.5倍进行拉力试验。

要经常检查弯环和横销的磨损情况，如发现严重磨损、变形或疲劳裂纹，应及时更换。

使用卸扣不得超过规定载荷，并只承受拉力，严禁钢丝绳在卸扣两侧起重，在施工现场如需立即判断卸扣的容许起重量，可用近似方法估算：

$$Q=4{d_1}^2$$

式中　Q——卸扣的容许起重量（kg）；

d_1——卸扣横销直径（mm）。

（3）吊钩和吊环

是应用最广的吊具。吊钩有单钩和双钩两种。吊环是具有环形的封闭外形，常用于起重量很大的起重机上。为了使用方便，一般在吊装重型设备和专用起重机中采用铰节吊环。

吊钩和吊环，一般是锻造的，表面应光滑，不得有剥痕、刻痕、锐角、裂纹等存在，每隔1～3年检查一次，若发现裂纹，应立即停止使用，如发现危险断面上磨损深度超过10%，应根据实际断面尺寸验算，根据计算确定是否停止或降降载荷使用，不允许对裂纹等有缺陷的吊钩进行补焊修理。

（4）平衡梁

吊装屋架、大型电机转子等物件，即要保证物件平衡，又要保证物件不致被绳索擦坏，一般采用平衡梁（俗称铁扁担）进行吊装。这种吊装方法简便，安全可靠，它能承受由于倾斜吊装产生的水平分力，减少起吊时物件承受的压力，改善吊耳的受力情况，因而物件不会出现危险的变形，而且还可缩短吊索的长度，减小起吊高度。平衡梁可做成横梁式、三角式、H形等。

（5）滑轮和滑轮组

是起重吊运工作中重要工具之一。滑轮实际上是杠杆的变形。滑轮组利用杠杆平衡条件达到省力、变向的目的。滑轮组能省多少力，决定于共同负担物件重量的工作绳数。由于滑轮轴承处存在摩擦力，因此滑轮组在工作时，每根绳索所受的拉力并不相同，跑绳的拉力也不是简单地将物件重量除以工作绳数。

二、装修施工常用机械机具

1．常用气动类机具的基本性能

（1）射钉枪

1）用途

射钉枪又称射钉器，是装饰工程施工中常用的工具，它要使用射钉弹和射钉，由枪机击发射钉弹，以弹内燃料的能量将各种射钉直接打入钢铁、混凝土或砖砌体等材料中去。

2）使用注意事项

① 不建议使用射钉器在软基体上进行操作，比如木质或松软的泥土，这样操作会损坏射钉器的制动环，从而影响正常使用。对软质（如木质）被固件或基体射击，选择射钉弹威力要适当，威力过大，将会打断活塞杆。

② 对于质地松软、强度很低的被固物，如隔声板、绝热板、草纤维板等，如果按一般的射钉固定法，会损坏被固物，因此，应使用带金属垫片的钉子才能得到理想的固定效果。

③ 装好射钉弹后，严禁用手直接推压钉管。

④ 不要把装好射钉弹的射钉器对准他人。

⑤ 射击过程中，如遇射钉弹不发火，应静停 5s 以上，才能移动射钉器。

⑥ 在射钉器使用结束，或维修、保养前均应先取出射钉弹。

⑦ 射钉器使用时间过长，应及时更换易损件（如活塞环），否则射击效果不理想（比如威力下降）。

⑧ 射击完后，应及时擦拭或清洗射钉器各零部件。

⑨ 使用前应阅读说明书，了解该射钉器的原理、性能、结构、拆卸和装配方法，遵守规定的注意事项。

⑩ 为了保证安全，必须严格使用配套射钉器材。

（2）气动钉钉枪

气动钉钉枪用于木龙骨上钉木夹板、纤维板、刨花板、石膏板等板材和各种装饰木线条，配有专用枪钉，常见规格有 10mm、15mm、20mm、25mm 四种。

气钉枪有两种，一种是直钉枪，一种是码钉枪。直钉是单支，码钉是双支。

（3）风动拉铆枪

风动拉铆枪适用于铆接抽芯铝铆钉。

1）特点

风动拉铆枪的特点是质量小、操作简便、没有噪声，同时拉铆速度快，生产效率高。

2）用途

广泛用于车辆、船舶、纺织、航空、建筑装饰、通风管道等行业。

3）基本参数

① 工作气压：0.3～0.6MPa。

② 工作拉力：3000～7200N。

③ 铆接直径：3.0～5.5mm。

④ 风管直径：10mm。

⑤ 枪身质量：2.2kg。

（4）喷漆枪

喷漆枪是对钢制件和木制件的表面进行喷漆的工具。

1）特点

喷漆枪施工速度快，节省漆料，漆层厚度均匀，附着力强，漆件表面光洁美观。

2）种类

小型喷漆枪、大型喷漆枪和电热喷漆枪。

2. 常用电动类机具的基本性能

(1) 电动曲线锯

电动曲线锯由电动机、往复机构、风扇、机壳、开关、手柄、锯条等零部件组成。中齿锯条适用于锯割有色金属板材、层压板，细齿锯条适用于锯割钢板。

1) 特点

电动曲线锯具有体积小、质量小、操作方便、安全可靠、适用范围广的特点，是建筑装饰工程中的理想的锯割工具。

2) 用途

装饰工程中常用于铝合金门窗安装、广告招牌安装及吊顶工程等。

3) 规格

电动曲线锯的规格以最大锯割厚度表示，锯割金属可用 3mm、6mm、10mm 等规格的电动曲线锯，如锯割木材规格可增大 10 倍左右，空载冲程速率为 500～3000 冲程/min，功率为 400～650W，外形如图 1-1 所示。

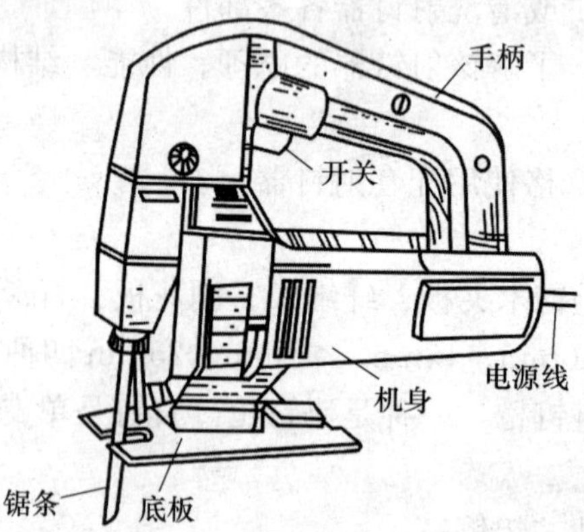

图 1-1　电动曲线锯

4) 操作注意事项

① 锯割前应根据加工件的材料种类，选取合适的锯条。若在锯割薄板时发现工件有反跳现象，表明锯齿太大，应调换细齿锯条。

② 锯割时，向前推力不能过猛，若卡住应立刻切断电源，退出锯条，再进行锯割。

③ 在锯割时不能将曲线锯任意提起，以防损坏锯条。使用过程中，发现不正常声响、水花、外壳过热、不运转或运转过慢时，应立即停锯，检查修复后再用。

(2) 电剪刀

1) 特点

电剪刀使用安全、操作简便、美观适用。

2) 组成

电剪刀主要由单项串激电动机、偏心齿轮、外壳、刀杆、刀架、上下刀头等组成。

3) 规格

电动剪刀的规格以最大剪切厚度表示。剪切钢材时，有 1.6mm、2.8mm、4.5mm 等规格，空载冲程速率为 1700～2400 冲程/min，额定功率为 350～1000W。

4）使用注意事项

① 检查工具、电线的完好程度，检查电压是否符合额定电压。

② 使用前要调整好上、下机具刀刃的横向间距，刀刃的间距是根据剪切板的厚度决定的

③ 注意电动剪刀的维护，要经常在往复运动中加注润滑油，如发现上下刀刃磨损或损坏，应及时修磨或更换。

④ 使用过程中，如有异常响声等，应停机检查。

（3）金属切割机

1）小型钢材切割机

用于切割角铁、钢筋、水管、轻钢龙骨等。

① 规格：常见规格有 30cm、35cm、40cm 几种，功率为 1450W 左右，转速为 2300～3800r/min。

② 工作原理：该机根据砂轮磨削特性，利用高速旋转的薄片砂轮进行切割。

③ 操作注意事项：操作时用底板上夹具夹紧工件，按下手柄使砂轮薄片轻轻接触工件，平稳匀速地进行切割。因切割时有大量火星，需注意要远离木器、油漆等易燃物品。调整夹具的夹紧板角度，可对工件进行有角度切割。当砂轮磨损到一半时，应更换新片。

2）电动铝合金切割锯

铝合金切割锯是切割铝合金构件的机具。

① 电动铝合金切割锯常用规格有 25cm、30cm、35cm，功率 1400W，转速为 3000r/min。

② 操作电动铝合金切割锯时应注意压下手柄后，将合金锯片轻轻与铝合金工件接触，然后再用力把工件切下。

（4）石材切割机

该切割机主要用于天然（或人造）花岗岩等石料板材、瓷砖、混凝土及石膏等的切割，广泛应用于地面、墙面石材装修工程施工中。

该机分干、湿两种切割片。在切割石材之前，先将小塑料软管接在切割机的给水口上，双手握住机柄，通水后再按下开关，并匀速推进切割。

（5）电动圆锯（木材切割机）

用于切割夹板、木方条、装饰板。常用规格有：18cm、20cm、23cm、25cm、30cm、35cm 等。功率 1750～1900W，转速 3200～4000r/min。

电动圆锯在使用时双手握稳电锯，开动手柄上的开关，让其空转至正常速度，再进行锯切工件。

在施工时，常把电动圆锯反装在工作台面下，并使圆锯片从工作台面的开槽处伸出台面，以便切割木板和木方条。

（6）轻型电钻

轻型电钻是用来对金属材料或其他类似材料或工件进行小孔径钻孔的电动工具。

电钻的规格以钻孔直径表示，有 10mm、13mm、25mm 等。转速为 950～2500r/min，功率为 350W 或 450W。轻型电钻操作时注意钻头平稳进给，防止跳动或摇晃，要经常提出钻头，去掉钻渣，以免钻头扭断在工件中。

（7）冲击电钻

冲击电钻，亦称电动冲击钻，它是可调节式旋转带冲击的特种电钻。

1）用途

冲击电钻广泛应用于建筑装饰工程以及安装水、电、煤气等方面。

2）规格

冲击电钻的规格以最大钻孔直径表示，用作钻混凝土时有 13mm、20mm 等几种；用作钻钢材时，有 8mm、10mm、13mm、20mm、25mm 几种；用作木材钻孔时，最大孔径可达 40mm。功率为 300～700W，转速为 650～2800r/min。

3）使用注意事项

① 使用前应检查工具是否完好，电源线是否有破损以及电源线与机体接触处有无橡胶护套。

② 按额定电压接好电源，选择合适的钻头，调节好按钮，将刀具垂直于墙面钻孔。

③ 使用时有不正常的杂音应停止使用，如发现转速突然下降应立即放松压力，钻孔时突然刹停应立即切断电源。

④ 移动冲击电钻时，必须握持手柄，不能拖拉电源线，防止擦破电源线绝缘层。

3. 常用手动类机具的基本应用

常用手动类机具如图 1-2 所示，其基本用途如下：

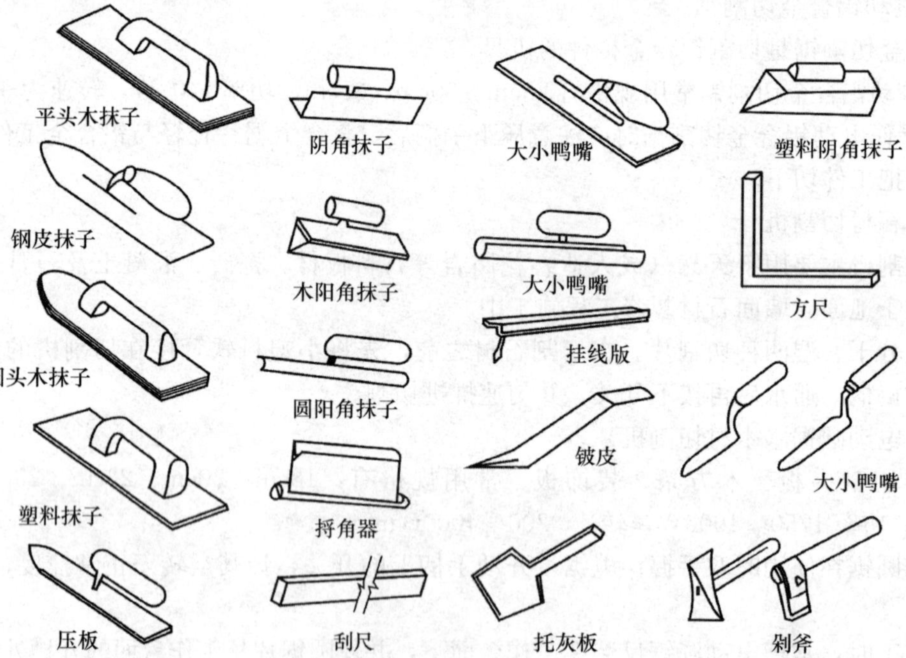

图 1-2　常用手工工具

（1）木抹子——其作用是抹平压实灰层，木抹子有圆头、方头两种。

（2）塑料抹子——是用硬质聚乙烯塑料做成的抹灰器具。其用途是压光纸筋灰等面层，有圆头、方头两种。

（3）铁抹子——用来抹底子灰层，有圆头、方头两种。

（4）钢抹子——因其较薄，弹性好，适用于抹平抹光水泥砂浆面层。

（5）压板——适用于压光水泥砂浆面层和纸筋灰罩面等。

（6）阴角抹子——适用于压光阴角，分小圆角及尖角两种。

（7）阳角抹子——适用于压光阳角，分小圆角及尖角两种。

（8）捋角器——用来捋水泥抱角的素水泥浆。

（9）托灰板——用来作业时承托砂浆。

（10）挂线板——主要用来挂垂直线，板上附有带线锤的标准线。

（11）方尺——用来测量阴阳角方正。

（12）八字靠尺及钢筋卡子——用来做棱角。钢筋卡子用来卡八字靠尺，常用直径 8mm 的钢筋加工而成。

（13）刮尺——即木杠，有长杠、中杠、短杠三种。一般长杠长为 250～350mm，适用于冲筋；中杠长为 200～250mm，短杠长为 150mm，用来刮平墙面和地面。

（14）剁斧——用来剁砖石和清理混凝土基层。

（15）筛子——用来筛分砂子，去除块状杂物。常用筛孔直径有 10mm、8mm、5mm、3mm、1.5mm、1mm 六种。

（16）尼龙线——用来拉直线。

第二章　建筑装饰识图、构造的基本知识

第一节　施工图识读、绘制的基本知识

一、施工图的基本知识

1. 装饰施工图的形成及特点

装饰施工图和建筑施工图的形成原理完全一样，采用正投影的方法，用线条、数字、文字、符号及图例在图纸上画出的图样。

由于装饰施工图实在建筑主体上对建筑在功能上与形式上进一步合理化，因此装饰施工图的大部分制图规范套用了建筑制图标准来绘制，但是装饰施工图在表述内容上和建筑施工图侧重点不一样的，装饰施工图侧重反映装饰构件的材料及其规格、构造做法、饰面颜色、尺寸标高、施工工艺以及装饰构件与建筑构件的位置关系与连接方法等，构成的内容比较复杂，因此大多数采用文字注写来补充图的不足。建筑施工图侧重表达建筑结构形式、建筑构造、材料与做法。

2. 装饰施工图的组成

装饰工程施工图一般由装饰设计说明、平面布置图、楼地面平面图、顶棚平面图、室内立面图、墙（柱）面装饰剖面图、装饰详图等图样组成，其中设计说明、平面布置图、楼地面平面图、顶棚平面图、室内立面图为基本图样，表明装饰工程内容的基本要求和主要做法；墙（柱）面装饰剖面图、装饰详图为装饰施工的详细图样，用于表明细部尺寸、凹凸变化、工艺做法等。图纸的编排也以上述顺序排列。

3. 装饰施工图的制图规范

（1）图纸幅面规格与图纸编排顺序

图幅即图纸幅面，指图纸的尺寸大小，以幅面代号 A0、A1、A2、A3、A4 区分，图纸幅面及图框尺寸，应符合表 2-1 的规定。

表 2-1　幅面及图框尺寸（mm）

尺寸代号	幅面代号				
	A0	A1	A2	A3	A4
$b \times l$	841×1189	594×841	420×594	297×420	210×297
c	10			5	
a	25				

需要缩微复制的图纸，其中一个边上应附有一段准确米制尺度，四个边上均附有对中标志，米制尺度的总长应为 100mm，分格应为 10mm。对中标志应画在图纸各边长的中点处，线宽应为 0.35mm，伸入框内 5mm。图纸的短边一般不应加长，长边可加长，但应符表 2-2 的规定。

表 2-2　图纸长边加长尺寸（mm）

幅面尺寸	长边尺寸	长边加长后尺寸
A0	1189	1486、1635、1783、1932、2080、2230、2378
A1	841	1051、1261、1471、1682、1892、2102
A2	594	743、891、1041、1189、1338、1486、1635、1783、1932、2080
A3	420	630、841、1051、1261、1471、1682、1892

注：1. 有特殊需要的图纸，可采用 $b \times l$ 为 841mm×891mm 与 1189mm×1261mm 的面。

2. 建筑装饰装修设计图以 A3 为主，居室装饰装修设计图以 A3 为主，设计修改通知单以 A4 为主。

图纸以短边作为垂直边称为横式，以短边作为水平边称为立式。一般 A0～A3 图纸宜横式使用；必要时，也可立式使用。建筑装饰装修设计中，各专业所使用的图纸，一般不宜多于两种幅面

（2）标题栏与会签栏

标题栏是设计图纸中表示设计情况的栏目。标题栏又称图标。标题栏的内容包括：工程名称、设计单位名称、图纸内容、项目负责人、设计总负责人、设计、制图、校对、审核、审定、项目编号、图号、比例、日期等。

图框是界定图纸内容的线框。包括：图框线、幅面线、装订线、标题栏以及对中标志。图纸的标题栏、会签栏及装订边的位置，可参照图 2-1 的形式。

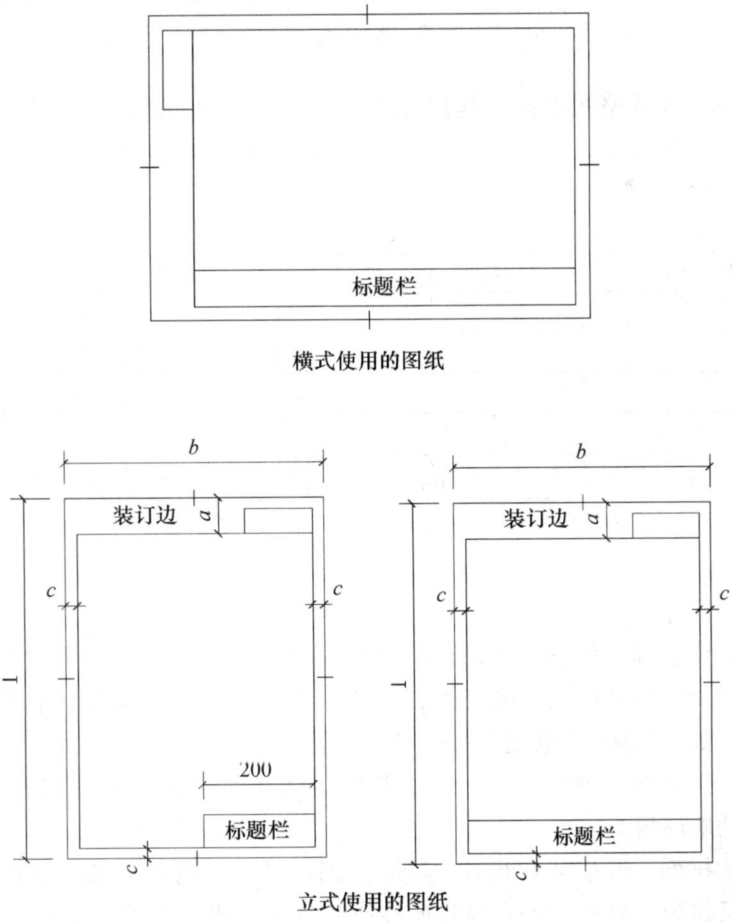

横式使用的图纸

立式使用的图纸

图 2-1　图纸的形式与内容

标题栏应按图 2-2 所示，根据工程需要选择确定其尺寸、格式及分区。签字区应包含实名列和签名列。涉外工程的标题栏内，各项主要内容的中文下方应附有译文，设计单位的上方或左方，应加“中华人民共和国”字样。标题栏的放置位置主要有以下三种：

①在图框右下角，②在图框的右侧并竖排标题栏内，③在图框的下部并横排标题内。

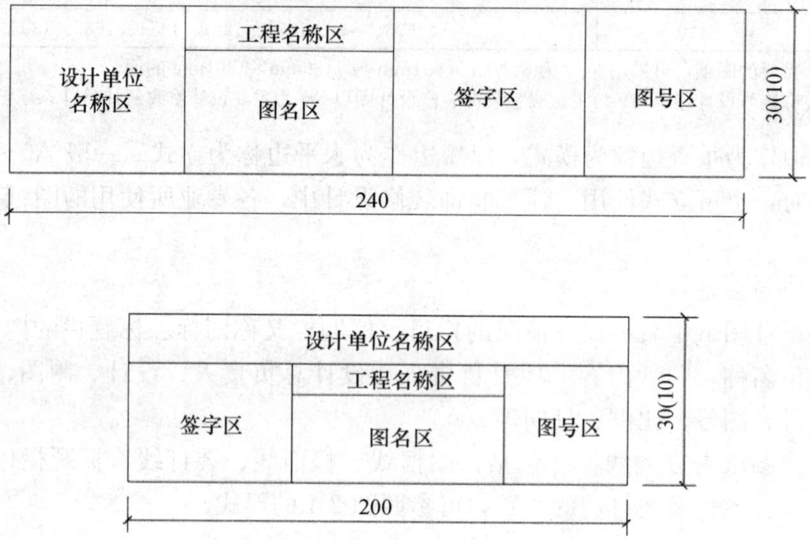

图 2-2　标题栏

会签栏应按图下表的格式绘制，其尺寸应为 100mm×20mm，栏内应填写会签人员所代表的专业、姓名、日期（年、月、日）；一个会签栏不够时，可另加一个，两个会签栏应并列；不需会签的图纸可不设会签栏（图 2-3）。

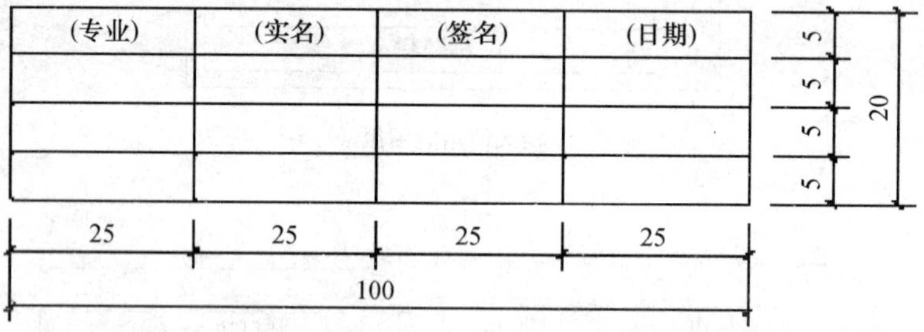

图 2-3　会签栏

（3）图纸编排顺序

当建筑装饰装修工程含设备设计时，图纸的编排顺序应按内容的主次关系、逻辑关系有序排列，通常以建筑装饰装修图、电气图、暖通空调图、给排水图等先后为序。标题栏中应含各专业的标注，如“饰施”“电施”“设施”“水施”等。

建筑装饰装修工程图一般按图纸目录、设计说明、总平面、平面布置图、顶棚布置图、立面图、大样图的顺序排列。

各楼层平面的排列一般按自下而上的顺序排列，某一层的各局部的平面一般按主次区域和内容的逻辑关系排列，立面的表示应按所在空间的方位或内容的区别表示。

（4）图线

① 图线指制图中用以表示工程设计内容的规范线条，它以线型和线宽两个基础元素组成。

② 线型有：标准实线、细实线、中实线、粗实线、折断线、点划线、虚线等。

③ 图线的宽度 b，宜从下列线宽系列中选取：2.0mm、1.4mm、1.0mm、0.7mm、0.5mm、0.35mm。

每个图样，应根据复杂程度与比例大小，先选定基本线宽 b，再选用表中相应的线宽组，见表 2-3。

表 2-3　线宽组（mm）

线宽比	线宽组					
b	2.0	1.4	1.0	0.7	0.5	0.35
0.5b	1.0	0.7	0.5	0.35	0.25	0.18
0.25b	0.5	0.35	0.25	0.18	—	—

注：1. 需要微缩的图纸，不宜采用 0.18mm 及更细的线宽。
2. 同一张图纸内，各个不同线宽中的细线，可统一采用较细的线宽组的细线。

④ 在装饰工程制图中，应遵循选用表 2-4 所示的图线原则进行图形的绘制。

表 2-4　装饰工程制图的图线原则

名称		线型	线宽	一般用途
实线	粗	———	*b*	1. 平、剖面图中被剖切的主要建筑构造和装饰构造的轮廓线； 2. 室内装饰立面图的外轮廓线； 3. 建筑装饰装修构造详图中被剖切的主要部分的轮廓线； 4. 建筑装饰装修详图中的外轮廓线； 5. 平、立、剖面图的剖切符号。 注：地平线线宽可用 1.5*b*，图名线线宽可用 2*b*
	中	———	0.5*b*	平面图、剖面图中除被剖切轮廓线外的可见物体轮廓线
	线	———	0.25*b*	图形和图例的填充线、尺寸线、尺寸界线、索引符号、标高符号、引出线等
虚线	中	- - - - - -	0.5*b*	1. 表示被遮挡部分的轮廓线； 2. 表示平面中上部的投形装饰轮廓线； 3. 预想放置的建筑或装饰的构件； 4. 运动轨迹
	细	- - - - - -	0.25*b*	表示内容与中虚线相同，适合小于 0.5*b* 的不可见轮廓线
细单点长划线		—·—·—	0.25*b*	中心线、对称线、定位轴线

注：1. 同一张图纸内，相同比例的各图样，应选用相同的线宽组。
2. 相互平行的图线，其间隙不宜小于其中的粗线宽度，且不宜小于 0.7mm。
3. 虚线、单点长画线的线段长度和间隔，宜各自相等。
4. 当在较小图形中绘制单点长画线有困难时，可用实线代替。
5. 单点长画线的两端，不应是点。点画线与点画线交接或点画线与其他图线交接时，应是线段交接。
6. 虚线与虚线交接或虚线与其他图线交接时，应是线段交接。虚线为实线的延长线时不得与实线连接。
7. 图线不得与文字、数字或符号重叠、混淆，不可避免时，应首先保证文字等的清晰。
8. 图纸的图框和标题栏线，可采用表 2-5 的线宽。

表 2-5　图框线、标题栏线的宽度（mm）

幅面代号	图框线	标题栏外框线	标题栏分格线、会签栏线
A0、A1	1．4	0．7	0．35
A2、A3、A4	1．0	0．7	0．35

（5）比例

① 图样的比例，应为图形与实物相对应的线性尺寸之比。比例的大小，是指其比值的大小，如 1∶50 大于 1∶100。

② 比例的符号为“:”，比例应以阿拉伯数字表示，如 1∶2、1∶10、1∶100 等。

③ 比例宜注写在图名的右侧，字的基准线应取平；比例的字高宜比图名的字高小一号或二号（图 2-4）。

平面图1:50　　平面图1:100　　⑤ 1:30

图 2-4　图样比例

④ 绘图所用的比例，应根据图样的用途与被绘对象的复杂程度，从表 2-6 中选用，并优先用表中常用比例。

表 2—6　绘图所用比例

常用比例	1∶1、1∶2、1∶5、1∶10、1∶20、1∶50、1∶100、1∶150、1∶200
可用比例	1∶3、1∶4、1∶6、1∶15、1∶25、1∶30、1∶40、1∶60、1∶80、1∶250、1∶300、1∶400、1∶500

⑤ 根据建筑装饰装修工程的不同阶段及施工图的内容不同，装饰施工图的常用和可用比例见表 2-7，绘图时应优先采用常用比例。所谓可用比例是指在绘图时采用常用比例不易表达时可选用的比例。

表 2-7　装饰施工图的常用和可用比例

1∶200 1∶150 1∶50	方案阶段的总平面图	平面布置 顶棚平面布置
1∶60 1∶50 1∶30	局部平面施工图 局部平面施工图 居室平面施工图	平面布置 顶棚平面布置
1∶50 1∶30 1∶20	一般的立面施工图 较繁复的立面施工图 特别繁复的立面施工图	剖面 立面
1∶10 1∶5 1∶4 1∶2 1∶1	2m 左右的剖面（如从顶到地的剖面，大型橱柜剖面等） 1m 左右的剖面（如吧台、矮隔断、酒水柜等剖立面） 50～60cm 左右的剖面（如大型门套的剖面造型） 18cm 左右的剖面（如踢脚、顶角线等线脚大样） 8cm 左右的剖面（如凹槽、勾缝、线脚等大样节点）	节点 大样

注：1. 一般情况下，一个图样应选用一种比例。根据专业制图需要，同一图样可选用两种比例。
　　2. 特殊情况下可以自选比例，也可以绘制出相应的比例尺。

（6）符号

① 剖切符号（图 2-5）。

a. 剖切符号是表示图样中剖视位置的符号，剖切符号分为用于剖视和断面的两种。

b. 剖视的剖切符号应符合下列规定：剖视的剖切符号应由剖切位置线和投射方向线组成，并应以粗实线绘制。剖切位置线的长度宜为 6～10mm；投射方向线应垂直于剖切位置线，长度应短于剖切位置线，宜为 4～6mm。绘制时，剖视的剖切符号不应与其他图线相接触。

c. 剖视剖切符号的编号宜采用阿拉伯数字，按顺序由左至右、由下至上连续编排，并应注写在剖视方向线的端部。

d. 需要转折的剖切位置线，应在转角的外侧加注与该符号相同的编号。

e. 建筑装饰装修图的剖面符号应标注在要表示的图样上。

② 断面的剖切符号应符合下列规定（见图 2-6）。

a. 断面的剖切符号应只用剖切位置线表示，并应以粗实线绘制，长度宜为 6～10mm。

b. 断面剖切符号的编号宜采用阿拉伯数字，按顺序连续编排，并应注写在剖切位置线的一侧；编号所在的一侧应为该断面的剖视方向。

e. 剖面图或断面图，如与被剖切图样不在同一张图内，可在剖切位置线的另一侧注明其所在图纸的编号，也可以在图上集中说明。

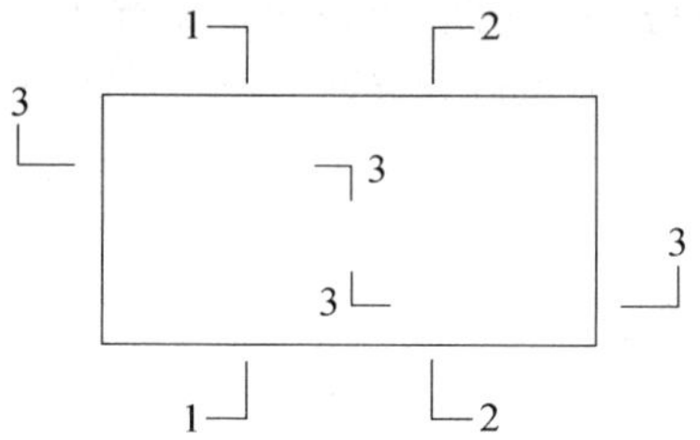

图 2-5　剖切符号

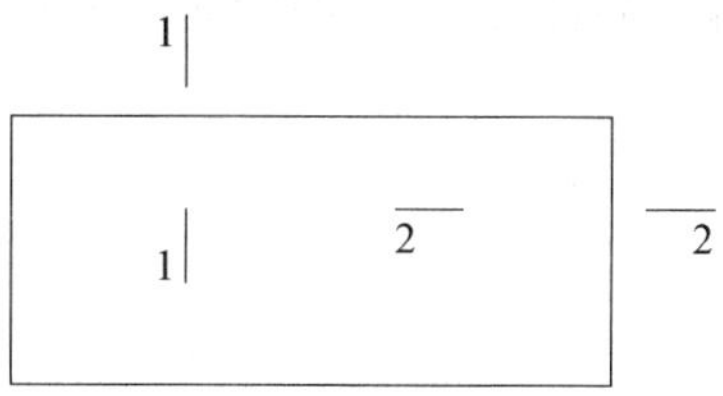

图 2-6　断面剖切符号

③ 索引符号与详图符号。

索引符号是指图样中用于引出需要清楚绘制细部图形的符号，以方便绘图及图纸查找，提高制图效率。

建筑装饰装修制图中的索引符号可表示图样中某一局部或构件，也可表示某一平面中立面的所在位置，索引符号是由直径为 10mm 的圆和水平直径组成，圆及水平直径均应以细实线绘制［图 2-7（a)］。室内立面索引符号根据图面比例圆圈直径可选择 8～12mm［图 2-7（b)］。索引符号应按规定编写：

a. 索引出的详图，如与被索引的详图同在一张图纸内，应在索引符号的上半圆中用阿拉伯数字或字母注明该详图的编号，并在下半圆中间画一段水平细实线［图 2-7（c)］。

b. 索引出的详图，如与被索引的详图不在同一张图纸内，应在索引符号的上半圆中用阿拉伯数字或字母注明该详图的编号，在索引符号的下半圆中用阿拉伯数字或字母注明该详图所在图纸的编号。数字较多时，可加文字标注［图 2-7（d)］。

c. 索引出的详图，如采用标准图，应在索引符号水平直径的延长线上加注该标准图册的编号［图 2-7（e)］。

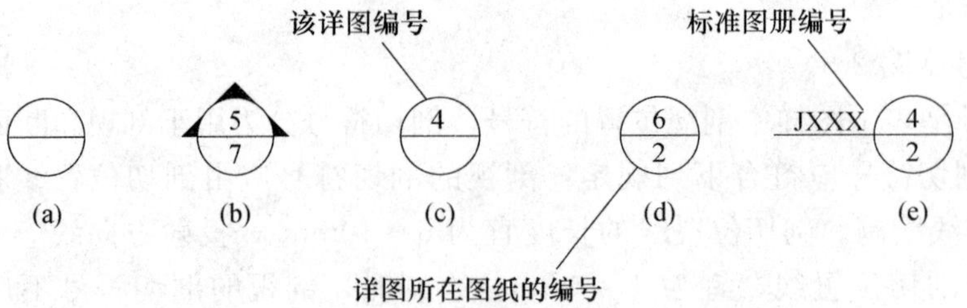

图 2-7　索引符号

d. 索引符号如用于索引剖视详图，应在被剖切部位绘制剖切位置线，并以引出线引出索引符号，引出线所在的一侧应为投射方向。索引符号的编写如图 2-8 所示。

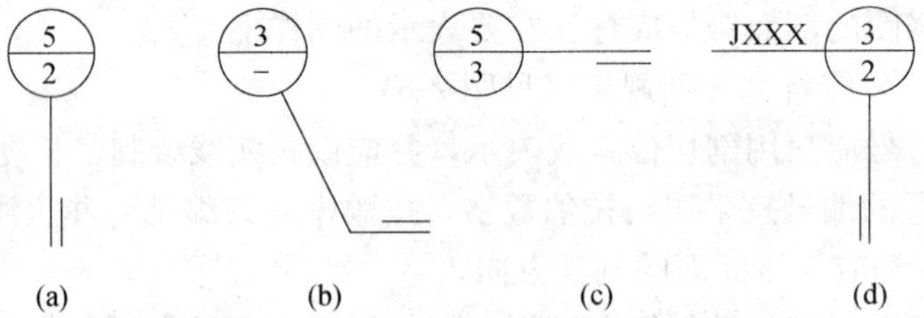

图 2-8　索引符号用于索引剖视详图

e. 索引符号如用于索引立面图，立面图投视方向应用三角形所指方向表示。三角形方向随立面投视方向而变，索引符号编写同 3 条的规定，但圆中水平直线、数字及字母不变方向（见图 2-9）。

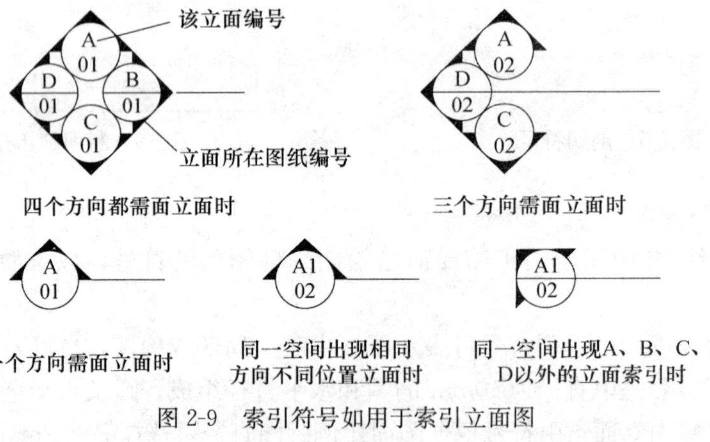

图 2-9　索引符号如用于索引立面图

详图的位置和编号，应以详图符号表示。详图符号的圆应以直径为 14mm 粗实线绘制。详图编号规定与建筑图一致。

二、施工图的图示方法及内容

1. 建筑装修平面布置图的图示方法及内容

（1）图示方法

平面布置图是假想的一个水平剖切平面，将建筑物通过门窗洞口处水平剖切，移去上面部分，所得的水平正投影图，图内应包括剖切面及投影方向可见的建筑构造以、室内总体布局、各种装饰构件、装饰面的平面形式、大小、位置情况及其建筑构件之间的关系等。若地面布置比较简单，可在平面布置图中一并表达，不必另行绘制。

在装饰平面图中，所包含的室内项目，如家居、设施、植物、绿化、摆设等内容很多，不能以实物圆形出现在图纸上，只有借助图例来表示（表 2-8），这些图例在建筑施工图中应用不多，仅仅是设计者自制自用，但目前具有一定普遍意义。

表 2-8　装饰施工图常用图例（平面图）

图例	名称	图例	名称	图例	名称
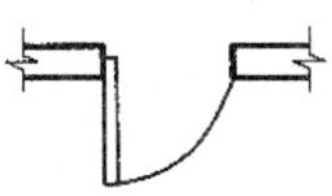	单扇平开门	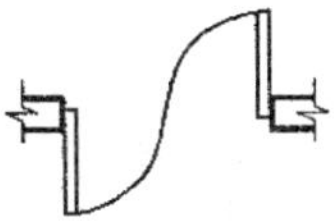	双扇内外开平开门	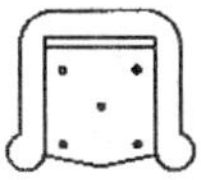	沙发
	双扇平开门	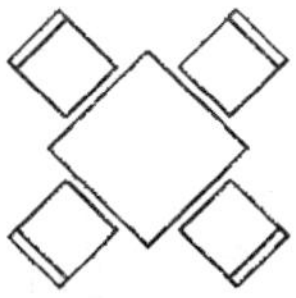	四人桌椅		各种椅凳
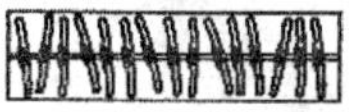	衣柜	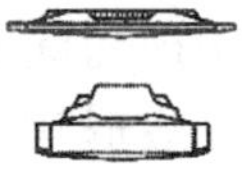	电视机	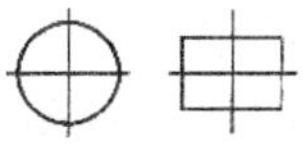	吸顶灯
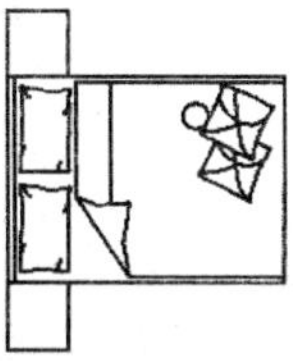	双人床	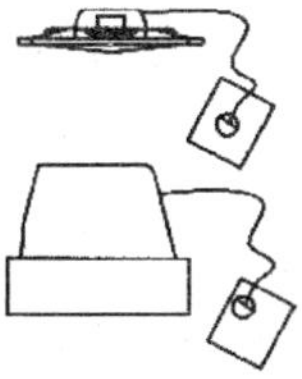	个人电脑	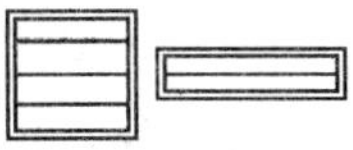	格栅荧光灯
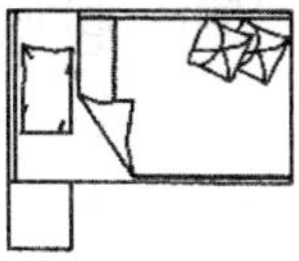	单人床	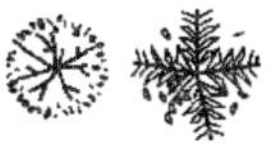	绿化植物	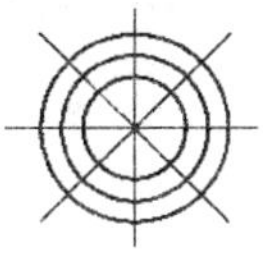	吊灯
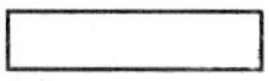	其他家具 （在图中说明）	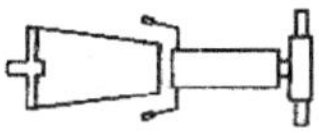	健身器		射灯
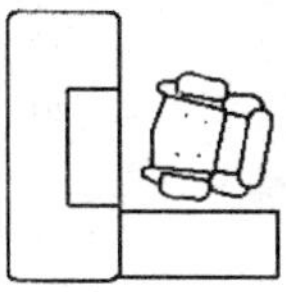	办公桌椅		地毯		风口

续表

图例	名称	图例	名称	图例	名称
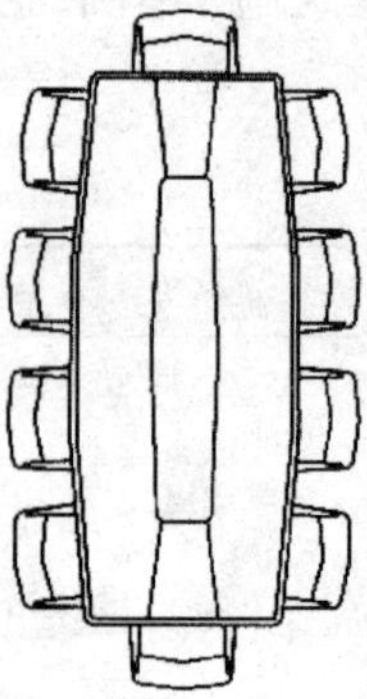	会议桌椅		筒灯		坐便器
				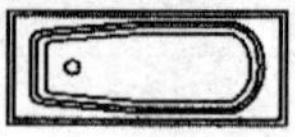	浴缸
			台灯或落地灯	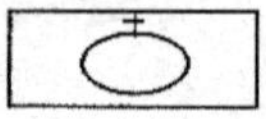	洗面台

（2）图示内容

1）标明图名与比例。

2）表示墙、柱、墩、门窗位置，标明房间的名称或编号、标明轴线编号。

3）标注室内的有关尺寸及楼、地面的标高。

4）表示出地面铺砌的材料、形状及尺寸（对于地面铺砌的比较简单的设计）。

5）家具、设备、花卉和陈设品的摆放位置及轮廓形状。

6）画出卫生器具、水池、工作台、厨、柜、隔断、花池等固定设备的位置与轮廓。

7）标明各立面图的投影关系和视图位置编号。

8）标明个剖面图的剖切位置、详图和通用配件等的位置和编号。

9）对材料、施工工艺必要的文字说明。

2. 楼地面装修图的图示方法及内容

（1）图示方法

对于比较铺砌较复杂的建筑，要单独的画出楼地面装修平面图，其形成与平面布置图一样，所不同的是地面布置不画活动家具及绿化等布置，只画出地面的装饰分格，标注地面材质、尺寸、颜色、地面标高等。

（2）图示内容

1）标明图名与比例。

2）表示墙、柱、墩、门窗位置，标明房间的名称或编号、标明轴线编号。

3）标注室内的有关尺寸及楼、地面的标高。

4）地面铺装材料及其工艺要求。对于拼花造型的地面，应标注造型的尺寸，材料名称等；对于块状地面材料，应用细实线画出块材的分割线，以表示施工时的铺装方向，非整砖应安排在较隐蔽的位置。

5）索引符号及对材料、施工工艺必要的文字说明。

3. 天花平面图的图示方法及内容

（1）图示方法

天花（顶棚）平面图有两种形成方法：一是假想房屋水平剖开后，移去下面部分向上作直接正投影而成；二是采用影像投影法，将地面视为镜面，对镜中顶棚的形象作正投影而成。顶棚平面图一般都采用镜像投影法绘制。顶棚平面图的作用主要是用来表明顶棚装饰的平面形状、尺寸和材料，以及灯具和其他各种室内顶部设施的位置和大小等。

（2）图示内容

1）标明图名与比例，比例一般与平面布置图相同。

2）表明顶部灯具的种类、式样、规格、数量及布置形式和安装位置。

3）表明顶棚装饰造型的平面形式和尺寸，并通过附加文字说明其所用材料、色彩及工艺要求。

4）顶棚的跌级变化应结合造型平面分区线用标高的形式来表示，由于所注是顶棚各构件底面的高度，因而标高符号的尖端应向上。

5）顶棚平面图上的小型灯具按比例用一个细实线圆表示，大型灯具可按比例画出它的正投影外形轮廓，力求简明概括，并附加文字说明。

6）表明空调风口以及顶部消防与音响设备等设施的布置形式与安装位置。

7）表明墙体顶部有关装饰配件（如窗帘盒、窗帘等）的形式与位置。

8）表明顶棚剖面构造详图的剖切位置及剖面构造详图的所在位置。作为基本图的装饰剖面图，其剖切符号不在顶棚图上标注。

4. 墙柱面装修图的图示方法及内容

（1）图示方法

墙柱面装修图也称为装饰立面图，分为室外装饰立面图和室内装饰立面图。室外装饰立面图是将建筑物经装饰后的外部形象向铅直投影面所作的正投影图。它主要表明屋顶、檐头、外墙面、门头与门面等部位的装饰造型、装饰尺寸和饰面处理，以及室外水池、雕塑等建筑装饰小品布置等内容。室内立面图通常是指人立于室内向各内墙面观看而得的正投影图，它主要用来表达内墙立面的造型、所用材料及其规格、色彩与工艺要求以及装饰构件等。一般不考虑陈设与吊顶。

立面一般与平面采用相同的比例，若有特殊需要时，也可采用较大的比例以便清楚的表达各细部而有利于施工，当墙面无复杂的造型与墙裙时，可省略立面图。

（2）图示内容

1）标明图名与比例。

2）建筑室外立面图要画出室外地面线以及建筑墙、柱、檐口、屋顶、门、窗、雨棚、阳台、花池、台阶、室外楼梯、墙面划分线、装饰物、灯箱及灯光设置等。室内立面要画出房间的室内轮廓线和其中门窗、洞口、隔断、家具、花台、灯具、装饰品以及墙柱面处理情况等。

3）标注各部位尺寸及标高。

4）标注立面两端的轴线及编号。

5）标明各部分的面层用料、色彩和装修做法。

6）标出各部分的构造和装饰节点详图、剖面图的索引符号。

7）对材料、施工工艺必要的文字说明。

5. 装修详图的图示方法及内容

（1）图示方法

对于装修细部或构配件用大比例，按正投影图的画法，将其大小、形状、材料和做法详细表示出来的图样，叫做装修详图。装修详图也称大样图或节点详图，简称详图。

装饰详图按其部位分为：

1）墙（柱）面装饰剖面图：主要用于表达室内立面的构造，着重反映墙（柱）面在分层做法、选材、色彩上的要求。

2）顶棚详图：主要用于反映吊顶构造、做法的剖面图或断面图。

3）装饰造型详图：独立的或依附于墙柱的装饰造型，表现装饰的艺术氛围和情趣的构造体，如影视墙、花台、屏风、壁龛、栏杆造型等的平、立、剖面图集线脚详图。

4）家具详图：主要指需要现场制作、加工、油漆的固定式家具，如衣柜、书柜、储藏柜等。

5）装饰门窗及门窗套详图：门窗的样式多种多样，在室内起着分格空间、烘托装饰效果的作用，其图样有门窗及门套立面图、剖面图和节点详图。

6）楼地面详图：反映地面的艺术造型及细部做法等内容。

7）小品及饰物详图：包括雕塑、水景、指示牌、织物等构件。

（2）图示内容

1）剖切到的建筑轮廓线及其材料图例。

2）与建筑结构相连的骨架投影及其材料图例。

3）基层板（或连接件）的投影及其材料图例。

4）装饰面层的投影及其材料图例。

5）详细尺寸、标高。

6）索引符号、说明、图名、比例等。

三、施工图的绘制与识读

1. 建筑装修施工图绘制的步骤与方法

建筑装饰施工图总体上的绘制步骤与方法如下：

1）确定绘制图样的数量根据平面布置和构造内容的复杂程度，以及施工的具体要求，确定图样的数量，做到表达内容既不重复也不遗漏。图样的数量在满足施工要求的条件下以少为好。

2）选择适当的比例。

3）进行合理的图面布置图面布置要主次分明，排列均匀紧凑，表达清楚，尽可能保持各图之间的投影关系。同类型的、内容关系密切的图样，集中在一张或图号连续的几张图纸上，以便对照查阅。

4）施工图的绘制方法绘制建筑施工图的顺序，一般是按平面图——立面图——详图顺序来进行的。先用铅笔画底稿，经检查无误后，按“国标”规定的线型加深图线。铅笔加深或描图上墨时，一般顺序是：先画上部，后画下部；先画左边，后画右边；先画水平线，后画垂直线或倾斜线；先画曲线，后画直线。

下面对建筑装修施工图画法分别说明：

（1）平面图的画法步骤

1）画所有定位轴线，然后画出墙、柱轮、门窗的轮廓线。

2）画出地面布置形式、家具、卫生器具、水池、工作台、绿化等固定设备的摆放位置及轮廓。

3）标注室内外尺寸、楼地面标高、立面投影符号、有关部位上的索引符号以及书写材料、施工工艺的文字说明。

4）经检查无误后，擦去多余的图线，按规定线型加深。

5）在平面图下方写出图名及比例等。

（2）顶棚平面图的画法步骤

1）对照平面图，画出顶棚平面图的定位轴线，墙、柱、梁的轮廓线。

2）绘制顶棚的造型，标注顶棚的标高、材料等。

3）画出各种灯具、通风系统的送风与回风口、烟感报警器、喷淋头等设备的位置及轮廓形状。

4）标注有关部位上的节点详图索引符号。

5）经检查无误后，擦去多余的图线，按规定线型加深。

6）在平面图下方写出图名及比例等。

（3）立面图的画法步骤

1）室外立面图画室外地坪外墙轮廓线、屋顶线，根据层高、各种分标高和平面图门窗洞口尺寸，画出立面图中门窗洞、檐口、雨篷、雨水管等细部的外形轮廓。室内立面图画出房间的室内轮廓线和其中门窗、洞口、隔断、家具、墙、柱面的形状。

2）标注出立面两端的轴号。

3）标明各部分的面层用料、色彩、装修做法。

4）标注有关部位上的节点详图索引符号。

5）标出各部位的尺寸与标高。

6）检查无误后加深图线，并注写标高、图名、比例及有关文字说明。

7）在平面图下方写出图名及比例等。

2. 建筑装修施工图识读的步骤与方法

一套图纸应有自己的目录，装饰施工图也不例外。在第一页图的适当位置编排本套图纸的目录（有时采用 A_4 幅面专设目录页），以便查阅。图纸目录包括图别、图号、图纸内容、采用标准图集代号、备注等。

在装饰工程施工图中，一般也将工程概况、设计风格、材料选用、施工工艺、做法及注意事项，以及施工图中不易表达、或设计者认为重要的其他内容写成文字、编成设计说明。因此，在识读整套施工图时，应首先阅读图纸目录及设计说明。其次在依次阅读平面图、立面图、详图等，下面对建筑装修施工图的识读举例说明。

（1）平面布置图的识读

1）先浏览平面布置图中各房间的功能布局、图样比例等，了解图中基本内容。

2）注意各功能区域的平面尺度、地面标高、家具及陈设等的布局。客厅是住宅布局中的主要空间。

3）理解平面布置图中的内视符号。

4）识读平面布置图中的详细尺寸。

平面布置图中一般应标注固定家具或造型等的尺寸。在平面布置图的外围，一般应标注两道尺寸：第一道为房屋门窗洞口、洞间墙体或墙垛的尺寸，第二道为房屋开间及进深的尺寸。当室外房屋周围有台阶等构配件时，也应标注其定形、定位尺寸。

平面布置图决定室内空间的功能及流线布局，是顶棚设计、墙体设计的基本依据和条件，平面布置图确定后再设计楼地面平面图、顶棚平面图、墙（柱）面装饰立面图等图样。

概括起来，阅读装饰平面布置图应抓住面积、功能、装饰面、设施以及与建筑结构的关系这五个要点。

（2）顶棚平面图的识读

1）首先应弄清楚顶棚平面图与平面布置图各部分的对应关系，核对顶棚平面图与平面布置图在基本结构和尺寸上是否相符。

2）对于某些有跌级变化的顶棚，要分清它的标高尺寸和线型尺寸，并结合造型平面分区线，在平面上建立起三维空间的尺度概念。

3）通过顶棚平面图，了解顶部灯具和设备设施的规格、品种和数量。

4）通过顶棚平面图上的文字标注，了解顶棚所用材料的规格、品种及其施工要求。

5）通过顶棚平面图上的索引符号，找出详图对照阅读，弄清楚顶棚的详细构造。

（3）立面图的识读

1）明确建筑装饰立面图上与该工程有关的各部分尺寸和标高。

2）通过图中不同线型的含义，搞清楚立面上有几种不同的装饰面，以及这些装饰面所选用的材料与施工工艺要求。

3）立面上各装饰面之间的衔接收口较多，这些内容在立面图上标示得比较概括，多在节点详图中详细标明。

4）明确装饰结构之间以及装饰结构与建筑主体之间的连接固定方式，以便提前准备预埋件和紧固件。

5）要注意设施的安装位置，确定电源开关、插座的安装位置和安装方式，以便在施工中留位。

6）阅读室内装饰立面图时，要结合平面布置图、顶棚平面图和该室内其他立面图对照阅读，明确该室内的整体做法与要求。

（4）装饰详图的识读

阅读装饰详图时，应先看详图符号和图名，弄清楚从何图索引而来。有的详图自有立面图和平面图，有的装饰详图的立面形状或平面形状及其尺寸就在被索引图样上，不再另行画出。因此，阅读时要注意联系被索引图样，并进行周密的核对，检查它们之间在尺寸和构造方法上是否相符。

通过阅读，了解各部件的装配关系和内部结构，紧紧抓住尺寸、详图做法和工艺要求三个要点。

四、识读装饰设计变更、图纸会审、技术交底等

1. 设计变更

设计变更是指设计单位依据建设单位要求调整，或对原设计内容进行修改、完善、优化。设计变更应以图纸或设计变更通知单的形式发出。改变有关工程的施工时间和顺序属于设计变更。变更有关工程价款的报告应由承包人提出。承包人在施工过程中更改施工组织设计的，应经工程师同意。

（1）设计变更的类型

设计变更包含的类型主要由以下几种：

1）在建设单位组织的有设计单位和施工企业参加的设计交底会上，经施工企业和建设单位提出，各方研究同意而改变施工图的做法，都属于设计变更，为此而增加新的图纸或设计变更说明都由设计单位或建设单位负责。

2）施工企业在施工过程中，遇到一些原设计未预料到的具体情况，需要进行处理；因而发生的设计变更。如工程的管道安装过程中遇到原设计未考虑到的设备和管墩、在原设计标高处无安装位置等，需改变原设计管道的走向或标高，经设计单位和建设单位同意，办理设计变更或设计变更联络单。这类设计变更应注明工程项目、位置、变更的原因、做法、规格和数量，以及变更后的施工图，经方签字确认后即为设计变更。

3）工程开工后，由于某些方面的需要，建设单位提出要求改变某些施工方法，或增减某些具体工程项目等，如在一些工程中由于建设单位要求增加的管线，再征得设计单位的同意后出设计变更。

4）施工企业在施工过程中，由于施工方面、资源市场的原因，如材料供应或者施工条件不成熟，认为需改用其他材料代替，或者需要改变某些工程项目的具体设计等引起的设计变更，经双方或三方签字同意可作为设计变更。

（2）设计变更的原因

设计变更原因有以下几种：

1）修改工艺技术，包括设备的改变；

2）增减工程内容；

3）改变使用功能；

4）设计错误、遗漏；

5）提高合理化建议；

6）施工中产生错误；

7）使用的材料品种的改变；

8）工程地质勘察资料不准确而引起的修改，如基础加深。

由于以上原因所提出变更的有可能是建设单位、设计单位、施工单位或监理单位中的任何一个单位，有些则是上述几个单位都会提出。

（3）设计变更的原则和流程

设计变更无论是由哪方提出，均应由监理部门会同建设单位、设计单位、施工单位协商，经过确认后由设计部门发出相应图纸或说明，并由监理工程师办理签发手续，下发到有关部门付诸实施。但在审查时应注意以下几点：

1）确属原设计不能保证工程质量要求，设计遗漏和确有错误以及与现场不符无法施工非改不可。

2）一般情况下，即使变更要求可能在技术经济上是合理的，也应全面考虑，将变更以后所产生的效益（质量、工期、造价）与现场变更往往会引起施工单位的索赔等所产生的损失，加以比较，权衡轻重后再做出决定。

3）工程造价增减幅度是否控制在总概算的范围之内，若确需变更但有可能超概算时，更要慎重。

4）设计变更应简要说明变更产生的背景，包括变更产生的提出单位、主要参与人员、时间等。

5）设计变更必须说明变更原因，如工艺改变、工艺要求、设备选型不当，设计者考虑需提高或降低标准、设计漏项、设计失误或其他原因。

6）建设单位对设计图纸的合理修改意见，应在施工之前提出。在施工试车或验收过程中，只要不影响生产，一般不再接受变更要求。

7）施工中发生的材料代用，办理材料代用单。要坚决杜绝内容不明确的，没有详图或具体使用部位，而只是增加材料用量的变更。其设计变更流程如图2-10所示。

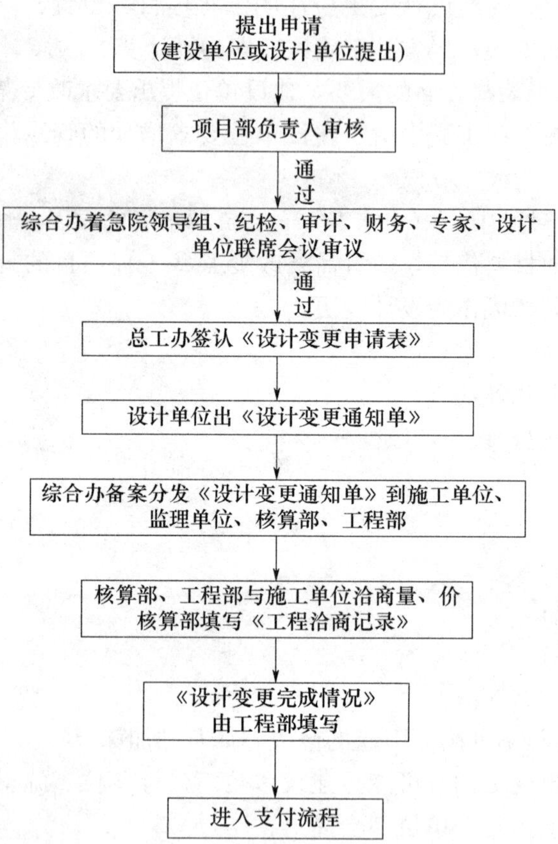

图2-10　设计变更工作流程图

（4）设计变更实施注意事项

设计变更的实施后，由监理工程师签注实施意见，应注明以下几点：

1）本变更是否已全部实施，若原设计图已实施后，才发变更，则应注明。因牵扯到原图制作加工、安装、材料费以及拆除费。若原设计图没有实施，则要扣除变更前部分内容的费用。

2）若发生拆除，已拆除的材料、设备、或已加工好但未安装的成品、半成品，均应由监理人员负责组织建设单位回收。

由施工单位编制结算单，经过造价工程师按照标书或合同中的有关规定审核后作为结算的依据，此时也应注意以下几点：

1）由于施工不当，或施工错误造成的，正常程序相同，但监理工程师应注明原因，此变更费用不予处理，由施工单位自负，若对工期、质量、投资效益造成影响的，还应进行反索赔。

2）由设计部门的错误或缺陷造成的变更费用，以及采取的补救措施，如返修、加固、拆除所生的费用，由监理单位协助业主与设计部门协商是否索赔。

3）由于监理部门责任造成损失的，应扣减监理费用。

4）设计变更应视作原施工图纸的一部分内容，所发生费用计算应保持一致，并根据合同条款按国家有关政策进行费用调整。

5）材料的供应及自购范围也应同原合同内容相一致。

6）属变更削减的内容，也应按上述程序办理费用削减，若施工单位拖延，监理单位可督促其执行或采取措施发出的削减费用结算单。

7）合理化建议也按照上面的程序办理，奖励、提成另按有关规定办理。

8）由设计变更造成的工期延误或延期，则由监理工程师按照有关规定处理、没有经过监理工程师认可并签发的变更一律无效；若经过监理工程师口头同意的，事后应按规定补办手续。

2. 设计交底与图纸会审

（1）设计交底与图纸会审的目的

为了使参与工程建设的各方了解工程设计的主导思想、设计构思和要求、采用的设计规范、确定的防火等级、内外装修及机电设备设计，对主要材料、构配件和设备的要求、所采用的新技术、新工艺、新材料、新设备的要求以及施工中应特别注意的事项，掌握工程关键部分的技术要求，保证工程质量，设计单位必须依据国家设计技术管理的有关规定，对提交的施工图纸，进行系统的设计技术交底。同时，也为了减少图纸中的差错、遗漏、矛盾，将图纸中的质量隐患与问题消灭在施工之前，使设计施工图纸更符合施工现场的具体要求，避免返工浪费；在施工图设计技术交底的同时，监理部、设计单位、建设单位、施工单位及其他有关单位需对设计图纸在自审的基础上进行会审。

施工图纸是施工单位和监理单位开展工作最直接的依据。现阶段大多对施工进行监理，设计监理很少，图纸中差错难免存在，故设计交底与图纸会审更显必要。设计交底与图纸会审是保证工程质量的重要环节，也是保证工程质量的前提，也是保证工程顺利施工的主要步骤。监理和各有关单位应当充分重视。

（2）设计交底与图纸会审应遵循的原则

1）设计单位应提交完整的施工图纸：各专业相互关联的图纸必须提供齐全、完整：对施工单位急需的重要分部分项专业图纸也可提前交底与会审，但在所有成套图纸到齐后需再统一交底与会审。现在很多工程已开工，而施工图纸还不全，以致后到的图纸拿来就施工。这些现象是不正常的。图纸会审不可遗漏，即使施工过程中另补的新图也应进行交底和会审。

2）在设计交底与图纸会审之前，建设单位、监理部及施工单位和其他有关单位必须事先指定主管该项目的有关技术人员看图自审，初步审查本专业的图纸，进行必要的审核和计算工作。各专业图纸之间必须核对。

3）设计交底与图纸会审时，设计单位必须派负责该项目的主要设计人员出席。进行设计交底与图纸会审的工程图纸，必须经建设单位确认。未经确认不得交付施工。

4）凡直接涉及设备制造厂家的工程项目及施工图，应由订货单位邀请制造厂家代表到会，并请建设单位、监理部与设计单位的代表一起进行技术交底与图纸会审。

（3）设计交底与图纸会审工作的程序

1）首先由设计单位介绍设计意图、结构设计特点、工艺布置与工艺要求、施工中注意事项等。

2）各有关单位对图纸中存在的问题进行提问。

3）设计单位对各方提出的问题进行答疑。

4）各单位针对问题进行研究与协调，制订解决办法。写出会审纪要，并经各方签字认可。

（4）设计交底与图纸会审的重点

1）设计单位资质情况，是否无证设计或越级设计：施工图纸是否经过设计单位各级人员签署，是否通过施工图审查机构审查。

2）设计图纸与说明书是否齐全、明确，坐标、标高、尺寸、管线、道路等交叉连接是否相符：图纸内容、表达深度是否满足施工需要：施工中所列各种标准图册是否已经具备。

3）施工图与设备、特殊材料的技术要求是否一致：主要材料来源有无保证，能否代换；新技术、新材料的应用是否落实。

4）设备说明书是否详细，与规范、规程是否一致。

5）布置与设计是否合理，是否与工程条件紧密结合，是否符合设计要求。

6）几家设计单位设计的图纸之间有无相互矛盾：各专业之间、平立剖面之间、总图与分图之间有无矛盾；预埋件、预留孔洞等设置是否正确；构造图是否表示清楚；是否有节点图；构件安装的连接节点图是否齐全；各类管沟、支吊架、墩等专业间是否协调统一；是否有综合管线图，通风管、消防管、电缆桥架是否相碰。

7）设计是否满足生产要求和检修需要。

8）施工安全、环境卫生有无保证。

9）是否存在不能施工或不便施工的技术问题，或导致质量、安全及工程费用增加等问题。

10）防火、消防设计是否满足有关规程要求。

（5）纪要与实施

1）项目监理部应将施工图会审记录整理汇总并负责形成会议纪要。经与会各方签字同意后，该纪要即被视为设计文件的组成部分（施工过程中应严格执行），发送建设单位和施工单位，抄送有关单位并予以存档。

2）如有不同意见通过协商仍不能取得统一时，应报请建设单位定夺。

3）对会审会议上决定必须进行设计修改的，由原设计单位按设计变更管理程序提出修改设计，一般性问题经监理工程师和建设单位审定后，交施工单位执行：重大问题报建设单位及上级主管部门与设计单位共同研究解决。施工单位拟施工的一切工程项目设计图纸，必须经过设计交底与图纸会审，否则不得开工已经交底和会审的施工图以下达会审纪要的形式作为确认。

第二节 建筑装饰构造的基本知识

一、民用建筑的基本构造组成

民用建筑由六大组成部分：基础、墙体、楼地层、楼梯、屋顶、门窗等组成。另外，还包括散水、勒脚、栏杆、雨篷、采光井等附件，如图 2-11 所示。

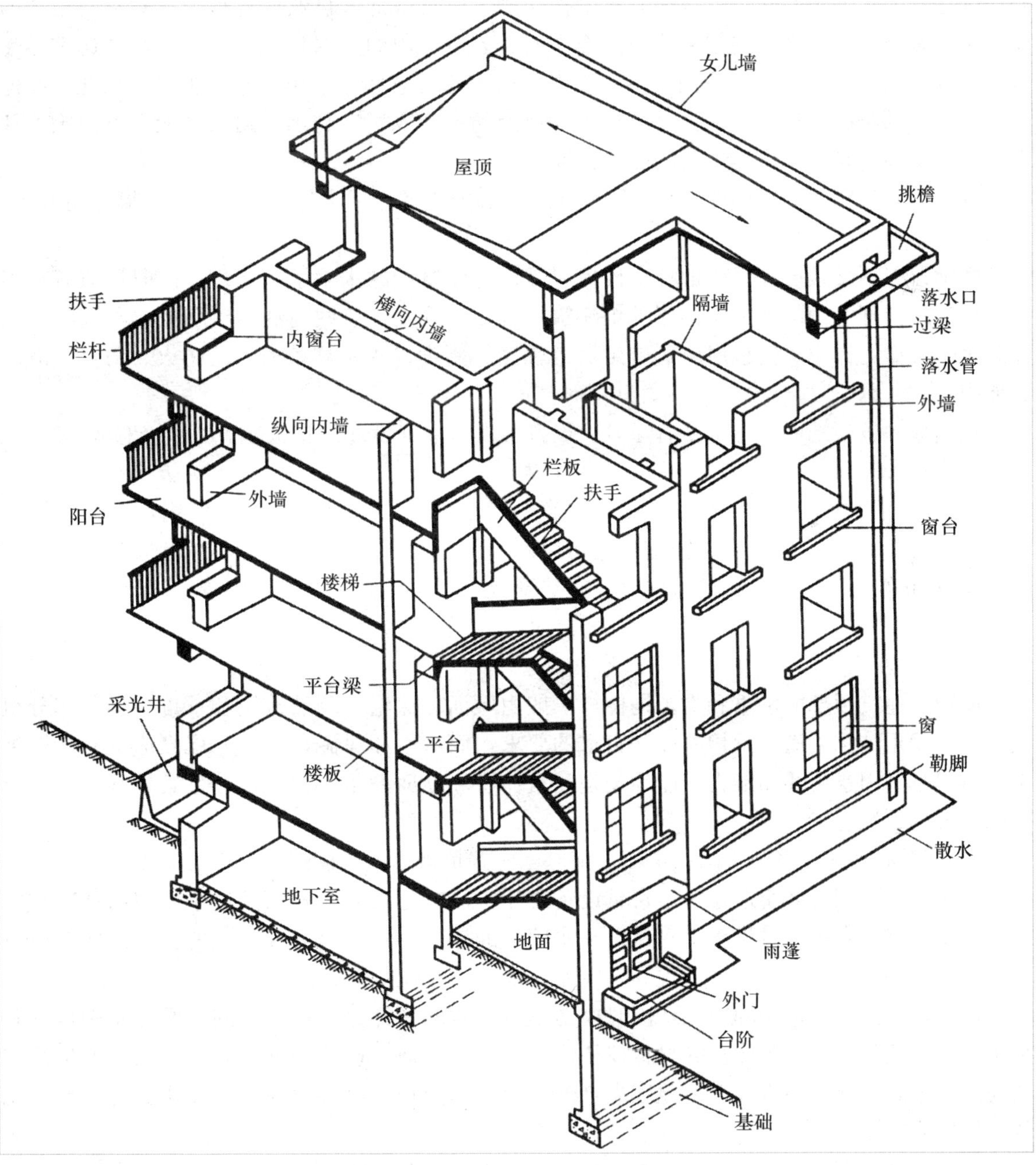

图 2-11 民用建筑的基本构造组成

（1）基础

基础是建筑物的墙或柱埋在地下的扩大部分，是建筑物的重要组成部分。基础的作用是承受上部结构的全部荷载通过自身的调整，把它传给地基。基础作为建筑的重要组成部分，是建筑物得以立足的根基，应具有足够的强度、刚度及耐久性，并能抵抗地下各种不良因素的侵袭。

（2）墙体（或柱）

墙体是建筑物的承重和围护构件。墙体具有承重要求时，它承担屋顶和楼板层传来的荷载，并把它们传递给基础。外墙还具有围护功能，应具备抵御自然界各种因素对室内侵袭的能力。内墙具有在水平方向划分建筑内部空间、创造适用的室内环境的作用。墙体通常是建筑中自重最大、材料和资金消耗最多、施工量最大的组成部分，作用非常重要。因此，墙体应具有足够的强度、稳定性，良好的热工性能及防火、隔声、防水、耐久性能。方便施工和良好的经济性也是衡量墙体性能的重要指标。

柱也是建筑物的承重构件，除了不具备围护和分隔的作用之外，其他要求与墙体类似。

（3）楼地层

楼地层包括楼板层和室内地坪。楼板层是楼房建筑中的水平承重构件，同时还兼有在竖向划分建筑内部空间的功能。楼板承担建筑的楼面荷载并把这些荷载传给墙或梁，同时对墙体起水平支撑的作用。楼板层应具有足够的强度、刚度，并应具备相当的防火、防水、隔声的能力。

室内地坪也叫地面，它承受着家具、设备、人和本身自重，并通过垫层传给地基。

（4）楼梯

楼梯是楼房建筑中联系上下各层的垂直交通设施，平时供人们交通使用，在特殊情况下供人们紧急疏散。楼梯虽然不是建造房屋的目的所在，但由于它关系到建筑使用的安全性，因此在宽度、坡度、数量、位置、布局形式、细部构造及防火性能等方面均有严格的要求。

（5）屋顶

屋顶是建筑顶部的承重和围护构件，一般由屋面、保温（隔热）层和承重结构三部分组成，其中承重结构要满足承担屋面和自重的要求，而屋面和保温（隔热）层则应具有能够抵御自然界不利因素侵袭的能力。屋顶又是建筑体型和立面的重要组成部分，其外观形象也应得到足够的重视。

（6）门窗

门主要供人们内外交通及搬运家具设备之用，同时还兼有分隔房间、采光通风和围护的作用。由于门是人及家具设备进出建筑和房间的通道，要满足交通和疏散的要求，因此应有足够的宽度和高度，其数量、位置和开启方式也应符合有关规范的要求。

窗的作用主要是采光和通风，同时也是围护结构的一部分，在建筑的立面形象中也占有相当重要的地位。由于制作窗的材料往往比较脆弱和单薄、造价较高，同时窗又是围护结构的薄弱环节，因此在寒冷和严寒地区应合理控制窗的面积。改善窗的热工性能也是建筑节能的重要内容。

房屋除了上述几个主要组成部分之外，对不同使用功能的建筑还有一些附属的构件和配件，如阳台、雨篷、台阶、散水、通风道等。这些构配件也可以称为建筑的次要组成部分。

二、幕墙的一般构造

1. 建筑幕墙的基本概念、分类和特点

(1) 建筑幕墙的基本概念

建筑幕墙是一种由面板与支承结构体系（支承装置与支承结构）组成的、可相对主体结构有一定位移能力、不分担主体结构所受作用的建筑外围护或装饰性结构。

(2) 建筑幕墙的分类

1）按面板材料分类包括玻璃幕墙、金属板幕墙、石材幕墙、人造板材幕墙和组合面板幕墙。

2）按密闭形式分类包括封闭式幕墙和开放式幕墙。

3）按幕墙施工方法分类包括单元式幕墙和构件式幕墙。

建筑幕墙详细分类如图 2-12 所示。

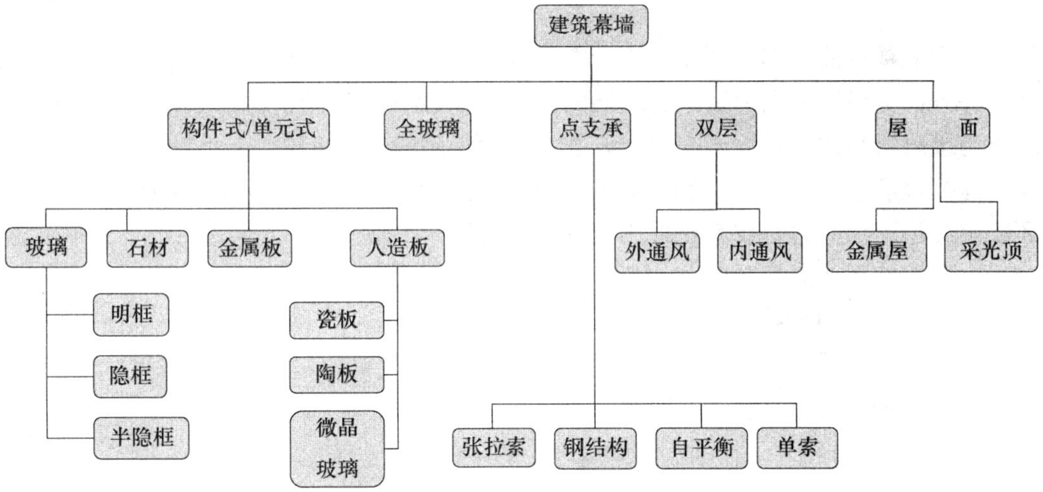

图 2-12　建筑幕墙分类

(3) 建筑幕墙的特点

1）建筑幕墙它是外围护结构不是填充墙，它自身具有完整的结构系统，通常包封主体结构。面板与梁柱面之间的距离通常为 150～200mm，设计上多用 180mm。

2）在自身平面内可承受较大的变形，相对主体结构有足够的变形能力。如设计上采取适当的措施，甚至当主体结构侧移，达到 1/60 时幕墙也不会发生破坏。

3）只承受本身的荷载且传给主体结构，不分担、也不传递主体结构荷载。

4）重量轻，节省主体结构与基础的费用。

5）由于幕墙本身的特点，它赋予主体结构抵抗温度变化的能力，提高抵抗地震的能力。

6）保护主体结构温度变化时应力小。

7）理论的形成及系统化，如雨屏原理，解决了长期存在的雨水渗漏的理论问题。

8）高层建筑需要建筑幕墙。

9）降低了劳动力，因为材料品种少、工业化生产。

10）降低了运输费用。

11）维修简单可替换性强。

2. 玻璃幕墙构造

(1) 玻璃幕墙的基本技术要求

1）对玻璃的基本技术要求

玻璃幕墙所用的单层玻璃厚度，一般为 6mm、8mm、10mm、12mm、15mm、19mm；夹层玻璃的厚度，一般为（6＋6）mm、（8＋8）mm（中间夹聚氯乙烯醇缩丁醛胶片，干法合成）；中空玻璃厚度为（6＋d＋5）mm、（6＋d＋6）mm、（8＋d＋8）mm 等（d 为空气厚度，可取 6mm、9mm、12mm）。幕墙宜采用钢化玻璃、半钢化玻璃、夹层玻璃。有保温隔热性能要求的幕墙宜选用中空玻璃。

2）对骨架的基本技术要求

用于玻璃幕墙的骨架，除了应具有足够的强度和刚度外，还应具有较高的耐久性，以保证幕墙的安全使用和寿命。如铝合金骨架的立梃、横梁等要求表面氧化膜的厚度不应低于 AA15 级。

为了减少能耗目前提倡应用断桥铝合金骨架。如果在玻璃幕墙中采用钢骨架，除不锈钢其他应进行表面热渗镀锌。黏结隐框玻璃的硅酮密封胶（工程中简称结构胶）十分重要，结构胶应有与接触材料的相容性试验报告，并有保险年限的质量证书。

点式连接玻璃幕墙的连接件和连系杆件等，应采用高强金属材料或不锈钢精加工制作，有的还要承受很大预应力，技术要求比较高。

(2) 有框玻璃幕墙的构造要求

1）有框玻璃幕墙的组成

有框玻璃幕墙主要由幕墙立柱、横梁、玻璃、主体结构、预埋件、连接件，以及连接螺栓、垫杆和胶缝、开启扇等组成，如图 2-13（a）所示。

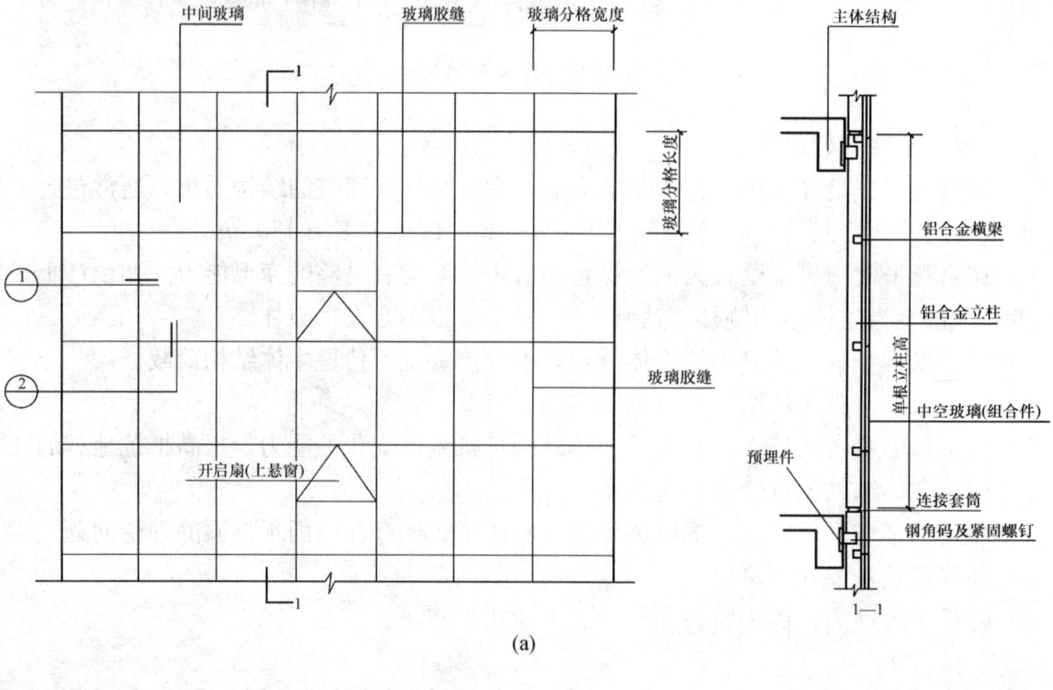

(a)

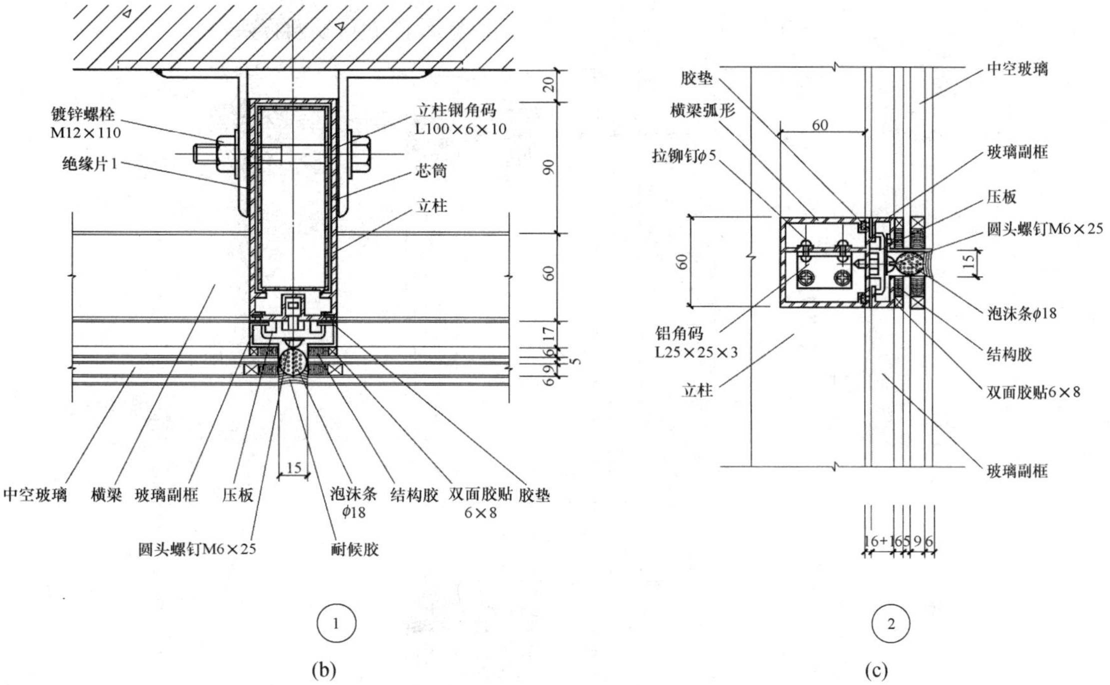

图 2-13　隐框玻璃幕墙组成及节点

（a）隐框玻璃幕墙组成；（b）隐框玻璃幕墙水平节点；（c）隐框玻璃幕墙垂直节点

1）有框玻璃幕墙的构造

① 基本构造：从图 2-13（b）中可以看到，立柱两侧角码是 ∟100mm×60mm×10mm 的角钢，它通过 M12×110mm 的镀锌连接螺栓将铝合金立柱与主体结构预埋件焊接，立柱又与铝合金横梁连接，在立柱和横梁的外侧再用连接压板通过 M6×25mm 圆头螺钉将带副框的玻璃组合件固定在铝合金立柱上。

为了提高幕墙的密封性能，在两块中空玻璃之间填充直径为 18mm 的泡沫条并填耐候胶，形成 15mm 宽的缝，使得中空玻璃发生变形时有位移的空间。《玻璃幕墙工程技术规范》（JGJ 102—1996）中规定，隐框玻璃幕墙拼缝宽度不宜小于 15mm。

图 2-13（c）反映横梁与立柱的连接构造，以及玻璃组合件与横梁的连接关系。玻璃组合件应在符合洁净要求的车间中生产，然后运至施工现场进行安装。

幕墙构件应连接牢固，接缝处须用密封材料使连接部位密封［图 2-13（b）中玻璃副框与横梁、主柱相交均有胶垫］，用于消除构件间的摩擦声，防止串烟串火，并消除由于温差变化引起的热胀冷缩应力。

② 防火构造：为了保证建筑物的防火能力，玻璃幕墙与每层楼板、隔墙处以及窗间墙、窗槛墙的缝隙应采用不燃烧材料（如填充岩棉等）填充严密，形成防火隔层。图 2-14 所示，在横梁位置安装厚度不小于 100mm 防护岩棉，并用 1.5mm 钢板包制。

③ 防雷构造：《建筑物防雷设计规范》（GB 50057）规定，高层建筑应设置防雷用的均压环（沿建筑物外墙周边每隔一定高度的水平防雷网，用于防侧雷），环间垂直间距不应大于 12m，均压环可利用梁内的纵向钢筋或另行安装。

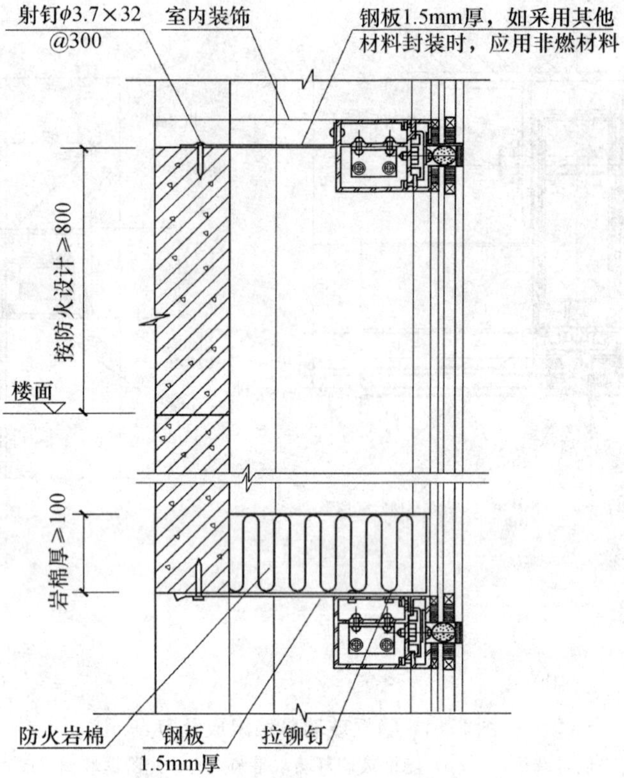

图 2-14　隐框玻璃幕墙防火构造节点

如采用梁内的纵向钢筋做均压环时，幕墙位于均压环处的预埋件的锚筋必须与均压环处梁的纵向钢筋连通；设均压环位置的幕墙立柱必须与均压环连通，该位置处的幕墙横梁必须与幕墙立柱连通；未设均压环处的立柱必须与固定在设均压环楼层的立柱连通，如图 2-15 所示。以上接地电阻应小于 4Ω。

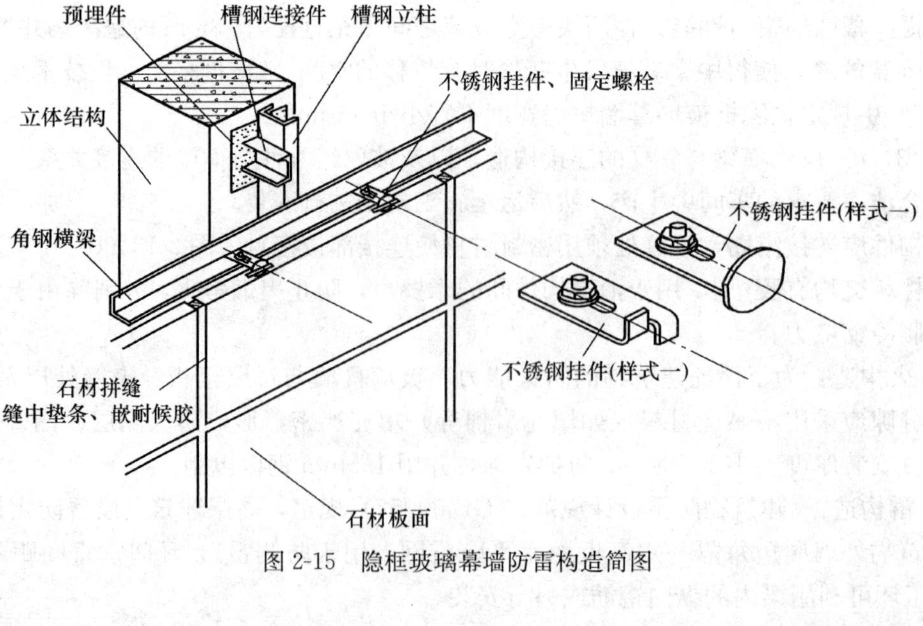

图 2-15　隐框玻璃幕墙防雷构造简图

（3）点式玻璃幕墙的构造

1）点式玻璃幕墙的概念和特点

由玻璃面板、点支撑装置和支撑结构构成的玻璃幕墙称为点支式玻璃幕墙。

特点：效果通透，可使室内空间和室外环境自然和谐。构件精巧，结构美观，实现精美的金属构件与玻璃装饰艺术的完美融合。支承结构多样，可满足不同建筑结构和装饰效果的需要。它的缺点是不易实现开启通风及工程造价偏高。

1）点式玻璃幕墙的结构类型

点式玻璃幕墙的的结构类型包括玻璃肋点支式玻璃幕墙、单柱式点支玻璃幕墙、钢桁架点支式玻璃幕墙、拉索点支式玻璃幕墙等。

① 玻璃肋点支式玻璃幕墙如图 2-16 所示。

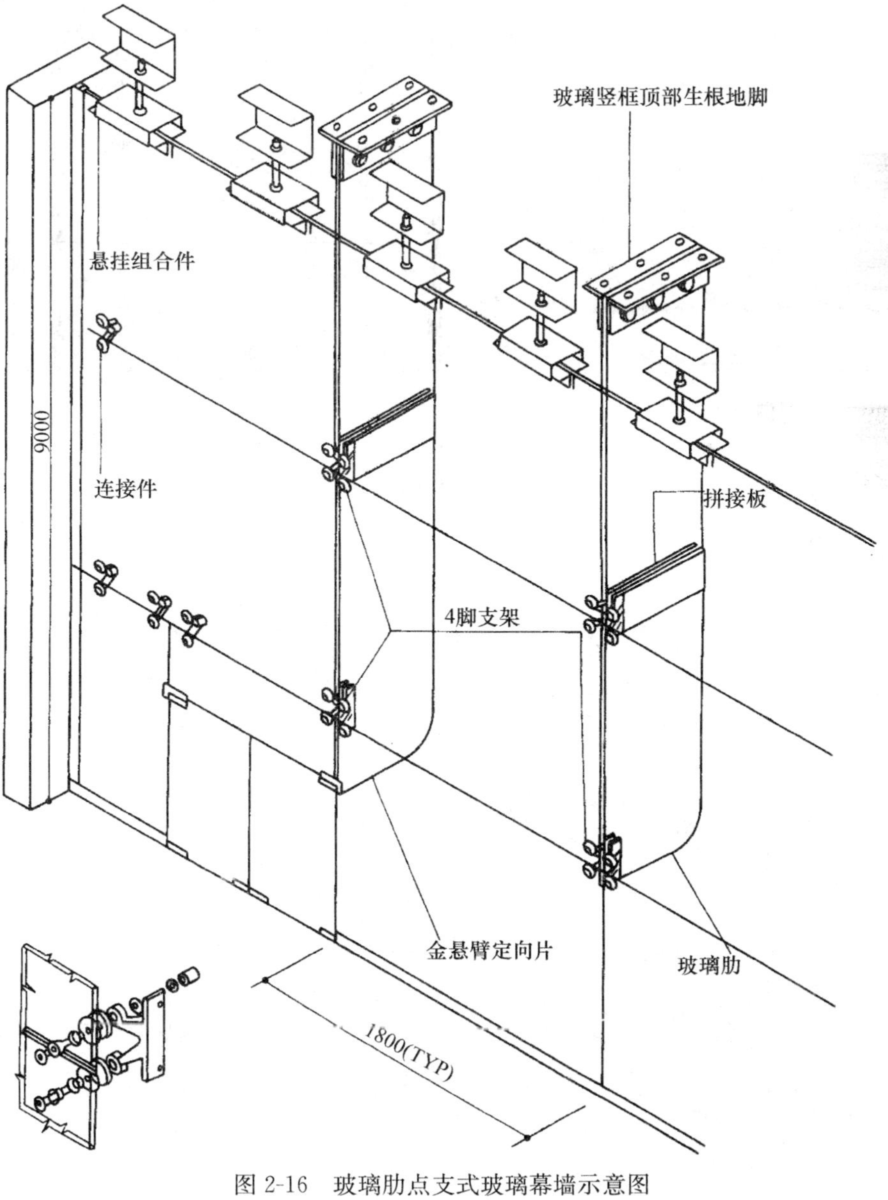

图 2-16　玻璃肋点支式玻璃幕墙示意图

② 钢桁架点支式玻璃幕墙如图 2-17 所示。

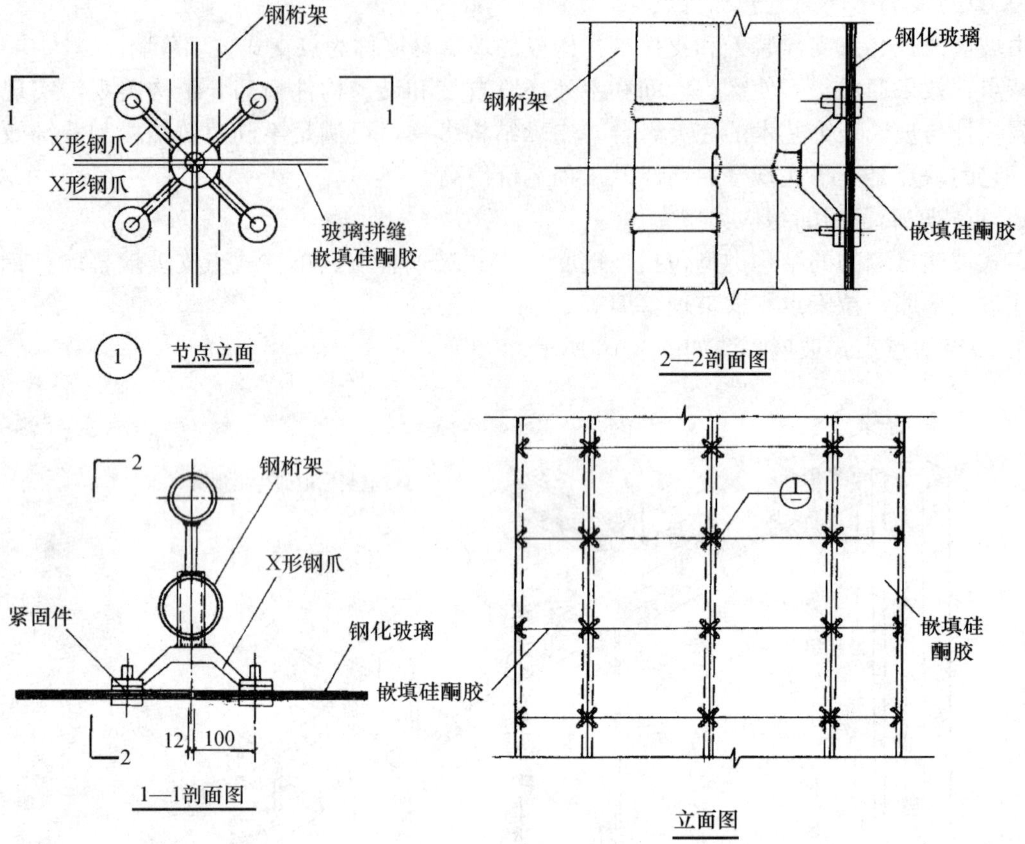

图 2-17　钢桁架点支式玻璃幕墙示意图

③ 拉索点支式玻璃幕墙如图 2-18 所示。

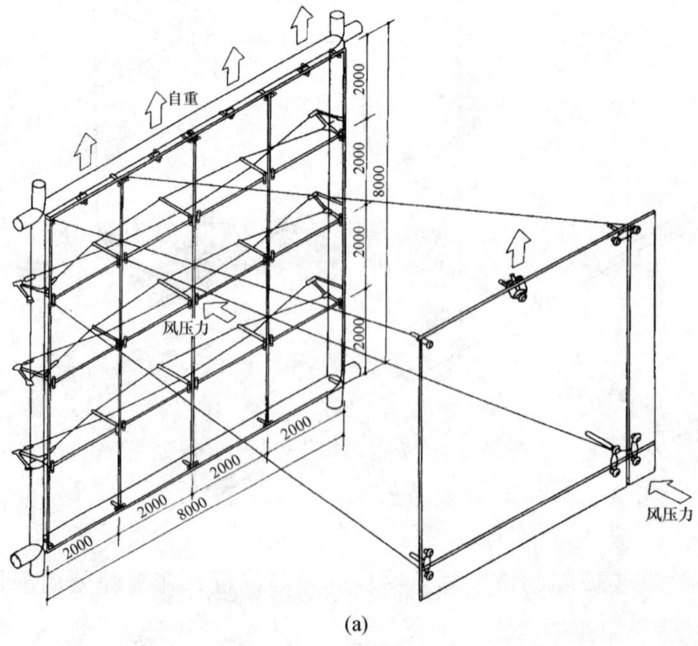

(a)

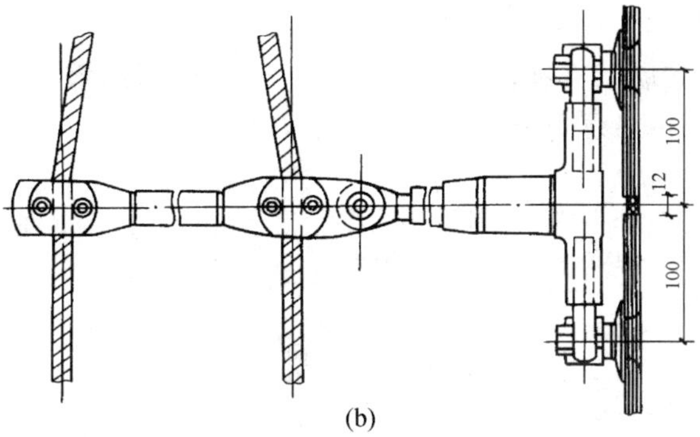

(b)

图 2-18　拉索点支式玻璃幕墙

(a) 立体图；(b) 索系与玻璃连接图

(4) 全玻幕墙的施工

1) 全玻幕墙的分类

① 吊挂式全玻幕墙：为了提高玻璃的刚度、安全性和稳定性，避免产生压屈破坏，在超过一定高度的通高玻璃上部设置专用的金属夹具，将玻璃和玻璃肋吊挂起来形成玻璃墙面，这种玻璃幕墙称为吊挂式全玻幕墙。

吊挂式全玻幕墙的下部需镶嵌在槽口内，以利于玻璃板的伸缩变形，吊挂式全玻幕墙的玻璃尺寸和厚度，要比坐落式全玻幕墙的大，而且构造复杂、工序较多，因此造价也较高。

② 坐落式全玻幕墙：当全玻幕墙的高度较低时，可以采用坐落式安装。这种幕墙的通高玻璃板和玻璃肋上下均镶嵌在槽内，玻璃直接支撑在下部槽内的支座上，上部镶嵌玻璃的槽与玻璃之间留有空隙，使玻璃有伸缩的余地。这种做法构造简单、工序较少、造价较低，但只适用于建筑物层高较小的情况下。

根据工程实践证明，下列情况可采用吊挂式全玻幕墙：玻璃厚度为 10mm，幕墙高度在 4～5m 时；玻璃厚度为 12mm，幕墙高度在 5～6m 时；玻璃厚度为 15mm，幕墙高度在 6～8m 时；玻璃厚度为 19mm，幕墙高度在 8～10m 时。

2) 全璃幕墙的构造

① 坐落式全玻幕墙的构造。坐落式玻璃幕墙的构造组成为：上下金属夹槽、玻璃板、玻璃肋、弹性垫块、聚乙烯泡沫垫杆或橡胶嵌条、连接螺栓、硅酮结构胶及耐候胶等，如图 2-19 (a) 所示。

玻璃肋应垂直于玻璃板面布置，间距根据设计计算而确定。图 2-19 (b) 为坐落式全玻璃幕墙平面示意图。从图中可看到玻璃肋均匀设置在玻璃板面的一侧，并与玻璃板垂直相交，玻璃竖缝嵌填结构胶或耐候胶。玻璃肋的布置方式有以下几种：

a. 后置式：后置式是玻璃肋置于玻璃板的后部，用密封胶与玻璃板黏结成为一个整体，如图 2-20 (a) 所示。

b. 骑缝式：骑缝式是玻璃肋位于两玻璃板的板缝位置，在缝隙处用密封胶将三块玻璃黏结起来，如图 2-20 (b) 所示。

c. 平齐式：平齐式玻璃肋位于两块玻璃之间，玻璃肋前端与玻璃板面平齐，两侧缝隙用密封胶嵌填、黏结，如图 2-20（c）所示。

d. 突出式：突出式玻璃肋夹在两玻璃板中间、两侧均突出玻璃表面，两面缝隙内用密封胶嵌填、黏结，如图 2-20（d）所示。

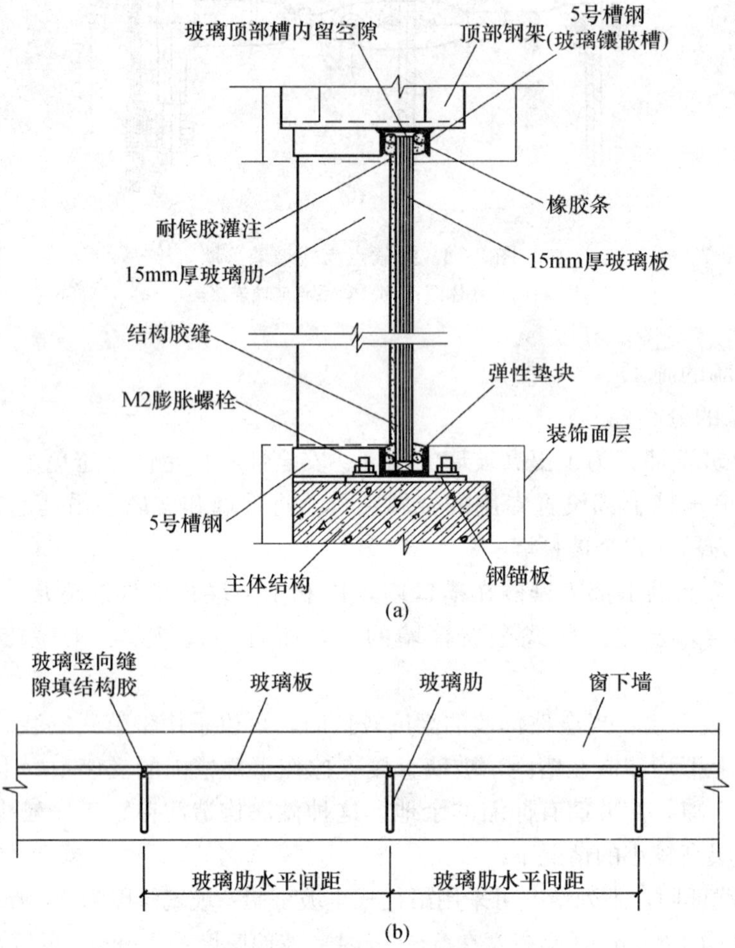

图 2-19　坐落式全玻幕墙构造示意图

（a）构造示意图；（b）平面示意图

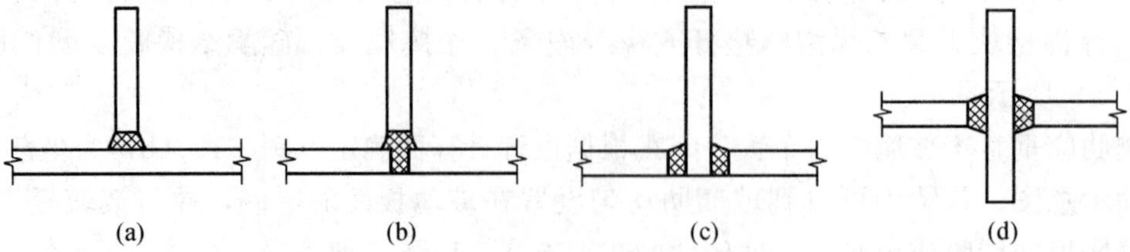

图 2-20　玻璃肋的布置方式

（a）后置式；（b）骑缝式；（c）平齐式；（d）突出式

② 吊挂式全玻璃幕墙构造：当幕墙的玻璃高度超过一定数值时，采用吊挂式全玻璃幕墙做法是一种较成功的方法。现以图 2-21 为例说明其构造做法。

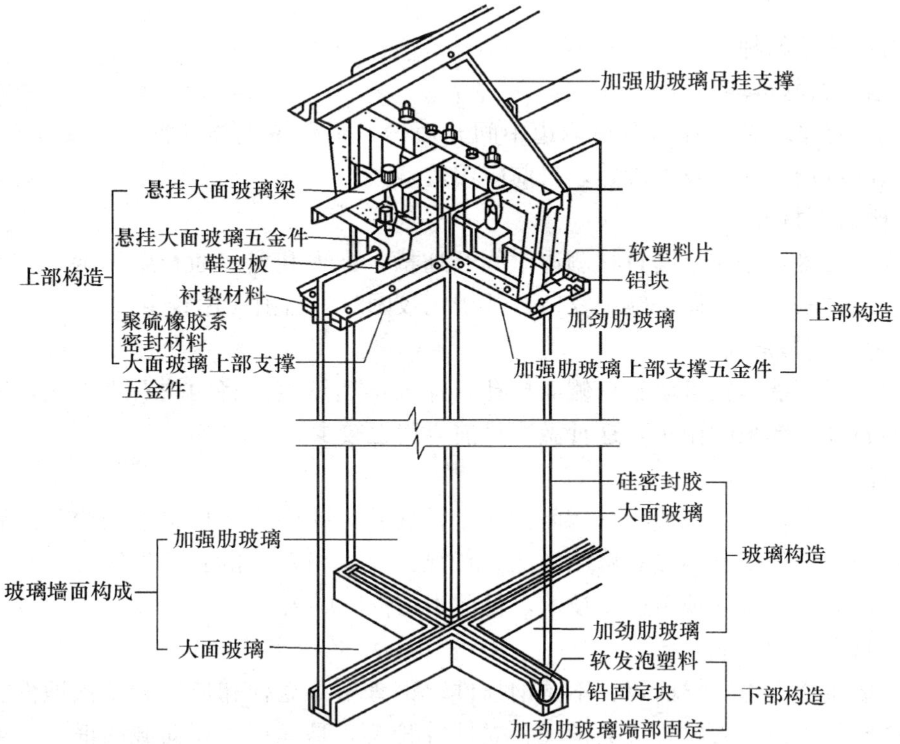

图 2-21 吊挂式全玻璃幕墙构造

③ 全玻幕墙的玻璃定位嵌固

a. 干式嵌固：干式嵌固是指在固定玻璃时，采用密封条嵌固的安装方法，如图 2-22（a）所示。

b. 湿式嵌固：湿式嵌固是指当玻璃插入金属槽内、填充垫条后，采用密封胶（如硅酮密封胶等）注入玻璃、垫条和槽壁之间的空隙，凝固后将玻璃固定的方法，如图 2-22（b）所示。

c. 混合式嵌固：混合式嵌固是指在放入玻璃前先在金属槽内一侧装入密封条，然后再放入玻璃，在另一侧注入密封胶的安装方法，这是以上两种方法的结合，如图 2-22（c）所示。

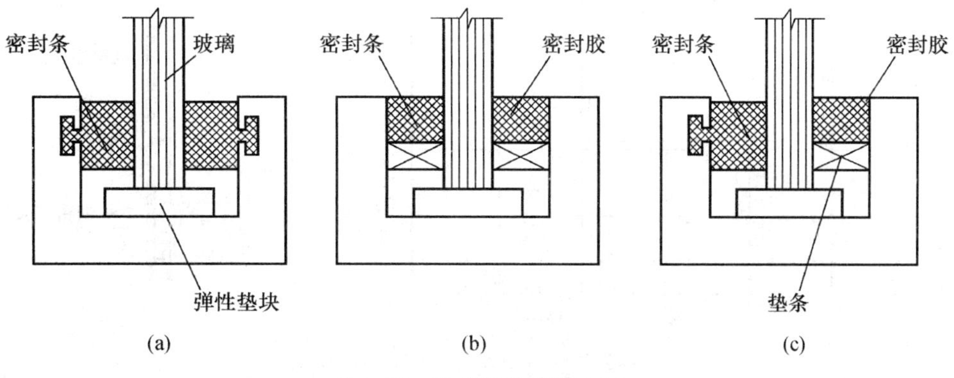

图 2-22 玻璃定位嵌固方法

（a）干式嵌固；（b）湿式嵌固；（c）混合式嵌固

3. 石材幕墙构造

(1) 石材幕墙的种类

1) 短槽式石材幕墙

短槽式石材幕墙是在幕墙石材侧边中间开短槽，用不锈钢挂件挂接、支撑石板的做法。短槽式做法的构造简单，技术成熟，目前应用较多。

2) 通槽式石材幕墙

通槽式石材幕墙是在幕墙石材侧边中间开通槽，嵌入和安装通长金属卡条，石板固定在金属卡条上的做法。此种做法施工复杂，开槽比较困难，目前应用较少。

3) 钢销式石材幕墙

钢销式石材幕墙是在幕墙石材侧面打孔，穿入不锈钢钢销将两块石板连接，钢销与挂件连接，将石材挂接起来的做法，这种做法目前应用也较少。

4) 背栓式石材幕墙

背栓式石材幕墙是在幕墙石材背面钻四个扩底孔，孔中安装柱锥式锚栓，然后再把锚栓通过连接件与幕墙的横梁相接的幕墙做法。背栓式是石材幕墙的新型做法，它受力合理、维修方便、更换简单，是一项引进新技术，目前正在推广应用。

(2) 石材幕墙的组成和构造

石材幕墙主要是由石材面板、不锈钢挂件、钢骨架（立柱和横撑）及预埋件、连接件和石材拼缝嵌胶等组成。石材幕墙的横梁、立柱等骨架，是承担主要荷载的框架，可以选用型钢或铝合金型材，并由设计计算确定其规格、型号，同时也要符合有关规范的要求。

图 2-23 为有金属骨架的石材幕墙的组成示意图；图 2-24 为短槽式石材幕墙的构造。石材幕墙的防火、防雷等构造与有框玻璃幕墙基本相同。

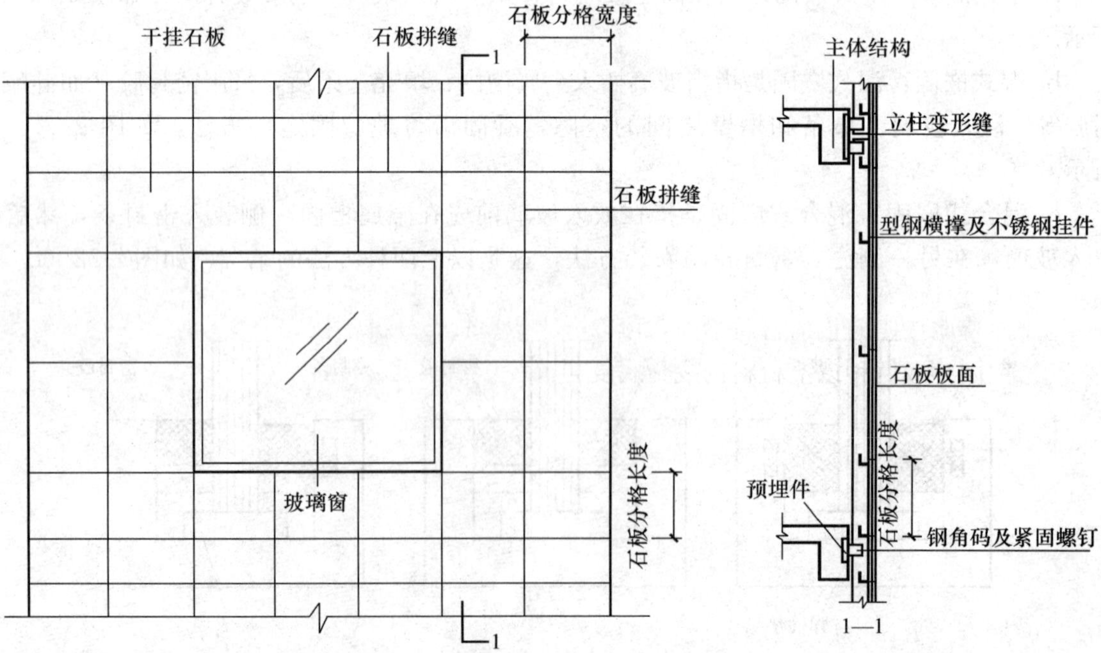

图 2-23　石材幕墙的组成示意图

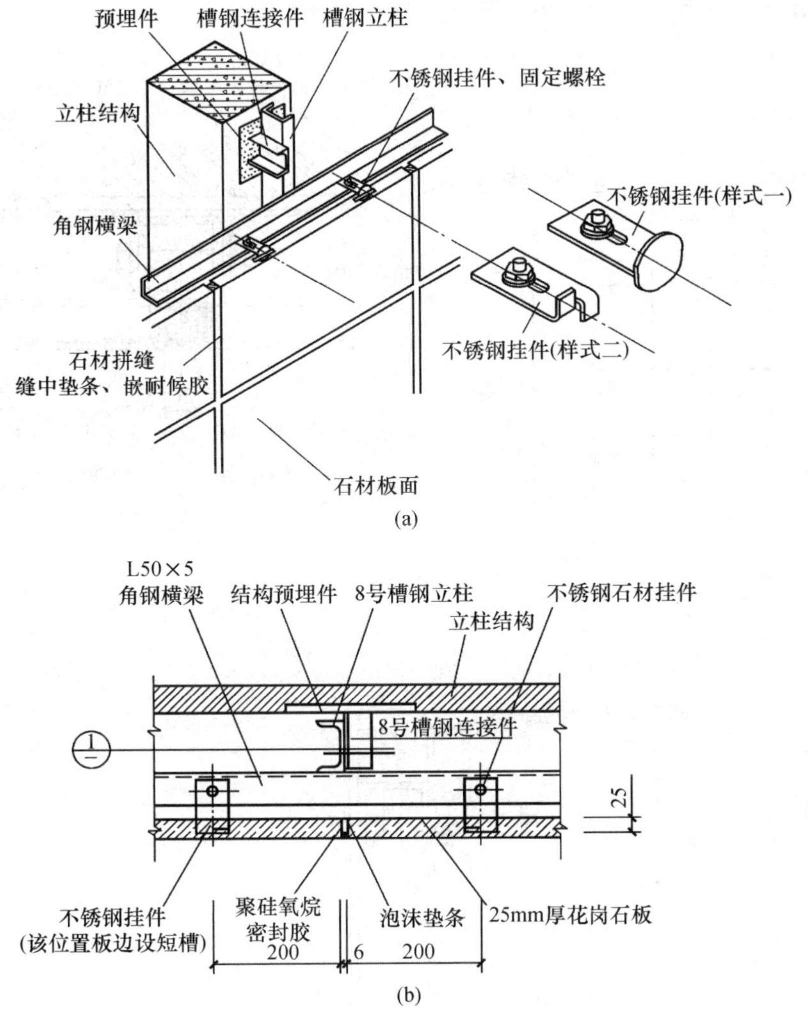

图 2-24　短槽式石材幕墙的构造

（a）立体图；（b）水平节点图

4. 金属幕墙构造

（1）金属幕墙的分类

金属幕墙按照面板的材质不同，可以分为铝单板、蜂窝铝板、搪瓷板、不锈钢板幕墙等。有的还用两种或两种以上材料构成金属复合板，如铝塑复合板、金属夹心板幕墙等。

按照表面处理不同，金属幕墙又可分为光面板、亚光板、压型板、波纹板等。

（2）金属幕墙的组成和构造

1）金属幕墙的组成

金属幕墙主要由金属饰面板、连接件、金属骨架、预埋件、密封条和胶缝等组成。

2）金属幕墙的构造

按照安装方法不同，也有直接安装和骨架式安装两种。与石材幕墙构造不同的是金属面板采用折边加副框的方法形成组合件，然后再进行安装。图 2-25 所示为铝塑复合板面板的骨架式幕墙构造示例，它是用镀锌钢方管做为横梁立柱，用铝塑复合板做成带副框的组合件，用直径为4.5mm自攻螺钉固定，板缝垫杆嵌填硅酮密封胶。

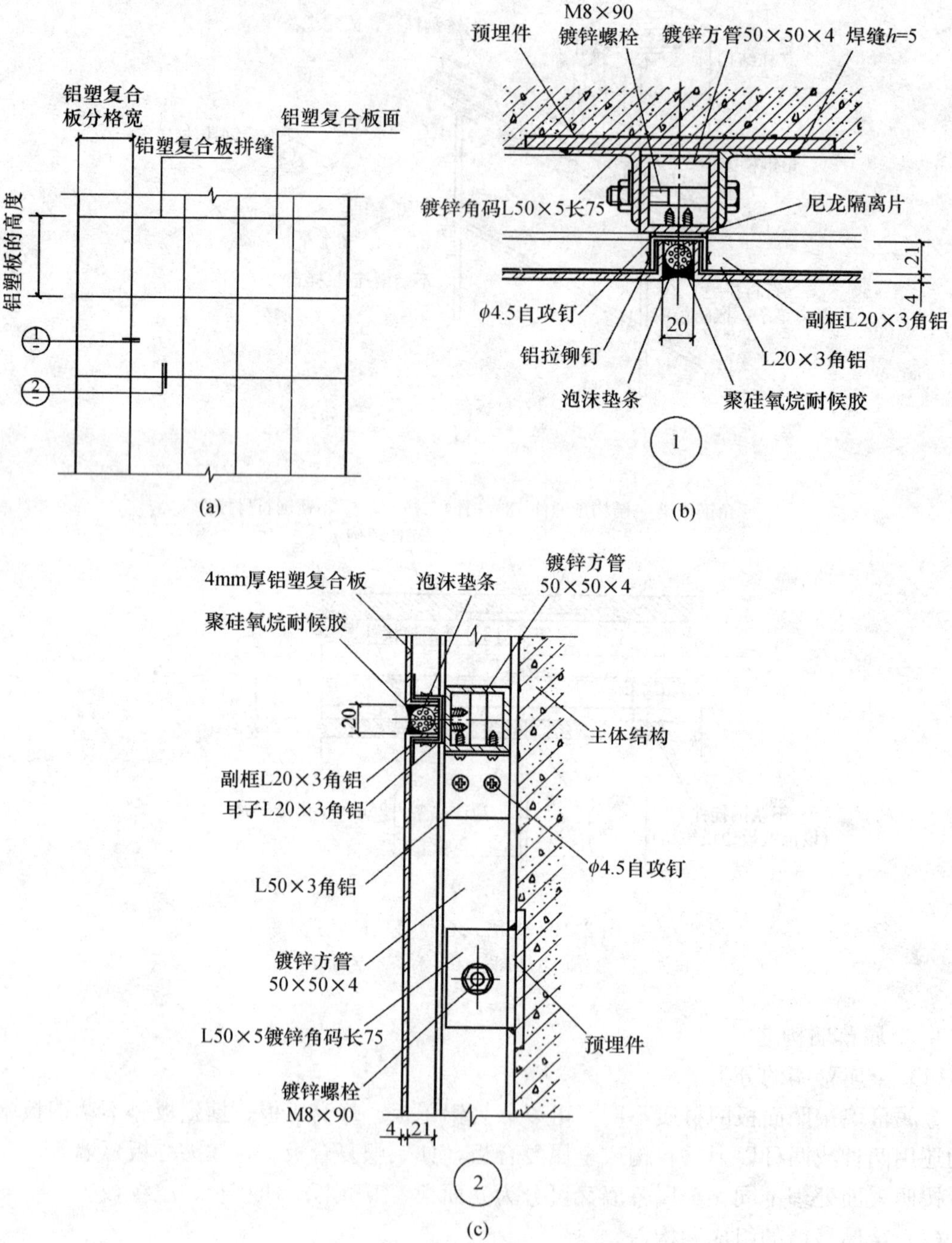

图2-25　铝塑复合板面板幕墙构造

三、民用建筑室内地面的装饰构造

1. 楼地面饰面的功能

(1) 保护支承结构物

保护楼板或地坪是楼地面饰面应满足的最基本要求。楼地面的饰面层可以起到耐磨。

（2）保证正常使用要求

因房屋的使用性质不同，对房屋楼地面的要求也不同。一般要求坚固、耐磨、平整、不易起灰和易于清洁等。对于居住和人们长时间停留的房间，要求面层有较好的蓄热性和弹性；对于厨房、卫生间等房间，则要求耐水和耐火等。

（3）满足美观要求

楼地面装饰应从整体上与顶棚及墙面的装饰呼应，巧妙处理界面，以便产生优美的空间序列感；楼地面的装饰应与空间的实用技能紧密联系，如室内走道线的标志具有视觉诱导功能；楼地面饰面材料的质感可与环境共同构成统一对比的关系；楼地面的图案和色彩的设计运用，能够起到烘托室内环境气氛与风格的作用。

2. 楼面的组成及作用

楼地面构造基本上可以分为基层和面层两个主要部分。有时为了满足找平、结合、防水、防潮、弹性、保温隔热及管线敷设等功能上的要求，在基层和面层之间还要增加相应的附加构造层，又称为中间层。图 2-26 为楼地面的主要构造层示意。

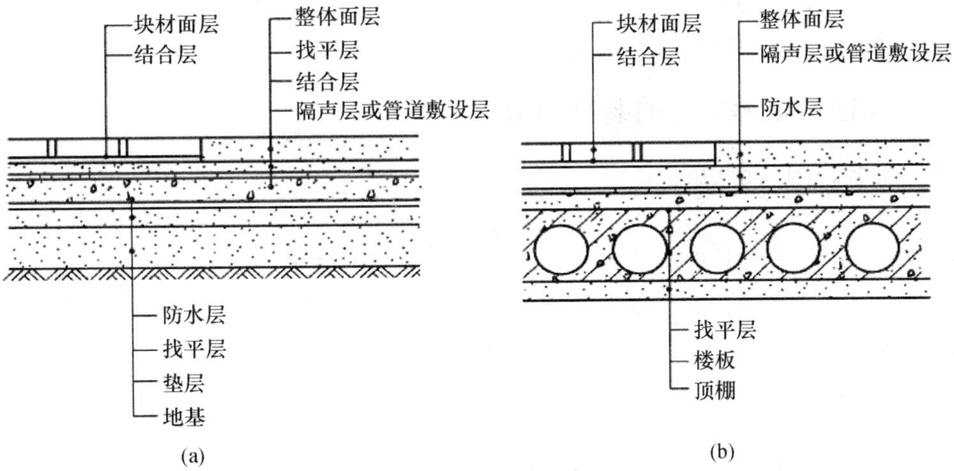

图 2-26　楼地面的主要构造层示意图

（a）楼地面各构造层；（b）楼面各构造层

（1）基层

底层地面的基层是指素土夯实层。对于土质较差的，可加入碎砖、石灰等骨料夯实。夯填要分层进行，厚度一般为 300mm。楼地面的基层为楼板。

（2）中间层

中间层主要有垫层、找平层、隔离层（防水防潮层）、填充层、结合层等，应根据实际需要设置。各类附加层的作用不同，但都必须承受并传递由面层传来的荷载，因此要有较好的强度和刚度。

1）垫层：刚性垫层的整体刚度好，受力后不产生塑性变形，常采用 C7.5～C15 低强度混凝土，厚度一般为 50～100mm。柔性垫层整体刚度较小，受力后易产生塑性变形。常用砂、碎石、炉渣、矿渣、灰土等松散材料，厚度一般为 50～150mm。

2）找平层：在粗糙基层表面起弥补、找平作用的构造层，一般用 1∶3 水泥砂浆厚度为 15～20mm 抹成，以利于铺设防水层或较薄的面层材料。

3）隔离层：用于卫生间、厨房浴室等地面的构造层，起防渗漏和防潮作用。

4）填充层：起隔声、保温、找坡或敷设暗线管道等作用的构造层，可用松散材料、整体材料、或板块材料，如水泥石灰炉渣、加气混凝土块等。

5）结合层：使上下两层结合牢固的媒介层，如在混凝土找坡层上抹水泥砂浆找平层，其结合层材料为素水泥；在水泥砂浆找平层上涂热沥青防水层，其结合层材料为冷底子油。

（3）面层

面层是楼地面的最上层，是供人们生活、生产或工作直接接触的结构层次，也是地面承受各种物理化学作用的表面层。根据不同的使用要求，面层的构造各不相同，但都应具有一定的强度、耐久性、舒适性及装饰性。

3. 楼地面的类型

（1）根据饰面层所采用材料不同可分为水泥砂浆地面、水磨石地面、大理石地面、木地板地面、地毯地面等。

（2）根据施工方法的不同可分为整体式楼地面、块材式楼地面、木楼地面和人造软制品铺贴式楼地面等。楼地面的名称一般是根据楼面层材料命名的。

四、民用建筑室内墙面的装饰构造

1. 内墙面装饰的基本功能

（1）保护墙体

建筑物的内墙饰面与外墙饰面一样，也具有保护墙体的作用。例如浴室、厨房等处，室内湿度相对比较高，墙面会被溅湿或需水洗刷，若墙面贴瓷砖或进行防水、隔水处理，墙体就不会受潮湿的影响；人流较多的门厅、走廊等处，在适当高度上做墙裙、内墙阳角处做护角线处理，将起到保护墙体的作用。

（2）保证室内使用条件

室内墙面经过装饰变得平整、光滑不仅便于清扫和保持卫生，并且可以增加光线和反射，提高室内照度，保证人们在室内的正常工作和生活需要。

当墙体本身热工性能不能满足使用要求时，可以在墙体内侧结合饰面做保温隔热处理，提高墙体的保温隔热能力。一些有特殊要求的空间，通过选用不同材料的饰面，能达到防尘、防腐蚀、防辐射等目的。

内墙饰面的另一个重要功能是辅助墙体的声学功能。例如，反射声波、吸声、隔热等。在影剧院、音乐厅、播音室等公共建筑就是通过墙体、顶棚和地面上不同饰面材料所具有的反射声波及吸声的性能，达到控制混响时间、改善音质和改善使用环境的目的。

（3）美化室内环境

内墙装饰在不同程度上起到装饰和美化室内环境的作用，这种装饰美化应与地面、顶棚等的装饰效果相协调，同家具、灯具及其他陈设相结合。

2. 墙面装饰的分类

按饰面常用装饰材料、构造方式和装饰效果不同，墙面装饰可分为：

（1）抹灰类墙体饰面，包括一般抹灰和装饰抹灰饰面装饰。

（2）贴面类墙体饰面，包括石材、陶瓷制品和预制板材等饰面装饰。

（3）涂刷类墙体饰面，包括涂料和刷浆等饰面装饰。

（4）镶板（材）类墙体饰面。

（5）卷材类内墙饰面，包括壁制布和壁纸饰面装饰。

（6）其他材料类，如玻璃幕墙等

3. 抹灰类饰面

抹灰类饰面是用各种加色的、不加色的水泥砂浆，或者石灰砂浆、混合砂浆等做成的各种饰面抹灰层。根据使用要求不同分为一般抹灰和装饰面抹灰。

（1）墙面抹灰的构造组成及作用

墙面抹灰一般是由底层抹灰、中间抹灰和面层抹灰三部分组成，如图 2-27 所示。

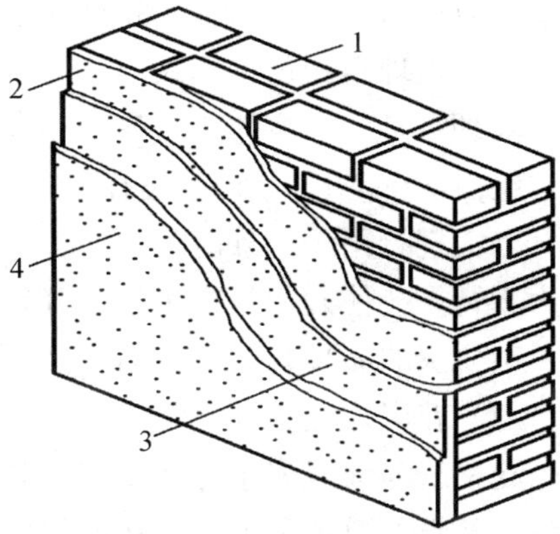

图 2-27　抹灰的构造组成

1—基层；2—底层；3—中间层楼；4—面层

4. 贴面类墙体饰面构造

常用的贴面材料可分为三类：一是陶瓷制品，如瓷砖、面砖、陶瓷棉砖、玻璃马赛克等；二是天然石材，如大理石、花岗岩等；三是预制块材，如水磨石饰面板、人造石材等。由于块料的形状、重量、适用部位不同，其构造方法也有一定差异。轻而小的块面可以直接镶贴，构造比较简单，由底层砂浆、粘结层砂浆和块状贴面材料面层组成；大而厚重的块材则必须采用一定的构造连接措施，用贴挂等方式加强与主体结构连接。

面砖类型很多，按其特征有上釉的和不上釉的，釉面砖又分为有光釉和无光釉的两种表面。砖的表面有平滑的和带一定纹理质感的，面砖背部质地粗糙且带有凹槽，以增强面砖和砂浆之间的粘结力，如图 2-28（b）所示。

面砖饰面的构造做法是：先在基层上抹 15mm 厚 1∶3 的水泥砂浆作底灰，分两层抹平即可；粘贴砂浆用 1∶2.5 水泥砂浆或 1∶0.2∶2.5 水泥石灰混合砂浆，其厚度不小于 10mm；然后在其上贴面砖，并用 1∶1 白色水泥砂浆填缝，并清理面砖表面，构造如图 2-28（a）所示。

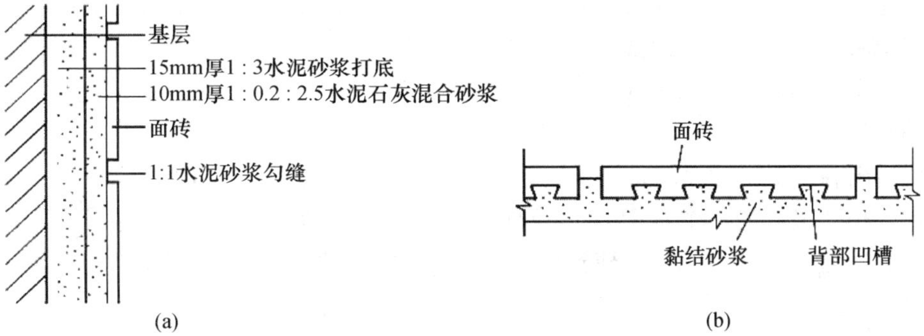

图 2-28　内墙面砖饰面构造

（a）构造图；（b）黏结状况

5. 天然石材饰面

天然石料如花岗岩、大理石等可以加工成板材、块材和面砖用作饰面材料。天然石材饰面板不仅具有各种颜色、花纹、斑点等天然材料的自然美感，装饰效果强，而且质地密实坚硬，故耐久性，耐磨性等均较好。

天然石材按其表面的装饰效果及加工方法，分为磨光和剁斧两种主要处理形式。磨光的产品又有粗磨板、精磨板、镜面板等。剁斧的产品可分为磨面、条纹面等类型。

(1) 大理石板材饰面特点

大理石是一种变质岩，属于中硬石材。主要由方解石和白云石组成，其成分以碳酸钙为主，约占50%以上，其他还有碳酸镁、氧化钙、氧化锰及二氧化硅等。

当大理石用于室外时，由于其中的碳酸钙在大气中受二氧化碳、硫化物、水气的作用转化为石膏，会使表面很快失去光泽，变得疏松多孔。因此，除汉白玉、艾叶青等少数几种质纯、杂质少的品种外，大理石一般不宜用于室外。

(2) 花岗岩板材饰面特点

花岗岩为火成岩中分布最广的岩石，是一种典型的深成岩，属于硬石材。它的主要矿物成分为长石、石英和云母。花岗岩常呈整体的均粒状结构，其构造密实、抗压强度较高，孔隙率及吸水率较小，抗冻性和耐磨性能均好，并具有良好的抵抗风化性能。

花岗岩有不同的色彩，如黑、白、灰、粉红色等，纹理多呈斑点状。花岗石不易风化变质，其外观色泽可以保持百年以上，因而多用于重要建筑的外墙饰面

根据加工方法及形成的装饰质感不同，可将花岗石饰面板分为以下四种：

1) 剁斧板材：表面粗糙，具有规则的条状斧纹。

2) 机刨板材：表面平整，具有平行刨纹。

3) 粗磨板材：表面平滑、无光。

4) 磨光板材：表面平整，色泽光亮如镜，晶粒显露。

其中剁斧板、机刨板、粗磨板等厚度一般为50mm、76mm、100mm，墙面、柱面多用50mm板，勒脚饰面多用100mm板。由于面积大、板厚，所以重量也相当大。

(3) 天然石材饰面的基本构造

大理石和花岗岩饰面板材的构造方法一般有：钢筋网固定挂贴法、金属件锚固挂贴法、干挂法、聚脂砂浆固定法、树脂胶粘结法等几种。

钢筋网固定挂贴法和金属件锚固挂贴法，其基本构造层次分为：基层、浇注层、饰面层，在饰面层和基层之间用挂件连接固定。这种“双保险”构造法，能够保证当饰面板（块）材尺寸大、质量大、铺贴高度高时饰面材料与基层连接牢固。

1) 钢筋网挂贴法

首先提凿出在结构中预留的钢筋头或预埋铁环钩，绑扎或焊接与板材相应尺寸的一个直径6mm的钢筋网，横筋必须与饰面板材的连接孔位置一致，钢筋网与基层预埋件焊牢如图2-29所示，按施工要求在板材侧面打孔洞；然后，将加工成型的石材绑扎在钢筋网上，或用不锈钢挂钩与基层的钢筋网套紧，石材与墙面之间的距离一般为30～50mm，墙面与石材之间灌注1：2.5水泥砂浆，第三层灌浆至板材上口80～100mm，所留余量为上排板材灌浆的结合层，以使上下排连成整体。钢筋网挂贴法构造如图2-30所示。

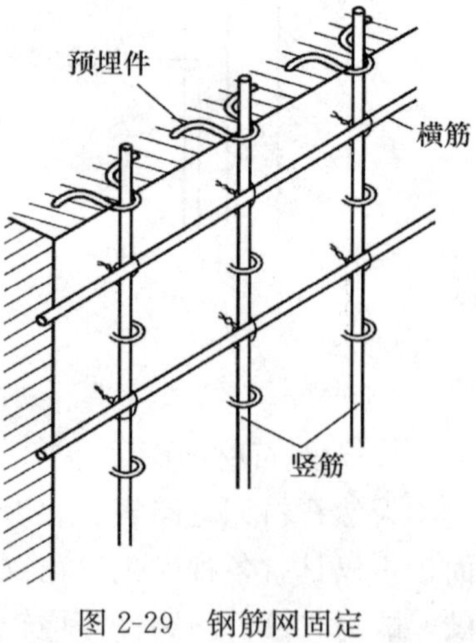

图2-29 钢筋网固定

2) 金属件挂贴法

金属件挂贴法又称木楔固定法，其主要构造做法：首先

对石板钻孔和提槽，对应板块上孔的位置对基体进行钻孔；板材安装定位后将 U 形钉端勾进石板直孔，并随即用硬木楔楔紧，U 形钉另一端勾入基体上的斜孔内，调整定位后用木楔塞紧基体斜孔内的 U 形钉部分，接着用大木楔塞紧于石板与基体之间；最后分层浇注水泥砂浆，其做法与钢筋网挂贴法相同。木楔固定法构造如图 2-31 所示。

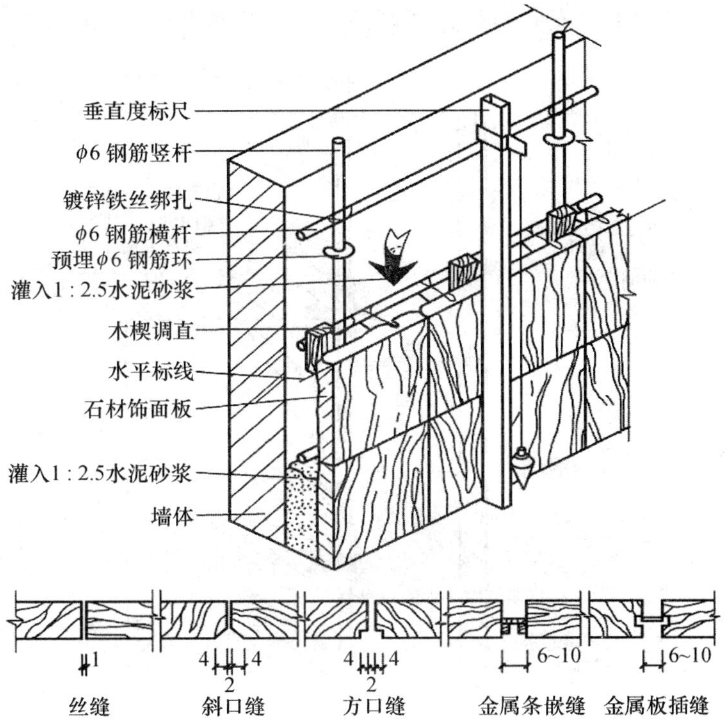

图 2-30 石材墙面钢筋网挂贴法构造

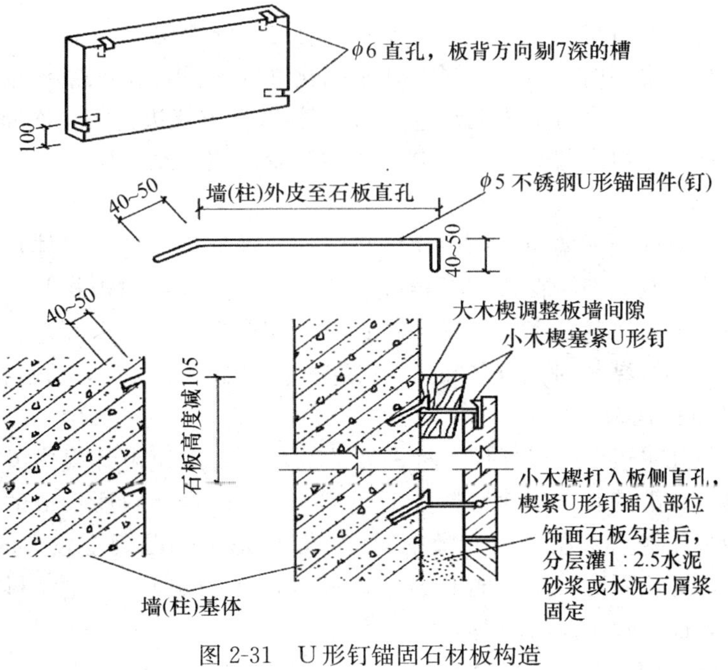

图 2-31 U 形钉锚固石材板构造

3）干挂法

直接用不锈钢型材或金属连接件将石板材支托并锚固在墙体基面上，而不采用灌浆湿作业的方法称为干挂法。

干挂法构造要点是，首先按照设计在墙体基面上电钻打孔，固定不锈钢膨胀螺栓；将不锈钢挂件安装在膨胀螺栓上；安装石板，并调整固定。其基本构造如图 2-32 所示。

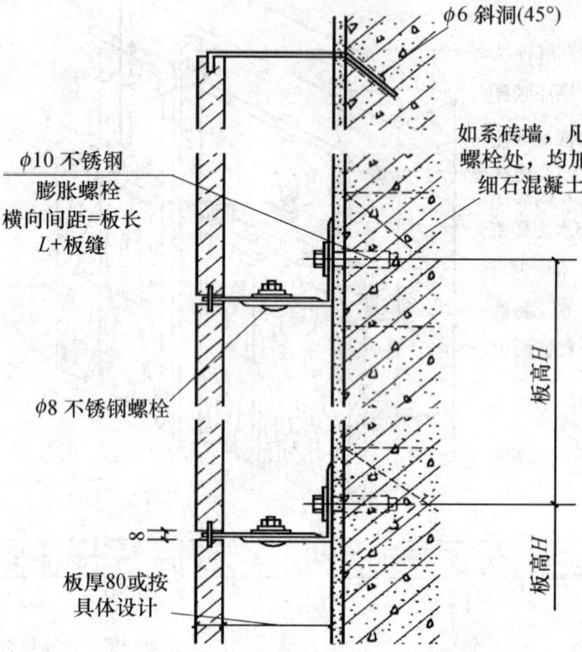

图 2-32　石材板干挂基本构造

4）聚酯砂浆固定法

用聚酯砂浆固定饰面石材具体做法是：在灌浆前先用胶砂比 1∶(4.5～5) 的聚酯砂浆固定板材四角并填满板材之间的缝隙，待聚酯砂浆固化并能起到固定拉紧作用以后，再进行分层灌浆操作。分层灌浆的高度每层不能超过 15cm，初凝后方能进行第二次灌浆。不论灌浆次数及高度如何，每层板上口应留 5cm 余量作为上层板材灌浆的结合层。

5）树脂胶黏结法

树脂胶黏结法是石面板材墙面装饰最简捷经济的一种装饰工艺，具体构造做法是：在清理好的基层的上，先将胶黏剂涂在板背面相应的位置，尤其是悬空板材胶量必须饱满，然后将带胶黏剂的板材就位，挤紧找平、校正、扶直后，立刻进行预、卡固定。挤出缝外的胶黏剂，随即清除干净。待胶黏剂固化至与饰面石材完全牢固贴于基层后，方可拆除固定支架。

6. 涂刷类墙体饰面构造

涂刷类饰面材料几乎可以配成任何一种需要的颜色，为建筑设计提供灵活多样的表现手段，这也是在装饰效果上的其他饰面材料所不能及的。但由于涂料所形成的涂层较薄，较为平滑，涂刷类饰面只能掩盖基层表面的微小瑕疵，不能形成凹凸程度较大的粗糙质感表面。即使采用厚涂料，或拉毛做法，也只能形成微弱的小毛面。所以，外墙涂料的装饰作用主要在于改变墙面色彩，而不在于改善质感。

涂刷类饰面的涂层构造，一般可分为三层，即底层、中间层和面层。

（1）底层

底层俗称刷底漆，其主要作用是增加涂层与基层之间的粘附力，进一步清理基层表面的灰尘，使一部分悬浮的灰尘颗粒固定于基层。底层涂层还具有基层封闭剂（封底）的作用，可以防止木脂、水泥砂浆抹灰层中的可溶性盐等物质渗出表面，造成对涂饰面的破坏。

（2）中间层

中间层是整个涂层构造中的成型层。其作用是通过适当的工艺，形成具有一定厚度的、匀实饱满的涂层，达到保护基层和形成所需的装饰效果。中间层的质量好，不仅可以保证涂层的耐久性、耐水性和强度，在某些情况下对基层尚可起到补强的作用，近年来常采用厚涂料、白水泥、砂粒等材料配制中间造型层的涂料。

（3）面层

面层的作用是体现涂层的色彩和光感，提高饰面层的耐久性和耐污染能力。为了保证色彩均匀，并满足耐久性、耐磨性等方面的要求，面层最低限度应涂刷两遍。一般来说油性漆、溶剂型涂料的光泽度普遍要高一些。采用适当的涂料生产工艺、施工工艺，水性涂料和无机涂料的光泽度可以赶上或超过油性涂料、溶剂型涂料的光泽度。

7. 镶板（材）类墙体饰面构造

（1）镶板类饰面的特点

1）装饰效果丰富

不同的饰面板，因材质不同，可以达到不同的装饰效果。如采用木条、木板做墙裙、护壁使人感到温暖、亲切、舒适、美观；采用木材还可以按设计需要加工成各种弧面或形体转折，若保持木材原有的纹理和色泽，则更显质朴、高雅；采用经过烤漆、镀锌、电化等处理过的铜、不锈钢等金属薄板饰面，则会使墙体饰面色泽美观，花纹精巧，装饰效果华贵。

2）耐久性能好

根据墙体所处环境选择适宜的饰板材料，若技术措施和构造处理合理，墙体饰面必然具有良好的耐久性。

3）施工安装简便

饰面板通过镶、钉、拼、贴等构造方法与墙体基层固定，虽然施工技术要求较高，但现场湿作业量少，安全简便。

（2）木质类饰面

光洁坚硬的原木、胶合板、装饰板、硬质纤维板等可用作墙面护壁，护壁高度1～1.8m，甚至与顶棚做平。其构造方法是：先在墙内预埋木砖，墙面抹底灰，刷热沥青或铺油毡防潮，然后钉双向木墙筋，一般400～600mm（视面板规格而定），木筋断面（20～45）mm×（40～45）mm。当要求护壁离墙面一定距离时，可由木砖挑出。木护壁构造如图2-33所示。

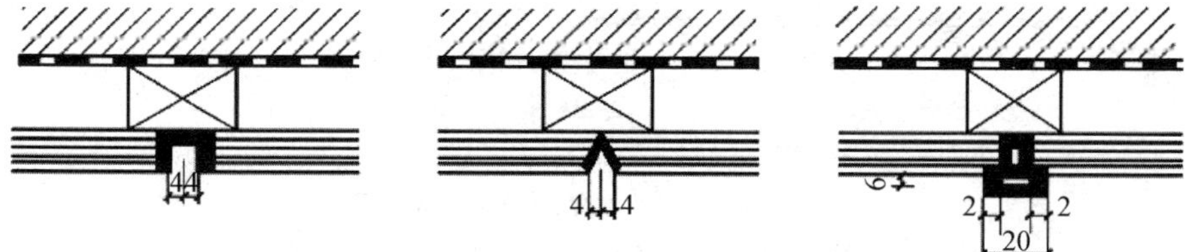

(a)

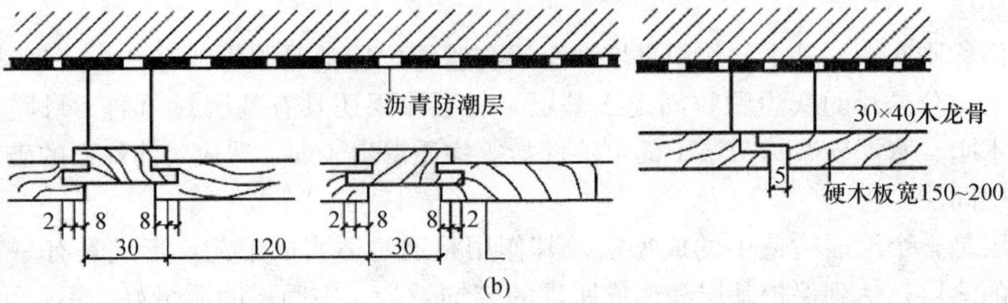

图 2-33 木护壁构造

（a）夹板贴面拼缝做法；（b）实木镶板拼缝做法

（3）金属薄板饰面

金属饰面板是利用一些轻金属，如铝、铜、铝合金、不锈钢、钢材等，经加工制成各类压型薄板，或者在这些薄板上进行搪瓷、烤漆、喷漆、镀锌、电化覆盖塑料等处理后，用来做室内外墙面装饰的材料。工程中应用较多的有单层铝合金板、塑铝板、不锈钢板、镜面不锈钢板、钛金板、彩色搪瓷钢板、铜合金板等。

金属板饰面的构造层次与木质类饰面基本相同，在具体连接固定和用料上又有区别。

1）铝合金饰面板

铝合金饰面板根据表面处理的不同，可分为阳极氧化处理和漆膜处理两种；根据几何尺寸的不同，可分为条形扣板和方形板。条形扣板的板条宽度在 150mm 以下，长度可视使用要求确定。方形板包括正方形板、矩形板、异形板。有时为了加强板的刚度，可压出肋条加劲；有时为保暖、隔音，还可将其断面加工成空腔蜂窝状板材。

铝合金饰面板一般安装在型钢或铝台金型材所构成的骨架上，由于型钢强度高、焊接方便、价格便宜、操作简便，所以用型钢做骨架的较多。

铝合金饰面板构造连接方式通常有两种：一是直接固定，将铝合金板块用螺栓直接固定在型钢上，因其耐久性好，常用于外墙饰面工程；二是利用铝合金板材压延、拉伸．冲压成型的特点，做成各种形状．然后将其压卡在特制的龙骨上，这种连接方式适应于内墙装饰。

铝合金扣板条的安装构造如图 2-34 所示，铝台金墙板的构造如图 2-35 所示。

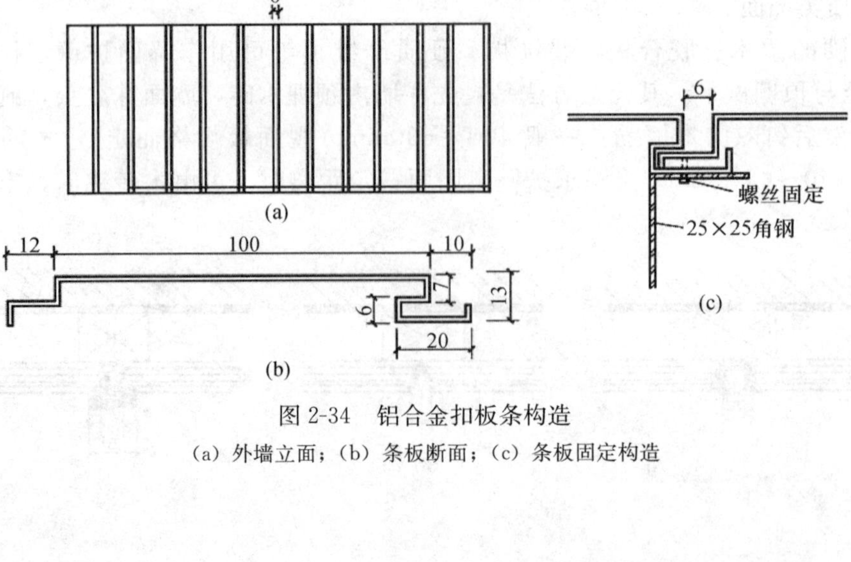

图 2-34 铝合金扣板条构造

（a）外墙立面；（b）条板断面；（c）条板固定构造

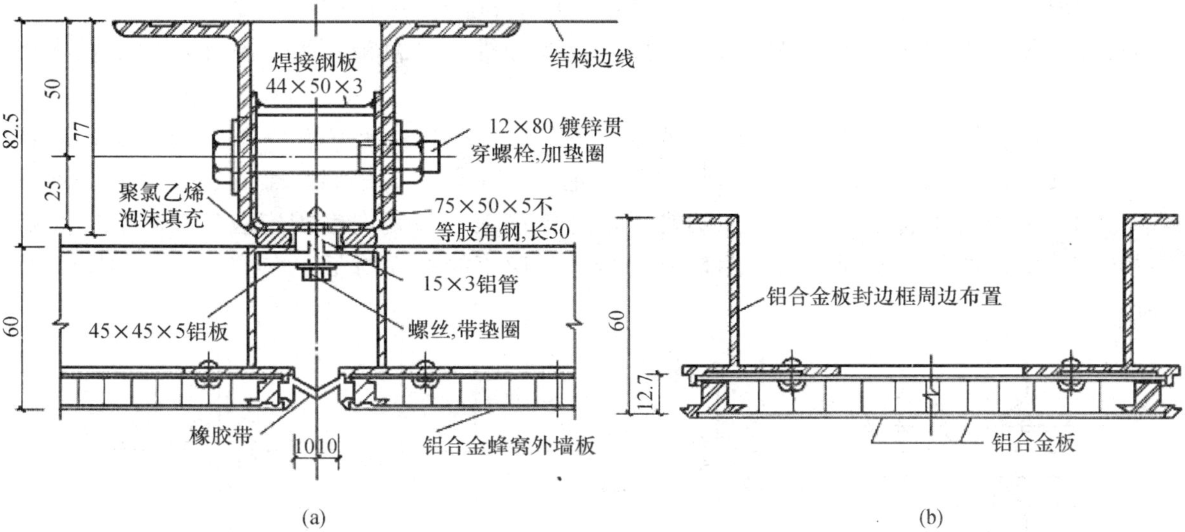

图 2-35　铝合金墙板构造

(a) 节点大样；(b) 铝合金外墙板

2）不锈钢板饰面

不锈钢板按其表面处理方式不同分为镜面不锈钢板、压光不锈钢板、彩色不锈钢板和不锈钢浮雕板。

不锈钢板的构造固定与铝合金饰板构造相似，通常将骨架与墙体固定，用木板或木夹板固定在龙骨架上作为结合层，将不锈钢饰面镶嵌或粘贴在结合层上。如图 2-36 所示。也可以采用直接贴墙法，即不需要龙骨，将不锈钢饰面直接粘贴在墙表面上。

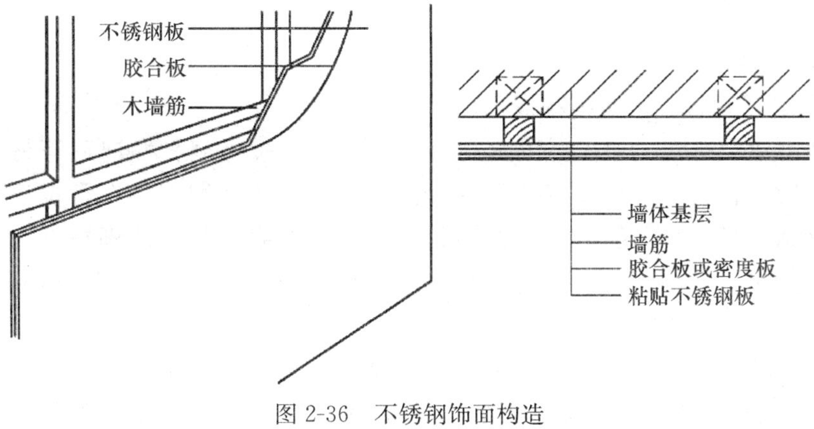

图 2-36　不锈钢饰面构造

(4) 玻璃饰面

玻璃饰面是采用各种平板玻璃、压花玻璃、磨砂玻璃、彩绘玻璃、蚀刻玻璃、镜面玻璃等作为墙体饰面。玻璃饰面具有光滑、易于清洁，装饰效果豪华美观的特点，如采用镜面玻璃墙面可使视觉延伸、扩大空间感、与灯具和照明结合起来会形成各种不同的环境气氛和光影趣味。但玻璃饰面容易破碎，故不宜设在墙、柱面较低的部位，否则要加以保护。

玻璃饰面基本构造是：在墙基层上设置一层隔汽防潮层；按要求立木筋，间距按玻璃尺寸，做成木框格；在木筋上钉一层胶合板或纤维板等衬板；最后将玻璃固定在木边框上。

固定玻璃的方法主要有四种：一是螺钉固定法，在玻璃上钻孔，用不锈钢螺钉或铜螺钉直接把玻璃固定在板筋上；二是嵌条固定法，用硬木、塑料、金属（铝合金、不锈钢、铜）等压条压住玻璃，压条用螺钉固定在板筋上；三是嵌钉固定法，在玻璃的交点用嵌钉固定；四是粘贴固定法，用环氧树脂把玻璃直接粘在衬板上。构造方法如图 2-37 所示。

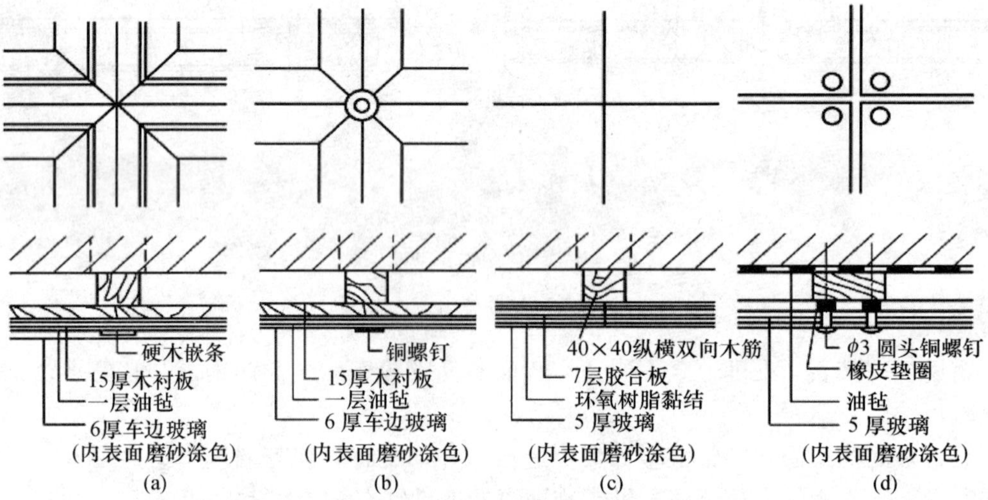

图 2-37　玻璃饰面构造

(a) 嵌条固定；(b) 嵌钉固定；(c) 粘贴固定；(d) 螺钉固定

(5) 其他饰面

1) 石膏板、矿棉板、水泥刨花板

石膏板是用建筑石膏、加入纤维填充料、粘结剂、缓凝剂、发泡剂等材料，两面用纸板辊成的板状装饰材料。石膏板有纸面石膏板、纤维石膏板和空心石膏板三种。它具有可钉、可锯、可钻、可黏结等加工性能，表面可油漆、喷刷涂料、裱糊壁纸，且有防火、隔声、质轻、不受虫蛀等优点，但其防潮、防水性能较差，可用于室内墙面和吊顶装饰工程。

用钉固定的方法是，首先在墙体上涂刷防潮涂料，然后在墙体上铺设龙骨，将石膏板钉在龙骨上，最后进行板面修饰。龙骨用木材或金属制作，金属墙筋用于防火要求较高的墙面，采用木龙骨时，石膏板可直接用钉或螺丝固定，如图 2-38 (a) 所示。采用金属龙骨时，则应先在石膏板和龙骨上钻孔，然后用自攻螺丝固定，如图 2-38 (b) 所示。

用黏结剂粘贴法是将石膏板直接粘贴在墙面基层上，要求基层平整、洁净。

2) 塑料护墙板饰面

塑料护墙板主要是指硬质 PVC、GRP 波形板、格子板、挤压异形板等，其主要特点是重量轻、易清洁、色彩艳丽、装饰效果多样、施工更换方便等。用于室内墙面的塑料应具有低燃烧性能，用于室外墙面的塑料应具有良好的抗老化性。

塑料护墙板饰面构造是，先在墙体上固定龙骨，然后用卡子或与板材配套的专门的卡入式连接件将护墙板固定在龙骨上即可，如图 2-39 所示。

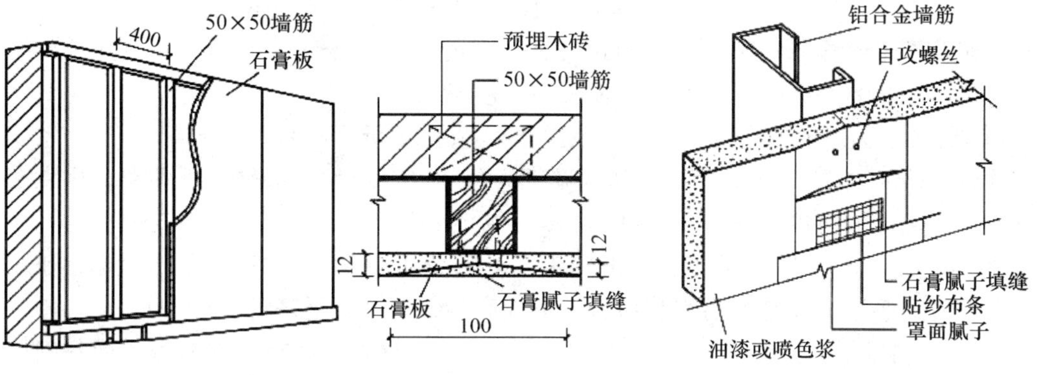

(a) (b)

图 2-38　石膏板饰面构造

（a）木骨架；（b）金属骨架

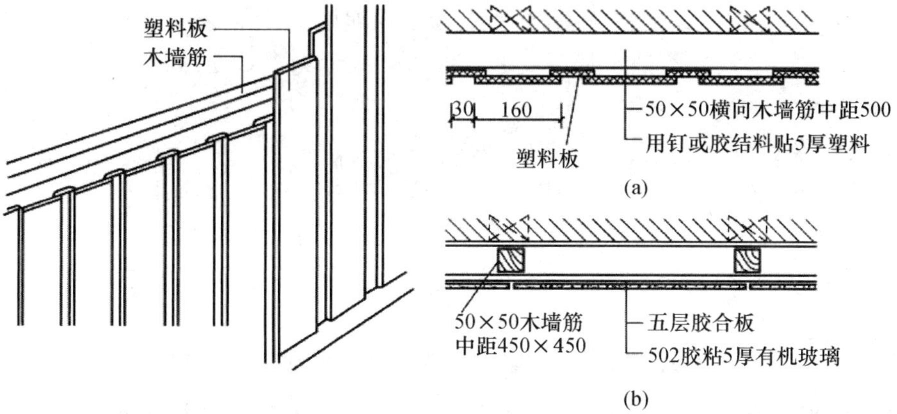

图 2-39　塑料和有机玻璃饰面构造

（a）塑料板；（b）有机玻璃

3）装饰吸声板

常用的装饰吸声板有：石膏纤维装饰吸声板、软质纤维装饰吸声板、硬质纤维装饰吸声板、钙塑泡沫装饰吸声板、矿棉装饰吸声板、玻璃棉装饰吸声板、聚苯乙烯泡沫塑料装饰吸声板、珍珠岩装饰吸声板等。它们具有良好的吸音效果，质轻、防火、保温、隔热等特性，多用于室内墙面。装饰吸声板饰面构造比较简单，一般方法是直接贴在墙面上或钉在龙骨上。

8. 卷材类内墙饰面构造

（1）壁纸饰面

壁纸的种类很多，按外观装饰效果分为印花壁纸、压花壁纸、浮雕壁纸等；按施工方法分为现场刷胶裱贴壁纸和背面预涂胶直接铺贴壁纸；按使用功能分为防火壁纸、耐水壁纸、装饰性壁纸；按壁纸的所用材料分为塑料壁纸、纸质壁纸、织物壁纸、石棉纤维或玻璃纤维壁纸、天然材料壁纸等。

1）壁纸类型及特点

① 塑料壁纸：塑料壁纸所用的纸基，一般是由按一定配比的硫酸盐木浆及棉短绒浆，或亚硫酸木浆及磨木浆作原料生产而成的，具有一定的强度、盖底力与透气性，其纤维组织均匀平整，横幅定量差小，受潮湿后强度损失与变形小。

塑料壁纸表面花色众多，大致分为普通壁纸、发泡壁纸和特种壁纸三类。

② 纸质壁纸：纸质壁纸是用纸制作的壁纸，分为单层纸和双层复合纸两类。现在多采用双层复合、多色印刷、深压花纸质壁纸。

③ 纤维壁纸：纤维壁纸是用棉、麻、毛、丝等纤维做面料，并胶贴在纸基上制成的壁纸。纤维壁纸质感强，能与室内织物协调，形成高雅气氛和舒适环境。

④ 天然材料壁纸：天然材料壁纸是用树叶、草、木材等天然植物材料做面层材料制成的壁纸。

2）壁纸饰面的构造

各种壁纸均应粘贴在具有一定强度、平整光洁的基层上，如水泥砂浆、混合砂浆、混凝土墙体、石膏板等。一般构造是：用稀释的108胶水涂刷基层一遍，进行基层封闭处理；壁纸预先进行涨水处理；用108胶水裱贴壁纸。若是预涂胶壁纸，裱糊时先用水将背面胶粘剂浸润，然后直接粘贴壁纸；若是无基层壁纸，可将剥离纸剥去，立即粘贴即可。

（2）壁布饰面

1）壁布类型及特点

① 玻纤贴壁布：玻纤贴壁布是以中碱玻璃纤维作为基材，表面涂以耐磨树脂，经染色印花而成的一种卷材。这种壁布本身有布纹质感，经套色印花后色彩鲜艳，有较好的装饰效果。玻璃纤维壁布除了具有材料强度大、韧性好、耐水耐火、不褪色、不老化、价格相对低廉、裱糊工艺比较简单等优点外，它还是非燃烧体。

② 无纺贴壁布：无纺贴壁布是采用棉、麻等天然纤维或涤纶、腈纶等合成纤维，经无纺成型，然后上树脂、印花而成的卷材。无纺贴壁布挺括光洁、表面色彩鲜艳、有绒毛感；有一定的透气性和防潮性，有弹性，不易折断，能擦洗不褪色，纤维不老化等特性，适用于各种建筑的内墙面。

③ 锦缎壁布：锦缎壁布是丝织物的一种，它的优点是花纹图案绚丽多彩、质感柔软、接触感很好，是一种高级墙面装饰材料。

④ 装饰壁布：装饰壁布是以纯棉平布或化纤布为基材，经过前处理、印花、涂层而制成的一种卷材。

2）壁布饰面的构造

壁布可直接粘贴在墙面的抹灰层上，其裱糊的方法与纸基墙纸大体类同，但由于壁布的材性与纸基不同，裱糊时应注意以下几个问题：

裱糊壁布时宜用聚醋酸乙烯乳液作胶粘剂；壁布不需吸水膨胀；因壁布的盖底能力较差，当基层表面颜色较深时，应在胶粘剂中掺入10%的白色涂料（如白色乳胶漆）。

锦缎饰面构造做法与一般壁布有所不同。锦缎柔软光滑，极易变形，不易裁剪，故很难裱糊在各种基层表面上。

由于锦缎在潮湿气候环境条件下易霉变，故锦缎饰面的防潮防腐要求较高。首先将墙面做防潮处理，即用20mm厚1∶3水泥砂浆找平墙面，再刷冷底子油、做一毡二油防潮层，然后立木骨架，一般木骨架断面为50mm×50mm，双向间距450mm，木骨架固定于墙体的预埋防腐木砖上。把胶合板（衬板）钉入木骨架上，最后用108胶或壁纸胶将锦缎裱贴于胶合板上。

壁纸壁布饰面构造如图2-40所示。

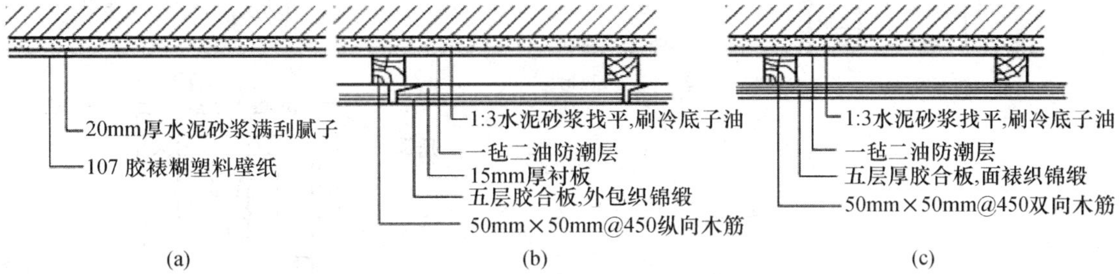

图2-40 壁纸壁布饰面构造

（a）塑料；（b）分块式织锦缎；（c）织锦缎

（3）皮革或人造革饰面

1）皮革或人造革饰面特点

皮革或人造革饰面具有质地柔软、保温性能好、能消声消震、耐磨、易保持清洁卫生、格调高雅等特点，常用于练功房、健身房、幼儿园等要求防止碰撞的房间，也用于录音室、电话间等声学要求较高的房间以及酒吧、会客厅、客房等房间。

2）皮革或人造革饰面的构造

皮革或人造革饰面构造做法与木护壁相似：一般应先进行墙面的防潮处理，抹20mm厚1∶3水泥砂浆，涂刷冷底子油并粘贴油毡；然后固定龙骨架，一般骨架断面为（20～50）mm×（40～50）mm，钉胶合板衬底。

皮革里面可衬泡沫塑料做成硬底，或衬玻璃棉、矿棉等柔软材料做成软底。固定皮革的方法有两种：一是采用暗钉将皮革固定在骨架上，最后用电化铝帽头钉按划分的分格尺寸在每一分块的四角钉入固定；另一种方法是木装饰线条或金属装饰线条沿分格线位置固定。皮革或人造革饰面的构造如图2-41所示。

（4）微薄木饰面

微薄木是由天然木材经机械旋切加工而成0.2～0.5mm厚的薄木片。其特点是厚薄均匀、木纹清晰，并且保持了天然木材的真实质感。微薄木表面可以着色、涂刷各种油漆，也可模仿木制品的涂饰工艺，做成清漆或腊克等。目前国内供应的微薄木，是经旋切后再复上一层增强用的衬纸所形成的复合贴面材料，一般规格尺寸为2100mm×1350mm，微薄木是一种新型的高档室内装饰材料。

微薄木的基本构造与裱贴壁纸相似。首先是基层处理，在基层上以化学浆糊加老粉调成腻子，满批两遍，干后用0号砂纸打磨平整，再满涂清油一道；然后涂胶粘贴，在微薄木背面和基层表面同时均匀涂刷胶液（聚乙烯乙酸乳液∶107胶＝7∶30），涂胶晾置10～15min，当粘贴表面胶液呈半干状态时，即可开始粘贴，接缝处采用衔接拼缝，拼缝后，宜随手用电熨斗烫平压实；最后漆饰处理，待微薄木干后，即可按木材饰面的设计要求进行漆饰处理，油漆表面必须尽可能地将木材纹理显露出来。

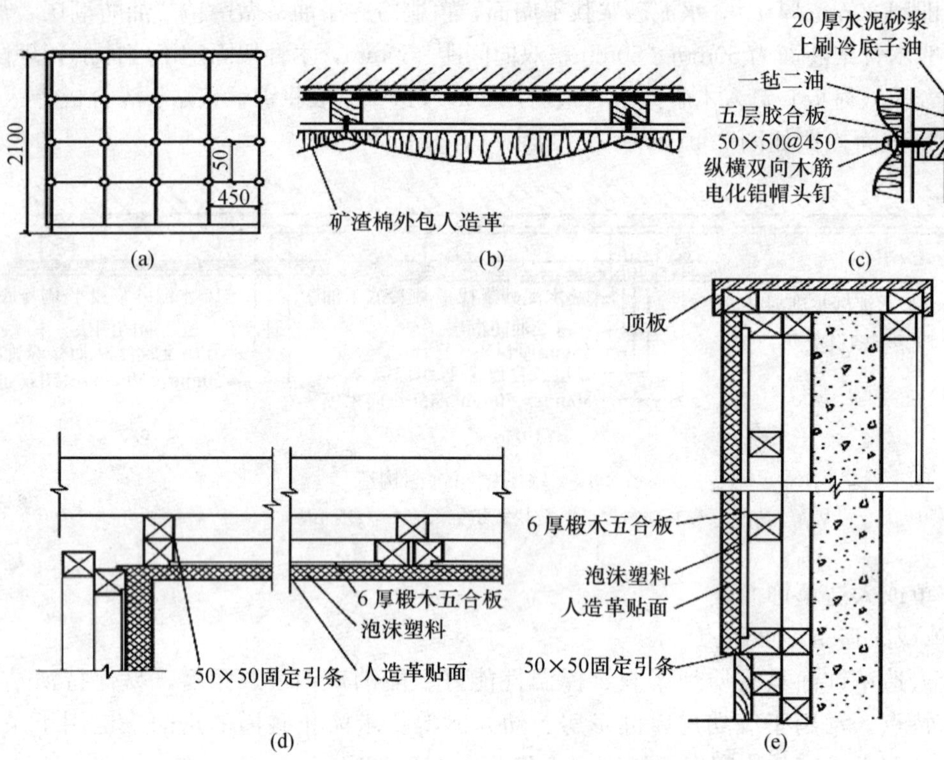

图 2-41　皮革或人造革饰面构造

（a）局部立面；（b）剖面；（c）节点详图；（d）横剖面；（e）纵剖面

五、民用建筑室内顶棚的装饰构造

1. 概述

（1）顶棚装饰构造的功能

1）装饰室内空间环境

顶棚是室内装饰的一个重要组成部分，它是除墙面、地面外，用以围合成室内空间的另一个大面。顶棚装饰处理能够从空间、造型、光影、材质等方面，来渲染环境，烘托气氛。不同的顶棚构造处理，可以取得不同的装饰效果。例如有的顶棚装饰可以延伸和扩大空间感，对人的视觉起导向作用；有的顶棚装饰可使人感到亲切、舒适，能满足人们生理和心理环境的需要。

2）改善室内环境，满足使用要求

顶棚的处理不仅要考虑室内的装饰艺术风格的要求，还要考虑室内使用功能的要求。照明、通风、保温、隔热、吸声、防火等技术性能直接影响室内环境与使用。利用吊顶棚内空间能够处理人工照明、空气调节、消防、通讯、保温隔热等技术问题。

3）隐蔽设备管线和结构构件

现代建筑的各种管线越来越多，如照明、空调、消防管线等，一般充分利用吊顶空间对各种管线和结构构件进行隐蔽处理。

（2）顶棚装饰构造的特点

顶棚是位于承重结构下部的装饰构件，位于房间的上方，而且其上布置有照明灯光、音响设备、空调及其他管线等，因此顶棚构造与承重结构的连接要求牢固、安全、稳定。

顶棚的构造设计涉及到声学、热工、光学、空气调节、防火安全等方面，顶棚装饰是技术要求比较复杂的装饰工程项目，应结合装饰效果的要求、经济条件、设备安装情况、建筑功能和技术要求以及安全问题等各方面来综合考虑。

(3) 顶棚装饰的分类

顶棚主要是按以下几方面进行分类的：

① 按顶棚面层与结构位置的关系分为：直接式顶棚和悬吊式顶棚。

② 按顶棚外观的不同有平滑式顶棚、井格式顶棚、悬浮式顶棚、分层式顶棚等。

③ 按其面层的施工方法分为抹灰式顶棚、喷涂式顶棚、粘贴式顶棚、装配式板材顶棚等。

④ 按顶棚的基本构造的不同分为无筋类顶棚、有筋类顶棚。

⑤ 按顶棚构造层的显露状况的不同分为开敞式顶棚、隐蔽式顶棚等。

⑥ 按面层饰面材料与龙骨的关系不同分为活动装配式顶棚、固定式顶棚等。

⑦ 按其面层材料的不同分为木质顶棚、石膏板顶棚、各种金属薄板顶棚、玻璃镜顶棚等。

⑧ 按顶棚承受荷载能力的不同分为上人顶棚和不上人顶棚。

另外还有结构式顶棚、发光顶棚、软体顶棚等。

2. 悬吊式顶棚

(1) 悬吊式顶棚饰面特点

悬吊式顶棚又称“吊顶”，其装饰表面与结构底表面之间留有一定的距离，通过悬挂物与结构联结在一起。

在没有功能要求时，悬吊式顶棚内部空间的高度不宜过大，以节约材料和造价；若利用其作为敷设管线设备的技术空间或有隔热通风需要，则可根据情况适当加大，必要时可铺设检修走道以免踩坏面层，保障安全。饰面应根据设计留出相应灯具、空调等设备安装检修孔及送风口、回风口位置。

(2) 悬吊式顶棚构造组成

悬吊式顶棚在构造上一般由吊筋、基层、面层三大基本部分组成。

1) 顶棚吊筋

吊筋是连接龙骨和承重结构的承重传力构件。吊筋的主要作用是承受顶棚的荷载，并将荷载传递给屋面板、楼板、屋顶梁、屋架等部位。通过吊筋还可以调整、确定悬吊式顶棚的空间高度，以适应不同场合、不同艺术处理上的需要。

吊筋的形式和材料选用，与顶棚的自重及顶棚所承受的灯具等设备荷载的重量有关，也与龙骨的形式和材料及屋顶承重结构的形式和材料等有关。

吊筋可采用钢筋、型钢、镀锌铅丝或方木等。钢筋吊筋用于一般顶棚，直径不小于Φ6；型钢吊筋用于重型顶棚或整体刚度要求特别高的顶棚；方木吊筋一般用于木基层顶棚，并采用铁制连接件加固，可用 50mm×50mm 截面，如荷载很大则需要计算确定吊筋截面。

2) 顶棚基层

顶棚基层是一个由主龙骨、次龙骨（或称主搁栅、次搁栅）所形成的网格骨架体系。主要是承受顶棚的荷载，并通过吊筋将荷载传递给楼盖或屋顶的承重结构。

常用的顶棚龙骨分为木龙骨和金属龙骨两种，龙骨断面视其材料的种类、是否上人和面板做法等因素而定。

3）顶棚面层

顶棚面层的作用是装饰室内空间，一般还具有吸声、反射等一些特定功能。面层的构造设计通常要结合灯具、风口布置等一起进行。顶棚面层又分为抹灰类、板材类和搁栅类。最常用的是板材类。

3. 悬吊式顶棚基本构造

悬吊式顶棚的基本构造做法要点如下：

（1）吊筋设置

吊筋与楼屋盖连接的节点称为吊点，吊点应均匀布置，一般为 900～1200mm，主龙骨端部距第一个吊点不超过 300mm，图 2-42 为吊筋布置示意图。

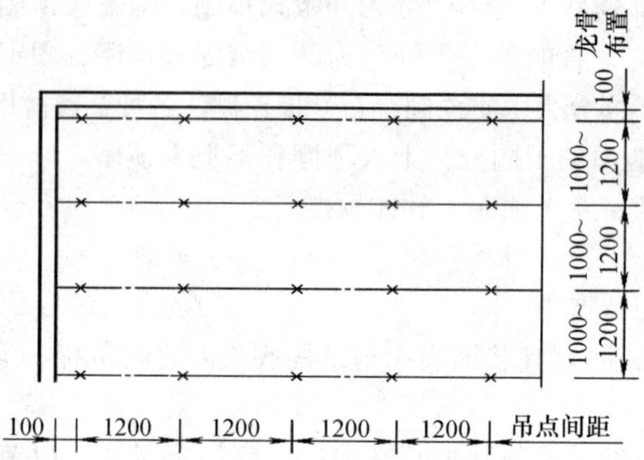

图 2-42　吊筋布置示意图

（2）吊筋与结构的固定

吊筋与结构的连接一般有以下几种构造方式：

① 吊筋直接插入预制板的板缝，并用 C20 细石混凝土灌缝。

② 将吊筋绕于钢筋混凝土梁板底预埋件焊接的半圆环上。

③ 吊筋与预埋钢筋焊接处理。

④ 通过连接件（钢筋、角钢）两端焊接，使吊筋与结构连接。

（3）吊筋与龙骨的连接

若为木吊筋木龙骨，则将主龙骨钉在木吊筋上；若为钢筋吊筋木龙骨，则将主龙骨用镀锌铁丝绑扎、钉接或螺栓连接；若为钢筋吊筋金属龙骨，则将主龙骨用连接件与吊筋钉接、吊钩或螺栓连接。

（4）面层与基层的连接

① 连接方式：板材类顶棚饰面板与龙骨之间的连接一般需要连接件、紧固件等连接材料，有卡、挂、搁等连接方式。

② 饰面板的拼缝：拼缝是影响顶棚面层装饰效果的一个重要因素，一般有对缝、凹缝、盖缝等几种方式，如图 2-43 所示。对缝是指板与板在龙骨处对接，多采用粘或钉的方法对面板进行固定；凹缝是在两块面板的拼缝处，利用面板的形状等所做出的 V 形或矩形拼缝；盖缝是板材间的拼缝是利用龙骨的宽度或专门的压条将拼缝盖起来。

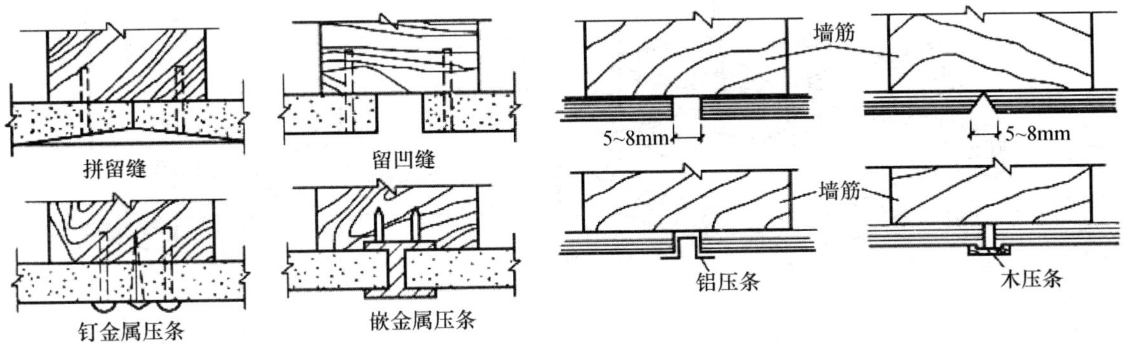

图 2-43　饰面板的拼缝构造

4. 常见悬吊式顶棚构造

（1）石膏板顶棚装饰构造

常用的纸面石膏板是纸面石膏装饰吸声板，又分有孔和无孔两大类，并有各种花色图案。纸面石膏装饰吸声板的一般规格为 600mm 见方，厚度为 9mm 或 12mm。

常用的无纸面石膏板有石膏装饰吸声板和防水石膏装饰吸声板等，又有平板、花纹浮雕板、穿孔或半穿孔吸声板等品种。常见的规格为 300mm、400mm、500mm、600mm 见方，厚度为 9mm 或 12mm。

石膏板吊顶常采用薄壁轻钢做龙骨，常见各种龙骨断面形式如图 2-44。板材固定在次龙骨上的方式有挂结方式、卡结方式和钉结方式三种。

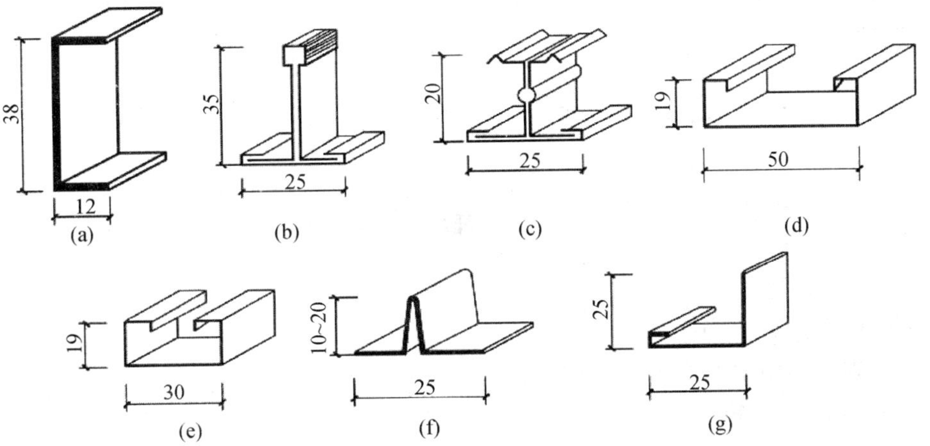

图 2-44　各种龙骨断面形式

(a) 主龙骨；(b)、(c)、(d) 次龙骨；(e)、(f) 间距龙骨；(g) 边龙骨

（2）矿棉纤维板和玻璃纤维板顶棚装饰构造

矿棉纤维板和玻璃纤维板规格为方形和矩形，方形时一般 300～600mm 见方，厚度为 20～30mm，一般采用轻型钢或铝合金 T 形龙骨，有平放搁置（暴露骨架）、企口嵌缝（部分暴露骨架或隐蔽骨架）和复合粘接（隐蔽骨架）三种构造方法。如图 2-45 所示。

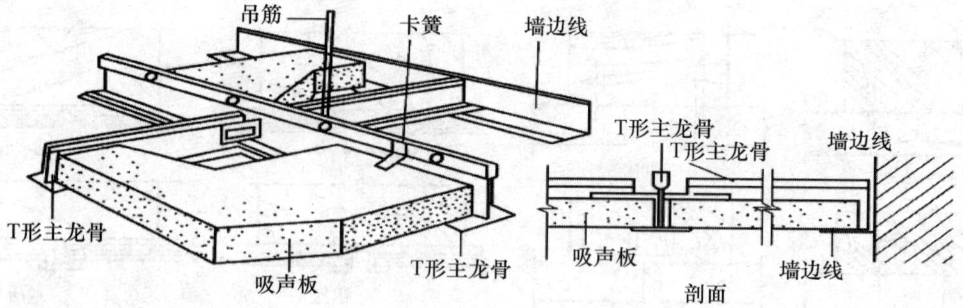

(a)

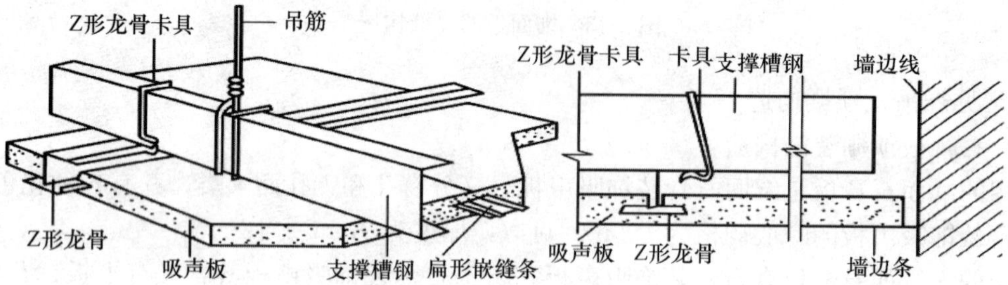

(b)

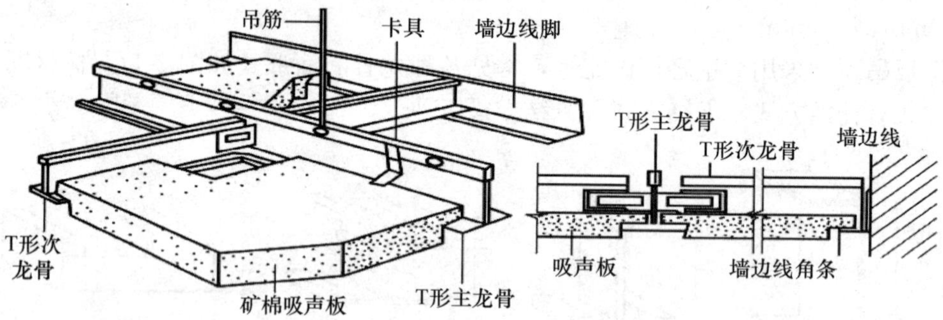

(c)

图 2-45　矿棉纤维板顶棚构造

（a）暴露骨架；（b）隐蔽骨架；（c）部分暴露骨架

（3）金属板顶棚装饰构造

金属板顶棚是采用铝合金板、薄钢板等金属板材面层，铝合金板表面作电化铝饰面处理，薄钢板表面可用镀锌、涂塑、涂漆等防锈饰面处理。

1）金属条板顶棚装饰构造

金属条板顶棚是以各种造型不同的条形板及一套特殊的专用龙骨系统构造而成的。

条板与条板相接处的板缝处理分开放型和封闭型两种类型。开放型条板顶棚离缝间无填充物，便于通风。封闭型条板顶棚在离缝间另加嵌缝条或条板单边有翼盖没有离缝。如果是保温吸声顶棚，可在上部加矿棉或玻璃棉垫，还可用穿孔条板，以加强吸声效果。

金属条板顶棚属于轻型不上人的顶棚，当顶棚上承受重物或上人检修时，一般采用以角钢（或圆钢）代替轻便吊筋，并增加一层 U 形（或 C 形）主龙骨（双层主龙骨）的方法。图 2-46为铝合金条板顶棚构造。

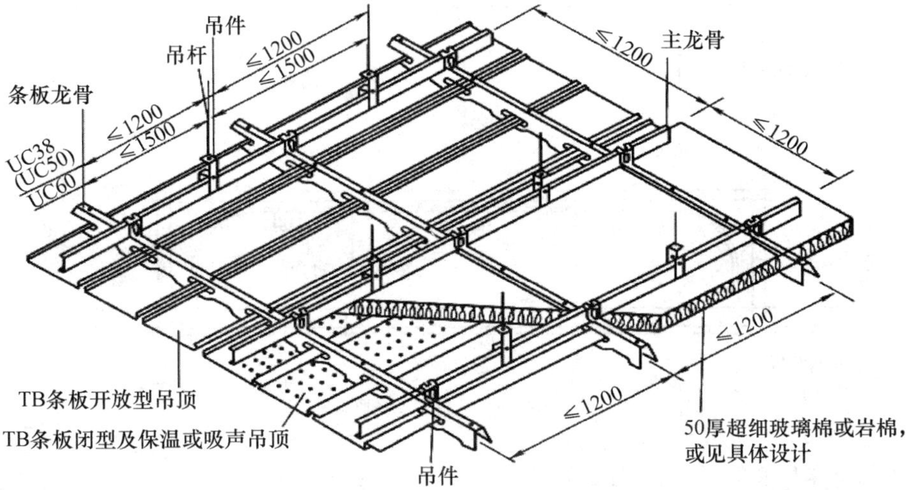

图 2-46　铝合金条板顶棚构造

2）金属方板顶棚装饰构造

金属方板顶棚以各种造型不同的方形板及一套特殊的专用龙骨系统构造而成的。金属方板安装的构造有龙骨式和卡入式两种。龙骨式多为 T 形龙骨，方板四边带翼缘，搁置后形成格子形离缝。图 2-47 为铝合金方板顶棚构造。

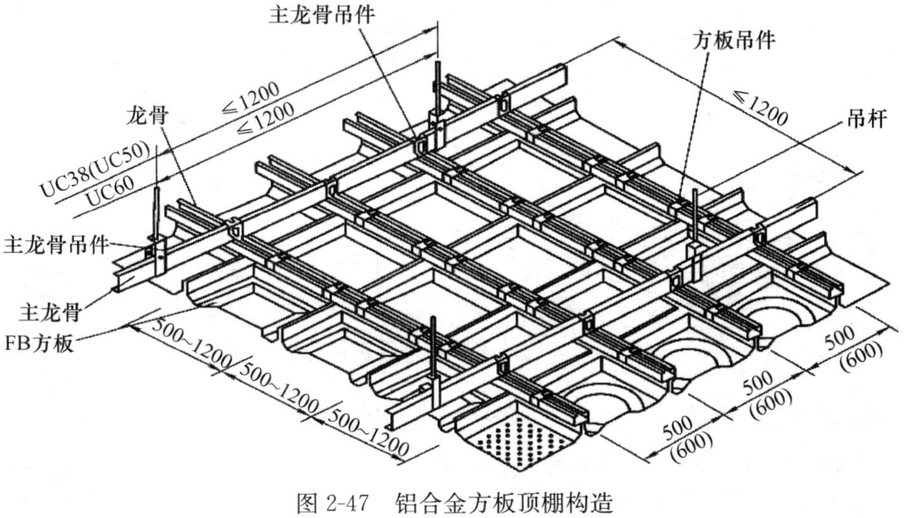

图 2-47　铝合金方板顶棚构造

3）透光材料顶棚装饰构造

透光材料顶棚是指顶棚饰面板采用彩绘玻璃、磨砂玻璃、有机玻璃片等透光材料的顶棚。透光材料顶棚整体透亮、光线均匀、减少了室内空间的压抑感，装饰效果好。但要保证顶部透射光线均匀，灯具与饰面板必须保持必要的距离，占据一定的空间高度。图 2-48 为透光材料顶棚构造。

5. 格栅类顶棚装饰构造

（1）格栅类顶棚特点

格栅类顶棚又称开敞式吊顶，是在藻井式顶棚的基础上发展形成的一种独立的体系，表面开口，既有遮又有透的感觉，减少了吊顶的压抑感；格栅类顶棚与照明布置的关系较为密

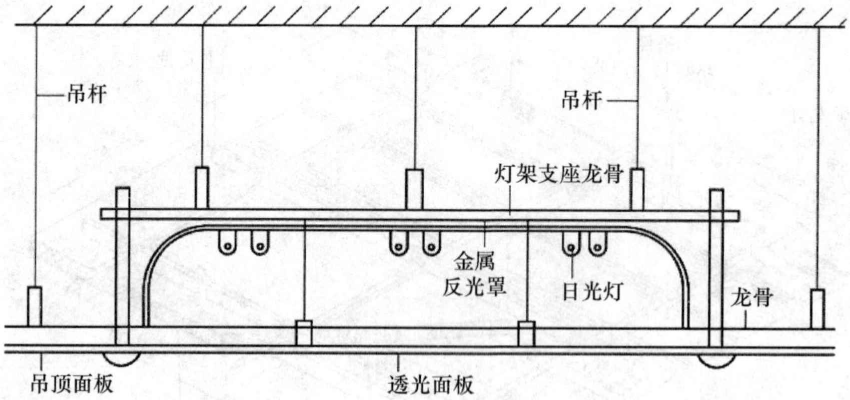

图 2-48　透光材料顶棚构造

切，常将单体构件与照明灯具的布置结合起来，增加了吊顶构件和灯具的艺术功能，格栅类顶棚也可作自然采光用；格栅类顶棚具有其他形式的吊顶所不具备的韵律感和通透感，近年来在各种类型的建筑中应用较多。

(2) 格栅类顶棚的安装构造

格栅类顶棚是通过一定的单体构件组合而成的，单体构件的类型很多，从制作材料看，有木材构件、金属构件、灯饰构件及塑料构件等。

预拼安装的单体构件是通过插接、挂接或榫接的方法连接在一起的，如图 2-49 所示。

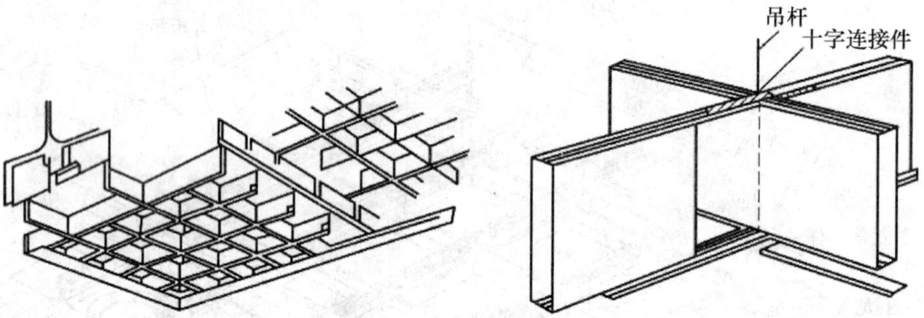

图 2-49　单体构件连接构造

格栅类吊顶的安装构造，可分为两种类型：一种是直接固定法，将单体构件固定在可靠的骨架上，然后再将骨架用吊筋与结构相连，如图 2-50 (a) 所示。另一种是间接固定法，对于用轻质、高强材料制成的单体构件，不用骨架支持，而直接用吊筋与结构相连，这种预拼装的标准构件的安装简单。在实际工程中，为了减少吊筋的数量，通常先将单体构件用卡具连成整体，再通过通长的钢管与吊筋相连。如图 2-50 (b) 所示。

(3) 灯饰格栅顶棚装饰构造

灯具的布置有以下几种形式：

1) 内藏式：将灯具布置在吊顶的上部，并与吊顶表面保持一定距离。

2) 悬吊式：将灯具用吊件悬吊在吊顶平面以下。

3) 吸顶式：将灯具固定在吊顶平面上。

4) 嵌入式：将灯具嵌入单体构件的网格内。

图 2-51 为灯具布置示意图。

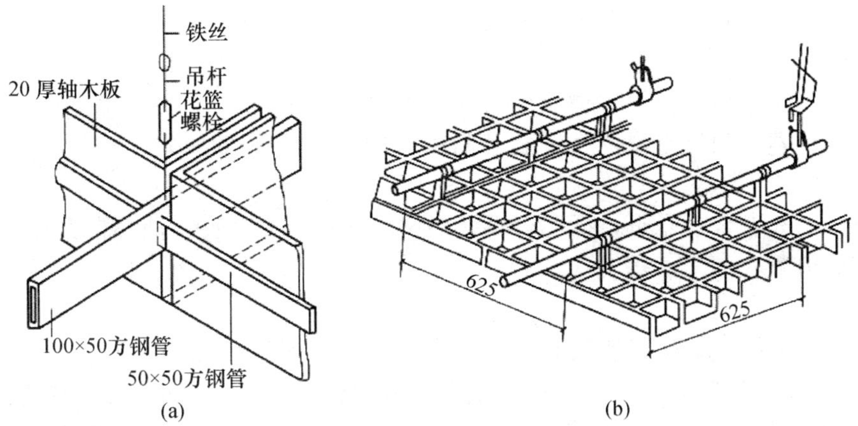

图 2-50　格栅类吊顶的安装构造

（a）直接固定法；（b）间接固定法

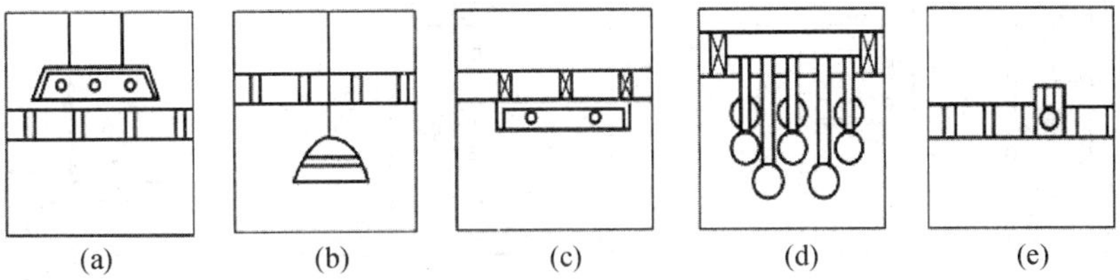

图 2-51　灯具布置示意图

（a）内藏式；（b）悬吊式；（c）吸顶式；（d）、（e）嵌入式

六、民用建筑常用门窗的装饰构造

1. 概述

（1）门窗的分类

门的分类方法很多，按所在的位置分为外门和内门；按使用功能分为隔声门、防火门、密闭门、防辐射门、防盗门、通风门等。根据所用材料分为木门、钢门、无框全玻璃门、塑料门、铝合金门、塑钢门及其他材料门。

窗按使用功能分为密闭窗、隔声窗、防火窗、防盗窗、避光窗、橱窗、泄爆窗、售货窗等；按材料分为木窗、钢窗、铝合金窗、不锈钢窗、塑料窗、预应力钢丝网水泥窗及其他材料窗。

（2）门窗开启方式

门的开启方式一般有平开门、弹簧平开门、推拉门、折叠门、上翻门、升降门、卷帘门、转门等。不同开启方式的门都有其特点和一定的适用范围，选择时应综合考虑使用要求、洞口尺寸、技术经济、材料供应及加工制作条件等因素。

根据窗的开启方式，窗可分为平开窗、固定窗、转窗（上悬转）、提拉窗、折叠窗、百叶窗和推拉窗等。

（3）门窗五金件

门窗五金件主要有：拉手、合页、插销、锁具、滑轮、滑轨、自动闭门器、门档等。

① 拉手和门锁：拉手是安装在门上，便于开启操作的器具，一般有普通拉手、底板拉手、管子拉手、铜管拉手、不锈钢双管拉手、方形大门拉手、双排（三排、四排）铝合金拉手、铝合金推板拉手等，可根据造型需要选用。

② 自动闭门器：自动闭门器是能自动关闭开着的门的装置，分液压式自动闭门器和弹簧自动闭门器两类。

③ 门档：防止门扇、拉手碰撞墙壁的五金而设置的装置。

④ 门窗定位器：门窗定位器一般装于门窗扇的中部或下部，作为固定门窗扇的有风钩、脚踏门挚和磁力定门器等。

⑤ 合页：一般有普通合页、插芯合页、轻质薄合页、方合页、抽心合页等。

2. 木门窗构造

(1) 夹板门

夹板门的门扇中间为轻型骨架双面粘贴薄板。骨架一般是由（32～35）mm×（34～60）mm木条构成纵横肋条，肋距为200～400mm，也可用蜂巢状芯材即浸渍过合成树脂的牛皮纸、玻璃布或铝片经加工粘合而成骨架，两面粘贴面板和饰面层后，四周钉压边木条固定。夹板门自重轻、表面平整光滑、造价低，多用于卧室、办公室等处的内门，其构造如图2-52所示。

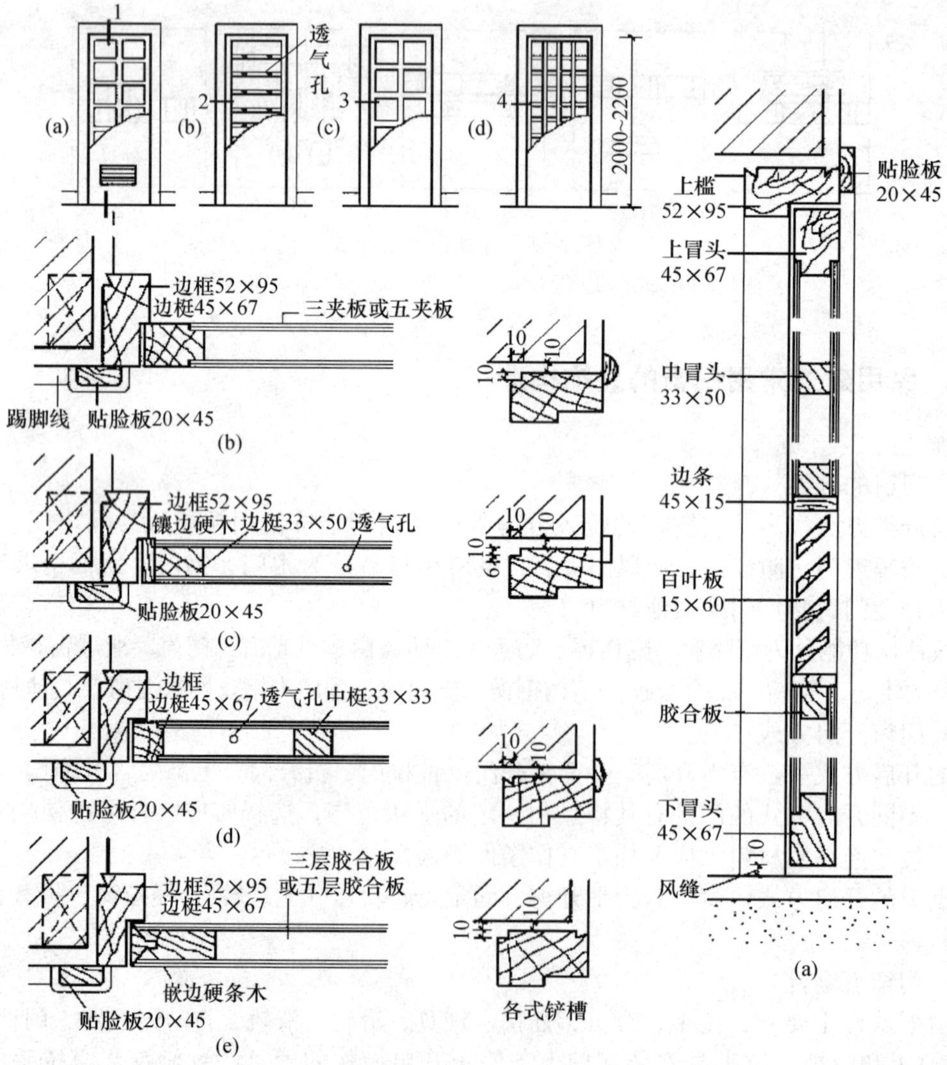

图2-52　夹板门构造

(a) 1—1；(b) 3剖面；(c) 2剖面；(d) 4剖面；(e) 2剖面另一做法

(2) 实木门

实木门一般分为实木拼板门、实木镶板门、实木框架玻璃门和实木雕刻门。

实木拼板门是用较厚的条形木板拼接成门扇。

实木镶板门、实木框架玻璃门与实木雕刻门的共同之处是门扇是由边梃、冒头及门芯板组成。若门芯镶入木板即为实木镶板门，若门芯镶入玻璃即成实木框架玻璃门，若在门芯镶入的木板上雕刻图案造型。图 2-53 为实木镶板门构造。

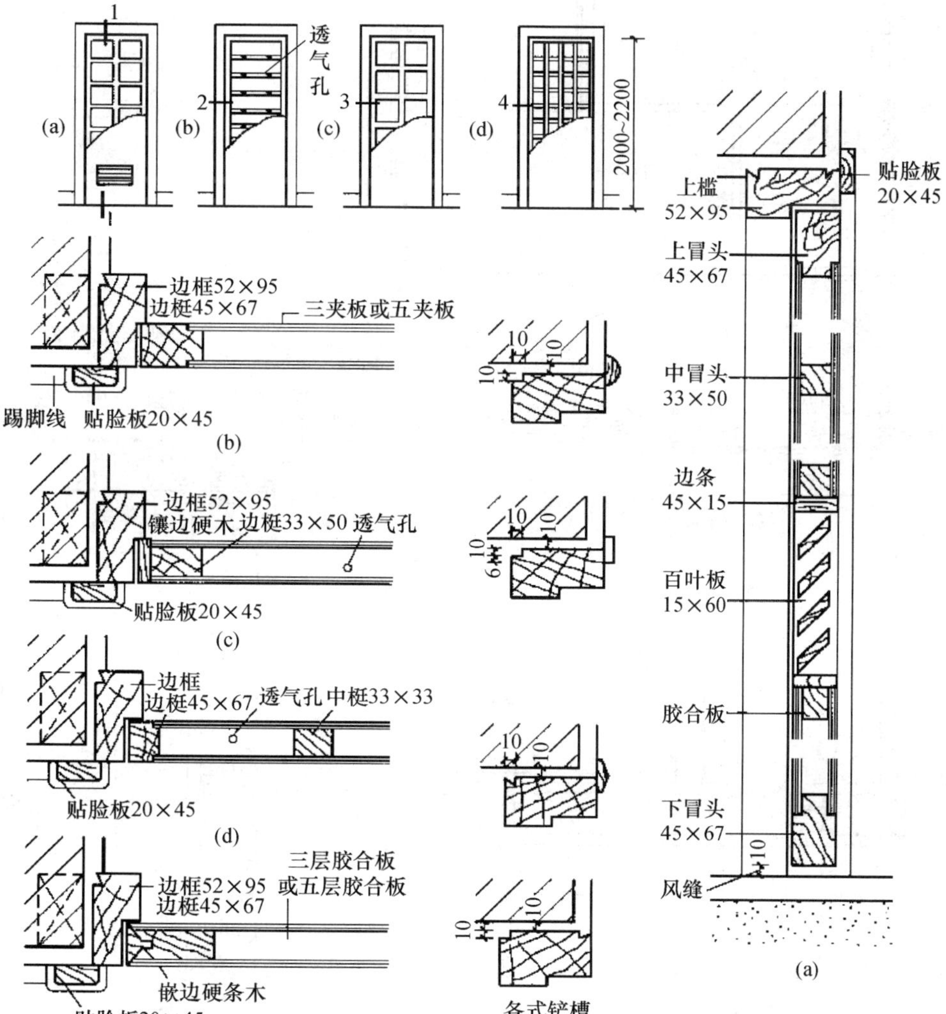

图 2-53　实木镶板门构造

(a) 1—1；(b) 3 剖面；(c) 2 剖面；(d) 4 剖面；(e) 2 剖面另一做法

(3) 推拉木门

推拉木门是指门扇用左右推拉的方式启闭，分暗装式和明装式。推拉门必须设置吊轨和地轨，暗装式是将轨道隐藏于墙体夹层内，明装式是将轨道安装在墙面上用装饰板遮挡。

推拉门的门扇可以做成镶板门、镶玻璃门、夹板门、花格门等。推拉花格门既能分割空间又在视线上有一定的通透性，花格的造型还有独特的装饰效果。推拉门的构造如图 2-54 所示。

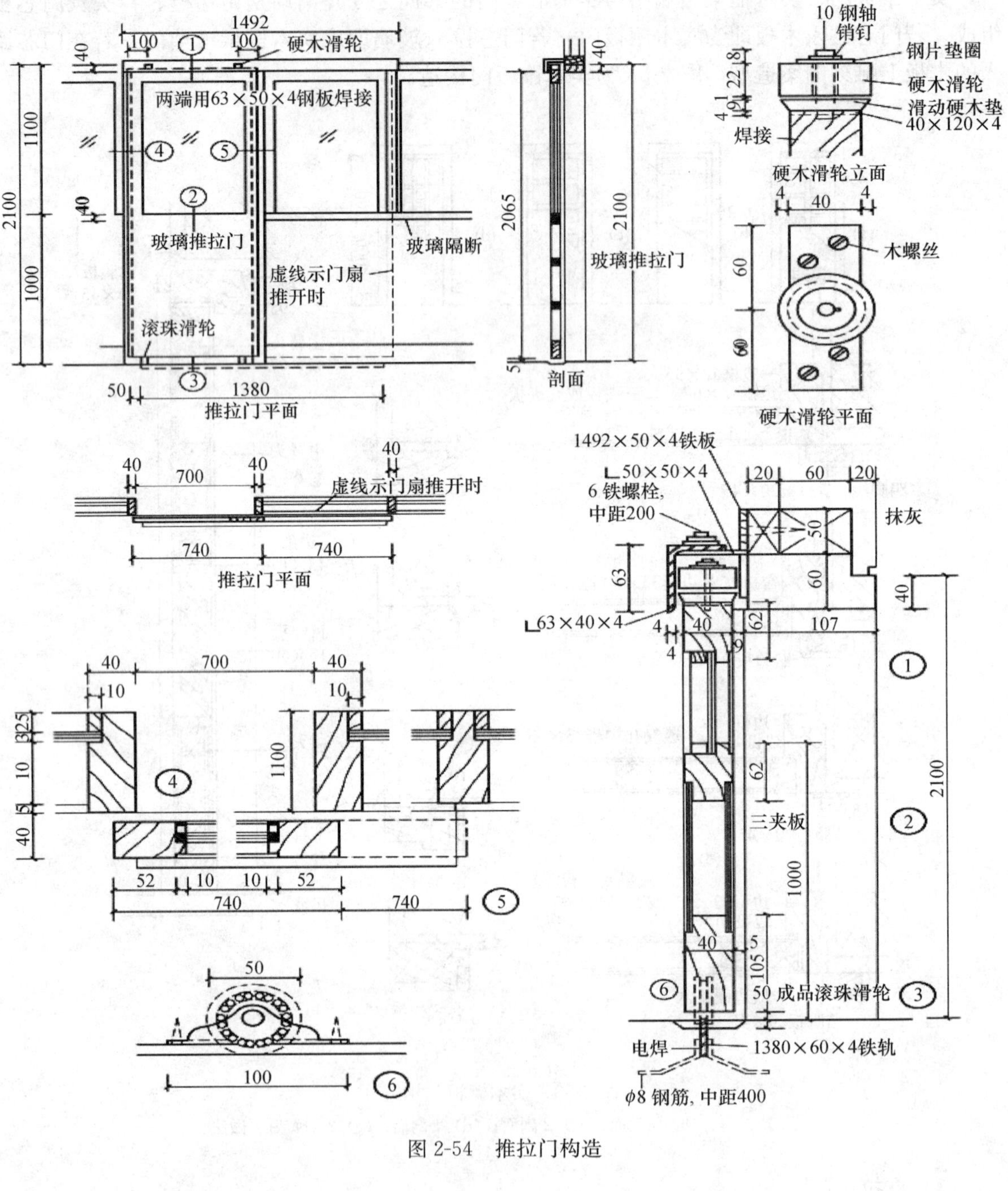

图 2-54　推拉门构造

3. 铝合金门窗

铝合金门窗根据开启方式的不同，可分为推拉门、推拉窗、平开门、平开窗、固定窗、悬挂窗、回转门、回转窗等；按门窗型材截面的宽度可分为许多系列，常用的有 25、40、45、50、55、60、65、70、80、90、100、135、140、155、170 系列等；根据氧化膜色泽的不同又有银白色、金黄色、青铜色、古铜色、黄黑色等类型。

铝合金门窗安装采用预留洞口后安装的方法，门窗框与洞口的连接采用柔性连接，门窗框的外侧用螺钉固定 1.5mm 厚不锈钢锚板，当外框安装定位后，将锚板与墙体埋件焊牢固定。

门窗与墙体等的连接固定点，每边不得少于两点，间距一般不大于 0.5m。框的外侧与墙体之间的缝隙内填沥青麻丝，外抹水泥砂浆，表面用密封膏嵌缝。图 2-55 为 55 系列铝合金平开门的构造。图 2-56 为铝和合金推拉窗构造。

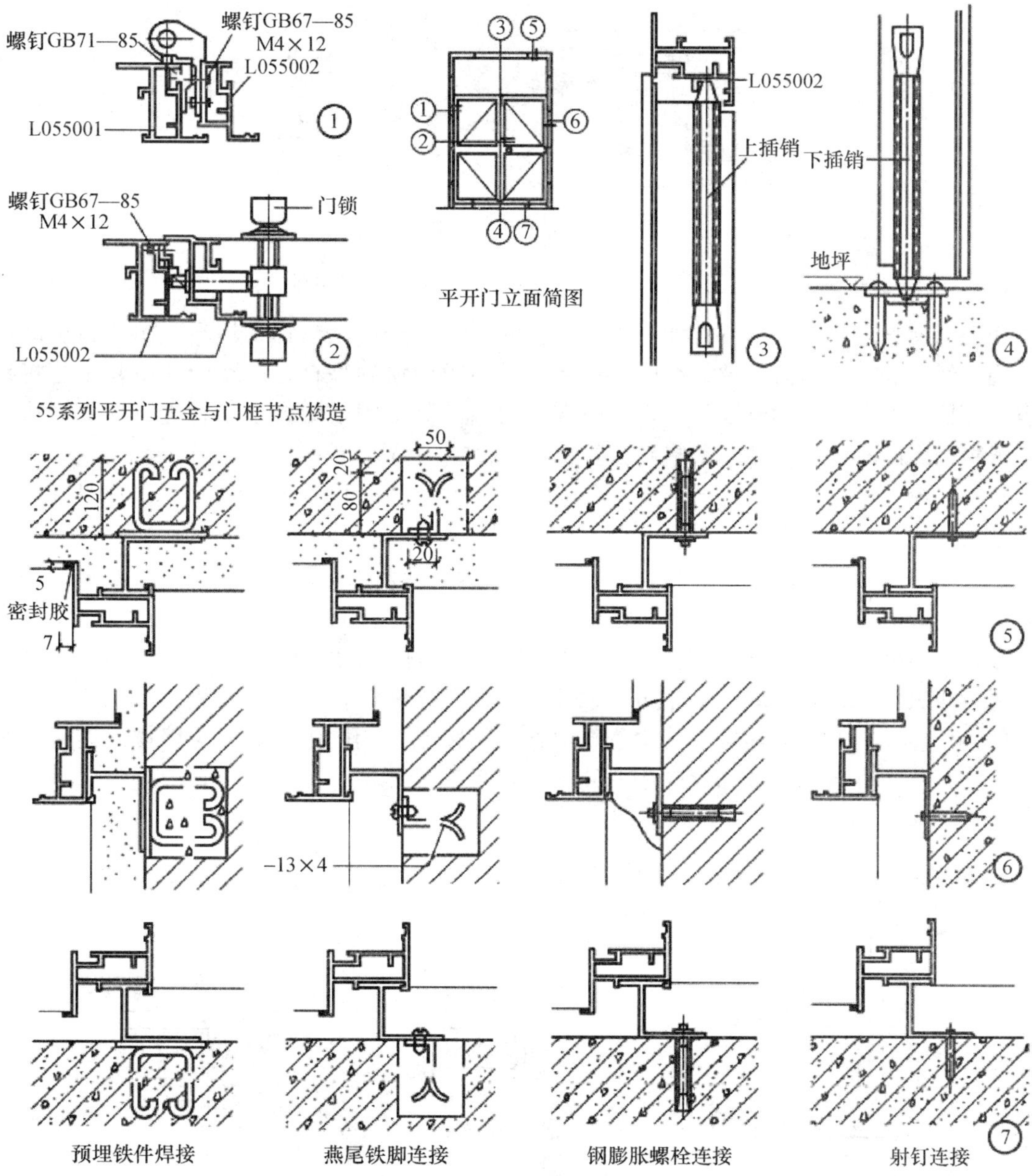

图 2-55　55 系列铝合金平开门构造

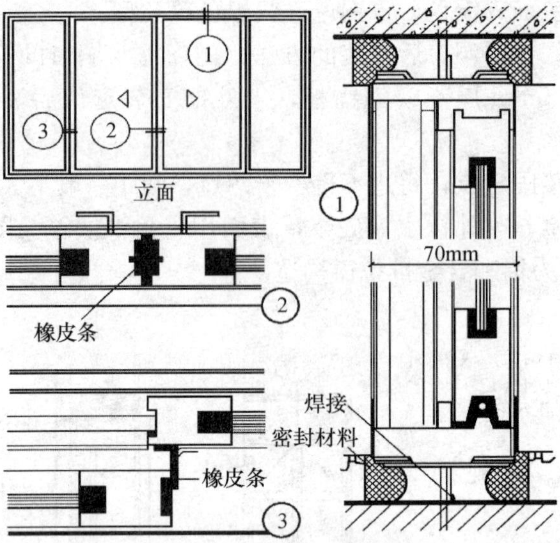

图 2-56 铝合金推拉窗构造

4. 塑料门窗装饰构造

塑料门窗是以聚氯乙烯或其他树脂为主要原料，以轻质碳酸钙为填料，添加适量助剂和改性剂，经双螺杆挤压机挤压成型的各种截面的空腹门窗异型材，以专门的组装工艺将异型材组装而成。由于塑料的刚度较差，一般在空腹内嵌装型钢或铝合金型材进行加强，从而增强了塑料门窗的刚度，因此，塑料门窗又称为“塑钢门窗”。

塑料门窗在密闭性、耐腐蚀性、保温隔声性、耐低温、阻燃、电绝缘性等方面性能良好，造型美观，是一种应用广泛的门窗。

塑料门窗的种类很多，按原材料的不同可以分为：以聚氯乙烯树脂为主要原料的钙塑门窗，以改性聚氯乙烯为主要原料的改性聚氯乙烯门窗。

塑料门窗的异型材一般按用途分为主型材和副型材。主型材在门窗结构中起主要作用，截面尺寸较大，如框料、扇料，门边料、分格料、门芯料等。

塑钢门窗框与洞口的连接安装构造与铝合金门窗基本相同，门窗框与墙体的连接固定方法有连接件法、直接固定法和假框法三种，如图 2-57 所示。

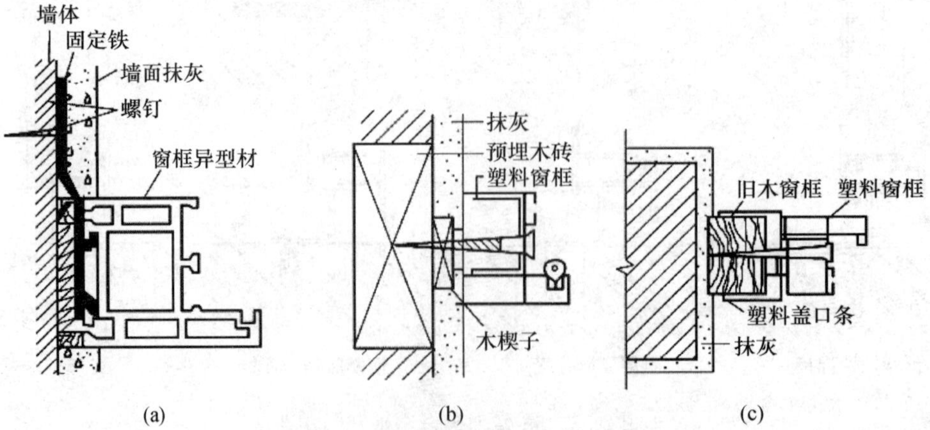

图 2-57 塑钢门窗框与墙体的连接固定

(a) 连接件法；(b) 直接固定法；(c) 假框法

连接件法是用一种专门制作的铁件把门窗框与墙体连接一起，做法是将固定在门窗框型材靠墙一面的锚固铁件用螺钉或膨胀螺钉固定在墙上。

直接固定法是砌筑墙体时，先将木砖预埋于门窗洞口设计位置处。

假框法是在门窗洞口内安装一个与塑料门窗框配套的镀锌铁皮金属框，或者当木门窗换成塑料门窗时保留原来木门窗框，将塑料门窗框直接固定在原来框上，最后再用盖口条对接缝及边缘部分进行装饰。图 2-58 为塑钢门窗的构造。

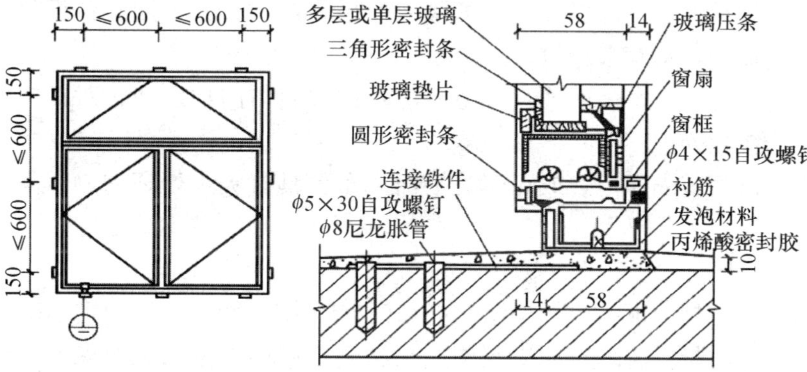

塑钢门窗安装节点示意图一

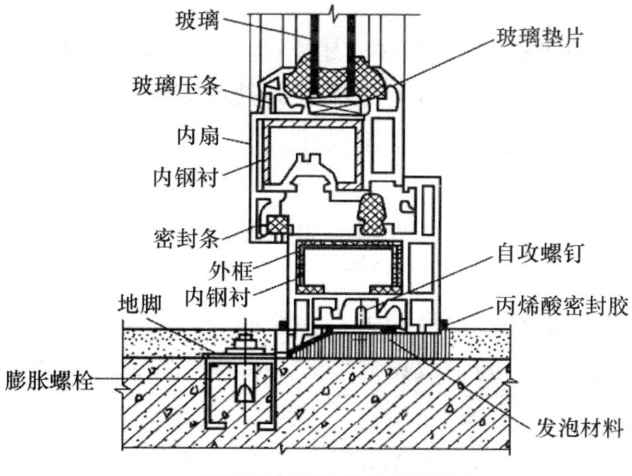

塑钢门窗安装节点示意图二

图 2-58　塑钢门窗的构造

5. 特种门窗装饰构造

（1）密闭窗

密闭窗用于有防尘、保温、隔声等要求的房间。密闭窗的构造应尽量减少窗缝，对缝隙采取密闭措施，选用适当的窗扇及玻璃的层数、间距、厚度，以保证达到密闭效果。

对缝隙一般用富有弹性的垫料嵌填，如毛毡、厚绒布、以及橡胶、海绵橡胶、硅橡胶、聚氯乙烯塑料、泡沫塑料等，并将弹性材料制成条状、管状以及适宜密闭的各种断面。玻璃与窗扇间可用各种防水油膏、压条、卡条、油灰等进行密闭处理。

窗扇与窗框的密闭处理有贴缝式、内嵌式、垫缝式三种方式。

由于单层玻璃保温、隔热、隔声性能均较差，因此，密闭窗户多采用增加窗扇或玻璃层数的做法来提高隔声保温效果。隔声窗可采用中空玻璃窗、双层及三层玻璃的固定窗。双层玻璃间距为 80mm～100mm，玻璃安装在弹性材料上，在窗四周应设置吸声材料，或将其中一层玻璃斜置，以防止玻璃间的空气层发生共振现象。

（2）隔声门

隔声门常用于室内噪声要求较低的房间中，如播音室、录音室等。主要的构造问题是保证门扇的隔声能力和门缝隙密闭性能。

隔声门门扇越重隔声效果越好，但过重又不便于开启。通过采用多层复合结构、合理利用空腔构造及吸声材料的方法来提高门扇的隔声效果。饰面材料采用整体板材，如硬质木纤维板、胶合板、钢板等，不宜采用拼接的木板。

隔声门的门缝隙之间应密闭而连续，主要应考虑门扇与门框之间、对开门门扇之间以及门扇与地面之间的缝隙处理。

在同一门框中做两道隔声门，或在建筑平面内布置具有吸声处理的隔声间，都是提高隔声效果的好办法。

（3）保温门

保温门的构造要点是保证门扇的保温性能和门缝隙密闭性能。保温门门扇一般采用质轻、疏松多孔、容重小的材料或合理利用空腔构造来达到门扇的保温效果。保温门门扇与门框之间、对开门门扇之间以及门扇与地面之间的缝隙处理同隔声门。

（4）防火门

根据防火规范要求，为了减少火灾在建筑物内蔓延，在建筑空间内，设置防火墙和防火门，将建筑物划分成几个防火区。防火门应与烟感、光感、温感报警器和喷淋器等消防报警装置配套设置，洞口高度和宽度按建筑标准常用尺寸。

1）防火门类型

防火门按耐火极限分三个等级：甲级防火门的耐火极限为 1.3h，乙级防火门的耐火极限为 0.9h，丙级防火门的耐火极限为 0.6h。甲级防火门门扇不设玻璃小窗，乙、丙级防火门可在门扇上设面积不大于 200 的玻璃小窗，玻璃为夹丝玻璃或复合防火玻璃。

按面材及芯材的不同防火门可分为木板铁皮门、骨架铁皮填充门、金属门和木质门等。

2）防火门构造

木质防火门是采用优质的云杉，经过难燃化学浸渍处理后做成门扇骨架，面板采用涂有防火漆的阻燃胶合板或镀锌铁皮，内填阻燃材料而成。

钢木质防火门是采用采用钢木组合制造，门扇采用钢骨架，面板采用阻燃胶合板，内填阻燃材料，门扇总厚度为 45mm，门框料采用 1.5mm 厚钢板冷弯成型。

钢质防火门是采用优质冷压钢板，经冷加工成型。一般采用框架组合式结构，门扇料钢板厚度为 1mm，门框料厚度为 1.5mm，门扇总厚度为 45mm，表面涂有防锈剂。根据需要配置耐火轴承合页、不锈钢防火门锁、闭门器、电磁释放开关等。这种防火门整体性好，高温状态下支撑强度高。

（5）防火卷帘门

防火卷帘门是由帘板、卷筒体、导轨、电力传动等部分组成。帘板由 1.5mm 的钢带轧制成 C 形钢扣片，重叠连锁而成。也可采用钢质 L 形串联式组合构造。这种门刚度和密闭性能优异，还可配置温感、烟感、光感报警系统和水幕喷淋系统。

防火卷帘门一般安装在墙体预埋铁件上或混凝土门框预埋件上。

（6）自动推拉门

自动推拉门的门扇采用铝合金或不锈钢做外框，也可以是无框的全玻璃门，其开启控制有超声波控制、电磁场控制、光电控制、接触板控制等。当今比较流行的是微波自动推拉门，即用微波感应自动传感器进行开启控制。若人或其他移动物体进入传感器感知范围内时，门扇自动开启；人或其他移动物体离开传感器感知范围内时，门扇自动关闭。

微波感应自动门地面上装有导向性下轨道，其长度为开启门宽的 2 倍。自动门上部机箱部分可用 18 号槽钢做支撑横梁，横梁两端与墙体内的预埋钢板焊接牢固，以确保稳定。

感应自动推拉门可以免于人工开启之烦，为房间的保温、隔热起到重要作用，同时具有较好的装饰效果，宜用于人流较少、装饰高雅的宾馆、办公楼主入口处。感应自动推拉门构造如图 2-59 所示。

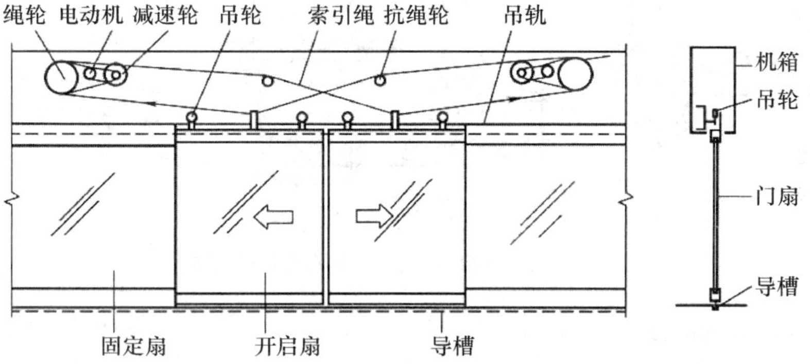

图 2-59　感应自动推拉门构造

铝合金门窗具有自重轻、强度高、密封性好、变形性小、色彩多样、表面美观、耐蚀性好、易于保养、工业化程度高等优点，因此得到了广泛的使用。

（7）商业橱窗

商业橱窗是商业建筑展示商品或进行宣传摆放展品的专用窗，应具有一定的陈列空间、通风口、大面积玻璃和防护拦等。橱窗构造设计主要应考虑：橱窗尺度，橱窗的防雨和遮阳，与营业厅通风、采光的关系，冷凝水的排除，橱窗灯光布置等问题。

橱窗尺度主要根据陈列品的性质和品种而定，一般陈列面的高度距室外地坪 300～450mm，最高 800mm，同时距离室内地面不小于 200mm，橱窗深度一般 600～2000mm

橱窗框料有木、钢、铝合金、不锈钢、塑料等品种，断面尺寸根据橱窗大小和装玻璃有无填料而定。橱窗的玻璃一般厚度 6～12mm，玻璃间可平接，过高时可用铜或金属夹逐段连，也可加设中槛（横档）分隔。安装较大玻璃最好采用橡皮、泡沫塑料、毛毡等填条，以免破碎。

七、建筑的室外装饰构造

1．台阶、坡道的装修构造做法

台阶、坡道实际上是室外有坡度的地面，其做法与室内地面及楼梯踏步的各种装修构造做法一致。

在北方寒冷地区，冬季室外土层会产生冻胀现象，严重时会使室外台阶、坡道产生胀裂、破坏现象，因此，需对这种情况下的台阶、坡道采取防冻胀的措施，如图 2-60 所示。

（1）在经过夯实处理的地基土上铺一定厚度的高密实性土的垫层（北京地区常采用

300mm 厚 3∶7 或 2∶8 灰土）。

（2）在土层冰冻线深度的范围内，采用粗砂或卵石等高孔隙率的材料做垫层。

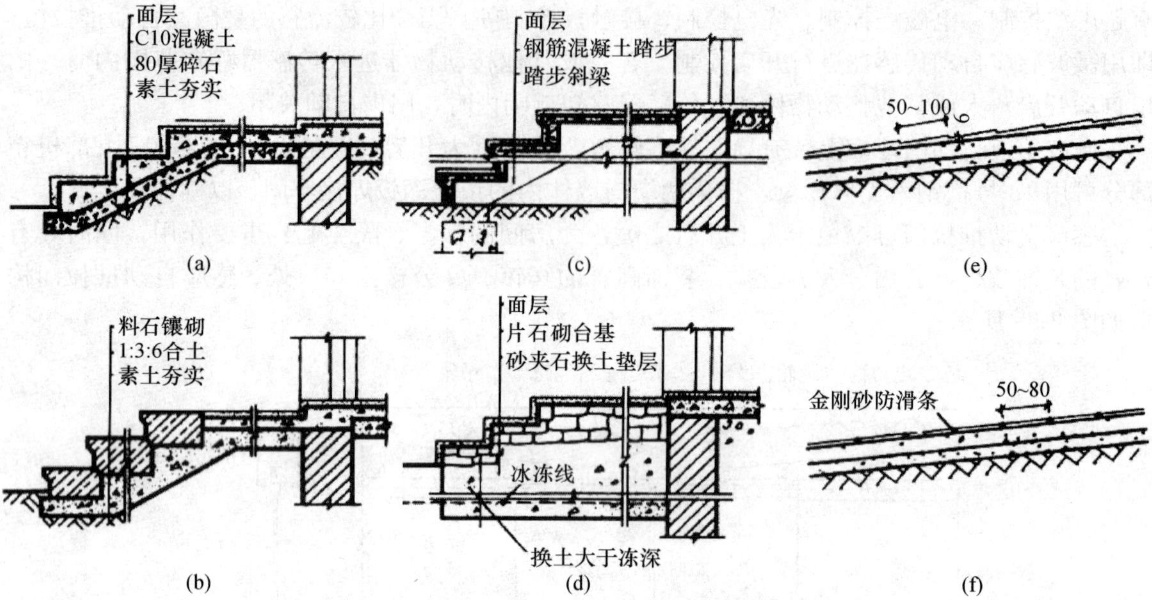

图 2-60　室外台阶、散水防冻和防滑措施

2. 外装墙面和幕墙做法

见前面章节所述。

八、屋面装饰造型构造

1. 油毡瓦屋面构造

油毡瓦屋面基本构造节点如图 2-61 所示。

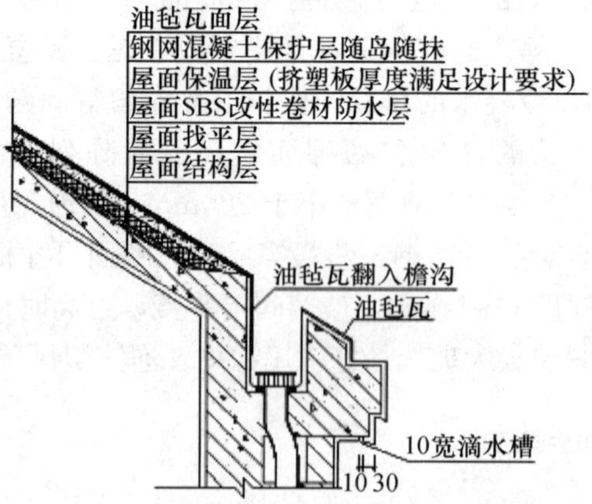

图 2-61　油毡瓦屋面基本构造节点

油毡瓦屋面基本构造要求如下：

（1）屋面基层面找平应严格按照规程操作，不得出现空鼓、起壳等现象，找平面宜用铁板压平，脊与脊表面平整度应控制在 10mm 以内，油毡瓦铺钉前找平层应符合干燥及强度要求。

（2）屋面阴、阳角线应保持顺直，所有屋面阴、阳屋脊线处均应做成圆弧状，并保持平滑。

(3) 屋面卷材防水层铺贴应平整牢固，无起鼓脱开现象，搭接符合规范要求。

(4) 屋面防水施工完成后，应选用植筋方案将 Φ6@1500～2000 网点式钢筋植入钢筋混凝土内，要求植入钢筋与防水层交接处密封处理。

(5) 油毡瓦屋面与突出屋面部分交接处均应做泛水处理，可沿屋面坡度做通长挡水线，并在挡水线下做老鹰嘴（见图 2-62），油毡瓦屋面与突出屋面管道交接处做法（图 2-63）。

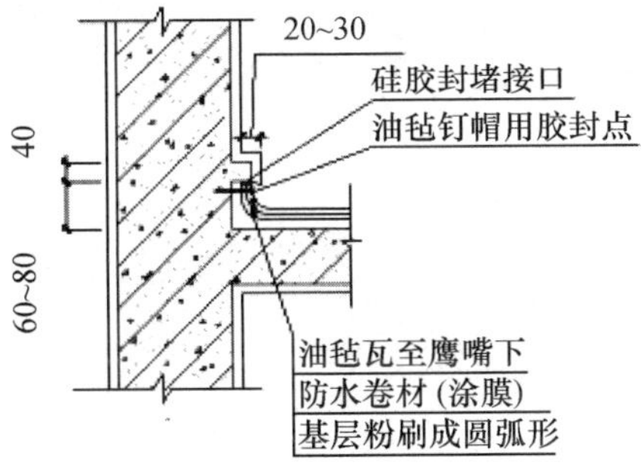

图 2-62 油毡瓦与墙身交接处泛水节点

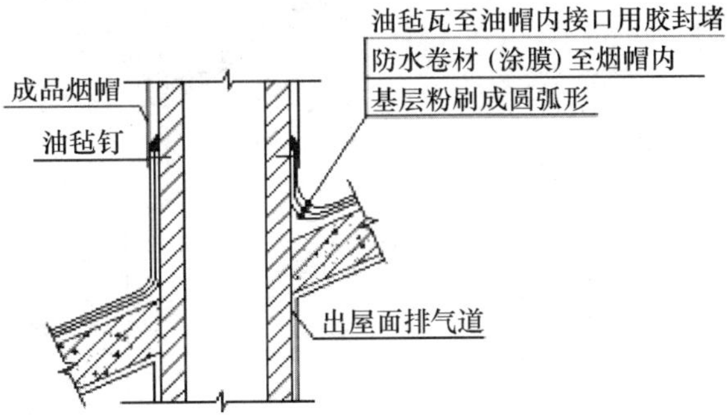

图 2-63 出屋面管道油毡瓦收口节点

(6) 油毡瓦铺设前，应在屋面板面弹线放样，如发现檐口与相应脊线不完全平行，则应弹线放样时均匀调整。

(7) 油毡瓦铺钉应与基层紧贴，瓦面应平整，自檐口向上铺设，第一层应与檐口平行，油毡瓦应用油毡钉固定。

(8) 铺设油毡瓦脊瓦时，脊瓦与脊瓦之间的搭盖应保证压盖后外露面为油毡瓦有效外露面。

(9) 当采用成品塑料檐沟时，油毡瓦宜挑出 20mm～30mm，人字屋面出檐（如老虎窗部位）部位油毡瓦宜挑出 10mm。

(10) 油毡瓦与油毡瓦水平错缝搭盖时，错缝搭接水平长度不小于 200mm。

(11) 铺钉油毡瓦第二层应与第一层叠合，切槽应向下并指向檐沟。第三层油毡瓦部分压在第二层油毡瓦上，并保证第二层油毡瓦露出切槽 140mm，第三层油毡瓦及以上部分油毡瓦做法依此类推。

(12) 油毡瓦所有固定用专用油毡钉必须钉平、钉牢。大面严禁钉帽外露油毡瓦表面。每片油毡瓦不应少于 4 个油毡钉，当屋面坡度大于 45°时应适当增加钉数量。

(13) 坡屋面伸缩缝铺油毡瓦时，基层找平时向缝两边高出屋面 30mm 斜面翻边，用防水油膏或保温板封堵伸缩缝后，粘贴 SBS 防水卷材，伸缩缝处铺油毡瓦脊瓦。

2. 平板瓦屋面节点

平瓦构造层次依次为：混凝土结构层—找平层—防水层—保温层—钢网混凝土保护层—顺水条—挂瓦条—水泥平瓦，如图 2-64 所示。其构造基本要求如下：

(1) 屋面基层找平层平整度不超过 20mm。

(2) 阴脊与阳脊、檐口与屋脊拉通线。构造符合要求，如图 2-65 所示。

(3) 防水层卷材铺贴从下而上竖向施工，卷材搭接符合设计和规范要求，黏结牢固，无起鼓或脱开现象。

(4) 钢网细石混凝土保护层与结构混凝土板用钻孔 $\phi6$ 植筋工艺连接，植筋钢筋与防水层结合处表面做密封处理，$\phi6$ 植筋横、竖向间距为 1.5～2m。

(5) 保温板与基层面结合可以用胶水掺水泥点粘。

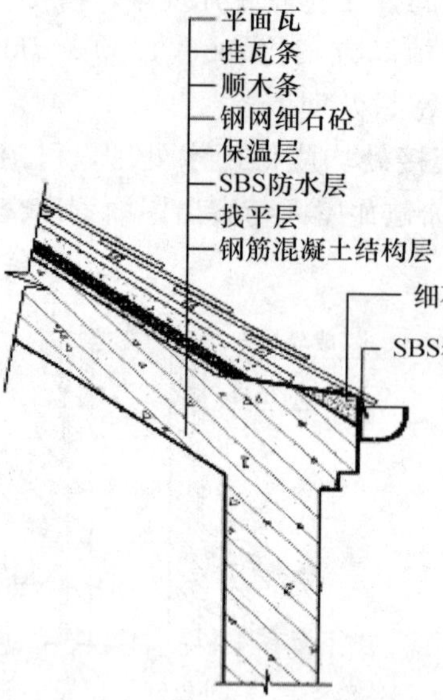

图 2-64　平瓦构造节点

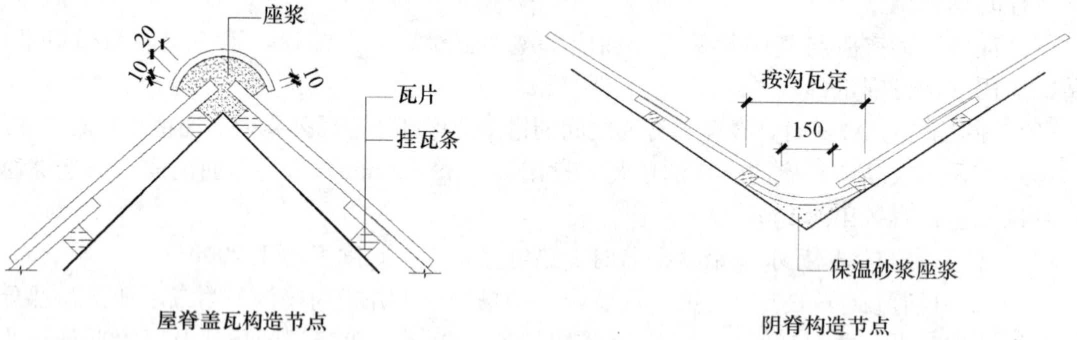

图 2-65　屋脊、阴脊节点

(6) 钢丝网细石混凝土用 C20 坍落度＜6cm，随捣随抹光，平整度不超过 10mm。

(7) 顺水条规格 40×10 杉木条，间距不大于 400，挂瓦条规格 30×30 杉木条，用水沥青涂刷防腐处理，用镀锌钢钉固定在钢丝混凝土上。

(9) 当屋面坡度＞35°时，挂瓦条宜采用局部膨胀螺栓固定。

3. 筒瓦做法节点

筒瓦构造层次依次为：混凝土结构层—找平层—防水层—保温层—钢网混凝土保护层—顺水条—挂瓦条—顺瓦条—筒瓦，如图 2-66 所示。其构造基本要求如下：

(1) 屋面基层找平层平整度不超过 10mm。

(2) 其余构造做法与平瓦相似。

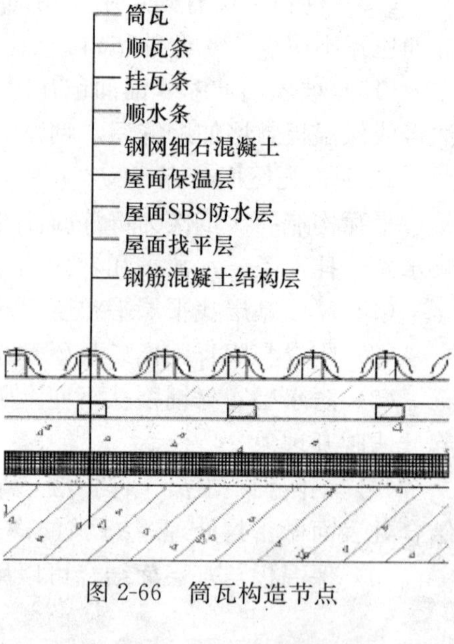

图 2-66　筒瓦构造节点

4. 天窗节点做法

天窗节点做法如图 2-67 所示。

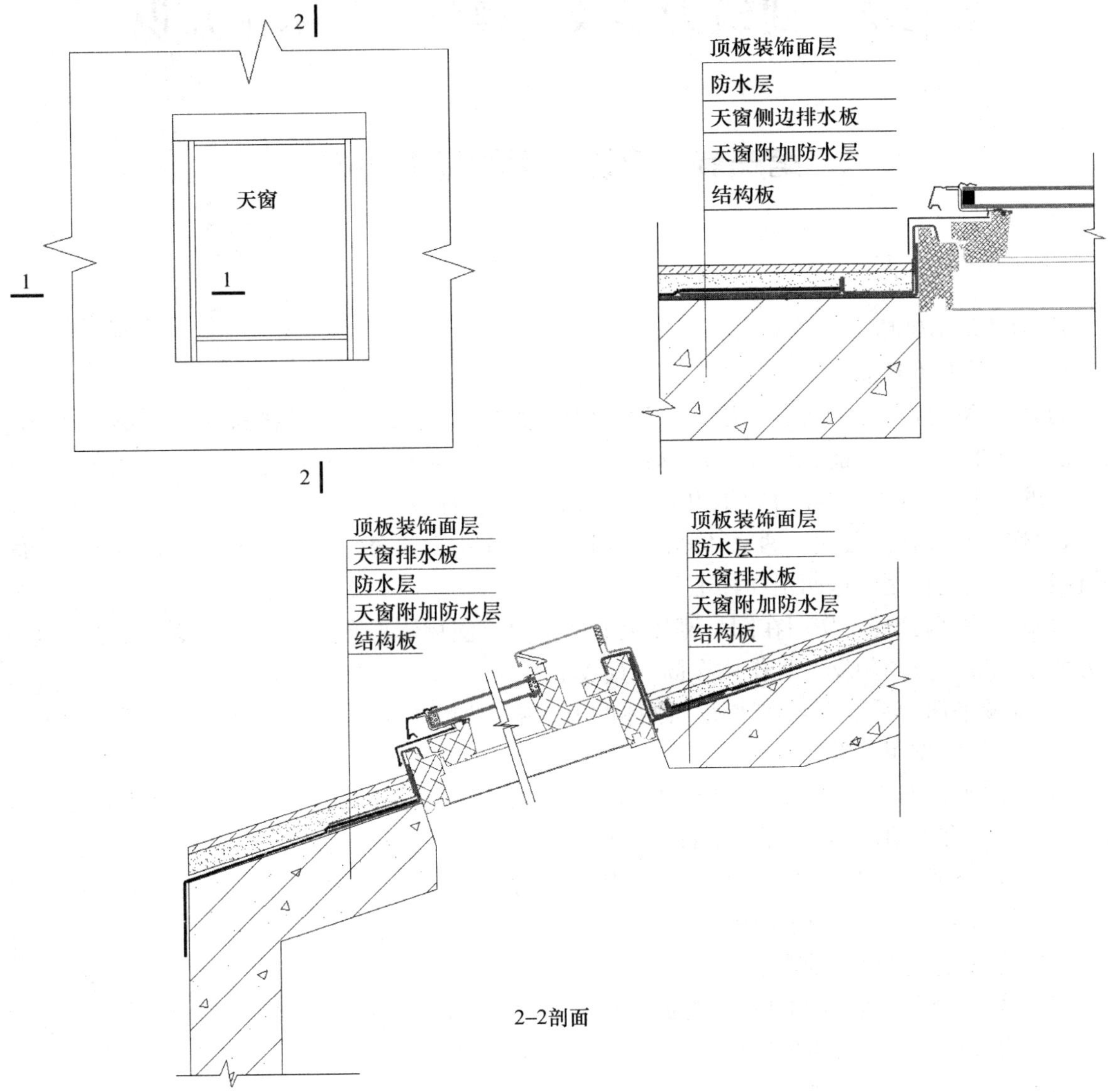

图 2-67　天窗构造节点

天窗的气密性、水密性和抗风压性能符合要求。

第三章　建筑力学及幕墙结构的基本知识

第一节　建筑力学的基本知识

一、平面力系

1. 力的基本性质

(1) 力的基本概念

力是物体之间相互的机械作用，这种作用的效果是使物体的运动状态发生改变，或者使物体发生变形。力不可能脱离物体而单独存在。有受力物体，必定有施力物体。力的三要素是：力的大小、力的方向和力的作用点。力的静力学公理有：

1) 作用与反作用公理：两物体间的作用力与反作用力，总是大小相等、方向相反，沿同一直线，并分别作用在这两个物体上。

2) 二力平衡公理：作用在同一刚体上的两个力，使物体平衡的充分与必要条件是：这两个力大小相等、方向相反，且作用在同一直线上。

3) 加减平衡力系公理：在作用于刚体的力系中，加上或减去任意一个平衡力系，并不改变力系对刚体的作用效果。

4) 力的平行四边形公理：作用于物体上同一点的两个力，可以合成为一个合力，合力也作用于该点，合力的大小和方向，由这两个力为邻边构成的平行四边形的对角线来确定。

5) 刚化公理：设变形体在已知力系作用下维持平衡状态，则如将这个已变形但平衡的物体变成刚体（刚化），其平衡不受影响。

(2) 约束与约束反力的概念

使物体运动或有运动趋势的力称为主动力；而阻碍了物体的运动或运动趋势的作用力就是约束反力。约束形式有柔体约束、光滑接触面约束、圆柱铰链约束、链杆约束、固定铰支座、可动铰支座、固定端支座。

2. 平面汇交力系

凡各力的作用线都在同一平面内的力系称为平面力系。

(1) 平面汇交力系的合成

在平面力系中，各力的作用线都汇交于一点的力系，称为平面汇交力系；各力作用线互相平行的力系，称为平面平行力系；各力的作用线既不完全平行又不完全汇交的力系，称为平面一般力系。

(2) 平面汇交力系的平衡

平面一般力系的平衡条件：平面一般力系中各力在两个任选的直角坐标上的投影的代数和分别等于零，各力对任意一点之矩的代数和也等于零。用数学公式表达为：

$$\sum F_x = 0$$

$$\sum F_y=0$$

$$\sum m_0(F)=0$$

3. 力偶、力矩的特性及应用

(1) 力偶和力偶系

把作用在同一物体上大小相等、方向相反、作用线平行且不共线的两个力组成的力系称为力偶，记为（F，F'）。力偶中两个力的作用线间的距离 d 称为力偶臂。两个力所在的平面称为力偶的作用面。

用力和力偶臂的乘积再加上适当的正负号所得的物理量称为力偶矩，记为 M（F，F'）或 M，即：$M(F, F')=\pm Fd$。

力偶正负号的规定：力偶正负号表示力偶的转向，其规定与力矩相同。若力偶使物体逆时针转动，则力偶为正；反之，为负。

力偶无合力，不能与一个力平衡和等效，力偶只能用力偶来平衡。力偶在任意轴上的投影等于零。力偶对其平面内任意点之矩，恒等于其力偶矩，而与矩心的位置无关。

作用在同一物体上的若干个力偶组成一个力偶系，若力偶系的各力偶均作用在同一平面，则称为平面力偶系。

(2) 力矩

1) 力矩的概念

力与距离的乘积再加上表示方向的正负号称为力矩。力使物体绕矩心逆时针转动时，力矩为正；反之，为负。

2) 合力矩定理

合力矩定理：合力对平面内任意一点之矩，等于所有分力对同一点之矩的代数和。

二、杆件强度、刚度和稳定性的概念

1. 杆件变形的基本形式

(1) 杆件

在工程实际中，杆件的形状可以是各种各样的，但经过适当的简化，一般可以归纳为四类，即：杆、板、壳和块。所谓杆件，是指长度远大于其他两个方向尺寸的构件。杆件的形状和尺寸可由杆的横截面和轴线两个主要几何元素来描述。杆的各个截面的形心的连线叫轴线，垂直于轴线的截面叫横截面。

(2) 杆件的基本受力形式及变形

杆件受力有各种情况，相应的变形就有各种形式。在工程结构中，杆件的基本变形有以下四种：轴向拉伸或轴向压缩；剪切；扭转；平面弯曲。

2. 杆件强度的概念

构件应有足够的强度。所谓强度，就是指结构或构件抵抗破坏的能力。对杆件来讲，就是结构杆件在规定的荷载作用下，保证不因材料强度发生破坏的要求，称为强度要求。即必须保证杆件内的工作应力不超过杆件的容许应力，满足公式：

$$\sigma=N/A\leqslant[\sigma] \tag{3-1}$$

式中 σ——工作应力；

N——杆件轴力；

A——杆件截面积；

$[\sigma]$——杆件容许应力。

3. 杆件刚度和稳定的基本概念

（1）刚度

刚度是指结构或构件抵抗变形的能力。

结构杆件在规定的荷载作用下，虽有足够的强度，但其变形不能过大，超过了允许的范围，也会影响正常的使用，限制过大变形的要求即为刚度要求。即必须保证杆件的工作变形不超过许用变形，满足公式：

$$f \leqslant [f] \tag{3-2}$$

拉伸和压缩的变形表现为杆件的伸长和缩短，用 ΔL 表示，单位为长度。

剪切和扭矩的变形一般较小。

弯矩的变形表现为杆件某一点的挠度和转角，挠度用 f 表示，单位为长度，转角用 θ 表示，单位为角度。当然，也可以求出整个构件的挠度曲线。

影响弯曲变形（位移）的因素为：材料性能、截面大小和形状、构件的跨度。

（2）稳定性

稳定性是指构件保持平衡状态稳定性的能力。平衡状态一般分为稳定平衡和不稳定平衡。

4. 应力、应变的基本概念

（1）内力、应力的概念

构件内各粒子间都存在着相互作用力。当构件收到外力作用时，形状和尺寸将发生变化，构件内各个截面之间的相互作用力也将发生变化，这种因为杆件受力而引起的截面之间相互作用力的变化称为内力。

内力与构件的强度、刚度紧密相连。要保证杆件的承载必须控制构件的内力。

内力在一点处的集度称为该点的应力。应力根据其与截面之间的关系和对变形的影响，可分为正应力和切应力两种。

杆件在轴向拉力或压力作用下，沿杆件轴线方向伸长或缩短，这种变形称为纵向变形；同时，杆的横向尺寸将减小或增大，这种变形称为横向变形。

在弹性范围内，应力与应变成正比。

（2）胡克定律

当杆件应力不超过某一限度时，其纵向变形与轴力及杆长成正比，与横截面面积成反比，这就是胡克定律。

第二节　建筑结构的基本知识

一、幕墙结构

1. 建筑结构基本知识

（1）建筑结构的概念

建筑结构是指在建筑物（包括构筑物）中，由建筑材料做成用来承受各种荷载或者作用，以起骨架作用的空间受力体系。建筑结构因所用的建筑材料不同，可分为混凝土结构、砌体结构、钢结构、轻型钢结构、木结构和组合结构等。

（2）建筑结构功能

结构在规定的时间（设计使用年限），在规定的条件下（正常设计、施工、使用、维修）必须保证完成预定的功能，这些功能包括：

1）安全性。即建筑结构在正常施工和正常使用时，能承受可能出现的各种作用（如荷载、温度变化、正常维修）。并且在设计规定的偶然事件（如地震、爆炸）发生时及发生后，仍能保持必需的整体稳定性。

2）适用性。即建筑结构在正常使用过程中，应保持良好的工作性能。例如结构构件应有足够的刚度，以免产生过大的振动和变形，使人产生不适的感觉。

3）耐久性。即建筑结构在正常维修条件应能在规定的设计使用年限满足安全、适用性的要求。

（3）承载能力极限状态

当结构或结构构件达到最大承载能力，或产生了不适于继续承载的变形时，即认为超过了承载能力极限状态。例如：

1）整个结构或结构的一部分作为刚体失去平衡例如烟囱在风荷载作用下整体倾翻。

2）结构构件或连接因超过材料强度而破坏（包括疲劳破坏），例如轴心受压短柱中的混凝土和钢筋分别达到抗压强度而破坏，或因过度变形而不适于继续承载；

3）结构转变为机动体系，例如简支梁跨中截面达到抗弯承载力形成三铰共线的机动体系，从而丧失承载能力。

4）结构或结构构件丧失稳定（如压屈等），例如细长柱达到临界荷载后因压曲失稳而破坏。

5）地基丧失承载能力而破坏（如失稳等）。

事实上，承载能力极限状态就是结构或结构构件发挥最大承载能力的状态。

（4）正常使用极限状态

这种极限状态对应于结构或结构构件达到正常使用或耐久性能的某项规定限值的状态。当出现下列状态之一时，即认为超过了正常使用极限状态：

1）影响正常使用或外观的变形，如梁的挠度过大影响正常使用。

2）影响正常使用或耐久性能的局部损坏（包括裂缝）。

3）影响正常使用的振动，如楼板的振幅过大影响正常使用。

4）影响正常使用的其他特定状态，如基础产生不均匀沉降过大。

在建筑结构设计时，除了考虑结构功能的极限状态之外，还须根据结构在施工和使用中的环境条件和影响，区分下列三种设计状况：

1）持久状况，即在结构使用过程中一定出现，其持续期很长的状况，例如房屋结构承受家具和正常人员荷载的状况。持续期一般与设计使用年限为同一数量级。

2）短暂状况，即在结构施工和使用过程中出现概率较大，而与设计使用年限相比持续期很短的状况，如结构施工和维修时承受堆料荷载的状况。

3）偶然状况，即在结构使用过程中出现概率很小，且持续期很短的状况，如结构遭受火灾、爆炸、撞击、罕遇地震等作用。

这三种设计状况分别对应不同的极限状态设计。对于持久状况、短暂状况和偶然状况，都必须进行承载能力极限状态设计；对于持久状况，尚应进行正常使用极限状态设计；而对于短暂状况，可根据需要进行正常使用极限状态设计。

2. 结构上的作用

结构产生各种效应的原因，统称为结构上的作用。结构上的作用包括直接作用和间接作用。直接作用指的是施加在结构上的集中力或分布力，例如结构自重、楼面活荷载和设备自重等。直接作用的计算一般比较简单，引起的效应比较直观。间接作用指的是引起结构外加变形或约束变形的作用，例如温度的变化、混凝土的收缩或徐变、地基的变形、焊接变形和地震等，这类作用不是以直接施加在结构上的形式出现的，但同样引起结构产生效应。

过去习惯上将上述两类不同性质的作用统称为荷载。例如将温度变化称为温度荷载，将地震作用称为地震荷载等，这样就混淆了两类不同性质的作用，特别是对间接作用的复杂性认识不足。

根据目前结构理论发展水平以及现有规范颁布的现状，对直接作用在结构上的荷载可按《建筑结构荷载规范》(GB 50009—2012)（以下简称《荷载规范》）的规定采用，对间接作用，除了对地震作用按《建筑抗震设计规范》(GB 50011—2010)（以下简称《抗震规范》）的规定采用外，其余的间接作用暂时还未制定相应的规范。

考虑到广大设计人员的现状及习惯上的衔接，目前还未将两类作用严格划分，而将其简称为荷载。

作用在结构上的直接作用或间接作用，将引起结构或结构构件产生内力（如轴力、弯矩、剪力、扭矩等）和变形（如挠度、转角、侧移、裂缝等)，这些内力和变形总称为作用效应，其中由直接作用产生的作用效应称为荷载效应。

(1) 荷载的分类

1) 按随时间变异分类

① 永久荷载（亦称恒载）。在设计基准期内，其量值不随时间变化，或即使有变化，其变化值与平均值相比可以忽略不计的荷载。如结构的自重、土压力、预应力等。

② 可变荷载（亦称活载）。在设计基准期内，其量值随时间变化，且其变化值与平均值相比不能忽略的荷载。如楼（屋）面活荷载、屋面积灰荷载、雪荷载、风荷载、吊车荷载等。

③ 偶然荷载。在设计基准期内，可能出现，也可能不出现，但一旦出现，其量值很大且持续时间很短的荷载。如地震、爆炸力、撞击力等。

2) 按随空间位置的变异分类

① 固定荷载。在结构空间位置上具有固定分布的荷载。如结构自重、楼面上的固定设备荷载等。

② 自由荷载。在结构上的一定范围内可以任意分布的荷载。如民用建筑楼面上的活荷载、工业建筑中的吊车荷载等。

3) 按结构的动力反应分类

① 静态荷载。对结构或结构构件不产生加速度或产生的加速度很小可以忽略不计。如结构的自重、楼面的活荷载等。

② 动态荷载。对结构或构件产生不可忽略的加速度。如吊车荷载、地震作用、作用在高

层建筑上的风荷载等。

（2）荷载的代表值

1）荷载标准值

荷载标准值是指在结构的设计基准期内，在正常情况下可能出现的最大荷载值。

对于永久荷载的标准值，是按结构构件的尺寸（如梁、柱的断面）与构件采用材料的重度的标准值来确定的数值。对常用材料重度，可按《荷载规范》附录A采用。

对于可变荷载的标准值，则由设计基准期内最大荷载概率分布的某一分位数来确定，一般取具有95%保证率的上分位值，但对许多还缺少研究的可变荷载，通常还是沿用传统的经验数值。对可变荷载的标准值，可按《荷载规范》的规定采用。

2）荷载组合值

当结构上作用两种或两种以上的可变荷载时，考虑到其同时达到最大值的可能性较少，因此，在按承载能力极限状态设计或按正常使用极限状态的短期效应组合设计时，应采用荷载的组合值作为可变荷载的代表值。

可变荷载的组合值，为可变荷载乘以荷载组合值系数。组合值系数见《荷载规范》。

3）荷载频遇值

对可变荷载，在设计基准期内，其超越的总时间为规定的较小比率或超越频率为规定频率的荷载值。

可变荷载频遇值应取可变荷载标准值乘以荷载频遇值系数。荷载频遇值系数见《荷载规范》。

（3）荷载准永久值

作用在建筑物上的可变荷载（如住宅楼面上的均布活荷载为2.0kN/m^2），其中有部分是长期作用在上面的（可以理解为在设计基准期50年内，不少于25年），而另一部分则是不出现的。因此，我们也可以把长期作用在结构物上面的那部分可变荷载看作是永久活载来对待。可变荷载的准永久值，为可变荷载标准值乘以荷载准永久值系数ϕ_q，也就是说，准永久值系数ϕ_q为荷载准永久值与荷载标准值的比值，其值恒小于1.0。

（4）荷载分项系数

荷载分项系数是在设计计算中，反映了荷载的不确定性并与结构可靠度概念相关联的一个数值。对永久荷载和可变荷载，规定了不同的分项系数。

1）永久荷载分项系数γ_G：当永久荷载对结构产生的效应对结构不利时，对由可变荷载效应控制的组合取$\gamma_G=1.2$；对由永久荷载效应控制的组合，取$\gamma_G=1.35$。当产生的效应对结构有利时，一般情况下取$\gamma_G=1.0$；对倾覆、滑移或漂浮验算，应满足相关规定；对其余某些特殊情况，应按有关规范采用。

2）可变荷载分项系数γ_G：一般情况下取$\gamma_G=1.4$；但对工业房屋的楼面结构，当其活荷载标准值大于4kN/m^2时，考虑到活荷载数值已较大，则取$\gamma_G=1.3$。

（5）幕墙结构的荷载和地震作用

幕墙结构主要承受竖向荷载和水平荷载。竖向荷载包括自重和部分活荷载，水平荷载包括风荷载和地震荷载。

与普通建筑结构有所不同，幕墙结构的特点：

1）竖向荷载分层传递，效应远小于普通结构；

2）水平荷载的影响显著增加，成为其设计的主要因素；

3）对高层建筑结构尚应考虑竖向地震的作用。

3. 幕墙结构设计基本要求

（1）一般规定

1）幕墙结构设计应考虑永久荷载、风荷载和地震作用，必要时还应考虑温度作用。复杂幕墙体系尚应对施工阶段作补充验算复核。与水平面夹角小于75°的建筑幕墙还应考虑雪荷载、活荷载或积灰荷载。幕墙结构设计的基准期为50年。

2）幕墙结构设计应根据传力途径对幕墙面板系统、支承结构、连接件与锚固件等进行计算或复核，以确保幕墙的安全适用性。幕墙面板与其支承结构、幕墙结构与主体结构之间均应具有足够的相对位移能力。

3）幕墙结构采用以概率理论为基础的极限状态设计方法，用分项系数描述的设计表达式计算。应按下列承载能力极限状态和正常使用极限状态进行幕墙结构的设计：

① 承载能力极限状态

无地震作用组合时：

$$\gamma_0 S \leqslant R \tag{3-3}$$

有地震作用组合时：

$$S_E \leqslant R/\gamma_{RE} \tag{3-4}$$

式中 S——无地震作用的荷载效应组合设计值；

S_E——有地震作用的荷载效应组合设计值；

R——结构构件抗力设计值；

γ_0——结构构件重要性系数，应取不小于1.0；

γ_{RE}——结构构件承载力抗震调整系数，应取1.0。

② 正常使用极限状态

$$d_f \leqslant d_{f,lim} \tag{3-5}$$

式中 d_f——结构构件的挠度值；

$d_{f,lim}$——结构构件挠度限值。

4）幕墙结构设计应涵盖最不利构件和节点在最不利工况条件下极限状态的验算。对建筑物转角部位、平面或立面突变部位的构件和连接应做专项验算。

（2）荷载和地震作用

1）幕墙结构及其与主体结构的连接，风荷载标准值应按下式计算：

$$W_k = \beta_{gz} \times \mu_z \times \mu_s \times W_0 \tag{3-6}$$

式中 W_k——风荷载标准值（kN/m^2）

β_{gz}——阵风系数，按《建筑结构荷载规范》（GB 50009）的规定采用；

μ_s——风荷载体型系数，按《建筑结构荷载规范》（GB 50009）中对围护结构的规定采用（计算幕墙面板时，不考虑局部风荷载体型系数折减）；对于体型或风荷载环境复杂的幕墙结构，宜采用风洞试验或数值风洞方法予以确定；

μ_z——风压高度变化系数，按《建筑结构荷载规范》（GB 50009）的规定采用；

W_0——基本风压（kN/m^2），按《建筑结构荷载规范》（GB 50009）的规定采用；特别重要的幕墙工程应专项确定。

2）建筑高度较高、体型不规则或风环境复杂的幕墙结构，难以确定风荷载标准值时，用风洞试验或数值风洞方法确定。幕墙高度大于200m时应进行风洞试验。幕墙高度大于300m时应由两个非关联单位各自提供独立的风洞试验结果相互验证。对用风洞试验或数值风洞方法所得结果应分析、比较和判断。

3）除索网幕墙外，幕墙结构的地震作用标准值可按以下方法计算：

① 垂直于幕墙平面的分布水平地震作用标准值可按下式计算：

$$q_{EAk}=\beta_E\times\alpha_{max}\times G_K/A \tag{3-7}$$

式中 q_{EAk}——垂直于幕墙平面的分布水平地震作用标准值（kN/m^2）；

β_E——动力放大系数，可取5.0；

α_{max}——水平地震影响系数最大值，按表3-1采用；

G_K——幕墙面板和框架的重力荷载标准值（kN）；

A——幕墙平面面积（m^2）。

表3-1 水平地震影响系数最大值 α_{max}

抗震设防烈度	6度	7度		8度	
基本地震加速度	0.05g	0.10g	0.15g	0.20g	0.30g
α_{max}	0.04	0.08	0.12	0.16	0.24

② 平行于幕墙平面的集中水平地震作用标准值可按下式计算：

$$p_{EAk}=\beta_E\times\alpha_{max}\times G_K \tag{3-8}$$

式中 p_{EAk}——平行于幕墙平面的集中水平地震作用标准值（kN）。

（3）作用效应计算

1）幕墙结构可按弹性方法计算，计算模型应与构件连接的实际情况相符合，计算假定应与结构的实际工作性能相符合。

2）规则构件可按解析或近似公式计算作用效应。具有复杂边界或荷载的构件，可采用有限元方法计算作用效应。

3）对于经历大位移的幕墙结构，作用效应计算时应考虑几何非线性影响。对于桁架支承结构及其他大跨度钢结构，尚应考虑结构和构件的稳定性。

（4）作用效应组合

1）考虑几何非线性影响计算幕墙结构时，应首先进行荷载与作用的组合，然后计算组合荷载与作用的效应。采用线弹性方法计算幕墙结构时，可先计算各荷载与作用的效应，然后再进行荷载与作用效应的组合。

2）计算幕墙构件承载力极限状态时，其作用或效应的组合应符合下列规定：

$$S=\gamma_G S_{Gk}+\psi_w\gamma_w S_{wk}+\psi_E\gamma_E S_{Ek} \tag{3-9}$$

式中 S——作用效应组合的设计值；

S_{Gk}——永久荷载效应标准值；

S_{wk}——风荷载效应标准值；

S_{Ek}——地震作用效应标准值；

γ_G——永久荷载分项系数，一般情况下取为1.2（1.0）；

γ_w——风荷载分项系数，一般情况下取为1.4（1.0）；

γ_E——地震荷载分项系数，一般情况下取为 1.3（1.0）；

ψ_w——风荷载的组合值系数，一般情况下取为 1.0；

ψ_E——地震作用的组合值系数，一般情况下取为 0.5。

温度作为可变作用，按幕墙类型和施工工况确定其组合。

3）进行幕墙构件的承载力设计时，作用（效应）分项系数按下列规定取值：

① 一般情况下，永久荷载、风荷载和地震作用的分项系数 γ_G、γ_w、γ_E 应分别取 1.2、1.4 和 1.3，温度作用的分项系数取 1.2。

② 永久荷载（效应）起控制作用时，分项系数 γ_G 应取 1.35。此时，参与组合的可变荷载（效应）仅限于竖向荷载（效应）。

③ 永久荷载（效应）对构件有利时，分项系数 γ_G 的取值应不大于 1.0。

④ 可变作用的组合值系数按下列规定采用：

一般情况下，风荷载的组合值系数 ψ_w 应取 1.0，地震作用的组合值系数 ψ_E 应取 0.5。

水平倒挂面板及其框架，可不考虑地震作用效应的组合，风荷载的组合值系数 ψ_w 应取 1.0（永久荷载的效应不起控制作用时）或 0.6（永久荷载的效应起控制作用时）。

温度作用的组合系数可按其在组合项中的主次取 0.6 或 0.2。

⑤ 与水平面夹角大于 75°，沿表面均匀支承于主体结构上的幕墙结构，挠度验算时风荷载分项系数 γ_w 和永久荷载系数 γ_G 均应取 1.0，且可不考虑作用效应组合。

（5）幕墙及与主体结构的连接构造

1）主体结构应能有效承受幕墙结构传递的荷载和作用，但主体结构的变形不应直接作用于幕墙结构从而使幕墙结构产生较大的应力。

2）幕墙结构的连接节点应有可靠的防松、防脱和防滑措施。

3）幕墙结构连接节点处的连接件、焊缝、螺钉、螺栓、铆钉设计，应符合《钢结构设计规范》（GB 50017）和《铝合金结构设计规范》（GB 50429）的相关规定。每个连接件的每一连接处，受力螺钉、螺栓、铆钉宜不少于 2 个，主要连接节点处应不少于 2 个。

4）幕墙结构连接件与主体结构的锚固承载力设计值应大于连接件本身的承载力设计值。与主体结构或埋板直接连接的连接件厚度应不小于 6mm。

5）幕墙结构与主体混凝土结构应通过预埋件连接，预埋件应在主体结构混凝土施工时埋入，预埋件的位置应准确。

6）由锚板和对称配置的锚固钢筋所组成的受力预埋件，应按《玻璃幕墙工程技术规范》（JGJ 102）或《混凝土结构设计规范》（GB 50010）的规定设计。后置埋件应按《混凝土结构加固设计规范》（GB 50367）或《混凝土结构后锚固技术规程》（JGJ 145）的规定设计。

7）槽型预埋件的设计与构造符合规范要求。

8）幕墙结构与主体结构采用后置埋件连接时，应根据其受力情况，合理布置锚栓埋件，保证其连接可靠，并符合下列规定：

① 后置埋件用锚栓可选用自扩底锚栓、模扩底锚栓、特殊倒锥形锚栓或化学锚栓。锚栓钢材受拉性能须进行复验，复验结果应符合《混凝土结构加固设计规范》（GB 50367）的规定。

② 锚栓外露部分应防腐蚀处理。

③ 锚栓直径和数量应经计算确定。锚栓直径不小于 10mm，每个后置埋件上不得少于 2 个锚栓。

④ 锚栓承载力设计值应不大于其极限承载力的 50%，并进行承载力现场试验，必要时进行极限拉拔试验。

⑤ 就位后需焊接作业的后置埋件应使用机械扩底锚栓，或化学锚栓与机械锚栓交叉布置。化学锚栓超过半数的后置埋件，就位后不得在其部件及连接件上焊接作业。

9）幕墙结构与砌体结构连接时，宜在连接部分的主体结构上增设钢筋混凝土或钢结构梁、柱。轻质填充墙不应作为幕墙的支承结构。

10）幕墙与主体钢结构连接应在主体钢结构加工时提出设计要求。现场不宜再在钢结构柱、主梁上焊接其他转接件。

11）建筑主体结构变形缝部位的幕墙构造，应能满足幕墙变形的要求。

12）幕墙构件和连接的计算分析应有明确的计算模型。应力计算必须考虑面板重力偏心和其他连接偏心产生的附加影响。

13）幕墙面板或型材的盖板、压条、扣件和装饰件应有可靠的连接。形状复杂、受力大且建筑较高时应采用机械连接。

（6）硅酮结构密封胶

1）硅酮结构密封胶的粘接宽度和粘接厚度应经计算确定，且粘接宽度应不小于 7mm，粘接厚度应不小于 6mm。硅酮结构密封胶的粘接宽度宜大于厚度，但不宜大于厚度的 2 倍。隐框玻璃幕墙的硅酮结构密封胶粘接厚度应不大于 12mm。

2）硅酮结构密封胶应根据不同的受力情况进行承载力极限状态验算。在风荷载、水平地震作用下，硅酮结构密封胶的应力设计值应不大于其短期荷载作用下的强度设计值 f_1，f_1 应取 $0.2N/mm^2$；在永久荷载作用下，硅酮结构密封胶的应力设计值应不大于其长期载荷作用下的强度设计值 f_2，f_2 应取 $0.01N/mm^2$。隐框幕墙中严禁硅酮结构密封胶单独承受剪力。

3）隐框、半隐框玻璃幕墙中，玻璃和铝框之间硅酮结构密封胶的粘接宽度 S_C，应根据受力情况分别计算。

二、建筑结构

1. 现浇钢筋混凝土楼盖、钢筋混凝土框架的结构知识

（1）钢筋混凝土楼盖

钢筋混凝土楼盖是建筑结构中的重要组成部分，根据施工方法的不同，钢筋混凝土楼盖可分为现浇整体式、装配式和装配整体式三类。

1）现浇整体式楼盖

现浇整体式楼盖具有整体刚度好，抗震性能强，防水性能好，对不规则房屋平面适应性强等优点。因此，在实际工程中应用较为普遍，其费工、费模板、周期长的缺点，也逐渐随着商品混凝土的大量应用和各种早强剂的使用有明显改善。

现浇整体式楼盖按楼板受力和支承条件的不同，又可分为肋梁楼盖、井式楼盖和无梁楼盖三种。其中现浇肋梁楼盖是最常见的楼盖结构形式，根据楼盖中主、次梁的不同布置方式，有单向板肋梁楼盖和双向板肋梁楼盖。

2）装配式楼盖

装配式楼盖采用了预制板或预制梁等预制构件，便于工业化生产和机械化施工，加快了施工进度，适用于多层民用建筑和多层工业厂房。但这种楼盖结构的整体性、抗震性、防水性都较差，不便于开设洞口，受房屋平面形状的限制。

3）装配整体式楼盖

装配整体式楼盖是将部分预制构件现场安装后，再通过节点和面层现浇一混凝土叠合层而成为一个整体。这种楼盖兼有现浇楼盖整体性好和装配式楼盖节省模板与支撑的优点，但焊接工作量增加，而且需要进行混凝土二次浇注。

（2）现浇单向板肋梁楼盖

1）单向板肋梁楼盖的结构布置

现浇肋梁楼盖由板、次梁和主梁组成。当板的长、短边之比超过一定数值时，荷载主要沿短边方向传递，沿长边方向传递的荷载很小，认为板仅在短边方向产生弯矩和挠度，这样的四边支承板称为单向板。反之，当板沿两个方向均产生一定数值的弯矩，这类板称为双向板。

2）单向板肋梁楼盖的受力分析

在单向板肋梁楼盖中，荷载的传递路线是：板→次梁→主梁→柱（墙）。也就是说，板的支座为次梁，次梁的支座为主梁，主梁的支座为柱或墙。计算时，将连续板、次梁、主梁的支座均视为铰支座。在实际工程中，由于楼盖整体现浇，因此楼盖中的板和梁往往形成多跨连续结构，这是现浇楼盖在设计和施工中必须注意的一个重要特点。

3）单向板肋梁楼盖的构造要求

① 单向板的配筋构造：由于单向板的荷载主要沿短跨方向传递，因此应按计算确定短跨方向的受力钢筋，而长跨方向只需按构造要求配置分布钢筋。

板内受力钢筋的数量按计算确定后，配置时应考虑构造简单、施工方便。由于多跨连续板各跨截面所需配筋数量可能不同，设计时往往采取各截面的钢筋间距相同而钢筋直径不同的方法，并按先内跨后边跨、先跨中后支座的次序选配钢筋。板中受力钢筋一般采用HPB300级、HRB335级钢筋，常用直径为6～12mm。对于支座负弯矩钢筋，为便于施工架立，钢筋直径不宜太细，一般直径不小于8mm。

连续板中受力钢筋的布置方式有弯起式和分离式两种。弯起式配筋是先按跨中正弯矩确定其钢筋直径和间距，然后在支座附近将部分跨中钢筋向上弯起（弯起角度一般采用30°），用以承担支座负弯矩。弯起式配筋的特点是钢筋锚固和整体性好，钢筋用量省，但施工较复杂，目前已较少采用。

分离式配筋是将全部跨中钢筋伸入支座，支座上部负弯矩钢筋单独设置，即跨中和支座采用直钢筋分别单独配置，如图3-1所示。分离式配筋较弯起式配筋，钢筋用量略高，但其构造简单，施工方便，是目前工程中常用的配筋方式。

为了保证锚固可靠，板内伸入支座的底部受力钢筋应加半圆弯钩，而对于板顶支座处的负弯矩钢筋，为便于施工架立，其端部应做成90°弯钩直抵模板上。连续板内受力钢筋弯起和截断的位置，可按图3-1所示的构造要求确定。图中a值取值如下：当$q/g \leqslant 3$时，$a=l_n/4$；当$q/g>3$时，$a=l_n/3$。其中，g、q分别为均布恒荷载和活荷载，l_n为板的净跨。

单向板除按计算配置受力钢筋外，通常还应布置以下几种构造钢筋，如图3-2所示。

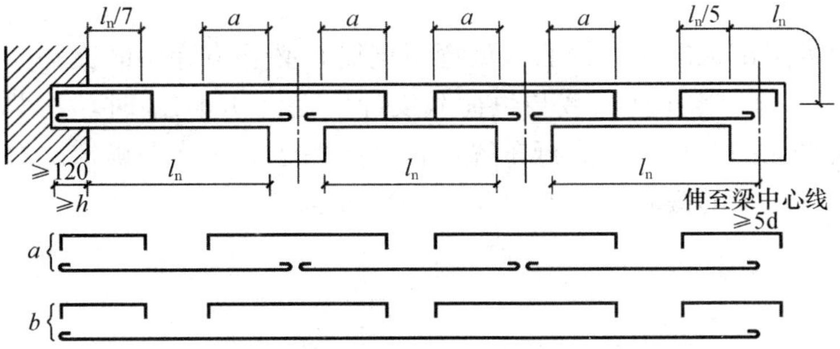

图 3-1　连续板的分离式配筋方式

a. 单向板的分布钢筋：单向板除沿短跨方向布置受力钢筋外，沿长跨方向还应按构造要求布置分布钢筋。沿板宽方向单位长度上分布钢筋的截面面积不宜小于单位长度上受力钢筋截面面积的 15%，且配筋率不宜小于 0.15%；分布钢筋直径不宜小于 6mm，间距不宜大于 250mm。分布钢筋应垂直布置于受力钢筋的内侧，并且在受力钢筋的所有弯折处也应布置。

b. 嵌固在墙内的板面构造钢筋：嵌固在砌体墙内的板端，其计算简图是按简支考虑的，实际上由于墙体的约束作用而使板端产生负弯矩。因此，对嵌固在砌体墙内的现浇板，在板边上部应配置直径不小于 8mm、间距不大于 200mm 的构造钢筋，其截面面积不宜小于受力方向跨中板底钢筋截面面积的 1/3。钢筋伸出墙边的长度不宜小于 10/7（10 为板短边的计算跨度）。对两边嵌固于墙内的板角部分，应在板面双向配置上述构造钢筋，其伸出墙边的长度不宜小于 10/4。

c. 垂直于主梁的板面构造钢筋：在单向板中受力钢筋与主梁的肋平行，但由于板和主梁整体连接，在靠近主梁附近，部分荷载将由板直接传递给主梁而产生一定的负弯矩。为此，应沿板边在主梁长度方向上配置与主梁垂直的上部构造钢筋，其数量应不少于板中受力钢筋的 1/3，且直径不宜小于 8mm，间距不宜大于 200mm，伸出主梁边缘的长度不宜小于 10/4。

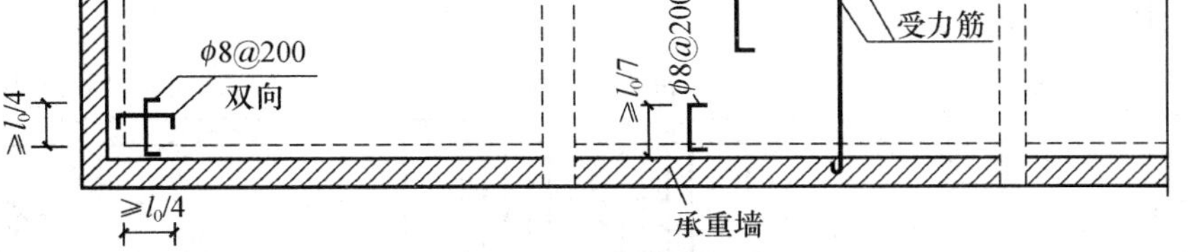

图 3-2　连续板的构造钢筋

② 次梁的配筋构造：对于连续次梁简支端的下部纵向受力钢筋，其伸入梁支座范围内的锚固长度 l_{as} 应符合下列要求：

a. 当 $V \leqslant 0.7 f_t b h_0$ 时，$l_{as} \geqslant 5d$；

b. 当 $V > 0.7 f_t b h_0$ 时，对带肋钢筋 $l_{as} \geqslant 12d$；对光面钢筋 $l_{as} \geqslant 15d$（此处 d 为纵向受力

钢筋直径）。

次梁中间支座处上部纵向受力钢筋（负弯矩钢筋）必须贯穿中间支座。当次梁相邻跨度相差不超过 20%，且承受均布活荷载与恒荷载设计值之比 $q/g \leqslant 3$ 时，其纵向受力钢筋的弯起和截断位置，可按照图 3-3（a）进行布置；否则应按弯矩包络图确定。对于不设弯起钢筋的次梁，其支座上部纵筋的截断位置如图 3-3（b）所示。

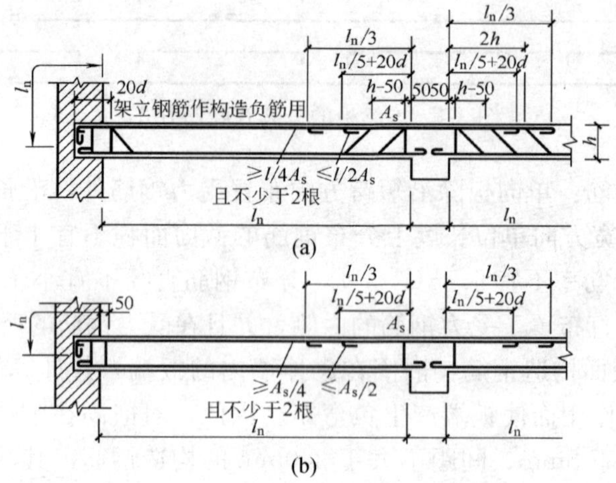

图 3-3　次梁的钢筋布置

（a）有弯起钢筋；（b）无弯起钢筋

③ 主梁的构造要求：主梁的一般构造要求与次梁相同。但主梁纵向受力钢筋的弯起和截断要根据弯矩包络图进行布置，并满足有关构造要求。

主梁主要承受集中荷载，剪力图呈矩形。当荷载及跨度较小时，一般可仅配置箍筋抗剪。当荷载、跨度较大时，可在支座附近设置弯起钢筋，以减少箍筋用量。如果在斜截面抗剪计算中利用弯起钢筋抵抗部分剪力，则应考虑跨中纵向钢筋有足够的钢筋可供弯起，若跨中可供弯起钢筋的排数不满足抗剪要求，则应在支座设置专门抗剪的钢筋。

如图 3-4 所示，在次梁与主梁相交处，次梁的集中荷载可能使主梁的腹部产生斜裂缝，并引起局部破坏。《混凝土规范》规定，应设置附加横向钢筋来抵抗。附加横向钢筋有箍筋和吊筋两种形式，所需附加横向钢筋应通过计算确定，宜优先采用附加箍筋。附加横向钢筋应布置在次梁两侧 s ＝2h1＋3b 的长度范围内。第一道附加箍筋离次梁边 50mm，吊筋下部尺寸为次梁宽度加上 100mm。

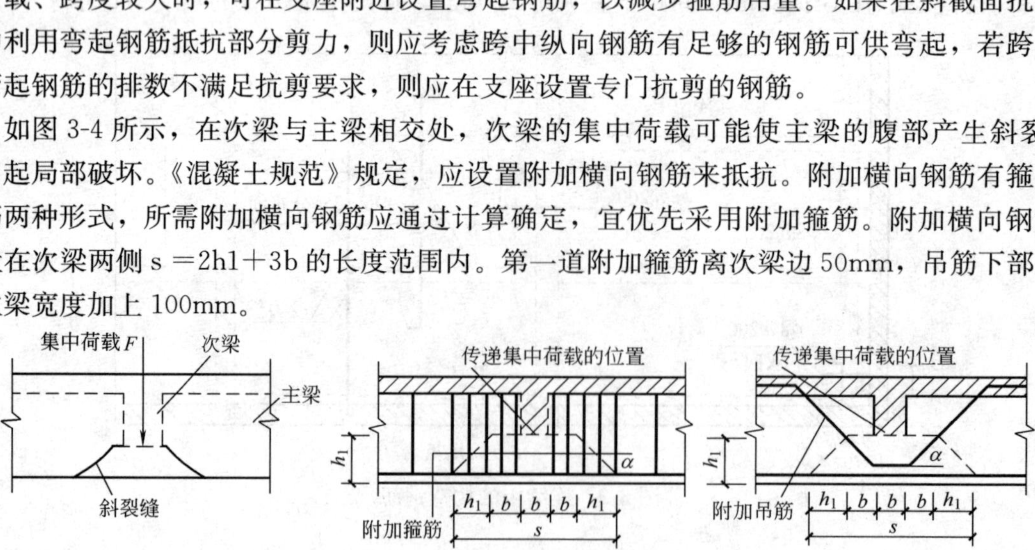

图 3-4　主、次梁相交处附加横向钢筋的布置

（a）集中荷载作用下裂缝情况；（b）附加箍筋；（c）附加吊筋

（3）现浇双向板肋梁楼盖

1）双向板肋梁楼盖的结构布置

在现浇肋梁楼盖中，如果梁格布置使板区格的长边与短边之比 12/11≤2 时，应按双向板设计。双向板常用于工业建筑楼盖、公共建筑门厅部分以及横隔墙较多的民用建筑。根据工程经验，当楼面荷载较大、建筑平面接近正方形（跨度小于 5m）时，一般采用双向板肋梁楼盖比单向板肋梁楼盖较为经济。

双向板与四边支承单向板的主要区别是双向板上的荷载沿两个方向传递，除了传给次梁，还有一部分直接传给主梁，板在两个方向上发生弯曲并产生内力。所以，双向板应沿两个方向配置受力钢筋。

2）双向板肋梁楼盖的构造要求

双向板内沿纵横两个方向的钢筋均为受力钢筋，跨中沿短跨方向的板底钢筋应配置在沿长跨方向板底钢筋的外侧。其配筋形式也有弯起式和分离式两种。为方便施工，在实际工程中多采用分离式配筋，多跨连续双向板的分离式配筋如图 3-5 所示。双向板的其他构造钢筋配置要求与单向板相同。

双向板按弹性理论的方法计算内力时，所求得的跨中弯矩是中间板带的最大弯矩，而靠近支座的边缘板带，其弯矩已减少很多，所以配筋数量在边缘板带也应减少。考虑到施工方便，当短跨跨度 11≥2500mm 时，跨中配筋采取分板带布置的方式。如图 3-6 所示，可将整块板按纵横两个方向各划分为三个板带，即两个宽度均为 11/4 的边缘板带和一个中间板带。中间板带均按最大计算弯矩配筋，边缘板带的配筋量为相应中间板带的一半，且每米宽度内不得少于 3 根。支座截面配筋均按计算配置，并沿整个支座宽度均匀布置，在边缘板带内不能减少。

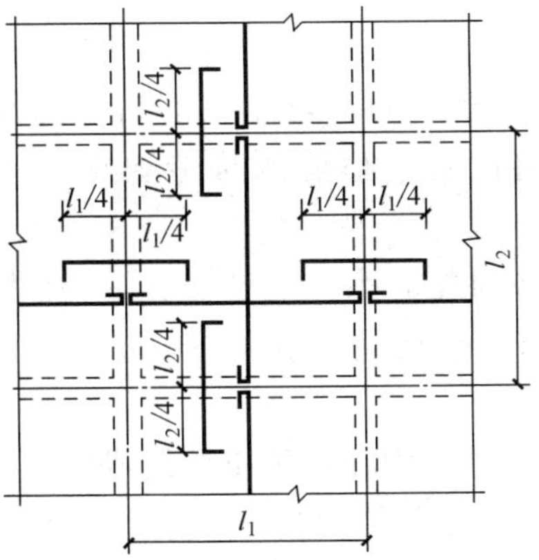

图 3-5　多跨双向板的分离式配筋

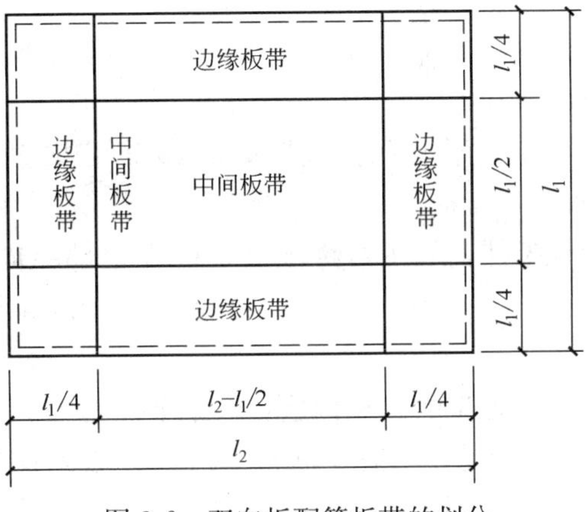

图 3-6　双向板配筋板带的划分

（4）钢筋混凝土框架结构房屋

多层及高层房屋结构体系的选择，不仅要考虑建筑使用功能的要求，更主要的是取决丁建筑物的高度。目前，多层与高层建筑最常用的结构体系有：框架结构、剪力墙结构、框架—剪力墙结构和筒体结构等。其中，多层房屋常采用钢筋混凝土框架结构。

1）框架结构的组成

框架结构是指钢筋混凝土梁和柱连接而形成的承重结构体系，一般由框架梁、柱与基础形成多个平面框架作为主要的承重结构，各平面框架再通过连系梁加以连接而形成一个空间结构体系。

框架结构具有建筑平面布置灵活，易于满足建筑物较大空间的使用要求，竖向荷载作用下承载力较高、结构自重较轻的特点。因此，其广泛应用于多层及高层办公楼、住宅、商店、医院、旅馆、学校以及多层工业厂房中。但由于框架结构在水平荷载作用下其侧向刚度小、水平位移较大，因此使用高度受到限制。框架结构的适用高度为6～15层，非地震区可建到15～20层。

框架既作为竖向承重结构，同时又承受水平荷载。现浇框架的梁与柱节点连接处一般为刚性连接，框架柱与基础通常为固接。

框架结构的墙体一般不承重，只起分隔和围护作用，在框架主体施工完成后砌筑而成。框架填充墙通常采用较轻质的材料，以减轻房屋的重量，减少地震作用。

2）现浇框架的构造要求

① 一般构造要求

a. 钢筋混凝土框架的混凝土强度等级不宜低于C25，高层框架柱可提高到C30～C50。为了保证梁、柱节点的承载力和延性，要求现浇框架节点区的混凝土强度等级应不低于同层柱的混凝土强度等级。由于施工过程中节点区的混凝土与梁同时浇筑，因此要求梁、柱混凝土强度等级相差不宜大于5MPa。

b. 梁、柱纵向受力钢筋宜采用HRB335级、HRB400级、HRB500级、HRBF335级、HRBF400级、HRBF500级钢筋，箍筋宜采用HPB300级、HRB335级、HRBF335级、HRB400级钢筋。

c. 框架梁、柱应分别满足受弯构件和受压构件的一般构造要求，地震区的框架还应满足抗震设计的要求。

d. 框架梁在跨中上部应配置不少于2Φ12的架立钢筋与梁支座的负弯矩钢筋搭接，搭接长度不应小于150mm（非抗震设计）。框架梁支座截面的负弯矩钢筋自柱边缘算起的长度不应小于ln/4。框架梁的箍筋沿梁全长范围内设置，箍筋的构造要求与一般梁相同。

e. 框架柱宜采用对称配筋，柱中全部纵向受力钢筋的配筋率不应超过5%（非抗震设计），也不应小于0.4%。框架柱箍筋应为封闭式，箍筋最小直径和最大间距要求与一般柱相同。

② 现浇框架的节点构造：框架节点是形成框架结构整体受力体系的重要组成部分，节点区处于复杂的受力状态。框架节点设计必须保证其连接的可靠性、经济合理性且便于施工。现浇框架的梁、柱节点应做成刚性节点，主要通过采取适当的节点构造措施来保证框架结构的整体空间受力性能。

2. 砌体结构的知识

（1）砌体的种类

砌体可以分为无筋砌体和配筋砌体。

1）无筋砌体

砌体是由块材和砂浆黏结而成的复合体。无筋砌体不配置钢筋，主要包括砖砌体、砌块砌体和石砌体。

① 砖砌体：砖砌体是由砖和砂浆砌筑而成，在房屋建筑中被大量用于建筑物的承重墙、隔墙或砖柱。承重墙的厚度是根据承载力要求和稳定性要求确定的，但外墙还应满足隔热和保温的要求。一般砖墙均砌成实心，其厚度为 90mm、120mm、180mm、240mm、370mm、490mm，其中 240mm 厚以上砖墙常用的组砌方法是一顺一丁、三顺一丁，有时也可采用梅花丁砌法。

② 砌块砌体：目前常用的砌块砌体是混凝土中、小型空心砌块砌体。由于砌块孔洞率大，故墙体自重较轻。砌块砌体常用于住宅、办公楼、学校等建筑物的承重墙和框架等骨架结构房屋的围护墙及隔墙。

③ 石砌体：石砌体一般分为料石砌体、毛石砌体和毛石混凝土砌体三类。料石砌体除用于山区建造房屋外，有时也用于砌筑拱桥、石坝等。毛石砌体和毛石混凝土砌体一般用于砌筑房屋的基础或挡土墙。石材价格低廉，可就地取材，但自重大，隔热性能差，做外墙时厚度一般较大，在产石的山区应用较为广泛。

2）配筋砌体

为提高砌体的承载力和减小构件的截面尺寸，可在砌体内配置适量的钢筋形成配筋砌体。常用的配筋砌体有网状配筋砖砌体、组合砖砌体和配筋砌块砌体。

① 网状配筋砖砌体：网状配筋砖砌体是在砖砌体中每隔 3～5 皮砖在水平灰缝中放置钢筋网片而形成的，如图 3-7 所示。此时砌体水平灰缝的厚度应能使钢筋网片上下均有不少于 2mm 的砂浆覆盖。网状配筋砖砌体主要用于轴心受压或偏心距较小的偏心受压砌体中。

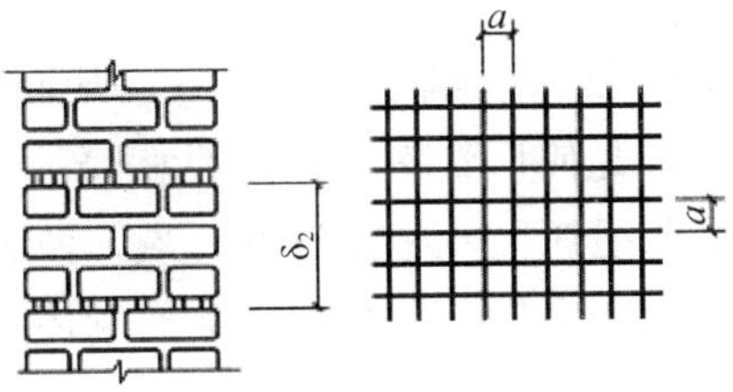

图 3-7　网状配筋砖砌体

② 组合砖砌体。组合砖砌体有两种：一种是在砌体外侧预留的竖向凹槽内配置纵向钢筋，再浇注混凝土面层或配筋砂浆面层构成，属外包式组合砖砌体，如图 3-8（a）～（c）所示；另一种是砖砌体和钢筋混凝土构造柱组合墙，属内嵌式组合砖砌体，即在砖砌体中每隔一定距离设置钢筋混凝土构造柱，并在各层楼盖处设置钢筋混凝土圈梁，使砖砌体墙与构造柱及圈梁组成一个复合构件共同受力，如图 3-8（d）所示。

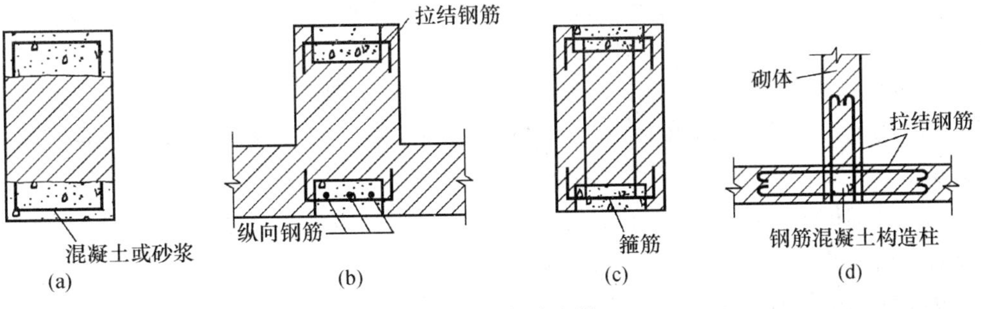

图 3-8　组合砖砌体

（a）外包式组合砖砌体；（b）外包式组合砖砌体；（c）外包式组合砖砌体；（d）内嵌式组合砖砌体

3）配筋砌块砌体

配筋砌块砌体是在混凝土空心砌块砌体的孔洞内配置纵向钢筋，并用混凝土灌芯，同时在砌块水平灰缝中配置横向钢筋而形成的组合构件。配筋混凝土空心砌块墙体除了能显著提高墙体受压的承载力外，还能抵抗由地震作用和风荷载引起的水平力，其作用类似于钢筋混凝土剪力墙。

(2) 砌体的受压性能

1) 砖砌体的受压破坏特征

砌体是由两种性质不同的材料（块材和砂浆）复合而成，它的受压破坏特征不同于单一材料组成的构件。

试验表明，砌体的抗压强度远小于单块砖的抗压强度，其原因主要是砖面不平整，水平灰缝不均匀，导致砖在砌体中处于受弯、受剪、局部受压的复杂应力状态；砖和砂浆受压后横向变形的不协调导致砖在砌体中横向受拉；砌体的竖向灰缝很难用砂浆填满，砖存在着应力集中现象。砖虽然有较高的抗压强度，但其抗弯、抗拉强度均很低，由此导致非均匀受压的砖过早出现裂缝，所以砌体的抗压强度远低于块材的抗压强度。

2) 影响砌体抗压强度的主要因素

① 块材和砂浆的强度等级：砌体的抗压强度随着块材和砂浆强度等级的提高而提高。当块材强度等级高，其抵抗复杂受力和应力集中的能力就强，从而使砌体抗压强度提高。较高强度等级砂浆的横向变形小，从而减小砌体中块材的横向拉应力，也使砌体抗压强度得到提高。

② 块材的形状和尺寸：块材的形状规则程度明显影响砌体的抗压强度。块材表面不平整，几何形状不规则或块材厚薄不匀导致砂浆厚薄不匀，增加了块材在砌体中受弯、受剪、局部受压的几率而过早开裂，使砌体抗压强度降低；当块材厚度增加，其抗弯、抗剪、横向抗拉能力提高，相应地会使砌体抗压强度提高。

③ 砌筑时砂浆的保水性、流动性以及灰缝的厚度：砌筑时砂浆的保水性好，砂浆的水分不易被块材吸收，保证了砂浆硬化的水分条件，因而砂浆的强度高，黏结性好，从而提高砌体抗压强度；而铺砌时砂浆的流动性好，则易于摊铺均匀，减少了由于砂浆不均匀而导致的砖内受弯、受剪应力，也使砌体抗压强度提高。例如水泥砂浆比混合砂浆的保水性、流动性差，所以用水泥砂浆砌筑的砌体强度有所降低。

灰缝越厚，越容易铺砌均匀，但同时也增加了砂浆受力后的横向变形，使块材横向受拉的应力加大。故水平灰缝的厚度不宜过大，也不宜过小。砖砌体的灰缝一般以 8～12mm 为宜。

④ 砌筑质量：砌筑质量对砌体抗压强度有显著影响。砌筑质量好的砌体，其组砌方式合理，砂浆厚度均匀，饱满度高，砌体整体性好，因而砌体抗压强度高。所以，现行《砌体规范》把砌体强度指标与砌筑施工质量直接挂钩，将砌体工程施工质量控制等级分为 A、B、C 三级。规范中的砌体强度指标对应于施工质量控制等级 B 级给出。当砌体质量控制等级为 A 级和 C 级时，应对砌体强度指标进行相应调整。

(3) 砌体结构的墙体体系与计算方案

砌体结构房屋一般由基础、墙、柱和楼（屋）盖组成。通常以砌体材料作为竖向承重构件（墙、柱），而用钢筋混凝土、木材或钢材作为水平承重构件（楼、屋盖）的砌体房屋，又称为“混合结构房屋”。它具有施工简便、节省钢材、造价较低等特点，因此广泛应用于一般工业与民用建筑中。

混合结构房屋设计的一个重要任务，就是解决墙体的设计和计算问题，主要包括承重墙体的布置、房屋静力计算方案的确定、墙（柱）高厚比验算、墙（柱）内力计算及其截面承载力验算等方面。

1）砌体结构的承重体系

混合结构房屋的设计，应选择较合理的结构布置方案。墙体是混合结构的主要构件，同时墙体对建筑物又起围护和隔断作用。主要起围护和分隔作用且只承受自重的墙体称为“自承重墙”或“非承重墙”；在承受自重的同时，还承受楼（屋）盖传来荷载的墙体，称为“承重墙”。

混合结构房屋中承重墙体的布置，决定着房屋平面的划分、荷载传递的路线、墙体的稳定性和房屋空间刚度以及结构方案的经济合理性。一般混合结构房屋的承重体系布置方案有以下五种：纵墙承重体系、横墙承重体系、纵横墙承重体系、内框架承重体系和底层框架承重体系。

2）房屋的静力计算方案

① 房屋的空间工作性能：混合结构房屋是由纵墙、横墙、屋盖或楼盖、基础等构件相互联系组成的空间受力体系。在外荷载作用下，不仅直接承受荷载的构件起着抵抗荷载的作用，而且与其相连的其他构件也不同程度地参与工作。当纵墙受水平荷载作用时，整个结构体系处于空间工作状态，纵墙、横墙、楼（屋）盖协同工作，共同抵抗由水平荷载引起的水平位移，这一协同工作性能称为房屋的空间工作性能。对于单层房屋空间受力体系，水平荷载的传递路线为：

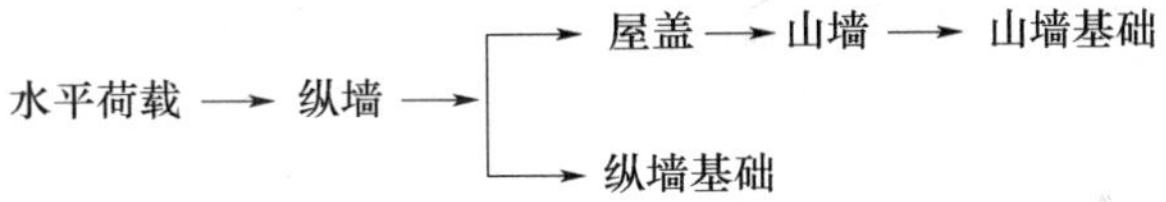

② 房屋的静力计算方案：由于在空间受力体系中横墙（山墙）的协同工作，因此对抵抗水平位移起了重要的作用。显然，房屋的横墙间距越密、楼（屋）盖刚度越大，其空间工作性能越好，房屋的水平位移也越小。因此，在确定房屋的静力计算简图时，根据房屋空间刚度的大小，把混合结构房屋的静力计算方案划分为以下三种。

a. 刚性方案：当房屋的横墙间距较小，楼（屋）盖的水平刚度较大时，房屋的空间刚度大，空间工作性能好，在荷载作用下，房屋的水平位移很小，可忽略不计。

单层刚性方案房屋墙、柱的计算简图如图 3-9（b）所示，墙体计算时，把楼（屋）盖当作墙体的不动铰支承，墙、柱按上端有不动铰支承，下端嵌固于基础顶面的竖向构件计算。按这种方法进行静力计算的方案称为刚性方案。

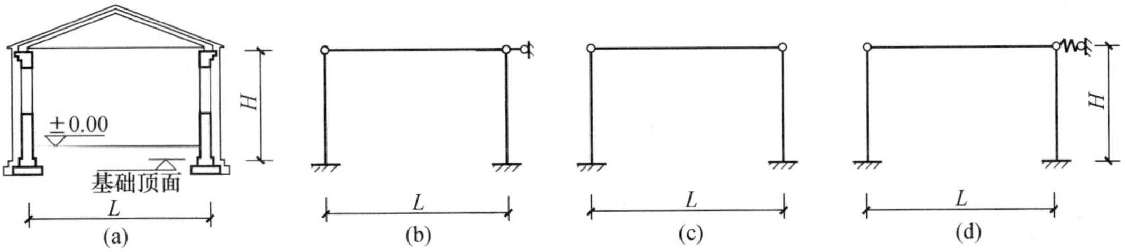

图 3-9　单层房屋的静力计算方案

（a）房屋剖面图；（b）刚性方案；（c）弹性方案；（d）刚弹性方案

b. 弹性方案：当房屋的横墙间距较大，楼（屋）盖的水平刚度较小时，房屋的空间刚度小，空间工作性能差，房屋的水平位移接近无山墙房屋的水平位移。单层弹性方案房屋的墙、柱计算简图如图 3-9（c）所示，计算时不考虑房屋空间工作性能，把楼（屋）盖作为连系两侧纵墙的连杆，按平面排架进行墙体的内力计算，这种静力计算方案称为弹性方案。

c. 刚弹性方案：房屋的空间刚度介于刚性方案和弹性方案房屋之间，荷载作用下房屋的水平位移比弹性方案房屋的小，但又不能忽略不计。计算时把楼（屋）盖当作墙、柱的弹性支承，按墙、柱顶端有弹性支承的平面排架计算内力，其房屋的墙柱计算简图如图 3-9（d）所示。

为便于进行设计，《砌体规范》规定，根据屋盖或楼盖的类别和横墙间距，可按表 3-2 确定房屋的静力计算方案。

表 3-2　房屋的静力计算方案

屋盖或楼盖类别		刚性方案	刚弹性方案	弹性方案
1	整体式、装配整体式和装配式无檩体系钢筋混凝土屋盖或钢筋混凝土楼盖	$s<32$	$32\leqslant s\leqslant 72$	$s>72$
2	装配式有檩体系钢筋混凝土屋盖、轻钢屋盖和有密铺望板的木屋盖或木楼盖	$s<20$	$20\leqslant s\leqslant 48$	$s>48$
3	瓦材屋面的木屋盖和轻钢屋盖	$s<16$	$16\leqslant s\leqslant 36$	$s>36$

注：表中 s 为房屋横墙间距，其长度单位为 m。

从表中可以看出，一般混合结构的住宅、宿舍、办公楼、医院、旅馆等多层砌体房屋均属于刚性方案房屋。由于弹性方案房屋的空间刚度小，水平荷载作用下房屋的水平位移大，一般不宜用于多层房屋。

（4）多层砖砌体房屋的构造措施

多层砖砌体房屋具有整体性差，抗拉、抗剪强度低，材料质脆、匀质性差等弱点，因此不仅要满足承载力以保证房屋有足够的安全性，还必须采取必要的构造措施，以加强房屋的整体性，提高变形能力和抗倒塌能力。对于有抗震设防要求的砌体房屋，还应进行抗震设计，同时采取合理的抗震构造措施。

1）砌体材料和截面尺寸的构造要求

① 地面以下或防潮层以下的砌体，潮湿房间的墙，所用材料的最低强度等级应符合规范的有关规定。

② 承重的独立砖柱截面尺寸不应小于 240mm×370mm，毛石墙的厚度不宜小于 350mm，毛料石柱较小边长不宜小于 400mm。当有振动荷载时，墙、柱不宜采用毛石砌体。

2）墙、柱与其他构件的连接构造

① 预制钢筋混凝土板在混凝土圈梁上的支承长度不应小于 80mm，板端伸出的钢筋应与圈梁可靠连接，且同时浇注；预制钢筋混凝土板在墙上的支承长度不应小于 100mm；预制钢筋混凝土梁在墙上的支承长度不宜小于 240mm。

② 跨度大于 6m 的屋架和跨度大于下列数值的梁，应在支承处砌体上设置混凝土或钢筋混凝土垫块，当墙中设有圈梁时，垫块与圈梁宜浇成整体：a. 对砖砌体为 4.8m；b. 对砌块砌体和料石砌体为 4.2m；c. 对毛石砌体为 3.9m。

③ 支承在墙、柱上的吊车梁、屋架，以及支承在砖砌体上跨度≥9m 和支承在砌块、料石砌体上跨度≥7.2m 的预制梁的端部，应采用锚固件与墙、柱上的垫块锚固。

④ 当梁跨度大于或等于下列数值时，其支承处宜加设壁柱或采取其他加强措施（如加设构造柱等）：a. 对 240mm 厚的砖墙为 6m；b. 对 180mm 厚的砖墙为 4.8m；c. 对砌块、料石墙为 4.8m。

⑤ 墙体转角处和纵横墙交接处应沿竖向每隔 400～500mm 设拉结钢筋，其数量为每 120mm 墙厚不少于 1 根直径 6mm 的钢筋；或采用焊接钢筋网片，埋入长度从墙的转角或交接处算起，对实心砖墙每边不小于 500mm，对多孔砖墙和砌块墙不小于 700mm。

⑥ 填充墙、隔墙应分别采取措施与周边主体结构构件可靠连接，连接构造和嵌缝材料应能满足传力、变形、耐久和防护要求。

⑦ 山墙处的壁柱或构造柱宜砌至山墙顶部，且屋面构件应与山墙可靠拉结。

第四章　建筑装饰工程施工工艺和方法

装饰装修工程是现代建筑工程的有机组成部分，是现代建筑工程的延伸、深化和完善。其定义为："为保护建筑物的主体结构、完善建筑物的使用功能和美化建筑物，采用装饰装修材料或饰物，对建筑物的内外表面及空间进行的各种处理过程"。建筑装饰施工的任务是通过装饰施工人员的劳动，实现设计师的设计意图的过程。设计师将成熟的设计构思反映在图纸上，装饰施工则是根据设计图纸所表达的意图，采用不同的装饰材料，通过一定的施工工艺、机具设备等手段使设计意图得以实现的过程。

第一节　楼地面装修工程

一、整体楼地面施工工艺

1. 整体楼地面施工的工艺流程

（1）混凝土、水泥砂浆、水磨石地面

清理基层→找面层标高、弹线→设标志（打灰饼、冲筋）→镶嵌分格条→结合层（刷水泥浆或涂刷界面处理剂）→铺水泥类等面层→养护（保护成品）→磨光、打蜡、抛光（适用水磨石类）。

（2）自流平地面

清理基层—抄平设置控制点→设置分段条→涂刷界面剂→滚涂底层→批涂批刮层→研磨清洁批补层→漫涂面层→养护（保护成品）。

2. 整体楼地面施工的工艺要点

（1）基层处理

水泥砂浆面层多铺抹在楼地面混凝土垫层上，基层处理是防止水泥砂浆面层空鼓、裂纹、起砂等质量通病的关键工序。

表面比较光滑的基层，应进行凿毛，并用清水冲洗干净，冲洗后的基层，最好不要上人。在现浇混凝土或水泥砂浆垫层、找平层上做水泥砂浆地面面层时，其抗压强度达到 1.2MPa，才能铺设面层，这样不致破坏其内部结构。

（2）找规矩

① 弹基准线

地面抹灰前，应先在四周墙上弹出一道水平基准线，作为确定水泥砂浆面层标高的依据。做法是以地面±0.00 为依据，根据实际情况在四周墙上弹出 0.5m 或 1.0m 作为水平基准线。据水平基准线量出地面标高并弹于墙上（水平辅助基准线），作为地面面层上皮的水平基准，要注意按设计要求的水泥砂浆面层厚度弹线。

② 做标筋

根据水平辅助基准线，从墙角处开始沿墙每隔 1.5～2.0m 用 1∶2 水泥砂浆抹标志块；

标志块大小一般是 8～10cm 见方。待标志块结硬后，再以标志块的高度做出纵横方向通长的标筋以控制面层的标高。地面标筋用 1∶2 水泥砂浆，宽度一般为 8～10cm。做标筋时，要注意控制面层标高应与门框的锯口线吻合。

③ 找坡度

对于厨房、浴室、厕所等房间的地面，要找好排水坡度。有地漏的房间，要在地漏四周做出不小于 5%的泛水，以避免地面“倒流水”或产生积水。抄平时要注意各室内地面与走廊高度的关系。

④ 校核找正

地面铺设前，还要将门框再一次校核找正。其方法是先将门框锯口线抄平找正，并注意当地面面层铺设后，门扇与地面的间隙应符合规定要求，然后将门框固定，防止松动、位移。

（3）水泥砂浆罩面

面层水泥砂浆的配合比应符合设计有关要求，一般不低于 1∶2，水灰比为 1∶0.3～0.4，其稠度不大于 3.5cm。水泥砂浆要求拌合均匀，颜色一致。

铺抹前，先将基层浇水湿润，第二天先刷一道水灰比为 0.4～0.5 的水泥素浆结合层，随即进行面层铺抹。如果水泥素浆结合层过早涂刷，则起不到与基层和面层两者粘结的作用，反而易造成地面空鼓，所以，一定要随刷随抹。

（4）养护与保护

面层抹压完毕后，在常温下铺盖草垫或锯木屑进行洒水养护，使其在湿润的状态下进行硬化。

养护洒水要适时，如果洒水过早容易起皮，过晚则易产生裂纹或起砂。一般夏天在 24h 后进行养护，春秋季节应在 48h 后进行养护。

当采用硅酸盐水泥和普通硅酸盐水泥时，养护时间不得少于 7d；当采用矿渣硅酸盐水泥时，养护时间不得少于 14d。面层强度达到 5MPa 以上后，才允许人在地面上行走或进行其他作业。

二、板块楼地面施工工艺

1. 板块楼地面施工工艺流程

清理基层→找面层标高、弹线→设标志→天然石材“防碱背涂”处理→板、块试拼、编号→分格条镶嵌（设计有时）、板材浸湿、晾干→分段铺设结合层、板材→铺设楼梯踏步和台阶板材、安装踢脚线→养护（保护成品）→竣工清理→勾缝、压缝或填缝。

2. 板块楼地面施工的工艺要点

（1）基层处理

在瓷砖与地砖正式铺贴施工前，应将基层表面上的砂浆、油污、垃圾等清除干净，对表面比较光滑的楼面应进行凿毛处理，以便使砂浆与楼面牢固黏结。

（2）材料准备

主要是检查材料的规格尺寸、缺陷和颜色。对于尺寸偏差过大，表面残缺的材料予以剔除，对于表面色泽对比过大的材料不能混用。

（3）瓷砖及墙地砖浸水

为避免瓷砖及墙地砖从水泥砂浆中过快吸水而影响黏结强度，在铺贴前应在清水中充分浸泡，一般为 2～3h，然后晾干备用。

(4) 铺抹结合层的砂浆

基层处理完毕后，在铺抹结合层水泥砂浆前，应提前1d进行浇水湿润，然后再做结合层，一般做法是摊铺一层厚度不大于10mm的1∶3.5水泥砂浆。

(5) 对砖进行弹线定位

根据设计要求的地面标高线和平面位置线，在墙面标高点上拉出地面标高线及垂直交叉定位线。

(6) 设置标准高度面

根据墙面标高线以及垂直交叉定位线，在定位线的位置上铺贴瓷砖或地砖。铺贴时用1∶2水泥砂浆摊抹在瓷砖、地砖的背面，再将瓷砖、地砖铺贴在地面上，用橡皮锤轻轻敲实，并且标高与地面标高线吻合。

一般每贴8块砖用水平尺检校一次，发现质量问题及时纠正。铺贴的程序对于小房间来说，一般做成T字形标准高度面，对于较大面积的房间，通常按房间中心做十字形标准高度面，以便扩大施工面，使多人同时施工。有地漏和排水孔的部位，应做放射状标筋，其坡度一般为0.5%～1.0%。

(7) 进行正式铺贴

石材楼地面的铺贴，一般由房间中部向两侧退步进行。凡有柱子的大厅宜先铺柱子与柱子的中间部分，然后向两边展开。

砂浆铺设后，将板块安放在铺设位置上，对好纵横缝，用橡皮锤轻轻敲击板块，使砂浆振实振平，待到达铺贴标高后，将板块移至一旁，再认真检查砂浆结合层是否平整、密实，如有不实之处应及时补抹，最后浇上很薄的一层水灰比为0.4～0.5的水泥浆，正式将板块铺贴上去，再用橡皮锤轻轻敲击至平整。

(8) 水泥浆灌缝

对于不设置镶条的大理石与花岗石地面，应在铺贴完毕24h后洒水养护，一般2d后无板块裂缝及空鼓现象，方可进行灌缝。

素水泥灌缝应为板缝的2/3高度，溢出的水泥浆应在凝结之前清除干净，再用与板面颜色相同的水泥浆擦缝，待缝内水泥浆凝结后，将面层清理干净，并对铺贴好的地面采取保护措施，一般在3d内禁止上人及进行其他工序操作。

三、木、竹楼地面施工工艺

1. 木、竹楼地面施工工艺流程

(1) 空铺方式施工工艺流程

清理基层→找面层标高、弹线（面层标高线、安装木格栅位置线）→安装木搁栅（木龙骨）→铺设毛地板→铺设面层板→镶边→面层磨光→油漆、打蜡→保护成品。

(2) 实铺方式施工工艺流程

清理基层→找面层标高、弹线→安装木格栅（木龙骨）→可填充轻质材料（单层条式面板含此项，双屡条式面板不含此项）→铺设毛地板（双层条式面板含此项，单层条式面板不含此项）→铺设衬垫→铺设面层板→安装踢脚线→保护成品。

(3) 粘贴法施工工艺流程

清理基层→找面层标高、弹线→铺设衬垫→满粘或和点粘面层板→安装踢脚线→保护成品。

2. 木、竹楼地面施工工艺要点

(1) 基层处理

木地板的基层处理，要求平整度3m内误差不得大于2mm，基层应当干燥。铺贴木地板的基层一般有：楼面钢筋混凝土基层、水泥砂浆基层、木地板基层等，不符合要求的要进行修补。木地板基层要求毛板下木龙骨间距要密一些，一般情况下不得大于300mm。

(2) 铺设垫层

木地板的垫层为聚乙烯泡沫塑料薄膜，其宽为1000mm卷材，铺时按房间长度净尺寸加100mm裁切，横向搭接150mm。垫层可增加地板隔潮作用，增加地板的弹性并增加地板稳定性，减少行走时地板产生的噪声。

(3) 试铺预排

在正式铺贴木地板前，应进行试铺预排。板的长缝应顺入射光方向沿墙铺放，槽口对墙，从左至右，两板端头企口插接，直到第一排最后一块板，切下的部分若大于300mm，可以作为第二排的第一块板铺放，第一排最后一块的长度不应小于500mm，否则可将第一排第一块板切去一部分，以保证最后的长度要求。木地板与墙留8～10mm缝隙，用木楔进行调直，暂不涂胶。

拼铺三排进行修整、检查平整度，符合要求后，按排编号拆下放好。

(4) 铺木地板

按照预排板块的顺序，对缝涂胶拼接，用木锤敲击挤紧。

复验平直度，横向用紧固卡带将三排地板卡紧，每1500mm左右设一道卡带，卡带两端有挂钩，卡带可调节长短和松紧度。从第四排起，每拼铺一排卡带移位一次，直至最后一排。

每排最后一块地板端部与墙仍留8～10mm缝隙。在门的洞口，地板铺至洞口外墙皮与走廊地板平接。如果为不同材料时，留出5mm缝隙，用卡口盖缝条盖缝。

(5) 清扫擦洗

每铺贴完一个房间并待胶干燥后，对地板表面进行认真清理，扫净杂物、清除胶痕，并用湿布擦净。

(6) 安踢脚板

木地板可选用仿木塑料踢脚板、普通木踢脚板和复合木地板。

在安装踢脚板时，先按踢脚板高度弹水平线，清理地板与墙缝隙中杂物，标出预埋木砖的位置，按木砖位置在踢脚板上钻孔，孔径应比木螺钉直径小1～1.2mm，用木螺钉进行固定。踢脚板的接头尽量设在不明显的地方。

(7) 木地板施工注意事项

1) 按照设计要求购进复合木地板，放入准备铺装的房间，在适应铺贴环境48h后方可拆包铺贴。

2) 复合木地板与四周墙之间必须留缝，以备地板伸缩变形，地板面积如果超过30m^2，中间也需要留缝。

3) 如果木地板底面基层有微小的不平，不必用水泥砂浆进行修补，可用橡胶垫垫平。

4) 拼装木地板从缝隙中挤出的余胶，应随时擦净，不得遗漏。

5) 复合木地板铺完后不能立即使用，在常温下48h后方可使用。

6）预排时要计算最后一排板的宽度，如果小于50mm，应削减第一排板的宽度，以使二者均等。

7）铺装预排时应将所需用的木地板混放一起，搭配出最佳效果的组合。

8）铺装时要用3m直尺按要求随时找平找直，发现问题及时纠正。

9）铺装时板缝涂胶，不能涂在企口槽内，要涂在企口舌部。

四、楼地面工程质量验收

1. 基本规定

（1）建筑地面工程采用的材料应按设计要求和本规范的规定选用，并应符合国家标准的规定；进场材料应有中文质量合格证明文件、规格、型号及性能检测报告，对重要材料应有复验报告。

（2）建筑地面采用的大理石、花岗石等天然石材必须符合国家现行行业标准《天然石材产品放射防护分类控制标准》JC 518中有关材料有害物质的限量规定，进场应具有检测报告。

（3）胶粘剂、沥青胶结料和涂料等材料应按设计要求选用，并应符合现行国家标准《民用建筑工程室内环境污染控制规范》GB 50325的规定。

（4）厕浴间和有防滑要求的建筑地面的板块材料应符合设计要求。

（5）建筑地面下的沟槽、暗管等工程完工后，经检验合格并做隐蔽记录，方可进行建筑地面工程的施工。

（6）建筑地面工程基层（各构造层）和面层的铺设，均应待其下一层检验合格后方可施工上一层。建筑地面工程各层铺设前与相关专业的分部（子分部）工程、分项工程以及设备管道安装工程之间，应进行交接检验。

（7）建筑地面工程施工时，各层环境温度的控制应符合下列规定：

采用掺有水泥、石灰的拌和料铺设以及用石油沥青胶结料铺贴时，不应低于5℃；

采用有机胶粘剂粘贴时，不应低于10℃；

采用砂、石材料铺设时，不应低于0℃。

（8）铺设有坡度的地面应采用基土高差达到设计要求的坡度；铺设有坡度的楼面（或架空地面）应采用在钢筋混凝土板上变更填充层（或找平层）铺设的厚度或以结构起坡达到设计要求的坡度。

（9）室外散水、明沟、踏步、台阶和坡道等附属工程，其面层和基层（各构造层）均应符合设计要求。施工时应按规范基层铺设中基土和相应垫层以及面层的规定执行。

（10）水泥混凝土散水、明沟，应设置伸缩缝，其延米间距不得大于10m；房屋转角处应做45°缝。水泥混凝土散水、明沟和台阶等与建筑物连接处应设缝处理。上述缝宽度为15～20mm，缝内填嵌柔性密封材料。

（11）建筑地面的变形缝应按设计要求设置，并应符合下列规定：

建筑地面的沉降缝、伸缩缝和防震缝，应与结构相应缝的位置一致，且应贯通建筑地面的各构造层；

沉降缝和防震缝的宽度应符合设计要求，缝内清理干净，以柔性密封材料填嵌后用板封盖，并应与面层齐平。

（12）建筑地面镶边，当设计无要求时，应符合下列规定：

① 有强烈机械作用下的水泥类整体面层与其他类型的面层邻接处，应设置金属镶边构件；

② 采用水磨石整体面层时，应用同类材料以分格条设置镶边；

③ 条石面层和砖面层与其他面层邻接处，应用顶铺的同类材料镶边；

④ 采用木、竹面层和塑料板面层时，应用同类材料镶边；

⑤ 地面面层与管沟、孔洞、检查井等邻接处，均应设置镶边；

⑥ 管沟、变形缝等处的建筑地面面层的镶边构件，应在面层铺设前装设。

（13）厕浴间、厨房和有排水（或其他液体）要求的建筑地面面层与相连接各类面层的标高差应符合设计要求。

（14）检验水泥混凝土和水泥砂浆强度试块的组数，按每一层（或检验批）建筑地面工程不应小于1组。当每一层（或检验批）建筑地面工程面积大于1000m^2时，每增加1000m^2应增做1组试块；小于1000m^2按1000m^2计算。当改变配合比时，亦应相应地制作试块组数。

（15）各类面层的铺设宜在室内装饰工程基本完工后进行。木、竹面层以及活动地板、塑料板、地毯面层的铺设，应待抹灰工程或管道试压等施工完工后进行。

（16）建筑地面工程施工质量的检验，应符合下列规定：

① 基层（各构造层）和各类面层的分项工程的施工质量验收应按每一层次或每层施工段（或变形缝）作为检验批，高层建筑的标准层可按每三层（不足三层按三层计）作为检验批；

② 每检验批应以各子分部工程的基层（各构造层）和各类面层所划分的分项工程按自然间（或标准间）检验，抽查数量应随机检验不应少于3间；不足3间，应全数检查；其中走廊（过道）应以10延长米为1间，工业厂房（按单跨计）、礼堂、门厅应以两个轴线为1间计算；

③ 有防水要求的建筑地面子分部工程的分项工程施工质量每检验批抽查数量应按其房间总数随机检验不应少于4间，不足4间，应全数检查。

（17）建筑地面工程的分项工程施工质量检验的主控项目，必须达到本规范规定的质量标准，认定为合格；一般项目80%以上的检查点（处）符合本规范规定的质量要求，其他检查点（处）不得有明显影响使用，并不得大于允许偏差值的50%为合格。凡达不到质量标准时，应按现行国家标准《建筑工程施工质量验收统一标准》GB 50300的规定处理。

（18）建筑地面工程完工后，施工质量验收应在建筑施工企业自检合格的基础上，由监理单位组织有关单位对分项工程、子分部工程进行检验。

（19）检验方法应符合下列规定：

① 检查允许偏差应采用钢尺、2m靠尺、楔形塞尺、坡度尺和水准仪；

② 检查空鼓应采用敲击的方法；

③ 检查有防水要求建筑地面的基层（各构造层）和面层，应采用泼水或蓄水方法，蓄水时间不得少于24h；

④ 检查各类面层（含不需铺设部分或局部面层）表面的裂纹、脱皮、麻面和起砂等缺陷，应采用观感的方法。

（20）建筑地面工程完工后，应对面层采取保护措施。

2. 整体楼地面工程

（1）整体楼地面面层包括水泥混凝土（含细石混凝土）面层、水泥砂浆面层、水磨石面层、水泥钢（铁）屑面层、防油渗面层和不发火（防爆的）面层等分项工程。

（2）铺设整体面层时，其水泥类基层的抗压强度不得小于 1.2MPa；表面应粗糙、洁净、湿润并不得有积水。铺设前宜涂刷界面处理剂。

（3）铺设整体面层，应符合设计要求和规范基本规定。

（4）整体面层施工后，养护时间不应少于 7d；抗压强度应达到 5MPa 后，方准上人行走；抗压强度应达到设计要求后，方可正常使用。

（5）当采用掺有水泥拌合料做踢脚线时，不得用石灰砂浆打底。

（6）整体面层的抹平工作应在水泥初凝前完成，压光工作应在水泥终凝前完成。

（7）整体面层的允许偏差应符合表 4-1 的规定。

表 4-1　整体面层的允许偏差和检验方法（mm）

项次	项目	允许偏差						检验方法
		水泥混凝土面层	水泥砂浆面层	普通水磨石面层	高级水磨石面层	水泥钢（铁）屑面层	防油渗混凝土和不发火（防爆的）面层	
1	表面平整度	5	4	3	2	4	4	用 2m 靠尺和楔形塞尺检查
2	踢脚线上口平直	4	4	3	3	4	4	拉 5m 线和用钢尺检查
3	缝格平直	3	3	3	2	3	3	

3. 板块地面工程

（1）板块地面面层包括砖面层、大理石面层和花岗石面层、预制板块面层、料石面层、塑料板面层、活动地板面层和地毯面层等分项工程。

（2）铺设板块面层时，其水泥类基层的抗压强度不得小于 1.2MPa。

（3）铺设板块面层的结合层和板块间的填缝采用水泥砂浆，应符合下列规定：

① 配制水泥砂浆应采用硅酸盐水泥、普通硅酸盐水泥或矿渣硅酸盐水泥；其水泥强度等级不宜小于 32.5；

② 配制水泥砂浆的砂应符合国家现行行业标准《普通混凝土用砂质量标准及检验方法》JGJ 52 的规定；

③ 配制水泥砂浆的体积比（或强度等级）应符合设计要求。

（4）结合层和板块面层填缝的沥青胶结材料应符合国家现行有关产品标准和设计要求。

（5）板块的铺砌应符合设计要求，当设计无要求时，宜避免出现板块小于 1/4 边长的边角料。

（6）铺设水泥混凝土板块、水磨石板块、水泥花砖、陶瓷锦砖、陶瓷地砖、缸砖、料石、大理石和花岗石面层等的结合层和填缝的水泥砂浆，在面层铺设后，表面应覆盖、湿润，其养护时间不应少于 7d。当板块面层的水泥砂浆结合层的抗压强度达到设计要求后，方可正常使用。

（7）板块类踢脚线施工时，不得采用石灰砂浆打底。

（8）板、块面层的允许偏差应符合表 4-2 的规定。

表 4-2　板、块面层的允许偏差和检验方法（mm）

项次	项目	允许偏差											检验方法
		陶瓷锦砖、高级水磨石板、陶瓷地砖面层	缸砖面层	水泥花砖面层	水磨石板块面层	大理石面层和花岗岩面层	塑料板面层	水泥混凝土板块面层	碎拼大理石、碎拼花岗岩面层	活动地板面层	条石面层	块石面层	
1	表面平整度	2.0	4.0	3.0	3.0	1.0	2.0	4.0	3.0	2.0	10	10	用 2m 靠尺和楔形塞尺检查
2	缝格平直	3.0	3.0	3.0	3.0	2.0	3.0	3.0	—	2.5	8.0	8.0	拉 5m 线和用钢尺检查
3	接缝高低差	0.5	1.5	0.5	1.0	0.5	0.5	1.5	—	0.4	2.0	—	用钢尺检查和楔形塞尺检查
4	踢脚线上口平直	3.0	4.0	—	4.0	1.0	2.0	4.0	1.0	—	—	—	拉 5m 线和用钢尺检查
5	板块间隙宽度	2.0	2.0	2.0	2.0	1.0	—	6.0	—	0.3	5.0	—	用钢尺检查

4. 木、竹地面工程

（1）木、竹地面工程包括实木地板面层、实木复合地板面层、中密度（强化）复合地板面层、竹地板面层等（包括免刨免漆类）分项工程。

（2）木、竹地板面层下的木搁栅、垫木、毛地板等采用木材的树种、选材标准和铺设时木材含水率以及防腐、防蛀处理等，均应符合现行国家标准《木结构工程施工质量验收规范》GB 50206 的有关规定。所选用的材料，进场时应对其断面尺寸、含水率等主要技术指标进行抽检，抽检数量应符合产品标准的规定。

（3）与厕浴间、厨房等潮湿场所相邻木、竹面层连接处应做防水（防潮）处理。

（4）木、竹面层铺设在水泥类基层上，其基层表面应坚硬、平整、洁净、干燥、不起砂。

（5）建筑地面工程的木、竹面层搁栅下架空结构层（或构造层）的质量检验，应符合相应国家现行标准的规定。

（6）木、竹面层的通风构造层包括室内通风沟、室外通风窗等，均应符合设计要求。

（7）木、竹面层的允许偏差，应符合表 4-3 的规定。

表 4-3　木、竹面层的允许偏差和检验方法（mm）

项次	项　目	允许偏差				检验方法
		实木地板面层			实木复合地板、中密度强化复合地板面层	
		松木地板	硬木地板	拼花地板		
1	板面缝隙宽度	1.0	0.5	0.2	0.5	用钢尺检查
2	表面平整度	3.0	2.0	2.0	2.0	用 2m 靠尺和楔形塞尺检查

续表

项次	项　目	允许偏差				检验方法
		实木地板面层			实木复合地板、中密度强化复合地板面层	
		松木地板	硬木地板	拼花地板		
3	踢脚线上口平齐	3.0	3.0	3.0	3.0	拉 5m 通线、不足 5m 拉通线和用钢尺检查
4	板面拼缝平直	3.0	3.0	3.0	3.0	
5	相邻板材高差	0.5	0.5	0.5	0.5	用钢尺检查和楔形塞尺检查
6	踢脚线上口平直	1.0				楔形塞尺检查

第二节　抹灰工程

抹灰工程包括内墙抹灰工程施工和外墙抹灰工程施工。

一、内墙抹灰施工工艺

1. 抹灰的工艺流程

内墙抹灰施工工艺流程：基层处理→找规矩→做灰饼→做标筋→抹门窗护角→抹底、中层灰→抹面层灰。

2. 抹灰的工艺要点

(1) 基层为混凝土墙

1) 基层处理：若混凝土表面很光滑，应对其表面进行“毛化”处理，其方法有两种：一种有将其光滑的表面用尖钻剔毛，剔去光面，使其表面粗糙不平，用水湿润基层。另一种方法是将光滑的表面清扫干净，用10%火碱水除去混凝土表面的油污后，将碱液冲洗干净后晾干，采用机械喷涂或用笤帚甩上一层1∶1稀粥状水泥细砂浆（内掺10%界面剂），使其凝固在光滑的基层表面，用手掰不动为好。

2) 吊垂直、套方找规矩：分别在门窗口角、垛、墙面等处吊垂直，套方抹灰饼，并按灰饼充筋后，在墙面上弹出抹灰灰层控制线。

3) 抹底层砂浆：刷掺水量10%的界面剂，（水灰比为0.4～0.5）紧跟抹1∶3水泥砂浆，每遍厚度为5～7mm，应分层与所冲筋抹平，并用大杠刮平、找直，木抹子搓毛，如图4-1所示。

4) 抹面层砂浆：底层砂浆抹好后，第二天即可抹面层砂浆，首先将墙面洇湿，按图纸尺寸弹线分格，粘分格条、滴水槽，抹面层砂浆。面层砂浆配合比为1∶2.5水泥砂浆或1∶0.5∶3.5水泥混合砂浆，厚度为5～8mm。先用水湿润，抹时先薄薄地刮一层素水泥膏，使其与底灰粘牢，紧跟着抹罩面灰与分格条抹平，并用杠横竖刮平，木抹子搓毛，铁抹子溜光、压实。待其表面无明水时，用软毛刷蘸水垂直于地面的同一方向轻刷一遍，以保证面层灰的颜色一致，避免和减少收缩裂缝。随后，将分格条起出，待灰层干后，用素水泥膏将缝子勾好。对于难起的分格条，则不应硬起，防止棱角损坏，应待灰层干透后补起，并补勾缝，如图4-2、图4-3所示。

5) 抹灰的施工程序：从上往下打底，底层砂浆抹完后，将架子升上去，再从上往下抹面层砂浆。应注意在抹面层灰以前，应先检查底层砂浆有无空、裂现象，如有空裂，应剔凿返修后再抹面层灰；另外应注意底层砂浆上的尘土、污垢等应先清净，浇水湿润后，方可进行面层抹灰。

6）滴水线（槽）：在檐口、窗台、窗楣、雨篷、阳台、压顶和突出墙面等部位，上面应做出流水坡度，下面应做滴水线（槽）。流水坡度及滴水线（槽）距外表面不应小于 40mm，滴水线（又称鹰嘴）应保证其坡向正确。

7）养护：水泥砂浆抹灰层应喷水养护。

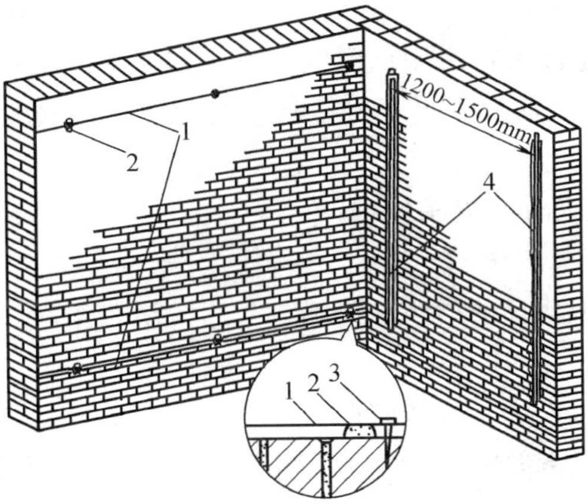

图 4-1　挂线做标志块及标筋

1—引线；2—标志块；3—钉子；4—冲筋

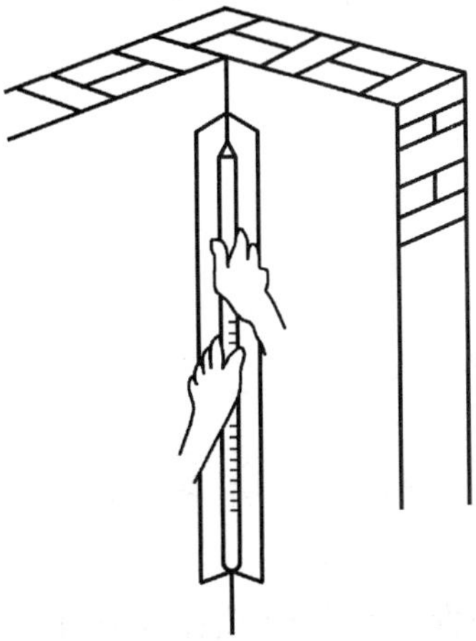

图 4-2　阴角的扯平找直

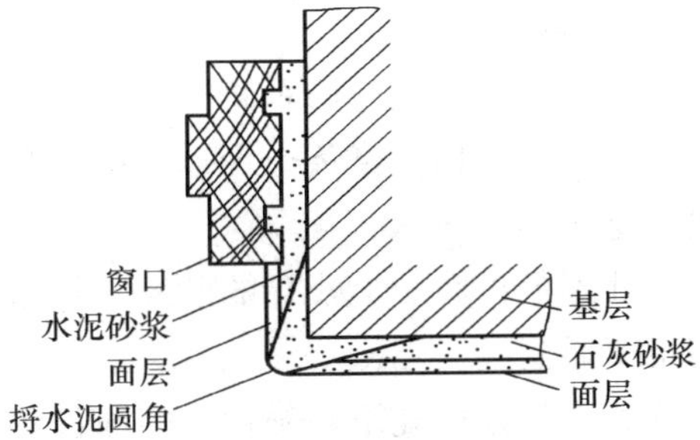

图 4-3　门窗洞口护角图

（2）基层为加气混凝土墙

1）基层处理：用笤帚将墙面上的粉尘扫净，浇水，将墙洇透，使水浸入加气块墙达 10mm 为宜。对缺棱掉角的砌块，或砌块的接缝处高差较大时，可用 1：1：6 水泥混合砂浆掺 10%界面剂拌合均匀，分层衬平，每遍厚度 5～7mm，待灰层凝固后，用水湿润，用上述同配合比的细砂浆（砂子应用纱绷筛去筛），用机械喷或用笤帚甩在加气混凝土表面，第二天浇水养护，直至砂浆疙瘩凝固，用手掰不动为止。

2）吊垂直、套方找规矩：同前。

3）抹底层砂浆：先刷掺水量 10%的界面剂（水灰比 0.4～0.5），随刷随抹水泥混合砂浆，配合比 1∶1∶6，分遍抹平，大杠刮平，木抹子搓毛，终凝后开始养护。若砂浆中掺入粉煤灰，则上述配合比可以改为 1∶0.5∶0.5∶6，即水泥∶石灰∶粉煤灰∶砂。

4）弹线、分格、粘分格条、滴水槽、抹面层砂浆：首先应按图纸上的要求弹线分格，粘分格条，注意粘竖条时应粘在所弹立线的同一侧，防止左右乱粘。条粘好后，当底灰五、六成干时，即可抹面层砂浆。先刷掺水重 10% 的界面剂水泥素浆一道，紧跟着抹面。面层砂浆的配合比为 1∶1∶5 的水泥混合砂浆或为 1∶0.5∶0.5∶5 水泥粉煤灰混合砂浆，一般厚度 5mm 左右，分两次与分格条抹平，再用杠横竖刮平，木抹子搓毛，铁抹子压实、压光，待表面无明水后，再刷子蘸水按垂直于地面方向轻刷一遍，使其面层颜色一致。做完面层后应喷水养护。

5）滴水线（槽）：做法及养护要求同前。

（3）基层为砖墙

1）基层处理：将墙面上残存的砂浆、污垢、灰尘等清理干净，用水浇墙，将砖缝中的尘土冲掉，将墙面润湿。

2）吊垂直、套方找规矩，抹灰饼：同前。

3）冲筋，抹底层砂浆：常温时可采用水泥混合砂浆，配合比为 1∶0.5∶4，冬期施工，底灰的配合比为 1∶3 水泥砂浆，应分层与所冲筋抹平，大杠横竖刮平，木抹子搓毛，终凝后浇水养护。

4）弹线按图纸上的尺寸分块，粘分格条后抹面层砂浆。操作方法同前。面层砂浆的配合比，常温时可采用 1∶0.5∶3.5 水泥混合砂浆，冬期施工应采用 1∶2.5 水泥砂浆。

5）滴水线（槽）施工方法及灰层养护方法同前。

二、外墙抹灰施工工艺

1. 工艺流程

墙面清理→浇水湿墙面→吊垂直、套方、抹灰饼、充筋→弹灰层控制线→基层处理→抹底层砂浆→弹线分格→粘分格条→抹罩灰面→起条、勾缝→养护。

2. 操作工艺

（1）基层处理：将墙面上残存的砂浆、污垢、灰尘等清理干净，用水浇墙，将砖缝中的尘上冲掉，将墙面润湿。

（2）吊垂直、套方找规矩，分别在门窗口角、垛、墙面等处吊垂直，套方抹灰饼，并按灰饼充筋后，在墙面上弹出抹灰灰层控制线。

（3）充筋，抹底层砂浆：常温时可采用水泥混合砂浆，配合比为 1∶0.5∶4，应分层与所冲筋抹平，大杠横竖刮平，木抹子搓毛，终凝后浇水养护。

（4）弹线、分格、粘分格条、滴水槽、抹面层砂浆：首先应按原尺寸弹线分格，粘分格条，注意粘竖条时应粘在所弹立线的同一侧，防止左右乱粘。条粘好后，当底灰五、六成干时，即可抹面层砂浆。先刷掺水重 10% 的 107 胶水泥素浆一道，紧跟着抹面。面层砂浆的配合比为 1∶1∶5 的水泥混合砂浆，一般厚度 5mm 左右，分两次与分格条抹平，再用杠横竖刮平，木抹子搓毛，铁抹子压实、压光，待表面无明水后，用刷子蘸水按垂直于地面方向轻刷一遍，使其面层颜色一致。做完面层后应喷水养护。

（5）滴水线（槽）：在檐口、窗台、窗楣、雨篷、阳台、压顶和突出墙面等部位，上面应做出流水坡度，下面应做滴水线（槽）。流水坡度及滴水线（槽）距外表面不应小于 40mm，滴水线（又称鹰嘴）应保证其坡向正确。

（6）雨期抹灰工程应采取防雨措施，防止抹灰层终凝前受雨淋而损坏。

三、抹灰工程质量验收基本标准

1. 一般规定

（1）抹灰工程验收时应检查下列文件和记录：

1）抹灰工程的施工图、设计说明及其他设计文件；

2）材料的产品合格证书、性能检测报告、进场验收记录和复验报告；

3）隐蔽工程验收记录；

4）施工记录。

（2）抹灰工程应验收的隐蔽工程项目：

1）抹灰总厚度大于或等于 35mm 时的加强措施；

2）不同材料基体交接处的加强措施。

（3）各分项工程的检验批划分

1）室外抹灰

相同材料、工艺和施工条件，每 500～1000m^2 应划分为一个检验批，不足 500m^2 也应划分为一个检验批，每 100m^2 应至少抽查一处，每处不得小于 10m^2。

2）室内抹灰

每 50 个自然间（大面积房间和走廊按抹灰面积 30m^2 为一间）应划分为一个检验批，不足 50 间也应划分为一个检验批。应至少抽查 10%，并不得少于 3 间；不足 3 间时应全数检查。

（4）材料要求

1）抹灰工程应对水泥的凝结时间和安定性进行复验。

2）当要求抹灰层具有防水、防潮功能时，应采用防水砂浆。

（5）施工规定

1）外墙抹灰工程施工前应先安装钢木门窗框、护栏等，并应将墙上的施工孔洞堵塞密实。

2）室内墙面柱面和门洞口的阳角做法应符合设计要求。设计无要求时，应采用 1∶2 水泥砂浆做暗护角，其高度不应低于 2m，每侧宽度不应小于 50mm。

3）各种砂浆抹灰层，在凝结前应防止快干、水冲、撞击、振动和受冻，在凝结后应采取措施防止玷污和损坏。水泥砂浆抹灰层应在湿润条件下养护。

4）外墙和顶棚的抹灰层与基层之间及各抹灰层之间必须黏结牢固。

2. 一般抹灰工程质量验收标准与检验

（1）主控项目

① 抹灰前基层表面的尘土、污垢、油渍等应清除干净，并应洒水润湿。

检验方法：检查施工记录。

② 一般抹灰所用材料的品种和性能应符合设计要求。水泥的凝结时间和安定性复验应合格。砂浆的配合比应符合设计要求。

检验方法：检查产品合格证书、进场验收记录、复验报告和施工记录。

③ 抹灰工程应分层进行。当抹灰总厚度大于或等于 35mm 时，应采取加强措施。不同材料基体交接处表面的抹灰，应采取防止开裂的加强措施，当采用加强网时，加强网与各基体的搭接宽度不应小于 100mm。

检验方法：检查隐蔽工程验收记录和施工记录。

④ 抹灰层与基层之间及各抹灰层之间必须粘结牢固，抹灰层应无脱层、空鼓、面层应无爆灰和裂缝。

检验方法：观察；用小锤轻击检查；检查施工记录。

（2）一般项目

① 一般抹灰工程的表面质量应符合下列规定：

普通抹灰表面应光滑、洁净，接槎平整，分格缝应清晰。

高级抹灰表面应光滑、洁净、颜色均匀、无抹纹，分格缝和灰线应清晰美观。

检验方法：观察；手摸检查。

② 护角、孔洞、槽、盒周围的抹灰表面应整齐、光滑；管道后面的抹灰表面应整。

检验方法：观察。

③ 抹灰层的总厚度应符合设计要求；水泥砂浆不得抹在石灰砂浆层上；罩面石膏灰不得抹在水泥砂浆层上。

检验方法：检查施工记录。

④ 抹灰分格缝的设置应符合设计要求，宽度和深度应均匀，表面应光滑，棱角应整齐。

检验方法：观察；尺量检查。

⑤ 有排水要求的部位应做滴水线（槽）。滴水线（槽）应整齐顺直。滴水线应内高外低，滴水槽的宽度和深度均不应小于 10mm。

检验方法：观察；尺量检查。

⑥ 一般抹灰工程质量的允许偏差和检验方法应符合表 4-4 的规定。

表 4-4 一般抹灰的允许偏差和检验方法

项次	项　目	允许偏差		检验方法
		普通抹灰	高级抹灰	
1	立面垂直度	4	3	用 2m 垂直检测尺检查
2	表面平整度	4	3	用 2m 靠尺和塞尺检查
3	阴阳角方正	4	3	用直角检测尺检查
4	分格条（缝）直线度	4	3	用 5m 线，不足 5m 拉通线，用钢直尺检查
5	墙裙、勒脚上口直线度	4	3	拉 5m 线，不足 5m 拉通线，用钢直尺检查

第三节　门窗装饰工程

门窗安装工程包括木门窗安装、金属门窗安装、塑料门窗安装、特种门安装和门窗玻璃安装工程等。

一、木门窗制作、安装施工工艺

1. 木门窗工程工艺流程

施工准备→门套、门扇检查与处理→安装合页→安装门扇→安装门锁、把手、闭门器等五金件→表面清理→成品保护→验收。

2. 木门窗工程工艺要点

(1) 确认洞口与门套的尺寸、型号应相符合，根据墙体的厚度、门板宽度，在墙体定位画线，画线应平直准确。墙体不平整时，以两点为基准并作为基准面进行划线，线必须垂直。在线上找准木销定位点进行定位。每米木销点不少3个。

(2) 门套与墙体应三维水平垂直，垂直度允许公差2mm。水平平直度允许公差1mm。门套与墙体间应加装固定螺钉，每米不少于3个。角接门套应加装固定铁片。门套与墙体间缝隙用发泡胶双面密封，发泡胶应涂匀，干后切割平整。套线接口处应平整严密无缝隙。同侧面套线应在一个平面，套线弯度允许公差1mm。套线与墙体间缝隙用胶密封处理。

(3) 固定合页、挂门、同时调整门的缝隙

开槽：合页固定前要在套板上和门的侧面开好槽，并保证槽的大小和合页的大小相匹配，保证美观。这些最好在工厂提前完成。

上合页螺钉：上螺钉要注意要拧进去，而不能用锤子砸进去，保证安装后的牢固性，同时螺帽拧完后要与合页面层平齐，并保证螺钉的数量齐全。合页的数量：合页数量要根据门的重量来定，以保证门的牢固性。

(4) 安装贴脸线

安装贴脸线时要注意线条尺寸必须精确，保证两个竖线条高低一致，并与横线条接触缝隙处紧密，保证美观效果，同时保证安装牢固，线条锯口平齐。

(5) 锁具、门吸等五金安装

锁孔最好在工厂开好，以免在安装过程中不小心碰坏油漆，

并能保证槽边圆滑平齐，套板上的槽孔一般在现场开，开的同时也要保证槽口平齐，保证美观。

(6) 安装注意事项

1) 注意产品出厂后运输、搬运中的成品保护。

2) 门扇安装应平整垂直，门扇与门套外露面相平，门扇开启无影响。门套与门扇间缝隙，下边为8～12mm，其余三边为3mm允许公差1mm。门扇关闭后与密封条结合紧密不摆动。合页安装垂直平整，安装符合要求。

3) 锁眼开口应准确规范与锁体、锁片相符。门锁安装应紧固，开锁自如，无异响。配件齐全，螺钉装合平直。

4) 门吸、闭门器、拉手必须按安装图进行安装。要牢固、位置准确。

二、铝合金门窗制作、安装施工工艺

1. 铝合金门窗施工工艺流程

画线定位→立副框→铝合金门窗就位固定→门窗框嵌缝→门窗玻璃的安装→门窗扇及五

金配件安装→清洁和成品保护→装纱窗。

2. 铝合金门窗施工的工艺要点

(1) 画线定位

1) 根据设计图纸中门窗的安装位置、尺寸和标高，依据门窗中线向两边量出门窗边线。若为多层或高层建筑时，以顶层门窗边线为准，用线坠或经纬仪将门窗边线下引，并在各层门窗口处画线标记，对个别不直的口边应剔凿处理。

2) 门窗的水平位置应以楼层室内+50cm 的水平线为准向上反量出窗下皮标高，弹线找直。每一层必须保持窗下皮标高一致

(2) 立副框

1) 先将连接件固定在副框上，然后按照弹线的位置将门窗副框准确就位，再用检测工具校正副框的水平度、垂直度，调整正确后用木楔临时固定，安装完成后，及时移除临时固定物体。

2) 金属副框安装应在洞口及墙体抹灰湿作业前完成，铝合金门窗安装应在洞口及墙体抹灰湿作业后进行。

3) 金属副框宽度应大于 30mm。

4) 金属副框的内、外两侧宜采用固定片与洞口墙体连接固定；固定片宜用 Q235 钢材，厚度不应小于 1.5mm，宽度不应小于 20mm，长度可根据现场需要加工，表面应做防腐处理。

5) 副框与墙体洞口的连接要牢固、可靠，固定点间距应不大于 500mm，距框角的距离应不大于 150mm. 固定片与墙体固定点的中心位置至墙体边缘距离不应小于 50mm。副框固定方法主要有三种：墙体上有预埋铁件时，可直接将连接件与预埋铁件焊牢，焊接处应进行防锈处理；无预埋件时用膨胀螺栓将连接件固定到墙上；当洞口为钢筋混凝土墙体时，可用射钉将连接件固定到墙上。副框经检查合格后，将副框四周与洞口之间缝隙用水泥砂浆分层填实抹平。

6) 相邻洞口金属副框平面内位置变差应小于 10mm。金属副框内缘应与抹灰后的洞口装饰面平齐，金属副框宽度和高度允许尺寸偏差及对角线尺寸偏差应符合表 4-5 的规定。

表 4-5 金属副框尺寸允许偏差（mm）

项目	允许偏差值	检测方法
金属副框高、宽偏差	±3	钢卷尺
对角线尺寸偏差	±4	钢卷尺

(3) 窗框就位固定

1) 将门窗框装入洞口临时就位，按照划好的门窗定位线将门窗框调整至横平竖直，再用螺钉将门窗与副框连接牢固。

2) 砌体墙不得使用射钉直接固定门窗。

(4) 嵌缝

1) 金属门窗安装固定后，应先进行隐蔽工程验收，合格后及时按设计要求处理门窗框与墙体之间的缝隙。

2) 金属门窗框与洞口缝隙，应采用保温、防潮且无腐蚀性的软质材料填塞缝隙，亦可使

用防水砂浆填塞；使用聚氨酯泡沫填缝胶，施工前应清除粘接面的灰尘墙体粘接面应进行淋水处理，固化后的聚氨酯泡沫胶缝表面应作密封处理。外表面留 5～8mm 深槽口填嵌嵌缝密封胶。

3）与水泥砂浆接触的金属表面应进行防腐处理。湿法抹灰施工前，应对外露金属表面进行可靠保护。

4）应采用黏结性能良好并相容的耐候密封胶。

5）打胶前应清洁粘接表面，去除灰尘、油污、粘接面应保持干燥，墙体部位应平整洁净。

6）胶缝采用矩形截面胶缝时，密封胶有效厚度应大于 6mm，采用三角形截面胶缝时，密封胶截面宽度应大于 8mm。

7）注胶应平整密实，胶缝宽度均匀、表面光滑、整洁美观。

（5）门窗玻璃的安装

1）门窗玻璃应在洞口墙体表面装饰完工验收后安装。

玻璃支承块长度不应小于 50mm，厚度根据槽底间隙设计尺寸确定，宜为 5～7mm；定位块度不应小于 25mm。

2）支承块安装不得阻塞泄水孔排水通道。

3）玻璃安装的内、外片配置、镀膜面朝向应符合设计要求，组装前将玻璃槽口内的杂物清理干净。

4）玻璃采用密封条密封时，密封条宜使用连续条，接口不应设置在转角处，装配后的胶条应整齐均匀，无凸起。

5）玻璃采用密封胶密封时，注胶应密实，不间断、表面光滑整洁。

6）玻璃压条应扣紧、平整不得翘曲，必要时可配装加工。

（6）门窗扇及安装五金配件

1）门窗扇应在洞口墙体表面装饰完工验收后安装。

2）开启扇及开启五金件的装配宜在工厂内组装完成。

3）开启扇、五金件安装完成后应进行全面调整检查，并符合下列规定：

a. 五金件应配置齐备、有效，且应符合设计要求；

b. 开启扇应启闭灵活，无卡滞、无噪声，开启量应符合设计要求。

（7）清洁和成品保护

1）门窗框安装完成后，其洞口不得作为物料运输及人员进出的通道，且门窗框严禁搭压、坠挂重物。对于易发生踩踏或刮碰的部位，应架设木板或围挡等有效的保护措施。

2）门窗安装后，应清除型材表面和玻璃表面的残胶。

3）所有外露金属型材应进行贴膜保护，宜采用可降解的塑料薄膜。

4）门窗工程竣工前，应去除所有成品保护，全面清洗外露型材和玻璃。不得使用有防腐性的清洗剂，不得使用尖锐工具刨刮型材、玻璃表面。

三、彩钢门窗制作、安装施工工艺

1. 工艺流程

画线定位→彩钢窗就位→立钢窗→焊接、堵孔→安装五金配件→安装玻璃→刷油漆→成平防护。

2. 施工工艺要点

(1) 放线定位

放线定位，确定门窗框立面进出位置和门窗底框水平标高位置。

1) 确定门窗框立面位置。根据外墙面做法而定，如外墙面为贴砖或刷涂料，根据技术交底确定窗框进出口尺寸，一般可根据提供的柱轴线确定窗框进出口尺寸。

若为多层或高层建筑或有要求的一般建筑，用经纬仪或线坠定义垂直基准，确定各层门窗口外皮结构尺寸并定位弹线，对个别不符合要求的口边应剔凿处理；其他一般建筑根据设计图样中门窗的安装位置和门窗中线确定门窗外皮边线；如有特殊要求时，按设计要求执行。

2) 确定门窗底框标高位置。应以楼层室内＋50cm 的水平线根据设计要求和技术交底确定下皮标高，弹线找直；每一层必须保持窗下皮标高一致。

(2) 安装副框（干法施工时）

1) 副框应按设计要求进行防腐处理，钢副框宜采用热浸锌处理。

2) 根据设计要求的固定方法将副框安装在规定的位置，连接应牢固。

3) 副框与墙体间的缝隙填堵及密封。按设计要求进行密封；既有建筑改造，可采用聚氨酯发泡胶或填塞岩棉等方法进行缝隙填堵再行封密封胶（膏）。

(3) 门窗框就位及固定

1) 门窗框就位前，再次确认门窗框的水平、垂直及对角线长度等符合质量标准。

2) 窗框就位。根据确定的门窗定位线，门窗框在洞口墙体就位，用木楔、垫块或其他器具调整定位并临时固定，不得使门窗框型材变形和损坏。

无下框平开门应使两边框的下脚低于地面标高线，其高度差为 30mm，带下框平开门或推拉门应使下框的下脚低于地面标高线，其高度差为 10mm。然后，将上框的一个连接片固定在墙体上，并调整门框的水平度、垂直度和直角度，并用木楔临时定位。

3) 门窗框固定

① 采用射钉连接时，射钉打入墙的深度应符合设计要求，使用射钉枪时必须有防护措施。

② 门窗与墙体连接固定时，应先固定上框，后固定边框，且连接应牢固。

③ 门窗框与连接件的连接宜采用卡槽连接。如采用紧固件穿透门窗框型材固定连接时，紧固件宜置于门窗框型材的室内外中心线上，且在固定处采取密封防水措施。

④ 连接件宜在外框型材室内外两侧双向固定，固定点的数量与位置应符合设计要求，一般还应根据门窗的尺寸、荷载、重量的大小和着力点等情况合理布置。连接件距门窗框四角、中竖框、中横框的距离不大于 200mm，其余固定点的间距不宜大于 500mm。

⑤ 门窗框与副框连接应牢固，并采取可靠的防水密封处理措施。

⑥ 组合门窗拼樘框必须直接固定在洞口墙基体上。窗框必须与拼樘料连接紧密，固定点间距应符合设计要求，不宜大于 500mm。

⑦ 门窗框固定好后，复查平整度和垂直度。门窗框与不同墙体的连接方式及连接件规格见表 4-6。

表 4-6　门窗框与不同墙体的连接方式及连接件规格

连接方式	适用的结构型式	连接尺寸要求
焊接	适用于钢结构	连接件尺寸≥140×20×1.5（长×宽×厚）
预埋件连接	适用于钢筋混凝土结构	焊接板尺寸≥80×80×5（长×宽×厚），预埋件钢筋直径 ≥ϕ8
射钉连接		射钉≥3.7×42
金属胀锚螺栓连接	适用于钢筋混凝土结构、砖墙结构	金属胀锚螺栓≥M6×65（或根据设计要求），塑料锚栓套管外径 7～10mm

（4）避雷安装

1）根据建筑物的防雷分类由设计确定是否安装避雷。

2）避雷连接材质、截面尺寸和连接方式必须符合设计要求。

3）窗框与防雷装置的连接应紧密可靠，可采用焊接或机械连接，形成导电通路；当采用焊接连接时，圆钢或扁钢的焊缝的搭接长度应符合设计要求，搭接部分在两侧应满焊；连接接触面应紧密可靠，不松动。

4）检验窗框与防雷装置的连接，应采用接地电阻仪或兆欧表测量和观察检查。

（5）门窗框与副框（或墙体）间隙的密封处理

1）门窗框固定后，应先进行隐蔽工程验收。验收合格后及时按设计要求处理门窗框与副框（或墙体）之间的缝隙。

2）门窗框或副框与洞口之间的间隙应采用符合设计要求的材料填充饱满，对铝合金型材予以防护后用密封胶密封；门窗框与副框之间的缝隙应使用密封胶密封。

（6）固定玻璃安装

1）安装前检查玻璃的规格、尺寸及材质文件应符合设计要求。

2）玻璃承重垫块的材质、尺寸、安装位置应符合设计要求。

3）镀膜玻璃的安装应使镀膜面的方向符合设计要求。

4）玻璃安装就位时，应先清除镶嵌槽内的灰砂和杂物，疏通排水通道；保证玻璃与门窗框槽口的配合尺寸符合设计要求或相关标准的规定。

5）当采取密封胶条固定玻璃时，密封胶条在转角处不宜断开、且应与镶嵌槽的长度吻合；密封胶条应压实使各边受力均匀，且和玻璃、玻璃槽口紧贴。

6）采用密封胶密封缝口时，密封胶的宽度和深度应符合设计要求，填充必须密实，外表平整光滑。

（7）门窗扇安装

1）门窗扇的安装是在土建工程基本完工后进行的。

2）门窗扇安装位置应符合设计要求。

3）将窗扇、门扇装在外框上，调整门窗扇上的五金配件（滑轮、地弹簧、铰链、合页等）等使之满足使用要求。

4）门窗扇安装完毕后，应保证关闭严密，间隙均匀，门窗扇开启角度满足设计要求。

5）推拉门窗框扇搭接量应符合设计要求，门窗扇应有防脱落装置。

(8) 五金配件安装及调试

1) 五金配件安装应保证各种配件和零件齐全，装配牢固，使用灵活，安全可靠，达到应有的功能要求。

2) 铝合金门窗的启闭力应不大于100N。

(9) 清洁、验收

1) 门窗安装后应进行清洁处理，将保护胶纸或塑料薄膜封贴清除，铝合金门窗清洁时，不得使用对铝型材、玻璃、配件有腐蚀性的清洁剂。

2) 门窗验收符合《建筑装饰装修工程质量验收规范》GB50210、《建筑节能工程施工质量验收规范》GB50411以及工程所在地的地方标准的有关规定。

四、玻璃地弹门安装施工工艺

1. 玻璃地弹门安装工艺流程

(1) 固定门扇安装工艺流程

定位、放线→安装门框顶部限位槽→安装底部底托→安装竖向门框→安装玻璃→注玻璃胶封口→清理。

(2) 活动门扇安装工艺流程

安装上下门夹→安装顶轴套、回转轴套→安装顶轴、地弹簧→门扇安装→安装门拉手、锁具→ 清洁、验收。

2. 玻璃地弹门安装施工工艺要点

(1) 固定门扇施工工艺要点

1) 定位、放线

根据设计和施工详图的要求，放出全玻门的定位线，并确定门框位置，准确地测量地面标高和门框顶部标高以及中横框标高。

2) 安装门框顶部限位槽

限位槽的宽度应大于玻璃厚度2～4mm，槽深为10～20mm。

安装时，先由所弹中心线引出两条金属装饰板边线，然后按边线进行门框顶部限位槽的安装。通过垫板调整槽口内的槽深。

3) 安装底部底托

不锈钢或其他材料饰面的底托，可用膨胀螺栓固定于地面，然后再用万能胶将不锈钢饰面板粘卡在木龙骨上。

如果是采用铝合金方管，可用铝角码将其固定在框柱上。

4) 安装竖向门框

按所弹中心线立门框，然后确定门框柱的外形和位置。最后外包金属装饰面，包饰面时要把饰面对头接缝位置放在安装玻璃的两侧中间位置。接缝位置必须准确并保证垂直。

5) 安装玻璃

用玻璃吸盘将玻璃吸紧，然后进行玻璃就位。

先把玻璃板上部插入门框顶部的限位槽内，然后将其下部安放到底托上，玻璃下部对准中心线，两侧边部正好封住门框处的金属饰面对接缝口，做到内外都看不到饰面接缝口。

在底托上固定玻璃的方法为：在底托木方上钉木板条，距玻璃板面4mm左右；然后在木板条上涂刷万能胶，将饰面金属板粘卡在木方上。

6）注玻璃胶封口

固定部分的玻璃就位以后，即在顶部限位槽处和底部的底托固定处，以及玻璃板与框柱的对缝处等各缝隙处，均注胶密封。

注胶时，由需要注胶的缝隙端头开始，顺缝隙匀速灌注，使玻璃胶在缝隙处形成一条均匀的直线。最后用塑料片刮去多余的玻璃胶，并用布擦净胶迹。

门上固定部分的玻璃板块需要对接时，其对接缝应有 3～5mm 的宽度，玻璃板边都要进行倒角处理。

当玻璃板块留缝定位并安装稳固后，即将玻璃胶注入对接的缝隙形成凹面，用塑料片在玻璃板对缝的两面把胶刮平，并用布擦净胶迹。

7）清理

刮去多余的玻璃胶或密封胶，用棉布擦净污迹。

（2）活动门扇施工工艺要点

1）安装上下门夹

把上下金属门夹分别装在玻璃门扇上下两端，并进行门扇高度的测量。

如果门扇的上下边距门横框及地面的缝隙超过规定值，可在上下门夹内的玻璃底部垫木夹板条。如果门扇高度超过安装尺寸，则需重新定制。

定好门扇高度后，在玻璃与金属上下门夹内的两侧缝隙之间注入玻璃胶密封。

2）安装顶轴套、回转轴套

顶轴套装于门扇顶部，回转轴套装于门扇底部，两者的轴孔中心线必须在同一直线上，并于地面垂直。

3）安装顶轴、地弹簧

将顶轴装于门框顶部，顶轴面板与门框面平齐。先从顶轴中心吊一垂线到地面，找出地弹簧回转轴中心位置，同时保持地弹簧面板同门扇垂直并于地面保持同一标高，然后将地弹簧外壳用混凝土浇固。

具体操作可参照地弹簧产品安装说明。

4）门扇安装

先将门框横梁上的定位销本身的调节螺钉调出横梁平面的 1～2mm，再将玻璃门扇竖起，把门扇下门夹内的转动销连接件的孔位对准地弹簧的转动销轴，并转动门扇将孔位套入销轴上，然后把门扇转动 90°使之与门框横梁成直角，把门扇上门夹中的转动连接件的孔对准门框横梁上的定位销，调节定位销的调节螺钉，将定位销插入孔内 15mm 左右。

旋转地弹簧中油泵调节螺钉调节门扇关闭速度。

门扇与门框、门扇与门扇之间采用弹性密封条密封，且符合设计要求。

5）安装门拉手、锁具

全玻门扇上的拉手洞，应按照设计图纸加工好，拉手连接部分插入孔洞时不能很紧，应有松动。安装前在拉手插入玻璃的部分涂少许玻璃胶；如若插入过松，可在插入部分裹上软质胶带。拉手组装时，其根部与玻璃贴紧后再拧紧固定螺钉，以保证拉手没有松动现象。

门锁的安装，根据锁的特点确定安装方法。

6）清洁、验收

全玻门安装后应进行清洁处理，将保护胶纸或塑料薄膜封贴清除，清洁时，不得使用对玻璃、配件有腐蚀性的清洁剂。

五、特种门安装

特殊门窗按品种分为防火门、防盗门、自动门、旋转门、全玻门、卷帘门等。

1. 防火门施工

（1）施工工艺流程

画线→门框的安装→门框与墙体密封处理→防火玻璃安装→门扇安装→安装五金配件 →清洁、验收。

（2）施工工艺要点

1）画线

按设计要求尺寸、标高和方向，在墙上放出门框安装位置的垂直线和水平线。

2）门框的安装

门安装前，必须进行检查，如因运输贮存不慎导致门框、门扇翘曲、变形，应修复后方可进行安装。

按门洞口弹出的位置线和水平线，将钢门框放入门洞口内，并用木楔进行临时固定。

调整钢门框的前后、左右、上下位置，经核查无误后，用木楔塞紧。

将钢门框上的连接件与门洞口内的预埋件牢固焊接。

门框安装宜将框埋入地面以下 20mm，需要保证框口上下尺寸相同，允许误差小于 1.5mm，对角线允许误差小于 2mm。

在框两个上角墙上开洞，向框内灌注 M10 水泥砂浆。

3）门框与墙体密封处理

门窗框固定后，应先进行隐蔽工程验收。验收合格后及时按设计要求处理门窗框与墙体之间的缝隙。

拔掉木楔，用 M10 水泥砂浆将门框墙体之间的空隙填实抹平。待填缝砂浆凝固后，即可做洞口的面层粉刷。

4）防火玻璃安装

安装前检查防火玻璃的规格、尺寸及材质文件应符合设计要求。

防火玻璃安装就位时，应先清除镶嵌槽内的灰砂和杂物；保证玻璃与门窗框槽口的配合尺寸符合设计要求或相关标准的规定。

5）门扇安装

合页临时固定在门扇的合页槽中，将门扇塞入门框内，合页的另一片前途门框上的合页槽内，经调整无误后，将合页上的全部螺钉拧紧。

防火门在闭门状态下，门扇应与门框贴合，其搭接量不得小于 10mm，门扇与门框之间的两侧缝隙不得大于 4mm，上侧缝隙不得大于 3mm，双扇门中间缝隙不得大于 4mm。

防火门的开启方向必须为疏散方向。

6）安装五金配件

防火门用五金配件应是经国家消防检测机构检测合格的定型配套产品。

五金配件应安装齐全，位置适宜，固定可靠。

门拉手应位于门高度中点以下，距地面以 0.9～1.05m 为宜。

7）清洁、验收

防火门安装后应进行清洁处理。

2. 防盗门施工

（1）施工工艺流程

画线→门框的安装→门框与墙体密封处理→ 门扇安装→安装五金配件→安装门铃、报警器 →清洁、验收。

（2）防盗门施工工艺

1）划线

按设计要求尺寸、标高和方向，在墙上放出门框安装位置的垂直线和水平线。

2）门框安装

将门框放到安装位置线上，用木楔临时固定，用水平尺将门框调平、找直，并调整进出距离，使周边缝隙均匀。

根据防盗门的安装要求确定门框两侧固定点的数量，但最少不得少于 6 个安装点。

门框固定可采用金属膨胀螺栓与墙体固定，也可与砌筑墙体中的预埋件直接焊接。

为使防盗门更加牢固，必须在门框空心处填充水泥，应按照设计要求填充水泥，防止填充过量造成门框变形而影响门的开启。充填水泥 4h 后，用螺丝刀将锁孔部位清理干净。以不影响锁门为准。冬季充填水泥应加适量防冻液。

3）门框与墙体密封处理

门窗框固定后，应先进行隐蔽工程验收。验收合格后及时按设计要求处理门窗框与墙体之间的缝隙。

拔掉木楔，用 M10 水泥砂浆将门框墙体之间的空隙填实抹平。待填缝砂浆凝固后，即可做洞口的面层粉刷。

4）门扇安装

在洞口粉刷干燥后安装门扇，门扇关闭后，门缝应均匀平整，开启自由轻便，不得有过紧、过松和反弹现象。

防盗门的门扇与门框配合间隙（含组合门扇）应符合表 4-7 的规定。门扇与门框搭接宽度不小于 8mm，门扇平面度不应大于 4.0mm/m^2。

表 4-7　防盗门的门扇与门框配合间隙（mm）

锁孔与锁舌间隙	门框与门扇配合活动间隙	门框与铰链边贴合面间隙	开启边与门框贴合面间隙
≤3.0	≤4.0	≤2.0	≤3.0

门扇与门框搭接宽度不小于 8mm。

门扇平面度不应大于 4.0mm/m^2。

5）安装五金配件

五金配件应安装齐全，位置适宜，固定可靠。

防盗安全门宜采用三方位多锁舌锁具，门框与门扇间的锁闭点数，按防盗安全级别甲、乙、丙、丁分别不少于12个、10个、8个、6个，应符合设计要求，并与型式检验报告相符。主锁舌伸出有效长度应不小于16mm，并应有锁舌止动装置。

6）安装门铃、报警器

多功能防盗门的密码防护锁、门铃、报警器应按照产品使用说明书安装，必须有效、完善。

7）清洁、验收

防盗门安装后应进行清洁处理。

3. 自动门施工

（1）施工工艺流程

放线定位→地面导轨埋设或定位器安装→安装平梁及上部机箱→安装门扇→调整测试→机箱饰面板安装→贴警告标志→清洁、验收。

（2）施工工艺要点

1）放线定位

准确测量室内、外地坪标高，按设计要求复核洞口尺寸。水准仪抄平、线坠吊垂直，弹出门框安装位置的垂直线和水平线，以及安装地面导轨的轴线位置（设计有导向性下轨时）。

2）地面导轨埋设或定位器安装

① 设计装有导向性下轨道的自动门，应在地面预埋50mm×75mm方木条。自动门安装时，撬出方木条埋设自动门地面导向轨道，埋轨道时注意与地坪的面层材料的标高保持一致。

安装的轨道必须水平，预埋的动力线不能影响门扇的开启。保证导轨安装标高、水平度和平直度。

② 设计没有轨道则安装定位器，在地面铺设完成砂浆凝固后打眼用塑料膨胀管安装定位器。

3）安装平梁及上部机箱

安装时按照弹好的标高控制线和平梁中心位置线进行对位，并特别注意用水平尺复核水平度后进行对称施焊。

将平梁放置在预埋件处，校平、吊直，注意与下面轨道的位置关系，然后焊接牢固。自动门上部机箱层主梁是安装中的重要环节。由于机箱内装有运行及感应装置，因此对支撑平梁的支撑结构有一定的强度及稳定性要求。

平梁与地面导轨轴线应安装在同一垂直面上，以保证启闭扇运行平稳。

自动门运行控制机箱及感应装置都固定安装在平梁上，其固定连接方式有平梁打孔穿螺栓固定方式和平梁上焊接连接板再连接固定的方式。应注意平梁上钻孔或焊接连接板应在平梁安装前完成。

安装上框及其他装饰框，可参照全玻门安装施工工艺标准。

上框、平梁水平度的允许偏差≤1/1000；上框、平梁弯曲度的允许偏差≤2mm；立框垂直度的允许偏差≤1/1000；导轨和平梁平行度的允许偏差≤2mm。

4）安装门扇

先检查轨道顺直、平滑，不顺滑处用磨光机打磨平滑后安装滑动门扇。

安上装用滑轮和导向杆（定位销）将门扇挂在平梁上，导向杆引入导向导轨内。

滑动门扇尽头应装弹性限位材料。要求门扇滑动平稳、顺畅。安装门扇，使门扇滑动平稳、润滑。

对口缝及扇与侧框间留缝符合设计要求。

推拉自动门活动门扇与固定扇间距不大于 8mm。

门框固定扇内侧尺寸（对角线）的允许偏差≤2mm；启闭扇与框、横梁、固定扇、动扇间隙差的允许偏差≤1/1000；板材对接接缝平面度的允许偏差≤0.3mm。

5）调整测试

接通电源，调整自动门启闭力及启闭速度。

推拉自动门启闭力及启闭速度宜满足表 4-8 的要求。

表 4-8　推拉自动门启闭力及启闭速度

启闭扇数	门扇重（kg）	启闭力（N）	开启速度（mm/s）	关闭速度（mm/s）	标准扇：宽×高（mm）
单扇	70～120	≤190	≤500	≤350	1200×2400
	≤70	≤130	≤500	≤350	900×2100
双扇	（70～120）×2	≤250	≤400	≤300	1200×2400
	≤70×2	≤160	≤400	≤300	900×2100

单扇平开自动门应满足表 4-9 的要求。

表 4-9　单扇平开自动门启闭力及启闭速度

启闭扇数	门扇重（kg）	启闭力（N）	开启角速度（°/s）	关闭角速度（°/s）	标准扇：宽×高（mm）
单扇	70～120	≤180	≤50	≤35	1200×2400
	≤70	≤150	≤50	≤35	900×2100

注：双扇平开门按两个单扇考虑。

叠自动门应满足表 4-10 的要求。

表 4-10　折叠自动门启闭力及启闭速度

启闭扇数	门扇重（kg）	启闭力（N）	开启速度（mm/s）	关闭速度（mm/s）	标准扇：宽×高（mm）
单折双扇	750～900	≤130	≤300	≤250	800×2200
双折四扇	950～1500	≤150	≤300	≤250	1400×2200
	1500～2400	≤180	≤350	≤350	1800×2200

调整感应装置的探测角度和反应灵敏度，使其达到最佳工作状态，并满足设计要求。

当停电或切断电源开关时，手动启闭力应符合表 4-11 的要求。

表 4-11　自动门停电或切断电源后开关手动开启力规定

门的启闭方式	手动开启力
推拉自动门	≤100N
平开自动门	≤100N（门扇边梃着力点）
折叠自动门	≤100N（垂直于门扇折叠处铰链推拉）

注：1. 推拉自动门和平开自动门为双扇时，手动开启力仅为单扇的测值。
2. 平开自动门在没有风力情况测定。
3. 重叠推拉着力点在门扇、侧结合部的门扇边缘。

当门扇启闭时，不应有异常噪声，且系统噪声不应大于 60dB。

6）机箱饰面板安装

横梁上机箱、运行装置和感应装置等安装调试好后用饰面板将结构和设备包装起来。

7）贴警告标志

“警告标志”应贴在明显的规定位置。

8）清洁、验收

自动门安装后应进行清洁处理，将保护胶纸或塑料薄膜封贴清除，清洁时，不得使用玻璃、配件有腐蚀性的清洁剂。

4. 旋转门施工

（1）施工工艺流程

放线定位→安装门框→安装转轴→安装门顶与转臂→安装电控装置→安装玻璃→调试、试运行→贴警告标志→清洁、验收。

（2）施工工艺要点

1）放线定位

复核洞口与产品尺寸是否相符，确定圆心。

安装转门部位的地面应坚实、光滑、平整，平整度小于正负 3mm。

2）安装门框

门框按洞口左右、前后位置尺寸用膨胀螺栓固定，保证水平和垂直。

按照设计要求的方式安装地轨并固定，保证固定点的距离。

安装外壁分片并临时固定。

旋转门与弹簧门或其他门型组合时，可先安装其他组合部分。

3）安装转轴

先安装转轴，固定底座。底座下面必须垫实，以免底座下沉，影响门扇转动。然后再临时电焊上轴承座，并使转轴垂直于地面。

4）安装门顶与转臂

在安装时，应先安装上圆门顶，再安装转臂，但转臂不应预先固定，以便调整其与活动门扇的间隙。

装门扇，应保持 90°夹角，且上下留有一定的空隙。门扇边缘与固定扇不应小于 25mm；门扇上框与顶棚不应小于 12mm；门扇下梃边缘与地面不应小于 25mm；间隙内安装缓冲材料或橡胶防护时，下梃间隙不应大于 50mm。

调整转臂位置，以保证门扇与转臂之间的间隙。

旋转自动门的允许偏差应符合表 4-12 的规定。

表 4-12　旋转自动门的尺寸允许偏差

项　　目	旋转自动门
上框、平梁水平度	—
上框、平梁弯曲度（mm）	—
立框垂直度	≤1/1000
导轨和平梁平行度（mm）	≤2

续表

项　　目	旋转自动门
门框固定扇内侧尺寸（对角线）（mm）	≤2
动扇与框、横梁、固定扇、动扇间隙差	≤1/1000
板材对接接缝平面度（mm）	≤0.3

注：尺寸偏差可利用通用测量工具检测，如直尺、塞尺、铅垂、水准仪等。

5）安装电控装置

旋转门电器部分安装及布线：主控箱、各传感器连线及布线。

根据设计要求，安装天花、灯饰及顶板。

安装急停等按钮。

6）安装玻璃

安装前检查玻璃的规格、尺寸及材质文件应符合设计要求。

玻璃承重垫块的材质、尺寸、安装位置应符合设计要求。

玻璃安装就位时，应先清除镶嵌槽内的灰砂和杂物；保证玻璃与门窗框槽口的配合尺寸符合设计要求或相关标准的规定。

旋转门采用密封胶条或注密封胶的方法安装玻璃。

当采取密封胶条安装玻璃时，密封胶条在转角处不宜断开、且应与镶嵌槽的长度吻合；密封胶条应压实使各边受力均匀，且和玻璃、玻璃槽口紧贴。

采用注密封胶安装玻璃时，密封胶的宽度和深度应符合设计要求，填充必须密实，外表平整光滑。

7）调试、试运行

旋转门安装完成后，对旋转门进行调试、试运行以达到各种功能要求。保证旋转门运行平稳、灵活。

① 旋转自动门旋转启动力及启闭速度应满足表 4-13 的规定。

② 当停电或切断电源开关时，手动旋转门开启力应大于 150N、小于 300N。

③ 检查转速，运转是否平稳、有无异常声响。当门扇启闭时，不应有异常噪声，且系统噪声不应大于 60dB。

④ 检查程序选择器功能及调整门的启、停正确位置。

⑤ 检查急停按钮和刹车动作。

⑥ 调试、运行感应装置。

表 4-13　旋转自动门旋转启动力及启闭速度

适用直径（mm）	旋转启动力（N）	最大启动速度（mm/s）		标准扇高（mm）
		正常行人	残障者	
2100≤ϕ≤5600	≤250	≤750	≤350	2200

注：1. 旋转自动门扇的运行方向一般采用逆时针旋转。
2. 旋转门内径宜大于 2100mm，小于 5600mm。
3. 该表限速指门扇边缘的线速度，不同内径的旋转门可依此计算每分钟许可的转数。
4. 特殊类型的旋转门应将型式特点以及功能设置做详细说明。

出入口处感应控制系统应做到在出入口范围特别是在危险区域内无盲区。

门右框和门扇边缘应设置缓冲材料并附设接触型感应器，接触型感应器在 40mm×40mm 范围内感受到不大于 45N 的压力时即能指令门扇停止转动。

在门扇运行前方，门扇下框接触型感应器触及到不大于 45N 的压力时，即可指令门扇停止；门扇前方非接触性感应器应能做到感知距门扇前面 250mm 行人时即开始指令门扇减速旋转直到停止。

8）贴警告标志

“警告标志”应贴在明显的规定位置。

旋转门标志：标志的范围应在固定玻璃扇或独立看板高度为 1300mm±300mm 范围内。标志的内容宜包括商标、急停、低速按钮或操作面板、区域内定员、进入方向、警告提示。

9）清洁、验收

旋转门安装后应进行清洁处理，将保护胶纸或塑料薄膜封贴清除，清洁时，不得使用玻璃、配件有腐蚀性的清洁剂。

5. 卷帘门施工

（1）施工工艺流程

洞口处理→弹线→固定卷筒、传动装置→安装电控系统→空载试车→ 装帘板→安装导轨→安装限位块→负载试车→锁具安装→清洁、验收。

（2）施工工艺要点

1）洞口处理

复核洞口与设计是否相符。一般洞口宽度不宜大于 5m，洞口高度也不宜大于 5m。预埋件位置及数量不符合要求的情况得到了处理。。

2）弹线

测量洞口标高，弹出两导轨垂线及卷筒中心线。

3）固定卷筒传动装置

① 安装卷筒应先找好尺寸，并使卷筒保持水平位置，临时固定后进行检查，并进行必要的调整、校正，无误后再将垫板电焊在预埋铁板上，用螺丝固定卷筒的左右支架，安装卷筒。卷筒安装后应转动灵活。安装减速器和传动系统。安装电气控制系统。

② 垂直卷卷帘的卷轴在正常使用时的挠度应小于卷轴长度 1/400。

③ 侧向卷卷帘的卷轴安装时应与基础面垂直，垂直度误差应小于 1.5mm/m。全长应小于 5mm。

4）安装电控系统

熟悉并掌握电气原理图，在技术人员指导下根据产品说明书安装电气控制装置。电器、电路连接正确，电气装置安装牢固。

5）空载试车

在安装好传动装置和电气控制系统后，尚未安装帘板之前，应接线通电检验电机。重点检查减速器工作状态及卷筒转动方向是否正确。

6）装帘板

① 经空载试车运转正常后，将帘板拼装起来，然后安装在卷筒上与轴连接。

② 门帘板有正反，安装时要注意，不得装反；所有紧固零件如螺钉等必须紧固，不准有松动现象。

③ 卷帘轴安装时注意轴线的水平，轴与导槽的垂直度。

④ 钢质防火卷帘相邻帘板串接后应转动灵活，摆动 90°不允许脱落。

⑤ 钢质防火卷帘帘板两端挡板或防窜机构应装配牢固，卷帘运行时相邻帘板窜动量不应大于 2mm。

⑥ 座板与地面应平行、接触应均匀；座板的刚度应大于卷帘帘板的刚度；座板与帘板之间的连接应牢固。

7）安装导轨

① 按图纸规定位置，将两侧及上方导轨焊牢于墙体预埋件上，并焊成一体，各导轨应在同一垂直平面上。安装水幕喷淋系统，并与总控制系统联结。

② 帘面嵌入导轨的深度应符合设计要求，导轨间距离超过 9m 时，导轨间距离每增加 1m，每端嵌入深度应增加 10mm。

③ 导轨的滑动面、侧向卷帘供滚轮滚动的导轨表面应光滑、平直。帘面、滚轮在导轨内运行时应平稳顺畅，不应有碰撞和冲击现象。

④ 导轨现场安装应牢固，预埋铁件的间距为 600～1000mm。垂直卷卷帘的导轨安装后相对于基础面的垂直度误差不应大于 1.5mm/m，全长不应大于 20mm。

8）安装限位块

安装限位装置和行程开关并调整簧盒，使其松紧程度合适。

9）负载试车

① 先手动试运行，再用电动机启闭数次，调整至无卡住、阻滞及异常噪音等现象为止，启闭的速度符合要求。

② 帘面在导轨内运行应平稳，不应有脱轨和明显的倾斜现象；双帘面卷帘的两个帘面应同时升降，两个帘面之间的高度差不应大于 50mm。

③ 防火卷帘启、闭运行的平均噪声不应大于 85dB。

④ 防火卷帘门的电动启闭和自重下降运行速度：垂直卷卷帘电动启、闭的运行速度应为 2～7.5m/min，其自重下降速度不应大于 9.5m/min，侧向卷卷帘电动启、闭的运行速度不应大于 7.5m/min，水平卷卷帘电动启、闭的运行速度应为 2～7.5m/min。

⑤ 全部调试完毕，安装防护罩。卷筒上的护罩可做成方形，亦可做成半圆形。护罩的尺寸大小应与门的宽度和门帘板卷起后的直径相适应，保证卷筒将门帘板卷满后与护罩仍保持一定的距离，不得相互碰撞，经检查无误后，再与护罩预埋件焊牢。

10）锁具安装

锁具的安装位置有两种，轻型卷帘门的锁具应安装在座板上，也可安装在距地面约 1m 处。

11）清洁、验收

① 粉刷或镶砌导轨墙体装饰面层，清理现场。

② 验收符合《建筑装饰装修工程质量验收规范》（GB 50210）以及工程所在地的地方标准的有关规定。

六、门窗工程的质量验收

1. 一般规定

（1）门窗工程验收时应检查下列文件和记录：

① 门窗工程的施工图、设计说明及其他设计文件。

② 材料的产品合格证书、性能检测报告、进场验收记录和复验报告。

③ 特种门及其附件的生产许可文件。

④ 隐蔽工程验收记录。施工记录。

(2) 门窗工程应对下列材料及其性能指标进行复验：

① 人造木板的甲醛含量。

② 建筑外墙金属窗、塑料窗的抗风性能、空气渗透性能和雨水渗漏性能。

(3) 门窗工程应对下列隐蔽工程项目进行验收：

① 预埋件和锚固件。

② 隐蔽部位的防腐、填嵌处理。

(4) 各分项工程的检验批应按下列规定划分：

① 同一品种、类型和规格的木门窗、金属门窗、塑料门窗及门窗玻璃每 100 樘应划分为一个检验批，不足 100 樘也应划分为一个检验批。

② 同一品种、类型和规格的特种门每 50 樘应划分为一个检验批，不足 50 樘也应划分为一个检验批。

门窗工程检验批划分的原则：进场门窗应按品种、类型、规格各自组成检验批，各种门窗组成检验批的数量不同。门窗品种通常是指门窗的制作材料，如实木门窗、铝合金门窗、塑料门窗等；门窗类型是指门窗的功能或开启方式，如平开窗、立转窗、自动门，推拉门等；门窗规格指门窗的尺寸。

(5) 检查数量应符合下列规定：

① 木门窗、金属门窗、塑料门窗及门窗玻璃，每个检验批应至少抽查 5%，并不得少于 3 樘，不足 3 樘时应全数检查；高层建筑的外窗，每个检验批应至少抽查 10%，并不得少于 6 樘，不足 6 樘时应全数检查。

② 特种门每个检验批应至少抽查 50%，并不得少于 10 樘，不足 10 樘时应全数检查。

各种门窗检验批的检查数量不同。考虑到对高层建筑（10 层及 10 层以上的居住建筑和建筑高度超过 24m 的公共建筑）的外窗各项性能要求应更为严格，故每个检验批的检查数量增加一倍。此外，由于特种门的重要性明显高于普通门，数量则较之普通门为少，为保证物种门的功能，规定每个检验批抽样检查的数量应比普通门加大。

(6) 门窗安装前，应对门窗洞口尺寸进行检验。

安装门窗前应对门窗洞口尺寸进行检查，除检查单个门窗洞口尺寸外，还应对能够通视的成排或成列的门窗洞口进行目测或拉通线检查。如果发现明显偏差，应向有关管理人员反映，采取处理措施后再安装门窗。

(7) 金属门窗和塑料门窗安装应采用预留洞口的方法施工，不得采用边安装边砌口或先安装后砌口的方法施工。

安装金属门窗和塑料门窗，我国规范历来规定应采用预留洞口的方法施工，不得采用边安装边砌口或先安装后砌口的方法施工，其原因主要是防止门窗框受挤压变形和表面保护层受损。木门窗安装也宜采用预留洞口的广泛施工。如果采用先安装后砌口的方法施工时，则应注意避免门窗框在施工中受损、受挤压变形或受到污染。

(8) 木门窗与砖石砌体、混凝土或抹灰层接触处应进行防腐处理并应设置防潮层；埋入砌体或混凝土中的木砖应进行防腐处理。

（9）当金属窗或塑料窗组合时，其拼樘料的尺寸、规格、壁厚应符合设计要求。

组合门窗拼樘料不仅起连接作用，而且是组合窗的重要受力部件，故对其材料应严格要求，其规格、尺寸、壁厚等应由设计给出，并应使组合窗能够承受该地区的瞬时风压值。

（10）建筑外门窗的安装必须牢固。在砌体上安装门窗严禁用射钉固定。

门窗安装是否牢固既影响使用功能又影响安全，其重要性尤其以外墙门窗更为显著。建筑外墙门窗必须确保安装牢固，内墙门窗安装也必须牢固。考虑到砌体中砖、砌块以及灰缝的强度较低，受冲击容易破碎，故规定在砌体上安装门窗时严禁用射钉固定。

（11）特种门安装除应符合设计要求和规范规定外，还应符合有关专业标准和主管部门的规定。

2. 木门窗制作与安装工程

（1）主控项目

① 木门窗的木材品种、材质等级、规格、尺寸、框扇的线型及人造木板的甲醛含量应符合设计要求。设计未规定材质等级时，所用木材的质量应符合本规范规定。

检验方法：观察；检查材料进场验收记录和复验报告。

② 木门窗应采用烘干的木材，含水率应符合《建筑木门、木窗》(JG/T 122）的规定。

检验方法：检查材料进场验收记录。

③ 木门窗的防火、防腐、防虫处理应符合设计要求。

检验方法：观察；检查材料进场验收记录。

④ 木门窗的结合处和安装配件处不得有木节或已填补的木节。木门窗如有允许限值以内的死节及直径较大的虫眼时，应用同一材质的木塞加胶填补。对于清漆制品，木塞的木纹和色泽应与制品一致。

检验方法：观察。

⑤ 门窗框和厚度大于 50mm 的门窗扇应用双榫连接。榫槽应采用胶料严密嵌合，并应用胶楔加紧。

检验方法：观察；手扳检查。

⑥ 胶合板门、纤维板门和模压门不得脱胶。胶合板不得刨透表层单板，不得有戗槎。制作胶合板门、纤维板门时，边框和横楞应在同一平面上，面层、边框及横楞应加压胶结。横楞和上、下冒头应各钻两个以上的透气孔，透气孔应通畅。

检验方法：观察。

⑦ 木门窗的品种、类型、规格、开启方向、安装位置及连接方式应符合设计要求。

检验方法：观察；尺量检查；检查成品门的产品合格证书。

⑧ 木门窗框的安装必须牢固。预埋木砖的防腐处理、木门窗框固定点的数量、位置及固定方法应符合设计要求。

检验方法：观察；手扳检查；检查隐蔽工程验收记录和施工记录。

⑨ 木门窗扇必须安装牢固，并应开关灵活，关闭严密，无倒翘。

检验方法：观察；开启和关闭检查；手扳检查。

在正常情况下，当门窗关闭时，门窗扇的上端本应与下端同时或上端略早于下端贴紧门窗的止框。所谓“倒翘”，通常是指当门窗扇关闭时，门窗扇的下端已经贴紧门窗下框，而门窗扇的上端由于翘曲未能与门窗的上框贴紧，尚有离缝的现象。

⑩ 木门窗配件的型号、规格、数量应符合设计要求，安装应牢固，位置应正确，功能应满足使用要求。

检验方法：观察；开启和关闭检查；手扳检查。

考虑到材料的发展，规范中将门窗五金件统一称为配件。门窗配件不仅影响门窗功能，也有可能影响安全，故规范将门窗配件的型号、规格、数量及功能列为主控项目。

（2）一般项目

①木门窗表面应洁净，不得有刨痕、锤印。

检验方法：观察。

② 木门窗的割角、拼缝应严密平整。门窗框、扇裁口应顺直，刨面应平整。

检验方法：观察。

③ 木门窗上的槽、孔应边缘整齐，无毛刺。

检验方法：观察。

④ 木门窗与墙体间缝隙的填嵌材料应符合设计要求，填嵌应饱满。寒冷地区外门窗（或门窗框）与砌体间的空隙应填充保温材料。

检验方法：轻敲门窗框检查；检查隐蔽工程验收记录和施工记录。

⑤ 木门窗批水、盖口条、压缝条、密封条安装应顺直，与门窗结合应牢固、严密。

检验方法：观察；手扳检查。

⑥ 木门窗制作的允许偏差和检验方法应符合表 4-14 的规定。

表中允许偏差栏中所列数值，凡注明正负号的，表示规范对此偏差的不同方向有不同要求，应严格遵守。凡没有注明正负号的，即使其偏差可能具有方向性，但规范并未对这类偏差的方向性作出规定，故检查时对这些偏差可以不考虑方向性要求。

表 4-14　木门窗制作的允许偏差和检验方法

项次	项　　目	构件名称	允许偏差		检验方法
			普通	高级	
1	翘曲	框	3	2	将框、扇平放在检查平台上，用塞尺检查
		扇	2	2	
2	对角线长度差	框、扇	3	2	用钢尺检查，框量裁口里角，扇量外角
3	表面平整度	扇	2	2	用 1m 靠尺和塞尺检查
4	高度、宽度	框	0；−2	0；−1	用钢尺检查，框量裁口里角，扇量外角
		扇	+2；0	+1；0	
5	裁口、线条结合处高低差	框、扇	1	0.5	用钢直尺和塞尺检查
6	相邻棂子两端间距	扇	2	1	用钢直尺检查

⑦ 木门窗安装的留缝限值、允许偏差和检验方法应符合表 4-15 的规定。

表中除给出允许偏差外，对留缝尺寸等给出了尺寸限值。考虑到所给尺寸限值是一个范围，故不再给出允许偏差。

表 4-15　木门窗安装的留缝限值、允许偏差和检验方法

项次	项　　目		留缝限值（mm）		允许偏差（mm）		检验方法
			普通	高级	普通	高级	
1	门窗槽口对角线长度差		—	—	3	2	用钢尺检查
2	门窗框的下、侧面垂直度		—	—	2	1	用 1m 垂直检测尺检查
3	框与扇、扇与扇接缝高低差		—	—	2	1	用钢直尺和塞尺检查
4	门窗扇对口缝		1～2.5	1.5～2	—	—	用塞尺检查
5	工业厂房双扇大门对口缝		2～5	—	—	—	
6	门窗扇与上框间留缝		1～2	1～1.5	—	—	
7	门窗扇与侧框间留缝		1～2.5	1～1.5	—	—	
8	窗扇与下框间留缝		2～3	2～2.5	—	—	
9	门扇与下框间留缝		3～5	3～4	—	—	
10	双层门窗内外框间距		—	—	4	3	用钢尺检查
11	无下框时门扇与地面间留缝	外门	4～7	5～6	—	—	用塞尺检查
		内门	5～8	6～7	—	—	
		卫生间门	8～12	8～10	—	—	
		厂房大门	10～20	—	—	—	

3．金属门窗安装工程

（1）主控项目

① 金属门窗的品种、类型、规格、尺寸、性能、开启方向、安装位置、连接方式及铝合金门窗的型材壁厚应符合设计要求。金属门窗的防腐处理及填嵌、密封处理应符合设计要求。

检验方法：观察；尺量检查；检查产品合格证书、性能检测报告、进场验收记录和复验报告；检查隐蔽工程验收记录。

② 金属门窗框和副框的安装必须牢固。预埋件的数量、位置、埋设方式、与框的连接方式必须符合设计要求。

检验方法：手扳检查；检查隐蔽工程验收记录。

③ 属门窗扇必须安装牢固，并应开关灵活、关闭严密，无倒翘。推拉门窗必须有防脱落措施。

检验方法：观察；开启和善意检查；手扳检查。

推拉门窗扇意外脱落容易造成安全方面的伤害，对高层建筑情况更为严重，故规定推拉门窗扇必须有防脱落措施。

④ 金属门窗配件的型号、规格、数量应符合设计要求，安装应牢固，位置应正确，功能应满足使用要求。

检验方法：观察；开启和关闭检查；手扳检查。

（2）一般项目

① 金属门窗表面应洁净、平整、光滑、色泽一致，无锈蚀。大面应无划痕、碰伤。漆膜或保护层应连续。

检验方法：观察。

② 铝合金门窗推拉门窗扇开关力应不大于100N。

检验方法：用弹簧秤检查。

③ 金属门窗框与墙体之间的缝隙应填嵌饱满，并采用密封胶密封。密封胶表面应光滑、顺直，无裂纹。

检验方法：观察；轻敲门窗框检查；检查隐蔽工程验收记录。

④ 金属门窗扇的橡胶密封条或毛毡密封条应安装完好，不得脱槽。

检验方法：观察；开启和关闭检查。

⑤ 有排水孔的金属门窗，排水孔应畅通，位置和数量应符合设计要求。

检验方法：观察。

⑥ 铝合金门窗安装的允许偏差和检验方法应符合表4-16的规定。

表4-16　铝合金门窗安装的允许偏差和体验方法

项次	项　目		允许偏差（mm）	检验方法
1	门窗槽口宽度、高度	≤1500mm	1.5	用钢尺检查
		＞1500mm	2	
2	门窗槽口对角线长度差	≤2000mm	3	用钢尺检查
		＞2000mm	4	
3	门窗框的正、侧面垂直度		2.5	用垂直检测尺检查
4	门窗横框的水平度		2	用1m水平尺和塞尺检查
5	门窗横框标高		5	用钢尺检查
6	门窗竖向偏离中心		5	用钢尺检查
7	双层门窗内外框间距		4	用钢尺检查
8	推拉门窗扇与框搭接量		1.5	用钢直尺检查

4. 塑料门窗安装工程

（1）主控项目

① 塑料门窗的品种、类型、规格、尺寸、开启方向、安装位置、连接方式及填嵌密封处理应符合设计要求，内衬增强型钢的壁厚及设置应符合国家现行产品标准的质量要求。

检验方法：观察；尺量检查；检查产品合格证书、性能检测报告、进场验收记录和复验报告；检查隐蔽工程验收记录。

② 塑料门窗框、副框和扇的安装必须牢固。固定片或膨胀螺栓的数量与位置应正确，连接方式应符合设计要求。固定点应距窗角、中横框、中竖框150～200mm，固定点间距应不大于600mm。

检验方法：观察；手扳检查：检查隐蔽工程验收记录。

③ 塑料门窗拼樘料内衬增加型钢的规格、壁厚必须符合设计要求，型钢应与型材内腔紧密吻合，其两端必须与洞口固定牢固。窗框必须与拼樘料连接紧密，固定点间距应不大于600mm。

检验方法：观察；手扳检查；尺量检查；检查进场验收记录。

拼樘料的作用不仅是连接多樘窗，而且起着重要的固定作用。故规范从安全角度，对拼樘料做出了严格要求。

④ 塑料门窗扇应开关灵活、关闭严密，无倒翘。推拉门窗扇必须有防脱落措施。

检验方法：观察；开启和关闭检查；手扳检查。

⑤ 塑料门窗配件的型号、规格、数量应符合设计要求，安装应牢固，位置应正确，功能应满足使用要求。

检验方法：观察；手扳检查；尺量检查。

⑥ 塑料门窗框与墙体间缝隙应采用闭孔弹性材料填嵌饱满，表面应采用密封胶密封。密封胶应黏结牢固，表面应光滑、顺直、无裂纹。

检验方法：观察；检查隐蔽工程验收记录。

塑料门窗的线性膨胀系数较大，由于温度升降易引起门窗变形或在门窗框与墙体间出现裂缝，为了防止上述现象，特规定塑料门窗框与墙体间缝隙应采用伸缩性能较好的闭孔弹性材料填嵌，并用密封胶密封。采用闭孔材料则是为了防止材料吸水导致连接件锈蚀，影响安装强度。

（2）一般项目

① 塑料门窗表面应洁净、平整、光滑，大面应无划痕、碰伤。

检验方法：观察。

② 塑料门窗扇的密封条不得脱槽。旋转窗间隙应基本均匀。

③ 塑料门窗扇的开关力应符合下列规定：

平开门窗扇平铰链的开关力应不大于80N；滑撑铰链的开关力应不大于80N，并不小于30N。推拉门窗扇的开关力应不大于100N。

检验方法：观察；用弹簧秤检查。

④ 玻璃密封条与玻璃槽口的接缝应平整，不得卷边、脱槽。

检验方法：观察。

⑤ 排水孔应畅通，位置和数量应符合设计要求。

检验方法：观察。

⑥ 塑料门窗安装的允许偏差和检验方法应符合表4-17的规定。

表4-17 塑料门窗安装的允许偏差和检验方法

项次	项目		允许偏差（mm）	检验方法
1	门窗槽口宽度、高度	≤1500mm	2	用钢尺检查
		＞1500mm	3	
2	门窗槽口对角线长度差	≤2000mm	3	用钢尺检查
		＞2000mm	5	
3	门窗框的正、侧面垂直度		3	用1m垂直检测尺检查
4	门窗横框的水平度		3	用1m水平尺和塞尺检查
5	门窗横框标高		5	用钢尺检查
6	门窗竖向偏离中心		5	用钢直尺检查
7	双层门窗内外框间距		4	用钢尺检查

续表

项次	项　　目	允许偏差（mm）	检验方法
8	同樘平开门窗相邻扇高度差	2	用钢尺检查
9	平开门窗铰链部位配合间隙	+2；－1	用塞尺检查
10	推拉门窗扇与框搭接量	+1.5；－2.5	用钢尺检查
11	推拉门窗扇与竖框平等度	2	用1m水平尺和塞尺检查

第四节　吊顶工程

吊顶又称顶棚、天花板，是建筑装饰工程的一个重要子分部工程。按吊顶龙骨的不同，分为明龙骨吊顶暗龙骨吊顶。

一、吊顶施工工艺

1. 明龙骨吊顶施工工艺流程

弹吊顶水平线、龙骨分档线→固定吊杆、吊件→安装吊顶边龙骨→安装吊顶主龙骨→安装吊顶次龙骨→整体调平→安装吊顶饰面板。

1. 暗龙骨吊顶施工工艺流程

弹吊顶水平线、龙骨分档线→固定吊杆、吊件→安装吊顶边龙骨→安装吊顶主龙骨→安装吊顶次龙骨→整体调平→安装吊顶饰面板。

3. 吊顶施工工艺

（1）测量放线

1）弹吊顶标高水平线

应根据吊顶的设计标高在四周墙上弹线。弹线应清晰，位置应准确。

2）画龙骨分档线

沿已弹好的顶棚标高水平线，按吊顶平面图，在混凝土顶板画（弹）出主龙骨的分档位置线。主龙骨宜平行房间长向布置，分档位置线从吊顶中心向两边分，间距宜为900～1200mm，并标出吊杆的固定点。

（2）吊杆安装

1）不上人的吊顶，吊杆长度小于1000mm，可以采用$\Phi6$的吊杆；如果大于1000mm，应采用$\Phi8$的吊杆；大于1500mm时，还应设置反向支撑。上人的吊顶，吊杆长度小于1000mm，可以采用$\Phi8$的吊杆；如果大于1000mm，应采用$\Phi10$的吊杆；大于1500mm时，还应设置反向支撑。

2）吊杆应通直，并有足够的承载能力。

3）吊顶灯具、风口及检修口等应设附加吊杆。重型灯具、电扇及其他重型设备严禁安装在吊顶工程的龙骨上，必须增设附加吊杆。

（3）龙骨安装

1）安装边龙骨

边龙骨的安装应按设计要求弹线，用射钉固定，射钉间距应不大于吊顶次龙骨的间距。

2）安装主龙骨

主龙骨应吊挂在吊杆上。主龙骨间距、起拱高度应符合设计要求。主龙骨的接长应采取对接，相邻龙骨的对接接头要相互错开。主龙骨安装后应及时校正其位置、标高。

跨度大于 15m 的吊顶，应在主龙骨上每隔 15m 加一道大龙骨，并垂直主龙骨焊接牢固；如有大的造型顶棚，造型部分应用角钢或扁钢焊接成框架，并应与楼板连接牢固。

3）安装次龙骨

次龙骨分明龙骨和暗龙骨两种。次龙骨间距宜为 300～600mm，在潮湿地区和场所间距宜为 300～400mm。

4）安装横撑龙骨

暗龙骨系列横撑龙骨应用连接件将其两端连接在通长次龙骨上。明龙骨系列的横撑龙骨与通长龙骨搭接处的间隙不得大于 1mm。

（4）饰面板安装

1）明龙骨吊顶饰面板安装

明龙骨吊顶饰面板的安装方法有：搁置法、嵌入法、卡固法等。搁置法是将饰面板直接放在 T 形龙骨组成的格栅框内，即完成吊顶安装。有些轻质饰面板考虑刮风时会被掀起（包括空调风口附近)，应有防散落措施，宜用木条、卡子等固定。嵌入法是将饰面板事先加工成企口暗缝，安装时将 T 形龙骨两肋插入企口缝内。卡固法是饰面板与龙骨采用配套卡具卡接固定，多用于金属饰面板安装。

2）暗龙骨吊顶饰面板安装

暗龙骨吊顶饰面板的安装方法有：钉固法、粘贴法、嵌入法、卡圃法等。粘贴法分为直接粘贴法和复合粘贴法。直接粘贴法是将饰面板用胶黏剂直接粘贴在龙骨上。刷胶宽度为 10～15mm，经 5～10min 后，将饰面板压粘在相应部位。

二、吊顶工程质量验收标准

1. 一般规定

（1）按照施工工艺不同，分暗龙骨吊顶和明龙骨吊顶。

（2）吊顶工程验收时应检查下列文件和记录：

① 吊顶工程的施工图、设计说明及其他设计文件。

② 材料的产品合格证书、性能检测报告、进场验收记录和复验报告。

③ 隐蔽工程验收记录。

④ 施工记录。

（3）吊顶工程应对人造木板的甲醛含量进行复验。

（4）吊顶工程应对下列隐蔽工程项目进行验收：

① 吊顶内管道、设备的安装及水管试压。

② 木龙骨防火、防腐处理。

③ 预埋件或拉结筋。

④ 吊杆安装。

⑤ 龙骨安装。

⑥ 填充材料的设置。

为了既保证吊顶工程的使用安全，又做到竣工验收时不破坏饰面，吊顶工程的隐蔽工程验收非常重要，本条所列各款均应提供由监理工程师签名的隐蔽工程验收记录。

（5）各分项工程的检验批应按下列规定划分：

同一品种的吊顶工程每 50 间（大面积房间和走廊按吊顶面积 $30m^2$ 为一间）应划分为一个检验批，不足 50 间也应划分为一个检验批。

（6）检查数量应符合下列规定：

每个检验批应至少抽查 10%，并不得少于 3 间；不足 3 间时应全数检查。

（7）安装龙骨前，应按设计要求对房间净高、洞口标高和吊顶内管道、设备及其支架的标高进行交接检验。

（8）吊顶工程的木吊杆、木龙骨和木饰面板必须进行防火处理，并应符合有关设计防火规范的规定。

由于发生火灾时，火焰和热空气迅速向上蔓延，防火问题对吊顶工程是至关重要的，使用木质材料装饰装修顶棚时应慎重。《建筑内部装修设计防火规范》（GB 50222—1995）规定顶棚装饰装修材料的燃烧性能必须达到 A 级或 B_1 级，未经防火处理的木质材料的燃烧性能达不到这个要求。

（9）吊顶工程中的预埋件、钢筋吊杆和型钢吊杆应进行防锈处理。

（10）安装饰面板前应完成吊顶内管道和设备的调试及验收。

（11）吊杆距主龙骨端部距离不得大于 300mm，当大于 300mm 时，应增加吊杆。当吊杆长度大于 1.5m 时，应设置反支撑。当吊杆与设备相遇时，应调整并增设吊杆。

（12）重型灯具、电扇及其他重型设备严禁安装在吊顶工程的龙骨上。

龙骨的设置主要是为了固定饰面材料，一些轻型设备如小型灯具、烟感器、喷淋头、风口篦子等也可以固定在饰面材料上。但如果把电扇和大型吊灯固定在龙骨上，可能会造成脱落伤人事故。为了保证吊顶工程的使用安全，特制定本条并作为强制性条文。

2. 暗龙骨吊顶工程

暗龙骨吊顶是指以轻钢龙骨、铝合金龙骨、木龙骨等为骨架，以石膏板、金属板、矿棉板、木板、塑料板或格栅等为饰面材料的暗龙骨吊顶工程。

（1）主控项目

① 吊顶标高、尺寸、起拱和造型应符合设计要求。

检验方法：观察；尺量检查。

② 饰面材料的材质、品种、规格、图案和颜色应符合设计要求。

检验方法：观察；检查产品合格证书、性能检测报告、进场验收记录和复验报告。

③ 暗龙骨吊顶工程的吊杆、龙骨和饰面材料的安装必须牢固。

检验方法：观察；手扳检查；检查隐蔽工程验收记录和施工记录。

④ 吊杆、龙骨的材质、规格、安装间距及连接方式应符合设计要求。金属吊杆、龙骨应经过表面防腐处理；木吊杆、龙骨应进行防腐、防火处理。

检验方法：观察；尺量检查；检查产品合格证书、性能检测报告、进场验收记录和隐蔽工程验收记录。

⑤ 石膏板的接缝应按其施工工艺标准进行板缝防裂处理。安装双层石膏板时，面层板与基层板的接缝应错开，并不得在同一根龙骨上接缝。

检验方法：观察。

（2）一般项目

① 饰面材料表面应洁净、色泽一致，不得有翘曲、裂缝及缺损。压条应平直、宽窄一致。

检验方法：观察；尺量检查。

② 饰面板上的灯具、烟感器、喷淋头、风口篦子等设备的位置应合理、美观，与饰面板的交接应吻合、严密。

检验方法：观察。

③ 金属吊杆、龙平的接缝应均匀一致，角缝应吻合，表面应平整，无翘曲、锤印。木质吊杆、龙平应顺直，无劈裂、变形。

检验方法：检查隐蔽工程验收记录和施工记录。

④ 吊顶内填充吸声材料的品种和铺设厚度应符合设计要求，并应有防散落措施。

检验方法：检查隐蔽工程验收记录和施工记录。

⑤ 暗龙平吊顶工程安装的允许偏差和检验方法应符合表 4-18 的规定。

表 4-18　暗龙骨吊顶工程安装的允许偏差

项次	项目	允许偏差（mm）				检验方法
		纸面石膏板	金属板	矿棉板	木板、塑料板、格栅	
1	表面平整度	3	2	2	3	用 2m 靠尺和塞尺检查
2	接缝直线度	3	1.5	3	3	拉 5m 线，不足 5m 拉通线，用钢直尺检查
3	接缝高低差	1	1	1.5	1	用钢直尺和塞尺检查

3. 明龙骨吊顶工程

明龙骨吊顶是指以轻钢龙骨、铝合金龙骨、木龙骨等为骨架，以石膏板、金属板、矿棉板、塑料板、玻璃板或格栅等饰面材料的明龙骨吊顶工程。

（1）主控项目

① 吊顶标高、尺寸、起拱和造型应符合设计要求。

检验方法：观察；尺量检查。

② 饰面材料的材质、品种、规格、图案和颜色应符合设计要求。当饰面材料为玻璃板时，应使用安全玻璃或采取可靠的安全措施。

检验方法：观察；检查产品合格证书、性能检测报告和进场验收记录。

③ 饰面材料的安装应稳固严密。饰面材料与龙骨的搭接宽度应大于龙骨受力面宽度的 2/3。

检验方法：观察；手扳检查；尺量检查。

④ 吊杆、龙骨的材质、规格、安装间距及连接方式应符合设计要求。金属吊杆、龙骨应进行表面防腐处理；木龙骨应进行防腐、防火处理。

检验方法：观察；尺量检查；检查产品合格证书、进场验收记录和隐蔽工程验收记录。

⑤ 明龙骨吊顶工程的吊杆和龙骨安装必须牢固。

检验方法：手扳检查；检查隐蔽工程验收记录和施工记录。

（2）一般项目

① 饰面材料表面应洁净、色泽一致，不得有翘曲、裂缝及缺损。饰面板与明龙骨的搭接应平整、吻合，压条应平直、宽窄一致。

检验方法：观察；尺量检查。

② 饰面板上的灯具、烟感器、喷淋头、风口篦子等设备的位置应合理、美观，与饰面板的交接应吻合、严密。

检验方法：观察。

③ 金属龙骨的接缝应平整、吻合、颜色一致，不得有划伤、擦伤等表面缺陷。木质龙骨应平整、顺直，无劈裂。

检验方法：观察。

④ 吊顶内填充吸声材料的品种和铺设厚度应符合设计要求，并应有防散落措施。

检验方法：检查隐蔽工程验收记录和施工记录。

⑤ 明龙骨吊顶工程安装的允许偏差和检验方法应符合表 4-19 的规定。

表 4-19　明龙骨吊顶工程安装的允许偏差和检验方法

项次	项目	允许偏差（mm）				检验方法
		石膏板	金属板	矿棉板	塑料板、玻璃板	
1	表面平整度	3	2	3	3	用 2m 靠尺和塞尺检查
2	接缝直线度	3	2	3	3	拉 5m 线，不足 5m 拉通线，用钢直尺检查
3	接缝高低差	1	1	2	1	用钢直尺和塞尺检查

第五节　轻质隔墙工程施工工艺

一、轻钢龙骨隔墙施工工艺

1. 轻钢龙骨隔墙的工艺流程

弹隔墙定位线→安装骨架 →安装门洞口框→隐蔽验收→安装面板（一侧）→安装线管、填充材料→安装面板（另一侧）。

2. 轻钢龙骨隔墙的工艺要点

（1）弹隔墙定位线

在基体上弹出水平线和竖向垂直线，以控制隔墙龙骨安装的位置、平直度和固定点。

（2）安装骨架

1）木龙骨骨架安装

① 沿弹线位置安装骨架，应保持骨架垂直、平整。固定点间距应不大于 600mm，骨架的端部必须固定，距端头距离不大于 50mm，固定应牢固。边框龙骨与基体之间，应按设计要求安装密封条。

② 木骨架按设计要求进行防火、防腐处理。

③ 以隔墙门洞两侧木方加大或双龙骨为基体，安装挡位龙骨，竖向龙骨间距400mm，横向龙骨1.2～1.5m。

2）轻钢龙骨骨架安装

① 沿弹线位置固定沿顶和沿地龙骨，龙骨接长，应保持平直。固定点间距应不大于600mm，龙骨的端部必须固定牢固。边框龙骨与基体之间，应按设计要求安装密封条。

② 安装竖向龙骨，龙骨间距400～500mm，采用拉铆钉和天地龙骨固定。

安装横向通贯龙骨，高度低于3m的隔墙安装一道；3～5m时安装两道；5m以上时安装三道。

③ 门窗或特殊节点处，应使用附加龙骨，加强其安装应符合设计要求。

④ 隔断的下端如用木踢脚板覆盖，隔断的罩面板下端应离地面20～30mm；如用大理石、水磨石踢脚时，罩面板下端应与踢脚板上口齐平，接缝要严密。

⑤ 隔墙有防水、防潮要求时，隔墙龙骨必须安装在混凝土地垄上。踢脚板固定在混凝土地垄上。

（3）安装门洞口框

安装门洞口框，安装门口加强龙骨。

（4）隐蔽验收

1）骨架隔墙中设备管线的安装及水管试压。

2）木龙骨防火、防腐处理。

3）预埋件或拉结筋。

4）龙骨安装。

5）填充材料的设置。

（5）面板安装

1）石膏板、埃特板安装

① 安装面板前，应对预埋隔断中的管道和附于墙内的设备采取局部加强措施；面板宜竖向铺设，长边接缝宜落在竖向龙骨上。龙骨一侧安装双层面板时，应保证两层面板错缝排列，接缝不应落在同一根龙骨上。

② 根据隔声、保温、防火的设计要求在龙骨一侧安装好面板后，进行隔声、保温、防火等材料的填充。再封闭另一侧的板。

③ 面板应采用螺钉固定。周边螺钉的间距不应大于200mm，中间部分螺钉的间距不应大于300mm，螺钉与板边缘的距离应为10～16mm；安装面板时，应从板的中部开始向板的四边固定。钉头略埋入板内，但不得损坏面层；钉头应做防锈处理；钉眼应用腻子抹平。

④ 面板应按框格尺寸裁割准确；就位时应与框格靠紧，但不得强压。

2）胶合板和纤维板（玻镁板）、人造木板安装

① 面板安装采用螺钉固定，钉距为170～200mm（木骨架可采用直钉固定，钉距80～100mm）。面板如涂刷清油等涂料时，相邻板面的木纹和颜色应近似。

② 根据隔声、保温、防火的设计要求在龙骨一侧安装好胶合板和纤维板（玻镁板）、人造木板后，进行隔声、保温、防火等材料的填充。再封闭另一侧的面板。

③ 面板安装前，应做好防火处理，在湿度较大的房间，不得使用未经防水处理的面板。

④ 面板安装后，阳角处应做护角，以防板边角损坏，并可增加装饰。

3）覆膜石膏板安装

① 固定安装

a. 固定铝合金成品单层龙骨、阴阳角龙骨、起始龙骨、天龙骨、踢脚龙骨；调平、调直，固定牢固。

b. 安装一侧覆膜石膏板；

c. 根据隔声、保温、防火的设计要求在龙骨一侧安装好面板后，进行隔声、保温、防火等材料的填充。再封闭另一侧的板。

d. 安装扣条、阴阳角扣条、起始扣条、天扣条、踢脚角。

② 粘贴安装

a. 采用自攻钉安装100mm宽石膏板，间距200mm，调平调直，固定牢固。

b. 根据隔声、保温、防火的设计要求在龙骨一侧安装好面板后，进行隔声、保温、防火等材料的填充。

c. 采用石膏饼粘贴覆膜石膏板，间距400mm，调平调直。

d. 接缝清理。

二、板材隔墙施工

1. 板材隔墙的施工工艺流程

现场定位放线、分档→配板、修补→安装U形卡→配制胶黏剂→安装隔墙板→安装门窗框→ 板缝处理。

2. 板材隔墙的施工工艺要点

（1）现场定位放线、分档

根据图纸隔墙位置，在施工现场地面、墙面及顶面弹好隔墙边线及门窗洞口线，并按板宽分档。以控制隔墙安装的位置、平直度和固定点，经专业监理工程师认可后方可施工。

（2）配板、修补

1）板的长度应按楼层结构净高尺寸减20mm。计算并量测门窗洞口上部及窗口下部的隔板尺寸，按此尺寸配备预埋件的门窗框板。

2）当板的宽度与隔墙的长度不相适应时，应将部分隔墙板预先拼接加宽（或锯窄）成合适的宽度，放置在阴角处。有缺陷的板应修补。

（3）安装U形卡

按设计要求用U形钢板卡固定条板的顶端。在两块条板顶端拼缝之间用膨胀螺栓将U形钢板卡固定在梁和板上。随安板随固定U形钢板卡。

（4）配制胶粘剂

根据板材材质和要求配制胶黏剂。配制好的胶黏剂应在30min内用完。

（5）安装隔墙板

1）隔墙板安装顺序应从与墙的结合处开始，依次顺序安装。

2）板侧清刷浮灰，在墙面、顶面、板的顶面及侧面（相拼合面）满刮胶黏剂，按弹线位置安装就位，用木楔顶在板底，再用手平推隔墙板，使板缝冒浆，一个人用脚踢板在板底部向上顶，一人打木楔，使隔墙板挤紧顶实，然后用腻子刀将挤出的胶黏剂刮平。按以上操作办法一次安装隔墙板。

3）安装过程中随时用2m靠尺及塞尺测量墙面的平整度，用2m垂直检测尺检查板的垂直度。

4）粘接完毕的墙体，应立即用C20干硬性细石混凝土将板下口堵严，当混凝土强度达到10MPa以上后，撤去板下木楔，并用同等强度的干硬性砂浆灌实。

（6）安装门窗框

一般采用先留门窗洞口，后安装门框的方法。

（7）板缝处理

1）隔墙板安装后10d，检查所有缝隙是否黏结良好，有无裂缝，如出现裂缝，应查明原因后进行修补。

2）所有板缝、阴角缝，先清理浮灰，刮胶黏剂，贴50mm宽玻纤网格带，转角隔墙在阳角处粘贴200mm宽（每边各100mm）玻纤布一层，压实、粘牢，表面再用胶黏剂刮平。

（8）饰面做法按设计要求。

三、隔墙隔断工程的质量验收

1. 一般规定

（1）轻质隔墙是指非承重轻质内隔墙。轻质隔墙工程所用材料的种类和隔墙的构造方法很多，本章将其归纳为板材隔墙、骨架隔墙、活动隔墙、玻璃隔墙四种类型。加气混凝土砌块、空心砌块及各种小型砌块先进砌体类轻质隔墙不含在本章范围内。

（2）轻质隔墙工程验收时应检查下列文件和记录：

① 轻质隔墙工程的施工图、设计说明及其他设计文件。

② 材料的产品合格证书、性能检测报告、进场验收记录和复验报告。

③ 隐蔽工程验收记录。

④ 施工记录。

（3）轻质隔墙工程应对人造木板的甲醛含量进行复验。

轻质隔墙施工要求对所使用人造木板的甲醛含量进行进场复验。目的是避免对室内空气环境造成污染。

（4）轻质隔墙工程应对下列隐蔽工程项目进行验收：

① 骨架隔墙中设备管线的安装及水管试压。

② 木龙骨防火、防腐处理。

③ 预埋件或拉结筋。

④ 龙骨安装。

⑤ 填充材料的设置。

轻质隔墙工程中的隐蔽工程施工质量是这一分项工程质量的重要组成部分。本条规定了轻质隔墙工程中的隐蔽工程验收内容，其中设备管线安装的隐蔽工程验收属于设备专业施工配合的项目，要求在骨架隔墙封面板前，对骨架中设备管线的安装进行隐蔽工程验收，隐蔽工程验收合格后才能封面板。

（5）各分项工程的检验批应按下列规定划分：

同一品种的轻质隔墙工程每50间（大面积房间和走廊按轻质隔墙的墙面30m^{2}为一间）应划分为一个检验批，不足50间也应划分为一个检验批。

（6）轻质隔墙与顶棚和其他墙体的交接处应采取防开裂措施。

轻质隔墙与顶棚或其他材料墙体的交接处容易出现裂缝，因此，要求轻质隔墙的这些部位要采取防裂缝的措施。

(7) 民用建筑轻质隔墙工程的隔声性能应符合现行国家标准《民用建筑隔声设计规范》(GBJ118) 的规定。

2. 板材隔墙工程

(1) 主控项目

① 隔墙板材的品种、规格、性能、颜色应符合设计要求。有隔声、隔热、阻燃、防潮等特殊要求的工程，板材应有相应性能等级的检测报告。

检验方法：观察；检查产品合格证书、进场验收记录和性能检测报告。

② 安装隔墙板材所需预埋件、连接件的位置、数量及连接方法应符合设计要求。

检验方法：观察；尺量检查；检查隐蔽工程验收记录。

③ 隔墙板材安装必须牢固。现制钢丝网水泥隔墙与周边墙体的连接方法应符合设计要求，并应连接牢固。

检验方法：观察；手扳检查。

④ 隔墙板材所用接缝材料的品种及接缝方法应符合设计要求。

检验方法：观察；检查产品合格证书和施工记录。

(2) 一般项目

① 隔墙板材安装应垂直、平整、位置正确，板材不应有裂缝或缺损。

检验方法：观察；尺量检查。

② 板材隔墙表面应平整光滑、色泽一致、洁净，接缝应均匀、顺直。

检验方法：观察；手摸检查。

③ 隔墙上的孔洞、槽、盒应位置正确、套割方正、边缘整齐。

检验方法：观察。

④ 板材隔墙安装的允许偏差和检验方法应符合表 4-20 的规定。

表 4-20 板材隔墙安装的允许偏差和检验方法

项次	项目	允许偏差（mm）				检验方法
		复合轻质墙板		石膏空心板	钢丝网水泥板	
		金属夹芯板	其他复合板			
1	立面垂直度	2	3	3	3	用 2m 垂直检测尺检查
2	表面平整度	2	3	3	3	用 2m 靠尺和塞尺检查
3	阴阳角方正	3	3	3	4	用直角检测尺检查
4	接缝高低差	1	2	2	3	用钢直尺和塞尺检查

3. 骨架隔墙工程

(1) 主控项目

① 骨架隔墙所用龙骨、配件、墙面板、填充材料及嵌缝材料的品种、规格、性能和木材的含水率应符合设计要求。有隔声、隔热、阻燃、防潮等特殊要求的工程，材料应有相应性能等级的检测报告。

检验方法：观察；检查产品合格证书、进场验收记录、性能检测报告和复验报告。

② 骨架隔墙工程边框龙骨必须与基体结构连接牢固，并应平整、垂直、位置正确。

检验方法：手扳检查；尺量检查；检查隐蔽工程验收记录。

③ 龙骨体系沿地面、顶棚设置的龙骨及边框龙骨，是隔墙与主体结构之间重要的传力构件，要求这些龙骨必须与基体结构连接牢固，垂直和平整，交接处平直，位置准确。由于这是骨架隔墙施工质量的关键部位，故应作为隐蔽工程项目加以验收。

④ 骨架隔墙中龙骨间距和构造连接方法应符合设计要求。骨架内设备管线的安装、门窗洞口等部位加强龙骨应安装牢固、位置正确，填充材料的设置应符合设计要求。

检验方法：检查隐蔽工程验收记录。

目前我国的轻钢龙骨主要有两大系列，一种是仿日本系列，一种是仿欧美系列。这两种系列的构造不同，仿日本龙骨系列要求安装贯通龙骨并在竖向龙骨竖向开口处安装支撑卡，以增强龙骨的整体性和刚度，而仿欧美系列则没有这项要求。在对龙骨进行隐蔽工程验收时可根据设计选用不同龙骨系列的有关规定进行检验，并符合设计要求。

骨架隔墙在有门窗洞口、设备管线安装或其他受力部位，应安装加强龙骨，增强龙骨骨架的强度，以保证在门窗开启使用或受力时隔墙的稳定。

一些有特殊结构要求的墙面，如曲面、斜面等，应按照设计要求进行龙骨安装。

④ 木龙骨及木墙面板的防火和防腐处理必须符合设计要求。

检验方法：检查隐蔽工程验收记录。

⑤ 骨架隔墙的墙面板应安装牢固，无脱层、翘曲、折裂及缺损。

检验方法：观察；手扳检查。

⑥ 墙面板所用接缝材料的接缝方法应符合设计要求。

检验方法：观察。

（2）一般项目

① 骨架隔墙表面应平整光滑、色泽一致、洁净、无裂缝，接缝应均匀、顺直。

检验方法：观察；手摸检查。

② 骨架隔墙上的孔洞、槽、盒应位置正确、套割吻合、边缘整齐。

检验方法：观察。

③ 骨架隔墙内的填充材料应干燥，填充应密实、均匀、无下坠。

检验方法：轻敲检查；检查隐蔽工程验收记录。

④ 骨架隔墙安装的允许偏差和检验方法应符合表 4-21 的规定。

表 4-21　骨架隔墙安装的允许偏差和检验方法

项次	项目	允许偏差（mm）		检验方法
		纸面石膏板	人造木板、水泥纤维板	
1	立面垂直度	3	4	用 2m 垂直检测尺检查
2	表面平整度	3	3	用 2m 靠尺和塞尺检查
3	阴阳角方正	3	3	用直角检测尺检查
4	接缝直线度	—	3	拉 5m 线，不足 5m 拉通线，用钢直尺检查
5	压条直线度	—	3	拉 5m 线，不足 5m 拉通线，用钢直尺检查
6	接缝高低差	1	1	用钢直尺和塞尺检查

第六节　饰面工程

一、贴面类内墙、外墙装饰施工工艺

1. 饰面砖镶贴工艺流程

基层处理→吊垂直、套方、找规矩、贴灰饼→抹底层砂浆→刷素水泥浆结合层→排砖、分格、弹控制线→浸砖→粘贴饰面砖→饰面砖勾缝及擦缝→清洁饰面砖

2. 饰面砖镶贴工艺要点

（1）基层处理

1）混凝土基层：清理表面流浆、尘土、污垢，将缺棱掉角或凹凸不平处进行修补，然后进行凿毛或拉毛处理。拉毛处理多采用1∶1水泥细砂内掺界面剂，喷或甩到墙面（甩点要均匀），并浇水养护，养护至具有较高的强度，用手掰不掉为止。

2）砖砌体基层：先剔除、清扫干净墙面上的残留砂浆、舌头灰，检查窗台窗套和腰线等处，对损坏和松动的部分要处理好，然后浇水润湿墙面。

3）基层表面明显凹凸处，用1∶3的水泥砂浆找平或剔平。

4）加气混凝土、混凝土空心砖块等基层要在清理修补涂刷聚合物水泥浆后钉铺一层加强网，以增加基层与找平层及黏结层之间的附着力。不同材质墙体交接部位，应用加强网进行加强处理，加强网与两侧墙体的搭接宽度不应小于100mm。

（2）吊垂直、套方、找规矩、贴灰饼

在建筑物四周大角、门窗洞口边通天柱、垛子、阳台、挑檐两侧用经纬仪测出垂直线找直，并将其作为竖向控制线，楼层水平线引出到外墙作为横向控制线，根据饰面砖的规格尺寸分层设点、做灰饼、冲筋，间距控制在2m以内，阴阳角处要双面排直，抹灰饼、冲筋应做到顶面平齐，同时注意找好女儿墙顶、突出檐口、腰线、窗台、雨篷等饰面的流水坡度和滴水线（槽）。

（3）抹底层砂浆

1）抹灰应分两层进行，每层厚度不应大于7mm，且应在前一层终凝后再抹后一层，抹灰总厚度大于35mm时，应采取钉钢板网或其他加强措施。抹灰应确保窗台、腰线、檐口、雨篷等部位的流水坡度。

2）混凝土、砖砌体基层：基层处理完后，先将基层表面湿润，满刷一道掺胶的素水泥或界面剂浆结合层，然后分层分遍抹底层砂浆：通常采用1∶3水泥砂浆，为改善其和易性可掺加外加剂，每层抹灰厚度控制在5～7mm，用木抹子搓毛，待前一层终凝后再抹下一层，第二层应与冲筋抹平，并用大杠刮平找直，再用木抹子搓毛，砂浆终凝后浇水养护。

3）加气混凝土、陶粒混凝土空心砌块基层：基层处理完后，用水湿润基层表面，满刷一道掺胶的素水泥或界面剂浆结合层，然后分层分遍抹底层砂浆：通常采用混合砂浆（水泥∶白灰膏∶砂子＝1∶1∶6），每层抹灰厚度控制在5～7mm，表面用木抹子搓平、搓毛，待前一层终凝后再抹下一层，第二层应与冲筋抹平，并用大杠刮平找直，再用木抹子搓毛，砂浆终凝后浇水养护。

（4）刷结合层

待底层砂浆达到较高强度后，在底层砂浆上刷一遍素水泥浆结合层。

（5）排砖、分格、弹控制线

1）排砖：根据设计图纸、排砖设计大样和现场实际情况进行现场排砖，并按确定接缝宽度进行分格。

排砖时水平缝应与门窗口平齐，竖向应使各阳角和门窗口处为整砖，阳角处正立面整砖盖住侧立面整砖。窗台、腰线等突出墙面的部位，除流水坡度符合设计要求外，应采取顶面砖压立面砖的做法，防止向内渗水，引起空鼓，同时还应采取立面中最下一排立面砖下口应低于底面砖 3～5mm 的做法。见图 4-4。同一墙面上的横、竖排列，不得有一行以上的非整砖，大墙面、通天柱、墙垛子要排整砖，非整砖应排在不明显处，即阴角或次要部位，非整砖宽度不宜小于整砖宽度的1/2。通常用缝宽来调整面砖排列尺寸，但砖缝宽度应不小于 5mm，不得采用密缝。墙面突出的卡件、孔洞处面砖套割应吻合，排砖应美观，不得采用非整砖拼凑镶贴。

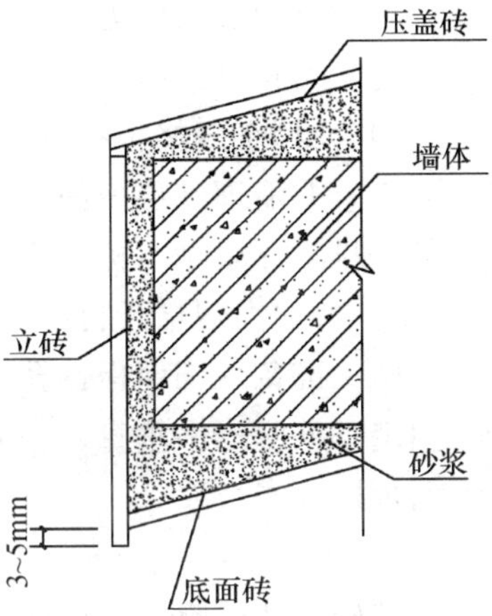

图 4-4　窗台及腰线排砖示意

2）分格、弹控制线：根据设计图纸尺寸和排砖设计大样，在结合层上分段分格弹出控制线并做好标记，如现场情况与排砖设计不符，则可酌情进行微调。外墙面砖粘贴时，每面除弹纵横线外，每条纵线宜挂铅线，铅线略高于面砖 1mm，粘贴时，砖里边线对准弹线，外侧边线对准铅线，四周全部对线后，再将砖压实固定。

（6）浸砖

面砖粘贴前，应挑选颜色、规格一致的砖，浸泡砖时，将面砖清扫干净，放入净水中浸泡 2h 以上并清洗干净，取出待表面晾干或擦干后方可使用（通体面砖不采用浸泡工艺）。

（7）粘贴饰面砖

粘贴外墙饰面砖宜分段自上而下进行。在每一分段或分块内均应自下而上粘贴。

粘贴饰面砖时，从最下一层砖下皮的位置线先固定好靠尺，以此托住第一批面砖。粘贴时，在面砖背面满铺 1∶2 水泥砂浆黏结层，黏结层厚度宜为 4～8mm。粘贴后，用灰铲柄轻轻敲击砖面使之附线，轻敲表面固定；再用钢片开刀调整竖缝，并用小杠尺通过标准点调整平整度和垂直度，并随时用靠尺找平找方；在粘接层初凝前或允许的时间内，可调整面砖的位置和接缝宽度，在初凝后或超过允许的时间后，严禁振动或移动面砖。

（8）饰面砖勾缝及擦缝

面砖贴完经自检合格无空鼓、不平、不直后，用棉丝擦干净，按设计要求的材料和深度进行勾缝。勾缝应连续、平直、光滑、无裂缝、无空鼓；通常用 1∶1 水泥砂浆或采用勾缝胶勾缝，先勾水平缝再勾竖缝，平竖缝相交处应平滑、无接痕，缝深不宜大于 3mm，也可采用平缝。

（9）清洁饰面砖

待饰面砖勾缝完毕且勾缝材料有一定强度后，用布或棉丝将饰面砖清洁干净。

二、墙面罩面板装饰施工工艺流程

1. 石材饰面板安装

石材饰面板安装方法有湿作业法、粘贴法和干挂法。

（1）石材饰面板安装工艺流程

1）薄型小规格板材（厚度 10mm 以下、边长小于 400mm）湿作业法

检查并清理基层→吊垂直、套方、找规矩、贴灰饼、抹底层砂浆→分格弹线→石材刷防护剂→排板→镶贴石板→表面勾（擦）缝。

2）普通大规格板材（边长大于 400mm）湿作业法

施工准备（饰面板钻孔、剔槽）→预留孔洞套割→板材浸湿、晾干→穿铜丝与板块固定→固定钢筋网→吊垂直、套方、找规矩、弹线→石材刷防护剂→分层安装板材→分层灌浆→饰面板擦（嵌）缝。

3）干挂法

结构尺寸检验→清理结构表面→结构上弹线→水平龙骨开孔→固定骨架→检查水平龙骨及开孔→骨架及焊接部位防腐→饰面板开槽、预留孔洞套割→排板、支底层板托架→放置底层板并调节位置、临时固定→水平龙骨上安装连接件→石材与连接件连接→调整前后、左右及垂直→加胶并拧紧螺栓固定。

（2）石材饰面板安装工艺要点

1）普通大规格板材

① 钻孔、剔槽。在每块石材饰面板的上下两面打眼，孔位距板材两端 114，孔径为 5mm、孔深 12mm、在石板背面的同位置横向打 8mm 左右孔（如板材尺寸较大应适当增加孔数）；钻孔后用云石机在板的上口轻剔一道槽，深 5mm 左右，连同孔眼形成“象鼻眼”，以各埋卧铜丝之用。也可在同位置钻斜孔，或直接用云石机在同位置的板背面切出 30～40mm 宽，深 12mm 左右的八字锯口，然后在板的上口轻剔一道槽，深 5mm 左右，以便绑扎铜丝。

② 穿铜丝。将备好的铜丝剪成长 200mm 左右，一端用木楔粘环氧树脂，将铜丝放人孔内固定牢固，另一端将铜丝顺孔槽弯曲并卧人槽内，使石板的上下端面没有铜丝突出，以便和相邻石板接缝严密。

③ 绑扎钢筋。先剔出墙面的预埋筋，沿墙面绑扎竖向 $\Phi6$（或 $\Phi8$）筋，再绑扎水平钢筋。如果没埋筋，也可按纵横向间距 1000mm 左右在混凝土墙面上打金属胀管，将竖向钢筋焊接在金属胀管上。

④ 弹线找方。按设计图纸在墙面上弹出石板的分块线、在地面上弹出石板外皮线，并进行找方调整。弹线时要考虑阴阳角的方正，石板大面的平整、垂直，板材的厚度，灌浆的空隙要求及设计对板缝的要求等。

⑤ 石材表面处理。石材表面充分干燥（含水率小于 8%）的情况下用石材防护剂进行防碱背涂处理，石材背面水泥粘结面应进行黏结加强处理。

⑥ 安装石板。按编号取石板并舒直铜丝，将石板就位，将石板上（下）口预先固定的铜丝不要太紧地绑扎在水平筋上，对石板进行阴阳角的方正、大面平整、垂直度调整、板缝和上口宜线度调整后再次拴紧铜丝，检查符合要求后采用木楔垫底和木楔粘石膏浆对石板上下、左右缝进行临时固定，再次检查无变形，、待石膏浆硬化后可进行灌浆。

⑦ 灌浆。灌注砂浆前应将石材背面及基层湿润，并应用填缝材料临时封闭石材板缝，避免漏浆。灌注砂浆宜用 1∶2.5 水泥砂浆，灌注时应分层进行，每层灌注高度宜为 150～200mm，且不超过板高的 113，插捣应密实。待其初凝后方可灌注上层水泥砂浆。

⑧ 表面勾（擦）缝。在石板安装完成后清除表面的余浆痕迹，按设计的颜色要求调制色浆进行擦缝，边嵌边擦干净，使缝隙密实、均匀、干净、颜色一致。

2）传统的湿作业改进法（楔固法）是在饰面板材上打直孔，在基体上对应于板材上下直孔的位置，用冲击钻钻与板材孔数相等的斜孔。然后用不锈钢钉固定。不锈钢钉一端勾进石材饰面板内，随即用硬木小术楔楔紧，另一端钩进基体斜孔内，并用靠尺和水平尺校正饰面板的上下口及板面的垂直度和平整度，并检查与相邻板材结合是否严密，随即基体斜孔内不锈钢钉楔紧，接着用木楔紧固于饰面板与基体之间，以紧固不锈钢钉。饰面板位置校正准确、临时固定后，即可传统的湿作业法的灌浆要求分层灌浆。

3）干挂法：同“金属与石材幕墙工程施工工艺”。

2. 金属饰面板安装

金属饰面板安装采用木衬板粘贴、有龙骨固定面板两种方法。

3. 木饰面板安装

木饰面板安装一般采用有龙骨钉固法、粘接法。

4. 镜面玻璃饰面板安装

按照固定原理可分为有（木）龙骨安装法、无龙骨安装法。其中，有龙骨安装法有紧固件镶钉法和大力胶粘贴法两种方式。

三、饰面板（砖）工程质量验收

1. 一般规定

（1）饰面板工程采用的石材有花岗石、大理石、青石板和人造石材；采用的瓷板有抛光和磨边板两种，面积不大于 1.2m^2，不小于 0.5m^2；金属饰面板有钢板、铝板等品种；木材饰面板主要用于内墙裙。陶瓷面砖主要包括釉面瓷砖、外墙面砖、陶瓷锦砖、陶瓷壁画、劈裂砖等；玻璃面砖主要包括玻璃锦砖、彩色玻璃面砖、釉面玻璃等。

（2）饰面板（砖）工程验收时应检查下列文件和记录：

① 饰面板（砖）工程的施工图、设计说明及其他设计文件。

② 材料的产品合格证书、性能检测报告、进场验收记录和复验报告。

③ 后置埋件的现场拉拔检测报告。

④ 外墙饰面砖样板件的粘结强度检测报告。

⑤ 隐蔽工程验收记录。

⑥ 施工记录。

（3）饰面板（砖）工程应对下列材料及其性能指标进行复验：

① 室内用花岗石的放射性。

② 粘贴用水泥的凝结时间、安定性和抗压强度。

③ 外墙陶瓷面砖的吸水率。

④ 寒冷地区外墙陶瓷面砖的抗冻性。

本条仅规定对人身健康和结构安全有密切关系的材料指标进行复验。天然石材中花岗石的放射性超标的情况较多，故规定对室内用花岗石的放射性进行检测。

（4）饰面板（砖）工程应对下列隐蔽工程项目进行验收：

① 预埋件（或后置埋件）。

② 连接节点。

③ 防水层。

（5）各分项工程的检验批应按下列规定划分：

① 相同材料、工艺和施工条件的室内饰面板（砖）工程每 50 间（大面积房间和走廊按施工面积 $30m^2$ 为一间）应划分为一个检验批，不足 50 间也应划分为一个检验批。

② 相同材料、工艺和施工条件的室外饰面板（砖）工程每 500～$1000m^2$ 应划分为一个检验批，不足 $500m^2$ 也应划分为一个检验批。

（6）检查数量应符合下列规定：

1）室内每个检验批应至少抽查 10%，并不得少于 3 间；不足 3 间时应全数检查。

2）室外每个检验批每 $100m^2$ 应至少抽查一处，每处不得小于 $10m^2$。

（7）外墙饰面贴前和施工过程中，均应在相同基层上做样板件，并对样板件的饰面砖黏结强度进行检验，其检验方法和结果判定应符合《建筑工程饰面砖粘结强度检验标准》（JGJ 110）的规定。

（8）饰面板（砖）工程的抗震缝、伸缩缝、沉降缝等部位的处理应保证缝的使用功能和饰面的完整性。

2. 饰面砖粘贴工程

包括内墙饰面砖粘贴工程和高度不大于 100m、抗震设防烈度不大于 8 度、采用满粘法施工的外墙饰面砖粘贴工程。

（1）主控项目

①饰面砖的品种、规格、图案颜色和性能应符合设计要求。

检验方法：观察；检查产品合格证书、进场验收记录、性能检测报告和复验报告。

② 饰面砖粘贴工程的找平、防水、黏结和勾缝材料及施工方法应符合设计要求及国家现行产品标准和工程技术标准的规定。

检验方法：检查产品合格证书、复验报告和隐蔽工程验收记录。

③ 饰面砖粘贴必须牢固。

检验方法：检查样板件黏结强度检测报告和施工记录。

④ 满粘法施工的饰面砖工程应无空鼓、裂缝。

检验方法：观察；用小锤轻击检查。

（2）一般项目

① 饰面砖表面应平整、洁净、色泽一致，无裂痕和缺损。

检验方法：观察。

② 阴阳角处搭接方式、非整砖使用部位应符合设计要求。

检验方法：观察。

③ 墙面突出物周围的饰面砖应整砖套割吻合，边缘应整齐。墙裙、贴脸突出墙面的厚度应一致。

检验方法：观察；尺量检查。

④ 饰面砖接缝应平直、光滑，填嵌应连续、密实；宽度和深度应符合设计要求。

检验方法：观察；尺量检查。

⑤ 有排水要求的部位应做滴水线（槽）。滴水线（槽）应顺直，流水坡向应正确，坡度应符合设计要求。

检验方法：观察；用水平尺检查。

⑥ 饰面砖粘贴的允许偏差和检验方法应符合表 4-22 的规定。

表 4-22　饰面砖粘贴的允许偏差和检验方法

项次	项目	允许偏差（mm）		检验方法
		外墙面砖	风墙面砖	
1	立面垂直度	3	2	用 2m 垂直检测尺检查
2	表面平整度	4	3	用 2m 靠尺和塞尺检查
3	阴阳角方正	3	3	用直角检测尺检查
4	接缝干线度	3	2	拉 5m 线，不足 5m 拉通线，用钢直尺检查
5	接缝高低差	1	0.5	用钢直尺和塞尺检查
6	接缝宽度	1	1	用钢直尺检查

3. 饰面板安装工程

包括内墙饰面板安装工程和高度不大于 24m、抗震设防烈度不大于 7 度的外墙饰面板安装工程。

（1）主控项目

① 饰面板的品种、规格、颜色和性能应符合设计要求，木龙骨、木饰面板和塑料饰面板的燃烧性能等级应符合设计要求。

检验方法：观察；检查产品合格证书、进场验收记录和性能检测报告。

② 饰面板孔、槽的数量、位置和尺寸应符合设计要求。

检验方法：检查进场验收记录和施工记录。

③ 饰面板安装工程的预埋件（或后置埋件）、连接件的数量、规格、位置、连接方法和防腐处理必须符合设计要求。后置埋件的现场拉拔强度必须符合设计要求。饰面板安装必须牢固。

检验方法：手扳检查；检查进场验收记录、现场拉拔检测报告、隐蔽工程验收记录和施工记录。

（2）一般项目

① 饰面板表面应平整、洁净、色泽一致，无裂痕和缺损。石材表面应无泛碱等污染。

检验方法：观察。

② 饰面板嵌缝应密实、平直，宽度和深度应符合设计要求，嵌填材料色泽应一致。

检验方法：观察；尺理检查。

③ 采用湿作业法施工的饰面板工程，石材应进行了碱背涂处理。饰面板与基体之间的灌注材料应饱满、密实。

检验方法：用小锤轻击检查；检查施工记录。

采用传统的湿作业法安装天然石材时，由于水泥砂浆在水化时析出大量的氢氧化钙，泛到石材表面，产生不规则的花斑，俗称泛碱现象，严重影响建筑物室内外石材饰面的装饰效果。因此，在天然石材安装前，应对石材饰面采用“防碱背涂剂”进行背涂处理。

④ 饰面板上的孔洞应套割吻合，边缘应整齐。

检验方法：观察。

⑤ 饰面板安装的允许偏差和检验方法应符合表 4-23 的规定。

表 4-23　饰面板安装的允许偏差和检验方法

项次	项目	允许偏差（mm）							检验方法
		石材			瓷板	木材	塑料	金属	
		光面	剁斧石	蘑菇石					
1	立面垂直度	2	3	3	2	1.5	2	2	用 2m 垂直检测尺检查
2	表面平整度	2	3	—	1.5	1	3	3	用 2m 靠尺和塞尺检查
3	阴阳角方正	2	4	4	2	1.5	3	3	用直角检测尺检查
4	接缝直线度	2	4	4	2	1	1	1	拉 5m 线，不足 5m 拉通线，用钢直尺检查
5	墙裙、勒脚上口直线度	2	3	3	2	2	2	2	拉 5m 线，不足 5m 拉通线，用钢直尺检查
6	接缝高低差	0.5	3	—	0.5	0.5	1	1	用钢直尺和塞尺检查
7	接缝宽度	1	2	2	1	1	1	1	用钢直尺检查

第七节　幕墙工程

一、玻璃幕墙施工工艺

1. 玻璃幕墙施工工艺流程

（1）构件式玻璃幕墙工艺流程

放线测量、调整图纸分格→清理预埋件、锚固点定位、补埋件→安装转接件或夹持钢件→立柱、横梁安装→安装避雷、防火封堵件→安装玻璃板块→安装开启扇→各类变形缝、封边处理→打硅酮建筑密封胶→清洁、验收、交付。

（2）单元式玻璃幕墙工艺流程

放线测量、调整图纸分格→清理预埋件、锚固点定位、补埋件→安装转接件→安装挂轴和挂钩座→单元板块安装→安装避雷、防火封堵件→清洁、验收、交付。

2. 构件式玻璃幕墙工艺要点

（1）放线测量

根据幕墙施工图，对安装幕墙的部位进行严格准确的测量各个尺寸，找准定位点，放基准线。如果测得尺寸与幕墙设计图纸出入较大，要及时与幕墙设计师沟通，调整施工图纸，制定新的施工方案。

（2）锚固点定位

1）将已埋设的预埋件清理出来。当预埋件位置偏差过大或没有预埋件时，应制定补救措施或可靠连接方案，经与业主、土建设计单位洽商同意后，方可实施。补救措施采用补埋件时应通过试验决定其承载力。

2）后补埋件施工完成后，要逐个检查。检查埋件是否牢固，位置是否准确。埋件的标高偏差不应大于 10mm，埋件的位置偏差不应大于 20mm。

（3）安装转接或夹持钢件

1）将转接件或夹持钢件按所放线定位结果点焊在埋件上，经核验位置准确无误后，根据设计要求进行满焊或段焊。转接件和/或夹持钢件安装完毕应进行隐蔽工程验收。

2）所有焊接作业应执行国家现行焊接标准《钢结构焊接规范》(GB 50661)。

① 焊接作业应符合设计要求；待焊件必须进行前处理，以清除待焊处表面的水、氧化皮、锈、油污；焊接用焊条按设计要求选用，焊条应储存在干燥、通风良好的地方；

② 焊接工艺参数的选择必须符合设计要求。

③ 焊接过程作为特殊过程，应制定作业指导书。

④ 焊接作业完成后，清理焊缝，消除焊渣。按设计要求做防腐处理，宜做富锌处理。

（4）立柱安装、横梁安装

1）立柱、横梁规格、型号、材质应符合设计要求，进场验证其材质证明文件和加工产品合格证。

2）幕墙构件连接处的受力螺栓、螺钉不应少于 2 个。连接应牢固且连接方式符合设计要求。

3）立柱安装

① 立柱安装宜将立柱从下至上或从上至下逐层上墙，安装就位。

② 根据水平钢线，调整立柱的水平标高并预定位。再调整前后、左右位置，满足设计分格尺寸要求后固定。

③ 当调整完毕，整体检查：立柱安装轴线偏差不应大于 2mm；相邻两根立柱安装标高偏差不应大于 3mm。同层立柱的最大标高偏差不应大于 5mm ；相邻两根立柱固定点的距离偏差不应大于 2mm。

④ 幕墙与主体连接固定方式应满足设计要求，连接应牢固可靠。

⑤ 整体检查合格后，将连接件与转接件、螺帽与垫片间均采用段焊、点焊焊接，及时消除焊渣，做好防腐处理，防腐处理应符合设计要求。

4）横梁安装

① 安装横梁时宜拉水平线，将横梁两端的连接件及弹性橡胶垫安装在立柱的预定位置，并应安装牢固，其接缝应严密，并保证立柱与横梁接口处平整。

② 同一层横梁安装应由下向上进行。当安装完一层高度时，应进行检查、调整、校正和固定。

③ 明框横梁安装时，应特别注意保持导气孔及排水孔通畅，防止堵塞。

④ 同一根横梁两端或相邻两根横梁的水平标高偏差不应大于 1mm。同层标高偏差：当一幅幕墙宽度不大于 35m 时，不应大于 5mm；当一幅幕墙宽度大于 35m 时，不应大于 7mm。

（5）避雷、防火封堵件及其他附件设施安装

1）避雷连接

① 避雷连接用材料的材质、截面尺寸、连接点的设置和连接方式应符合设计要求。

② 幕墙金属框架与防雷装置的连接应紧密可靠，可采用焊接或机械连接，形成导电通路；连接点水平间距不应大于防雷引下线的间距，垂直间距不应大于均压环的间距，应满足主体避雷等级要求；连接接触面应紧密可靠，不松动。

③ 女儿墙压顶罩板应与女儿墙部位幕墙构架连接，女儿墙部位幕墙构架与防雷装置的连接节点宜明露，其连接应符合设计的规定。

④ 检验幕墙金属框架的连接，应采用接地电阻仪或兆欧表测量和观察检查。

2）防火封堵件安装

① 安装应符合设计要求。先用射钉、螺钉将镀锌防火钢板与主体结构及框架连接固定；然后铺设防火、保温材料，防火、保温材料铺设应饱满、均匀、无遗漏，厚度不宜小于100mm。最后进行封口处理及安装封火板。

② 所有防火钢板与主体结构之间的缝隙及与其它构件之间的缝隙处均应用防火密封胶密封。镀锌钢板厚度不宜小于1.5mm。防火隔音件厚度不宜小于100mm。

③ 幕墙节能工程使用的保温材料，其厚度应符合设计要求，安装牢固且不得松脱。

3）其他附件设施安装

① 冷凝水排出管及其附件应与水平构件预留孔连接严密，与内衬板出水孔连接处应密封；其他通气槽孔及雨水排出口等应按设计要求施工，不得遗漏。

② 隔汽层制作安装应符合设计要求且完整、严密、位置正确，穿透隔汽层处的节点构造采取的密封措施应符合设计要求。

③ 热桥部位的隔断热桥措施应符合设计要求，断热节点的连接应牢固。

④ 遮阳设施的安装位置应满足设计要求，遮阳设施的安装应牢固。

（6）板块安装

1）玻璃板块安装

① 玻璃板块的品种、规格、型号应符合设计要求，验证其制作产品合格证和其他质量证明文件。

② 玻璃板块宜从上至下逐层上墙，应先就位，临时固定，然后拉线调整，再安装就位。安装时防止误差积累在某一条胶缝中或某一块面材上。

③ 玻璃板块组件必须安装牢固，固定点距离应符合设计要求且不大于300mm，不得采用自攻钉固定玻璃板块。隐框或半隐框玻璃幕墙，每块玻璃的下端应设置两个铝合金或不锈钢托条，其长度不应小于100mm，厚度不应小于2mm；托条外端应低于玻璃外表面2mm。明框玻璃幕墙玻璃板块下部设置至少两个100mm长弹性定位垫块；玻璃两边嵌入量及空隙应符合设计要求。

④ 镀膜玻璃的安装应使镀膜面的方向符合设计要求，宜放置在第二面（从室外计算）。

⑤ 玻璃安装就位时，应先清除镶嵌槽内的灰砂和杂物，疏通排水通道；保证玻璃与构件槽口的配合尺寸符合设计要求及相关标准的规定。

⑥ 当采取橡胶条固定和密封玻璃时，橡胶条长度应比边框内槽长1.5%～2.0%，橡胶条在转角处应斜面断开，并应用粘结剂粘结牢固后嵌入槽内；橡胶条应压实使各边受力均匀，且和玻璃、玻璃槽口紧贴。

⑦ 玻璃板块安装后，幕墙平面度允许偏差不应大于2.5mm，相邻两玻璃之间的连接缝高低差不应低于1mm。

2）开启扇安装

① 开启扇半成品的规格、尺寸、数量、锁具必须符合设计要求。验证其制作产品合格证和其他质量证明文件，清洁开启洞口，使其具备安装条件。

安装开启固定框，用螺钉将其初步固定在铝合金框架上；调整以使其和铝合金框架间的间隙合适，固定框必须安装牢固。固定螺钉间距应符合设计要求，一般不大于300mm、边部间距不大于150mm。

② 安装开启扇及其配件，应保证活动框和固定框间隙均匀，最后固定活动框。确保安装牢固、间隙合适。

③ 开启扇的开启角度不宜大于30°开启距离不宜大于300mm；开启扇关闭应严密，间隙均匀，关闭后四周密封胶条处于压缩状态。

④ 开启扇玻璃下部应加2个不小于100mm的底托，底托厚度不小于2mm。

⑤ 开启扇玻璃板块与铝框粘接结构胶与中空玻璃结构胶应重合。

（7）各类变形缝、封边处理

1）各类变形缝、边部、墙面转角应按设计要求和大样图进行施工安装。

2）玻璃幕墙四周与主体结构之间的缝隙，应采用弹性闭孔材料填塞饱满；内外表面应采用密封胶连续封闭，接缝应严密不漏水。

3）幕墙与上部女儿墙、下部窗台、左右与主体结构等处的连接处理，要保证连接牢固、密封、防水等要求；幕墙与主体结构连接处、与楼板的缝隙等，均应符合设计要求。

（8）打注密封胶

1）将泡沫棒塞入装饰面板分格缝中，基本保证泡沫棒最外端距玻璃表面的距离在8～10mm。保证密封胶的打胶厚度。清洁待注胶部位，达到打密封胶的要求。

2）为防止胶污染玻璃饰面，将靠近注胶范围两侧50mm左右范围的玻璃表面用保护胶带纸保护起来。夜晚及雨、雪、雾天不可进行打胶密封及清洁。打密封胶温度应符合设计要求及产品的要求。

3）注胶时要保持适当速度，使空腔内空气排走，防止空穴、防止胶缝内残留气泡，注胶过渡应均匀，胶缝应饱满、密实，硅酮建筑密封胶在接缝内应两面黏结，不应三面黏结。硅酮建筑密封胶的施工厚度应满足设计要求，不应小于3.5mm。

4）注胶结束后，应在胶表面未固化前，立即用刮刀将胶缝压实、刮平。达到胶缝平滑，缝宽整齐一致，厚度、宽度偏差符合规定。刮胶后保证密封胶的施工厚度不小于3.5mm。

5）待密封胶初步固化后，撕掉胶缝两侧的保护胶带，用刮刀清除多余的密封胶后，将溶剂倒在抹布上清洁胶缝两侧的装饰面板。

（9）清洁、验收

1）玻璃幕墙的构件、玻璃和密封等应制定保护措施。不得使其发生碰撞变形、变色、污染和排水管堵塞现象。

2）施工中玻璃幕墙及其构件表面的黏附物应及时清除干净，以免凝固后再清理时，划伤表面的装饰层。

3）幕墙交工前应从上到下清洗，清洁剂有玻璃清洗剂和铝合金清洗剂，不能错用，清洗时应隔离。须先作检查，证明对铝合金和玻璃无腐蚀作用后方能使用，清洗后要用清水冲洗干净。

4）工程全部工序完成后，先自检，然后上报竣工资料；由总监组织验收，办理竣工手续。

3. 单元式玻璃幕墙施工工艺要点

单元式玻璃幕墙所述流程中与构件式幕墙相同的安装过程不再单独叙述。仅阐述单元体幕墙板块安装工艺。

（1）吊装机具：应根据单元板块选择适当的吊装机具，并与主体结构安装牢固；吊装机具使用前，应进行安全检验，并经过技术鉴定；自制吊具、特种吊具、自制平板运输车、焊接设备须经过技术鉴定；吊具运行速度应可控制，并有安全保护措施；吊装机具应采取防止单元板块摆动的措施。

（2）单元构件运输

1）运输前单元板块应按顺序编号，并做好成品保护。装卸及运输过程中，应采用有足够承载力和刚度的周转架，衬垫弹性垫，保证板块相互隔开并相对固定，不得相互挤压和串动。

2）超过运输允许尺寸的单元板块，应采取特殊措施。

3）单元板块应按顺序摆放平衡，不应造成板块或型材变形。

4）运输过程中，应采取措施减小颠簸。

（3）堆放场地

1）单元板块应设置专用堆放场地，按品种和规格堆放在周转架上，放置时下面用敷有软质套的垫木垫好，不准随便在地上堆放。在室外堆放时，应采取防雨水、防污染、防高空坠落物等保护措施。

2）应按照安装顺序先出后进的原则按编号排列放置；不应直接叠层堆放。

3）不宜频繁装卸。

（4）单元板块安装

1）锚固点定位

逐个找出预埋件，清除埋件表面的覆盖物和埋件内的填充物。并检查预埋件与主体结构结合是否牢固、位置是否正确。如预埋件位置发生偏差，则应采取补救措施。

2）测量放线

按幕墙分格尺寸放线，当埋件中心点与十字中心点水平方向偏差大于 20mm，标高偏差大于 10mm，预埋件面凹进主体平面大于 10mm 时，应采取补救措施。

3）安装转接件

在预埋件上安装转接件。转接件中心点与放线中心点在二维方向上偏差应小于 5mm。转接件与预埋件如果是不同的金属，则接触面间须加绝缘隔离垫。

4）安装挂轴和挂钩座

用螺母将挂轴安装在转接件上，然后调整挂轴。挂轴位置与设计要求位置在二维方向上的误差不得大于 1mm。用螺栓将挂钩座与幕墙板块连接，连接应可靠。

5）安装板块

① 单元板块的规格、型号和编号应符合设计要求，验证其材质证明文件和板块构件合格证。

② 每一板块安装前，应仔细清洗先行安装的下一楼层板块上的上横型材，并安装好两板

块上横型材之间的防水装置（U 型桥），防水装置处应严格密封。

③ 安装单元板块宜从下至上逐层安装，单元板块的吊点不应少于 2 个，必要时可增设吊点加固措施并试吊。起吊时，应使各吊点均匀受力，起吊过程应保持单元板块平稳。吊装升降和平移应使单元板块不摆动，不撞击其他物体。吊装过程应采取措施保证装饰面不受磨损和挤压。

④ 单元板块就位时，应先将其挂到主体结构的挂点上，板块未固定前吊具不得拆除。单元板块就位后应及时校正，校正板块的垂直度、平面度、拼缝的直线度等。单元板块校正后应及时与连接件固定。固定方式应符合设计要求，并连接可靠。

⑤ 施工中如果暂停安装，应将对插槽口等部位进行保护。安装完毕的单元板块应及时进行成品保护。

单元式幕墙安装固定后的允许偏差见表 4-24。

表 4-24　单元式幕墙安装允许偏差

项　　目		允许偏差（mm）	检测方法
竖缝及墙面垂直度	幕墙高度 H（m）	≤10	激光经纬仪或经纬仪
	H≤30		
	30<H≤60	≤15	
	60<H≤90	≤20	
	H>90	≤25	
幕墙平面度		≤2.5	2m 靠尺
竖缝直线度		≤2.5	2m 靠尺
横缝直线度		≤2.5	2m 靠尺
缝宽度（与设计值比）		±2	卡尺
耐候胶缝直线度	L≤20m	1	钢尺
	20m<L≤60m	3	
	60m<L≤100m	6	
	L>100m	10	
两相邻面板之间接缝高低差		≤1.0	深度尺
同层单元组件标高	宽度不大于 35m	≤3.0	激光经纬仪或经纬仪
	宽度大于 35m	≤5.0	
相邻两组件面板表面高低差		≤1.0	深度尺
两组件对插件接缝搭接长度（与设计值比）		±1.0	卡尺
两组件对插件距槽底距离（与设计值比）		±1.0	卡尺

6）安装附件

幕墙板块安装检查合格后，应检查所有固定螺栓是否全部拧紧。然后按图纸和焊接工艺将所有锚固点的转接件、垫片、螺栓与螺母焊接保险。并涂防锈漆。

7）安装防雷、防火装置

① 防雷装置应确保幕墙形成自身的防雷体系并通过转接件与主体结构的防雷系统可靠连

接。对每个锚固点、避雷接地点应进行隐蔽验收，并做好记录。

② 按设计图纸安装防火层。防火材料应用锚钉固定牢固。防火层应平整、连续、形成一个不间断的隔层，拼接处不留缝隙。

8）清洁、验收

① 玻璃幕墙的构件、玻璃和密封等应制定保护措施。不得使其发生碰撞变形、变色、污染和排水管堵塞现象。

② 施工中玻璃幕墙及其构件表面的粘附物应及时清除干净，以免凝固后再清理时，划伤表面的装饰层。

③ 幕墙交工前应从上到下清洗，清洁剂有玻璃清洗剂和铝合金清洗剂，不能错用，清洗时应隔离。须先作检查，证明对铝合金和玻璃无腐蚀作用后方能使用，清洗后要用清水冲洗干净。

④ 工程全部完成后，先自检，然后上报竣工资料；由总监组织验收，办理竣工手续。

二、石材幕墙施工工艺

1. 石材幕墙施工工艺流程

石材幕墙工艺流程如下：墙体放线测量、调整图纸分格→放线定位、清理预埋件、补加埋件→安装转接或夹持钢件→立柱安装、横梁安装→避雷、防火封堵件安装→石材板块安装→各类变形缝、封边处理→打硅酮建筑密封胶→清洁、验收、交付。

2. 石材幕墙的施工工艺要点

（1）放线测量，同玻璃幕墙。

（2）锚固点定位，同玻璃幕墙。

（3）安装转接或夹持钢件，同玻璃幕墙。

（4）立柱安装、横梁安装。

1）立柱、横梁规格、型号、材质应符合设计要求，进场验证其材质证明文件和加工产品合格证。

2）幕墙构件连接处的受力螺栓、螺钉不应少于 2 个。连接应牢固且连接方式符合设计要求。

3）立柱安装

① 立柱的型号、规格、尺寸及偏差必须符合设计要求。

② 立柱安装宜将立柱从下至上或从上至下逐层上墙，安装就位。

③ 根据水平钢线，调整立柱的水平标高并预定位。再调整前后、左右位置，满足设计分格尺寸要求后固定。

④ 当调整完毕，整体检查：立柱安装轴线偏差不应大于 2mm；相邻两根立柱安装标高偏差不应大于 3mm。同层立柱的最大标高偏差不应大于 5mm；相邻两根立柱的距离偏差不应大于 2mm。

⑤ 幕墙与主体的连接不得采用单螺栓或螺钉连接。连接固定方式应满足设计要求，连接应牢固可靠。

⑥ 整体检查合格后，将连接件与转接件、螺帽与垫片间均采用段焊、点焊焊接，及时消除焊渣，做好防腐处理，防腐处理应符合设计要求。

4）横梁安装

① 横梁的型号、规格、尺寸及偏差必须符合设计要求。

② 将横梁按编号分层次搬运到各部位，临时堆放。堆放时用木块垫好，防止碰伤表面。

③ 安装横梁时应水平拉线，

④ 将横梁两端的连接件及弹性橡胶垫安装在立柱的预定位置，并应安装牢固，其接缝应严密，并保证立柱与横梁接口处平整。

⑤ 同一层横梁安装应由下向上进行。当安装完一层高度时，应进行检查、调整、校正和固定。

相邻两根横梁的水平标高偏差不应大于 1mm。同层标高偏差：当一幅幕墙宽度小于或等于 35mm 时，不应大于 5mm；当一幅幕墙宽度大于 35mm 时，不应大于 7mm。

⑥ 框架为钢型材时，焊接作业完成后，清理焊缝，消除焊渣。焊接破坏镀锌层部位，按设计要求做防腐处理，宜用富锌做防腐处理。

幕墙竖向和横向构件的组装允许偏差，应符合表 4-25 的要求。

表 4-25　幕墙竖向和横向构件的组装允许偏差（mm）

项　目	尺寸范围	允许偏差（不大于）		检测方法
		铝构件	钢构件	
相邻两竖向构件间距尺寸（固定端头）	—	±2.0	±3.0	钢卷尺
相邻两横向构件间距尺寸	间距≤2000mm	±1.5	±2.5	钢卷尺
	间距＞2000mm	±2.0	±3.0	
分格对角线差	对角线长≤2000mm	3.0	4.0	钢卷尺或伸缩尺
	对角线长＞2000mm	3.5	5.0	
竖向构件垂直度	高度≤30m	10	15	经纬仪或铅垂仪
	高度≤60m	15	20	
	高度≤90m	20	25	
	高度≤150m	25	30	
	高度＞150m	30	35	
相邻两横向构件的水平高差	—	1.0	2.0	钢板尺或水平仪
横向构件水平度	构件长≤2000mm	2.0	3.0	水平仪或水平尺
	构件长＞2000mm	3.0	4.0	
竖向构件直线度	—	2.5	4.0	2m 靠尺
竖向构件外表面平面度	相邻三立柱	2	3	经纬仪
	宽度≤20m	5	7	
	宽度≤40m	7	10	
	宽度≤60m	9	12	
	宽度≥60m	10	15	
同高度内横向构件的高度差	长度≤35m	5	7	水平仪

（5）避雷、防火封堵件安装，同第五节金属幕墙。

（6）石材板块安装

1）石材板块的品种、规格、型号应符合设计要求，验证其制作产品合格证和其他质量证明文件。

2）石材板块宜从下至上逐层上墙，安装就位。安装过程中采取必要措施控制相邻石材面的平整度和板缝的水平、垂直度，板块间胶缝的宽度。如缝宽有误差，应均分在每条胶缝中，防止误差积累。

3）石材板块组件必须安装牢固，左右、上下的偏差不应大于 1.5mm，固定点距离应符合设计要求。石材面板安装到位后，横向构件不应发生明显的扭转变形，板块的支撑件或连接托板端头纵向位移应不大于 2mm。

4）相邻转角板块的连接不应采用粘结方式。

5）石板空缝安装时，必须有防水措施，并有符合设计要求的排水出口。

6）石材接缝应横平竖直、宽窄均匀；阴阳角石板压向应正确，在同一平面或立面中压向应一致，板边合缝应顺直；凹陷凸出墙面厚度应一致，上下口应平直。

7）为了达到外立面的整体效果，一幅墙面尽量使用同一批次石材板块，保证颜色和花纹协调一致，减少色差。石材面板挂装系统安装偏差应符合表 4-26 的规定。幕墙竖向和横向板材的组装允许偏差符合表 4-27 的规定。

表 4-26　石材面板挂装系统安装允许偏差和检测方法（mm）

项　　目	通槽长勾	通槽短勾	短槽	背卡	背栓	检测方法
托板（转接件）标高	±1.0				—	卡尺
托板（转接件）前后高低差	≤1.0				—	卡尺
相邻两托板（转接件）高低差	≤1.0				—	卡尺
托板（转接件）中心线偏差	≤2.0				—	卡尺
勾锚入石材槽深度偏差	+1.0；0				—	深度尺
短勾中心线与托板中心线偏差	—	≤2.0		—	—	卡尺
短勾中心线与短槽中心线偏差	—	≤2.0		—	—	卡尺
挂勾与挂槽搭接深度偏差	—	+1.0；0		—	—	卡尺
插件与插槽搭接深度偏差	—	+1.0；0		—	—	卡尺
挂勾（插件）中心线偏差	—				≤2.0	钢直尺
挂勾（插件）标高	—				±1.0	卡尺
背栓挂（插）件中心线与孔中心线偏差	—				≤1.0	卡尺
背卡中心线与背卡槽中心线偏差	—			≤1.0	—	卡尺
左右两背卡中心线偏差	—			≤3.0	—	卡尺
通长勾距板两端偏差	±1.0	—				卡尺
同一列石材上端水平偏差：相邻两板块	≤1.0					水平尺
同一列石材上端水平偏差：长度≤35m	≤2.0					水平尺
同一列石材上端水平偏差：长度>35m	≤3.0					水平尺

续表

<table>
<tr><th colspan="2">项　　目</th><th>通槽长勾</th><th>通槽短勾</th><th>短槽</th><th>背卡</th><th>背栓</th><th>检测方法</th></tr>
<tr><td rowspan="3">同一列石材边部垂直偏差</td><td>相邻两板块</td><td colspan="5">≤1.0</td><td rowspan="3">卡尺</td></tr>
<tr><td>长度≤35m</td><td colspan="5">≤2.0</td></tr>
<tr><td>长度>35m</td><td colspan="5">≤3.0</td></tr>
<tr><td>石材外表面平整度</td><td>相邻两板块高低差</td><td colspan="5">≤1.0</td><td>卡尺</td></tr>
<tr><td colspan="2">相邻两石材缝宽（与设计值比）</td><td colspan="5">±1.0</td><td>卡尺</td></tr>
</table>

表 4-27　幕墙竖向和横向板材的组装允许偏差（mm）

<table>
<tr><th>项　　目</th><th>尺寸范围</th><th>允许偏差</th><th>检查方法</th></tr>
<tr><td>相邻两竖向板材间距尺寸（固定端头）</td><td>—</td><td>±2.0</td><td>钢卷尺</td></tr>
<tr><td>两块相邻的石板</td><td>—</td><td>±1.5</td><td>靠尺</td></tr>
<tr><td rowspan="2">相邻两横向板材的间距尺寸</td><td>间距小于或等于 2000 时</td><td>±1.5</td><td rowspan="2">钢卷尺</td></tr>
<tr><td>间距大于 2000 时</td><td>±2.0</td></tr>
<tr><td rowspan="2">分格对角线差</td><td>对角线长小于或等于 2000 时</td><td>≤3.0</td><td rowspan="2">钢卷尺或伸缩尺</td></tr>
<tr><td>对角线长大于 2000 时</td><td>≤3.5</td></tr>
<tr><td>相邻两横向板材的水平标高差</td><td>—</td><td>≤2</td><td>钢卷尺或水平仪</td></tr>
<tr><td rowspan="2">横向板材水平度</td><td>构件长小于或等于 2000 时</td><td>≤2</td><td rowspan="2">水平仪或水平尺</td></tr>
<tr><td>构件长大于 2000 时</td><td>≤3</td></tr>
<tr><td>竖向板材直线度</td><td>—</td><td>2.5</td><td>2.0m 靠尺、钢板尺</td></tr>
<tr><td>石板下连接托板水平夹角允许向上倾斜，不准向下倾斜</td><td>—</td><td>+2.0°
0</td><td>塞规</td></tr>
<tr><td>石板上连接托板水平夹角允许向下倾斜</td><td>—</td><td>0
−2.0 度</td><td>—</td></tr>
</table>

（7）各类变形缝、封边处理

1）各类变形缝、边部、墙面转角应按设计要求和大样图进行施工安装。

2）幕墙四周与主体结构之间的缝隙，应采用防火保温材料填塞；内外表面应采用密封胶连续封闭，接缝应严密不漏水。

3）幕墙与上部女儿墙、左右与主体结构等处的连接处理，要保证连接牢固、密封、防水等要求；幕墙与主体结构连接处、与楼板的缝隙等，均应符合设计要求。

（8）打封胶，同玻璃幕墙。

（9）清洁、验收、交付，同玻璃幕墙。

三、金属幕墙施工工艺

1. 金属幕墙施工工艺流程

（1）构件式金属幕墙工艺流程

墙体放线测量、调整图纸分格→放线定位、清理预埋件、补加埋件→安装转接或夹持钢件→立柱安装、横梁安装→避雷、防火封堵件安装→金属板块安装→各类变形缝、封边处理→打硅酮建筑密封胶→清洁、验收、交付。

（2）单元式金属幕墙工艺流程

墙体放线测量、调整图纸分格→放线定位、清理预埋件、补加埋件→安装转接或夹持钢件→避雷、防火封堵件安装→单元板块安装→各类变形缝、封边处理→打硅酮建筑密封胶→清洁、验收、交付。

2. 构件式金属幕墙施工工艺要点

（1）放线测量，同玻璃幕墙。

（2）锚固点定位，同玻璃幕墙。

（3）安装转接或夹持钢件，同玻璃幕墙。

（4）立柱安装、横梁安装。

1）立柱、横梁规格、型号、材质应符合设计要求，进场验证其材质证明文件和加工产品合格证。

2）幕墙构件连接处的受力螺栓、螺钉不应少于 2 个。连接应牢固且连接方式符合设计要求。

3）立柱安装

① 立柱安装宜将立柱从下至上或从上至下逐层上墙，安装就位。

② 根据水平钢线，调整立柱的水平标高并预定位。再调整前后、左右位置，满足设计分格尺寸要求后固定。

③ 当调整完毕，整体检查：立柱安装轴线前后偏差不应大于 2mm；相邻两根立柱安装标高偏差不应大于 3mm。同层立柱的最大标高偏差不应大于 5mm ；相邻两根立柱的距离偏差不应大于 2mm。

④ 连接固定方式应满足设计要求，连接应牢固可靠。

⑤ 整体检查合格后，将连接件与转接件、螺帽与垫片间均采用段焊、点焊焊接，及时消除焊渣，做好防腐处理，防腐处理应符合设计要求。

4）横梁安装

① 安装横梁时宜拉水平线，将横梁两端的连接件及弹性橡胶垫安装在立柱的预定位置，并应安装牢固，其接缝应严密，并保证立柱与横梁接口处平整。

② 同一层横梁安装应由下向上进行。当安装完一层高度时，应进行检查、调整、校正和固定。

③ 相邻两根横梁的水平标高偏差不应大于 1mm。同层标高偏差：当一幅幕墙宽度小于或等于 35m 时，不应大于 5mm；当一幅幕墙宽度大于 35m 时，不应大于 7mm。

（5）避雷、防火封堵件安装

1）避雷连接

① 避雷连接用材料的材质、截面尺寸、连接点的设置和连接方式应符合设计要求。

② 幕墙金属框架与防雷装置的连接应紧密可靠，可采用焊接或机械连接，形成导电通路；连接点水平间距不应大于防雷引下线的间距，垂直间距不应大于均压环的间距，应满足主体避雷等级要求；连接接触面应紧密可靠，不松动；

③ 女儿墙压顶罩板应与女儿墙部位幕墙构架连接，女儿墙部位幕墙构架与防雷装置的连

接节点宜明露，其连接应符合设计的规定；

④ 检验幕墙金属框架的连接，应采用接地电阻仪或兆欧表测量和观察检查。

2）防火封堵件安装

① 安装应符合设计要求。先用射钉、螺钉将镀锌防火钢板与主体结构及框架连接固定；然后铺设防火、保温材料，防火、保温材料铺设应饱满、均匀、无遗漏，厚度不宜小于100mm。最后进行封口处理及安装封火板。

② 所有防火钢板与主体结构之间的缝隙及与其它构件之间的缝隙处均应用防火密封胶密封。镀锌钢板厚度不宜小于1.5mm。防火隔音件厚度不宜小于100mm。

③ 幕墙节能工程使用的保温材料，其厚度应符合设计要求，安装牢固且不得松脱。

（6）金属板块安装

1）金属板块的品种、规格、型号应符合设计要求，验证其制作产品合格证和其他质量证明文件。

2）金属板块宜从上至下逐层上墙，应先就位，临时固定，然后拉线调整，再安装就位。对有方向标志金属板块的安装，应按设计要求的安装方向进行安装。安装时防止误差积累在某一条胶缝中或某一块面材上。

3）金属板块组件必须安装牢固，固定点距离应符合设计要求且不大于300mm，金属板块安装后，左右、上下的偏差不应大于1.5mm。

4）金属板块空缝安装时，必须有防水措施，并应有符合设计要求的排水出口。

5）幕墙钢构件施焊后，其表面应采取有效的防腐措施。

6）金属幕墙的竖向和横向板材的组装允许偏差应符合表4-28的要求。

表4-28 幕墙竖向和横向板材的组装允许偏差（mm）

项　　目	尺寸范围	允许偏差	检测方法
相邻两竖向构件间距尺寸（固定端头）	—	±2.0	钢卷尺
两块相邻的金属板	—	±1.5	靠尺
相邻两横向板材的间距尺寸	间距≤2000mm	±1.5	钢卷尺
	间距>2000mm	±2.0	
分格对角线差	对角线长≤2000mm	≤3.0	钢卷尺或伸缩尺
	对角线长>2000mm	≤3.5	
相邻两横向板材的水平标高差	—	≤2.0	钢卷尺或水平仪
横向板材水平度	构件长≤2000mm	≤2.0	水平仪或水平尺
	构件长>2000mm	≤3.0	
竖向板材直线度	—	2.5	2m靠尺或钢板尺

（7）各类变形缝、封边处理

1）各类变形缝、边部、墙面转角应按设计要求和大样图进行施工安装。

2）金属幕墙四周与主体结构之间的缝隙，应采用防火保温材料填塞；内外表面应采用密封胶连续封闭，接缝应严密不漏水。

3）金属幕墙的女儿墙部分，应用单层铝板或其他金属板加工成向内倾斜的盖顶，与窗上下台、左右与主体结构等处的连接处理应符合设计要求，并保证连接牢固、密封、防水等要求；幕墙与主体结构连接处、与楼板的缝隙等，均应符合设计设计要求。

(8) 打注密封胶

1) 将泡沫棒塞入金属面板的分格缝中，基本保证泡沫棒最外端距玻璃表面的距离在8～10mm，以保证密封胶的打胶厚度。清洁待注胶部位，达到打密封胶的要求。

2) 为防止胶污染金属饰面，将靠近注胶范围两侧50mm左右范围的金属面板用保护胶带纸保护起来。雨、雪、雾天不可进行打胶密封及清洁。打密封胶温度不宜低于5℃，也不宜高于48℃。

3) 胶时要保持适当速度，使空腔内空气排走，防止空穴、防止胶缝内残留气泡，注胶过渡应均匀，胶缝应饱满、密实，硅酮建筑密封胶在接缝内应两对面粘结，不应三面粘结。

4) 注胶结束后，应在胶表面未固化前，立即用刮刀将胶缝压实、刮平。达到胶缝平滑，缝宽整齐一致，厚度、宽度偏差符合规定。刮胶后保证密封胶的施工厚度不小于3.5mm。

5) 待密封胶初步固化后，撕掉胶缝两侧的保护胶带，用刮刀清除多余的密封胶后，将溶剂倒在抹布上清洁胶缝两侧的金属面板。

(9) 清洁、验收

1) 金属幕墙的构件、面板和密封等应制定保护措施。不得使其发生碰撞变形、变色、污染和排水管堵塞形象。

2) 施工中金属幕墙及其构件表面的黏附物应及时清除干净，以免凝固后再清理时，划伤表面的装饰层。

3) 幕墙交工前应从上到下清洗，清洁剂有玻璃清洗剂和铝合金清洗剂，不能错用，清洗时应隔离。须先作检查，证明对金属板无腐蚀作用后方能使用，清洗后要用清水冲洗干净。

4) 工程全部工序完成后，先自检，然后上报甲方竣工资料；由总监组织验收、竣工交付；办理竣工手续。

3. 单元式金属幕墙施工工艺要点

单元式金属幕墙所述流程中与构件式幕墙相同的安装过程不再单独叙述，只叙述单元体金属幕墙板块的安装。

(1) 吊装机具

应根据单元板块选择适当的吊装机具，并与主体结构安装牢固；吊装机具使用前，应进行安全检验，并经过技术鉴定；自制吊具、特种吊具、自制平板运输车、焊接设备须经过技术鉴定；吊具运行速度应可控制，并有安全保护措施；吊装机具应采取防止单元板块摆动的措施。

(2) 单元构件运输

1) 运输前单元板块应按顺序编号，并做好成品保护。装卸及运输过程中，应采用有足够承载力和刚度的周转架，衬垫弹性垫，保证板块相互隔开并相对固定，不得相互挤压和串动。

2) 超过运输允许尺寸的单元板块，应采取特殊措施。

3) 单元板块应按顺序摆放平衡，不应造成板块或型材变形。

4) 运输过程中，应采取措施减小颠簸。

(3) 堆放场地

1) 单元板块应设置专用堆放场地，按品种和规格堆放在周转架上，放置时下面用敷有软质套的垫木垫好，不准随便在地上堆放。在室外堆放时，应采取防雨水、防污染、防高空坠落物等保护措施。

2）应按照安装顺序先出后进的原则按编号排列放置；不应直接叠层堆放。

3）不宜频繁装卸。

（4）单元板块安装

1）锚固点定位

逐个找出预埋件，清除埋件表面的覆盖物和埋件内的填充物。并检查预埋件与主体结构结合是否牢固、位置是否正确。如预埋件位置发生偏差，则应采取补救措施。

2）测量放线

按幕墙分格尺寸放线，当埋件中心点与十字中心点水平方向偏差大于 20mm，标高偏差大于 10mm，预埋件面凹进主体平面大于 10mm 时，应采取补救措施。

3）安装转接件

在预埋件上安装转接件。转接件中心点与放线中心点在二维方向上偏差应小于 5mm。转接件与预埋件如果是不同的金属，则接触面间须加绝缘隔离垫。

4）安装挂轴和挂钩座

用螺母将挂轴安装在转接件上，然后调整挂轴。挂轴位置与设计要求位置在二维方向上的误差不得大于 1mm。用螺栓将挂钩座与幕墙板块连接，连接应可靠。

5）安装板块

① 单元板块的规格、型号和编号应符合设计要求，有板块构件合格证；

② 安装将单元板块宜从下至上逐层上墙；单元板块的吊点不应少于 2 个，必要时可增设吊点加固措施并试吊；起吊时，吊装升降和平移应使单元板块不摆动，不得撞击其它物体；吊装过程应采取措施保证装饰面不受磨损和挤压。

③ 单元板块就位时，应先将其挂到连接件的挂点上，板块未固定前吊具不得拆除；单元板块就位后应及时校正，校正板块的垂直度、平面度、拼缝的直线度等；单元板块校正后应及时与连接件固定。

④ 施工中如果暂停安装，应将对插槽口等部位进行保护。安装完毕的单元板块应及时进行成品保护。

⑤ 单元体金属幕墙安装允许偏差应符合表 4-29 的要求。

表 4-29　单元式金属幕墙安装允许偏差

项　　目		允许偏差（mm）	检查方法
竖缝及墙面垂直度	幕墙高度 H（m）	≤10	激光经纬仪或经纬仪
	$H\leqslant30$		
	$30<H\leqslant60$	≤15	
	$60<H\leqslant90$	≤20	
	$H>90$	≤25	
幕墙平面度		≤2.5	2m 靠尺、钢板尺
竖缝直线度		≤2.5	2m 靠尺、钢板尺
横缝直线度		≤2.5	2m 靠尺、钢板尺

续表

项目		允许偏差（mm）	检查方法
缝宽度（与设计值比）		±2	卡尺
耐候胶缝直线度	$L\leqslant 20$m	1	钢尺
	20m$<L\leqslant$60m	3	
	60m$<L\leqslant$100m	6	
	$L>$100m	10	
两相邻面板之间接缝高低差		≤1.0	深度尺
同层单元组件标高	宽度不大于 35m	≤3.0	激光经纬仪或经纬仪
	宽度大于 35m	≤5.0	
相邻两组件面板表面高低差		≤1.0	深度尺
两组件对插件接缝搭接长度（与设计值比）		±1.0	卡尺
两组件对插件距槽底距离（与设计值比）		±1.0	卡尺

四、幕墙工程质量验收

1. 玻璃幕墙工程

主要包括建筑高度不大于 150m、抗震设防烈度不大于 8 度的隐框玻璃幕墙、半隐框玻璃幕墙、明框玻璃幕墙、全玻璃幕墙及点支承玻璃幕墙工程。

（1）主控项目

1）玻璃幕墙工程所使用的各种材料、构件和组件的质量，应符合设计要求及国家现行产品标准和工程技术规范的规定。

检验方法：检查材料、构件、组件的产品合格证书、进场验收记录、性能检测报告和材料的复验报告。

2）玻璃幕墙的造型和立面分格应符合设计要求。

检验方法：观察；尺量检查。

3）玻璃幕墙使用的玻璃应符合下列规定：

① 幕墙应使用安全玻璃，玻璃的品种、规格、颜色、光学性能及安装方向应符合设计要求。

② 幕墙玻璃的厚度不应小于 6.0mm。全玻璃幕墙肋玻璃的厚度不应小于 12mm。

③ 幕墙的中空玻璃应采用双道密封。明框幕墙的中空玻璃应采用聚硫密封胶及丁基密封胶；隐框和半隐框幕墙的中空玻璃应采用硅酮结构密封胶及丁基密封胶；镀膜面应在中空玻璃的第 2 或第 3 面上。

④ 幕墙的夹层玻璃应采用聚乙烯醇缩丁醛（PVB）胶片干法加工夹层玻璃。点支承玻璃幕墙夹层胶片（PVB）厚度不应小于 0.76mm。

⑤ 钢化玻璃表面不得有损伤；8.0mm 以下的钢化玻璃应进行引爆处理。

⑥ 所有幕墙玻璃均应进行边缘处理。

检验方法：观察；尺量检查；检查施工记录。

4）玻璃幕墙与主体结构连接的各种预埋件、连接件、紧固件必须安装牢固，其数量、规格、位置、连接方法和防腐处理应符合设计要求。

检验方法：观察；检查隐蔽工程验收记录和施工记录。

5）各种连接件、紧固件的螺栓应有防松动措施；焊接连接应符合设计要求和焊接规范的规定。

检验方法：观察；检查隐蔽工程验收记录和施工记录。

6）隐框或半隐框玻璃幕墙，每块玻璃下端应设置两个铝合金或不锈钢托条，其长度不应小于 100mm，厚度不应小于 2mm，托条外端应低于玻璃外表面 2mm。

检验方法：观察；检查施工记录。

7）明框玻璃幕墙的玻璃安装应符合下列规定：

① 玻璃槽口与玻璃的配合尺寸应符合设计要求和技术标准的规定。

② 玻璃与构件不得直接接触，玻璃四周与构件凹槽底部应保持一定的空隙，每块玻璃下部应至少放置两块宽度与槽口宽度相同、长度不小于 100mm 的弹性定位垫块；玻璃两边嵌入量及空隙应符合设计要求。

③ 玻璃四周橡胶条的材质、型号应符合设计要求，镶嵌应平整，橡胶条长度应比边框内槽长 1.5%～2.0%，橡胶条在转角处应斜面断开，并应用粘结剂粘结牢固后嵌入槽内。

检验方法：观察；检查施工记录。

8）高度超过 4m 的全玻璃幕墙应吊挂在主体结构上，吊夹具应符合设计要求，玻璃与玻璃，玻璃与玻璃肋之间的缝隙，应采用硅酮结构密封胶填嵌严密。

检验方法：观察；检查隐蔽工程验收记录和施工记录。

9）点支承玻璃幕墙应采用带万向头的活动不锈钢爪，其钢爪间的中心距离应大于 250mm。

检验方法：观察；尺量检查。

10）玻璃幕墙四周、玻璃幕墙内表面与主体结构之间的连接节点、各种变形缝、墙角的连接节点应符合设计要求和技术标准的规定。

检验方法：观察；检查隐蔽工程验收记录和施工记录。

11）玻璃幕墙应无渗漏。

检验方法：在易渗漏部位进行淋水检查。

12）玻璃幕墙结构胶和密封胶的打注应饱满、密实、连续、均匀、无气泡，宽度和厚度应符合设计要求和技术标准的规定。

检验方法：观察；尺量检查；检查施工记录。

13）玻璃幕墙开启窗的配件应齐全，安装应牢固，安装位置和开启方向、角度应正确；开启应灵活，关闭应严密。

检验方法：观察；手扳检查；开启和关闭检查。

14）玻璃幕墙的防雷装置必须与主体结构的防雷装置可靠连接。

检验方法：观察；检查隐蔽工程验收记录和施工记录。

（2）一般项目

1）玻璃幕墙表面应平整、洁净；整幅玻璃的色泽应均匀一致；不得有污染和镀膜损坏。

检验方法：观察。

2）每平方米玻璃的表面质量和检验方法应符合表 4-30 的规定。

表 4-30　每平方米玻璃的表面质量和检验方法

项次	项　目	质量要求	检验方法
1	明显划伤和长度＜100mm 的轻微划伤	不允许	观察
2	长度≤100mm 的轻微划伤	≤8 条	用钢尺检查
3	擦伤总面积	≤500mm²	用钢尺检查

3）一个分格铝合金型材的表面质量和检验方法应符合表 4-31 的规定。

表 4-31　一个分格铝合金型材的表面质量和检验方法

项次	项　目	质量要求	检验方法
1	明显划伤和长度＜100mm 的轻微划伤	不允许	观察
2	长度≤100mm 的轻微划伤	≤2 条	用钢尺检查
3	擦伤总面积	≤500mm²	用钢尺检查

4）明框玻璃幕墙的外露框或压条应横平竖直，颜色、规格应符合设计要求，压条安装应牢固。单元玻璃幕墙的单元拼缝或隐框玻璃幕墙的分格玻璃拼缝应横平竖直、均匀一致。

检验方法：观察；手扳检查；检查进场验收记录。

5）玻璃幕墙的密封胶缝应横平竖直、深浅一致、宽窄均匀、光滑顺直。

检验方法：观察；手摸检查。

6）防火、保温材料填充应饱满、均匀，表面应密实、平整。

检验方法：检查隐蔽工程验收记录。

7）玻璃幕墙隐蔽节点的遮封装修应牢固、整齐、美观。

检验方法：观察；手扳检查。

8）明框玻璃幕墙安装的允许偏差和检验方法应符合表 4-32 的规定。

表 4-32　明框玻璃幕墙安装的允许偏差和检验方法

项次	项　目		允许偏差（mm）	检验方法
1	幕墙垂直度	幕墙高度≤30m	10	用经纬仪检查
		30m＜幕墙高度≤60m	15	
		60m＜幕墙高度≤90m	20	
		幕墙高度＞90m	25	
2	幕墙水平度	幕墙幅宽≤35m	5	用水平仪检查
		幕墙幅宽＞35m	7	
3	构件直线度		2	用 2m 靠尺和塞尺检查
4	构件水平度	构件长度≤2m	2	用水平仪检查
		构件长度＞2m	3	
5	相邻构件错位		1	用钢直尺检查
6	分格框对角线长度差	对角线长度≤2m	3	用钢尺检查
		对角线长度＞2m	4	

9）隐框、半隐框玻璃幕墙安装的允许偏差和检验方法应符合表 4-33 的规定。

表 4-33 隐框、半隐框玻璃幕墙安装的允许偏差和检验方法

项次	项　目		允许偏差（mm）	检验方法
1	幕墙垂直度	幕墙高度≤30m	10	用经纬仪检查
		30m<幕墙高度≤60m	15	
		60m<幕墙高度≤90m	20	
		幕墙高度>90m	25	
2	幕墙水平度	层高≤3m	3	用水平仪检查
		层高>3m	5	
3	幕墙表面平整度		2	用 2m 靠尺和塞尺检查
4	板材立面垂直度		2	用垂直检测尺检查
5	板材上沿水平度		2	用 1m 水平尺和钢直尺检查
6	相邻板材板角错位		1	用钢直尺检查
7	阳角方正		2	用直角检测尺检查
8	接缝直线度		3	拉 5m 线，不足 5m 拉通线，用钢直尺检查
9	接缝高低差		1	用钢直尺和塞尺检查
10	接缝宽度		1	用钢直尺检查

2. 石材幕墙工程

主要包括建筑高度不大于 100m、抗震设防烈度不大于 8 度的石材幕墙工程。

（1）主控项目

1）石材幕墙工程所用材料的品种、规格、性能等级，应符合设计要求及国家现行产品标准和工程技术规范的规定。石材的弯曲强度不应小于 8.0MPa；吸水率应小于 0.8%。石材幕墙的铝合金挂件厚度不应小于 4.0mm，不锈钢挂件厚度不应小于 3.0mm。

检验方法：观察；尺量检查；检查产品合格证书、性能检测报告、材料进场验收记录和复验报告。

2）石材幕墙的造型、立面分格、颜色、光泽、花纹和图案应符合设计要求。

检验方法：观察。

3）石材孔、槽的数量、深度、位置、尺寸应符合设计要求。

检验方法：检查进场验收记录或施工记录。

4）石材幕墙主体结构上的预埋件和后置埋件的位置、数量及后置埋件的拉拔力必须符合设计要求。

检验方法：检查拉拔力检测报告和隐蔽工程验收记录。

5）石材幕墙的金属框架立柱与主体结构预埋件的连接、立柱与横梁的连接、连接件与金属框架的连接、连接件与石材面板的连接必须符合设计要求，安装必须牢固。

检验方法：手扳检查；检查隐蔽工程验收记录。

6）金属框架的连接件和防腐处理应符合设计要求。

检验方法：检查隐蔽工程验收记录。

7）石材幕墙的防雷装置必须与主体结构防雷装置可靠连接。

检验方法：观察；检查隐蔽工程验收记录和施工记录。

8）石材幕墙的防火、保温、防潮材料的设置应符合设计要求，填充应密实、均匀、厚度一致。

检验方法：检查隐蔽工程验收记录。

9）各种结构变形缝、墙角的连接节点应符合设计要求和技术标准的规定。

检验方法：检查隐蔽工程验收记录和施工记录。

10）石材表面和板缝的处理应符合设计要求。

检验方法：观察。

11）石材幕墙的板缝注胶应饱满、密实、连续、均匀、无气泡，板缝宽度和厚度应符合设计要求和技术标准的规定。

检验方法：观察；尺量检查；检查施工记录。

12）石材幕墙应无渗漏。

检验方法：在易渗漏部位进行淋水检查。

（2）一般项目

1）石材幕墙表面应平整、洁净，无污染、缺损和裂痕。颜色和花纹应协调一致，无明显色差，无明显修痕。

检验方法：观察。

2）石材幕墙的压条应平直、洁净、接口严密、安装牢固。

检验方法：观察；手扳检查。

3）石材接缝应横平竖直、宽窄均匀；阴阳角石板压向应正确，板边合缝应顺直；凸凹线出墙厚度应一致，上下口应平直；石材面板上洞口、槽边应套割吻合，边缘应整齐。

检验方法：观察；尺量检查。

4）石材幕墙的密封胶缝应横平竖直、深浅一致、宽窄均匀、光滑顺直。

检验方法：观察。

5）石材幕墙上的滴水线、流水坡向应正确、顺直。

检验方法：观察；用水平尺检查。

6）每平方米石材的表面质量和检验方法应符合表 4-34 的规定。

表 4-34　每平方米石材的表面质量和检验方法

项次	项　目	质量要求	检验方法
1	明显划伤和长度＞100mm 的轻微划伤	不允许	观察
2	长度≤100mm 的轻微划伤	≤8 条	用钢尺检查
3	擦伤总面积	≤500mm^2	用钢尺检查

7）石材幕墙安装的允许偏差和检验方法应符合表 4-35 的规定。

表 4-35　石材幕墙安装的允许偏差和检验方法

项次	项　目		允许偏差（mm）		检验方法
			光面	麻面	
1	幕墙垂直度	幕墙高度≤30m	10		用经纬仪检查
		30m＜幕墙高度≤60m	15		
		60m＜幕墙高度≤90m	20		
		幕墙高度＞90m	25		

续表

项次	项　　目	允许偏差（mm）		检验方法
		光面	麻面	
2	幕墙水平度	3		用水平仪检查
3	板材立面垂直度	3		用水平仪检查
4	板材上沿水平度	2		用1m水平尺和钢直尺检查
5	相邻板材板角错位	1		用钢直尺检查
6	阳角方正	2	3	用垂直检测尺检查
7	接缝直线度	2	4	用直角检测尺检查
8	接缝高低差	3	4	拉5m线，不足5m拉通线，用钢直尺检查
9	接缝宽度	1	—	用钢直尺和塞尺检查
10	板材立面垂直度	1	2	用钢直尺检查

3．金属幕墙工程

主要指建筑高度不大于150m的金属幕墙工程。

（1）主控项目

1）金属幕墙工程所使用的各种材料和配件，应符合设计要求及国家现行产品标准和工程技术规范的规定。

检验方法：检查产品合格证书、性能检测报告、材料进场验收记录和复验报告。

2）金属幕墙的造型和立面分格应符合设计要求。

检验方法：观察；尺量检查。

3）金属面板的品种、规格、颜色、光泽及安装方向应符合设计要求。

检验方法：观察；检查进场验收记录。

4）金属幕墙主体结构上的预埋件、后置埋件的数量、位置及后置埋件的拉拔力必须符合设计要求。

检验方法：检查拉拔力检测报告和隐蔽工程验收记录。

5）金属幕墙的金属框架立柱与主体结构预埋件的连接、立柱与横梁的连接、金属面板的安装必须符合设计要求，安装必须牢固。

检验方法：手扳检查；检查隐蔽工程验收记录。

6）金属幕墙的防火、保温、防潮材料的设置应符合设计要求，并应密实、均匀、厚度一致。

检验方法：检查隐蔽工程验收记录。

7）金属框架及连接件的防腐处理应符合设计要求。

检验方法：检查隐蔽工程验收记录和施工记录。

8）金属幕墙的防雷装置必须与主体结构的防雷装置可靠连接。

检验方法：检查隐蔽工程验收记录。

9）各种变形缝、墙角的连接节点应符合设计要求和技术标准的规定。

检验方法：观察；检查隐蔽工程验收记录。

10）金属幕墙的板缝注胶应饱满、密实、连续、均匀、无气泡，宽度和厚度应符合设计要求和技术标准的规定。

检验方法：观察；尺量检查；检查施工记录。

11）金属幕墙应无渗漏。

检验方法：在易渗漏部位进行淋水检查。

（2）一般项目

1）金属板表面应平整、洁净、色泽一致。

检验方法：观察。

2）金属幕墙的压条应平直、洁净、接口严密、安装牢固。

检验方法：观察；手扳检查。

3）金属幕墙的密封胶缝应横增竖直、深浅一致、宽窄均匀、光滑顺直。

检验方法：观察。

4）金属幕墙上的滴水线、流水坡向应正确、顺直。

检验方法：观察；用水平尺检查。

5）每平方米金属板的表面质量和检验方法应符合表 4-36 的规定。

表 4-36　每平方米金属板的表面质量和检验方法

项次	项　目	质量要求	检验方法
1	明显划伤和长度＞100mm 的轻微划伤	不允许	观察
2	长度≤100mm 的轻微划伤	≤8 条	用钢尺检查
3	擦伤总面积	≤500mm^2	用钢尺检查

（6）金属幕墙安装的允许偏差和检验方法应符合表 4-37 的规定。

表 4-37　金属幕墙安装的允许偏差和检验方法

<table>
<tr><th>项次</th><th colspan="2">项　目</th><th>允许偏差（mm）</th><th>检验方法</th></tr>
<tr><td rowspan="4">1</td><td rowspan="4">幕墙垂直度</td><td>幕墙高度≤30m</td><td>10</td><td rowspan="4">用经纬仪检查</td></tr>
<tr><td>30m＜幕墙高度≤60m</td><td>15</td></tr>
<tr><td>60m＜幕墙高度≤90m</td><td>20</td></tr>
<tr><td>幕墙高度＞90m</td><td>25</td></tr>
<tr><td rowspan="2">2</td><td rowspan="2">幕墙水平度</td><td>层高≤3m</td><td>3</td><td rowspan="2">用水平仪检查</td></tr>
<tr><td>层高＞3m</td><td>5</td></tr>
<tr><td>3</td><td colspan="2">幕墙表面平整度</td><td>2</td><td>用 2m 靠尺和塞尺检查</td></tr>
<tr><td>4</td><td colspan="2">板材立面垂直度</td><td>3</td><td>用垂直检测尺检查</td></tr>
<tr><td>5</td><td colspan="2">板材上沿水平度</td><td>2</td><td>用 1m 水平尺和钢直尺检查</td></tr>
<tr><td>6</td><td colspan="2">相邻板材板角错位</td><td>1</td><td>用钢直尺检查</td></tr>
<tr><td>7</td><td colspan="2">阳角方正</td><td>2</td><td>用直角检测尺检查</td></tr>
<tr><td>8</td><td colspan="2">接缝直线度</td><td>3</td><td>拉 5m 线，不足 5m 拉通线，用钢直尺检查</td></tr>
<tr><td>9</td><td colspan="2">接缝高低差</td><td>1</td><td>用钢直尺和塞尺检查</td></tr>
<tr><td>10</td><td colspan="2">接缝宽度</td><td>1</td><td>用钢直尺检查</td></tr>
</table>

第八节　涂饰工程

一、水性涂料涂饰工程

水性涂料涂饰工程包括乳液型涂料、无机涂料、水溶性涂料等。

涂料的基本构造可分为底层和面层两部分。涂料基层应牢固、表面平整、基层应清洁、基层应干燥。涂料面层均匀、粘贴牢固、无漏涂、透底、起皮和掉粉。涂料施工一般规定如下：

（1）自然环境

涂饰施工温度，应遵守产品说明书要求的温度范围；施工时空气相对湿度宜小于85%；当遇大雾、大风、大雨时，应停止户外工程施工。施工温度应保持均衡，室内温度宜在5～35℃之间。冬季施工室内温度不宜低于5℃，相对湿度为85%，并在采暖条件下进行，室温保持均衡，不得突然变化。同时应设专人负责测试和开关窗，以利通风和排除湿气。

（2）作业条件

1）湿作业已完毕并有一定强度，过墙管道、洞口、阴阳角等应提前处理完毕，为确保墙面干燥，各种穿墙孔洞都应提前抹灰补平。

2）操作前应认真进行交接检查工作，并对遗留问题及时进行妥善处理。

3）门窗扇已安装好，涂刷完油漆并安装完玻璃。

4）作业场所要通风良好、清洁干燥。

5）大面积施工前应由施工人员按工序要求做好样板或样板间，并保留到竣工。

6）外窗台粉刷层两端应做出挡水坡端；檐口、窗台底部必须按技术标准完成滴水线等构造措施；女儿墙及阳台的压顶粉刷面应有指向内侧的泛水坡度。

（3）技术条件

1）施工单位应根据设计选定式样、色彩、光泽、材料种类、涂饰遍数、单位用量以及涂饰等级，同时应根据建筑工程情况、涂饰要求、基层条件、施工平台及涂装机械等编制涂饰工程施工方案。

2）施工前必须对施工班组进行书面技术交底和安全交底。

3）作业人员必须经过岗位培训并达到合格。

1．内墙面水性涂料涂饰工程施工工艺

（1）施工工艺流程

基层处理→刮腻子→弹分色线→涂饰底层涂料→涂饰第一遍面层涂料→涂饰第二遍面层涂料。

（2）施工工艺要点

1）基层要求

① 基层应牢固，不开裂、不掉粉、不起砂、不空鼓、不剥离、无石灰爆裂点和无附着力不良的旧涂层。

② 表面平整，立面垂直，阴阳角垂直、方正和无缺楞掉角；分格缝深浅一致且横平竖直。

③ 基层应清洁，表面无灰尘、无浮浆、无油迹、无锈斑、无霉点、无盐类析出物和无青苔等杂物。

④ 基层应干燥，涂刷溶剂型涂料时，基层含水率不得大于 8%；涂刷乳液型涂料时，基层含水率不得大于 10%、pH 值不得大于 10。

⑤ 新建筑物的混凝土或抹灰基层在涂饰涂料前应刷抗碱封闭底漆，旧墙面在涂饰涂料前应涂刷界面剂。

2）刮腻子

刮腻子根据表面的平整度来决定遍数，一般情况多为 2～3 遍。每道腻子层不宜刮得太厚。第一道腻子应调稠些便于批嵌缝洞，第二道则稀些，使之大面找平，第三道则更稀些，所有腻子层打光磨平后应无刮痕，随之清除墙面粉尘。腻子干燥后，应打磨平整光滑，并清理干净。

3）弹分色线

如墙面设有分色线，应在涂饰前弹线，先涂饰浅色涂料，后涂饰深色涂料。

4）涂饰涂料

分为刷涂、滚涂和喷涂。

① 刷涂施工：涂刷一般以三遍成活。宜按先左后右、先上后下、先难后易、先边后面的顺序进行。涂料使用前应搅拌均匀，用砂纸打磨光，并将灰尘清扫干净。涂刷时从一端（头）开始，逐渐涂刷向另一端（头），要注意上下顺刷互相衔接后一排笔接前一排笔，使排笔运行均匀，避免出现干燥后再处理的接头。

② 滚涂施工：滚涂一般三遍成活。滚涂施工分手工滚涂和机械滚涂。滚涂施工前将涂料充分搅拌，用细砂纸将墙面小疙瘩打磨掉，表面打磨光滑后清扫干净。滚涂时从一端（头）开始，逐渐涂刷向另一端（头），要注意上下顺刷互相衔接，使辊子运行均匀，避免出现明显接槎。

③ 喷涂：喷涂以达到施工质量要求为准，不限制喷涂的遍数。将涂料调至施工所需黏度，涂料出口应与被涂面垂直，喷枪移动时应与墙面保持平行。喷枪运行速度应适宜并保持一致，喷涂应逐行或逐列进行。如有喷枪喷不到的地方，应用棕刷或排笔刷涂。

2. 外墙涂料涂饰施工工艺

（1）施工工艺流程：

基层处理→刮腻子→磨平→弹分格线→涂饰底层涂料→涂饰第一遍面层涂料→涂饰第二遍面层涂料→修整

（2）施工工艺要点

1）基层处理

① 基层应坚固，不开裂、不掉粉、不起砂、不空鼓、不剥离、无石灰爆裂点和无附着力不良的旧涂层。

② 表面平整，立面垂直，阴阳角垂直、方正和无缺楞掉角；分格缝深浅一致且横平竖直。

③ 基层应清洁，表面无灰尘、无浮浆、无油迹、无锈斑、无霉点、无盐类析出物和无青苔等杂物。

④ 基层应干燥，涂刷溶剂型涂料时，基层含水率不得大于 8%；涂刷乳液型涂料时，基

层含水率不得大于10%。pH值不得大于10。

⑤ 新建筑物的混凝土或抹灰基层在涂饰涂料前应刷抗碱封闭底漆，旧墙面在涂饰涂料前应涂刷界面剂。

2）刮腻子

根据表面的平整度来决定遍数，一般情况多为2～3遍。对于缺陷较大的地方可进行多次找平；打磨腻子注意不要磨穿或漏磨腻子。处理后应平整光滑、角线顺直，并清理干净。

3）弹分格缝

根据设计要求进行吊垂直、套方、找规矩、弹分格缝。此项工作必须严格按照标高控制好，必须保证建筑物外墙的分格缝四周交圈。分格缝必须深浅、宽度均匀一致，平直光滑，棱角整齐。

4）涂饰涂料

涂饰涂料的方法分为刷涂、滚涂和喷涂。

① 刷涂施工：宜按先左后右、先上后下、先难后易、先边后面的顺序进行。涂刷方向、距离应一致，接搓应在分格缝处。刷涂一般不少于两道，应在前一道涂料表干后再刷下一道。外墙涂饰工程分段进行时，应以分格缝、墙的阴角处或水落管等处为分界线和施工缝。

② 滚涂施工：滚涂一般三遍成活。

滚涂第一遍涂料：滚涂施工分手工滚涂和机械滚涂。采用手工滚涂时，首先将涂料搅拌均匀至施工黏度，取出少量倒入平漆盘中摊开，用辊筒均匀的蘸取涂料，并在底盘或辊网上滚动至均匀后再在墙面上滚涂。开始时慢慢滚动，以免一开始速度太快而使涂料飞溅。滚动时，将辊筒在墙面上按一定顺序、加轻微压力、均匀地进行滚动。先使毛辊按倒W形运动，把涂料大致涂在墙面上，接着用辊子在墙面上下左右平稳地来回滚动，使涂料均匀展开，最后用毛辊按一定方向滚动一遍。阴角及上下口处一般应先用棕刷或排笔涂刷。采用机械压送滚涂时，涂料的黏度应调到≤30s，滚涂方法与手工滚涂基本相同，先进行试滚涂，使辊子上的涂料匀开，并调节好供料阀门，然后由下往上、由上往下连续滚涂。对于采用机械滚涂施工不便的小范围，可结合采用手工滚涂或刷涂。滚涂时应有序进行，相互衔接，不得漏刷、漏底，涂层应厚薄均匀一致，不流不坠。涂料干燥后补腻子，待补的腻子干燥后用砂纸打磨光，并将灰尘清扫干净。

滚涂第二遍涂料：操作方法及要求同第一遍。滚涂施工前将涂料充分搅拌，如不很稠，尽量不加或少加水和稀释，以防露底。待涂抹干燥后，用细砂纸将墙面小疙瘩打磨掉，表面打磨光滑后清扫干净。

滚涂第三遍涂料：操作方法及要求同第二遍。滚涂时从一端（头）开始，逐渐涂刷向另一端（头），要注意上下顺刷互相衔接，使辊子运行均匀，避免出现明显接槎。

③ 喷涂：喷涂以达到施工质量要求为准，不限制喷涂的遍数。

喷涂施工应根据所用涂料的品种、黏度、最大粒径等确定喷涂机具的种类、喷嘴口径、喷涂压力、与基层之间的距离等。一般要求喷枪运行时，喷嘴中心线必须与墙面垂直，喷枪与墙面有规则地平行移动，运行速度应保持均衡一致。涂层的接搓应留在分格缝处。门窗以及不喷涂料的部位，应采取措施进行遮挡。喷涂操作一般应连续进行。如有喷枪喷不到的地方，应用棕刷或排笔刷涂。

5）修整

修整的主要形式有两种，一种是随施工随修整，每完成一分格块或一步架子随即进行修整；另一种是整个分项工程完成后，组织进行全面检查，如发现有透底、漏涂、流坠等缺陷，应立即修整和处理。

二、溶剂型涂料涂饰工程

溶剂型涂料工程包括丙烯酸酯涂料、聚氨酯丙烯酸涂料、有机硅丙烯酸涂料等。

涂料的基本构造可分为底层和面层两部分。涂料基层应牢固、表面平整、基层应清洁、基层应干燥。涂料面层均匀，粘贴牢固，无漏涂、透底、起皮和反锈。溶剂型涂料一般规定如下：

（1）自然环境

施工温度应保持均衡，湿作业已完毕并有一定强度，作业场所要通风良好、清洁干燥，相对湿度不宜大于60%，室内温度不宜低于＋10℃。若施工时室内未封闭，则应有防风措施，否则大风天气不得施工。木基层表面含水率不得大于12%。

（2）作业条件

1）施工前应对门窗、木制品外形进行检查，有变形不合格的，应拆换整修至合格后施工。

2）操作前应认真进行交接检查工作，并对遗留问题及时进行妥善处理。

3）大面积施工前应先做样板，经有关部门检查确认合格后，方可进行大面积施工。

4）在高于2.0m处作业时，必须使用脚手架或作业平台，并经安全验收。

（3）技术条件

1）了解设计要求，熟悉现场实际情况。

2）施工前必须对施工班组进行书面技术交底和安全交底。

3）作业人员必须经过岗位培训并达到合格。

1. 木材表面涂饰混色油漆施工工艺

（1）施工工艺流程

基层处理→刷（喷）底漆 →刮腻子 →打磨→刷（喷）底漆→补腻子打磨→喷刷面漆→打磨

（2）施工工艺要点

1）基层处理

在涂饰前，应清扫木材表面灰尘，将表面钉帽隐入木材内部；用铲刀、刮刀彻底清除灰砂、泥浆等黏附物；油脂与胶迹可用温水、温肥皂水、碱水等擦洗，或者用酒精、汽油等其他溶剂擦拭溶掉；然后用细砂纸顺木纹方向打磨一遍，要求磨光，磨掉木毛茬，阴阳角胶迹要清除，阳角要倒棱、磨圆，上下一致。

2）刷（喷）底漆

在涂刷油漆之前，应先刷一道底漆进行表面封闭，底漆以清油、光油、汽油配制或使用油漆配套专用底漆。底漆要涂刷得薄而均匀，油漆稠度要适中，不可漏刷。底漆调配前后及使用过程中均需搅拌均匀，节疤处及小孔用石膏腻子或用油性腻子抹平。底漆里也可以加适量着色颜料或油性色漆，干燥后用砂纸轻轻打磨，用潮布将磨下的粉尘擦拭干净。

3）刮腻子

待底漆干透后，用刮刀满刮油性腻子，将裂缝、节疤、凹陷、钉眼以及边楞残缺处刮批平整，刮时要横抹竖起，将腻子刮入钉眼或裂纹内，每处刮过后，随即用刮刀将四周腻子收刮干净，要求刮光、刮平，无松散腻子和残渣。局部缺陷嵌补的腻子如有收缩渗陷处，可再次批刮至平整。对于表面平整较差或有树节、接缝处可用原子灰填补打磨平整。

4）打磨

腻子干透后用1号砂纸打磨，注意不要磨穿漆膜，保护好棱角，打磨中应经常将砂纸上的腻子灰掸去，以免堵塞砂纸，打磨时应及时清除表面的浮粉和灰尘。

5）刷（喷）底漆

涂刷时要横平竖直，不得漏刷和流坠。刷每道漆间隔时间，应根据当时气温而定。一般夏季间隔约6h，春、秋季间隔约12h，冬季间隔约24h左右。

6）补腻子、打磨

如发现有不平之处，要及时补抹腻子打磨，干燥后用水砂纸打磨，再用湿布擦净，使表面无流坠、裹棱痕迹，手摸光滑平整，

7）刷（喷）面漆

先将不需要喷涂部位采取有效措施进行遮挡，然后刷（喷）面漆。根据使用要求选用性能配套的面层油漆和稀释剂，可以参照产品的使用说明按比例稀释，其稠度以达到盖底、不流淌、不显刷痕为宜，涂刷面漆时注意不得漏刷和流坠，顺一个方向收理均匀。

阴雨、潮湿天气须使用防潮剂。

8）打磨

漆膜干透后用水砂纸将细部、大面光感不平处及有刷毛或其他杂质的部位再打磨一遍，打磨边缘、棱角、曲面时不可使用垫块，要轻磨并随时查看，以免磨穿、磨透，用潮布将粉尘擦掉。

如局部有不光、不平处，应及时进行修补腻子。待腻子干透后，打磨砂纸、清扫并用湿布擦净。

9）刷（喷）面漆

刷第二道混色面漆：刷最后一道漆之前应完成玻璃、五金等的安装，并将室内地面、台面浮尘清理干净，做好其他饰面的遮盖保护，面漆刷法与要求同第一道面漆。涂刷时动作要敏捷，要多刷多理，注意刷油饱满，使刷纹通顺、不流不坠、光亮均匀、色泽一致。

采用喷涂方法施工时，油漆的黏度比涂刷的要低些，无论底漆、面漆，都应先在废板上试喷，调整喷枪压力、运行速度、喷涂距离、喷涂角度、喷幅宽度，使喷涂油漆厚薄均匀、不流不坠、颜色一致、平整光滑，调整合适后再大面积正式喷涂。

2. 木材表面涂饰清色油漆施工工艺

（1）施工工艺流程

基层处理→基层调色→刷底漆 →修补腻子 打磨 →刷底漆→打磨 →喷刷面漆→ 打磨 修色→喷刷面漆 打磨→有亚光要求的喷刷亚光漆1～2遍。

（2）施工工艺要点

1）基层处理

在涂饰前，应将木材表面钉帽隐入木材内部，除去木材表面上的灰尘、油污胶迹、毛刺等，同时根据需要做脱色、腻平、填平、白胚砂磨、填孔等处理，然后用1号以上砂纸顺木纹精心打磨至光滑。

① 去污：表面油脂与胶迹可用温水、温肥皂水、碱水等擦洗，或者用酒精、汽油等其他溶剂擦拭溶掉，也可用刨刀、刮刀等刮除表面黏附物，然后用细砂纸顺木纹方向磨平。

② 脱色：若木面需做浅淡颜色，而木制品表面有色差或色斑，则需对木制品表面的色深部位进行脱色处理，使木材表面颜色均匀一致，目前用于木材脱色最多的是氧化性漂白剂。

③ 表面的松脂等，可采用溶剂溶解、碱液洗涤或烙铁烫铲等方法清除。

④ 除单宁素可用蒸煮法和隔离法。

2）基层调色

木面颜色根据工程设计或使用方要求而定。如果没有明确要求，则需根据建筑物用途及板材种类配色，做好样板，经使用方同意后再大面积施工。

调色分两步进行

第一步：基层着色。即润粉，有水粉与油粉两种，使用时按比例调配均匀，用无色棉纱蘸取着色剂，满涂与木材表面，采用圈擦、横擦等方法反复擦几次，使着色剂充分深入到木纹棕眼内，未干燥前，用干净的棉丝将表面多余的浮粉揩掉，擦时用力均匀，使木面基层颜色一致。

第二步：涂层着色。这是最关键的一道工序，必须在这道工序中调整至木面颜色均匀一致。本色、淡黄色、橘黄色木面可用漆片着色，而栗壳色、荔枝色、蟹青色、红木色、柚木色则用涂饰水色或油色的方式着色。

漆片着色。根据木面颜色，选用虫胶清漆，涂刷动作要快，粘到旁处的漆要用软布随时揩掉，以免颜色重叠变深，涂刷两遍，干燥后，用大白粉调成的腻子找平细小裂缝及损坏处。

刷水色或油色。底层干后，擦净表面浮粉，用排笔将已配制好的水色均匀涂刷在木面上。干燥后用旧砂纸打平，涂刷虫胶清漆一遍，若漆膜颜色不匀，在虫胶清漆中加入适量的颜料配成酒色，对木材面进行修色或拼色，色深的地方用漆片加铅白或加浅色颜料填补，色浅的地方可以用漆片加色逐渐加深。

3）刷底漆

涂刷前先将羊毛刷的刷毛在稀料中浸湿，然后甩去多余的稀料，用羊毛刷涂刷底漆于木材表面。底漆应刷满刷严，不要遗漏，应将缝隙、孔洞的底部刷到位。

4）修补腻子

用清漆、大白粉、着色剂、稀释剂混合成有色腻子补钉眼、木面接缝及残缺不全之处，操作时必须用牛角板刮抹，不得损伤漆膜，腻子要收刮干净，光滑无腻子疤（若有腻子疤必须点漆片处理）。干透后用细砂纸顺木纹轻轻打磨，用潮布将磨下的粉尘擦拭干净。

5）刷底漆

刷漆时要求羊毛刷不掉毛，刷油动作要干净利落，要勤刷勤理、涂刷均匀、不流不坠。刷完后仔细检查，有缺陷及时处理。

6）打磨

底漆干透后，用水砂纸蘸清水或肥皂水全面打磨，使表面无流坠、裹棱痕迹，手摸光滑平整，打磨时应及时清除表面的浮粉和灰尘

7）刷（喷）面漆

先将不需要喷涂部位采取有效措施进行遮挡，刷（喷）面漆。因清漆黏度高、挥发快，涂刷时动作要快，注意刷匀、刷到，最好使用已用出刷口的旧棕刷，用力要均匀，要求每笔

的涂刷面积长短一致，应顺木纹方向涂刷，不要过多地来回涂刷，以免出现皱纹，保证涂饰面漆膜平整，没有流坠、气泡、裹楞等缺陷。

如喷涂，应先在废板上试喷，调整喷枪的压力、运行速度、喷涂距离，使喷涂油漆厚薄均匀、不流不坠，调整合适后再大面积正式喷涂。

阴雨、潮湿天气须使用防潮剂。

8）打磨、修色

漆膜干透后用水砂纸将细部、大面光感不平处及有刷毛或其他杂质的部位再打磨一遍，力求木面色泽一致、光滑无杂质。打磨边缘、棱角、曲面时不可使用垫块，要轻磨并随时查看，以免打磨时磨穿、磨透，用潮布将粉尘擦掉。

如木材表面仍有缺陷或材色不一致处，应进行局部修色处理。

9）刷（喷）面漆

操作要求同前一遍油漆，但动作要敏捷，多刷多理，使清漆喷涂饱满一致，不流不坠，光亮均匀。必须保证周围环境清洁无尘、通风良好，宜暂时禁止通行。

3. 金属表面涂饰施工工艺

（1）施工工艺流程

基层处理→刷防锈涂料→局部修补→刮腻子→涂饰第一遍涂料→打 磨→涂饰第二遍涂料→ 涂饰面层涂料

（2）施工工艺要点

1）基层处理

将金属面上的油脂、锈蚀、焊渣、浮土、灰浆、脏物、沉积物或松散的旧涂层等清除干净。

① 除油　金属表面的油污可用溶剂进行清洗，根据油污情况选用成本低、溶解力强、毒性小和不易燃的溶剂，如200号石油溶剂油、松节油、三氯乙烯、二氯甲烷等。

② 除锈　一般采用手工铁砂纸打磨、钢丝刷清理和电动砂轮打磨等方法进行彻底除锈，以露出金属光泽为宜。

③ 清除氧化皮　有机械和手工清除、火焰清除和喷砂清除，应根据不同情况和施工条件选用适当方法进行彻底清除。

2）涂刷防锈涂料

金属表面除锈完毕后，应在8h内（湿度大时为4h内）尽快涂刷涂料，待涂料充分干燥后再涂刷次层涂料，其间隔时间视具体条件而定，一般不应少于48h。注意施涂均匀，不得漏涂，并使涂膜达到一定的厚度。对金属表面不易涂刷的部位，应在装配前涂刷完成。如构件、半成品已涂刷防锈涂料，对安装过程中的焊点、防锈涂料磨损处进行清除焊渣、清除锈迹，然后补涂防锈涂料。

3）缺陷修补

防锈涂料干燥后，对金属表面的砂眼、凹坑、缺棱、拼缝等明显缺陷处用石膏腻子刮平整，腻子要调成软硬合适、不出蜂窝、挑丝不倒为宜。待腻子干透后，用1号砂纸打磨，并清扫干净。

4）刮腻子

用开刀或橡皮刮板满刮一道原子灰等金属表面用腻子，要求刮得薄，收得干净，均匀平整，无飞刺。待腻子干透后用1号砂纸轻轻打磨，注意保护棱角，要求达到表面光滑，线角平直，整齐一致。将多余腻子扫掉，并清理干净浮灰。接着再次进行局部修补。

5）涂饰第一遍涂料

施涂方法可采用刷涂和喷涂。对于形状不规则的表面采用刷涂法涂装；面积大、表面规则时可以采用喷涂法涂装。

涂刷时要厚薄均匀，涂料的稠度以达到盖底，不流淌、不显刷痕为宜。涂料颜色要符合样板的色泽。涂刷时宜按先左后右、先上后下、先难后易、先边后面的顺序进行，如有流坠、漏刷、裹楞、透底等缺陷，应及时修整达到色泽一致。

喷涂时，应先在废板上试喷，调整喷枪的压力、运行速度、喷涂距离，使喷涂涂层厚薄均匀、不流不坠，调整合适后再大面积正式喷涂。

将涂料调至施工所需黏度，装入储料罐或压力供料筒中。调节施工压力一般在0.4～0.8MPa范围内。喷涂作业时，手握喷枪要紧，涂料出口应与被涂面垂直，喷枪移动时应与涂面保持平行。喷枪运行速度应适宜并保持一致，一般为400～600mm/min。喷嘴与涂面的距离一般应控制在400～600mm，喷涂应逐行或逐列进行。横向喷涂运动路线为水平运动700～800mm后，拐弯180°后喷涂下一行，行与行之间的搭接宽度为喷涂宽度的1/2～1/3；垂直喷涂运动路线为垂直运动700～800mm后，拐弯180°后喷涂下一列，列与列之间的搭接宽度为喷涂宽度的1/2～1/3。如由喷枪喷不到的地方，应用棕刷或排笔刷涂。

全部刷（喷）完后应立即检查一下有无遗漏，分色是否正确，并将小五金等沾染的涂料擦干净。要重点检查线角和阴阳角处有无流坠、漏刷、透底等现象，如有缺陷应及时修整达到色泽一致。

6）刮腻子 打磨

涂料干透后，对于底腻子收缩或残缺处，再用原子灰补刮一次。待腻子干透后，用1号砂纸打磨，磨完后用潮布将磨下的粉末擦净。

7）涂饰第二遍涂料

方法同第一遍涂料。涂料干后修补腻子，腻子干透后，用1号砂纸或旧砂纸轻磨一遍，操作时注意保护棱角，达到表面平整光滑，线脚平直，整齐一致。磨完砂纸后应打扫干净，用潮布将磨下的粉末擦干净。

8）涂饰面层涂料：由于面层涂料黏度较大，涂刷时要多刷，刷油饱满、不流不坠、光亮均匀、色泽一致。刷完涂料后要立即仔细检查一遍，如发现有缺陷应及时修整。当需要时，可增加面层涂料的遍数。

三、美术涂饰工程

美术涂饰工程包括室内外套色涂饰、滚花涂饰、仿花纹涂饰等。

套色涂饰：也称假壁纸、仿壁纸油漆。它是在墙（顶）面已完成油漆（或水性涂料）的基础上，按特质的漏花套版，有规律地将各种油漆（或水性涂料）喷在墙（顶）上制成。

滚花涂饰：是在一般油漆（或水性涂料）完成的基层上，以面层油漆（或水性涂料）进行滚涂的工艺。

仿木纹涂饰：亦称木丝，一般是仿硬质木材的木纹。

仿石纹涂饰：亦称假大理石，以仿白色大理石为例。

涂料的基本构造可分为底层和面层两部分。涂料基层应牢固、表面平整、基层应清洁、基层应干燥。涂料面层均匀，粘贴牢固，无漏涂、透底、起皮、掉粉和反锈。美术涂饰施工一般规定如下：

（1）自然环境

涂饰施工温度，应遵守产品说明书要求的温度范围；施工时空气相对湿度宜小于85%；当遇大雾、大风、大雨时，应停止户外工程施工。施工温度应保持均衡，室内温度宜在5～35℃之间。冬季施工室内温度不宜低于5℃，相对湿度为85%，并在采暖条件下进行，室温保持均衡，不得突然变化。同时应设专人负责测试和开关窗，以利通风和排除湿气。

（2）作业条件

1）涂刷溶剂型涂料时，基层表面含水率不得大于8%；涂刷乳液型涂料时，含水率不得大于10%；木材基层的含水率不大于12%。

2）湿作业已完毕并有一定强度，过墙管道、洞口、阴阳角等应提前处理完毕，为确保墙面干燥，各种穿墙孔洞都应提前抹灰补平。

3）门窗扇已安装好，涂刷完油漆并安装完玻璃。

4）操作前应认真进行交接检查工作，并对遗留问题及时进行妥善处理。

5）作业场所要通风良好、清洁干燥。

6）大面积施工前应由施工人员按工序要求做好样板或样板间，并保留到竣工。

7）外窗台粉刷层两端应做出挡水坡端；檐口、窗台底部必须按技术标准完成滴水线等构造措施；女儿墙及阳台的压顶粉刷面应有指向内侧的泛水坡度。

8）旧墙面需重新复涂涂饰材料时，应视不同基层进行不同处理。

（3）技术条件

1）了解设计要求，熟悉现场实际情况。

2）施工前必须对施工班组进行书面技术交底和安全交底。

3）作业人员必须经过岗位培训并达到合格。

1. 套色涂饰工程施工工艺

（1）施工工艺流程

基层处理、填补缝隙、局部刮腻子→磨平→涂刷底层涂料→复补腻子→磨平、局部涂刷底层涂料→弹漏花位置线→第一遍面层涂料→第二遍面层涂料。

（2）施工工艺要点

1）基层处理、填补缝隙、局部刮腻子

将墙面等基层上起皮、松动及鼓包等清除凿平，并将残留在基层表面上的灰尘、污垢、溅沫和砂浆流痕等杂物清扫干净。

新建筑物的混凝土或抹灰基层在涂饰前应刷耐碱底漆，旧墙面应涂刷界面剂。

将基层缺棱掉角，用水泥砂浆或水泥混合砂浆修补好；表面麻坑及缝隙可用水泥乳胶腻子（108胶：水泥：水一1：5：1）填补齐平，并用同样配合比的腻子进行局部或满刮腻子。

待腻子干后用砂纸磨平。

2）磨平

局部刮腻子干燥后，用砂纸打磨平整。

3）涂刷底层涂料

底层涂料主要起封闭、抗碱和与面漆的连接作用。施工环境及用量应按照产品使用说明书要求进行。使用前应搅拌均匀，在规定时间内用完，做到涂刷均匀，厚薄一致。

4）复补腻子

对于一些脱落、裂纹、角不方、线不直、局部不平、污染、砂眼和器具、门窗框四周等部位用稀腻子复补。

5）磨平、局部涂刷底层涂料

待复补腻子干透后，用细砂纸打磨至平整、光滑、顺直，然后将底层涂料在此局部涂刷均匀，厚薄一致。

6）弹漏花位置线

根据设计要求，用色线弹出漏花位置线并进行校核。

7）第一遍面层涂料

施工环境及用量应按照产品使用说明书要求进行。使用前应搅拌均匀，在规定时间内用完。内墙涂料施工的顺序是先左后右、先上后下、先难后易、先边角后大面。涂刷的厚薄要均匀，不透底，表面均匀。采用喷涂时，应控制涂料的稠度和喷枪的压力，保持涂层厚薄均匀，不露底、不流坠，色泽均匀，确保涂层的厚度。

套色漏花宜用喷印方法进行，并按分色顺序喷印。漏花是两人为一组，一人持漏花板找正定位眼铺贴墙上，另一人喷涂或用油刷刷涂色油。前套漏板喷印完，待涂料（或浆料）稍干后，方可进行下套漏板的喷印。漏花板每漏 3～5 次，应用干布或干棉纱擦去正面和背面的涂料，以免污染。漏花不得有漏刷（或漏喷）、透底、流坠、皱皮等缺陷。

8）第二遍面层涂料

涂刷面为垂直面时，最后一道涂料应由上向下刷。涂涂面为水平面时，最后一道涂料应按光线的照射方向刷。刷涂木材表面时，最后一道涂料应顺木纹方向。全部涂刷完毕，应再仔细检查，做到无掉粉、起皮、漏刷、透底、泛碱、咬色、流坠和疙瘩。

2. 滚花涂饰工程施工工艺

（1）施工工艺流程

基层处理→刮腻子→ 涂刷底层涂料（二遍）→弹线→滚花。

（2）施工工艺要点

1）基层处理、刮腻子参见本章套色、漏花涂饰施工有关内容。

2）涂刷底层涂料

底层涂料一般应涂刷两遍，可以采用刷涂或喷涂。涂刷时应多刷多理，以达到漆膜饱满、厚薄均匀一致，不流不坠。涂刷顺序宜先左后右，先上后下，先难后易，先边后面，不得乱涂刷，以防漏涂或涂刷过厚、涂刷不均匀等。第一遍涂料干燥后，个别缺陷或漏刮腻子处要复补，待腻子干透后打磨砂纸，把小疙瘩、腻子渣、斑迹等磨平、磨光，并清扫干净。第二遍涂料涂刷操作方法同第一遍涂料。

3. 仿木纹美术涂饰工程施工工艺

（1）施工工艺流程

基层处理→涂刷清油→刮腻子、磨平（二遍）→涂刷底层涂料→弹分格线→刷面层涂料→做木纹→划分格线→罩面漆。

（2）施工工艺要点

1）基层处理、涂刷清油、刮腻子参见本章套色、漏花涂饰施工有关内容。

2）涂刷底层涂料

涂料的颜色以米色或浅米色等与木材的本色近似的颜色为宜。刷底层涂料一般为两遍。涂刷时应多刷多理，以达到漆膜饱满、厚薄均匀一致、不流不坠。涂刷时，先刷分色线处，然后刷其他处。刷涂顺序宜先左后右，先上后下，先难后易，先边后面，不得乱涂刷，以防漏涂或涂刷过厚、涂刷不均匀等。第一遍涂料干燥后，个别缺陷或漏刮腻子处要复补，待腻子干透后打磨砂纸，把小疙瘩、腻子渣、斑迹等磨平、磨光，清扫干净。第二遍涂料涂刷操作方法同第一遍涂料。

3）弹分格线

仿木纹涂饰的分格，要考虑横、竖木纹的尺寸比例关系的协调，一般竖木纹高约为横木纹板宽的四倍左右。

4）刷面层涂料

面层涂料的颜色要比底层深，且不得掺快干油，宜选用干燥结膜较慢的清油，刷油不宜过厚。

5）做木纹

用胶皮印板在物面上印过，使印过地方的物面显露出淡色底漆而成木纹，印完一处即将印板上粘着的涂料揩净再印；或用齿形橡胶板顺物面中心画出树心纹，再用不等距锯齿橡皮板顺树心纹两旁画出曲线木边纹。上述两种方法不论采用何种，必须在木纹形成后随即用钢梳或软干毛刷顺着画出的（或印出的）木纹方向轻轻地扫过，使形成的木纹美观逼真。

6）划分格线

待面层木纹干燥后，划分格线。

7）刷罩面清漆

待所做木纹、分格线干透后，表面涂刷清漆一道。清漆罩面，要求涂刷均匀、不漏刷、不得起皱皮。施工完毕，应注意保护成品。

4. 仿石纹美术涂饰工程施工工艺

（1）施工工艺流程

基层处理→涂刷清油→刮腻子、磨平（二遍）→涂刷底层涂料→画线、挂丝棉→喷涂三色→画色线→罩面漆。

（1）施工工艺要点

1）基层处理、涂刷清油、刮腻子施工工艺参见本章套色、漏花涂饰有关内容。

2）涂刷底层涂料

涂料的颜色色调应与石纹协调，宜选用浅黄或灰绿色，亦可用黑色、咖啡色、翠绿色等。刷底层涂料一般为两遍。涂刷时应多刷多理，以达到漆膜饱满、厚薄均匀一致、不流不坠。涂刷时，先刷分色线处，然后刷其他处。刷涂顺序宜先左后右，先上后下，先难后易，先边后面，不得乱涂刷，以防漏涂或涂刷过厚，涂刷不均匀等。第一遍涂料干燥后，个别缺陷或漏刮腻子处要复补，待腻子干透后打磨砂纸，把小疙瘩、腻子渣、斑迹等磨平、磨光，清扫干净。第二遍涂料涂刷操作方法同第一遍涂料。

3）画线、挂丝棉

将底层涂料的表面清理干净，用软铅笔画出仿石纹拼缝。将丝棉用清水浸透，拧出水分，再甩开使其松散，用钉挂在木条或木板方框上，用手整理丝棉成斜纹状，但不宜拉成直纹。将整理好的丝棉方块靠附在墙面上。

4）喷涂三色

各色大理石的颜色是以底层涂料颜色为基底，再喷涂深1色、浅2色而形成。用深、浅、虚、实形成石纹。喷涂顺序为浅色、深色最后喷白色。三次喷涂完毕，等待10～20min后，即可取下丝棉，将丝棉洗净。

5）画线

将石纹干透后，在原铅笔道处画2mm宽的粗铅笔线。

6）刷清漆

待上述工序全部完成后，涂刷一遍清漆，要求涂刷均匀、不漏刷、不流坠、皱皮。施工完毕后，应注意保护成品。

四、涂饰工程质量验收

1. 水性涂料检验

(1) 主控项目

1）水性涂料涂饰工程所用涂料的品种、型号和性能应符合设计要求。

检验方法：检查产品合格证书、性能检测报告和进场验收记录。

2）水性涂料涂饰工程的颜色、图案应符合设计要求。

检验方法：观察。

3）水性涂料涂饰工程应涂饰均匀、粘结牢固，不得漏涂、透底、起皮和掉粉。

检验方法：观察；手摸检查。

4）水性涂料涂饰工程的基层处理应符合本章“基本规定”中第二条关于基层处理的有关要求。

检验方法：观察；手摸检查；检查施工记录。

(2) 一般项目

1）薄涂料的涂饰质量和检验方法应满足表4-38的规定。

表4-38 薄涂料的涂饰质量和检验方法

项次	项　目	普通涂饰	高级涂饰	检验方法
1	颜色	均匀一致	均匀一致	观察
2	泛碱、咬色	允许少量轻微	不允许	
3	流坠、疙瘩	允许少量轻微	不允许	
4	砂眼、刷纹	允许少量轻微砂眼，刷纹通顺	无砂眼无刷纹	
5	装饰线、分色线直线度允许偏差（mm）	2	1	拉5m线检查，不足5m拉通线，用钢直尺检查

2）厚涂料的涂饰质量和检验方法应满足表4-39的规定。

表 4-39　厚涂料的涂饰质量和检验方法

项次	项　目	普通涂饰	高级涂饰	检验方法
1	颜色	均匀一致	均匀一致	观察
2	泛碱、咬色	允许少量轻微	不允许	
3	点分布	——	疏密均匀	

3）复层涂料的涂饰质量和检验方法应满足表 4-40 的规定。

表 4-40　复层涂料的涂饰质量和检验方法

项次	项　目	质量要求	检验方法
1	颜色	均匀一致	观察
2	泛碱、咬色	不允许	
3	喷点疏密程度	均匀，不允许连片	

4）涂层与其他装修材料和设备衔接处应吻合，界面应清晰。

2. 溶剂型涂料验收

（1）主控项目

1）溶剂型涂料涂饰工程所选选用涂料的品种、型号和性能应符合设计要求。

检验方法：检查产品合格证书、性能检测报告、进场验收记录。

2）溶剂型涂料涂饰工程的颜色、光泽、图案应符合设计要求。

检验方法：观察。

3）溶剂型涂料涂饰工程应涂饰均匀、粘结牢固，不得漏涂、透底、起皮和反锈。

检验方法：观察；手摸检查。

4）溶剂型涂料涂饰工程的基层处理应符合本章“基本规定”中基层处理的有关要求。

检验方法：观察；手摸检查；检查施工记录。

（2）一般项目

1）色漆的涂饰质量和检验方法应符合表 4-41 的规定

表 4-41　色漆的涂饰质量和检验方法

项次	项　目	普通涂饰	高级涂饰	检验方法
1	颜色	均匀一致	均匀一致	观察
2	光泽、光滑	光泽基本均匀光滑无挡手感	光泽均匀一致光滑	观察手摸检查
3	刷纹	刷纹通顺	无刷纹	观察
4	裹棱、流坠、皱皮	明显处不允许	不允许	观察
5	装饰线、分色线直线度允许偏差（mm）	2	1	拉 5m 线（不足 5m 时拉通线）用钢直尺量

注：无光色漆不检查光泽

2）清漆的涂饰质量和检验方法应符合表 4-42 的规定。

表 4-42 清漆的涂饰质量和检验方法

项次	项　目	普通涂饰	高级涂饰	检验方法
1	颜色	基本一致	均匀一致	观察
2	木纹	棕眼刮平、木纹清楚	棕眼刮平木纹清楚	观察
3	光泽、光滑	光泽基本均匀光滑无挡手感	光泽均匀一致光滑	观察手摸检查
4	刷纹	无刷纹	无刷纹	观察
5	裹棱、流坠、皱皮	明显处不允许	不允许	观察

3. 涂层与其他装修材料和设备衔接处应吻合，界面应清晰。

检查方法：观察。

3. 美术涂饰验收

(1) 主控项目

1) 美术涂饰所选用材料的品种、型号和性能应符合设计要求。

检验方法：观察，检查产品合格证书、性能检测报告和进场验收记录。

2) 美术涂饰工程应涂饰均匀、粘结牢固，不得漏涂、透底、起皮和掉粉。

检验方法：观察；手摸检查。

3) 美术涂饰工程的基层处理应符合本章“基本规定”对基层的要求。

检验方法：观察；手摸检查；检查施工记录。

4) 美术涂饰的套色、花纹和图案应符合设计要求。

检验方法：观察。

(1) 一般项目

1) 美术涂饰表面应洁净，不得有流坠现象。

检验方法：观察。

2) 套色涂饰的图案不得移位，纹理和轮廓应清晰。

检验方法：观察。

3) 仿花纹涂饰的饰面应具有被模仿材料的纹理。

检验方法：观察。

第九节　裱糊与软包工程

一、裱糊工程

裱糊饰面工程，简称“裱糊工程”，是指在室内平整光洁的墙面、顶棚面、柱体面和室内其他构件表面，用壁纸、墙布等材料进行裱糊或软包的饰面工程。由于其色泽和凹凸图案效果丰富，选用相应品种或采取适当的构造做法后可以使之具有一定的吸声、隔声、保温及防菌等功能，尤其是广泛应用于酒店、宾馆及各种会议、展览与洽谈空间以及居民住宅卧室等。新型壁纸墙布裱糊产品的多姿多彩的装饰美感，为现代室内装修艺术提供了创造高贵、幽雅和温馨效果的一种具有悠久传统的饰面方式。

1. 施工工艺流程

基层处理→吊直、套方、找规矩、弹线→计算用料、裁纸→刷胶→裱糊→修整。

2. 施工工艺要点

（1）基层处理

根据基层不同材质，采用不同的处理方法。例如：要针对混凝土及抹灰基层、木质基层、石膏板等不同基层采取不同的处理方法；对不同基层材料的相接处，如石膏板与木夹板、水泥（或抹灰）基面与木夹板、水泥基面与石膏板之间对缝，应用棉纸带或穿孔纸带粘贴封口，以防止裱糊后的壁纸面层被拉裂撕开。

（2）吊直、套方、找规矩、弹线

顶棚、墙面按壁纸的标准宽度找规矩。

（3）计算用量、裁纸

按基层实际尺寸进行测量计算所需用量，并在每边增加 2～3cm 作为裁纸量。

裁剪在工作台上进行。对图案的材料，无论顶棚还是墙面均应从粘贴的第一张开始对花，墙面从上部开始。边裁边编顺序号，以便按顺序粘贴。

对于对花墙纸，为减少浪费，应事先计算，如一间屋需要 5 卷纸，则用 5 卷纸同时展开裁剪，可大大减少壁纸的浪费。

（4）刷胶

由于现在的壁纸一般质量较好，所以不必进行润水，在进行施工前将 2～3 块壁纸进行刷胶，对壁纸起润湿、软化的作用。塑料纸基背面和墙面都应涂刷胶粘剂，刷胶应厚薄均匀，不得漏刷，从刷胶到最后上墙的时间一般控制在 5～7min。对于自带背胶的壁纸，则无需再涂刷胶粘剂。

刷胶时，基层表面刷胶的宽度要比壁纸宽约 3cm。刷胶要全面、均匀、不裹边、不起堆，以防溢出，弄脏壁纸。但也不能刷得过少，甚至刷不到位，以免壁纸黏结不牢。一般墙面用胶量为 $0.5kg/m^2$ 左右，纸面为 $0.12kg/m^2$ 左右。壁纸背面刷胶后，应将胶面与胶面反复对叠，以免胶干得太快，也便于上墙，并使裱糊墙面整洁平整。

金属壁纸的胶液应是专用的壁纸粉胶。刷胶时，准备一卷未开封的发泡壁纸或长度大于壁纸宽度的圆筒，一边在裁剪好的金属壁纸背面刷胶，一边将刷过胶的部分向上卷在发泡壁纸卷上。

锦缎涂刷胶黏剂时，由于材质过于柔软，传统的做法是现在其背面衬糊一层宣纸，使其略挺韧平整，而后在基层上涂刷胶黏剂进行裱糊。

波音软片的裱贴时，由于波音软片是一种自黏性饰面材料，因此，当基层面做到平、干、光后，不必刷胶。裱贴时，只要将波音软片的自黏底纸层撕开一条口，自上而下，一边撕开底纸层，一面用木块或有机玻璃夹片贴在基面上。如果表面不平，可用吹风加热，以干净布在加热的表面处摩擦，可恢复平整。也可用电熨斗加热，但要调到中低档温度。

（5）裱糊

裱糊的基本顺序：先垂直面，后水平面；先细部，后大面；先保证垂直，后对花拼缝；垂直面先上后下；先长墙面，后短墙面；水平面是先高后低。

1）吊顶裱贴

在吊顶面上裱贴壁纸，第一段通常要贴近主墙，与墙壁平行。长度过短时（小于 2m），则可跟窗户成直角贴。

在裱贴第一段前，须先弹出一条直线。其方法为，在距吊顶面两端的主窗墙角 10mm 处用铅笔做两个记号，在其中的一个记号处敲一枚钉子，按照前进方法在吊顶上弹出一道与主窗墙面平行的粉线。

2）墙面裱贴

裱贴壁纸时，首先要垂直，后对花纹拼缝，再用刮板用力抹压平整。原则是“先垂直面后水平面；先细部，后大面”、“贴垂直面先上后下，贴水平面时先高后低”。

裱贴壁纸时，注意在阳角处不能拼缝。阴角边壁纸搭接缝时，应先裱糊压在里面的转角壁纸，再粘贴非转角的正常壁纸。搭接面应根据阴角阳角垂直度而定，搭接宽度一般不小于 2～3cm、并且要保持垂直无毛边。

无图案的壁纸墙布，接缝处可采用搭接法裱糊。相邻的两幅在拼接处，后贴的一幅将搭压前一幅，重叠 30mm 左右，然后用钢尺或铝合金直尺与裁纸刀在搭接重叠范围的中间将两层壁纸墙布割透，随即把切掉的多余小条扯下，此后用刮板从上往下均匀赶胶，排出气泡，并及时用洁净的湿布或海绵擦除溢出的胶液。对于质地较厚的壁纸墙布，需用胶辊进行辊压赶平。但应注意：发泡壁纸及复合纸基壁纸不得采用刮板或辊筒一类的工具赶压，宜用毛、海绵或毛刷进行压敷，以避免把花型赶平或是使裱糊饰面出现死折。

有图案的壁纸墙布，为确保图案的完整性及其整体的连续性，裱糊时可采用拼接法。先对花，后拼缝，从上至下图案吻合后，用刮板斜向刮平，将拼缝处赶压密实；拼缝处挤出的胶液，及时用洁净的湿毛巾或海绵擦除。

对于需要重叠对花的壁纸墙布，可将相邻两幅对花搭叠，待胶黏剂干燥到一定程度时（约为裱糊后 20～30min）用钢尺或其他工具在重叠处拍实，用刀从重叠搭口中间自上而下切断，随即把切掉的余纸用橡胶刮板将拼缝处刮压严密平实。注意用刀切割时下力要匀，应一次直落，避免出现刀痕或拼缝处起丝。

裱糊前应尽可能卸下墙上电灯等开关，首先要切断电源，用火柴棒或细木棒插入螺丝孔内，以便在裱糊时识别，以便在裱糊后切割留位。不易拆下的配件，不能在壁纸上剪口再裱上去，而是将壁纸轻轻糊于电灯开关上面，并找到中心点，从中心开始切割十字，一直切到墙体边，然后用按出开关体的轮廓位置，慢慢拉起多余的壁纸，剪去不要的部分，再用橡皮胶刮子刮平，并擦去刮出的胶液。

二、软包工程

软包饰面是现代室内墙面装修常用做法，它具有吸声、保温、防止儿童碰伤、质感舒适、美观大方等特点。

目前较常用的是人造革、装饰布等。人造革软包具有质地柔软、消声减震、保温性能好等，且用人造革进行凹凸立体处理的现代建筑室内局部造型饰面、墙裙、吧台或背景墙等，可发挥人造革的耐水、可刷洗及外观典雅精美等优点；装饰布是一种新型饰面，其色彩多样、纹理清晰、图案丰富。软包可适用于各种场合，特别适用于有吸声要求的会议厅、会议室、娱乐厅、儿童卧室等空间。

软包根据基层结构可分为：龙骨基层结构体系和木夹板基层结构体系。

根据软包体结构可分为：平面结构、有框结构和实心结构。

根据施工方法可分为：固定式软包、活动式软包。

施工基本要求如下：

（1）软包墙面的要求：所用填充材料、纺织面料和龙骨、木基层板等均应进行防火处理。墙面防潮处理应均匀涂刷一层清油或满铺油纸。不得用沥青油毡做防潮层。

（2）对软包墙面木龙骨的要求：宜采用凹槽榫工艺预制，可整体或分片安装，与墙体连，接应紧密、牢固。

（3）对软包面料及填充材料的要求：织物面料裁剪时经纬应顺直，安装应紧贴墙面，接缝应严密，花纹应吻合，无波纹起伏、跷边和褶皱，表面应清洁。填充材料制作尺寸应正确，棱角应方正，应与木基层板粘结紧密。

（4）软包布面与压线条、贴脸线、踢脚板、电气盒等交接处应严密，顺直，无毛边。电气盒盖等开洞处，套割尺寸应准确。软包分硬收边与软收边，有边框和无边框等。

1. 施工工艺流程

地面和天棚已基本完成，墙面和细木装修底板做完，开始做面层装修时插入软包墙面镶贴装饰和安装工程。

（1）墙、柱面软包工程：

基层处理→龙骨、底板施工→定位、弹线→内衬及预制镶嵌块施工→面层施工→理边、修整。

（2）门扇软包工程：

基层处理→定位、弹线→做内衬→皮革拼接下料→面层施工→理边、修整→完成其他涂饰。

2. 施工工艺要点

（1）基层处理

1）在需做软包的墙面上，按设计要求的纵横龙骨间距进行弹线，固定防腐木楔。设计无要求时，龙骨间距控制在 300 ～ 600mm 之间，防腐木楔间距一般为 200～300mm。

2）墙面为抹灰基层或临近房间较潮湿时，做完木砖后应按规范对墙面进行防潮处理。

3）软包门扇的基层表面涂刷不少于两道的底油。门锁和其他五金件的安装孔全部开好，并经试安装无误。明插销、拉手及门锁等拆下。表面不得有毛刺、钉子或其他尖锐突出物。

（2）龙骨、底板施工

1）在已经设置好的防腐木楔上安装木龙骨，一般固定螺钉长度大于龙骨高度＋40mm。木龙骨贴墙面应先做防腐处理，其他几个面做防火处理。安装龙骨时，一边安装一边用不小于 2m 的靠尺进行调平，龙骨与墙面的间隙，用经过防腐处理的方型木楔塞实，木楔间隔应不大于 200mm，龙骨表面平整。

2）在木龙骨上铺钉底板，底板宜采用多层阻燃板。钉的长度大于等于底板厚＋20mm。墙体为轻钢龙骨时，可直接将底板用自攻螺钉固定到墙体的轻钢龙骨上，自攻螺钉长度大于等于底板厚＋墙体面层板＋10mm。

3）门扇软包不需做底板，直接进行下道工序。

（3）定位、弹线

根据设计要求的装饰分格、造型、图案等尺寸，在墙、柱面的底板或门扇上弹出定位线。

（4）内衬及预制镶嵌块施工

1）预制镶嵌软包时，要根据弹好的定位线，进行衬板制作和内衬材料粘贴。衬板按设计要求选材，设计无要求时，应采用不小于5mm厚的多层板，按弹好的分格线尺寸进行下料制作。

2）制作硬边拼缝预制镶嵌衬板时，在裁好的衬板一面四周钉上木条，木条的规格、倒角形式按设计要求确定，设计无要求时，木条一般不小于10mm×10mm，倒角不小于5mm×5mm圆角。硬边拼缝的内衬材料要按照衬板上所钉木条内侧的实际净尺寸下料，四周与木条之间应吻合，无缝隙，厚度宜高出木条1～2mm，用环保型胶粘剂平整地粘贴在衬板上。

3）制作软边拼缝的镶嵌衬板时，衬板按尺寸裁好即可。软边拼缝的内衬材料按衬板尺寸剪裁下料，四周必须剪裁整齐，与衬板边平齐，最后用环保型胶粘剂平整地粘贴在衬板上。

4）衬板做好后应先上墙试装，以确定其尺寸是否准确，分缝是否通直、不错台，木条高度是否一致、平顺，然后取下来在衬板背面编号，并标注安装方向，在正面粘贴内衬材料。内衬材料的材质、厚度按设计要求选用。

5）直接铺贴和门扇软包时，应待墙面木装修、边框和油漆作业完成，达到交活条件，再按弹好的线对内衬材料进行剪裁下料，直接将内衬材料粘贴在底板或门扇上。铺贴好的内衬材料应表面平整，分缝顺直、整齐。

（5）皮革拼接下料

织物和人造革一般不宜进行拼接，采购订货时应考虑设计分格、造型等对幅宽的要求。如果皮革受幅面影响，需要进行拼接下料，拼接时应考虑整体造型，各小块的几何尺寸不宜小于200mm×200mm，并使各小块皮革的鬃眼方向保持一致，接缝型式要满足设计要求。

（6）面层施工

1）蒙面施工前，应确定面料的正、反面和纹理方向。一般织物面料的经线应垂直于地面、纬线沿水平方向织物面料应进行拉伸熨烫平整后，再进行蒙面上墙。

2）预制镶嵌衬板蒙面及安装：蒙面面料有花纹、编号，应先蒙一块镶嵌衬板作为基准，再按编号将与二板邻的衬板面料对准花纹后进行裁剪。面料裁剪根据设计尺寸确定，面料的裁剪尺寸＝衬板的尺寸＋2×衬板厚＋2×内衬材料厚＋70～100mm。织物面料剪裁好以后，要进行拉伸熨烫，再蒙到衬板已贴好的内衬材料上，从衬板的反面用马钉和胶黏剂固定。面料固定时要先固定上下两边（即织物面料的经线方向），四角找规矩后，再固定另外两边。蒙好的面料应绷紧、无皱褶，纹理拉平、拉直，各块衬板的面料绷紧度要一致。最后将包好面料的衬板逐块检查，确认合格后，按衬板的编号进行对号试安装，经试安装确认无误后，用钉、粘结合的方法，固定到墙面底板上。

3）直接铺贴和门扇软包面层施工：按已弹好的分格线、图案和设计造型，确定出面料分缝定位点，把面料安定位尺寸进行剪裁，剪裁时要注意相邻两块面料的花纹和图案应吻合。将剪裁好的面料蒙铺到已贴好内衬材料的、门扇或墙面上，把下端和两侧位置调整合适后，用压条先将上端固定好，然后固定下部和两侧。压条分为木压条、洞压条、铝合金压条和不锈钢压条几种，按设计要求选用。四周固定好之后，若中间有压条或装饰钉，按设计要求钉好压条或装饰钉，采用木压条时，应先将压条进行打磨、油漆，达到成活要求后，再将木压条上墙安装。

（7）理边、修整

清理接缝、边沿露出的面料纤维，调整、修理接缝不顺直处。开设、修整各设备安装孔，安装镶边条，安装表面贴脸及装饰物，修补各压条上的钉眼，修刷压条、镶边条的油漆，最后擦拭、清扫浮灰。

三、裱糊与软包工程质量验收

1. 裱糊工程质量验收

(1) 主控项目

1) 壁纸、墙布的种类、规格、图案、颜色和燃烧性能等级必须符合设计要求及国家现行的有关规定。

检查方法：观察、检查产品合格证、进场验收记录和性能检测报告。

2) 裱糊工程基层处理质量应符合本节操作方法中要求的基层处理质量要求。

检查方法：观察、手摸检查、检查施工记录。

3) 裱糊后各幅拼接应横平竖直，拼接处花纹、图案应吻合，不离缝，不搭接，不显拼缝。

检查方法：观察、拼缝检查距离墙面 1.5m 处正视。

4) 壁纸、墙布应粘贴牢固，不得有漏贴、补贴、脱层、空鼓和翘边。

检查方法：观察、手摸检查。

(2) 一般项目

1) 裱糊后的壁纸、墙布表面应平整，色泽应一致，不得有波纹起伏、气泡、裂缝、皱折及污斑，斜视时应无胶痕。

检查方法：观察、手摸检查。

2) 复合压花壁纸的压痕及发泡壁纸的发泡层应无损伤。

检查方法：观察。

3) 壁纸、墙布与各种装饰线、设备线盒应交接严密。

检查方法：观察。

4) 壁纸、墙布边缘应平直整齐，不得有纸毛、飞刺。

检查方法：观察。

5) 壁纸、墙布阴角处搭接应顺光，阳角处应无接缝。

检查方法：观察。

2. 软包工程质量验收

(1) 主控项目

1) 软包的面料、内衬材料及边框的材质、颜色、图案、燃烧性能等级和木材的含水率应符合设计要求及国家现行标准的有关规定。

检查方法：观察，检查产品合格证、进场验收记录和性能检测报告。

2) 软包工程的安装位置及构造做法应符合设计要求。

检查方法：观察、尺量、检查施工记录。

3) 软包工程的龙骨、衬板、边框应安装牢固，无翘曲，拼缝应平直。

检查方法：观察、手扳检查。

4) 单块软包面料不应有接缝，四周应绷压严密。

检查方法：观察、手摸检查。

(2) 一般项目

1) 软包工程表面应平整、洁净，无凹凸不平及皱折；图案应清晰、无色差，整体应协调美观。

检查方法：观察。

2）软包边框应平整、顺直、接缝吻合。其表面涂饰质量及检验方法应符合规范涂饰的相关规定，见表 4-43。

表 4-43 软包边框清漆的涂饰质量和检验方法

项次	项 目	普通涂饰	高级涂饰	检验方法
1	颜色	基本一致	均匀一致	观察
2	木纹	棕眼刮平、木纹清楚	棕眼刮平、木纹清楚	观察
3	光泽、光滑	光泽基本均匀 光滑无手感	光泽均匀一致光滑	观察、手模检查
4	刷纹	无刷纹	无刷纹	观察
5	裹棱、流坠、皱皮	明显处不允许	不允许	观察

3）清漆涂饰木制边框的颜色、木纹应协调一致。

检查方法：观察。

4）软包工程安装的允许偏差和检验方法应符合表 4-44 的规定。

表 4-44 软包工程安装的允许偏差和检验方法

项次	项 目	允许偏差（mm）	检验方法
1	垂直度	3	用 1m 垂直检测尺检查
2	边框宽度、高度	0，−2	用钢尺检查
3	对角线长度差	3	用钢尺检查
4	裁口、线条接缝高低差	1	用直尺和塞尺检查

第十节 细部工程

一、木窗帘盒的安装

1. 施工工艺流程

定位放线→确定固定位置→窗帘盒制作、安装→安装轨道

2. 施工工艺要点

（1）定位放线

应按设计图要求的位置、标高、尺寸进行中心定位，弹好找平线、控制线，找好吊顶、窗口、挂镜线等构造关系。同一墙面、房间的多个窗帘盒安装时拉通线，保证其在同一高度，伸出洞口尺寸一致，两端头水平高度一致。

（2）确定固定位置

依据施工图检查窗帘盒净宽度和净高度，保证其使用要求及给人的立体感观要求。窗帘盒长度一般大于窗洞口宽度约 300～360mm，保证窗帘拉开后，不减少窗的采光面积，同时满足窗帘的视觉比例。依据设计要求进行固定。设计无要求时，一般按控制线位置打孔，间距一般不大于 400mm，孔深约 60mm。或将前期预埋的木砖找出，尺寸、位置不符合固定安

装要求的，再重新进行打孔处理。

（3）窗帘盒的制作

首先根据施工图或标准图的要求，进行认真的选料、配料，先加工成半成品，再细致加工成型。加工时一般是将木料粗略进行刨光，再用线刨子顺着木纹起线，线条光滑顺直、深浅一致，线型力求清秀。然后根据设计图纸进行组装，组装时应当先抹胶再用钉子钉牢，并将溢出的胶及时擦拭干净，不得有明榫，不得露钉帽。

当采用木制窗帘杆时，在窗帘盒横头板上打眼，一端打成上下眼（上眼深、下眼浅）；另一端则只打一浅眼（与以上浅眼对称），这样以便于安装木杆。

（4）检查窗帘盒预埋件

为将窗帘盒安装牢固，位置正确，应先检查预埋件。木窗帘盒与墙的固定，少数在墙内砌入木砖，多数在墙内预埋铁件。

预埋铁件的尺寸、位置及数量，应符合设计要求。如果出现差错应采取补救措施，如预埋件不在同一标高时，应进行调整使其高度一致；如预制过梁上漏放预埋件，可利用射钉枪或胀管螺栓将铁件补充固定，或者将铁件焊在过梁的箍筋上。

（5）窗帘盒的安装

明窗帘盒宜先安装轨道，暗窗帘盒可后安装轨道。当窗宽度大于1.2m时，窗帘轨中间应断开，断头处煨弯错开，弯曲度应平缓，搭接长度不少于200mm。图4-5为单轨窗帘盒仰视平面图。

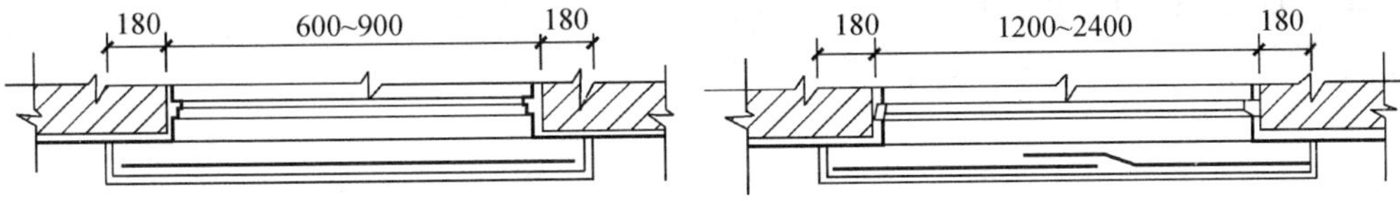

图4-5　单轨窗帘盒仰视平面图

在窗帘盒基层板涂刷面漆：按照设计图纸及涂饰工艺要求将窗帘盒表面清理、打磨，进行油漆施工。

（6）安装轨道

窗帘轨道有单、双或三轨道之分，安装时注意其平直。一般利用配套五金件进行安装，螺钉固定点间距一般为400～600mm之间，固定点必须在底板的龙骨结构上，且必须用木螺丝进行连接，严禁用圆钉固定。

二、窗台板的安装

木窗台板的截面形状尺寸装钉方法，一般应按照设计施工图施工，常用施工方法如图4-6所示。

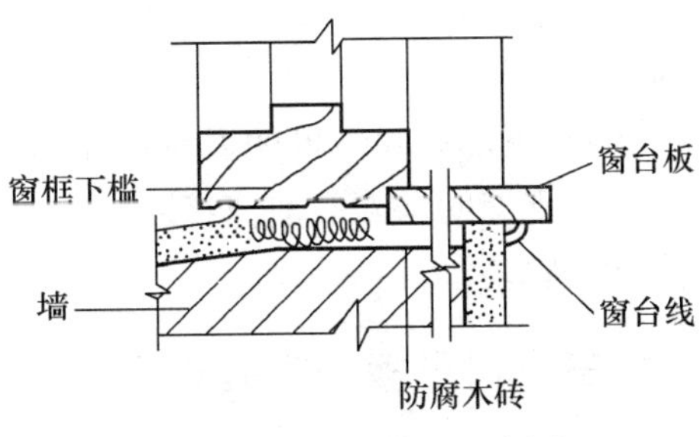

图4-6　木窗台板装钉示意图

在窗台墙上，预先砌入防腐木砖，木砖间距为500mm左右，每樘窗不少于两块。在窗框的下坎裁口或打槽（深12mm、宽10mm）。将窗台板刨光起线后，放在窗台墙顶上居中，里边嵌入下坎槽内。窗台板的长度一般比窗樘宽度长120mm左右，两端伸出的长度应一致。

在同一房间内同标高的窗台板应拉线找平、找齐，使其标高及突出墙面尺寸一致。应注意，窗台板上表面向室内略有倾斜，坡度大约为1%。

1. 施工工艺流程

定位放线→ 窗台板制作→窗台板安装固定

2. 施工工艺要点

定位放线：根据设计要求的窗下框标高、位置，划出窗台板的标高、位置线。进行统一抄平，保证同一房间或连通窗台板的标高、纵横位置一致。

（1）窗台板的制作

3）木制窗台板，一般为细木板或胶合板基层，面贴饰面板，多配合木制散热器罩连体制作安装。窗台板比待安装的窗长240mm，板宽视窗口深度而定，一般要凸出窗口60～80mm，台板外沿一般按设计要求采用实木条进行收口固定。

2）天然石料、人造石窗台板制作：按设计要求及窗洞口尺寸进行定制，厚度一般为15～30mm。单独制作安装窗台板时，其长度一般凸出窗洞口20～40mm，窗边包套时，长度略大于套线宽度为宜。板宽依窗口深度而定，一般凸出窗口20～30mm，外沿进行倒角或定制棋子边。

3）金属窗台板按设计要求构造进行定制、安装。

（2）窗台板的安装

窗台板两端伸出的长度应一致。在同一房间内同标高的窗台板应拉线找平、找齐，使其标高一致，突出墙面尺寸一致。应注意，窗台板上表面向室内略有倾斜（泛水），坡度约1%。

1）木制窗台板

在窗台墙上，预先砌入防腐木砖或后期打孔钉入木楔，间距500mm左右。每樘窗不少于两块木砖或双排四个木楔。根据现场情况，可在木砖上横向钉楔形木条，用以找平底板。断面在窗框的下槛裁口或打槽（深12mm，宽为木制台板基层厚度）。将细木（或胶合）基层板按尺寸裁割后，放在窗台墙顶上居中，里边嵌入下槛槽内，在基层板上利用乳胶及蚊钉进行粘接固定，安装完成后再进行按设计要求进行涂饰作业。

2）石材台板安装

先校正窗台的水平度，确定找平层厚度，在窗口两边按设计要求尺寸在墙上剔槽，保证各窗台水平。进行基层清理、洒水湿润后，用1∶3干硬性水泥砂浆或细石混凝土找平。均匀撒上干水泥粉后，待其呈浆状时，将板材进行安装，木锤轻击，保证期平整及黏结牢固。

3）金属窗台板安装

按设计构造要求，核对标高、位置、固定件后，先进行预装，经检查无误，再正式安装固定。

4）下部有暖气槽的窗台板在安装固定时一般用角钢或扁钢做托架或挂架。构造上需要设窗台板支架的，安装前应核对固定支架的预埋件，确认标高、位置无误后，根据设计构造进行支架安装。

三、筒子板的安装

筒子板设置在室内门窗洞口处，也称为“堵头板”，其面板一般用五层胶合板（也称五夹板）制作并采用镶钉方法。门头筒子板的构造如图 4-7 所示，窗樘筒子板的构造如图 4-8 所示。

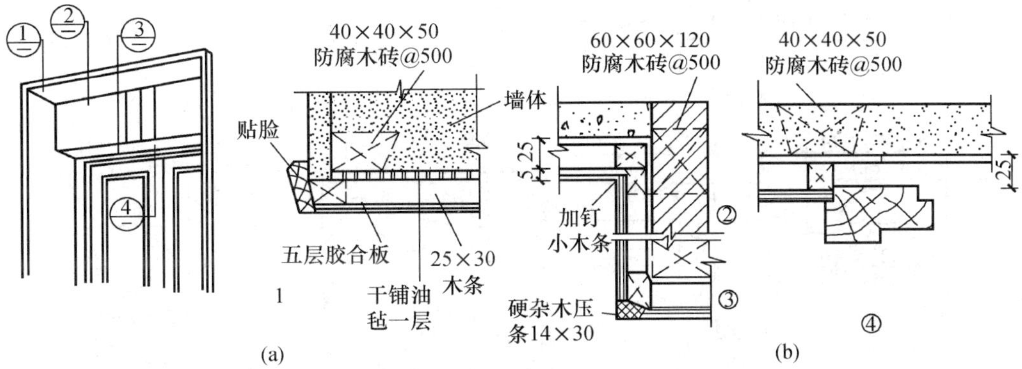

图 4-7　门头筒子板及其构造

（a）门头贴脸、筒子板示意；（b）门头筒子板的构造

木筒子板的操作工序为：检查门窗洞口及埋件→制作及安装木龙骨→装钉面板。

木筒子板的安装，一般是根据设计要求在砖或混凝土墙体中埋入经过防腐处理的木砖，间距一般为 500mm。采用木筒子板的门窗洞口应比门窗樘宽 400mm，洞口比门窗樘高出 25mm，以便于安装筒子板。

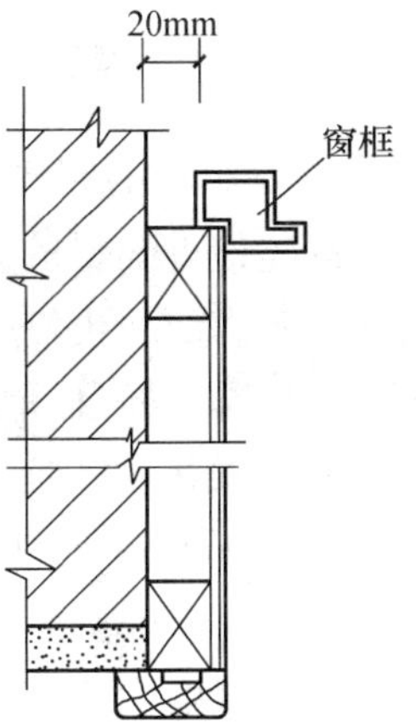

图 4-8　窗樘筒子板

1. 检查门窗洞口及埋件

首先检查门窗洞口尺寸是否符合要求，是否垂直方正，预埋木砖或连接铁件是否齐全，位置是否准确，如发现有不符合要求的地方，必须修理或校正。

2. 制作和安装木龙骨

根据门窗洞口的实际尺寸，先用木方制成龙骨架，一般骨架分成三片，洞口上部一片，两侧各一片，每片一般分为两根立杆。当筒子板宽度大于 50mm 需要拼缝时，中间应当适当增加立杆。

3. 装钉面板

面板应精心挑选，木纹和颜色应当尽量一样，尤其在同一房间内，更要仔细选用和比较。板的裁割要使其略大于龙骨架的实际尺寸，大面净光，小面刮直，木纹根部向下；长度方向需要对接时，木纹应当通顺，其接头位置应避开视线范围。

一般窗筒子板拼缝应在室内地坪 2m 以上；门筒子板的拼缝应离地坪 1.2m 以下。同时，接头位置必须留在横撑上。当采用厚木板材，板背应作为卸力槽，以免板面产生弯曲；卸力槽一般间距为 100mm，槽宽 10mm，深度 5～8mm。

四、贴脸板的安装

贴脸板也称为门头线与窗头线，是装饰门窗洞口的一种木制装饰品。门窗贴脸板的式样很多，尺寸各异，应按照设计施工。常用的构造和安装形式，如图 4-9 所示。

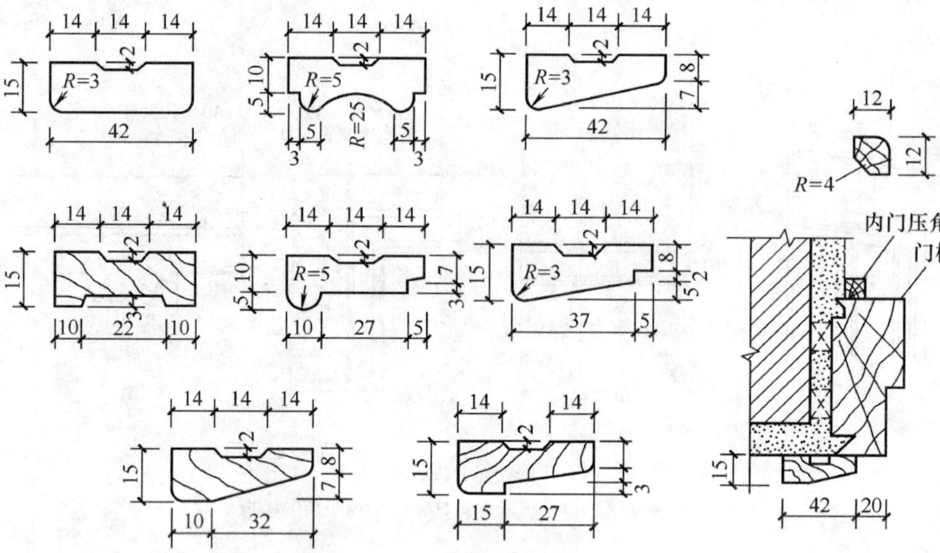

图 4-9　门窗贴脸板的构造与安装

1. 贴脸板的制作

首先检查配料的规格、质量和数量，待符合要求后，先用粗刨子刮一遍，再用细刨子刨光。先刨大面，再刨小面。刨得平直光滑，背面打凹槽。然后用线刨子顺木纹起线，线条应清晰、挺秀，并且深浅一致。

如果做圆形贴脸，必须先套出样板，然后根据样板画线刮料。

2. 贴脸板的装钉

门框与窗框安装完毕后，即可进行贴脸板的安装。贴脸板距门窗洞口边 15～20mm。当贴脸板的宽度大于 80mm 时，其接头应做成暗榫；其四周与抹灰墙面须接触严密，搭盖墙的宽度一般为 20mm，最少也不得少于 10mm。

装钉贴脸板，一般是先钉横向的，后钉竖向的。先量出横向贴脸板所需要的长度，两端锯成 45°斜角（即割角），紧贴在框的上槛上，其两端伸出的长度应一致。将钉帽砸扁，顺木纹冲入木板表面 1～3mm，钉长宜为板厚的 2 倍，钉距不大于 500mm。接着量出竖向贴脸板的长度，钉在边框上。

五、木楼梯的施工

从当前装饰工程的实际情况看，木楼梯主要适宜人流不大的场所或复式住宅之类的小型装饰性楼梯，而且主要是采用木质楼梯柱、立杆和扶手。

1. 木楼梯的组成

木楼梯是由踏脚板、踢脚板、平台、斜梁、楼梯柱、栏杆和扶手等几部分组成。脚踏板是楼梯梯级上的踏脚平板；踢脚板是楼梯梯级的垂直板；平台是楼梯段中间平坦无踏步的地方，也称为休息平台；楼梯斜梁是支承楼梯踏步的大梁，承担着楼梯的全部荷载；楼梯柱是装置扶手的立柱；栏杆和扶手装置在梯级和平台临空的一边，高度一般为 900～1100mm，起着维护和上下依扶的作用。

2. 木楼梯的构造

(1) 明步楼梯

明步楼梯是指在侧面外观时由踏脚板形成的齿状梯级效果明露。这种楼梯的宽度以800mm为限，当超过1000mm时，中间需要加设一根斜梁，在斜梁上钉三角木。三角木可根据楼梯坡度及踏步尺寸进行预制，在其上面铺钉踏脚板和踢脚板。

在斜梁上应镶钉外护板，用以遮盖斜梁与三角木的接缝，而使楼梯外侧立面美观。斜梁的上下两端做吞肩榫，与楼梯搁栅（或平台梁）及地面搁栅相结合，同时用铁件进一步加固。在底层斜梁的下端也可做凹槽，将其压在垫木（枕木）上。明步楼梯的构造与组成，如图4-10所示。

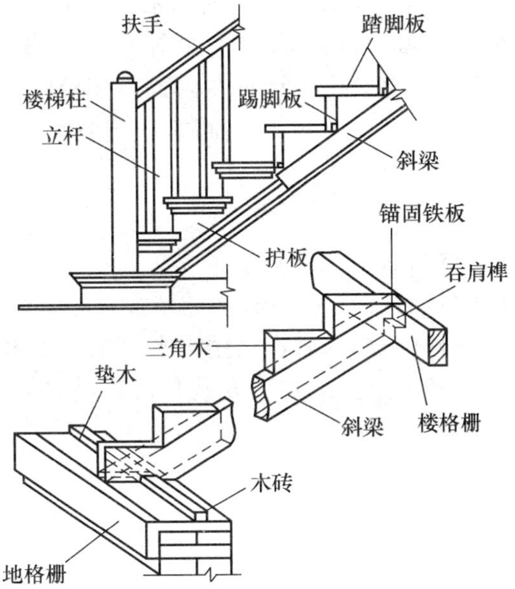

图4-10 明步楼梯的构造与组成

(2) 暗步楼梯

暗步楼梯是指其踏步被斜梁遮掩，其侧立面外观梯级效果藏而不露。暗步楼梯的宽度一般可达1200mm，其结构特点是在安装踏脚板一面的斜梁上开凿凹槽，将踏脚板和踢脚板逐块镶入，然后与另一根斜梁合拢敲实。

踏脚板应挑出踢脚板的部分与上述明步楼梯相同；踏脚板应比斜梁稍有缩进。楼梯背面可做成板条抹灰，也可铺钉纤维板等，进而采用涂料涂饰或其他面层处理。暗步楼梯的构造，如图4-11所示。

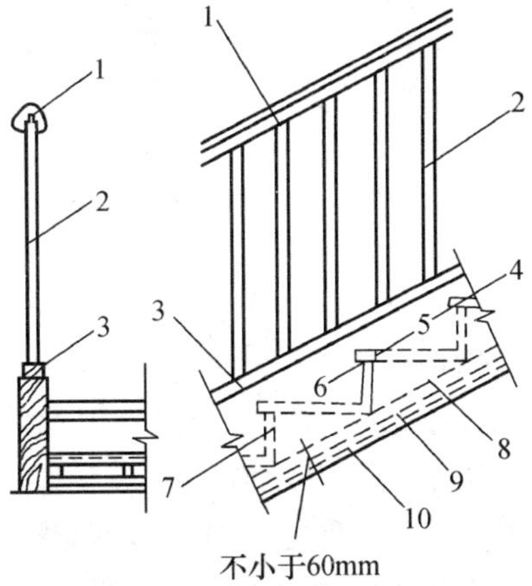

图4-11 暗步木楼梯的构造

1—扶手；2—立杆；3—压条；4—斜梁；5—踏脚板；6—挑口线；7—踢脚板；8—板条筋；9—板条；10—粉刷

(3) 栏杆与扶手

楼梯栏杆是为了上下楼梯时的安全而设置的安全构件，同时也是装饰性很强的装饰构件。木栏杆之间的距离，一般不超过150mm，有的还在立杆之间加设横档连接。

还有一种不露立杆的栏杆构造，称为实心栏杆，实际上是一种木质栏板。其构造做法是将板墙木筋钉在楼梯斜梁上，再以横撑加固，而后即在骨架两面铺钉木质胶合板或纤维板，以装饰线条盖缝并加以装饰，最后做油漆涂饰。

楼梯木扶手作为上下楼梯时的依扶构件，其类型主要有两种：一种是与楼梯组合安装的栏杆扶手，另一种是不设楼梯栏杆的靠墙扶手。传统的木质扶手样式多变，用料非常考究，手感舒适。木扶手的形式如图 4-12 所示。

3）木楼梯的制作与安装

（1）木楼梯的制作

木楼梯制作前，在铺好的木板或水泥地面上，根据施工图纸把楼梯的踏步高度、宽度、级数及平台尺寸放出尺寸大样；或者是按图纸计算出各部分构件的构造尺寸，制作出样板。其中踏步三角按设计图一般都是画成直角三角形，如图 4-11 中的虚线所示，开始配料时，应注意楼梯斜梁长度必须将其两端的榫头尺寸计算在内。踏脚板应使用整块木板，如果采用拼板时，须有防止错缝开裂的措施。制作三角木、踏脚板、斜梁、扶手和栏杆时，其尺寸和形状必须符合设计规定。

（2）木楼梯的安装

安装前先确定楼搁栅和地搁栅的中心线和标高，安装好楼搁栅与地搁栅之后再安装楼梯斜梁。三角木由下而上依次进行铺钉，它与楼梯肩的结合处应将钉子打入楼梯斜梁内 60mm，每钉一级须加上临时踏板。在钉好三角木后，须用水平尺把三角木的顶面校正，并拉线同时校核各三角木顶端使其在同一直线上。踏脚板安装是应保持其水平度；安装踢脚板时应按图 4-13中的实线要求即上端向外倾出 10～20mm。

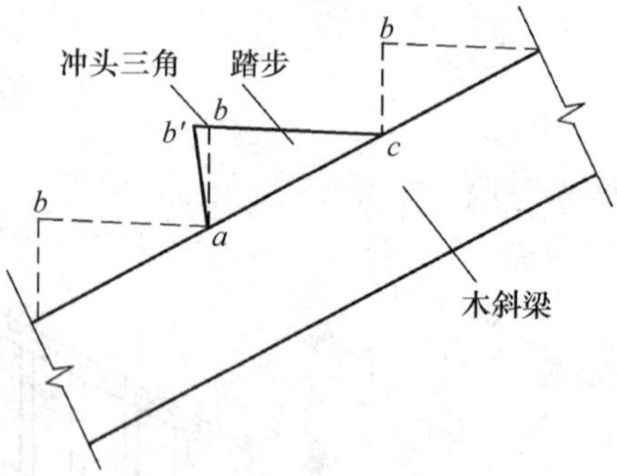

图 4-12　不同截面形式的木楼梯扶手示例

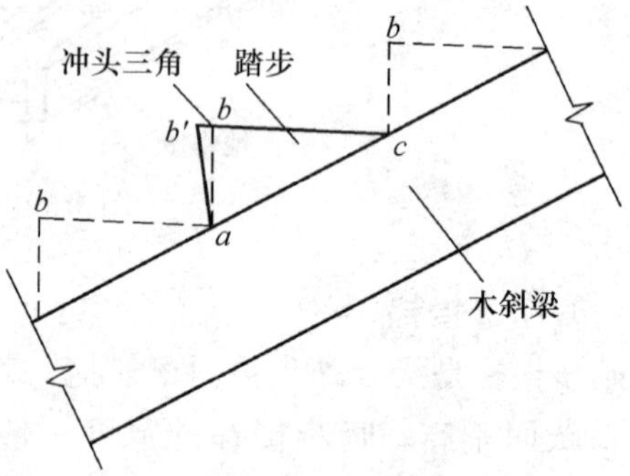

图 4-13　木楼梯的踏步三角示意图

（3）扶手的制作与安装

楼梯的木制扶手及扶手弯头，应选用经干燥处理的硬木，一般是水曲柳、柳桉木、柚木、樟木等。扶手的形式和尺寸由设计决定，按照设计图纸进行加工。对于采用金属栏杆的楼梯，其木扶手底部应开槽，槽深为 3～4mm，嵌入扁铁内，扁铁宽度不应大于 40mm，在扁铁上每隔 300mm 钻孔，用木螺钉与扶手固定，如图 4-14 所示。

木扶手在制作前，应按设计要求做出扶手横断面的样板，先将扶手木料的底部刨削平直，然后画出中线，在木料两端对好样板画出断面轮廓，然后刨出底部凹槽再用线脚刨子按顶头断面轮廓线刨制成型，刨制时须留出半线的余量。

木楼梯扶手的弯头处，也应按照设计要求先做出样板，一般分水平式和鹅颈式两种弯头形式。先将整料斜纹出方，然后进行放线，再用小锯锯成毛坯，而后用斧具斩出扶手弯头的基本形状。将其底面做准确，把样板套在顶头处画线，用一字刨刨平成型并注意留线。

弯头与扶手连接之处应设在第一踏步的上半部或下半部之外。设在弯头内的接头，应是在扶手或弯头的顶头朝里 50mm 处，在此处方可凿眼钻孔进行连接，多是采用 $\phi 8\times 130\sim 150$mm 的双头螺丝将弯头与扶手连接固定，而后将接头处修平修光（图 4-15）。

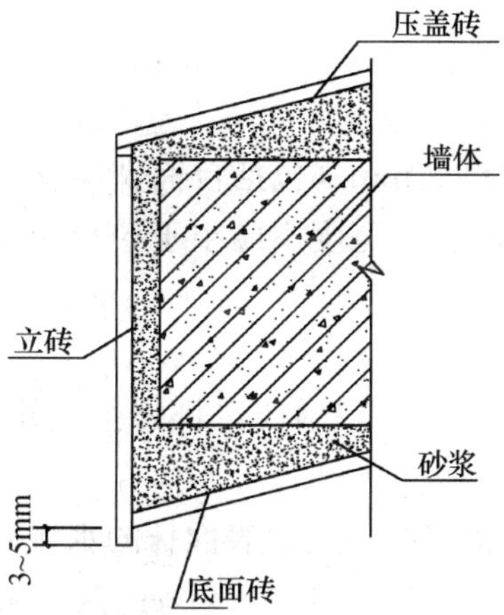

图 4-14　采用金属栏杆的木扶手的固定

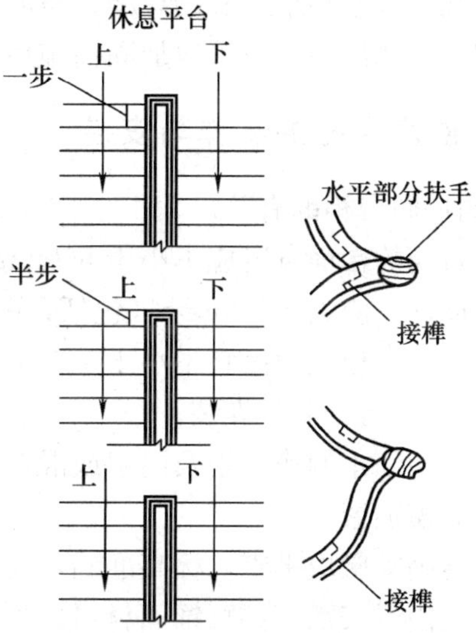

图 4-15　扶手弯头处理示意

六、吊柜、壁柜的安装

1. 吊柜、壁柜的一般尺寸

在一般情况下，吊柜与壁柜的尺寸，应根据实际和用户的要求而确定。如果用户无具体要求，其制作的一般尺寸为：吊柜的深度不宜大于 450mm，壁柜的深度不宜大于 620mm。

2. 吊柜、壁柜的制作安装

吊柜与壁柜施工工艺流程为：弹线→框架制作→粘贴胶合板→粘贴木压条→装配底板、顶板与旁板→安装隔板、搁板→框架就位固定→安装背板、门、抽屉、五金件。

（1）吊柜、壁柜应采取榫连接，立梃、横档、中梃、中档等拼接时，榫槽应严密嵌合，应用胶料粘结，并用胶楔加紧，不得用钉子固定连接。

（2）吊柜、壁柜骨架拼装完毕后，应校正规方，并用斜拉条及横拉条临时固定。

（3）面板在骨架上铺贴应用胶料胶结，位置正确，并用钉子固定，钉距为 80～100mm，钉长为面板厚度的 2～2.5 倍。钉帽应敲扁，并进入面板 0.5～1mm。钉眼用与板材同色的油性腻子抹平。

（4）吊柜、壁柜柜休及柜门的线型应符合设计要求，棱角整齐光滑，拼缝严密平整。

4）吊柜、壁柜小五金安装

（1）小五金应安装齐全、位置适宜、固定可靠。

（2）柜门与柜体连接宜采用弹性连接件安装，用木螺钉固定，亦可用合页连接。

（3）拉手应在柜门中点下安装。

(4) 柜门锁应安装于柜门的中点处，位于拉手之上。

(5) 吊柜宜用膨胀螺栓吊装。安装后应与墙及顶棚紧靠，无缝隙，安装牢固，无松动、安全可靠，位置正确，不变形。

(6) 壁柜应用木螺钉对准木榫固定于墙面，接缝紧密，无缝隙。

(7) 所有吊柜、壁柜安装后，必须垂直、水平，所有外角应用砂纸磨钝。

(8) 凡混凝土小型空心砌块墙、空心砖墙、多孔砖墙、轻质非承重墙，不允许用膨胀管木螺钉固定安装吊柜，应采取加固措施后，用膨胀螺栓安装吊柜。

七、厨房台柜的制作与安装

1）厨房间台柜的有关尺寸

(1) 台柜的台面宽度应不小于500mm，高度宜为800mm（包括台面铺贴材料厚度）。煤气灶台高度，不应大于700mm（包括台面铺贴材料厚度），宽度不应小于500mm。

(2) 台柜底板距地面宜不小于100mm。

2）厨房间台柜制作安装

(1) 采用细木制作台柜及门扇或混合结构台柜的门框、门扇应以榫连接，并加胶结材料粘结，用胶楔加紧。

(2) 砖砌支墩应平直，标高准确，与混凝土板连接牢固，支墩表面抹的水泥砂浆应平整、磨毛，待硬固后表面可铺贴饰面材料。

八、墙面木饰的制作与安装

1. 墙面木饰一般形式

墙面木饰在住宅室内墙面装饰中，越来越强调居室功能要求，充分体现业主装饰风格。

(1) 墙面木饰的形式

墙面木饰一般形式有护壁板、板筋墙、壁龛等。

(2) 墙面木饰的组成

墙面木饰一般由木骨架、基层板、面层板、装饰线脚组成。

2. 墙面木饰一般尺寸规定

(1) 护墙板高度，宜为900～1200mm或满铺。

(2) 横向主龙骨上宜开通气孔，孔间距宜900mm左右，立梃主龙骨间距应控制在350～600mm。

(3) 木龙骨上宜用24mm×30mm方木，面板宜用夹板。

3. 墙面木饰安装

墙面木饰施工工艺流程为：弹线→主筋定位→横撑安装→横撑加固→基层面板安装→面板安装→盖木条→踢脚板安装。

(1) 施工时，应在墙面上弹出护墙板的高度线，按龙骨设计布置方位及垫木位置，在墙上钻孔、下木榫。木榫入孔深度应离墙面10mm，沿龙骨方向的钻孔间距应为500mm。

(2) 龙骨及垫木。应用钉子对木榫的位置固定，钉长应为龙骨或垫木厚度的2～2.5倍。也可以用射钉进行固定，射钉入砖深度宜为30～50mm，射钉入混凝土墙深度应为27～32mm，射钉尾部不得露出龙骨或垫木的表面。

（3）面板固定可采用黏结的方法，并用钉子临时固定，待黏结牢固后，再起出钉子。面板固定也可以采用钉子，钉帽应敲扁，顺面板木纹敲进板 0.5～1.0mm，钉眼用与面板同色的油性腻子抹平，钉子长度为面板厚度的 2.0～2.5 倍。

（4）护墙板面板的高差应小于 0.5mm；板面间留缝宽度应均匀一致，尺寸偏差不大于 2mm；单块面板对角线长度偏差不大于 2mm；面板垂直度偏差不大于 2mm。

（5）护墙板阴阳角必须垂直、水平，对缝拼接须为 45°角。

（6）踢脚板和压条应紧贴面板，不得留有缝隙。钉固踢脚板或压条的钉距，不得大于 300mm。钉帽应敲扁，顺木纹敲进，入表面深度 0.5～1mm，钉眼用同色油性腻子抹平。

九、细部工程质量验收

1. 一般规定

（1）细部工程主要包括下列分项工程：

1）橱柜制作与安装。

2）窗帘盒、窗台板、散热器罩制作与安装。

3）门窗套制作与安装。

4）护栏和扶手制作与安装。

5）花饰制作与安装。

（2）细部工程验收时应检查下列文件和记录：

1）施工图、设计说明及其他设计文件。

2）材料的产品合格证书、性能检测报告、进场验收记录和复验报告。

3）隐蔽工程验收记录。

4）施工记录。

验收时检查施工图、设计说明及其他设计文件，有利于强化设计的重要性，为验收提供依据，避免口头协议造成扯皮。材料进场验收、复验、隐蔽工程验收、施工记录是施工过程控制的重要内容，是工程质量的保证。

（3）细部工程应对人造木板的甲醛含量进行复验。

人造木板的甲醛含量过高会污染室内环境，进行复验有利于核查是否符合要求。

（4）细部工程应对下列部位进行隐蔽工程验收：

1）预埋件（或后置埋件）。

2）护栏与预埋件的连接节点。

（5）各分项工程的检验批应按下列规定划分：

1）同类制品每 50 间（处）应划分为一个检验批，不足 50 间（处）也应划分为一个检验批。

2）每部楼梯应划分为一个检验批。

2. 橱柜制作与安装工程

橱柜制作与安装工程主要指位置固定的壁柜、吊柜等橱柜制作与安装工程，不包括移动式橱柜和家具。检查数量应符合下列规定：每个检验批至少抽查 3 间（处），不足 3 间（处）时应全数检查。

（1）主控项目

1）橱柜制作与安装所用材料的材质和规格、木材的燃烧性能等级和含水率、花岗石的放射性及人造木板的甲醛含量应符合设计要求及国家现行标准的有关规定。

检验方法：观察；检查产品合格证书、进场验收记录、性能检测报告和复验报告。

2）橱柜安装预埋件或后置埋件的数量、规格、位置应符合设计要求。

检验方法：检查隐蔽工程验收记录和施工记录。

3）橱柜的造型、尺寸、安装位置、制作和固定方法应符合设计要求。橱柜安装必须牢固。

检验方法：观察；尺量检查；手扳检查。

4）橱柜配件的品种、规格应符合设计要求。配件应齐全，安装应牢固。

检验方法：观察；手扳检查；检查进场验收记录。

5）橱柜的抽屉和柜门应开关灵活、回位正确。

检验方法：观察；开启和关闭检查。

（2）一般项目

1）橱柜表面应平整、洁净、色泽一致，不得有裂缝、翘曲及损坏。

检验方法：观察。

2）橱柜裁口应顺直、拼缝应严密。

检验方法：观察。

3）橱柜安装的允许偏差和检验方法应符合表 4-45 的规定。

表 4-45　橱柜安装的允许偏差和检验方法

项次	项　　目	允许偏差（mm）	检验方法
1	外形尺寸	3	用钢尺检查
2	立面垂直度	2	用 1m 垂直检测尺检查
3	门与框架的平等度	2	用钢尺检查

3. 窗帘盒、窗台板和散热器罩制作与安装工程

窗帘盒有木材、塑料、金属等多种材料做法，散热器罩以木材为主，窗台板有木材、天然石材、水磨石等多种材料做法。检查数量应符合下列规定：每个检验批应至少抽查 3 间（处），不足 3 间（处）时应全数检查。

（1）主控项目

1）窗帘盒、窗台板和散热器罩制作与安装所使用材料的材质的规格、木材的燃烧性能等级和含水率、花岗石的放射性及人造木板的甲醛含量应符合设计要求及国家现行标准的有关规定。

检验方法：观察；检查产品合格证书、进场验收记录、性能检测报告和复验报告。

2）窗帘盒、窗台板和散热器罩的造型、规格、尺寸、安装位置和固定方法必须符合设计要求。窗帘盒、窗台板和散热器罩的安装必须牢固。

检验方法：观察；尺量检查；手扳检查。

3）窗帘盒配件的品种、规格应符合设计要求，安装应牢固。

检验方法：手扳检查；检查进场验收记录。

（2）一般项目

1）窗帘盒、窗台板和散热器罩表面应平整、洁净、线条顺直、接缝严密、色泽一致，不

得有裂缝、翘曲及损坏。

检验方法：观察。

2）窗帘盒、窗台板和散热器罩与墙、窗框的衔接应严密，密封胶缝应顺直、光滑。

检验方法：观察。

3）窗帘盒、窗台板和散热器罩安装的允许偏差和检验方法应符合表 4-46 的规定。

表 4-46　窗帘盒、窗台板和散热器罩安装的允许偏差和检验方法

项次	项　　目	允许偏差（mm）	检验方法
1	水平度	2	用 1m 水平尺和塞尺检查
2	上口、下口直线度	3	拉 5m 线，不足 5m 拉通线，用钢直尺检查
3	两端距窗洞口长度差	2	用钢直尺检查
4	两端出墙厚度差	3	用钢直尺检查

4. 门窗套制作与安装工程

门窗套制作与安装工程质量验收的检查数量应符合下列规定：每个检验批应至少抽查 3 间（处），不足 3 间（处）时应全数检查。

（1）主控项目

1）门窗套制作与安装所使用材料的材质、规格、花纹和颜色、木材的燃烧性能等级和含水率、花岗石的放射性及人造木板的甲醛含量应符合设计要求及国家现行标准的有关规定。

检验方法：观察；检查产品合格证书、进场验收记录、性能检测报告和复验报告。

2）门窗套的造型、尺寸和固定方法应符合设计要求，安装应牢固。

检验方法：观察；尺量检查；手扳检查。

（2）一般项目

1）门窗套表面应平整、洁净、线条顺直、接缝严密、色泽一致，不得有裂缝、翘曲及损坏。

检验方法：观察。

2）门窗套安装的允许偏差和检验方法应符合表 4-47 的规定。

表 4-47　门窗套安装的允许偏差和检验方法

项次	项　　目	允许偏差（mm）	检验方法
1	正、侧面垂直度	3	用 1m 垂直检测尺检查
2	门窗套上口水平度	1	用 1m 水平检测尺和塞尺检查
3	门窗套上口直线度	3	拉 5m 线，不足 5m 拉通线，用钢直尺检查

5. 护栏和扶手制作与安装工程

护栏和扶手制作与安装工程质量验收的检查数量应符合下列规定：每个检验批的护栏和扶手应全部检查。护栏和扶手安全性十分重要，故每个检验批的护栏和扶手全部检查。

（1）主控项目

1）护栏和扶手制作与安装所使用材料的材质、规格、数量和木材、塑料的燃烧性能等级应符合设计要求。

检验方法：观察；检查产品合格证书、进场验收记录和性能检测报告。

2）护栏和扶手的造型、尺寸及安装位置应符合设计要求。

检验方法：观察；尺量检查；检查进场验收记录。

3）护栏和扶手安装预埋件的数量、规格、位置以及护栏与预埋件的连接节点应符合设计要求。

检验方法：检查隐蔽工程验收记录和施工记录。

4）护栏高度、栏杆间距、安装位置必须符合设计要求。护栏安装必须牢固。

检验方法：观察；尺量检查；手扳检查。

5）护栏玻璃应使用公称厚度不小于12mm的钢化玻璃或钢化夹层玻璃。当护栏一侧距楼地面高度为5m及以上时，应使用钢化夹层玻璃。

检验方法：观察；尺量检查；检查产品合格证书和进场验收记录。

（2）一般项目

1）护栏和扶手转角弧度应符合设计要求，接缝应严密，表面应光滑，色泽应一致，不得有裂缝、翘曲及损坏。

检验方法：观察；手摸检查。

2）护栏和扶手安装的允许偏差和检验方法应符合表4-48的规定。

表4-48 护栏和扶手安装的允许偏差和检验方法

项次	项目	允许偏差（mm）	检验方法
1	护栏垂直度	3	用1m垂直检测尺检查
2	栏杆间距	3	用钢尺检查
3	扶手直线度	4	拉通线，用钢直尺检查
4	扶手高度	3	用钢尺检查

第十一节 填充墙砌体工程

一、加气混凝土砌块施工

1. 施工准备

（1）加气混凝土砌块的出厂龄期不少于28d。

（2）运输、装卸过程中严禁抛掷和倾倒，现场堆放须下垫上盖，防止雨淋，堆置高度不超过2m；

（3）砌块提前2d浇水湿润，并将砌块面的浮尘冲洗干净。

（4）砌筑加气混凝土砌块墙体时，墙体底部应砌普通实心砖或设置现浇混凝土导墙，高度≮200mm。

2. 施工要点

（1）砌块砌筑前，应绘制砌块排列图，设置皮数杆、拉准线依线砌筑。

（2）砌块排列上下皮应错缝搭砌，搭砌长度为主砌块长度的1/3，且≮150mm。不能满足时，应在水平灰缝设置2ϕ6的拉结筋或ϕ4钢筋网片，拉结钢筋或网片的长度≮700mm。

（3）外墙转角处及纵横墙交接处应分皮咬槎、交错搭砌，隔皮砌块露端面；砌块砌至门窗洞口边为非整块时，应用同品种砌块加工切割成，不得用其他砌块或砖镶砌。

(4) 砌筑填充墙的收口应设置在中间部位，收口部位的竖向灰缝以插浆法施工，宜用内外临时夹板夹住后灌缝，其宽度≯20mm。

(5) 砌体水平灰缝厚度控制在12～15mm范围内，加钢筋网片时为20～25mm，砂浆饱满度≥90%；竖向灰缝厚度为20mm，砂浆饱满度≥80%，>30mm的竖向灰缝应用C20细石混凝土灌实。

(6) 非承重的填充墙砌至梁板底时应预留180～200mm，间隔7天再顶砌梁底斜砖。斜砌时，两端应放置预制混凝土三角块，用实心砖呈600逐块上顶、下挤，敲紧后填满砂浆，严禁一次砌至梁底。

(7) 加气混凝土砌块墙体的日砌筑高度宜控制在1.5m范围内。

3. 构造要求

(1) 加气混凝土可砌成单层墙或双层墙，双层墙间每隔600mm墙高在水平灰缝中放置ϕ4～6的钢筋扒钉，扒钉间距为600mm，空气层厚度70～80mm。

(2) 外墙转角处及纵横墙交接处的墙体应同时砌筑，对不能同时砌筑又必须留置的临时间断处，应留置斜槎。

(3) 承重加气混凝土砌块墙沿墙高每1m左右在水平灰缝中。放置3ϕ6拉结钢筋，钢筋伸入墙内≮1m；非承重加气混凝土砌块墙放置2ϕ6拉结钢筋，钢筋伸入墙内≮700mm。

(4) 跨度≥0.6m的门窗洞口顶面应设置钢筋混凝土过梁。承压过梁的砌块原则上应为整块。窗口下部应设置60～90mm厚钢筋混凝土窗台板，窗台板伸入砌体内长度≥300mm；宽大窗口下部应通长设置钢筋混凝土板带。

(5) 圈梁、腰梁及构造柱：除规范及图纸要求设置的外，下列部位应增设圈梁、腰梁及构造柱：自由端的墙体顶面、高度超过4m的墙体应增设钢筋混凝土圈梁；未开窗洞的外墙墙体（3m以下）中部增设钢筋混凝土腰梁；宽度≥2m洞口的两侧、长度>2.5m的独立墙体端部、墙体长度> 5m、外墙阳角、支承在悬臂梁板上的墙体等部位应增设钢筋混凝土构造柱。

二、石膏砌块施工

石膏砌块不得在防潮层以下部位以及长期处于浸水或化学浸蚀环境下使用。

1. 施工准备

(1) 砌块应有专门的包装，搬运或安装时应轻拿轻放。

(2) 砌块宜室内存放，严禁淋雨受潮，存放时下部垫木架空，保持垂直方向，码放高度不超过4层。

(3) 砌筑时砌块含水率≯8%。

(4) 砌体底部应设置高度≮200mm的混凝土或砖砌墙垫，有防水要求的房间应采用C20的现浇混凝土墙垫。

(5) 绘制砌块立面排列图，放出砌体位置线，阴阳角处立皮数杆，拉准线。

2. 施工要点

(1) 水平及竖向灰缝横平竖直，厚度均匀，灰浆饱满，厚度7～10mm。

(2) 石膏砌块砌筑时应上下错缝搭接，搭接长度不小于砌块长度的1/3。

(3) 石膏砌块砌体的日砌筑高度，采用石膏基黏结浆砌筑时不大于 3m，采用水泥基粘结浆砌筑时不大于 1.5m。

(4) 砌块的长度方向与墙体的长度方向一致，榫槽应向下。

(5) 水平灰缝采用铺浆法随铺随砌，石膏基粘结浆的一次铺浆长度不超过 1 块砌块长度，水泥基粘结浆的一次铺浆长度不超过 2 块砌块长度；竖向灰缝采用满铺端面法。

(6) 砌筑过程中应随时用靠尺、水平尺、线坠检查、校正墙身的平整度和垂直度，不得在黏结浆初凝后敲打校正。

3. 构造要求

(1) 门洞口和宽度≥1.5m 的窗洞口应加设钢筋混凝土边框。

(2) 结构柱或墙应沿高度方向每皮砌块设置 $2\phi6$ 拉结筋，伸入砌体内≮砌体长度的 1/5。砌体与结构柱或墙之间采用刚性连接。

(3) 砌体与主体梁（板）底之间宜采用柔性连接；当主体结构刚度相对较大时可采用刚性连接。

岗位知识与专业技能

第五章　施工测量的基本知识

第一节　标高、直线、水平等的测量

一、水准仪、经纬仪、全站仪、激光铅垂仪、测距仪的使用

1. 水准仪

使用水准仪的基本操作程序为：安置仪器、粗略整平、调焦与照准、精平与读数等。

(1) 安置仪器

打开三脚架并使其高度适中，用目估法使架头大致水平，检查三脚架是否安置牢固。然后打开仪器箱取出仪器，用连接螺旋将水准仪固连在三脚架头上。

(2) 粗略整平（简称粗平）

粗平的目的是借助圆水准器的气泡居中，使仪器竖轴大致竖直，从而使视准轴粗略水平。利用脚螺旋使圆水准器气泡居中的操作步骤如图 5-1 所示，用两手按相对方向转动脚螺旋 1 和 2，使气泡沿着 1—2 连线方向由 a 移至 b，再转动脚螺旋 3，使气泡由 b 移至中心。整平时气泡移动的方向与左手大拇指转动脚螺旋的方向一致。

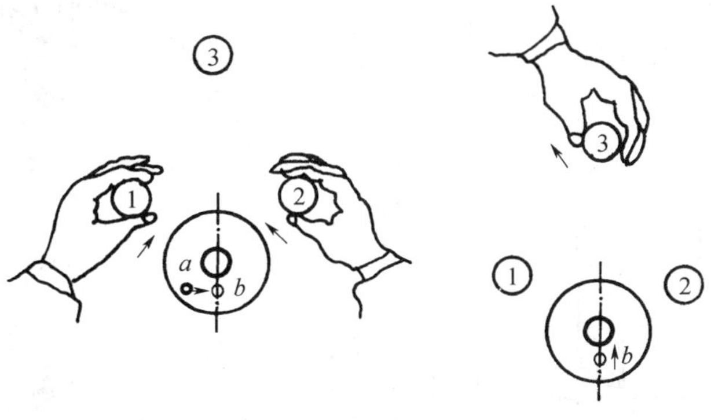

图 5-1　粗略整平

(3) 调焦与照准

1) 目镜调焦：用望远镜瞄准目标之前，先调节目镜调焦螺旋，使十字丝成像达到最清晰。

2）概略瞄准水准尺：先松开制动螺旋，旋转望远镜，使望远镜筒上的照门（缺口）和准星的连线瞄准水准尺，再适度旋紧制动螺旋，使望远镜固定。

3）物镜调焦：转动物镜调焦螺旋使水准尺在望远镜内成像最清晰。

4）精确照准：用十字丝竖丝照准水准尺边缘或用竖丝平分水准尺，如图 5-4 所示。以利于用横丝中央部分截取水准尺读数。若尺歪斜，指挥扶尺者扶正。

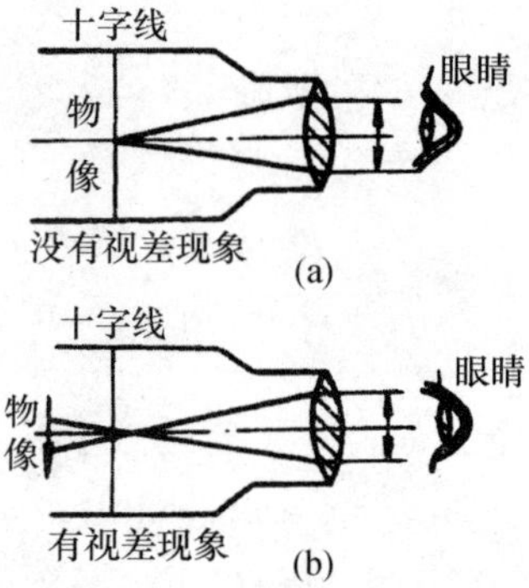

图 5-2　视差

5）消除视差：在物镜调焦后，当眼睛在靠近目镜端上下微微移动时，有时出现十字丝与目标相对运动，十字丝在水准尺上的读数也随之变动，这种现象称之为视差。产生视差的原因是目标通过物镜所成的实像没有与十字丝平面重合，若有视差存在，将直接影响读数的精度，故必须加以消除。因此，做好调焦的标准是不仅目标成像清晰，而且要求必须成像在十字丝分划板平面上，如图 5-2（a）所示，物像与十字丝分划板平面重合，没有视差现象。如果调焦不好，目标的影像未落在十字丝分划板平面上，如图 5-2（b）所示，则有视差现象。

消除视差的方法是重新仔细进行物镜调焦，直到眼睛上下移动时读数不变为止。如果十字丝成像不清晰，则应该首先进行目镜调焦，使十字丝成像清晰，然后在十字丝成像清晰的基础上，再进行物镜调焦，使目标成像清晰、眼睛上下移动时读数不变为止。

（4）精平与读数

眼睛通过附合气泡观察窗观察水准管气泡，用右手缓慢而均匀地转动微倾螺旋，使附合水准器气泡两端的半像吻合，如图 5-3（c）所示，从而使望远镜视准轴精确地处于水平位置，称为精平。图 5-3 中（a）、（b）均表示气泡还未居中，需仔细调整微倾螺旋。

当确认水准管气泡居中时，应立即读出十字丝中丝在尺上所截位置的读数米、分米、厘米并估读毫米（共四位数）。读数前要首先弄清水准尺的分划与注记形式，读数时要按照从小到大数值增加方向读数。先估读毫米数，然后报出全部读数。如图 5-4 中，正确的读数为 1.337m。

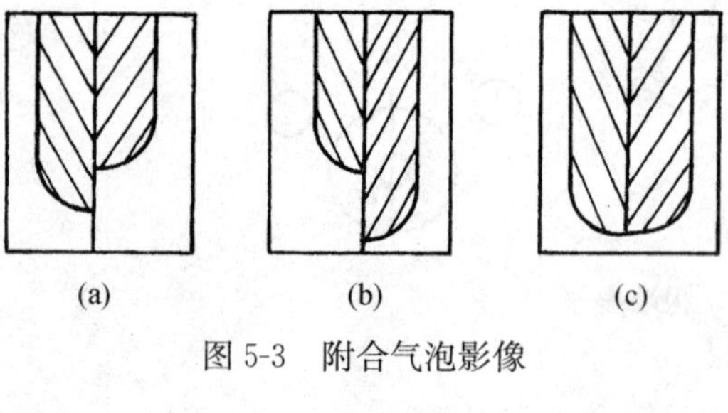

图 5-3　附合气泡影像

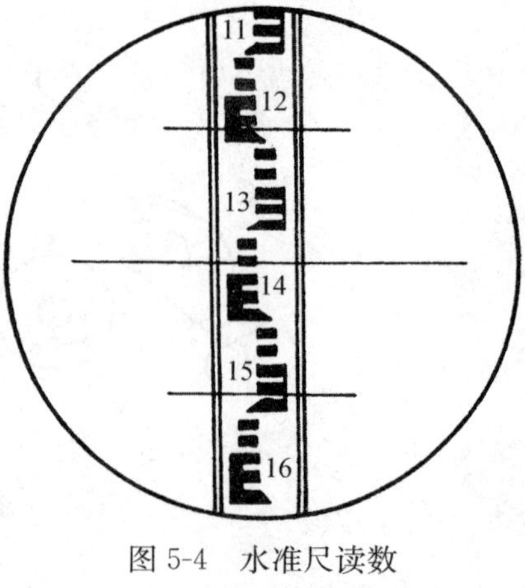

图 5-4　水准尺读数

精平与读数虽然是两项不同的操作程序，但在水准测量的实施过程中，应该将两项操作视为一个整体，即一边观察气泡吻合，一边观测水准尺读数，当气泡吻合精平后立即读数。

读数后还须再检查气泡是否仍吻合。若气泡不吻合，则应重新精平，重新读数。

2. 经纬仪的使用

(1) 安置仪器

安置仪器是将经纬仪安置在测站点上，包括对中和整平两项内容。对中的目的是使仪器中心与测站点标志中心位于同一铅垂线上；整平的目的是使仪器竖轴处于铅垂位置，水平度盘处于水平位置。

初步对中整平，用垂球对中，其操作方法如下。

1) 将三脚架调整到合适高度，张开三脚架安置在测站点上方，在脚架的连接螺旋上挂上垂球，如果垂球尖离标志中心太远，可固定一脚移动另外两脚，或将三脚架整体平移，使垂球尖大致对准测站点标志中心，并注意使架头大致水平，然后将三脚架的脚尖踩入土中。

2) 将经纬仪从箱中取出，用连接螺旋将经纬仪安装在三脚架上。调整脚螺旋，使圆水准器气泡居中。

3) 此时，如果垂球尖偏离测站点标志中心，可旋松连接螺旋，在架头上移动经纬仪，使垂球尖精确对中测站点标志中心，然后旋紧连接螺旋。

用光学对中器对中时，其操作方法如下：

1) 使架头大致对中和水平，连接经纬仪；调节光学对中器的目镜和物镜对光螺旋，使光学对中器的分划板小圆圈和测站点标志的影像清晰。

2) 转动脚螺旋，使光学对中器对准测站标志中心，此时圆水准器气泡偏离，伸缩三脚架架腿，使圆水准器气泡居中，注意脚架尖位置不得移动。

(2) 精确对中和整平

1) 整平：先转动照准部，使水准管平行于任意一对脚螺旋的连线，如图 5-5 (a) 所示，两手同时向内或向外转动这两个脚螺旋，使气泡居中，注意气泡移动方向始终与左手大拇指移动方向一致；然后将照准部转动 90°，如图 5-5 (b) 所示，转动第三个脚螺旋，使水准管气泡居中。再将照准部转回原位置，检查气泡是否居中，若不居中，按上述步骤反复进行，直到水准管在任何位置，气泡偏离零点不超过一格为止。

2) 对中：先旋松连接螺旋，在架头上轻轻移动经纬仪，使锤球尖精确对中测站点标志中心，或使对中器分划板的刻划中心与测站点标志影像重合；然后旋紧连接螺旋。锤球对中误差一般可控制在 3mm 以内，光学对中器对中误差一般可控制在 1mm 以内。

对中和整平，一般都需要经过几次“整平—对中—整平”的循环过程，直至整平和对中均符合要求。

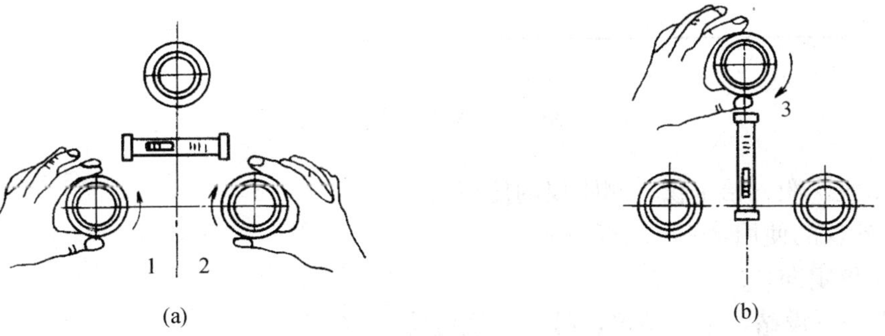

图 5-5　经纬仪的整平

(3) 瞄准目标

1）松开望远镜制动螺旋和照准部制动螺旋，将望远镜朝向明亮背景，调节目镜对光螺旋，使十字丝清晰。

2）利用望远镜上的照门和准星粗略对准目标，拧紧照准部及望远镜制动螺旋；调节物镜对光螺旋，使目标影像清晰，并注意消除视差。

3）转动照准部和望远镜微动螺旋，精确瞄准目标。测量水平角时，应用十字丝交点附近的竖丝瞄准目标底部，如图 5-6 所示。

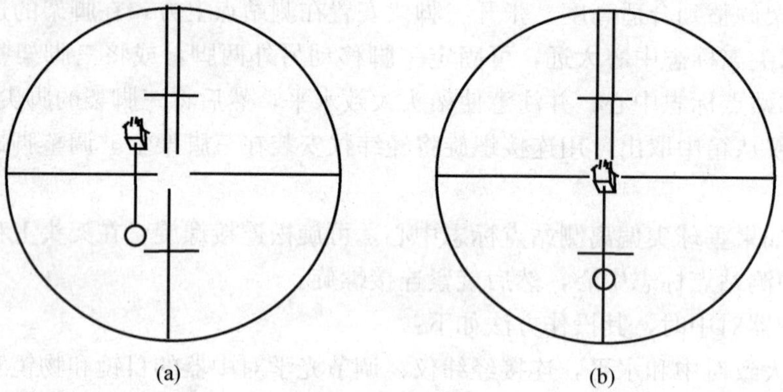

图 5-6　瞄准目标

(4) 读数

1）打开反光镜，调节反光镜镜面位置，使读数窗亮度适中。

2）转动读数显微镜目镜对光螺旋，使度盘、测微尺及指标线的影像清晰。

3）根据仪器的读数设备，按纬仪读数方法进行读数。DJ2 级光学经纬仪读数方式为首先转动测微轮，使读数窗中的主、副像分划线重合，然后在读数窗中读出数值。如图 5-7 所示，读数为 (a) 151°11′54″；(b) 83°46′16″。

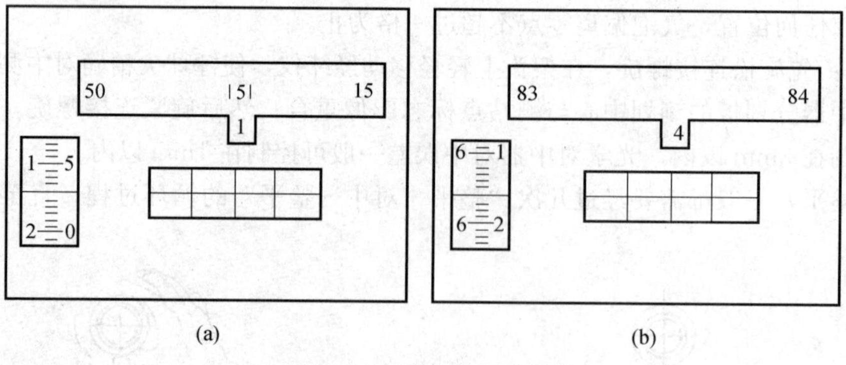

图 5-7　光学经纬仪读数

3. 全站仪、激光铅垂仪、测距仪的使用

(1) 全站仪的使用

1）全站仪定向

① 其中一点设站，架全站仪，另一点放棱镜。

② 点击数据采集，输入测站点（就是放仪器点）的坐标和仪器高，点击下一步。

③ 输入定向点（就是不架仪器的一点）坐标，棱镜高输不输都行。

④ 仪器瞄准棱镜，点击测量，看一下显示的坐标和输入点的坐标差别大不大，不大的话定向完成。差别太大重复 2、3 步骤。

2）测图

① 确定棱镜高，根据地形调节。

② 将棱镜高输入仪器，将棱镜树在待求点，点击测量，保存坐标。

③ 继续测量，点击同前。

④ 测图完成后，导出数据，用 cass 作图。

3）注意事项

① 注意棱镜高和一起输入的棱镜高一致；

② 仪器断电需要重新定向；

③ 对于看不到的点设置转站最多两站。

（2）激光铅垂仪的使用

激光铅垂仪是一种专用的铅直定位仪器。适用于高层建筑物、烟囱及高塔架的铅直定位测量。激光铅垂仪的基本构造主要由氦氖激光管、精密竖轴、发射望远镜、水准器、基座、激光电源及接收屏等部分组成。激光器通过两组固定螺钉固定在套筒内。激光铅垂仪的竖轴是空心筒轴，两端有螺扣，上、下两端分别与发射望远镜和氦氖激光器套筒相连接，二者位置可对调，构成向上或向下发射激光束的铅垂仪。仪器上设置有两个互成 90°的管水准器，仪器配有专用激光电源。

激光铅垂仪投测轴线投测方法：

1）在首层轴线控制点上安置激光铅垂仪，利用激光器底端（全反射棱镜端）所发射的激光束进行对中，通过调节基座整平螺旋，使管水准器气泡严格居中。

2）在上层施工楼面预留孔处，放置接受靶。

3）接通激光电源，启辉激光器发射铅直激光束，通过发射望远镜调焦，使激光束会聚成红色耀目光斑，投射到接受靶上。

4）移动接受靶，使靶心与红色光斑重合，固定接受靶，并在预留孔四周做出标记，此时，靶心位置即为轴线控制点在该楼面上的投测点。

（3）红外线测距仪的使用

测距仪作为一种精密的测量工具，已经广泛地应用到各个领域。测距仪可以分为超声波测距仪，红外线测距仪，激光测距仪。

1）红外测距仪的原理

利用的是红外线传播时的不扩散原理。因为红外线在穿越其他物质时折射率很小所以长距离的测距仪都会考虑红外线，而红外线的传播是需要时间的，当红外线从测距仪发出碰到反射物被反射回来被测距仪接受到，再根据红外线从发出到被接受到的时间及红外线的传播速度就可以算出距离。

红外线测距仪的工作原理：利用高频调制的红外线在待测距离上往返产生的相位移推算出光束度越时间 Δt，从而根据 $D=C\Delta t/2$ 得到距离 D。

2）红外线测距仪分类

红外线测距仪分手持红外线测距仪和望远镜式红外线测距仪。

手持红外线测距仪测量距离一般在 200m 内，精度在 2mm 左右。这是目前使用范围最广的激光红外线测距仪。在功能上除能测量距离外，一般还能计算测量物体的体积。

望远镜式红外线测距仪测量距离一般在 600～3000m 左右，这类红外线测距仪测量距离比较远，但精度相对较低，精度一般在 1m 左右。主要应用范围为野外长距离测量。

3）红外线测距仪的特点

① 远距离测量，在无反光板和反射率低的情况下能测量较远的距离。

② 有同步输入端，可多个传感器同步测量；

③ 测量范围广，响应时间短；

④ 外形设计紧凑，易于安装，便于操作；

⑤ 可测量各种物体距离（不需反射镜）；

⑥ 增加滤光镜可测高温被测体；

⑦ 可见光容易对准被测体。

二、水准、距离、角度测量的要点

1. 水准测量的要点

（1）水准点的选择

为了统一全国的高程系统和满足各种测量的需要，测绘部门在全国各地埋设并测定了很多高程点，这些点称为水准点（bench mark），简记为 *BM*。水准测量通常是从水准点引测其他点的高程。水准点有永久性和临时性两种，如图 5-8、图 5-9 所示。国家等级水准点一般用石料或钢筋混凝土制成，深埋到地面冻结线以下。在标石的顶面设有用不锈钢或其他不易锈蚀材料制成的半球状标志。有些水准点也可设置在稳定的墙脚上，称为墙上水准点。

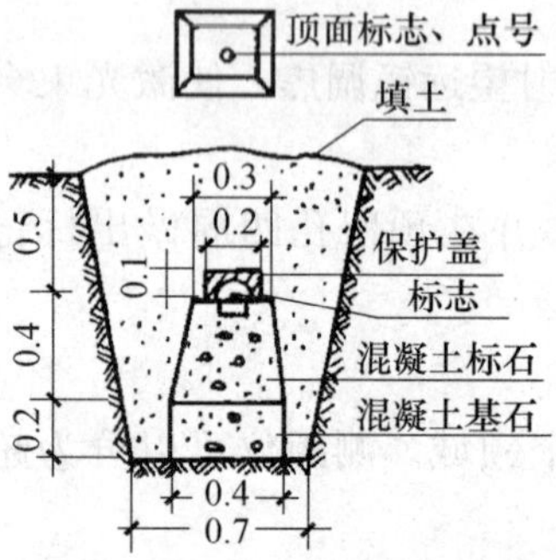

图 5-8　永久性水准点埋设

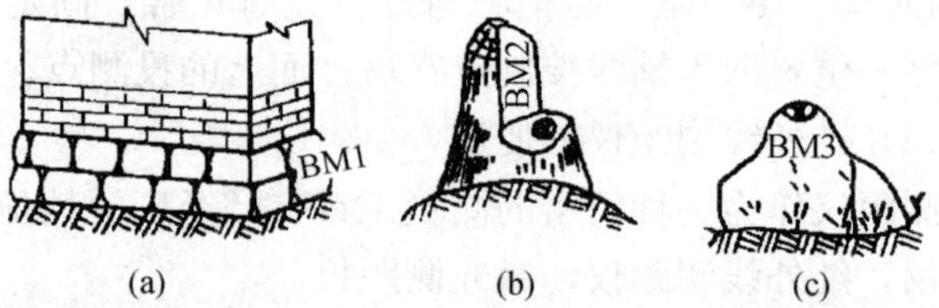

图 5-9　临时性水准点

建筑工地上的永久性水准点一般用混凝土或钢筋混凝土制成，临时性的水准点可用地面上突出的坚硬岩石或用大木桩打入地下，桩顶钉以半球形铁钉。

埋设水准点后，应绘出水准点与附近固定建筑物或其他地物的关系图，在图上还要写明水准点的编号和高程，称为点之记，以便于日后寻找水准点位置之用。水准点编号前通常加 *BM* 字样，作为水准点的代号。

（2）水准测量路线的选择

在一系列水准点间进行水准测量所经过的路线，称为水准路线，形式主要有闭合水准路线、附合水准路线和支水准路线。是为了避免在测量成果中存在错误，保证测量成果能达到一定精度要求，布设时要根据测区的实际情况和作业要求，布设成某种形式的水准路线。

1）闭合水准路线

如图 5-10（a）所示，从水准点 BM_A 出发，沿各待定高程点 1、2、3 进行水准测量，最后又回到原出发水准点，这种形成环形的路线，称为闭合水准路线。

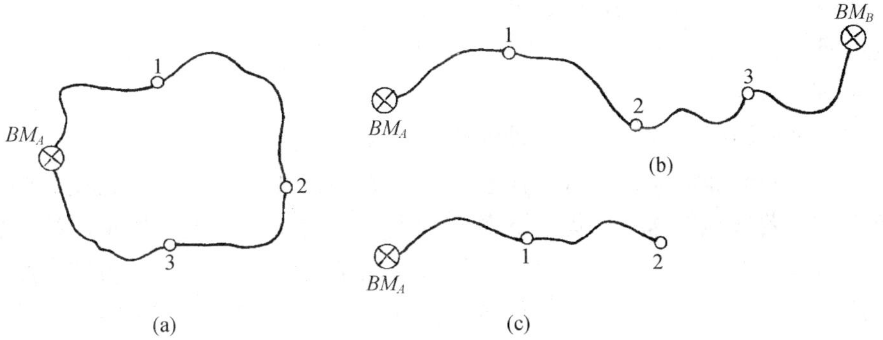

图 5-10　水准路线形式

2）附合水准路线

如图 5-10（b）所示，从水准点 BM_A 出发，沿各待定高程点 1、2、3 进行水准测量，最后又附合到另一个水准点 BM_B。这种在两个已知水准点之间布设的路线，称为附合水准路线。

3）支水准路线

如图 5-10（c）所示，从水准点 BM_A 出发，沿各待定高程点 1、2 进行水准测量。这种从一个已知水准点出发，而另一端为未知点的路线，既不自行闭和，也不附合到其他水准点上，称为支水准路线。

2. 距离测量的要点

（1）定线

欲精密丈量直线 AB 的距离，首先清除直线上的障碍物，然后安置经纬仪于 A 点上，瞄准 B 点，用经纬仪进行定线。用钢尺进行概量，在视线上依次定出此钢尺一整尺略短的 $A1$、12、23……等尺段。在各尺段端点打下大木桩，桩顶高出地面 3～5cm。在桩顶钉一白铁皮。利用 A 点的经纬仪进行定线，在各白铁皮上画一条线，使其与 AB 方向重合，另画一条线垂直于 AB 方向，形成十字，作为丈量的标志。

（2）量距

用检定过的钢尺丈量相邻两木桩之间的距离。丈量组一般由 5 人组成，2 人拉尺，2 人读数，1 人指挥兼记录和读温度。丈量时，拉伸钢尺置于相邻两木桩顶上，并使钢尺有刻划线一侧贴切十字线。后尺手将弹簧秤挂在尺的零端，以便施加钢尺检定时的标准拉力（30m 钢尺，标准拉力为 10kg）；钢尺拉紧后，前尺手以尺上某一整分划对准十字线交点时，发出读数口令“预备”，后尺手回答“好”。在喊“好”的同一瞬间，两端的读尺员同时根据十字交点读取读数，估读到 0.5mm 记入手簿。每尺段要移动钢尺位置丈量三次，三次测得的结果的较差视不同要求而定，一般不得超过 2～3mm，否则要重量。如在限差以内，则取三次结果的平均值，作为此尺段的观测成果。每量一尺段都要读记温度一次，估读到 0.5℃。按上述由直线起点丈量到终点是为往测，往测完毕后立即返测，每条直线所需丈量的次数视量边的精度要求而定。

（3）测量桩顶高程

上述所量的距离，是相邻桩顶间的倾斜距离，为了改算成水平距离，要用水准测量方法测出各桩顶的高程，以便进行倾斜改正。水准测量宜在量距前或量距后往、返观测一次，以资检核。相邻两桩顶往、返所测高差之差，一般不得超过±10mm；如在限差以内，取其平均值作为观测成果。

3. 角度测量的要点

（1）照准部水准轴应垂直于仪器竖轴的检验和校正检验

先整平仪器，照准部水准管平行于任意一对脚螺旋，转动该对角螺旋使气泡居中，再将照准部旋转180°，若气泡仍居中，说明此条件满足，否则需要校正。校正用校正针拨动水准管一端的校正螺丝，先松一个后紧一个，使气泡退回偏离格数的一半，再转动脚螺旋使气泡居中。重复检验校正，直到期水准管在任何位置时气泡偏离量都在一格以内。

（2）十字丝竖丝应垂直于仪器横轴的检验校正

检验用十字丝竖丝一端瞄准细小点状目标转动望远镜微动螺旋，使其移至竖丝另一端，若目标点始终在竖丝上移动，说明此条件满足，否则需要校正。校正旋下十字丝分划板护罩，用小改锥松开十字丝分划板的固定螺丝，微微转动十字丝分划板，使竖丝端点至点状目标的间隔减小一半，再返转到起始端点。重复上述检验校正，直到无显著误差为止，最后将固定螺丝拧紧。

（3）视准轴应垂直于横轴的检验和校正

方法一：检验盘左瞄准远处与仪器同高点A，读取水平度盘读数$\alpha_{左}$，倒转望远镜盘右再瞄准A点，读取水平度盘读数$\alpha_{右}$。若$\alpha_{左}=\alpha_{右}\pm180°$，说明此条件已满足，若差值超过$2'$，则需要校正。校正计算正确读数$\alpha_{右}'=[\alpha_{右}+(\alpha_{左}\pm180°)]/2$，转动水平微动螺旋，使水平度盘读数为$\alpha$右$'$，此时目标偏离十字丝交点，用校正针拨动十字丝左、右校正螺旋，使十字丝交点对准A点。如此重复检验校正，直到差值在$2'$内为止。最后旋上十字丝分划板护罩。

方法二：检验在平坦场地选择相距100m的A、B两点，仪器安置在两点中间的O点，在A点设置和经纬仪同高的点标志（或在墙上设同高的点标志），在B点设一根水平尺，该尺与仪器同高且与OB垂直。检验时用盘左瞄准A点标志，固定照准部，倒转望远镜，在B点尺上定出B_1点的读数，再用盘右同法定出B_2点读数。若B_1与B_2重合，说明此条件满足，否则需要校正。校正在B_1、B_2点间1/4处定出B_3读数，使$B_3=B_2-(B_2-B_1)/4$。拨动十字丝左、右校正螺旋，使十字丝交点与B_3点重合。如此反复检校，直到$B_1B_2\leqslant2$cm为止。最后旋上十字丝分划板护罩。

（4）横轴与竖轴垂直的检验和校正

在离建筑物10m处安置仪器，盘左瞄准墙上高目标点标志P（垂直角大于30），将望远镜放平，十字丝交点投在墙上定出P_1点。盘右瞄准P点同法定出P_2点。若P_1P_2点重合，说明此条件满足，若$P_1P_2>5$mm，则需要校正。由于仪器横轴是密封的，故该项校正应由专业维修人员进行。

第二节 施工测量的知识

一、建筑的定位与放线

1. 建筑物的定位

建筑物的定位，是指根据测设略图将建筑物外墙轴线交点测设到地面上，并以此作为基础测设和细部测设的依据。

由于定位条件的不同，民用建筑除了根据测量控制点、建筑基线或建筑红线、建筑方格网定位外，还可以根据已有的建筑物来进行定位。

2. 建筑物的放线

建筑物的放线，是指根据已定位的外墙轴线交点桩详细测设出建筑物各轴线的交点桩，然后根据交点桩用白灰撒出开挖边界线。其方法如下：

在外墙轴线周边上测设中间轴线交点桩，将经纬仪安置在 F 点上，瞄准 G 点，用钢尺沿 FG 方向量出相邻两轴线间的距离，定出 1、2…5 各点（也可经每隔 1～2 条轴线定一点）。同法可定出 6、7…各点。量距精度应达到 1/2000～1/5000。丈量各轴线间距离时，为了避免误差积累，钢尺零端点应始终在一点上。

由于基槽开挖后，角桩和中心桩将被挖掉，为了便于施工中恢复各轴线位置，应把各轴线延长到槽外安全地点，并做好标志。其方法有设置轴线控制桩和龙门板两种。

3. 测设轴线控制桩

将经纬仪安置在角桩上，瞄准另一角桩，沿视线方向用钢尺向基槽外侧量取 2～4m，打入木桩，用小钉在桩顶准确标志出轴线位置，并用混凝土包裹木桩。大型建筑物放线时，为了确保轴线引桩的精度，通常是根据角桩测设的。如有条件也可把轴线引测到周围原有的地物上，并做好标志，以此来代替引桩。

4. 撒出基槽开挖边界白灰线

在轴线两端，根据龙门板上标定的基槽开挖边界标志拉直线绳，并沿此线绳撒出白灰线，施工时按此线进行开挖。

二、墙体、地面、顶棚装饰施工测量

1. 墙体装饰施工测量

（1）弹线

弹线的目的有两个：一个目的是使施工有了基准线，便于下一道工序的施工。另一个目的是检查墙面预埋件是否符合设计要求；电器布线是否影响木龙骨安装位置；空间尺寸是否合适；标高尺寸是否改动等。在弹线过程中，如果发现有不能按原来标高施工的问题，不能按原来设计布局的问题，应及时提出设计变更，以保证工序的顺利进行。

（2）护墙板的标高线

确定标高线最常用的方法是用透明软管注水法或水准仪法。

首先确定地面的地平基准线。如果原地面无饰面的，基准线为原地平线；如果原地需铺石材、瓷砖、木地板等饰面，则需根据饰面层的厚度来定地平基准，即原地面基础上加上饰面层的厚度。其次将定出的地平基准线画在墙上，即以地平基准线为起点，在墙面上量出护墙板的装修标高线。

（3）墙面造型线

先测出需做装饰的墙面中心点，并用线锤的方法确定中心线。然后在中心线上，确定装饰造型的中心点高度。再分别确定出装饰造型的上线位置和下线位置、左边线的位置和右边线的位置。最后还是分别通过线垂法、水平仪或软管注水法，确定边线水平高度的上下线的位置，并连线而成。

（4）墙面装饰测量精度

1）内墙面竖直控制线投测精度：1/3000；水平控制线应符合表 5-2 的要求。

2）外墙装修时，控制墙面竖直、平整的铅垂线投测精度：两台经纬仪投测结果校差应小于 2mm；墙面水平控制线应符合表 5-2 的要求。

3）墙面装饰分格线的投测精度：小于 1/10000。

（5）外墙面施工测量

1）在建筑的四大角上吊出铅垂钢丝，并固定牢固，以此控制墙面竖直度、平整度及块材出墙面的位置。

2）在门窗洞口处的处理和四大角相同，用铅垂钢丝或经纬仪找出垂直、方正。

3）根据块材的尺寸、规格及设计要求，在底灰上弹出其水平线和竖直线。水平线以楼层水平基线为准交圈控制，竖直线以四周大角为基线控制，在基线位置应排列为整砖。

2. 地面装饰施工测量

（1）根据已校核的水准点，测设首层±0.000 标高，并以此标高为基准进行标高的竖向传递。

（2）首层各段的标高控制点一般为三个，以利于闭合校差。

（3）标高的传递方式采用在楼梯间和窗口处进行传递，其允许误差见表 5-1。

表 5-1　标高的传递允许误差

层间误差	±3mm
总误差	±5mm

传递到各层的三个标高点应先进行校核，校差不得大于 3mm，并取平均点引测水平线。

（4）测设 50cm 水平控制线：50cm 水平控制线的测设允许误差应符合表 5-2 的要求。室内的 50cm 水平线是控制地面标高、门窗安装等项目的重要依据，在弹墨线时应注意墨线的宽度不得大于 1mm。防止误差扩大。

表 5-2　测设允许误差

项　目	精度要求	
水平线（室内、室外）	1. 每 3m 两端高差小于±1mm； 2. 同一条水平线的标高允许误差为±3mm	
铅垂线	室内	经纬仪两次投测校差小于 2mm
	室外	高于 1/3000

（5）用水准仪检测地面面层的平整度和标高时，水准仪的间距应符合以下要求：大厅应

小于 5m、房间应小于 2m。

3. 顶棚装饰施工测量

（1）弹线

弹线包括弹吊顶标高线、吊顶造型位置线、吊挂点定位线、大中型灯具吊点定位线。

（2）测量要求

1）根据已弹出的 50cm 楼层水平控制线，用钢尺量至吊顶的设计标高，并在四周的墙上弹出水平控制线。

2）顶板上弹出十字直角定位线，其中一条线应确保和外墙平行，以保证美观。并以此为基础在四周墙上的吊顶水平控制线上弹出龙骨的分档线。

3）对于装饰物较多、工艺较复杂的房间，在吊顶前将其设计尺寸在铅垂投影的地面上按 1∶1 放出大样，后投点到地面，确保位置正确。

第三节　建筑变形观测的知识

一、建筑变形的概念

工程建筑物的全部重量要由地基承受，在具有压缩性的地基上（如黏土、砂土）建造建筑物时，地基受压后，建筑物就会逐渐下沉，不均匀的沉降会引起建筑物变形，严重的可能产生倾斜和裂缝，以致危及建筑物的安全或减少使用年限。

因此，应在建筑过程及交付使用后进行变形观测，以便及时发现问题，采取措施保护建筑物。

建筑物的变形包括四个方面：沉降、水平位移、倾斜和裂缝。

由于建筑物的重量，使地基受荷载而扰动，引起建筑物沉降；由于横向力作用于建筑物地基，使建筑物产生水平位移；建筑物在平面上不均匀沉降，使建筑物产生倾斜。此外，由于沉降与水平位移的共同作用达到一定程度，使建筑物产生裂缝，直至倒塌。

变形观测就是用测量的手段，观测建筑物沉降、水平位移和倾斜的变化量，并通过一定时间段的变化量，确定建筑物的变形趋势，以利采取相应措施。

二、建筑沉降观测、水平位移观测、倾斜观测和裂缝观测

沉降观测在建筑物的施工、竣工验收以及竣工后的监测等过程中，具有安全预报、科学评价及检验施工质量等的职能。通过现场监测数据的反馈信息，可以对施工过程等问题起到预报作用，及时做出较合理的技术决策和现场的应变决定。

1. 沉降观测

沉降观测的对象包括：地基基础设计等级为甲级的建筑物；复合地基或软弱地基上的设计等级为乙级的建筑物；加层、扩建建筑物；受邻近深基坑开挖施工影响或受地下水等环境因素变化影响的建筑物及需要积累建筑经验或进行设计反分析的工程。

（1）沉降观测点的布设

沉降观测点应布设在能全面反映建筑物地基变形特征的点位，一般布设在建筑物的四角、转角及沿外墙每 10～15m 处；高低层建筑物、新旧建筑物、不同地质条件、不同荷载分布、

不同基础类型、不同基础埋深、不同上部结构、沉降缝和建筑物裂缝处的两侧；建筑物宽度大于或等于15m，或宽度小于15m但地质条件复杂的建筑物的内纵墙处，以及框架、框剪、框筒、筒中筒结构体系的楼、电梯井和中心筒处；筏基、箱基的四角和中部位置处；多层砌体房屋纵墙间距6～10m横墙对应墙端处；框架结构可能产生较大不均匀沉降的相邻柱基处；高层建筑横向和纵向两个方向对应尽端处。各种构筑物沿四周或基础轴线的对称位置上布点，数量不少于4个测点。观测基准点应设在基坑工程影响范围以外，一般不小于30～50m且数量不应少于两个。

沉降观测的标志，可根据不同的建筑结构类型和建筑材料，采用墙（柱）标志、基础标志和隐蔽式标志（用于宾馆等高级建筑物）等形式。各类标志的立尺部位应加工成半球形或有明显的突出点，并涂上防腐剂。标志的埋设位置应避开如雨水管、窗台线、暖气片、暖水管、电器开关等有碍设标与观测的障碍物，并应视立尺需要离开墙（柱）面和地面一定距离。一般墙、柱上的沉降监测点可按图5-11所示的形式设置。

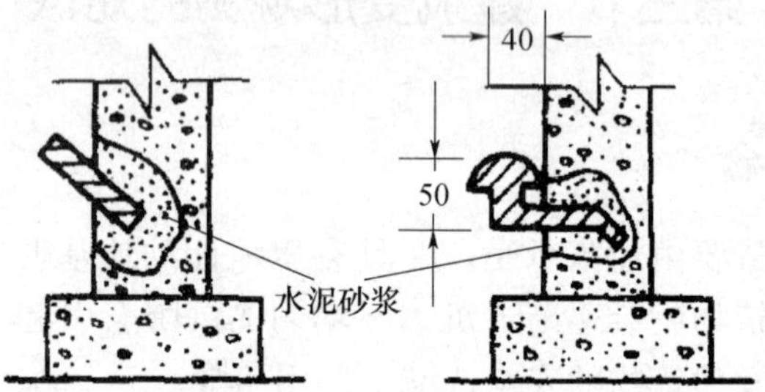

图5-11　沉降监测点设置

观测点的布设是沉降观测工作中一个很重要的环节，它直接影响观测数据能否真实地反映出建筑物的整体沉降趋势及局部沉降特点。

（2）沉降变形监测的精度要求

沉降观测的测量精度等级采用Ⅱ级水准测量。视线长度宜为20～30m，视线高度不宜低于0.5m，宜采用闭合法消除误差。

（3）观测周期

建（构）筑物的沉降观测对时间有严格的限制条件，特别是首次观测必须按时进行，否则整个观测得不到完整的观测意义。施工期间一般在基础或地下室完成后开始观测，每完成一层观测一次，沉降速度≥2.0mm/d应减缓加载速度并增加观测次数；如施工过程暂停，则在停工及重新开工时应各测一次，停工期间2～3个月测一次；竣工后第一年测四次（其中第一次宜在竣工后二个月时），第二年测2～3次，以后每年一次直到稳定。各个阶段的复测必须定时进行，不得漏测或补测，只有这样才能得到准确的沉降情况或规律。

（4）稳定标准

稳定标准应由沉降量与时间关系曲线判定，对重点观测和科研观测工程，或最后三次观测中每次沉降量均不大于2倍测量中误差，则认为已进入稳定阶段。二、三级多层建筑以0.04mm/d，高层和一级建筑以0.01mm/d为稳定标准。若施工过程中沉降大于2.0mm/d则应采取有效措施。

（5）验收标准

建筑物竣工验收标准为最后一次观测的沉降速度：二、三级、多层建筑物和低层建筑物平均沉降速度≤0.10mm/d，最大沉降速度≤0.12mm/d（2处），一级、高层建筑物平均沉降速度≤0.06mm/d，最大沉降速度≤0.08mm/d（2处）。

2. 水平位移观测

水平位移观测是测定建筑物因受侧向荷载的影响而产生的水平位移量，观测点的建立视工程情况和位移的方向而定。其基本方法有视准线观测法、测斜仪观测法、交会法、极坐标法、GPS法等等，这里仅部分介绍。

（1）视准线观测法

在基坑水平位移监测中，在有条件的场地，用视准线法比较简便。

采用视准线法测量时，需沿欲测量的基坑边线设置一条视准线。在该线的两端设置工作基点 A、B。在基线上沿基坑边线根据需要设置若干监测点。基坑有支撑时，测点宜设置在两根支撑的跨中。根据现场条件，也可依据小角度法用经纬仪测出各测点的侧向水平位移。

（2）测斜仪观测法

对于重要的基坑工程，需要采用高精度测斜仪来监测基坑坑壁水平位移。测斜仪是一种可以精确测量不同深度处土层水平位移的工程测量仪器，可以用来测量单向位移，也可以测量双向位移，再由两个方向的位移求出其矢量和，得到位移的最大值和方向。

（3）交会法

交会法用于观测效率较低且观测时不易直接到达的部位，可以用测边、测角或边角前方交会法测定其水平位移。前方交会法由于受测角误差、测边误差、交会角及图形结构、基线长度、外界条件的变化等因素影响，精度较低，一般为±（1～3）mm。另外，其观测工作量较大，计算过程较复杂，故不单独使用，常作为备用手段或配合其他方法使用。

3. 房屋建筑的倾斜观测

基础的不均匀沉降会导致建筑物倾斜。测定建筑物顶部由于地基有差异沉降或受外力作用而产生的垂直偏差。通常在顶部和墙基设置观测点，定期观测其相对位移值，也可直接观测顶部中心点相对于底部中心点的位移值，然后推算建筑物的倾斜度。两点的水平距离 α 表示建筑物在该垂直方向上产生的倾斜量。用 H 表示墙的高度，则倾斜度为：

$$i=\frac{\alpha}{H} \tag{5-1}$$

对房屋建筑的倾斜观测应在相互垂直的立面上进行。

4. 裂缝观测

当基础挠度过大，建筑物可能出现剪切破坏而产生裂缝。建筑物出现裂缝时，除了要增加沉降观测的次数外，还应立即进行裂缝观测，以掌握裂缝发展情况。

裂缝观测方法用两块白铁片，一片约150mm×150mm，固定在裂缝一侧，另一片50mm×200mm，固定在裂缝另一侧，并使其中一部分紧贴在相邻的正方形白铁之上，然后在两块白铁片表面均涂上红色油漆。当裂缝继续发展时，两块白铁片将逐渐拉开，正方形白铁片上便露出原被上面一块白铁片覆盖着没有涂油漆的部分，其宽度即为裂缝增大的宽度，可用尺子直接量出。

观测装置也可沿裂缝布置成的测标，随时检查裂缝发展的程度。有时也可采用直接在裂缝两侧墙面分别做标志（画细“十”字线），然后用尺子量测两侧“十”字标志的距离变化，得到裂缝的变化。

第六章 建筑装饰技术、质量、安全及文明施工管理

第一节 施工组织设计及专项施工方案的内容和编制方法

一、装饰装修工程施工组织设计、分项及专项施工方案的内容和编制方法

1. 施工组织设计的类型和编制依据

（1）建筑装饰装修工程施工组织设计的分类

1）建筑装饰装修工程施工组织总设计

建筑装饰装修工程施工组织总设计是以群体工程作为施工组织对象进行编制的，如大型公共建筑、高层建筑、住宅小区等。编制施工组织总设计是在有了批准的初步设计或扩大初步设计之后才进行的，一般以总承包承建单位为主，由设计单位和总分包单位参加共同编制。它是对整个建筑装饰装修工程在组织施工中的通盘规划和总的战略部署，是修建全工地大型暂设工程和编制年度施工计划的依据。

2）单位工程装饰装修工程施工组织设计

单位工程装饰装修工程施工组织设计是以单位工程装饰装修为对象编制的，它应由直接组织施工的基层单位编制，用于指导该装饰装修工程的施工，并作为编制月、旬施工计划的依据。

3）分部（分项）建筑装饰装修工程施工方案

分部（分项）建筑装饰装修工程施工方案是以某些主要的或新结构、技术复杂的或缺乏施工经验的分部（分项）工程的装饰装修为对象编制的，是直接指导现场施工和编制月、旬作业计划的依据。

（2）装饰装修工程施工组织设计的编制依据

装饰装修工程施工组织设计的编制依据，归纳起来，有以下几个方面。

1）合同文件或建设单位的要求

如工程的开、竣工日期，质量要求，对某些特殊施工技术的要求，采用何种先进的施工技术，对材料及设备的要求等。

2）单位工程施工组织设计

当装饰装修工程为单位工程的一个组成部分时，装饰装修工程的施工组织设计，必须按照单位工程施工组织设计确定的各项指标和要求进行编制，这样才能保证工程项目的完整性。

3）设计文件

其中包括：该装饰装修工程的全部施工图纸、会审记录和标准图等有关设计资料；对于较复杂的建筑设备工程，还要有设备图纸和设备安装对装饰施工的具体要求；设计单位对新结构、新材料、新技术和新工艺的要求。

4）装饰装修工程施工的预算文件及有关定额。

5）施工现场条件

其中包括：施工现场的地形地貌，主体工程实测情况，施工地区的气象资料，现场测量依据，场地可利用的面积和范围，交通运输的道路情况等。

6）水、电供应情况

其中包括：水源和电源所在位置，供应量和水压、电压，供应的连续性，是否需要单独设置变压器。

7）材料、半成品、成品等的供应情况

其中包括：主要装饰材料、半成品、成品的来源；运输条件、运输方式、运距和价格；供应时间、数量和方式等。

8）劳动力、施工机械的供应情况

如劳动力、技术人员和管理人员的情况，现有的施工机械设备；可提供的专业工人人数、施工机械的台班数等。

9）工程的相关资料

包括：施工图集、标准图集、操作规程和国家有关的施工验收规范、工程质量标准、施工手册及各种定额手册等。

10）建设单位可提供的条件情况　包括可提供的临时设施等。

11）同类工程的施工经验。

12）有关的参考资料及类似工程的施工组织设计实例。

2. 施工组织设计的内容和编制方法

（1）工程概况

应包括工程主要情况、各专业设计简介和工程施工条件等。

1）项目主要情况

① 项目名称、性质、地理位置；

② 项目的建设、勘察、设计、监理和总承包等相关单位的情况；

③ 项目承包范围和分包工程范围；

④ 招标文件或总承包单位对项目施工的重点要求；

⑤ 其他应说明的情况。

2）各专业设计简介

① 建筑设计简介应依据建设单位提供的建筑设计文件进行描述，包括建筑规模、建筑功能、建筑特点、建筑耐火防水及节能要求，并应详细描述工程的主要装修做法。

② 机电及设备安装专业设计简介应依据建筑单位提供的各相关专业设计文件进行描述，包括给水排水及采暖系统、通风与空调系统、智能化系统、电梯等各专业系统的做法要求。

3）工程施工条件

① 项目建设地点气象状况；

② 项目施工区域地形和工程水文地质状况；

③ 项目施工区域地上地下及相邻的地上地下建（构）筑物情况；

④ 与项目施工有关的道路河流等状况；

⑤ 当地建筑材料设备供应和交通运输等服务能力状况；

⑥ 当地供电供水供热和通信能力状况；

⑦ 其他与施工有关的主要因素。

（2）施工部署

根据招标文件确定项目施工目标，包括进度、质量、安全、环境等目标。

进度安排和空间组织须符合：工程主要施工内容及其进度安排应明确说明，施工顺序应符合工序逻辑关系，施工面应结合工程具体情况分阶段进行划分，对于工程施工的重点和难点应进行分析，包括组织管理和施工技术两个方面。

工程管理的组织机构形式采用框架图形式，并确定项目经理部的工作岗位设置及其职责划分。

对于工程施工中开发和使用的新技术、新工艺应做出部署，对新材料和新设备的使用应提出技术及管理要求。

（3）施工进度计划

应按照施工部署的安排进行编制。可采用横道图或网络图形式编制。

（4）施工准备与主要资源配置计划

施工准备包括技术准备、现场准备、资金准备。技术准备应包括施工所需技术资料的准备、施工方案编制计划、试验检验及设备调试工作计划、样板制作计划等。主要分部（分项）工程和专项工程在施工前应单独编制施工方案，施工方案可根据工程进度情况，分阶段编制完成，对需要编制的主要施工方案应制定编制计划。试验检验及设备调试计划应根据现行规范、标准中的有关要求及工程规模进度等实际情况制定。样板制作计划应根据招标文件的要求并结合工程特点制定。

现场准备应根据现场施工条件和工程实际需要，准备现场生产、生活等临时设施。

资金准备应根据施工进度编制资金使用计划。

资源配置计划包括劳动力配置计划和物资配置计划等。劳动力配置计划应确定各阶段用工量，根据施工确定各施工阶段劳动力配置计划。主要工程材料和设备的配置计划应根据施工进度计划确定，包括各施工阶段所需主要工程材料、设备和种类和数量。工程施工主要周围材料和施工机具的配置计划应根据施工部署和施工进度计划确定。包括各施工阶段所需主要周转材料施工机具的种类和数量。

（5）主要施工方案

1）地面工程（整体面层、块料面层、塑料橡胶面层、地毯、竹木地板、防静电地板等）。

2）抹灰工程。

3）门窗工程（木，金属，塑料）。

4）吊顶工程。

5）隔墙（砌体隔墙、板材隔墙、骨架隔墙、活动隔墙、玻璃隔墙）。

6）饰面板（砖）。

7）幕墙（玻璃幕墙、石材幕墙、金属幕墙）。

8）涂饰（水性、溶剂性、美术涂饰）。

9）裱糊与软包。

10）细部（固定家具、窗台板、窗帘盒、暖气罩金属栏杆扶手、花饰制作安装。

11）涂膜防水。

12）建筑给排水及采暖：室内给水系统、排水系统、热水供应系统、卫生器具安装、室内采暖系统、建筑中水系统及游泳池系统（包括桑拿系统）供热锅炉及辅助设备安装。

13）建筑电气：电气动力、电气照明安装、UPS电源安装、防雷接地安装。

14）智能建筑：通信网络系统、办公自动化系统、建筑设备监控系统、火灾报警及消防联动系统、安全防范系统、综合布线系统、智能化集成系统、电源与接地、环境、住宅（小区）智能化系统。

15）通风与空调：送排风系统、防排烟系统、除尘系统、空调风系统、净化空调系统、制冷设备系统、空调水系统。

16）脚手架工程、起重吊装工程、临时用水用电工程、季节性施工等专项工程所采用的施工方案应进行必要的难处和说明。

（6）施工现场平面布置

1）工程施工场地状况。

2）拟装饰装修工程建筑平面图。

3）工地施工现场的加工设施、存贮藏设施、办公用房的位置和面积、施工期间的消防通道。

4）布置在施工现场的垂直运输设备、供电设施供水设施（施工现场临时取水取电位置）。

5）施工现场必要的安全、消防、保卫、环境保护等设施（施工期间灭火器放置位置、垃圾分类堆放等）。

（7）主要施工管理计划

1）进度管理计划

进度管理计划是对进度计划的执行及偏差进行测量、分析，采取必要的控制手段和管理措施，保证实现工程进度目标的管理计划。包括：

① 对工程施工进度计划进行逐级分解，通过阶段性目标的实现保证最终工期目标的完成；

② 明确施工管理组织的进度控制职责，制定相应管理制度；

③ 针对不同施工阶段的特点，分别制定进度管理的施工组织措施、技术措施和合同措施等；

④ 建立施工进度动态管理机制，及时纠正施工过程中的进度偏差，并制定特殊情况下的赶工措施；

⑤ 根据项目周边环境特点，制定相应的协调措施，减少外部因素对施工进度的影响。

2）质量管理计划

质量管理计划是保证实现项目施工目标的管理计划。包括制定、实施所需的组织机构、职责、程序以及采取的措施和资源配置等。

按照《质量管理体系 要求》（GB/T 19001—2008）要求，建立项目质量管理体系文件，按照PDCA循环模式，加强过程控制，通过持续改进提高工程质量。项目质量管理计划应包括下列内容：

① 制定项目质量目标，尽可能量化和分解，并建立阶段性目标；

② 建立项目质量管理体系，并明确岗位职责、落实资源配置；

③ 采取各种有效措施，包括但不限于：原材料、构配件、机具的要求和检验，主要的施工工艺、质量标准和检验方法，季节性技术措施，关键过程、特殊过程、重点工序的质量保

证措施，成品、半成品的保护措施，工作场所环境及劳动力和资金保障措施等，确保项目质量目标的实现；

④ 按质量管理八项原则的要求，将各项活动和相关资源作为过程进行管理，建立质量过程检查、验收以及质量责任制等相关制度，对质量检查和验收标准做出规定，采取有效的纠正和预防措施，保障各工序和过程的质量。

3）安全管理计划

安全管理计划是保证实现工程施工中职业健康、安全目标的管理计划。包括制定、实施所需的组织机构、职责、程序及采取的措施和资源配置等。

安全管理计划的内容应包括：

① 制定项目职业健康安全管理目标；

② 建立项目安全管理组织机构并明确职责；

③ 根据项目特点进行职业健康安全方面的资源配置；

④ 制定安全生产管理制度和职工安全教育培训制度；

⑤ 确定项目重要危险源，针对高处坠落、机械伤害、物体打击、坍塌倒塌、火灾爆炸、触电、窒息中毒等七类建筑施工易发事故制定相应的安全技术措施；对超过一定规模的危险性较大的分部（分项）工程的作业制定专项安全技术措施；

⑥ 制定季节性施工的安全措施；

⑦ 建立现场安全检查制度，对安全事故的处理做出规定。

4）成本管理计划

成本管理计划是保证实现项目施工成本目标的管理计划。包括成本预测、实施、分析、采取的必要措施和计划变更等。成本管理计划应以项目施工预算和施工进度计划为依据编制。成本管理计划应包括下列内容：

① 根据项目施工预算，制定施工成本目标；

② 根据施工进度计划，对施工成本目标进行分解；

③ 建立成本管理的组织机构并明确职责，制定管理制度；

④ 采取合理的技术、组织和合同等措施，控制施工成本；

⑤ 确定科学的成本分析方法，制定必要的纠偏措施和风险控制措施。

正确处理成本与进度、质量、安全和环境等目标之间的关系。

5）环境管理计划

环境管理计划是保证实现项目施工环境目标的管理计划。应在企业环境管理体系的框架内，针对项目的实际情况，可参照《环境管理体系 要求及使用指南》（GB/T 24001—2004）进行编制。应包括下列内容：

① 制定项目环境管理目标；

② 建立项目环境管理的组织机构并明确职责；

③ 根据项目特点进行环境保护方面的资源配置；

④ 确定项目重要环境因素，针对大气污染、建筑垃圾、噪声及振动、光污染、放射性污染、污水排放等六类污染源进行识别、评价，制定相应的控制措施和应急预案；

⑤ 建立现场环境检查制度，对环境事故的处理做出的规定。

6）其他管理计划：包括绿色施工管理计划、防火保安管理计划、合同管理计划、组织协调管理计划、创优质工程管理计划、质量保修管理计划以及对施工现场人力资源、施工机具、材料设备等生产因素的管理计划等。

各项管理计划的内容应有目标、有组织机构、有资源配置、有管理制度和技术、组织措施等。

3. 专项方案的编制

施工方案是以分部（分项）工程或专项工程为主要对象编制的施工技术与组织方案，用以具体指导其施工过程。

施工方案包括下列三种情况：

（1）专业承包公司独立承包（分包）项目中的分部（分项）工程或专项工程所编制的施工方案；

（2）作为单位工程施工组织设计的补充，由总承包单位编制的分部（分项）工程或专项工程施工方案。

（3）按规范要求单独编制的强制性专项方案。

《建设工程安全生产管理条例》（国务院第393号令）规定，对下列达到一定规模的危险性较大的分部（分项）工程编制专项施工方案，并附具安全验算结果，经施工单位技术负责人、总监理工程师签字后实施：

1）基坑支护与降水工程：

2）土方开挖工程；

3）模板工程；

4）起重吊装工程；

5）脚手架工程；

6）拆除爆破工程；

7）国务院建设行政主管部门或者其他有关部门规定的其他危险性较大的工程。

对前款所列工程中涉及高层脚手架、起重吊装工程的专项施工方案，装饰施工单位应当组织专家进行论证、审查。除上述《建设工程安全生产管理条例》中规定的分部（分项）工程外，施工单位还应根据项目特点和地方政府部门有关规定，对具有一定规模的重点、难点分部（分项）工程进行相关论证。

在装饰施工阶段，有些分部（分项）工程或专项工程如超高层的外装饰工程，其幕墙分部规模很大且在整个工程中占有重要的地位，需另行分包，遇有这种情况的分部（分项）工程或专项工程，其施工方案应按施工组织设计进行编制和审批。

装饰施工阶段需编制专项施工方案的项目一般包括：脚手架工程、幕墙工程、楼地面工程、门窗工程、吊顶工程、设备安装工程以及使用“四新”技术的专项工程等。

二、装饰装修施工技术要求及施工组织措施的编写与交底

建筑装饰工程施工技术交底的重点由于一项工程，特别是大型复杂的工程项目，其分部分项工程很多，需要不同工种的作业班组分期分阶段来完成。所以，技术交底的内容应按照分部分项工程的具体要求，根据设计图纸的技术要求以及施工及验收规范的具体规定，针对不同工种的具体特点，进行不同内容和重点的技术交底。技术交底的程序为先由施工单位总工程师或主任工程师向施工队或工区施工负责人进行技术交底，然后施工队技术负责人向单位工程负责人、质量检查员、安全员技术交底，最后施工员或技术员向各作业班组长和各工

种工人进行技术交底。

1. 总工交底

施工单位总工程师或主任工程师向施工队或工区施工负责人进行技术交底的内容应包括以下几个主要方面：

(1) 工程概况和各项技术经济指标和要求。

(2) 主要施工方法，关键性的施工技术及实施中存在的问题。

(3) 特殊工程都位的技术处理细节及其注意事项。

(4) 新技术、新工艺、新材料、新结构施工技术要求与实施方案及注意事项。

(5) 施工组织设计网络计划、进度要求、施工部署、施工机械、劳动力安排与组织。

(6) 总包与分包单位之间互相协作配合关系及其有关问题的处理。

(7) 施工质量标准和安全技术；尽量采用本单位所推行的工法等标准化作业。

2. 技术负责人交底

施工队技术负责人向单位工程负责人、质量检查员、安全员技术交底的内容包括以下几个方面：

(1) 工程情况和当地地形、地貌、工程地质及各项技术经济指标。

(2) 设计图纸的具体要求、做法及其施工难度。

(3) 施工组织设计或施工方案的具体要求及其实施步骤与方法。

(4) 施工中具体做法，采用什么工艺标准和本企业哪几项工法；关键都位及其实施过程中可能遇到问题与解决办法。

(5) 施工进度要求、工序搭接、施工部署与施工班组任务确定。

(6) 施工中所采用主要施工机械型号、数量及其进场时间、作业程序安排等有关问题。

(7) 新工艺、新结构、新材料的有关操作规程、技术规定及其注意事项。

(8) 施工质量标准和安全技术具体措施及其注意事项。

3. 施工员交底

施工员或技术员向各作业班组长和各工种工人进行技术交底的内容应包括以下几个方面：

(1) 侧重交清每一个作业班组负责施工的分部分项工程的具体技术要求和采用的施工工艺标准或企业内部工法。

(2) 各分部分项工程施工质量标准。

(3) 质量通病预防办法及其注意事项。

(4) 施工安全交底及介绍以往同类工程的安全事故教训及应采取的具体安全对策。

4. 技术交底实例

吊顶工程施工技术交底

交底内容：

一、适用范围

适用于工业与民用建筑室内轻钢骨架下安装暗龙骨吊顶工程。

二、施工准备

(一) 技术准备

编制轻钢骨架活动罩面板顶棚工程施工方案，并对工人进行书面及安全交底。

（二）材料要求

1. 轻钢龙骨分 U 形和 T 形龙骨两种，并按荷载分上人和不上人两种。

2. 轻钢骨架主件为大、中、小龙骨。配件有吊挂件、连接件、插接件。

3. 零配件：有吊杆、角码、螺丝杆和螺母、射钉、自攻螺钉。

4. 按设计要求选用罩面板，其材料品种、规格、质量应符合设计要求。

（三）主要机具

电锯、无齿锯、手电锯、冲击电锤、电动螺丝刀（锯）、手刨、钳子、扳手、水准仪、靠尺、钢卷尺等。

（四）作业条件

1. 施工前应熟悉现场、图纸及设计说明。

2. 设计要求对房间的净高、洞口标高和吊顶内的管道、设备及其支架的标高进行交接检验。

3. 设备安装完成；罩面板安装前，上述设备应检验、试压验收合格。

4. 面板安装前，墙、柱面装饰基本完成，涂料只剩最后一遍面漆并经验收合格。

三、施工工艺

（一）工艺流程

弹标高水平线、画龙骨分档线→固定吊挂杆件→安装边龙骨→安装主龙骨→安装次龙骨→罩面板安装

（二）操作工艺

1. 弹标高水平线、画龙骨分档线

用水准仪在房间内每个墙（柱）角上抄出水平点（若墙体较长，中间也应适当抄几个点），弹出水准线（水准线距地面一般为 500mm），从水准线量至吊顶设计高度加上 12mm（一层石膏板的厚度），用粉线沿墙（柱）弹出水准线，即为吊顶次龙骨的下皮线。同时，按吊顶平面图，在混凝土顶板弹出主龙骨及吊杆的位置。主龙骨宜平行房间长向布置，一般从吊顶中心向两边分。主龙骨与吊杆间距为 900～1200mm，一般取 1000mm。如遇到梁和管道固定点大于设计和规程要求，应增加吊杆的固定点。

2. 固定吊挂杆件

采用膨胀螺栓固定吊杆件，不上人的吊顶，吊杆长度小于或等于 1000mm 时，可以采用 $\phi6$ 的吊杆。吊顶长度小于或等于 1000mm 时，可以采用 $\phi8$ 的吊杆，还应设置反向支撑。吊杆可以采用冷拔钢筋或盘圆钢筋，盘圆钢筋应采用机械将其拉直。上人的吊顶，吊直长度小于等于 1000mm 时，可以采用 $\phi10$ 的吊杆，吊杆的一端与 L 30mm×30mm×3mm、L 50mm 角钢焊接（角钢的孔径应根据吊杆和膨胀螺栓的直径确定）。另一端套出丝扣，丝扣长度不小于 100mm，也可以买成品丝杆与吊杆焊接。制作好的吊杆应做防锈处理，吊杆用膨胀螺栓固定在楼板上，用冲击电锤打孔，孔径应稍大于膨胀螺栓的直径。

吊挂杆件应通直并有足够的承载能力。当预埋的杆件需要接长时，必须搭接焊牢，搭接长度为 10d，焊缝要均匀饱满。吊杆距主龙骨端部距离不得超过 300mm，否则应增加吊杆。灯具、风口及检修口等应设附加吊杆。大于 3kg 的重型灯具、电扇及其他重型设备严禁安装在吊顶工程的龙骨上，应另设吊挂件与结构连接。

3. 安装边龙骨

边龙骨安装应按设计要求弹线，沿墙（柱）上的水平龙骨线把 L 形镀锌轻钢条用自攻螺丝

固定在预埋木砖上，如为混凝土墙（柱）可用射钉固定，射钉间距应不大于吊顶次龙骨的间距。

4. 安装主龙骨

主龙骨应吊挂在吊杆上，主龙骨间距 900mm～1200mm，一般取 1000mm。主龙骨分为不上人 UC38 和 UC50 龙骨、上人 UC60 龙骨两种。主龙骨应起拱，起拱高度为房间短向跨度的 1/500。主龙骨的悬臂段不应大于 300mm，否则应增加吊杆，主龙骨的接头应采取对接，相邻龙骨的对接接头要相互错开。主龙骨挂好后应调平。跨度大于 15m 以上的吊顶，应在主龙骨上每隔 15m 加一道大龙骨，并应与垂直主龙骨连接牢固。

如有大的造型顶棚，造型部分应用角钢或扁钢焊接成框架，并应与楼板连接牢固。

吊顶如设检修走道，应另设独立吊挂系统，检修走道应根据设计要求选用材料。

5. 安装次龙骨

次龙骨分为 U 形和 T 形两种。U 形龙骨一般用在钉固定面板，T 形龙骨一般用在暗插面板；次龙骨应紧贴主龙骨安装。次龙骨间距 300～600mm，固定次龙骨的间距，一般不应大于 600mm。在潮湿地区，间距应适当减小，以 300mm 为宜。

用 T 形镀锌铁片连接件把次龙骨固定在主龙骨上时，次龙骨的两端应搭在 L 形边龙骨的水平翼缘上。当用自攻螺丝钉安装板材时，板材接缝处必须安装在宽度不小于 40mm 的次龙骨上。次龙骨不得搭接。在通风、水电等洞口周围应根据设计要求设附加龙骨，附加龙骨的连接用拉铆钉铆固。灯具、风口及检修口等应设附加吊杆和补强龙骨。

6. 罩面板安装

吊挂顶棚罩面板常用的板材有纸面石膏板、埃特板、木质多层板、大芯板等。

(1) 纸面石膏板、埃特板安装

饰面板应在自由状态下固定，防止出现弯棱、凸鼓的现象；还应在房间具备封闭的条件下安装固定，防止板面受潮变形。纸面石膏板、埃特板的长边（即包封边）应沿纵向次龙骨铺设。

自攻螺钉的规格要求：单板自攻螺钉选用 25mm×3.5mm；以层板的第二层板自攻螺钉选用 35mm×3.5mm。

自攻螺丝与板边（纸面石膏板即包封边）的距离，以 10～15mm 为宜，切割的板边以 15mm～20mm 为宜。

自攻螺钉钉距板边以 150～170mm 为宜，板中钉超过 300mm 螺钉应与板面垂直，已弯曲、弯形的螺钉应剔除，并在离原钉 50mm 处另安螺钉。

安装双层板时，面层板与基层板的拼接应错开，不得在一根龙骨上。

板的接缝，应按设计要求进行处理。

纸面石膏板、埃特板与龙骨固定时，应从一块板的中间向板的四边进行固定，不得多点同时作业。

螺丝钉头宜略埋入板面，但不得损坏纸面，钉眼应做防锈处理并用石膏腻子抹平。

拌制石膏腻子时，必须用清洁水和清洁容器。

(2) 木质多层板安装

龙骨间距、螺丝与板边的距离，以及螺丝间距等应满足设计要求和有关产品的要求。

木质多层板与龙骨固定时，所用手电钻钻头的直径应选用螺丝直径小于 0.5～1.0mm。固定后，钉帽应作防锈处理，并用油性腻子嵌平。

用密封膏、石膏腻子或原子灰腻子嵌涂板缝并刮平，硬化后用砂纸磨光，板缝宽度应小于5mm；不同材料相接缝宜采用明缝处理。板材的开孔和切割，应按产品的有关要求进行。

(3) 大芯板安装

饰面板应在自由状态下固定，防止出现弯棱、凸鼓的现象；大芯板的长边应沿纵向次龙骨铺设。

自攻螺丝与大芯板长边的距离以10～15mm为宜，短边以15～20mm为宜。

固定次龙骨的间距，一般不应大于600mm，钉距以150mm～170mm为宜。螺丝应与板面垂直，已弯曲、变形的螺丝应剔除。

面层板接缝应错开，不得在一根龙骨上。

大芯板与龙骨固定时，应从一块板的中间向板的四边进行固定，不得多点同时作业。螺丝钉头宜略埋入板面，钉眼应进行防锈处理并用石膏腻子抹平。

(4) 饰面板上的灯具、烟感、温感、喷淋头、风口、广播等设备的位置应合理、美观，与饰面的交接应吻合、严密，并做好检修口的预留，使用材料应与母体相同，安装时应严格控制整体性、刚度和承载力。

四、质量标准

(一) 主控项目

1. 吊顶的标高、尺寸、起拱和造型应符合设计要求。

2. 饰面材料的材质、品种、规格、图案和颜色应符合设计要求。

3. 吊杆、龙骨和饰面材料的安装必须牢固。

4. 吊杆、龙骨的材质、规格、安装间距及连接方式应符合设计及产品使用要求。金属吊杆应进行表面防锈处理。

5. 石膏板的接缝应按其施工工艺标准进行板缝防裂处理。安装双层石膏板时，面层板与基层板的接缝应错开，并不得在同一根龙骨上接缝。

(二) 一般项目

1. 饰面材料表面应洁净、色泽一致，不得有翘曲、裂缝及缺损。压条应平直、宽窄一致。

2. 饰面板上的灯具、烟感器、喷淋头、风口篦子等设备的位置应合理、美观，与饰面板的交接应吻合、严密。

3. 吊杆、龙骨的接缝应均匀一致，角缝应吻合，表面应平整，无翘曲、锤印。

4. 吊顶内填充吸声材料的品种和铺设厚度应符合设计要求，并应有防散落措施。

5. 暗龙骨吊顶工程安装的允许偏差和检验方法应符合下表的规定。

暗龙骨吊顶工程安装的允许偏差和检验方法

项次	项类	项目	允许偏差（mm）			检验方法
			大芯板	木质多层板	石膏板	
1	龙骨	龙骨间距	2	2	2	尽量检查
2		龙骨平直	3	3	3	尽量检查
3		起拱高度	3	3	3	拉线尺量
4		龙骨四周水平	5	5	5	尽量或水准仪检查

续表

项次	项类	项目	允许偏差（mm）			检验方法
			大芯板	木质多层板	石膏板	
1	罩面板	表面平整	2	2	3	用 2m 靠尺检查
2		接线平直	3	3	3	拉 5m 线检查
3		接缝高低	1	1	1	用直尺或塞尺检查
4		顶棚四周水平	5	5	5	拉线或用水准仪检查

五、成品保护

1. 轻钢骨架及罩面板安装时注意保护顶棚内各种管线。轻钢骨架的吊杆、龙骨不得固定在通风管道及其他设备管道上。

2. 轻钢骨架、罩面板及其他吊顶材料在入场存放、使用过程中应严格管理，保证不变形、不受潮、不生锈。

3. 施工顶棚部位对已安装的门窗，已施工完毕的地面、墙面、窗台等应注意保护，防止污损。

4. 已装轻钢骨架不得上人踩踏，其他工程吊挂件，不得吊在轻钢骨架上。

5. 为了保护成品，罩面板安装必须在棚内管道试水、保温、设备安装调试等一切工序全部验收后进行。

六、应注意的质量问题

1. 吊顶龙骨必须牢固、平整：利用吊杆或吊筋螺栓调整拱度。安装龙骨时，应严格按水平标准线和规方线组装周边骨架。受力节点应装钉严密、牢固，保证龙骨的整体刚度。龙骨的尺寸应符合设计要求，纵横拱度均匀，互相适应。吊顶龙骨严禁有硬弯，如有必须调直再进行固定。

2. 吊顶面层必须平整：施工前应弹线，中间按平线起拱。长龙骨的接头应采用对接，相邻龙骨要错开，主龙骨挂件应正反安装，避免主龙骨向一边倾斜。龙骨安装完毕，应经检查合格后再安装饰面板。吊件必须安装牢固，严禁松动变形。龙骨分格的几何尺寸必须符合设计要求和饰面板块的模数。饰面板的品种、规格符合设计要求，外观质量必须符合材料技术标准的规格。

3. 大于 3kg 的重型灯具、电扇及其他重型设备严禁安装在吊顶工程的龙骨上。

七、环境、职业健康安全管理措施

（一）环境管理措施

1. 施工现场必须工完场清。清扫时应洒水，不得扬尘。

2. 电动工具应在规定的作业时间内施工，防止噪声污染、扰民。

3. 废塑料板、矿棉板、硅钙板等废弃物应按环保要求分类堆放及消纳。

（二）职业健康安全管理措施

1. 吊顶工程的脚手架搭设应符合建筑施工安全标准。

2. 脚手架上堆料量不得超过规定荷载，跳板应用钢丝绑扎固定，不得有空头板。顶棚高度超过 3m 应设满堂红脚手架，跳板下应安装安全网。脚手架搭设应符合有关规范要求。现场用电应符合相关规定。

三、记录施工情况，编写相关工程技术资料

1. 建筑工程资料的总体要求

(1)《河北省建筑工程技术资料管理规程》[DB13 (J) 35—2002] 是为了统一和规范河北省建筑工程资料的管理工作，实现建设单位、施工单位、监理单位编报工程资料的标准化、规范化，依据《中华人民共和国建筑法》《建设工程质量管理条例》以及现行施工质量验收标准、规范，结合河北省具体情况而制定。

(2) 建筑工程资料整理适用于新建、改建、扩建的工业与民用建筑工程。凡在河北省行政区域内的工程建设、勘察设计、监理、施工等单位均应整理工程技术资料。

(3) 工程资料是指在整个建设项目从酝酿、决策到建成投产（使用）的全过程中形成的、应当归档保存的文件，包括建设项目的调研、可行性研究、评估、决策、计划、勘察、设计、施工、调试、生产准备、竣工等活动中形成的文字资料、图纸、图表、计算资料、声像资料等形式与载体的文件资料。

(4) 工程资料管理实行分级管理，并按规定的保存单位和时间进行保存。

(5) 工程资料的验收应与工程竣工验收同步进行，并使用统一制式表格，施工资料不符合《河北省建筑工程技术资料管理规程》[DB13 (J) 35—2002] 规定要求的，不得进行工程竣工验收。

(6) 工程档案的专项验收及认可，由县级以上的城建档案管理机构负责。工程档案记录整理专职人员应持证上岗。

(7) 工程资料目前原则上可采用纸质载体或光盘、缩微品载体汇集移交，并逐步过渡到全部采用光盘、缩微品载体。

(8) 建设工程档案是国家和社会的宝贵财富，确保其完整。

2. 资料管理基本规定

(1) 工程各参建单位填写、整理的工程资料应以审批文件、施工质量验收规范、承包合同、设计文件等为依据。

(2) 工程资料应随工程进度及时收集、整理，并应按立卷要求归类，认真书写，字迹清楚，项目齐全、准确、真实，有关责任方应签字盖章。

(3) 工程资料应实行分级管理，各单位技术负责人负责本单位的工程技术资料的全过程管理工作，工程资料的收集、整理工作各单位应设专人负责。

(4) 表格应统一采用《河北省建筑工程技术资料管理规程》(DB13 (J) 35—2002) 所附表样，特殊要求需增加的应符合规程要求，并归类。同类表格排一个顺序号。

(5) 文本应以打印为主。纸质载体幅面为 A4，用纸应韧力大，耐久性强。若手工书写必须用蓝黑或碳素墨水。

(6) 工程资料最少份数应一式四份，另行增加份数按各自管理要求确定。保存期限符合规范要求。

(7) 涉及结构安全的试块、试件以及在关材料应按有关规定见证取样检测的。试验委托单中取样见证人应签字，试验报告单备注栏应填写取样见证人姓名。

(8) 对工程资料进行涂改、伪造、随意抽撤或损毁、丢失的，应按有关法规予以处罚，情节严重的，依法追究法律责任。

3. 参建各单位的资料管理规定

（1）建设单位的资料管理规定

1）加强对工程文件的管理工作，并有专人负责工程资料的收集、整理和归档工作。

2）在与监理单位、施工单位签订监理、施工合同时，应对监理资料、施工资料和工程档案资料的编制责任、编制套数和移交期限等做出明确要求。

3）应向参与工程建设的勘察设计、施工、监理等单位提供与工程有关的资料，提供的资料必须真实、准确、及时。

4）负责对工程建设过程中各单位提供的工程资料进行审核、签收。

5）负责组织、指导和监督勘察、设计、施工、监理等单位的工程资料的形成、积累、立卷及归档工作。

6）编制的工程资料不得少于两套，其中城建档案馆一套，产权单位一套。

7）应按照《建设工程文件归档整理规范》（GB/T 50328—2001）的规定，及时收集、整理建设项目各个阶段的工程资料，建立、健全工程档案，并在建设工程竣工验收后三个月内向城建档案馆报送一套完整的原件工程档案。

（2）监理单位的资料管理规定

1）应加强监理资料的管理工作，并有专人负责监理资料的收集、整理和归档工作。

2）监督检查勘察设计、施工资料的真实性、完整性和准确性。在设计阶段，对勘察、设计单位的工程资料进行监督、检查；在施工过程中，对施工单位的工程资料进行监督、检查并签署意见。

3）应协助建设单位监督、检查工程资料的形成、积累、立卷及归档。并在工程竣工验收前（监理工作总结、工程竣工结算审查意见书除外），由项目总监理工程师组织对监理资料进行整理后，向建设单位移交（监理资料在移交、归档前必须由项目总监理工程师审核并签字）。

4）编制的监理资料除移交建设单位二套外（其中一套为原件），自行保存一套。

（3）施工单位的资料管理规定

1）应加强施工资料的管理工作，实行技术负责人负责制，逐级建立健全施工资料管理岗位责任制，并配备专人负责施工资料的填报、收集、整理等工作。

2）总承包单位负责汇总、整理各分承包单位编制的全部施工资料，分承包单位应各自负责分包工程施工资料的整理并移交总承包单位不少于三套。

3）接受建设、监理单位对施工资料的监督检查。

4）工程竣工验收前将施工资料整理，汇总并移交建设单位。

5）负责编制的施工资料除移交建设单位二套外（其中一套为原件、分项及检验批验收记录只交一套），自行保存一套。

（4）城建档案馆的资料管理规定

1）负责接收和保管应当永久和长期保存的工程档案资料。

2）城建档案馆在竣工验收前应移交的工程档案进行专项验收。

3）接收工程档案并办理移交手续。

（5）其他参见单位的资料管理规定

参与工程项目建设的各单位如勘察、设计、监理、施工等均有责任向建设单位提交《河北省建筑工程技术资料管理规程》［DB13（J）35—2002］及《建设工程文件归档整理规范》（GB/T 50328—2001）要求的相关工程资料。

第二节　质量管理和验收

一、建筑工程施工质量验收标准和规范

1.《建筑工程施工质量验收统一标准》中关于建筑工程质量验收的划分、合格判定以及质量验收的程序和组织的要求

（1）建筑工程质量验收的划分

建筑工程质量验收应划分为单位（子单位）工程、分部（子分部）工程、分项工程和检验批。

1）单位工程的划分应按下列原则确定：

① 具备独立施工条件并能形成独立使用功能的建筑物及构筑物为一个单位工程。

② 建筑规模较大的单位工程，可将其能形成独立使用功能的部分为一个子单位工程。

具有独立施工条件和能形成独立使用功能是单位（子单位）工程划分的基本要求。在施工前由建设、监理、施工单位自行商议确定，并据此收集整理施工技术资料和验收。

2）分部工程的划分应按下列原则确定：

① 分部工程的划分应按专业性质、建筑部位确定。

② 当分部工程较大或较复杂时，可按材料种类、施工特点、施工程序、专业系统及类别等划分为若干分部工程。

在建筑工程的分部工程中，将原建筑电气安装分部工程中的强电和弱电部分独立出来各为一个分部工程，称其为建筑电气分部和智能建筑（弱电）分部。

现共划分为10个分部工程：地基与基础工程、主体工程、装饰装修工程、屋面工程、给排水及（采）供暖工程、通风与空调工程、建筑电气工程、建筑智能化工程、建筑节能工程、电梯工程。

3）分项工程应按主要工种、材料、施工工艺、设备类别等进行划分。

分项工程可由一个或若干检验批组成，检验批可根据施工及质量控制和专业验收需要按楼层、施工段、变形缝等进行划分。分项工程划分成检验批进行验收有利于及时纠正施工中出现的质量问题，确保工程质量，也符合施工实际需要。多层及高层建筑工程中主体分部的分项工程可按楼层或施工段来划分检验批，单层建筑工程的分项工程可按变形缝等划分检验批；地基基础分部工程一般划分为一个检验批；地基基础分部工程中的分项工程一般划分为一个检验批，有地下层的基础工程可按不同地下层划分检验批；屋面分部工程中的分项工程不同楼层屋面可划分为不同的检验批；其他分部工程中的分项工程，一般按楼面划分检验批；对于工程量较少的分项工程可统一划分为一个检验批。安装工程一般按一个设计系统或设备组别划分为一个检验批。室外工程统一划分为一个检验批。散水、台阶、明沟等含在地面检验批中。

地基基础中的土石方、基坑支护子分部工程及混凝土工程中的模板工程，虽不构成建筑工程实体，但它是建筑工程施工中不可缺少的重要环节和必要条件，其施工质量如何，不仅

关系到能否施工和施工安全，也关系到建筑工程的质量，因此将其列入施工验收内容是应该的。

4）室外工程可根据专业类别和工程规模划分单位（子单位）工程。

室外单位（子单位）工程、分部工程可按《建筑工程施工质量验收统一标准》（GB 50300）附录C采用。

（2）建筑工程质量验收的合格判定

1）检验批合格质量应符合下列规定：

① 主控项目的质量经抽样检验合格。

② 一般项目的质量经抽样检验合格。

③ 具有完整的施工操作依据、质量检查记录。

检验批是工程验收的最小单位，是分项工程乃至整修建筑工程质量验收的基础。检验批是施工过程中条件相同并有一定数量的材料、构配件或安装项目，由于其质量基本均匀一致，因此可以作为检验的基础单位，并按批验收。

检验批质量合格的条件，共两个方面：资料检查、主控项目检验和一般项目检验。

质量控制资料反映了检验批从原材料到最终验收的各施工工序的操作依据，检查情况以及保证质量所必须的管理制度等。对其完整性的检查，实际是对过程控制的确认，这是检验批合格的前提。

为了使检验批的质量符合安全和功能的基本要求，达到保证建筑工程质量的目的，各专业工程质量验收规范应对各检验批的主控项目、一般项目的子项合格质量给予明确的规定。

检验批的合格质量主要取决于对主控项目和一般项目的检验结果。主控项目是对检验批的基本质量起决定性影响的检验项目，因此必须全部符合有关专业工程验收规范的规定。这意味着主控项目不允许有不符合要求的检验结果，即这种项目的检查具有否决权。鉴于主控项目对基本质量的决定性影响，从严要求是必须的。

2）分项工程质量验收合格应符合下列规定：

① 分部工程所含的检验批均应符合合格质量的规定。

② 分项工程所含的检验批的质量验收记录应完整。

分项工程的验收在检验批的基础上进行。一般情况下，两者具有相同或相近的性质，只是批量的大小不同而已。因此，将有关的检验批汇集构成分项工程。分项工程合格质量的条件比较简单，只要构成分项工程的各检验批的验收资料文件完整，并且均已验收合格，则分项工程验收合格。

3）分部（子分部）工程质量验收合格应符合下列规定：

① 分部（子分部）工程所含工程的质量均应验收合格。

② 质量控制资料应完整。

③ 地基基础、主体结构和设备安装等有关安全、节能、环境保护和主要使用功能的抽样检验结果应符合相应规定。

④ 观感质量验收应符合要求。

4）分部工程的验收在其所含各分项工程验收的基础上进行。

分部工程验收合格的条件：

① 首先，分部工程的各分项工程必须已验收合格且相应的质量控制资料文件必须完整，

这是验收的基本条件。

② 此外，由于各分项工程的性质不尽相同，因此作为分部工程不能简单地组合而加以验收，尚须增加以下两类检查项目。

涉及安全和使用功能的地基基础、主体结构、有关安全及重要使用功能的安装分部工程应进行有关见证取样送样试验或抽样检测。关于观感质量验收，这类检查往往难以定量，只能以观察、触摸或简单量测的方式进行，并由各个人的主观印象判断，检查结果并不给出“合格”或“不合格”的结论，而是综合给出质量评价。对于“差”的检查点应通过返修处理等补救。

5）单位（子单位）工程质量验收合格应符合下列规定：

① 单位（子单位）工程所含分部（子分部）工程的质量均应验收合格。

② 质量控制资料应完整。

③ 所含分部工程中有关安全、节能、环境保护和主要使用功能的检验资料应完整。

④ 主要使用功能的抽查结果应符合相关专业质量验收规范的规定。

⑤ 观感质量验收应符合要求。

单位工程质量验收也称质量竣工验收，是建筑工程投入使用前的最后一次验收，也是最重要的一次验收。验收合格的条件有五个：除构成单位工程的各分部工程应该合格，并且有关的资料文件应完整以外，还须进行以下三个方面的检查。

涉及安全和使用功能的分部工程应进行检验资料的复查。不仅要全面检查其完整性（不得有漏检缺项），而且对分部工程验收时补充进行的见证抽样检验报告也要复核。这种强化验收的手段体现了对安全和主要使用功能的重视。

此外，对主要使用功能还须进行抽查。使用功能的检查是对建筑工程和设备安装工程最终质量的综合检验，也是用户最为关心的内容。因此，在分项、分部工程验收合格的基础上，竣工验收时再作全面检查。抽查项目是在检查资料文件的基础上由参加验收的各方人员商定，并由计量、计数的抽样方法确定检查部位。检查要求按有关专业工程施工质量验收标准要求进行。

最后，还须由参加验收的各方人员共同进行观感质量检查。检查的方法、内容、结论等已在分部工程的相应部分中阐述，最后共同确定是否验收。

（3）建筑工程质量验收的程序和组织的要求

1）检验批及分项工程应由监理工程师（建设单位项目技术负责人）组织施工单位项目专业质量（技术）负责人等进行验收。

检验批和分项工程是建筑工程质量的基础，因此，所有检验批和分项工程均应由监理工程师或建设单位项目技术负责人组织验收。验收前，施工单位先填好“检验批和分项工程的质量验收记录”（有关监理记录和结论不填），并由项目专业质量检验员和项目专业技术负责人分别在检验批和分项工程质量检验员和项目专业技术负责人分别在检验批和分项工程质量检验记录中相关栏日签字，然后由监理工程师组织，严格按规定程序进行验收。

2）分部工程应由总监理工程师（建设单位项目负责人）组织施工单位项目负责人和技术、质量负责人等进行验收；地基与基础、主体结构分部工程的勘察、设计单位工程项目负责人和施工单位技术、质量部门负责人也应参加相关分部工程验收。

工程监理实行总监理工程师负责制，因此分部工程应由总监理工程师（建设单位项目负责人）组织施工单位的项目负责人和项目技术、质量负责人及有关人员进行验收。因为地基基础、主体结构的主要技术资料和质量问题是归技术部门和质量部门掌握，所以规定施工单位的技术、质量部门负责人参加验收是符合实际的。

由于地基基础、主体结构技术性能要求严格，技术性强，关系到整修工程的安全，因此规定这些分部工程的勘察、设计单位工程项目负责人也应参加相关分部的工程质量验收。

3）单位工程完工后，施工单位应自行组织有关人员进行检查评定，并向建设单位提交工程验收报告。施工单位首先要依据质量标准、设计图纸等组织有关人员进行自检，并对检查结果进行评定，符合要求后向建设单位提交工程验收报告和完整的质量资料，请建设单位组织验收。建设单位收到工程报告后，应由建设单位（项目）负责人组织施工（含分包单位）、勘察、设计、监理等单位（项目）负责人进行单位（子单位）工程验收。

① 单位工程质量验收应由建设单位负责人或项目负责人组织，由于勘察、设计、施工、监理单位都是责任主体，因此设计、施工单位负责人或项目负责人及施工单位的技术、质量负责人和监理单位的总监理工程师均应参加验收。

在一个单位工程中，对满足生产要求或具备使用条件，施工单位已预验，监理工程师已初验通过的子单位工程，建设单位可组织进行验收。由几个施工单位负责施工的单位工程，当其中的施工单位所负责的子单位工程已按设计完成，并经自行检验，也可按规定的程序组织正式验收，办理交工手续。在整修单位工程进行全部验收时，已验收的子单位工程验收资料应作为单位工程验收的附件。

② 单位工程有分包单位施工时，分包单位对所承包的工程 按本标准规定的程度检查评定，总包单位应派人参加。分包工程完成后，应将工程有关资料交总包单位。

总包单位和分包单位的质量责任和验收程序。由于《建设工程承包合同》的双方主体是建设单位和总承包单位，总承包单位应按照承包合同的权利义务对建设单位负责。分包单位对总承包单位负责，亦应对建设单位负责。因此，分包单位对承建的项目进行检验时，总包单位应参加，检验合格后，分包单位应将工程的有关资料移交总包单位，待建设单位组织单位工程质量验收时，分包单位负责人应参加验收。

4）当参加验收各方对工程质量验收意见不一致时，可请当地建设行政主管部门或工程质量监督机构协调处理。建筑工程质量验收意见不一致时的组织协调部门，可以是当地建设行政主管部门，或其委托的部门（单位），也可是各方认可的咨询单位。

5）单位工程质量验收合格后，建设单位应在规定时间内将工程竣工验收报告和有关文件，报建设行政管理部门备案。

建设工程竣工验收备案制度是加强政府监督管理，防止不合格工程流向社会的一个重要手段。建设单位应依据《建设工程质量管理条例》和建设部有关规定，到县级以上人民政府建设行政主管部门或其他有关部门备案。否则，不允许投入使用。

2. 住宅装饰装修工程施工规范的要求

（1）施工基本要求

1）施工前应进行设计交底工作，并应对施工现场进行核查，了解物业管理的有关规定。

2）各工序、各分项工程应自检、互检及交接检。

3）施工中，严禁损坏房屋原有绝热设施；严禁损坏受力钢筋；严禁超荷载集中堆放物品；严禁在预制混凝土空心楼板上打孔安装埋件。

4）施工中，严禁擅自改动建筑主体。承重结构或改变房间主要使用功能；严禁擅自拆改燃气、暖气、通讯等配套设施。

5）管道、设备工程的安装及调试应在装饰装修工程施工前完成，必须同步进行的应在饰面层施工前完成。装饰装修工程不得影响管道、设备的使用和维修。涉及燃气管道的装饰装修工程必须符合有关安全管理的规定。

6）施工人员应遵守有关施工安全、劳动保护、防火、防毒的法律，法规。

7）施工现场用电应符合下列规定：

① 施工现场用电应从户表以后设立临时施工用电系统。

② 安装、维修或拆除临时施工用电系统，应由电工完成。

③ 临时施工供电开关箱中应装设漏电保护器。进入开关箱的电源线不得用插销连接。

④ 临时用电线路应避开易燃、易爆物品堆放地。

⑤ 暂停施工时应切断电源。

8）施工现场用水应符合下列规定：

① 不得在未做防水的地面蓄水。

② 临时用水管不得有破损、滴漏。

③ 暂停施工时应切断水源。

9）文明施工和现场环境应符合下列要求：

① 施工人员应衣着整齐。

② 施工人员应服从物业管理或治安保卫人员的监督、管理。

③ 应控制粉尘、污染物、噪声、震动等对相邻居民、居民区和城市环境的污染及危害。

④ 施工堆料不得占用楼道内的公共空间，封堵紧急出口。

⑤ 室外堆料应遵守物业管理规定，避开公共通道、绿化地、化粪池等市政公用设施。

⑥ 工程垃圾宜密封包装，并放在指定垃圾堆放地。

⑦ 不得堵塞、破坏上下水管道、垃圾道等公共设施，不得损坏楼内各种公共标识。

⑧ 工程验收前应将施工现场清理干净。

（2）材料、设备基本要求

1）住宅装饰装修工程所用材料的品种、规格、性能应符合设计的要求及国家现行有关标准的规定。

2）严禁使用国家明令淘汰的材料。

3）住宅装饰装修所用的材料应按设计要求进行防火、防腐和防蛀处理。

4）施工单位应对进场主要材料的品种、规格、性能进行验收。主要材料应有产品合格证书，有特殊要求的应有相应的性能检测报告和中文说明书。

5）现场配制的材料应按设计要求或产品说明书制作。

6）应配备满足施工要求的配套机具设备及检测仪器。

7）住宅装饰装修工程应积极使用新材料、新技术、新工艺、新设备。

（3）成品保护

1）施工过程中材料运输应符合下列规定：

① 材料运输使用电梯时，应对电梯采取保护措施。

② 材料搬运时要避免损坏楼道内顶、墙、扶手、楼道窗户及楼道门。

2）施工过程中应采取下列成品保护措施：

① 各工种在施工中不得污染、损坏其他工种的半成品、成品。

② 材料表面保护膜应在工程竣工时撤除。

③ 对邮箱、消防、供电、电视、报警、网络等公共设施应采取保护措施。

（4）防火安全

1）一般规定

① 施工单位必须制定施工防火安全制度，施工人员必须严格遵守。

② 住宅装饰装修材料的燃烧性能等级要求，应符合现行国家标准《建筑内部装修设计防火规范》（GB 50222）的规定。

2）材料的防火处理

① 对装饰织物进行阻燃处理时，应使其被阻燃剂浸透，阻燃剂的干含量应符合产品说明书的要求。

② 对木质装饰装修材料进行防火涂料涂布前应对其表面进行清洁。涂布至少分两次进行，且第二次涂布应在第一次涂布的涂层表干后进行，涂布量应不小于 $500g/m^2$。

3）施工现场防火

① 易燃物品应相对集中放置在安全区域并应有明显标识。施工现场不得大量积存可燃材料。

② 易燃易爆材料的施工，应避免敲打、碰撞、摩擦等可能出现火花的操作。配套使用的照明灯、电动机、电气开关、应有安全防爆装置。

③ 使用油漆等挥发性材料时，应随时封闭其容器，擦拭后的棉纱等物品应集中存放且远离热源。

④ 施工现场动用电气焊等明火时，必须清除周围及焊渣滴落区的可燃物质，并设专人监督。

⑤ 施工现场必须配备灭火器，砂箱或其他灭火工具。

⑥ 严禁在施工现场吸烟。

⑦ 严禁在运行中的营道、装有易燃易爆的容器和受力构件上进行焊接和切割。

4）电气防火

① 照明、电热器等设备的高温部位靠近非 A 级材料、或导线穿越 B_2 级以下装修材料时，应采用岩棉、瓷管或玻璃棉等 A 级材料隔热。当照明灯具或镇流器嵌入可燃装饰装修材料中时，应采取隔热措施予以分隔。

② 配电箱的壳体和底板宜采用 A 级材料制作。配电箱不得安装在 B_2 级以下（含 B_2 级）的装修材料上。开关、插座应安装在 B_1 级以上的材料上。

③ 卤钨灯灯管附近的导线应采用耐热绝缘材料制成的护套，不得直接使用具有延燃性绝缘的导线。

④ 明敷塑料导线应穿管或加线槽板保护，吊顶内的导线应穿金属管或 B_1 级 PVC 管保护，导线不得裸露。

5）消防设施的保护

① 住宅装饰装修不得遮挡消防设施、疏散指示标志及安全出口，并且不应妨碍消防设施和疏散通道的正常使用，不得擅自改动防火门。

② 消火栓门四周的装饰装修材料颜色应与消火栓门的颜色有明显区别。

③ 住宅内部火灾报警系统的穿线管、自动喷淋灭火系统的水管线应用独立的吊管架固定。不得借用装饰装修用的吊杆和放置在吊顶上固定。

④ 当装饰装修重新分割了住宅房间的平面布局时，应根据有关设计规范针对新的平面调整火灾自动报警探测器与自动灭火喷头的布置。

⑤ 喷淋管线、报警器线路、接线箱及相关器件宜暗装处理。

(5) 室内环境污染控制

1) 需控制的室内环境污染物为：氡（^{222}Rn）、甲醛、氨、苯和总挥发性有机物（TVOC）。

2) 住宅装饰装修室内环境污染控制除应符合住宅装饰施工规范外，尚应符合《民用建筑工程室内环境污染控制规范》（GB 50325—2010）等国家现行标准的规定，设计、施工应选用低毒性、低污染的装饰装修材料。

3) 对室内环境污染控制有要求的，可按有关规定对室内环境污染物全部或部分进行检测，其污染物浓度限值应符合表 6-1 的要求。

表 6-1　住宅装饰装修后室内环境污染物浓度限值

室内环境污染物	浓度限值
氡（Bq/m^3）	≤200
甲醛（mg/m^3）	≤0.08
苯（mg/m^3）	≤0.09
氨（mg/m^3）	≤0.20
总挥发性有机物 TVOC（Bq/m^3）	≤0.50

3. 建筑内部装修防火验收要求

(1) 建筑内部防火施工的基本规定

1) 建筑内部装修工程的防火施工与验收，应按装修材料种类划分为纺织织物子分部装修工程、木质材料子分部装修工程、高分子合成材料子分部装修工程、复合材料子分部装修工程及其他材料子分部装修工程。

2) 建筑内部装修工程防火施工（简称装修施工）应按照批准的施工图设计文件和本规范的有关规定进行。

3) 装修施工应按设计要求编写施工方案。施工现场管理应具备相应的施工技术标准、健全的施工质量管理体系和工程质量检验制度，并应接本规范附录 A 的要求填写有关记录。

4) 装修施工前，应对各部位装修材料的燃烧性能进行技术交底。

5) 进入施工现场的装修材料应完好。并应核查其燃烧性能或耐火极限、防火性能型式检验报告、合格证书等技术文件是否符合防火设计要求。核查、检验时，要求填写进场验收记录。

6) 装修材料进入施工现场后，应按本规范的有关规定，在监理单位或建设单位监督下，由施工单位有关人员现场取样，并应由具备相应资质的检验单位进行见证取样检验。

7) 装修施工过程中，装修材料应远离火源，并应指派专人负责施工现场的防火安全。

8）装修施工过程中，应对各装修部位的施工过程作详细记录。

9）建筑工程内部装修不得影响消防设施的使用功能。装修施工过程中，当确需变更防火设计时。应经原设计单位或具有相应资质的设计单位按有关规定进行。

10）装修施工过程中，应分阶段对所选用的防火装修材料按本规范的规定进行抽样检验。对隐蔽工程的施工，应在施工过程中及完工后进行抽样检验。现场进行阻燃处理、喷涂、安装作业的施工，应在相应的施工作业完成后进行抽样检验。

（2）建筑内部防火施工应对下列材料进行见证取样检验

1）B_1、B_2 级纺织织物及现场对纺织织物进行阻燃处理所使用的阻燃剂；

2）B_1、B_2 级木质材料及现场进行阻燃处理所使用的阻燃剂及防火涂料；

3）B_1、B_2 级高分子合成材料及现场进行阻燃处理所使用的阻燃剂及防火涂料；

4）B_1、B_2 级复合材料及现场进行阻燃处理所使用的阻燃荆及防火涂料；

5）B_1、B_2 级其他材料及现场进行阻燃处理所使用的阻燃剂及防火涂料。

（3）建筑内部防火施工应对下列材料进行抽样检验

1）现场阻燃处理后的纺织织物，每种取 $2m^2$ 检验燃烧性能；

2）施工过程中受湿浸、燃烧性能可能受影响的纺织织物，每种取 $2m^2$ 检验燃烧性能；

3）现场阻燃处理后的木质材料。每种取 $4m^2$ 检验燃烧性能；

4）表面进行加工后的 B_1 级木质材料，每种取 $4m^2$ 检验燃烧性能；

5）现场阻燃处理后的泡沫塑料每种取 $0.1m^3$ 检验燃烧性能；

6）现场阻燃处理后的复合材料每种取 $4m^2$ 检验燃烧性能；

7）现场阻燃处理后的其他材料应进行抽样检验燃烧性能。

（4）有关主控项目的规定

1）材料燃烧性能等级应符合设计要求。

2）现场进行阻燃施工时，应检查阻燃剂的用量、适用范围、操作方法。阻燃施工过程中，应使用计量合格的称量器具，并严格按使用说明书的要求进行施工。

3）木质材料表面进行防火涂料处理时，应对木质材料的所有表面进行均匀涂刷，且不应少于 2 次，第二次涂刷应在第一次涂层表面干后进行；涂刷防火涂料用量不应少于 $500g/m^2$。

4）顶棚内采用泡沫塑料时，应涂刷防火涂料。防火涂料宜选用耐火极限大于 30min 的超薄型钢结构防火涂料或一级饰面型防火涂料，湿涂覆比值应大于 $500g/m^2$。涂刷应均匀，且涂刷不应少于 2 次。

5）塑料电工套管的施工应满足以下要求：

① B_2 级塑料电工套管不得明敷；

② B_1 级塑料电工套管明敷时，应明敷在 A 级材料表面；

③ 塑料电工套管穿过 B_1 级以下（含 B_1 级）的装修材料时，应采用 A 级材料或防火封堵密封件严密封堵。

6）采用复合保温材料制作的通风管道，复合保温材料的芯材不得暴露。当复合保温材料芯材的燃烧性能不能达到 B_1 级时，应在复合材料表面包覆玻璃纤维布等不燃性材料，并应在其表面涂刷饰面型防火涂料。防火涂料湿涂覆比值应大于 $500g/m^2$，且至少涂刷 2 次。

7）防火门的表面加装贴面材料或其他装修时，不得减小门框和门的规格尺寸，不得降低防火门的耐火性能，所用贴面材料的燃烧性能等级不应低于 B_1 级。

8）建筑隔墙或隔板、楼板的孔洞需要封堵时，应采用防火堵料严密封堵。采用防火堵料封堵孔洞、缝隙及管道井和电缆竖井时，应根据孔洞、缝隙及管道井和电缆竖井所在位置的墙板或楼板的耐火极限要求选用防火堵料。

9）电气设备及灯具的施工应满足以下要求：

① 当有配电箱及电控设备的房间内使用了低于 B_1 级的材料进行装修时，配电箱必须采用不燃材料制作；

② 配电箱的壳体和底板应采用 A 级材料制作，配电箱不应直接安装在低于 B_1 级的装修材料上；

③ 动力、照明、电热器等电气设备的高温部位靠近 B_1 级以下（含 B_1 级）材料或导线穿越 B_1 级以下（含 B_1 级）装修材料时，应采用瓷管或防火封堵密封件分隔，并用岩棉、玻璃棉等 A 级材料隔热；

④ 安装在 B_1 级以下（含 B_1 级）装修材料内的配件，如插座、开关等，必须采用防火封堵密封件或具有良好隔热性能的 A 级材料隔绝；

⑤ 灯具直接安装在 B_1 级以下（含 B_1 级）的材料上时，应采取隔热、散热等措施；

⑥ 灯具的发热表面不得靠近 B_1 级以下（含 B_1 级）的材料。

4. 民用建筑工程室内环境污染控制要求

（1）民用建筑根据控制室内环境污染的不同要求分为两类：

1）Ⅰ类民用建筑工程：住宅、医院、老年建筑、幼儿园、学校教室等；

2）Ⅱ类民用建筑工程：办公楼、商店、旅馆、文化娱乐场所、书店、图书馆、展览馆、体育馆、公共交通等候室、餐厅、理发店等。

（2）材料

1）无机非金属建筑主体材料和装修材料

① 无机非金属建筑主体材料：砂、石、砖、水泥、商品混凝土、混凝土预制构件和新型墙体材料，其放射性指标限量应符合：内照射指数 $I_{Ra} \leqslant 1.0$，外照射指数 $I_r \leqslant 1.0$。

② 无机非金属装修材料包括石材、建筑卫生陶瓷、石膏板、吊顶材料、无机瓷质砖粘结剂等，其放射性指标限量应符合内照射指数（I_{Ra}），A 类≤1.0，B 类≤1.3；外照射指数（I_r）A 类≤1.3，B 类≤1.9。

2）人造木板及饰面人造板

① 民用建筑工程室内用人造木板及饰面人造木板，必须测定游离甲醛的含量或游离甲醛的释放量。并应根据游离甲醛含量或游离甲醛释放量限量划分为 E_i 类和 E_z 类。

② 游离甲醛释放量测试方法有环境测试舱法、穿孔法和干燥器法等三种：

a. 当采用环境测试舱法测定游离甲醛释放量，并依此对人造木板进行分类时，其限量应符合 $E_1 \leqslant 0.12$（mg/m^3）；

b. 当采用穿孔法测定游离甲醛含量，并依此对人造木板进行分类时，其限量应符合 $E_1 \leqslant 9.0$（mg/100g，干材料），$E_2 > 9.0$，$\leqslant 30.0$；

c. 当采用干燥器法测定游离甲醛释放量，并依此对人造木板进行分类时，其限量应符合 $E_1 \leqslant 1.5$（mg/L），$E_2 > 1.5$，$\leqslant 5.0$（mg/L）。

③ 饰面人造木板可采用环境测试舱法或干燥法测定游离甲醛释放量，当发生争议时应以

环境测试舱法的测定结果为准；胶合板、细木工板宜采用干燥器法测走游离甲醛释放量；刨花板、中密度纤维板等宜采用穿孔法测定游离甲醛含量。

3）涂料

① 民用建筑工程室内用水性涂料

应测定挥发性有机化合物（VOCs）和游离甲醛的含量，其限量应符合 VOCs（g/L）≤200，游离甲醛（g/kg）≤0.1。

② 民用建筑工程室内用溶剂型涂料

应按其规定的最大稀释比例混合后，测定挥发性有机化合物（VOCs）和苯的含量。

VOCs（g/L）其限量应符合：醇酸涂料≤550、硝基清涂料≤750、聚氢酯涂料≤700、酚醛涂料≤500、酚醛磁涂料≤380、酚醛防锈涂料≤270；苯的限量应符合：≤5（g/L)。

其他溶剂型涂料≤600，苯≤5。

4）胶黏剂

① 民用建筑工程室内用水性胶黏剂

应测定挥发性有机化合物（VOCs）和游离甲醛的含量，其限量应符合 VOCs（g/L）≤50，游离甲醛（g/kg）≤1。

② 民用建筑工程室内用溶剂型胶黏剂

应测定挥发性有机化合物（VOCs）和苯的含量，其限量应符合 VOCs（g/L）≤750，苯（g/kg）≤5。

③ 聚氨酯胶黏剂应测定游离甲苯二异氰酸酯（TDI）含量，并不应大于 10g/kg。

5）水性处理剂

民用建筑工程室内用水性阻燃剂包括（防火涂料）、防水涂料、防腐剂等水性处理剂，应测定 VOCs 和游离甲醛的含量，其限值应符合 VOCs（g/L）≤200，游离甲醛（g/kg）≤0.5。

（3）材料选择

1）Ⅰ类民用建筑工程室内装修采用的无机非金属装修材料必须为 A 类。

2）Ⅰ类民用建筑工程室内装修，必须采用 E_1 类人造木板及饰面人造木板。Ⅱ类民用建筑工程室内装修，宜采用 E_1 类人造木板及饰面人造木板；当采用 E_2 类人造木板时，直接暴露于空气的部位应进行表面涂覆密封处理。

3）不应采用聚乙烯醇水玻璃内墙涂料、聚乙烯醇缩甲醛涂料和树脂以硝化纤维素为主、溶剂以二甲苯为主的水包油型（o/w）多彩内墙涂料。

4）民用建筑工程室内装修时，不应采用 107 胶黏剂等聚乙烯醇缩甲醛胶粘剂。

5）所使用的壁布、帷幕等游离甲醛释放量≤0.12mg/m³。

6）所使用的木地板及其他木质材料，严禁采用沥青、煤焦油类防腐、防潮处理剂。

7）Ⅰ类民用建筑工程室内装修粘贴塑料地板时，不应采用溶剂型胶黏剂。Ⅱ类民用建筑工程中地下室及不与室外直接自然通风的房间粘贴塑料地板时，不宜采用溶剂型胶黏剂。

8）不应在室内采用脲醛树脂泡沫塑料作为保温、隔热和吸声材料。

（4）勘察设计

1）当民用建筑工程场地土氡浓度测定结果大于 20000Bq/m³ 且小于 30000Bq/m³，或土表面氡析出率大于 0.05Bq/m^3 · s 且小于 0.1Bq/m^3 · s 时，应采取建筑物底层地面抗开裂措施。

2）当民用建筑工程场地土氡浓度测定结果大于或等于 30000Bq/m^3 且小于 50000Bq/m^3 时，或土表面氡析出率大于或等于 0.1Bq/m^3 · s 且小于 0.3Bq/m^3 · s 时，除采取建筑物内部底层地面抗裂措施外，还必须按现行国家标准《地下工程防水技术规范》(GB 50108) 中的一级防水要求，对基础进行处理。

3）当民用建筑工程场地土氡浓度测定结果大于或等于 50000Bq/m^3，或土表面氡析出率大于或等于 0.3Bq/m^3 · s，除采取本条第 2 款防氡处理措施外，还应按照国家标准《新建低层住宅建筑设计与施工中氡控制导则》(GB/T 17785—1999) 的有关规定，采取综合建筑构造防氡措施。

4）当Ⅰ类民用建筑工程场地土中氡浓度大于或等于 50000Bq/m^3 时，或土表面氡析出率大于或等于 0.3Bq/m^3 · s 时，应进行建筑场地土中的镭—266、钍—232、钾—40 的比活度的测定。当测定结果表明内照射指数（I_{Ra}）大于 1.0 或外照射指数（I_r）大于 1.3 时，工程场地土不得作为工程回填土使用。

（5）工程施工

1）当建筑材料和装修材料进场检验，发现不符合设计要求及本规范的有关规定时，严禁使用。

2）民用建筑工程室内装修采用的天然花岗岩石材或瓷质砖使用面积大于 200m^2 时，应对不同产品、不同批次材料分别进行放射性指标复验。

3）民用建筑工程室内装修所采用的某种人造木板或饰面人造木板面积大于 500m^2 时，应对不同产品、批次材料的游离甲醛含量或游离甲醛释放量分别进行复验。

4）民用建筑工程室内装修所采用的水性涂料、水性胶粘剂、水性处理剂必须有同批次产品的挥发性有机化合物（VOCs）和游离甲醛含量检测报告；溶剂型胶粘剂必须有同批次产品的挥发性有机合物（VOCs）、苯、游离甲苯二异氰酸酯（TDI）（聚氨酯类）含量检测报告，并应符合设计要求和规范规定。

5）民用建筑工程室内装修所采用的稀释剂和溶剂，严禁使用苯、工业苯、石油苯、重质苯及混苯。

6）施工时，不应使用苯、甲苯、二甲苯和汽油进行除油和清除旧油漆作业。

7）严禁在民用建筑工程室内用有机溶剂清洗施工用具。

8）民用建筑工程室内装修中，进行饰面人造板拼接施工时，除芯板为 E_1 类外，应对其断面及无饰面部位进行密封处理。

（6）验收

1）民用建筑工程及室内装修工程的室内环境质量验收，应在工程完工至少 7d 以后、工程交付使用前进行。

2）验收时，应检查下列资料：

① 工程地质勘察报告、工程地点土中氡浓度检测报告、工程地点土天然放射性核素镭—226、钍—232、钾—40 含量检测报告；

② 涉及室内环境污染控制的施工图设计文件及工程设计变更文件；

③ 建筑材料和装修材料的污染物含量检测报告、材料进场检验记录、复验报告；

④ 与室内环境污染控制有关的隐蔽工程验收记录、施工记录；

⑤ 样板间室内环境污染物浓度检测记录（不做样板间的除外）。

3）民用建筑工程验收时，必须进行室内环境污染浓度检测，见表 6-2。

表 6-2　民用建筑工程室内环境污染物浓度限值

室内环境污染物	Ⅰ类民用建筑工程	Ⅱ类民用建筑工程
氡（Bq/m³）	≤200	≤400
甲醛（mg/m³）	≤0.08	≤0.12
苯（mg/m³）	≤0.09	≤0.09
氨（mg/m³）	≤0.20	≤0.50
总挥发性有机物 TVOC（mg/m³）	≤0.50	≤0.60

4）民用建筑工程验收时，应抽检有代表性的房间室内环境污染物浓度，抽检数量不少于5%，并不少于 3 间；房间总数少于 3 间时，应全数检测。凡进行了样板间室内环境污染物浓度检测且检测结果合格的，抽检数量减半，并不少于 3 间。

5）房间内有≥2 个检测点时，取各点检测结果的平均值为该房间的检测值。

6）环境污染物浓度现场检测点应距内墙面不小于 0.5m、距楼地面高度 0.8～1.5m。检测点应均匀分布，避开通风道和通风口。

7）民用建筑工程室内环境中甲醛、苯、氨、总挥发性有机化合物（TVOC）浓度检测时，对采用集中空调的民用建筑工程，应在空调正常运转的条件下进行；对采用自然通风的民用建筑工程，检测应在对外门窗关闭 1h 后进行。

8）民用建筑工程室内环境中对氡浓度检测时，对采用集中空调的民用建筑工程，应在空调正常运转的条件下进行；对采用自然通风的民用建筑工程，应在房间的对外门窗关闭 24h以后进行。

9）当室内环境污染物浓度的全部检测结果符合规范的规定时，可判定该工程室内环境质量合格。

10）当室内环境污染物浓度检测结果不符合规范的规定时，应查找原因并采取措施进行处理，并可对不合格项进行再次检测。再次检测时，抽检数量应增加 1 倍，并应包含同类型房间及原不合格房间。再次检测结果合部符合本规定时，应判定为室内环境质量合格。

11）室内环境质量验收不合格的民用建筑工程，严禁投入使用。

5. 建筑装饰装修工程质量验收的要求

（1）装饰装修设计质量验收强制性条文

1）建筑装饰装修工程必须进行设计，并出具完整的施工图设计文件。

2）建筑装饰装修工程设计必须保证建筑物的结构安全和主要使用功能。当涉及主体和承重结构改动或增加荷载时，必须由原结构设计单位或具备相应资质的设计单位核查有关原始资料，对既有建筑结构的安全性进行核验、确认。

（2）装饰装修材料质量验收强制性条文

1）建筑装饰装修工程所用材料应符合国家有关建筑装饰装修材料有害物质限量标准的规定。

2）建筑装饰装修工程所使用的材料应按设计要求进行防火、防腐和防虫处理。

（3）装饰装修工程施工质量验收强制性条文

1）建筑装饰装修工程施工中，严禁违反设计文件擅自改动建筑主体、承重结构或主要使用功能；严禁未经设计确认和有关部门批准擅自拆改水、暖、电、燃气、通讯等配套设施。

2）施工单位应遵守有关环境保护的法律法规，并应采取有效措施控制施工现场的各种粉尘、废气、废弃物、噪声、振动等对周围环境造成的污染和危害。

（4）建筑装饰装修工程质量验收

1）建筑装饰装修工程质量验收的程序和组织应符合《建筑工程施工质量验收统一标准》（GB 50300—2013）的规定。

2）建筑装饰装修工程的子分部工程及其分项工程应按标准划分。

3）检验批的合格判定应符合下列规定：

① 抽查样本均应符合《建筑装饰装修工程质量验收规范》主控项目的规定。

② 抽查样本的80%以上应符合本规范一般项目的规定。其余样本不得有影响使用功能或明显影响装饰效果的缺陷，其中有允许偏差的检验项目，其最大偏差不得超过规范规定允许偏差的1.5倍。

4）分项工程中各检验批的质量均应达到规范的规定。

5）子分部工程中各分项工程的质量均应验收合格，并应符合下列规定：

① 应具备规范各子分部工程规定检查的文件和记录。

② 应具备规范规定的有关安全和功能的检测项目的合格报告，装饰工程有关安全和功能的检测项目见表6-3。

③ 观感质量应符合规范各分项工程中一般项目的要求。

表6-3　有关安全和功能的检测项目表

项次	子分部工程	检测项目
1	门窗工程	1. 建筑外墙金属窗的抗风压性能、空气渗透性能和雨水渗漏性能 2. 建筑外墙塑料窗的抗风压性能、空气渗透性能和雨水渗漏性能
2	饰面板（砖）工程	1. 饰面板后置埋件的现场拉拔试验 2. 饰面砖样板件的黏结强度
3	幕墙工程	1. 硅酮结构胶的相容性试验 2. 幕墙后置埋件的现场拉拔试验 3. 幕墙的抗风压性能、空气渗透性能、雨水渗漏性能和平面变形性能

6）分部工程中各子分部工程的质量均应验收合格，并应按规范的规定进行核查。当建筑工程只有装饰装修分部工程时，该工程应作为单位工程验收。

7）有特殊要求的建筑装饰装修工程，竣工验收时应按合同约定加测相关技术指标。建筑装饰装修工程的室内环境质量应符合国家现行标准《民用建筑工程室内环境污染控制规范》（GB 50325）的规定。

8）未经竣工验收合格的建筑装饰装修工程不得投入使用。

6. 建筑地面工程质量验收的要求

（1）建筑地面工程子分部工程、分项工程的划分，按表6-4执行。

表 6-4　建筑地面工程子分部工程、分项工程的划分

子分部工程	分项工程		构造层次
建筑装饰装修工程	地面	整体面层	基层：基土、灰土垫层、砂垫层和砂石垫层、碎石垫层和碎砖垫层、三合土垫层、炉渣垫层、水泥混凝土垫层、找平层、隔离层、填充层
			面层：水泥混凝土面层、水泥砂浆面层、水磨石面层、防油渗面层、水泥钢（铁）屑面层、不发火（防爆的）面层
		板块面层	基层：基土、灰土垫层、砂垫层和砂石垫层、碎石垫层和碎砖垫层、三合土垫层、炉渣垫层、水泥混凝土垫层、找平层、隔离层、填充层
			面层：砖面层（陶瓷锦砖、缸砖、陶瓷地砖和水泥花砖面层）、大理石面层和花岗岩面层，预制板块面层（预制水泥混凝土、水磨石板块面层）、料石面层（条石、块石面层）、塑料板面层、活动地板面层、地毯面层
		木竹面层	基层：基土、灰土垫层、砂垫层和砂石垫层、碎石垫层和碎砖垫层、三合土垫层、炉渣垫层、水泥混凝土垫层、找平层、隔离层、填充层
			面层：实木地板面层（条材、块材面层）、实木复合地板面层（条材、块材面层）、中密度（强化）复合地板面层（条材面层）、竹地板面层

(2) 建筑施工企业在建筑地面工程施工时，应有质量管理体系和相应的施工工艺技术标准。

(3) 建筑地面工程采用的材料应按设计要求和本规范的规定选用，并应符合国家标准的规定；进场材料应有中文质量合格证明文件、规格、型号及性能检测报告，对重要材料应有复验报告。

(4) 建筑地面采用的大理石、花岗石等天然石材必须符合国家现行行业标准《天然石材产品放射防护分类控制标准》(JC 518) 中有关材料有害物质的限量规定。进场应具有检测报告。

(5) 胶黏剂、沥青胶结料和涂料等材料应按设计要求选用，并应符合现行国家标准《民用建筑工程室内环境污染控制规范》(GB 50325) 的规定。

(6) 厕浴间和有防滑要求的建筑地面的板块材料应符合设计要求。

(7) 建筑地面下的沟槽、暗管等工程完工后，经检验合格并做隐蔽记录，方可进行建筑地面工程的施工。

(8) 建筑地面工程基层（各构造层）和面层的铺设，均应待其下一层检验合格后方可施工上一层。建筑地面工程各层铺设前与相关专业的分部（子分部）工程、分项工程以及设备管道安装工程之间，应进行交接检验。

(9) 建筑地面工程施工时，各层环境温度的控制应符合下列规定：

1) 采用掺有水泥、石灰的拌合料铺设以及用石油沥青胶结料铺贴时，不应低于 5℃；

2) 采用有机胶黏剂粘贴时，不应低于 10℃；

3) 采用砂、石材料铺设时，不应低于 0℃。

(10) 铺设有坡度的地面应采用基土高差达到设计要求的坡度；铺设有坡度的楼面（或架空地面）应采用在钢筋混凝土板上变更填充层（或找平层）铺设的厚度或以结构起坡达到设计要求的坡度。

（11）室外散水、明沟、踏步、台阶和坡道等附属工程，其面层和基层（各构造层）均应符合设计要求。施工时应按本规范基层铺设中基土和相应垫层以及面层的规定执行。

（12）水泥混凝土散水、明沟，应设置伸缩缝，其延米间距不得大于10m；房屋转角处应做45°缝。水泥混凝土散水、明沟和台阶等与建筑物连接处应设缝处理。上述缝宽度为15～20mm，缝内填嵌柔性密封材料。

（13）建筑地面的变形缝应按设计要求设置，并应符合下列规定：

1）建筑地面的沉降缝、伸缩缝和防震缝，应与结构相应缝的位置一致，且应贯通建筑地面的各构造层；

2）沉降缝和防震缝的宽度应符合设计要求，缝内清理干净，以柔性密封材料填嵌后用板封盖，并应与面层齐平。

（14）建筑地面镶边，当设计无要求时，应符合下列规定：

1）有强烈机械作用下的水泥类整体面层与其他类型的面层邻接处，应设置金属镶边构件；

2）采用水磨石整体面层时，应用同类材料以分格条设置镶边；

3）条石面层和砖面层与其他面层邻接处，应用顶铺的同类材料镶边；

4）采用木、竹面层和塑料板面层时，应用同类材料镶边；

5）地面面层与管沟、孔洞、检查井等邻接处，均应设置镶边；

6）管沟、变形缝等处的建筑地面面层的镶边构件，应在面层铺设前装设。

（15）厕浴间、厨房和有排水（或其他液体）要求的建筑地面面层与相连接各类面层的标高差应符合设计要求。

（16）检验水泥混凝土和水泥砂浆强度试块的组数，按每一层（或检验批）建筑地面工程不应小于1组。当每一层（或检验批）建筑地面工程面积大于1000m^{2}时，每增加1000m^{2}应增做1组试块；小于1000m^{2}按1000m^{2}计算。当改变配合比时，亦应相应地制作试块组数。

（17）各类面层的铺设宜在室内装饰工程基本完工后进行。木、竹面层以及活动地板、塑料板、地毯面层的铺设，应待抹灰工程或管道试压等施工完工后进行。

（18）建筑地面工程施工质量的检验，应符合下列规定：

1）基层（各构造层）和各类面层的分项工程的施工质量验收应按每一层次或每层施工段（或变形缝）作为检验批，高层建筑的标准层可按每三层（不足三层按三层计）作为检验批；

2）每检验批应以各子分部工程的基层（各构造层）和各类面层所划分的分项工程按自然间（或标准间）检验，抽查数量应随机检验不应少于3间；不足3间，应全数检查；其中走廊（过道）应以10延长米为1间，工业厂房（按单跨计）、礼堂、门厅应以两个轴线为1间计算；

3）有防水要求的建筑地面子分部工程的分项工程施工质量每检验批抽查数量应按其房间总数随机检验不应少于4间，不足4间，应全数检查。

（19）建筑地面工程的分项工程施工质量检验的主控项目，必须达到本规范规定的质量标准，认定为合格；一般项目80%以上的检查点（处）符合本规范规定的质量要求，其他检查点（处）不得有明显影响使用，并不得大于允许偏差值的50%为合格。凡达不到质量标准时，应按现行国家标准《建筑工程施工质量验收统一标准》(GB 50300）的规定处理。

（20）建筑地面工程完工后，施工质量验收应在建筑施工企业自检合格的基础上，由监理单位组织有关单位对分项工程、子分部工程进行检验。

(21) 检验方法应符合下列规定：

1) 检查允许偏差应采用钢尺、2m 靠尺、楔形塞尺、坡度尺和水准仪；

2) 检查空鼓应采用敲击的方法；

3) 检查有防水要求建筑地面的基层（各构造层）和面层，应采用泼水或蓄水方法，蓄水时间不得少于 24h；

4) 检查各类面层（含不需铺设部分或局部面层）表面的裂纹、脱皮、麻面和起砂等缺陷，应采用观感的方法。

(22) 建筑地面工程完工后，应对面层采取保护措施。

二、确定施工质量控制点，实施质量交底

施工质量控制点的设置是施工质量计划的重要组成内容。施工质量控制点是施工质量控制的重点对象。

1. 质量控制点的设置

质量控制点应选择那些技术要求高、施工难度大、对工程质量影响大或是发生质量问题时危害大的对象进行设置。一般选择下列部位或环节作为质量控制点：

(1) 对工程质量形成过程产生直接影响的关键部位、工序、环节及隐蔽工程；

(2) 施工过程中的薄弱环节，或者质量不稳定的工序、部位或对象；

(3) 对下道工序有较大影响的上道工序；

(4) 采用新技术、新工艺、新材料的部位或环节；

(5) 施工质量无把握的、施工条件困难的或技术难度大的工序或环节；

(6) 用户反馈指出的和过去有过返工的不良工序。

2. 质量控制点的重点控制对象

质量控制点的选择要准确，还要根据对重要质量特性进行重点控制的要求，选择质量控制点的重点部位、重点工序和重点的质量因素作为质量控制点的重点控制对象，进行重点预控和监控，从而有效地控制和保证施工质量。质量控制点的重点控制对象主要包括以下几个方面：

(1) 人的行为：某些操作或工序，应以人为重点控制对象，如高空、高温、水下、易燃易爆、重型构件吊装作业以及操作要求高的工序和技术难度大的工序等，都应从人的生理、心理、技术能力等方面进行控制。

(2) 材料的质量与性能：这是直接影响工程质量的重要因素，在某些工程中应作为控制的重点。如抹灰工程中水泥的材质与性能；是直接影响工程质量的关键因素，施工中就应对进场的水泥质量进行重点控制，必须检查核对其出厂合格证，并按要求进行强度和安定性的复验等。

(3) 施工方法与关键操作：某些直接影响工程质量的关键操作应作为控制的重点，如幕墙索结构中的张拉工艺操作过程及张拉力的控制。同时，那些易对工程质量产生重大影响的施工方法，也应列为控制的重点。

(4) 施工技术参数：如幕墙结构胶的抗剥离强度，后置埋件的拉拔试验等技术参数都是应重点控制的质量参数与指标。

(5) 技术间歇：有些工序之间必须留有必要的技术间歇时间，如砌筑与抹灰之间，应在墙体砌筑后留 6～10d 时间，让墙体充分沉陷、稳定、干燥，然后再抹灰，抹灰层干燥后，才

能喷白、刷浆。

(6) 施工顺序：某些工序之间必须严格控制先后的施工顺序。

(7) 易发生或常见的质量通病：如抹灰工程的空鼓、裂缝，墙、地面工程渗水、漏水、空鼓、起砂、裂缝等，都与工序操作有关，均应事先研究对策，提出预防措施。

(8) 新技术、新材料及新工艺的应用：由于缺乏经验，施工时应将其作为重点进行控制。

(9) 产品质量不稳定和不合格率较高的工序应列为重点，认真分析，严格控制。

3. 质量控制点的管理

设定了质量控制点，质量控制的目标及工作重点就更加明晰。首先，要做好施工质量控制点的事前质量预控工作，包括：明确质量控制的目标与控制参数；编制作业指导书和质量控制措施；确定质量检查检验方式及抽样的数量与方法；明确检查结果的判断标准及质量记录与信息反馈要求等。

其次，要向施工作业班组进行认真交底，使每一个控制点上的作业人员明白施工作业规程及质量检验评定标准，掌握施工操作要领；在施工过程中，相关技术管理和质量控制人员要在现场进行重点指导和检查验收。

同时，还要做好施工质量控制点的动态设置和动态跟踪管理。所谓动态设置，是指在工程开工前、设计交底和图纸会审时，可确定项目的一批质量控制点，随着工程的展开、施工条件的变化，随时或定期进行控制点的调整和更新。动态跟踪是应用动态控制原理，落实专人负责跟踪和记录控制点质量控制的状态和效果，并及时向项目管理组织的高层管理者反馈质量控制信息，保持施工质量控制点的受控状态。

对于危险性较大的分部分项工程或特殊施工过程，除按一般过程质量控制的规定执行外，还应由专业技术人员编制专项施工方案或作业指导书，经施工单位技术负责人、项目总监理工程师、建设单位项目负责人签字后执行。超过一定规模的危险性较大的分部分项工程，还要组织专家对专项方案进行论证。作业前施工员、技术员做好交底和记录，使操作人员在明确工艺标准、质量要求的基础上进行作业。为保证质量控制点的目标实现，应严格按照三级检查制度进行检查控制。在施工中发现质量控制点有异常时，应立即停止施工，召开分析会，查找原因，采取对策予以解决。

施工单位应积极主动地支持、配合监理工程师的工作，应根据现场工程监理机构的要求，对施工作业质量控制点，按照不同的性质和管理要求，细分为“见证点”和“待检点”进行施工质量的监督和检查。凡属“见证点”的施工作业，如重要部位、特种作业、专门工艺等，施工方必须在该项作业开始前 24h，书面通知现场监理机构到位旁站，见证施工作业过程；凡属“待检点”的施工作业，如隐蔽工程等，施工方必须在完成施工质量自检的基础上，提前通知项目监理机构进行检查验收，然后才能进行工程隐蔽或下道工序的施工。未经过项目监理机构检查验收合格，不得进行工程隐蔽或下道工序的施工。

三、常见工程质量缺陷分析及处理

1. 防水工程的质量缺陷及原因分析

问题一、厨房、厕浴间穿楼板管道渗漏

(1) 原因分析

1) 厨房、卫生间的管道，一般都是土建完工后方进行安装，常因预留孔洞不合适，安装施工时随便开凿，安装完管道后，没有用混凝土认真填补密实，形成渗水通道，地面稍有水，这些薄弱处就会发生渗漏。

2）暖气立管在通过楼板处不设置套管，当管子发生冷热变化、胀缩变形时，管壁就与楼板混凝土脱开、开裂，形成渗水通道。

2）穿过楼板的管道受到振动影响，也会使管壁与混凝土脱开，出现裂缝。

（2）处理措施

1）穿楼管道的根部积水渗漏，应沿管根部轻轻地剔凿出宽度和深度均不小于10mm的沟槽，清理浮灰、杂物后，槽内嵌填密封材料，并在管道与地面交接部位涂刷管道高度及地面水平宽度均不小于100mm、厚度不小于1mm无色或浅色合成高分子防水涂料。

2）因穿楼管道的套管损坏而引起的渗漏水，应更换套管，对所设套管要封口，并高出楼地面20mm以上，套管根部要密封，如仍渗漏可按上述方法进行修缮。

问题二、厨房、厕浴间墙面渗漏

（1）原因分析

1）后期装修造成涂膜防水层局部损坏。

2）穿过墙面管道根部密封不严。

3）墙面防水层高度不够。

4）浴盆、洗脸盆与墙面交接处密封不严。

（2）处理措施

1）涂膜防水层局部损坏，应清除损坏部位，修整基层，补做涂膜防水层，涂刷范围应大于剔除周边50～80mm。裂缝大于2mm时，必须批嵌裂缝，然后涂刷防水涂料。

2）墙面粉刷起壳、剥落、酥松等损坏部位应凿除并清理干净后，用1：2防水砂浆修补。

3）穿过墙面管道根部渗漏，宜在管道根部用合成高分子防水涂料涂刷两遍。管道根部空隙较大且渗漏较为严重时，应按管道穿过楼地面部位渗漏维修的规定处理。

4）墙面防水层高度不够引起的渗漏，处理时应符合下列规定：

① 维修后的防水层高度应为：淋浴间防水高度不应小于1800mm，浴盆临墙防水高度不应小于800mm。

② 在增加防水层高度时，应先处理加高部位的基层，新旧防水层之间搭接宽度不应小于80mm。

5）浴盆、洗脸盆与墙面交接处渗漏水，应用密封材料嵌缝密封处理。

2. 吊顶工程的质量缺陷及原因分析

问题一、木龙骨安装拱度不匀

（1）原因分析

1）木龙骨材质不好，不顺直，有硬弯，变形大，施工中无法调直；或木材含水率过大，在施工中或完工后产生收缩翘曲变形。

2）吊龙骨时，不按规程操作，在四周墙面上没有弹水平线或水平线不平，中间不按水平线起拱，造成拱度不匀。

3）吊杆或吊筋间距过大，拱度不易调匀。

4）吊顶接头装钉不平或接头硬弯，直接影响吊顶的平整。

5）受力节点结合不严，受力后易产生变形。

（2）处理方法

1）木龙骨不平整时，先纠正沿墙四周，使其水平，再纠正拱度。

2）吊杆或吊筋间距过大，必须加设吊筋，以达到平整牢固的要求。

3）吊筋的螺帽上没有大的垫圈时，应补齐。

4）各受力节点必须装钉严密、牢固，符合质量要求及规范要求。

问题二、铝合金吊顶龙骨不对称

（1）原因分析

1）主龙骨、次龙骨受力扭折，虽经整修但仍不平直。

2）挂铅线或镀锌铁丝的位置不准确，龙骨拉力不均匀。

3）没有拉通线全面调整主龙骨、次龙骨的高低位置，造成表面不平整。

4）测吊顶的水平线误差超差，中间起拱度不符合规定要求。

（2）处理方法

1）更换扭折的主龙骨或次龙骨。

2）纠正拉力不均匀的龙骨。

3）全面拉水平线纠正龙骨的高低差和起拱度。

问题三、人造板吊顶面层变形

（1）原因分析

1）人造板在使用时，吸收空气中的水分，造成部分吸湿程度差异大，易产生凹凸变形；若安装板块时，接头未留空隙，吸湿膨胀后没有伸胀余地，会使变形程度更为严重。

2）板块较大，安装时没有能使板块与龙骨全部贴紧。

3）从四角或四周向中心排钉，板块内储存有应力，致使板块凹凸变形。

4）吊顶龙骨分格过大，板块易产生挠度变形。

（2）处理方法

1）变形较大的板块必须拆除，龙骨间距过大，则要纠正、补强，增加小龙骨。

2）纤维板要先浸水；纵横拼缝时要留 3～6mm 的缝隙。

问题四、扣板变形、脱落和挠度大

（1）原因分析

1）扣板的材料质量不符合标准。

2）扣板搭接长度不足，或扣板搭接构造不合理、固定不牢。

（2）处理方法

1）选用的扣板材料质量要达到标准，运输及存放都要有人负责，防止变形。

2）扣板接缝要保持不小于 30mm 的长度，使其搭接牢固。

3）扣板吊顶跨度不宜过大。

问题五、吊顶与设备衔接不妥

（1）原因分析

1）安装设备工与吊顶安装工配合欠妥，导致施工安装不好。

2）施工顺序不合理

(2) 处理方法

1) 如果孔洞较大，其孔洞位置应先确定准确，吊顶面板在其部位断开；也可先安装设备，然后再吊顶封口。

2) 对小型孔洞，宜在顶部开洞，这样可使吊顶顺利施工，同时也能保证孔洞位置准确。

3) 孔洞比较大时，吊杆、龙骨应作特殊处理，洞口周围要加固。

3. 抹灰工程的质量缺陷及原因分析

普通抹灰工程，量大面广，而且对人们使用影响极大，但因其工程量大、单价低、费劳力，因此质量难以保证，通病时有发生。

问题一、墙体与门窗框交接处抹灰层空鼓

(1) 原因分析

1) 基层处理不合适。

2) 操作不合适；预埋木砖的位置不合理，数量不够。

3) 砂浆品种选择不合适。

4) 门窗框周边没有用水泥砂浆填嵌密实，造成门窗在开启时振动，使周边的抹灰层出现裂缝和脱落等现象。

(2) 处理方法

1) 不同基层材料交汇处宜铺钉钢筋网，每边搭接长度应大于100mm。

2) 门洞每侧墙体内预埋木砖不少于三块，预埋位置正确，木砖尺寸应与标准砖相同，并经过防腐处理。

3) 门窗框塞缝宜采用混合砂浆，砂浆不宜太稀，塞缝前先浇水湿润，缝隙过大时应分层多次填塞。

4) 加气混凝土砌块墙与门窗框连接时，应先在墙体内钻深约100mm的孔，直径40mm左右，再以相同尺寸的圆木沾上108胶水后打入孔内。

问题二、抹灰层空鼓、裂缝

(1) 原因分析

1) 基层面没有清扫冲洗干净，对光滑面层未做“毛化处理”而空鼓。

2) 一次抹灰厚度超过15mm，出现坠裂或收缩不匀裂缝。

3) 抹灰砂浆配合比计量不准确，导致有的抹灰砂浆和易性和保水性差，硬化时收缩性大，黏结强度低。

4) 配电箱、消防箱等背面的抹灰层薄，又没有防裂措施。

(2) 处理方法

1) 完工的抹灰层有空鼓、脱落，须查清范围和面积，沿周边割开或凿开，铲除空鼓部分，用钢丝板刷刷干净基体面的灰尘，用水冲洗和湿润。

2) 有裂缝但不脱壳时，先将缝中灰尘扫刷干净，喷水湿润，用聚合物水泥浆（108胶：水：水泥或白水泥＝1：4：12）涂刮塞密裂缝。

问题三、墙面起泡、开花或有抹纹

(1) 原因分析

1) 抹完罩面灰后，砂浆没有收水就开始压光，从而产生起泡现象。

2）底子灰过分干燥，抹罩面灰后水分很快被底层吸收，压光时易出现抹子纹。

3）石灰膏熟化不透，过火灰没有滤净，抹灰后没有完全熟化的石灰颗粒继续熟化，体积膨胀，造成表面麻点和开花。

（2）处理方法

1）待抹灰砂浆收水后终凝前进行压光，抹纸筋石灰罩面时，须待底子灰五六成干后再进行。

2）石灰膏熟化时间不少于 30d，淋灰时用小于 3mm×3mm 筛子过滤，采用磨细生石灰粉时，最好也提前 2～3d 化成石灰膏。

3）对已开花的墙面，一般待未熟化的石灰颗粒完成熟化后再处理，处理方法为挖去开花处松散表面，重新用腻子刮平后喷浆。

4）底层过干应浇水湿润，再薄薄地刷一层纯水泥浆后进行罩面。

问题四、轻质隔墙抹灰层空鼓、裂缝

（1）原因分析

1）在轻质隔墙面上抹灰时，没有掌握这些板材的特性，从而造成抹灰层空鼓和裂缝的产生。

2）板缝没有处理好，板的胀缩性能不一致，因收缩或膨胀使缝隙的抹灰层产生纵向裂缝。

3）墙体刚度差，受外力振动时会导致横向裂缝和空鼓现象的产生。

4）基层面处理方法不当。

（2）处理方法

1）空鼓和脱壳的处理方法是：铲除脱壳部分，洗刷干净基层面。

2）由于条板易收缩裂缝，因此宜做成“V”字形缝，缝中填塞同抹灰颜色相同的柔性密封胶密封。

3）如因条板刚度不足和受外力作用过强而致空鼓，应先对条板补强，然后再修补抹灰层。

问题五、抹灰面不平，阴阳角不方正、不垂直

（1）原因分析

1）违章作业，没有按规范《建筑装饰装修工程质量验收规范》（GB 50210—2001）要求进行阳角找方，设置标筋、分层赶平、修整，表面压光处理。

2）施工过程中交底不够详细、检查不严、管理不善。

3）操作工艺水平低，不懂抹灰的操作技巧。

4）工具不齐全，缺乏直尺、刮尺等必要的工具进行检查。

（2）处理方法

1）详细检查墙面的平整度和垂直度，剔除突出部分，补平凹洼处。

2）用吊线检查阳角垂直度，用阴角器检查阴角方正和偏差。

4. 涂饰工程的质量缺陷及原因分析

问题一、油漆涂料的慢干与回粘

（1）原因分析

1）涂料质量低劣，配制时树脂用量少，则涂料干得慢。

2）将不同类型的涂料混用，由于材料性质不相容，干燥时间不一，导致慢干，甚至产生变色、发胀等质量问题。

3）在恶劣气候条件下施工影响漆膜的干燥。

4）涂料的施工环境差，周围环境中含有盐、酸、碱等气体或液体；或木构件上的干性松脂没有清除，当涂刷油性涂料后，酸、碱等逐渐渗透涂膜而导致发粘。

5）有的操作工任意多加催干剂和稀释剂，使用不当或品种不符，也会造成发粘、慢干现象。

6）头遍漆尚未实干就涂二遍厚漆，造成外干里不干而发粘和慢干。

7）物体表面不干净，涂漆后易产生慢干或回粘。

（2）处理方法

1）当涂膜出现轻微慢干或回粘时，可加强通风；如温度过低可适当加温，加强保护。

2）当涂膜多日不干或回粘严重时，要用强溶剂苯、松香水、汽油等洗掉擦净涂膜层，再重新涂刷优质涂料。

问题二、涂膜层开裂或卷皮

（1）原因分析

1）涂料质量低劣，涂料成膜后收缩脆裂。

2）构件表面沾有油污，没有清除干净就施工，使涂膜黏结不牢而开裂。

3）干燥剂用量过多或各种干燥剂搭配不当。

4）底层涂层没有实干就涂刷面层，或使用油性底层涂层，致使面层涂层开裂、卷皮、脱落。

5）墙面涂层太厚，收缩小；或底层涂层面光滑，附着力小，容易开裂。

6）面层油漆料中的挥发成分太多，影响成膜的结合力。

（2）处理方法

1）将已卷皮、开裂严重的涂膜层铲除，查明卷皮、开裂的原因。

2）局部裂缝和卷皮时，用刮刀将卷皮处刮除，用砂纸打磨裂缝和刮除处。

3）墙面因涂层太厚、太光滑而裂缝时，将有裂缝的墙面用砂纸打磨一遍，扫刷干净，用与底层同系列同色的涂料再涂刷一遍面层。

4）装饰涂料经使用后涂膜老化、开裂和卷皮时，应全部铲除后重涂面层涂料。

问题三、涂膜粉化

（1）原因分析

1）涂料质量低劣，黏结性不好。

2）直接在混凝土、水泥砂浆的面层上涂刷涂料，容易粉化。

3）暴露在室外的构件面上，或使用高色料醇性涂料，都会发现在涂膜上沉淀出黏结颜料的粉状物质。

4）在室外使用室内用油漆。

（2）处理方法

1）根据施涂的不同基体，选择合适的涂料。

2）涂料不能随意稀释。

3）基体面要认真处理，凡有缺陷的要纠正或返修后方可施工。

4）加强施工管理，控制基层干燥度，含水率应小于8%。

5）正确选择油漆，注意将室内和室外用油漆分开。

问题四、涂膜层表面有鼓包、针孔与气泡

（1）原因分析

1）基层潮湿、含水率大，当涂层固化时，未逸出的水蒸气在涂膜层内形成鼓包。

2）溶剂搭配不当。

3）漆料中有水分，空气中有灰尘。

4）木基层的管孔洞大，有的水泥砂浆的表面有较大的水孔、气孔。

5）采用喷涂涂料时，压缩空气夹带入涂层中，产生气泡。

（2）处理方法

1）涂层表面有少量气泡和针孔时，用0～1号细砂纸打磨消除气泡后，用腻子补嵌一切孔眼，干硬后，打磨平整，然后补涂颜色一致的涂料。

2）当气泡、鼓包较多时，查明产生气泡的原因，采取针对性的处理方法。

问题五、涂膜面层"笑纹"收缩

（1）原因分析

1）底层涂料内掺有煤油、柴油等不干性稀释剂，干燥后没有清除就涂刷面层涂料，就会出现"笑纹"现象。

2）漆料黏度小，涂刷的漆膜太薄；或喷涂时混入油或水，都易产生收缩。

3）在雨季或潮湿的地方施工，涂刷时常有水分混入，因油和水不能混合，也会产生"笑纹"现象。

4）基体表面太光滑，打底漆太光滑。

5）溶剂选用不当，挥发太快，涂膜来不及二度流平，产生收缩"笑纹"现象。

6）使用劣质涂料，施工时不能涂成均匀的成膜层，极易发生收缩。

（2）处理方法

1）对已干燥的"笑纹"涂膜层，可用溶剂将涂膜洗刷干净，晾干后，用1号细砂纸打磨揩净。

2）当出现局部"笑纹"时，可反复理刷，即可消除。

3）出现"笑纹"严重时，可停止施工，用汽油或松香水擦净涂层面，用布包石灰粉末拍擦物面，清扫干净，或刷1～2遍漆片封闭，即可避免。

问题六、接缝高低差大，拼缝宽窄不一

（1）原因分析

1）板块的几何尺寸误差大，预制水磨石、大理石、花岗岩等板块的表面没有磨平，凹凸与翘曲。

2）铺设板块时接缝高低差大或拼缝时宽时窄；也有黏结层不密实，受力后局部下沉，造成相邻两块板之间高低差大于1mm。

（2）处理方法

1）当已铺好的地面有局部沉降的板块，使接缝产生高低差时，可将沉降的板块掀起，凿除黏结层，扫刷干净，冲水湿润晾干。

2）已铺好的板缝宽窄不一，但数量不多，可用与面层相同颜色的水泥浆将缝隙抹平、抹密实。

3）如使用板块的几何尺寸及平整度误差超过规定的低劣产品，必须更换合格的板块。

问题七、金属面涂膜层反锈

（1）原因分析

1）基层除锈不净，易产生铁锈。

2）涂刷时出现针孔等现象，易产生锈斑。

3）涂刷的防锈涂料质量低劣，不能防锈，造成金属构件锈蚀，体积膨胀，胀裂涂膜层，使铁锈玷污涂膜层。

4）涂膜太薄，水分或腐蚀气体透过涂膜，腐蚀金属面而产生针蚀，然后逐步扩大为锈蚀面。

（2）处理方法

1）涂刷前认真清除金属面的铁锈。

2）钢铁表面涂普通防锈漆时，漆膜要略厚一些。

3）涂料施工前，要检查防锈底涂层的质量，不得有裂缝、脱壳和反锈现象。

4）对已产生锈蚀的漆膜，要铲除漆膜，基层面除锈后方可重涂底漆。

5. 地面工程的质量缺陷及原因分析

问题一、水泥和混凝土首层地面裂缝

（1）原因分析

1）基层土没有按规范《建筑地面工程施工质量验收规范》（GB 50209—2002）的规定分层夯填密实。

2）房心的松软土层，没有按规定挖除后换土回填夯实。

3）垫层质量差。

4）大面积地面没有按规定留伸缩缝。

（2）处理方法

1）对破损严重的地面，先要查明造成裂缝的原因，返工重做：挖除松软的腐殖土、淤泥，换用含水量为19%～23%的黏土，或含水量为9%～15%的砂质黏土做填土料，分层回填夯实，用环刀法测试合格后，方可铺夯垫层，确保表面平整后，方可按设计要求做好面层。

2）对局部破损处先查清破损范围，在地面上弹好破损周围线，用混凝土切割机沿线割断，凿除面层和垫层，挖除局部松软土层，重新换合格的填土分层夯填密实，要求和周围一样平整。

3）裂缝不多、且宽度不大时，将缝隙清扫干净，用水冲洗湿润晾干，用聚合物水泥浆（108胶：水：P·O 42.5水泥=1：4：8）搅拌均匀沿缝隙灌注，灌满缝隙为好，初凝后压实抹平。

问题二、水泥和混凝土楼面不规则裂缝

（1）原因分析

1）基层面的灰疙瘩没有清除干净；或预埋管线高于基层表面等，造成水泥砂浆面层的厚薄差别大，因而产生收缩不均匀而裂缝。

2）在大面积地面浇筑时没有设置伸缩缝，在干缩和温差的作用下，产生不规则裂缝。

3）材料使用不当，如水泥的安定性差；或细砂含泥量大于5%；或在搅拌砂浆时无配合比，或有配合比却又计量不准确，拌制的砂浆强度差，收缩性大；或使用停放超过3h的初凝的砂浆；或成品养护和保护时间不够，尚未达到硬化时，就在地面上操作，随意堆放砖块等重物，在干缩、收缩时产生不规则裂缝。

（2）处理方法

1）当不规则裂缝的宽度小于0.5mm时，扫刷、冲洗、晾干，随用搅拌均匀的水泥浆浇在裂缝的地面上，用铁抹子刮塞缝中，待初凝后再刮平抹实。

2）当不规则的裂缝的宽度大于0.5mm时，须查明脱壳的范围，划好外围线，用混凝土切割机沿线切割开地面面层，凿除起壳裂缝部分。

3）有的地面裂缝少，宽度大于1mm，经检查不脱壳。

问题三、水泥和混凝土地面空鼓

（1）原因分析

1）因上部抹灰的灰砂散落在基层面凝结，或基层积灰，或搅拌灰浆等灰泥没有扫刷和冲洗干净，形成基层与面层的隔离层而导致脱壳。

2）基层过分干燥，即面层施工前没有浇水湿润或仅在基层面洒点水，造成空鼓脱壳；或随做面层随浇水，造成基层面积水，也是造成空鼓脱壳的原因。

3）基层质量低劣，表面起粉、起砂，或混凝土面有水泥中的游离质薄膜没有刮除，也是造成起鼓的原因。

（2）处理方法

1）用小锤敲击检查空鼓脱壳的范围，用粉笔画清界线，用切割机沿线割开，并掌握切割深度。

2）大面积起鼓和脱壳，应全面凿除，按施工方法重做面层并达到规定要求。

问题四、水泥和混凝土地面起砂和麻面

（1）原因分析

1）使用的材料低劣、不符合要求。

2）施工不合理：压实抹光的时间不当，如抹压时间过早或过迟，造成抹压不实或导致面层酥松；或在表面撒干水泥引起脱皮；或不养护失水而酥松；或成品不保护，过早使用，如任意踩踏和放重物等，使未凝固的面层强度下降而起砂、脱皮和露砂。

3）使用不当，在已完工的地面上进行搅拌砂浆，或把做粉刷用的砂浆直接倒在地面上，再转铲给抹灰工使用，使光洁的地面造成麻面和起砂。

4）冬期施工水泥砂浆地面时保温不当，造成地面早期受冻，使地面面层脱皮、起砂、酥松；或水泥砂浆地面抹光后，气温下降，常将门窗关闭，室内设临时煤炉生火保温防冻，则二氧化碳和水泥中的硅酸盐和铝酸钙等作用，使表面酥松而起砂。

（2）处理方法

1）表面局部脱皮、露砂、酥松的处理方法是，用钢丝板刷刷除地面酥松层，扫刷干净灰砂，用水冲洗，保持清洁湿润，当起砂层厚度小于2mm时，用聚合物水泥浆（108胶：水：水泥＝1：4：8）满涂一遍，然后水泥砂浆（水泥：细砂＝1：1）铺满刮平，收水后用木抹子拍实搓平。

2）使用劣质水泥等造成大面积酥松，必须返工，铲除后扫刷干净，用水冲洗湿润。

问题五、板块地面砖空鼓和脱落

（1）原因分析

1）基层面没有按规定冲洗和刷干净并浇水湿润。

2）基层强度低于M15，表面酥松、起砂，有的基层干燥。

3）水泥砂浆结合层搅拌计量不准确，时干时湿，铺压不密实。

4）地面砖在铺贴前，没有按规定浸水和洗净背面的灰和粉尘；或砖上的明水在铺贴前没有擦拭干净就铺贴。

5）地面铺贴后，黏结层尚未硬化，就在地面上走动、推车、堆放重物，或其他工种在地面上操作和振动，或不浇水养护等。

（2）处理方法

用小锤敲击检查。拆除重新铺贴。

问题六、地面砖裂缝

（1）原因分析

1）因楼面结构变形，拉裂地面砖。

2）有的地面砖接合层采用纯水泥浆，因温差收缩系数不同，常造成地面砖起鼓、爆裂。

（2）处理方法

1）因结构变形拉裂地面砖，先进行结构加固处理，然后再处理地面的裂缝。

2）因结构收缩变形和温差作用而引起地面砖起鼓和爆裂，必须将起鼓和脱壳、裂缝的地面砖铲除或掀起，沿已裂缝的找平层进行拉线，用混凝土切割机切缝；扫刷干净，缝内灌柔性密封胶。

问题七、板块楼地面接缝高低差大，拼缝宽窄不一

（1）原因分析

1）板块的几何尺寸误差大，预制水磨石、大理石、花岗岩等板块的表面没有磨平，凹凸与翘曲。

2）铺设板块时接缝高低差大或拼缝时宽时窄；也有黏结层不密实，受力后局部下沉，造成相邻两块板之间高低差大于1mm。

（2）处理方法

1）当已铺好的地面有局部沉降的板块，使接缝产生高低差时，可将沉降的板块掀起，凿除黏结层，扫刷干净，冲水湿润晾干。

2）已铺好的板缝宽窄不一，但数量不多，可用与面层相同颜色的水泥浆将缝隙抹平、抹密实。

3）如使用板块的几何尺寸及平整度误差超过规定的低劣产品，必须更换合格的板块。

6.门窗工程的质量缺陷及原因分析

（1）原因分析

门窗洞口预留尺寸不准；合页不平、螺丝松动、合页槽深浅不一；上下层门窗不顺直，左右门窗安装标高不一致。

（2）处理方法

砌筑时上下左右拉线找规矩，一般门窗框上皮应低于门窗过梁10～15mm，窗框下皮应

比窗台上皮高5mm；合页位置应距门窗上下端宜取立梃高度的1/10；安装合页时，必须按画好的合页位置线开凿合页槽，槽深应比合页厚度大1～2mm；根据合页规格选用合适的木螺丝，木螺丝可用锤打入1/3深后，再行拧入；安装人员必须按照工艺要点施工，安装前先弹线找规矩，做好准备工作后，先安样板，合格后再全面安装。

7. 幕墙工程的质量缺陷及原因分析

问题一、设计图纸不甚规范

(1) 原因分析

无设计说明；缺少结构计算书；缺少节点样图；避雷、防火、防排水措施不当。

(2) 处理方法

1) 幕墙应由有相应资质的幕墙专业单位设计。幕墙工程专业性较强，而幕墙专业单位对幕墙工程构造、用料、节点处理等业务较熟悉，其设计的图纸便于指导施工。

2) 加强对设计文件的审核。幕墙设计完成后，应由技术负责人对幕墙的性能、构造和安全进行总体审核，特别是对计算书、节点大样图，防排水、避雷、防火系统的处理，保温隔热措施，用料和施工要求进行审核。对计算书的审核应包括预埋件、锚固节点、横梁、立柱、板材、结构胶强等强度的验算。专业设计完成后，应交该建筑工程的建筑设计单位确认，并经专门设审机构审核。

3) 由于幕墙涉及建筑、结构设计、防排水、消防、避雷、安装等多个专业，因此在设计过程中，专业设计人员应互相配合好，并且还应同土建设计加强沟通。

问题二、铝合金型材不符合要求

(1) 原因分析

型材部分受力截面小于设计要求：型材未经阳极氧化或其他表面处理，或者其厚度未达到处理厚度要求。

(2) 处理方法

1) 加强对有关人员的业务素质培训和质量意识教育，不能采用降低质量要求的方法来降低成本。

2) 加强对产品加工和进货时的检验，对使用材料的质量应严格控制。

问题三、硅酮结构胶、密封胶品种、性能不良

(1) 原因分析

购进了酸性或碱性的硅酮结构密封胶；硅酮结构胶、耐候密封胶的性能（特别是硅酮结构胶的黏结强度）未达到技术指标要求。

(2) 处理方法：

1) 酸、碱性胶使用在幕墙上，会给铝合金带来不良影响，甚至影响结构硅酮胶的粘结力，因此必须确保采用中性胶。

2) 硅酮结构密封应选用法定检测合格的产品，购买进口结构胶、密封胶要到指定委托销售点购买，同时应索取产品商检证、保证书和试验报告及质量保证年限。购买国产胶，应购买经国家批准销售的产品，其性能必须符合《建筑用硅酮结构密封胶》(GB 16776) 的规定。

3) 在使用前，必须对每批胶现场取样送国家指定检测机构测试，相容性、剥离黏结性能符合要求后才能使用，不得先使用后试验。使用时要核对检查批号和日期。

4）已测试合格的双组分结构胶在注胶前经混匀性试验及拉断试验，符合要求后才能使用。

问题四、密封胶脱落

（1）原因分析

密封胶与基材交界处有气泡或脱胶，对组件进行切开剥离试验时，结构胶与基材剥离。

（2）处理方法

1）在胶使用前，必须对幕墙工程选用的铝合金型材、玻璃、双面胶带、硅酮耐候密封胶、塑料泡沫棒等与硅酮结构密封胶接触的材料做相容性试验和黏结剥离性试验，试验合格后才能进行注胶。

2）注胶前，与结构密封胶接触的表面必须按操作要求进行净化，净化后的构件应在一小时内进行注胶，超过时间或再污染时，应重新净化。

3）在组装时，净化过的构件不能随意移动，以免再次污染影响黏结。

4）双组分结构胶在注胶前须搅拌均匀，试验反映无气泡后用机械注胶，以保证注胶密实。

5）结构密封胶超出有效期限，严禁使用。

问题五、预埋件安装质量较差

（1）原因分析

预埋件偏离设计位置、漏放；防腐处理不到位。

（2）处理方法

1）预埋件的位置应根据设计规定的中心线进行控制，同时必须在混凝土浇注前埋入，并可靠地固定在模板上或钢筋上。

2）当预埋件漏放、偏离设计位置时，使用后置埋件（膨胀螺栓或化学螺栓）应符合设计要求并应进行现场拉拔试验。

3）施工过程中将预埋件的防腐层损坏，应按设计要求重新对其进行防腐处理。幕墙使用的金属附件，除不锈钢外，均应进行防腐处理。防锈漆质量应符合要求。

问题六、幕墙安装存在缺陷

（1）原因分析

幕墙立柱与连接件、连接件与主体预埋件连接有偏差，进出不一致，连接表面接搓不平整；横梁安装不平；横梁与主柱节点处理不规范。

（2）处理方法

1）各楼层予埋件与铝合金框架立柱之间的连接件应通过设计确定三维调节余量，并提出节点防位移措施。

2）安装立柱时，应将立柱先与连接件连接，然后再与主体预埋件连接调整。

3）安装横梁两端的连接件时，应同时装上弹性橡胶垫。要求安装牢固，接缝密缝严密，同时应准确安装在立柱的预定位置。

4）安装横梁，每端都应用螺丝固定连接件。在连接和柱上钻孔时，必须保证连接件上平面水平。

5）安装横梁时，应对安装位置进行水平测量定位钻孔，以保证相邻横梁或同层横梁标高的水平度。同一层的横梁安装应由下向上进行。

6）立柱与立柱上下之间用铝合金芯管连接件连接，并按设计要求留伸缩接缝，同时用弹性好的密封胶打注饱满严密，以防雨水顺着芯管外露部分渗入立柱腔内。

问题七、防火系统不规范

（1）原因分析

楼层上下面未用不燃材料封闭；防火材料敷设缝隙未预密封；幕墙四周与主体结构之间的缝隙，未采用防火保温材料填塞，形成垂直通道。

（2）处理方法

1）防火层与幕墙和主体结构间的缝隙，应用防火密封胶封闭。

2）加强技术交底和工序间检查与隐蔽验收。

问题八、幕墙渗漏

（1）原因分析

幕墙四周与主体结构间渗漏；幕墙开启门窗处渗漏；幕墙接缝处渗漏；室内冷凝水无法排出。

（2）处理方法

1）幕墙四周与主体结构间的缝隙，应用防水保温材料堵实，内外表面用密封胶连续封闭，保证接缝严密不漏水。

2）在开启部位和幕墙压顶及周边等构造复杂、易渗漏部位施工时，应加强检查，发现密封不良、材料性能达不到要求时，及时整改或更换。

3）幕墙在安装前应做抗风压、抗空气渗透、抗雨水渗漏性能试验，试验结果达到设计规定方能进行安装，安装过程中，应分层进行抗雨水渗漏性能的淋水试验，及时发现、调整、解决渗漏。

4）组装时应注意各连接处连接严密，防止有阻水现象，以保持内排水系统畅通。

5）冷凝水排出管及附件与水平构件预留孔连接应严密，与内衬板出水孔连接处应设橡胶密封条。

四、影响工程结构安全及使用功能部位（如大型吊灯、安全玻璃、干挂石材、栏杆扶手等）质量安全防范与处理

1. 大型吊灯安装质量安全防范与处理

大型灯具一般是用做工程、酒店、广场、大面积装饰照明等，一般多为吊灯，可按面积大小而定，一般大型灯具也有一定的重量。

大型灯具安装具有以下强制性规定：

（1）花灯吊钩圆钢直径不应小于道具吊钩直径，且不小于 6mm，大型灯具的固定及悬吊装置，应该按照灯具重量的 2 倍做过载试验。试验记录见表 6-5。

（2）当灯具距地面高度小于 2.4m 时，灯具的可接近裸露导体必须接地（PE）或者接零（PEN）可靠，并且有专用接地螺丝，且有标志。

（3）建筑物景观照明灯具安装应符合下列规定：

1）每套灯具的导电部分对地绝缘电阻值大于 2MΩ。

2）在人行道等人员来往密集场所安装的落地式灯具，无围栏防护，安装高度距地面 2.5m 以上。

3）金属构架和灯具的可接近裸露导体及金属软管的接地（PE）或者接零（PEN）可靠，且有标识。

表 6-5　大型灯具安装过载试验记录

<table>
<tr><td>工程名称</td><td colspan="3"></td><td>施工单位</td><td></td></tr>
<tr><td>分项工程名称</td><td colspan="3"></td><td>监理（建设）单位</td><td></td></tr>
<tr><td>环境温度</td><td colspan="3"></td><td>日期</td><td></td></tr>
<tr><td>序号</td><td>部位</td><td>灯具重量（kg）</td><td>试验荷载（kg）</td><td>试验时间</td><td>试验结论</td></tr>
<tr><td></td><td></td><td></td><td></td><td></td><td></td></tr>
<tr><td></td><td></td><td></td><td></td><td></td><td></td></tr>
<tr><td></td><td></td><td></td><td></td><td></td><td></td></tr>
<tr><td colspan="4">施工单位</td><td colspan="2">监理（建设）单位</td></tr>
<tr><td>试验人：</td><td>专业质量检查员：</td><td colspan="2">项目专业技术（质量）负责人：

（公章）</td><td colspan="2">监理工程师：
（建设单位项目专业技术负责人）

（公章）</td></tr>
</table>

注：1. 凡灯具重量大于 3kg 者，吊钩规格不应小于灯具挂钩直径，且安装应牢固，当灯具重量在 5kg 以上者，预埋吊钩应做过载试验。
2. 分项工程名称：按实际发生的分项填写。
3. 序号：按施工图纸大型灯具编号顺序填写。
4. 部位：按灯具所在楼层、区段填写。
5. 灯具重量：灯具自重加灯泡重量，单位 kg。
6. 试验荷载：试验荷载重量不小于灯具重量的 2 倍，试验时间不小于 15min，观感吊钩不变形为合格。
7. 试验结论：当满足上述要求时可填满足规范规定。

2. 安全玻璃质量安全防范与处理

2003 年，中华人民共和国国家发展和改革委员会、建设部联合发布的《建筑安全玻璃管理规定》中要求建筑物需要以玻璃作为建筑材料的下列部位必须使用安全玻璃：

（1）七层及七层以上建筑物外开窗；

（2）面积大于一点五平方米的窗玻璃或玻璃底边离最终装修面小于 500mm 的落地窗；

（3）幕墙（全玻幕除外）；

（4）倾斜装配窗、各类天棚（含天窗、采光顶）、吊顶；

（5）观光电梯及其外围护；

（6）室内隔断、浴室围护和屏风；

（7）楼梯、阳台、平台走廊的栏板和中庭内栏板；

（8）用于承受行人行走的地板；

（9）水族馆和游泳池的观察窗、观察孔；

（10）公共建筑物的出入口、门厅等部位；

（11）易遭受撞击、冲击而造成人体伤害的其他部位。

3. 干挂石材质量安全防范与处理

安全、美观、实用是对干挂石材幕墙的要求。但建设单位选材不合理，施工操作人员技术参差不齐等因数一定程度上造成质量下降，留下安全隐患。施工时应根据合同、设计施工图纸、验收规范、相关的技术规范及标准、施工方案等，对施工进场的原材料质量和施工过程质量进行重点控制。

（1）原材料质量控制

1）按设计要求的品种、颜色、花纹和尺寸规格选用石材，并严格控制、检查其抗折、抗拉及抗压强度，吸水率等性能。块材的表面应光洁、方正、平整、质地坚固，不得有缺棱、掉角、暗痕和裂纹等缺陷。

2）膨胀螺栓、连接铁件、连接不锈钢针等配套的铁垫板、垫圈、螺帽及与骨架固定的各种设计和安装所需要的连接件的质量，必须符合国家现行有关标准的规定。

3）嵌缝胶：采用中性硅酮耐候密封胶或陶氏康宁密封胶，也可在现场组配，在环氧树脂液中，加入胶重量30%的低分子聚酰胺树脂651胶液，混匀后使用。但无论采用哪一种嵌缝胶，都必须在使用前进行黏结力和相容性试验。

（2）施工质量要求

1）面层与基底应安装牢固；粘贴用料、干挂配件必须符合设计要求和国家现行有关标准的规定，碳钢配件需做防锈、防腐处理。焊接点应作防腐处理。

2）饰面板安装工程的预埋件（或后置埋件）、连接件的数量、规格、位置、连接方法和防腐处理必须符合设计要求。后置埋件的现场拉拔强度必须符合设计要求。饰面板安装必须牢固。

（3）应注意的质量问题

1）注意避免石材污染，石材表面必须用护理剂进行石材六面体防护处理。此项工作必须在无尘清洁环境中进行。

2）清理预做饰面石材的结构表面，施工前认真按照图纸尺寸，核对结构施工的实际情况，同时进行吊直、套方、找规矩，弹出垂直线、水平线，控制点要符合要求。并根据设计图纸和实际需要弹出安装石材的位置线和分块线。

3）与主体结构连接的预埋件应在结构施工时按设计标注埋设。预埋件应牢固，位置准确。应根据设计图纸进行复查。当设计无明确要求时，预埋件标高差不应大于10mm，位置差不应大于20mm。

4）面层与基底应安装牢固；粘贴用料、干挂配件必须符合设计要求和国家现行有关标准的规定。

5）石材表面平整、洁净；拼花正确、纹理清晰通顺，颜色均匀一致；非整板部位安排适宜，阴阳角处的板压向正确。

6）缝格均匀，板缝通顺，接缝填嵌密实，宽窄一致，无错台错位。

4. 栏杆扶手质量安全防范与处理

（1）护栏和扶手制作与安装所使用材料的材质、规格、数量和木材、塑料的燃烧性能等级应符合设计要求。

（2）护栏和扶手的造型、尺寸及安装位置应符合设计要求。

（3）护栏和扶手安装预埋件的数量、规格、位置以及护栏与预埋件的连接节点应符合设计要求。

（4）护栏高度、栏杆间距、安装位置必须符合设计要求。护栏安装必须牢固。

第三节　建筑装饰工程施工安全危险源分类及防范的重点

一、施工安全危险源的分类

1. 施工安全危险源的分类

危险源是指可能导致人员伤害或疾病、物质财产损失、工作环境破坏的情况或这些情况组合的根源或状态的因素。危险因素与危害因素同属于危险源。根据危险源在安全事故发生发展过程中的机理，一般把危险源划分为两大类，即第一类危险源和第二类危险源。

(1) 第一类危险源

把系统中存在的、可能发生意外释放的能量或危险物质称作第一类危险源。实际工作中往往把产生能量的能量源或拥有能量的能量载体作为第一类危险源来处理。第一类危险源具有的能量越多，一旦发生事故其后果越严重；相反，第一类危险源处于低能量状态时比较安全。

(2) 第二类危险源

第二类危险源包括人、物、环境三个方面的问题。人失误可能直接破坏对第一类危险源的控制，造成能量或危险物质的意外释放。

(3) 危险源与事故

事故的发生是两类危险源共同作用的结果。第一类危险源是事故发生的前提，第二类危险源的出现是第一类危险源导致事故的必要条件

2. 施工安全危险源的防范重点的确定

施工现场的安全危险主要有高处坠落、物体打击、坍塌、机械伤害、触电等五大类型。

(1) 高处坠落

凡在坠落高度基准面 2m 以上（含 2m）的高处作业面，就存在可能发生高处坠落事故的危险源，楼梯口、电梯井口、预留洞口、通道、尚未安装栏杆的阳台周边、作业平台和作业面周边、楼层周边、上下跑道及斜道的两侧边、物料提升设备及施工电梯进料口等部位，往往发生高处坠落事故。造成的原因有：作业面脚手板未满铺，未按规范要求设置水平防护和立面防护，虽设置了防护但强度、刚度、高度不够或不严密，高处临悬空作业未系好安全带等。

(2) 物体打击

物体打击造成的伤害在建筑施工作业活动中经常发生，操作人员受到坠落的打击，往往来自于高处作业面层放置不妥的工具、材料及在垂直运输过程中因捆绑不牢固的物件坠落、立体交叉作业中的物件坠落、吊装工艺过程、违章作业的高空抛物、爆破作业、自然灾害引发的物体坠落打击等。造成的原因有：作业人员进入施工现场未戴安全帽；高处作业工具、材料、小型设备放置不稳固无防护坠落措施；人员主要上、下通道未设置防护棚、塔吊旋转半径范围内的作业场所无防护棚，作业人员违章上下抛掷物料，高处作业面层未设置挡脚板，水平防护及立面防护不严密等原因。

(3) 坍塌倾覆

土石方基坑作业、人工挖孔桩施工、脚手架搭拆、模板工程、拆除工程、挡土墙；物料

提升机、塔吊、滑模、接料平台、移动操作台等均可能造成坍塌倾覆事故。

（4）机械伤害

塔吊、施工电梯、卷扬机、平刨机、电锯、钢筋加工机械、混凝土搅拌机、砂浆拌合机等机械伤害（场内运输工具），一旦出现事故，将会造成重大伤亡和财产损失，尤其是塔吊、施工电梯和卷扬机可能引发群死群伤事故。引发机械伤害事故的原因有：大型机械设备基础不坚固引起倾覆；无资质安装、拆除、维保；机械作业人员无证上岗；各种限位保护装置失灵；机械传动部位无防护罩；起重作业信号不当，指挥不到位；钢丝绳未定期检查；作业人员酒后作业及其他违规违章等等。此外，还有引发火灾事故、场内交通事故等各种危险源。

（5）触电（消防）

凡涉及用电的机械、照明、器具、配电箱（柜）、电缆、电线等导线、电杆及支架，用电防护设施、个人使用安全防护品的缺陷、操作人员的技术程度高低、周边的人群年龄的大小、素养的优劣，均可能在有电源的地方发生触电事故。以用电触点为中心原点，根据用电流量的大小，距离远近范围而不同所发生的事故，更容易产生次生、多人的触电灾害。从而还引发火灾、爆炸等重大灾害事故（事件）。

3. 建筑施工主要危险源的控制措施

安全生产管理三要素：消除物的不安全状态、杜绝人的不安全行为、控制不安全环境因素。

（1）施工企业应针对工程项目的特性，结合施工季节、气候及场地周边环境的实际情况，编制危险源目录，根据重大和不可容许风险评定依据分类，确定重大危险源并建立台账。

（2）在施工现场显要位置悬挂重大危险源公示牌，公示内容应当包括重大危险源名录、可能导致发生的事故类别和风险评价判定。在每一施工重大危险源处醒目位置悬挂安全警示色标。

（3）对危险性较大的专项工程应当编制专项工程施工方案，其中深基坑工程、暗挖工程、高大模板工程、20m 高以上悬挑架、50m 高以上落地架、大型脚手架、附着式升降脚手架工程、吊装工程、构筑物爆破拆除和土石方爆破工程等危险性大的专项工程施工方案应组织专家论证，经完善后报施工单位总工程师和总监理工程师审批后，方可实施。

（4）施工现场安全防护品标准件：比如：洞（井）口、临边防护设施标准件；接料平台，物料提升机层间安全门联动、临时钢爬梯、临时梯间扶手、防护棚等等，均可制作标准件安装、拆卸、运输、入库保养存放。

二、施工安全危险源防范重点的确定

施工安全是指施工过程处于避免人身伤害及其他不可接受的损害风险的状态。其中不可接受的损害风险通常是指：超出了法律、法规和规章的要求，超出了企业施工安全的方针目标要求，超出了人们普遍接受（通常是隐含）的要求。工程建设项目的施工安全管理内容主要围绕五大常见伤害，即坍塌、触电、高处坠落、物体打击和机械伤害等展开实施。

1. 确定脚手架安全防范重点

脚手架是土木工程施工的重要设施，是为保证高处作业安全、顺利进行施工而搭设的工作平台和作业通道。在结构施工、装修施工和设备管道的安装施工中，都需要按照操作要求搭设脚手架。脚手架工程常用的安全技术规程有：

《建筑施工扣件式钢管脚手架安全技术规范》(JGJ 130)；

《建筑施工碗扣式钢管脚手架安全技术规范》(JGJ 166)；

《建筑施工门式钢管脚手架安全技术规范》(JGJ 128)；

《建筑施工木脚手架安全技术规范》(JGJ 164)；

《建筑施工工具式脚手架安全技术规范》(JGJ 202)。

(1) 脚手架的施工方案

脚手架搭设之前，应根据工程的特点和施工工艺要求确定搭设（包括拆除）施工方案。施工方案内容主要应包括：

1) 材料要求。

2) 基础要求。

3) 荷载计算、计算简图、计算结果、安全系数。

4) 立杆横距、立杆纵距、杆件连接、步距、允许搭设高度、连墙杆做法、门洞处理、剪刀撑要求、脚手板、挡脚板、扫地杆等构造要求。

5) 脚手架搭设、拆除；安全技术措施及安全管理、维护、保养；平面图、剖面图、立面图、节点图要求反映杆件连接、拉结基础等情况。

6) 悬挑式脚手架有关悬挑梁、横梁等的加工节点图，悬挑梁与结构的连接节点，钢梁平面图，悬挑设计节点图。

(2) 脚手架的地基与基础施工

脚手架的地基应坚实平整，严禁在回填土上直接打设脚手架。脚手架底面底座标高宜高于自然地坪 50mm，并向外设有一定的泄水坡度。当脚手架基础下有设备基础、管沟时，在脚手架使用过程中不应开挖，否则必须采取加固措施。

(3) 脚手架的搭设

1) 脚手架搭设人员必须是经过考核合格的专业架子工。上岗人员应定期体检，合格者方可持证上岗。

2) 作业层上的施工荷载应符合作业要求，不得超载。不得将模板支架、缆风绳、泵送混凝土和砂浆的运输管等固定在脚手架上；严禁悬挂起重设备。

3) 单排脚手架不适用于下列情况：

① 墙体厚度小于或等于 180mm；

② 建筑物高度超过 2m；

③ 空斗砖墙、加气块墙等轻质墙体；

④ 砌筑砂浆强度等级小于或等于 M1.0 的砖墙。

4) 脚手架必须配合施工进度搭设，一次搭设高度不应超过相邻连墙件以上两步。

5) 纵向水平杆应设置在立杆内侧，其长度不宜小于 3 跨。

6) 纵向水平杆接长宜采用对接扣件连接，也可采用搭接。纵向水平杆的对接扣件应交错布置：两根相邻纵向水平杆的接头不宜设置在同步或同跨内；不同步或不同跨两个相邻接头在水平方向错开的距离不应小于 500mm；各接头中心至最近主节点的距离不宜大于纵距的 1/3。搭接长度不应小于 1m，应等间距设置 3 个旋转扣件固定，端部扣件盖板边缘至搭接纵向水平杆杆端的距离不应小于 100mm。

7) 主节点处必须设置一根横向水平杆，用直角扣件扣接且严禁拆除。主节点处的两个直角扣件的中心距不应大于 150mm。在双排脚手架中，离墙一端的外伸长度不应大于 0.4 倍的两节点的中心长度，且不应大于500mm。作业层上非主节点处的横向水平杆，最大间距不应大于纵距的1/2。

8）冲压钢脚手板、木脚手板、竹串片脚手板等，应设置在三根横向水平杆上。当脚手板长度小于2m时，可采用两根横向水平杆支撑，但应将脚手板两端与其可靠固定，严防倾翻。此三种脚手板的铺设可采用对接平铺，亦可采用搭接铺设。脚手板对接平铺时，接头处必须设两根横向水平杆，脚手板外伸长应取130～150mm，两块脚手板外伸长度和不应大于300mm；脚手板搭接铺设时，接头必须支在横向水平杆上，搭接长度应大于200mm，其伸出横向水平杆的长度不应小于100mm。

9）脚手架必须设置纵、横向扫地杆。纵向扫地杆应采用直角扣件固定在距底座上皮不大于200mm处的立杆上。横向扫地杆宜采用直角扣件固定在紧靠纵向扫地杆下方的立杆上。当立杆的基础不在同一高度上时，必须将高处的纵向扫地杆向低处延长两跨与立杆固定，高低差不应大于1m。靠边坡上方的立杆轴线到边坡的距离不应小于500mm。

10）立杆必须用连墙件与建筑物可靠连接，连墙件布置间距要符合规定。

11）立杆接长除顶层顶步可采用搭接外，其余各层各步接头必须采用对接扣件连接。立杆上的对接扣件应交错布置，两根相邻立杆的接头不应设置在同步内，同步内每隔一根立杆的两个相邻接头在高度方向错开的距离不宜小于500mm；各接头中心至主节点的距离不宜大于步距的1/3。搭接长度不应小于1m，应采用不少于2个旋转扣件固定，端部扣件盖板的边缘至杆端距离不应小于100mm。

12）一字形、开口形脚手架的两端必须设置连墙件，连墙件的垂直间距不应大于建筑物的层高，并不应大于4m（2步）。

13）对高度24m以下的单、双排脚手架，宜采用刚性连墙件与建筑物可靠连接，亦可采用钢筋与顶撑配合使用的附墙连接方式。严禁使用只有钢筋的柔性连墙件。对高度24m以上的双排脚手架，必须采用刚性连墙件与建筑物可靠连接。

14）连墙件必须采用可承受拉力和压力的构造。采用拉筋必须配用顶撑，顶撑应可靠地顶在混凝土圈梁、柱等结构部位。拉筋应采用两根以上直径4mm的钢丝拧成一股，使用时不应少于两股；亦可采用直径不小于6mm的钢筋。

15）剪刀撑应随立杆、纵向和横向水平杆等同步设置，各底层斜杆下端均必须支承在垫块或垫板上。高度在24m以下的单、双排脚手架，均必须在外侧立面的两端各设置一道剪刀撑，并应由底至顶连续设置；中间各道剪刀撑之间的净距不应大于15m。一字形、开口形双排脚手架的两端均必须设置横向斜撑，中间宜每隔六跨设置一道。

（4）脚手架的拆除

1）拆除作业必须由上而下逐层进行，严禁上下同时作业。

2）连墙件必须随脚手架逐层拆除，严禁先将连墙件整层拆除后再拆脚手架；分段拆除高差不应大于2步，如高差大于2步，应增设连墙件加固。

3）各构配件严禁抛掷至地面。

（5）脚手架的检查验收

脚手架在下列阶段应进行检查与验收：

1）脚手架基础完工后，架体搭设前；

2）每搭设完10～13m高度后或3～5步后；

3）作业层上施加荷载前；

4）达到设计高度后或遇有六级风及以上、雨、雪天气；

5）停用超过一个月。

脚手架定期检查的主要内容：

1）杆件的设置与连接，连墙件、支撑、门洞桁架的构造是否符合要求；

2）地基是否积水，底座是否松动，立杆是否悬空，扣件螺栓是否松动；

3）高度在 24m 以上的脚手架，其立杆的沉降与垂直度的偏差是否符合技术规范要求；

4）架体安全防护措施是否符合要求；

5）是否有超载使用现象。

2. 确定洞口、临边防护安全防范重点

（1）洞口防护重点

1）洞口的安全技术措施

① 各种楼板与墙的洞口，按其大小和性质应分别设置牢固的盖板、防护栏杆、安全网或其他防坠落的安全防护设施。

② 坑槽、桩孔的上口、柱形条形等基础的上口以及天窗等处，都要作为洞口采取符合规范的安全防护设施。

③ 楼梯口应设置防护栏杆，楼梯段边应设防护栏杆，或者用正式工程的楼梯扶手代替临时防护栏杆。

④ 电梯井口除设置固定的栅门外，还应在电梯井内每隔两层（不大于 10m）设一道安全平网。

⑤ 在建工程地面入口处和施工现场人员流动密集的通道上方，应设置防护棚，防止因落物产生物体打击事故。

⑥ 施工现场大的坑、槽、陡坡等处，除需设置防护设施与安全标志外，夜间还应设红灯示警。

2）洞口防护设施要求

① 楼板、屋面和平台等面上短边尺寸小于 25cm 但大于 2.5cm 的孔口，必须用坚实的盖板盖严，盖板应能防止挪动移位。

② 楼板面等处边长为 25～50cm 的洞口、安装预制构件时的洞口以及缺件临时形成的洞口，可用竹、木等作盖板，盖住洞口，盖板要保持四周搁置均衡，固定牢靠，防止挪动移位。

③ 边长为 50～150cm 的洞口，必须设置一层用扣件扣接钢管而形成的网格，并在其上满铺竹笆或脚手板。也可采用贯穿于混凝土板内的钢筋构成防护网格，钢筋网格间距不得大于 20cm。

④ 边长在 150cm 以上的洞口，四周必须设安全防护栏杆，洞口下张设安全平网。

⑤ 垃圾井道和烟道，应随楼层的砌筑或安装而消除洞口，或按照预留洞口的做法进行安全防护。

⑥ 位于车辆行驶通道旁的洞口、深沟与管道坑、槽，所加盖板应能承受不小于当地额定卡车后轮有效承载力 2 倍的荷载。

⑦ 墙面等处的竖向洞口，凡落地的洞口应加装开关式、固定式或工具式防护门，门栅网格的间距不应大于 15cm，也可采用防护栏杆，下设挡脚板。

⑧ 下边沿至楼板或底面低于 80cm 的窗台等竖向洞口，如侧边落差大于 2m 时，应加设 1.2m 高的临时护栏。

⑨ 对邻近的人与物有坠落危险的其他竖向的孔、洞口，均应予以加盖或加以防护，并固定牢靠，防止挪动移位。

（2）临边作业的安全技术措施

1）在进行临边作业时，必须设置安全警示标志。

2）基坑周边、尚未安装栏杆或栏板的阳台周边、无外脚手架防护的楼面与屋面周边、分层施工的楼梯与楼梯段边、龙门架、井架、施工电梯或外脚手架等通向建筑物的通道的两侧边、框架结构建筑的楼层周边、斜道两侧边、料台与挑平台周边、雨篷与挑檐边、水箱与水塔周边等处必须设置防护栏杆、挡脚板并封挂立网进行封闭。

3）临边外侧靠近街道时，除设防护栏杆、挡脚板、封挂立网外，立面还应采取荆笆等硬封闭措施，防止施工中落物伤人。

3. 确定垂直运输机械安全防范重点

（1）物料提升机安全控制要点

1）物料提升机在安装与拆除前应制定详细的施工方案。

2）高架提升机的基础应进行设计计算，低架提升机在无设计要求时，可按素土夯实后，浇筑 300mm（C20 混凝土）后条形 基础。

3）物料提升机的各装置必须齐全、灵敏、可靠。

4）保证稳定性的缆风绳，高度在 20m 以下可设 1 组（不少于 4 根），高度在 30m 以下不少于 2 组，超过 30m 时不应采用缆风绳锚固，应采用连墙杆等刚性措施。

5）物料提升机架体外侧应沿全高用立网进行防护。在建工程各层与提升机连接处应搭设卸料通道，通道两侧应按临边防护规定设置防护栏杆及挡脚板。

6）安装时，基座应平稳牢固，设置可靠的地锚，并应搭设防护棚。操作人员的位置应能看清指挥人员和拖动或启动物件。

7）作业前检查卷扬机与地面固定情况，防护设施、电气线路、制动装置和钢丝绳等全部合格后，方可使用。

8）卷筒上的钢丝绳应排列整齐，如发现重叠或斜绕时，应停机重新排列。严禁在转动中用手、脚去拉踩钢丝绳。

9）作业中，任何人不得跨越正在作业的钢丝绳。物件提升后，操作人员不得离开卷扬机，遇停电或休息时，电箱应关闭电源，吊篮应放至地面。

10）龙门架，架体和主体设置拉杆连接（钢管件拉结），架体三面用安全网全封闭，进口处做防护棚，各层通道口处都应设置常闭型的防护门。

11）工作层，做扶手栏杆，高度过 1.2～1.5m，底部 18cm，做踢脚防护。

12）机械管理员、安全员和维修人员，负责定期做检修、保养记录。

（2）外用电梯安全控制要点

1）安装和拆卸之前必须制定详细的施工方案。

2）安装和拆卸必须由取得相应资质的专业队伍进行，使用之前取得“准用证”。

3）外用电梯的各装置必须齐全、灵敏、可靠。

4）外用电梯底笼周围 2.5m 范围内必须设置牢固的防护栏杆，进出口处的上部应根据电梯高度搭设足够尺寸和强度的防护棚。

5）外用电梯与各层站过桥和运输通道，除应在两侧设置安全防护栏杆、挡脚板并用安全立网封闭外，进出口处尚应设置常闭型的防护门。

6）多层施工交叉作业同时使用外用电梯时，要明确联络信号。

7）外用电梯梯笼乘人、载物时，应使荷载均匀分布，防止偏重，严禁超载。

8）大雨、大雾和六级以上（含）大风天气时，停止使用。暴风雨过后，应对安全装置进行一次全面检查。

（3）塔式起重机安全控制要点

1）安装和拆卸之前必须制定详细的施工方案。

2）安装和拆卸必须由取得相应资质的专业队伍进行，使用之前取得“准用证”。

3）行走式塔吊的路基和轨道铺设，必须严格按说明书规定进行；固定式塔吊的基础施工应按设计图纸进行，其设计计算和 施工详图应作为塔吊专项施工方案内容之一。

4）塔吊的各装置必须齐全、灵敏、可靠。

5）施工现场多塔作业时，塔机间应保持安全距离，以免作业过程中发生碰撞。

6）遇六级以上（含）大风恶劣天气，应停止作业，将吊钩升起。行走式塔吊要夹好轨钳。当风力达十级以上时，应设置缆风绳或采取其他措施加以固定。

4. 高处作业安全防范重点

高处作业是指凡在坠落高度基准面 2m 以上（含 2m）有可能坠落的高处进行的作业。高处作业容易发生高处坠落、物体打击等类型安全事故。

（1）高处作业安全隐患的主要表现形式

1）作业人员不正确佩戴安全帽，在无可靠安全防护措施的情况下不按规定系挂安全带。

2）作业人员患有不适宜高处作业的疾病。

3）违章酒后作业。

4）各种形式的临边无防护或防护不严密。

5）各种类型的洞口无防护或防护不严密。

6）攀登作业所使用的工具不牢固。

7）设备、管道安装、临空构筑物模板支设、钢筋绑扎、安装钢筋骨架、框架、过梁、雨篷、小平台混凝土浇筑等作业无操作架，操作架搭设不稳固，防护不严密。

8）构架式操作平台、预制钢平台设计、安装、使用不符合安全要求。

9）不按安全程序组织施工，地上地下并进，多层多工种交叉作业。

10）安全设施无人监管，在施工中任意拆除、改变。

（2）高处作业安全控制的主要内容

1）临边作业安全。

2）洞口作业安全。

3）攀登与悬空作业安全。

4）操作平台作业安全。

5）交叉作业安全。

（3）高处作业的基本安全要求

1）高处作业前应认真检查所用的安全设施是否牢固、可靠，脚手架、平台、梯子、防护栏杆、挡脚板、安全网应符合安全要求。

2）施工单位应为高处作业人员提供合格的安全帽、安全带等必备的个人安全防护用具，作业人员应按规定正确佩戴和使用。

3）危险部位应悬挂安全警示标志，夜间施工应有足够的照明并设红灯示警。

4）高处作业人员不得攀爬脚手架或栏杆上下，所用工具、材料严禁投掷。

5）高处作业上下应设联系信号或通信装置，并指定专人负责。

6）在雨雪天应采取防滑措施，在六级及六级以上强风和雷电、暴雨、大雾等恶劣气候条件下，不得进行露天高处作业。

5. 确定明火作业安全防范重点

（1）因工程施工需要动用明火作业（如防水、电焊、气割作业等），必须根据施工作业点周围实际情况制定防火、灭火等安全措施，开出用火申请单，并报消防保卫部门批准，方可和任务单、安全交底、用火申请单一同交施工班组。

（2）用火申请单及申请作业人员特殊工种作业证复印件交消防保卫部门存档备案，并根据用火申请单准作业人员开出用火证，开火条管理人员必须到作业地点检查后，方可开出用火条批准作业。

（3）施工用火作业人员，携带工长任务单到消防保卫部门开批准用火条后，配备看火人员和与用火种类相应的灭火器具、接火工具方可在批准时间、地点进行明火作业。

（4）明火作业前，必须检查作业点周围及垂直下方有无可燃、易燃物品，如有，必须清理后方可作业。作业点下如有孔洞，要采取遮挡措施，防止火花从孔洞中落下，高处作业必须采取火花接挡措施，防止火花及切割物自由落下。

（5）在遇有周围及下方有可燃物品又无法清除，必须施焊作业时，必须用铁板、防火布等遮接火花，并将可燃物品用水浇湿后，派专人看守，确保安全后方可施焊作业。

（6）在气割作业时，必须控制切割物落点，并及时用水将切割落下物浇透。

（7）聚苯板易燃，防火草帘受潮后，阻燃值降低，应特别注意，切不可在类似易燃物品附近盲目施焊。

（8）五级风以上，停止室外一切电焊、切割等明火施工。

（9）气焊用氧气、乙炔瓶保持 5m 以上，与火源作业点保持 10m 以上安全距离，严禁动火点与气瓶垂直作业，乙炔瓶严禁倒卧使用。

（10）焊机一、二次防护罩齐全完好，焊把线必须用线鼻子与端子连接牢固，不准使用长螺栓压线，防止短路；把线不准破损露铜，双线到位，严禁用钢筋、脚手架护栏等作回路，焊机必须喷号，确保完好。

（11）施焊作业结束后，看火人员要留有足够的观察时间，确认安全后方可离开作业地点。

防水作业必须制定防火措施预案，经审批后按作业区域配备足够灭火器方可作业，刷底子油作业区域 30m 以内不准进行焊接、气割作业。

（12）用火证必须与特种作业证随身携带，以备检查，并在指定时间内交回签发部门。需在全施工现场作业的单位，应到施工区域责任单位开用火证，接受各分部管理人员检查、纠正。

6. 确定常用施工机具安全防范重点

（1）总体规定

1）机械设备应按其技术性能的要求正确使用，不得使用缺少安全装置或安全装置已失效的机械设备。

2）严禁拆除机械设备上的自动控制机构，力矩、限位器等安全装置和信号装置，其调试和故障的排除应由专业人员进行。

3）设备安装结束后，应做好调试记录，严格遵守 ISO 9000 质量检查标准中 4.9 过程控制的有关要求，所有设备进场、安装结束，自检合格后，申报总公司安全主管部门检测，合格后，开准用证，注册、登记方能投入生产。

4）机械设备应按时进行检修、保养，当发现有漏保、失修或超载带病运转等情况时。管理人员应停止其使用。严禁对正在运行和运转中的机械进行维修、保养或调整等作业。

5）机械操作人员必须身体健康，并经过专业培训考核，合格后取得有关部门颁发的上岗证、操作证、特殊工种操作证后，方可独立操作。

6）机械作业时，操作员人员不得擅自离开工作岗位或将机械交给非机械人员操作。严禁无关人员进入作业区和操作室。工作时，思想要集中，严禁酒后操作。

7）操作人员有权拒绝执行违反安全操作规程的命令，管理人员违章指挥造成事故者，应追究直接责任，直至追究刑事责任。

8）机械设备使用前，施工技术人员和安全员应向机械操作人员进行施工任务及安全技术措施交底，操作人员应熟知作业环境和施工条件，听从指挥、遵守现场安全规则。夜间作业必须设置有充足的照明。

9）在有碍机械安全和人身健康场所作业时，机械设备应采取相应的安全措施。搭设机械设备防护棚（要求做硬性防护和防雨），焊机操作人员工作中，必须配备适用的安全防护用品。

10）使用机械设备与安全发生矛盾对，必须服从安全的要求。

11）当机械设备发生事故或未遂事故时，必须及时保护好现场，及时抢救，并立即报告领导和有关部门听候处理。对事故应按“三不放过”的原则进行处理。

（2）电焊机的使用和操作安全防护措施

1）焊机必须有完整的防护外壳，一、二次接线柱应有保护罩。

2）现场使用的电焊机应设置可防雨、防潮、防晒的机棚，并备有消防用品。

3）应注意，初；次级线。不可接错，输入电压必须符合电焊机的铭牌规定，严禁接触初级线路的带电部分。

4）焊接时，焊接和配合人员必须采取防触电，高空坠落和火灾等事故的安全措施。

5）高空焊接、切割或临边操作时，必须挂好安全带，下方采取防火措施，并有专人监护。

6）接地线不得接在管道和建筑物金属构件上，接地电阻不大于 4Ω。

7）雨天不得露天焊接，在潮湿地带作业时，操作人员应站在铺有绝缘物品的地方，并穿好绝缘胶鞋。

8）作业后，清理场地，灭绝火种，切断电源，锁好配电箱，消除焊料余热后，方可离开。

（3）搅拌机安全防护措施

1）作业场地在有良好排水条件，机械近旁应有水源，机棚内应有良好的通风、采光及防雨、防砸措施（顶部用竹架板封闭），地面无积水。

2）搅拌机长期停放或使用时间超过 3 个月以上时，应将轮胎卸下妥善保管，轮轴端部应做好清洁和防锈工作。

3）进料时，严禁将头或手伸入料筒与机架之间察看或探摸进料情况，运转中不得用手或工具等伸入搅拌筒内扒料、出料。

4）作业中如发现有故障，不能继续运转进，应立即切断电源，将搅拌筒内的混凝土，清除干净后进行检修，料斗内有隐患，工作人员须进入料筒内维修时，控制箱应断电，挂检修牌、标明，此刻正在检修，并有专人在外监控，以防他人误开电源。

5）定期检查料斗钢丝绳和传动部分的使用情况，料斗钢丝绳起次、断股、超标，应及时停机，更换后、实施作业。

（4）气瓶的安全控制要点

1）施工现场使用的气瓶应按标准色标涂色。

2）气瓶的放置地点，不得靠近热源和明火，可燃、助燃性气体气瓶，与明火的距离一般不小于 10m，应保证气瓶瓶底干燥；禁止敲击、碰撞；禁止在气瓶上进行电焊引弧；严禁用带油的手套开气瓶。

3）氧气瓶和乙炔瓶在室温下，满瓶之间安全距离 5m；距点火源之间距离 10m。

4）瓶阀冻结时，不得用火烘烤；夏季要有防日光暴晒的措施。

5）气瓶内的气体不能用尽，必须留有剩余压力或重量。

6）气瓶必须配好瓶帽、防震圈（集装气瓶除外、旋紧瓶帽，轻装、轻卸，严禁抛、滑、滚动或撞击。

（5）木工机械的安全控制要点

1）按照有轮必有罩，有轴必有套和锯片有罩锯，条有套，刨（剪〉、切有挡，安全送料的要求，对各种木工机械配置相应的安全防护装置，尤其徒手操作接触危险部位的，一定要有安全防护措施。

2）对生产噪声、木粉尘或挥发性有害气体的机械设备，要配置与其机械运转相连接的消声、吸尘或通风装置，以消除或减轻职业危害，维护职工的安全和健康。

3）木工机械的刀轴与电气应有安全联控装置．在装卸或更换刀具及维修时，能切断电源并保持断开位置，以防误触电源开关或突然供电启动机械而造成人身伤害事故。

4）针对木材加工作业中的木料反弹危险，应采用安全送料装置或设置分离刀、防反弹安全屏护装置，以保障人身安全。

5）在装设正常启动和停机操纵装置的同时，还应专门设置遇事故需紧急停机的安全控制装置。按此要求，对各种木工机械应制定与其配套的安全装置技术标准、国产定型的木工机械，在供货的同时，必须带有完备的安全装置，并供应维修时所需的安全配件，以便在安全防护装置失效后予以更新。对缺少安全装置或其失效的木工机械，应禁止或限制使用。

（6）手持电动工具的安全控制要点

1）使用刃具的机具，应保持刃磨利，完好无损，安装正确，牢固可靠。使用砂轮的机具，应检查砂轮，接盘间的软垫并安装稳固，凡受潮，变形，裂纹，破碎，磕边缺口或接触过油、碱类的砂轮均不得使用，并不得将受潮的砂轮片自行烘干使用。

2）在潮湿地区或在金属构架、压力容器、管道等导电良好的场所作业时，必须使用双重绝缘或加强绝缘的电动工具。

3）非金属壳体的电动机，电器，在存放和使用时不应受压、受潮，并不得接触汽油等溶剂。

4）机具启动后，应空载运转，应检查并确认机具联动灵活无阻。作业时，加力应平衡，不得用力过猛。

5）严禁超载使用。作业中应注意音响及温升，发现异常应立即停机检查。—在作业时间过长，机具温升超过60℃时，应停机，自然冷却后再行作业。

6）作业中，不得用手触摸刃具、模具和砂轮，发现其有磨钝、破损情况时，应立即停机或更换，然后再继续进行作业。机具转动时，不得撒手不管。

7. 确定施工用电安全防范重点

（1）外电防护

1）外电线路与在建工程及脚手架、起重机械、场内机动车道的安全距离应符合规范要求；

2）当安全距离不符合规范要求时，必须采取绝缘隔离防护措施，并应悬挂明显的警示标志；

3）防护设施与外电线路的安全距离应符合规范要求，并应坚固、稳定；

4）外电架空线路正下方不得进行施工、建造临时设施或堆放材料物品。

（2）接地与接零保护系统

1）施工现场专用的电源中性点直接接地的低压配电系统应采用 TN－S 接零保护系统；

2）施工现场配电系统不得同时采用两种保护系统；

3）保护零线应由工作接地线、总配电箱电源侧零线或总漏电保护器电源零线处引出，电气设备的金属外壳必须与保护零线连接；

4）保护零线应单独敷设，线路上严禁装设开关或熔断器，严禁通过工作电流；

5）保护零线应采用绝缘导线，规格和颜色标记应符合规范要求；

6）TN 系统的保护零线应在总配电箱处、配电系统的中间处和末端处做重复接地；

7）接地装置的接地线应采用 2 根及以上导体，在不同点与接地体做电气连接。接地体应采用角钢、钢管或光面圆钢；

8）工作接地电阻不得大于 4Ω，重复接地电阻不得大于 10Ω；

9）施工现场起重机、物料提升机、施工升降机、脚手架应按规范要求采取防雷措施，防雷装置的冲击接地电阻值不得大于 30Ω；

10）做防雷接地机械上的电气设备，保护零线必须同时做重复接地。

（3）配电线路

1）线路及接头应保证机械强度和绝缘强度；

2）线路应设短路、过载保护，导线截面应满足线路负荷电流；

3）线路的设施、材料及相序排列、档距、与邻近线路或固定物的距离应符合规范要求；

4）电缆应采用架空或埋地敷设并应符合规范要求，严禁沿地面明设或沿脚手架、树木等敷设；

5）电缆中必须包含全部工作芯线和用作保护零线的芯线，并应按规定接用；

6）室内非埋地明敷主干线距地面高度不得小于 2.5m。

（4）配电箱与开关箱

1）施工现场配电系统应采用三级配电、二级漏电保护系统，用电设备必须有各自专用的开关箱；

2）箱体结构、箱内电器设置及使用应符合规范要求；

3）配电箱必须分设工作零线端子板和保护零线端子板，保护零线、工作零线必须通过各自的端子板连接；

4）总配电箱与开关箱应安装漏电保护器，漏电保护器参数应匹配并灵敏可靠；

5）箱体应设置系统接线图和分路标记，并应有门、锁及防雨措施；

6）箱体安装位置、高度及周边通道应符合规范要求；

7）分配箱与开关箱间的距离不应超过30m，开关箱与用电设备间的距离不应超过3m。

8. 确定通风防毒安全防范重点

建筑装饰装修工程施工中，经常要使用有毒挥发物品，如油漆、胶粘剂、防腐材料、环氧树脂以及各种稀释剂、添加剂等，高温气焊会形成金属烟尘和有害的金属蒸气。这些也属于安全隐患的内容，也必须考虑必要的防范措施。

（1）预防有害气体中毒的措施

建立有害气体中毒有效应急处理机制。一旦发生有害气体中毒事故时，立即启动有害气体中毒应急处理预案，及时组织救援，迅速有效地做好应急处理工作，所有员工都要积极参与中毒人员的救助工作，并服从领导小组的统一指挥，对救护工作推诿、延误、不服从指挥、造成严重后果的，公司将实行责任追究，构成犯罪的，由司法机关依法追究责任人的刑事责任。

做好室内通风，防止粉尘及空气污染引起的中毒。装修施工中因广泛使用化学胶粘剂、有机溶剂和有机溶剂添加剂等挥发性气味较强，会造成室内空气污染，不开窗就容易中毒，特别是在喷漆施工中会发生因空气中的挥发性有机化合物浓度过高发生爆炸。粉尘过多时也要注意，在干燥的地区，粉尘（粉末状可燃性固体）在达到一定的浓度遇明火可能会引起爆炸。为了避免中毒要做好装修房间的通风和空气净化。在条件允许的情况下，要尽量让房间多通风；如没有条件，可选用室内强制通风装置和空气净化器装置。

做好对个人安全防护的检查、监督。有毒有害空气场所施工的操作人员须配戴防毒面具、防护镜等个人防护用品，未配戴安全防护用品不得进行施工。

（2）防疫及预防食物中毒的措施

建立疫病、食物中毒有效应急处理机制。装饰装修工地人员密集，卫生条件差，极易发生疫病交叉污染及食物中毒事故，应尽快建立疫病、食物中毒的有效应急处理机制。一旦发生疫病、食物中毒事故时，立即启动疫病、食物中毒应急处理预案，及时组织救援，迅速有效地做好应急处理工作，所有员工都要积极参与中毒人员的救助工作，并服从领导小组的统一指挥，对救护工作推诿、延误、不服从指挥、造成严重后果的，公司将实行责任追究，构成犯罪的，由司法机关依法追究责任人的刑事责任。

保证饮用水的卫生，加强工地食堂的卫生管理，防止食物中毒。防止疫病及预防食物中毒，首先应保证饮用水的安全卫生，工地食堂应保持厨房环境和餐用具的清洁卫生，应设消毒、灭蝇灭蟑装置，食品加工用具应做到生、熟分开。严禁任何人在食堂住宿、洗漱、洗衣等。

做好临时生活区的卫生清洁，消灭蚊蝇，避免疾病传播。防止疫病还应做好临时生活区域的清洁、消毒工作，消除宿舍公共区域的卫生死角，对宿舍公共区域均进行全面消毒处理，每周消毒不少于一次。公共区域的重点部位（公共通道、卫生间）每周消毒不少于两次，并应做好蚊蝇喷杀工作；地的临时卫生间应建为冲水式，与建筑周围的主排水系统联接。生活垃圾宜密封包装，放在指定垃圾堆放地，并及时清运。

9. 确定油漆、保温、电焊等作业安全防范重点

（1）油漆工的作业场地严禁存放易燃等物品工作场地不准吸烟。还必须备有消防用具。不准进行焊接和一切明火作业。

（2）无论是喷油漆或刷油漆作业时，严禁踏在喷刷漆未干的构件上，以防滑倒。

（3）工作时使用的梯子、跳板必须坚实，要有防滑措施，否则不准使用。

（4）油漆涂料凝结时，不准用火烤。

（5）两人在同一工作件上作业时，应互相协作，防止碰撞。

（6）在离地 3 公尺以上高空作业和二层以上窗扇外面刷油漆时，应戴好安全带，并须把安全绳拴在可靠的安全地点。气管、屋架、屋面板等油漆和刷浆，应搭悬空脚手架。室内净高 4.5m 以上天棚刷油漆，应搭满堂架子。不准在暖气片或设备管线、配件上搭设跳板操作，在车辆行人经过的地方操作时，在附近设临时挡物、警示标志或派人监护。

（7）刷有毒性油漆时，应通风良好，并使用必要的防护用品。在容器或封闭的地沟内刷防锈漆或挥发性油类时，应轮换作业，并采取通风措施。

（8）油漆原料、稀释剂，应由专人妥善保存管理，注意防火。油纱一定要放在桶内，不得乱抛。

（9）机器在转动中，不准进行刷油漆和喷漆工作。

（10）在涂刷油漆时必须避免油漆滴在脚手板上，如有油滴须抹净，并用干灰吸干以免滑倒伤人。

（11）处理废酸废物，或废旧煤油、汽油、松节油、硝漆等易燃物时，必须由有经验的工人担任。

（12）煎熬油蜡向熔化物投放挥发性溶剂时，须先熄灭，以减低溶化剂的温度，不使它达到沸点。

（13）用锅熬油漆不得超过容量的 3/4。锅内不能沾水。熬漆工作结束后，应将锅下余火熄灭。

（14）工作结束应做好现场和个人的清洁卫生下班或餐前一定将手洗净，涂凡士林部位也应全部洗净。

（15）登高作业必须遵守高空作业安全规程。

三、安全隐患产生的原因及处理

1. 职业伤害事故的分类

职业健康安全事故分两大类型，即职业伤害事故与职业病。职业伤害事故是指因生产过程及工作原因或与其相关的其他原因造成的伤亡事故。

（1）按照事故发生的原因分类

按照我国《企业职工伤亡事故分类标准》（GB 6441—1986）规定，职业伤害事故分为 20 类，其中与建筑业有关的有以下 12 类。

1）物体打击：指落物、滚石、锤击、碎裂、崩块、砸伤等造成的人身伤害，不包括因爆炸而引起的物体打击。

2）车辆伤害：指被车辆挤、压、撞和车辆倾覆等造成的人身伤害。

3）机械伤害：指被机械设备或工具绞、碾、碰、割、戳等造成的人身伤害，不包括车辆、起重设备引起的伤害。

4）起重伤害：指从事各种起重作业时发生的机械伤害事故，不包括上下驾驶室时发生的坠落伤害、起重设备引起的触电及检修时制动失灵造成的伤害。

5）触电：由于电流经过人体导致的生理伤害，包括雷击伤害。

6）灼烫：指火焰引起的烧伤、高温物体引起的烫伤、强酸或强碱引起的灼伤、放射线引起的皮肤损伤，不包括电烧伤及火灾事故引起的烧伤。

7）火灾：在火灾时造成的人体烧伤、窒息、中毒等。

8）高处坠落：由于危险势能差引起的伤害，包括从架子、屋架上坠落以及平地坠入坑内等。

9）坍塌：指建筑物、堆置物倒塌以及土石塌方等引起的事故伤害。

10）火药爆炸：指在火药的生产、运输、储藏过程中发生的爆炸事故。

11）中毒和窒息：指煤气、油气、沥青、化学、一氧化碳中毒等。

12）其他伤害：包括扭伤、跌伤、冻伤、野兽咬伤等。

以上12类职业伤害事故中，在建设工程领域中最常见的是高处坠落、物体打击、机械伤害、触电、坍塌、中毒、火灾7类。

（2）按事故严重程度分类

我国《企业职工伤亡事故分类标准》（GB 6441—1986）规定，按事故严重程度分类，事故分为：

1）轻伤事故，是指造成职工肢体或某些器官功能性或器质性轻度损伤，能引起劳动能力轻度或暂时丧失的伤害的事故，一般每个受伤人员休息1个工作日以上（含1个工作日），105个工作日以下；

2）重伤事故，一般指受伤人员肢体残缺或视觉、听觉等器官受到严重损伤，能引起人体长期存在功能障碍或劳动能力有重大损失的伤害，或者造成每个受伤人损失105工作日以上（含105个工作日）的失能伤害的事故；

3）死亡事故，其中，重大伤亡事故指一次事故中死亡1～2人的事故；特大伤亡事故指一次事故死亡3人以上（含3人）的事故。

（3）按事故造成的人员伤亡或者直接经济损失分类

依据2007年6月1日起实施的《生产安全事故报告和调查处理条例》规定，按生产安全事故（以下简称事故）造成的人员伤亡或者直接经济损失，事故分为：

1）特别重大事故，是指造成30人以上死亡，或者100人以上重伤（包括急性工业中毒，下同），或者1亿元以上直接经济损失的事故；

2）重大事故，是指造成10人以上30人以下死亡，或者50人以上100人以下重伤，或者5000万元以上1亿元以下直接经济损失的事故；

3）较大事故，是指造成3人以上10人以下死亡，或者10人以上50人以下重伤，或者1000万元以上5000万元以下直接经济损失的事故；

4）一般事故，是指造成3人以下死亡，或者10人以下重伤，或者1000万元以下直接经济损失的事故。

目前，在建设工程领域中，判别事故等级较多采用的是《生产安全事故报告和调查处理条例》。

2. 建设工程安全事故的处理

一旦事故发生，通过应急预案的实施，尽可能防止事态的扩大和减少事故的损失。通过事故处理程序，查明原因，制定相应的纠正和预防措施，避免类似事故的再次发生。

(1) 事故处理的原则（“四不放过”原则）

国家对发生事故后的“四不放过”处理原则，其具体内容如下：

1) 事故原因未查清不放过

要求在调查处理伤亡事故时，首先要把事故原因分析清楚，找出导致事故发生的真正原因，未找到真正原因决不轻易放过。直到找到真正原因并搞清各因素之间的因果关系才算达到事故原因分析的目的。

2) 事故责任人未受到处理不放过

这是安全事故责任追究制的具体体现，对事故责任者要严格按照安全事故责任追究的法律法规的规定进行严肃处理；不仅要追究事故直接责任人的责任，同时要追究有关负责人的领导责任。当然，处理事故责任者必须谨慎，避免事故责任追究的扩大化。

3) 事故责任人和周围群众没有受到教育不放过

使事故责任者和广大群众了解事故发生的原因及所造成的危害，并深刻认识到搞好安全生产的重要性，从事故中吸取教训，提高安全意识，改进安全管理工作。

4) 事故没有制定切实可行的整改措施不放过

必须针对事故发生的原因，提出防止相同或类似事故发生的切实可行的预防措施，并督促事故发生单位加以实施。只有这样，才算达到了事故调查和处理的最终目的。

(2) 建设工程安全事故处理措施

1) 按规定向有关部门报告事故情况

事故发生后，事故现场有关人员应当立即向本单位负责人报告；单位负责人接到报告后，应当于1小时内向事故发生地县级以上人民政府安全生产监督管理部门和负有安全生产监督管理职责的有关部门报告，并有组织、有指挥地抢救伤员、排除险情；应当防止人为或自然因素的破坏，便于事故原因的调查。

由于建设行政主管部门是建设安全生产的监督管理部门，对建设安全生产实行的是统一的监督管理，因此，各个行业的建设施工中出现了安全事故，都应当向建设行政主管部门报告。对于专业工程的施工中出现生产安全事故的，由于有关的专业主管部门也承担着对建设安全生产的监督管理职能，因此，专业工程出现安全事故，还需要向有关行业主管部门报告。

情况紧急时，事故现场有关人员可以直接向事故发生地县级以上人民政府安全生产监督管理部门和负有安全生产监督管理职责的有关部门报告。

安全生产监督管理部门和负有安全生产监督管理职责的有关部门接到事故报告后，应当依照下列规定上报事故情况，并通知公安机关、劳动保障行政部门、工会和人民检察院。特别重大事故、重大事故逐级上报至国务院安全生产监督管理部门和负有安全生产监督管理职责的有关部门；较大事故逐级上报至省、自治区、直辖市人民政府安全生产监督管理部门和负有安全生产监督管理职责的有关部门；一般事故上报至设区的市级人民政府安全生产监督管理部门和负有安全生产监督管理职责的有关部门。

安全生产监督管理部门和负有安全生产监督管理职责的有关部门依照前款规定上报事故情况，应当同时报告本级人民政府。国务院安全生产监督管理部门和负有安全生产监督管理职责的有关部门以及省级人民政府接到发生特别重大事故、重大事故的报告后，应当立即报告国务院。必要时，安全生产监督管理部门和负有安全生产监督管理职责的有关部门可以越级上报事故情况。

安全生产监督管理部门和负有安全生产监督管理职责的有关部门逐级上报事故情况，每级上报的时间不得超过 2 小时。事故报告后出现新情况的，应当及时补报。

2）组织调查组，开展事故调查

特别重大事故由国务院或者国务院授权有关部门组织事故调查组进行调查。重大事故、较大事故、一般事故分别由事故发生地省级人民政府、设区的市级人民政府、县级人民政府负责调查。省级人民政府、设区的市级人民政府、县级人民政府可以直接组织事故调查组进行调查，也可以授权或者委托有关部门组织事故调查组进行调查。未造成人员伤亡的一般事故，县级人民政府也可以委托事故发生单位组织事故调查组进行调查。

事故调查组有权向有关单位和个人了解与事故有关的情况，并要求其提供相关文件、资料，有关单位和个人不得拒绝。事故发生单位的负责人和有关人员在事故调查期间不得擅离职守，并应当随时接受事故调查组的询问，如实提供有关情况。事故调查中发现涉嫌犯罪的，事故调查组应当及时将有关材料或者其复印件移交司法机关处理。

3）现场勘查

事故发生后，调查组应迅速到现场进行及时、全面、准确和客观的勘查，包括现场笔录、现场拍照和现场绘图。

4）分析事故原因

通过调查分析，查明事故经过，按受伤部位、受伤性质、起因物、致害物、伤害方法、不安全状态、不安全行为等，查清事故原因，包括人、物、生产管理和技术管理等方面的原因。通过直接和间接地分析，确定事故的直接责任者、间接责任者和主要责任者。

5）制定预防措施

根据事故原因分析，制定防止类似事故再次发生的预防措施。根据事故后果和事故责任者应负的责任提出处理意见。

6）提交事故调查报告

事故调查组应当自事故发生之日起 60 日内提交事故调查报告；特殊情况下，经负责事故调查的人民政府批准，提交事故调查报告的期限可以适当延长，但延长的期限最长不超过 60 日。事故调查报告应当包括下列内容：

① 事故发生单位概况；

② 事故发生经过和事故救援情况；

③ 事故造成的人员伤亡和直接经济损失；

④ 事故发生的原因和事故性质；

⑤ 事故责任的认定以及对事故责任者的处理建议；

⑥ 事故防范和整改措施。

7）事故的审理和结案

重大事故、较大事故、一般事故，负责事故调查的人民政府应当自收到事故调查报告之日起 15 日内做出批复；特别重大事故，30 日内做出批复，特殊情况下，批复时间可以适当延长，但延长的时间最长不超过 30 日。

有关机关应当按照人民政府的批复，依照法律、行政法规规定的权限和程序，对事故发生单位和有关人员进行行政处罚，对负有事故责任的国家工作人员进行处分。事故发生单位应当按照负责事故调查的人民政府的批复，对本单位负有事故责任的人员进行处理。

负有事故责任的人员涉嫌犯罪的，依法追究刑事责任。

事故处理的情况由负责事故调查的人民政府或者其授权的有关部门、机构向社会公布，依法应当保密的除外。事故调查处理的文件记录应长期完整地保存。

3. 安全事故统计规定

国家安全生产监督管理总局制定的《生产安全事故统计报表制度》(安监总统计［2012］98 号）有如下规定：

（1）报表的统计范围是在中华人民共和国领域内从事生产经营活动中发生的造成人身伤亡或者直接经济损失的事故。

（2）统计内容主要包括事故发生单位的基本情况、事故造成的死亡人数、受伤人数、急性工业中毒人数、单位经济类型、事故类别、事故原因、直接经济损失等。

（3）本统计报表由各级安全生产监督管理部门、煤矿安全监察机构负责组织实施，每月对本行政区内发生的生产安全事故进行全面统计。其中：火灾、道路交通、水上交通、民航飞行、铁路交通、农业机械、渔业船舶等事故由其主管部门统计，每月抄送同级安全生产监督管理部门。

（4）省级安全生产监督管理局和煤矿安全监察局，在每月 5 日前报送上月事故统计报表。国务院有关部门在每月 5 日前将上月事故统计报表抄送国家安全生产监督管理总局。

（5）各部门、各单位都要严格遵守《中华人民共和国统计法》，按照本统计报表制度的规定，全面、如实填报生产安全事故统计报表。对于不报、瞒报、迟报或伪造、篡改数字的要依法追究其责任。

第四节　文明施工管理

建筑工程施工现场是企业对外的“窗口”，直接关系到企业和城市的文明与形象。施工现场应当实现科学管理，安全生产，文明有序施工。

环境管理是指按照法律法规、各级主管部门和企业环境方针的要求，制定程序、资源、过程和方法，管理环境因素的过程，包括控制现场的各种粉尘、废水、废气、固体废弃物、噪声、振动等对环境的污染和危害，节约建设资源等。

一、文明施工的要求

1. 现场围挡

（1）市区主要路段的工地应设置高度不小于 2.5m 的封闭围挡；

（2）一般路段的工地应设置高度不小于 1.8m 的封闭围挡；

（3）围挡应坚固、稳定、整洁、美观。

2. 封闭管理

（1）施工现场进出口应设置大门，并应设置门卫值班室；

（2）应建立门卫职守管理制度，并应配备门卫职守人员；

（3）施工人员进入施工现场应佩戴工作卡；

（4）施工现场出入口应标有企业名称或标志，并应设置车辆冲洗设施。

3. 施工场地

（1）施工现场的主要道路及材料加工区地面应进行硬化处理；

（2）施工现场道路应畅通，路面应平整坚实；

（3）施工现场应有防止扬尘措施；

（4）施工现场应设置排水设施，且排水通畅无积水；

（5）施工现场应有防止泥浆、污水、废水污染环境的措施；

（6）施工现场应设置专门的吸烟处，严禁随意吸烟；

（7）温暖季节应有绿化布置。

4. 材料管理

（1）建筑材料、构件、料具应按总平面布局进行码放；

（2）材料应码放整齐，并应标明名称、规格等；

（3）施工现场材料码放应采取防火、防锈蚀、防雨等措施；

（4）建筑物内施工垃圾的清运，应采用器具或管道运输，严禁随意抛掷；

（5）易燃易爆物品应分类储藏在专用库房内，并应制定防火措施。

5. 现场办公与住宿

（1）施工作业、材料存放区与办公、生活区应划分清晰，并应采取相应的隔离措施；

（2）在施工程、伙房、库房不得兼作宿舍；

（3）宿舍、办公用房的防火等级应符合规范要求；

（4）宿舍应设置可开启式窗户，床铺不得超过 2 层，通道宽度不应小于 0.9m；

（5）宿舍内住宿人员人均面积不应小于 2.5 m^2，且不得超过 16 人；

（6）冬季宿舍内应有采暖和防一氧化碳中毒措施；

（7）夏季宿舍内应有防暑降温和防蚊蝇措施；

（8）生活用品应摆放整齐，环境卫生应良好。

6. 现场防火

（1）施工现场应建立消防安全管理制度、制定消防措施；

（2）施工现场临时用房和作业场所的防火设计应符合规范要求；

（3）施工现场应设置消防通道、消防水源，并应符合规范要求；

（4）施工现场灭火器材应保证可靠有效，布局配置应符合规范要求；

（5）明火作业应履行动火审批手续，配备动火监护人员。

7. 公示标牌

（1）大门口处应设置“五牌一图”，是指：工程概况牌、管理人员名单及监督电话牌、消防保卫（防火责任）牌、安全生产牌、文明施工牌和施工现场平面图；

（2）标牌应规范、整齐、统一；

（3）施工现场应有安全标语；

(4) 应有宣传栏、读报栏、黑板报。

二、施工现场环境保护的措施

(1) 施工现场必须建立环境保护、环境卫生管理和检查制度，并应做好检查记录。对施工现场作业人员的教育培训、考核应包括环境保护、环境卫生等有关法律、法规的内容。

(2) 在城市市区范围内从事建筑工程施工，项目必须在工程开工十五日以前向工程所在地县级以上地方人民政府环境保护管理部门申报登记。施工期间的噪声排放应当符合国家规定的建筑施工场界噪声排放标准。夜间施工的，需办理夜间施工许可证明，并公告附近社区居民。

(3) 施工现场污水排放要与所在地县级以上人民政府市政管理部门签署污水排放许可协议，申领《临时排水许可证》。雨水排入市政雨水管网，污水经沉淀处理后二次使用或排入市政污水管网。施工现场泥浆、污水未经处理不得直接排入城市排水设施和河流、湖泊、池塘。

(4) 施工现场产生的固体废弃物应在所在地县级以上地方人民政府环卫部门申报登记，分类存放。建筑垃圾和生活垃圾应与所在地垃圾消纳中心签署环保协议，及时清运处置。有毒有害废弃物应运送到专门的有毒有害废弃物中心消纳。

(5) 施工现场的主要道路必须进行硬化处理，土方应集中堆放。裸露的场地和集中堆放的土方应采取覆盖、固化或绿化等措施。施工现场土方作业应采取防止扬尘措施。

(6) 拆除建筑物、构筑物时，应采用隔离、洒水等措施，并应在规定期限内将废弃物清理完毕。建筑物内施工垃圾的清运，必须采用相应的容器或管道运输，严禁凌空抛掷。

(7) 施工现场使用的水泥和其他易飞扬的细颗粒建筑材料应密闭存放或采取覆盖等措施。混凝土搅拌场所应采取封闭、降尘措施。

(8) 除有符合规定的装置外，施工现场内严禁焚烧各类废弃物，禁止将有毒有害废弃物作土方回填。

(9) 在居民和单位密集区域进行爆破、打桩等施工作业前，项目经理部除按规定报告申请批准外，还应将作业计划、影响范围、程度及有关措施等情况，向有关的居民和单位通报说明，取得协作和配合；对施工机械的噪声与振动扰民，应有相应的措施予以控制。

(10) 经过施工现场的地下管线，应由发包人在施工前通知承包人，标出位置，加以保护。

(11) 施工时发现文物、古迹、爆炸物、电缆等，应当停止施工，保护好现场，及时向有关部门报告，按照有关规定处理后方可继续施工。

(12) 施工中需要停水、停电、封路而影响环境时，必须经有关部门批准，事先告示，并设有标志。

三、施工现场环境事故的处理

施工现场环境事故的处理包括施工现场水污染、噪声污染、空气污染、固体废物的处理等内容。

1. 施工现场水污染的处理

禁止将有毒、有害废弃物作为土方回填；施工现场搅拌站废水、现制水磨石的污水、电石的污水，应经沉淀池沉淀后再排入污水管道或河流。当然最好能采取措施回收利用；现场存放的油料，必须对库房地面进行防渗处理，防止油料跑、冒、滴、漏，污染水体；

化学药品、外加剂等应妥善保管，库内存放，防止污染环境。

2. 施工现场噪声污染的处理

（1）施工现场的强噪声设备宜设置在远离居民区的一侧，并应采取降低噪声措施。

（2）对因生产工艺要求或其他特殊需要，确需在夜间进行超过噪声标准施工的，施工前建设单位应向有关部门提出申请，经批准后方可进行夜间施工。

（3）临时修建的施工便道远离村庄及居民住宅，减速缓行、禁止鸣笛，装卸材料应做到轻拿轻放。

（4）尽量使用低噪音机械。

（5）对施工机械操作工人及现场施工人员按劳动卫生标准控制工作时间，可采取个人防护措施：如戴隔声耳塞、头盔等。

（6）控制施工作业时间：对于居民较集中的路段，强噪声机械（22：00—6：00）应停止施工。

3. 施工现场空气污染的处理

（1）施工现场土方作业应采取防止扬尘措施：拌合站离敏感点的距离≥100m；施工现场要经常洒水；施工机械定期清洗。

（2）从事土方、渣土和施工垃圾运输应采用密闭式运输车辆或采取覆盖措施；施工现场出入口处应采取保证车辆清洁的措施。

（3）施工现场的材料和大模板等存放场地必须平整坚实。水泥和其他易飞扬的细颗粒建筑材料应密闭存放或采取覆盖等措施。

（4）施工现场混凝土搅拌场所应采取封闭、降尘措施。

（5）建筑物内施工垃圾的清运，必须采用相应容器或管道运输，严禁凌空抛掷。

（6）施工现场应设置密闭式垃圾站，施工垃圾、生活垃圾应分类存放，并应及时清运出场。

（7）施工现场的机械设备、车辆的尾气排放应符合国家环保排放标准的要求。

（8）施工现场严禁焚烧各类废弃物。

（9）粉状建材应袋装、罐装运输，堆放时加设篷盖布，严禁沿路散落。

（10）施工弃渣运输尽量安排在夜间车辆稀少时进行，及时运到规定的地点卸放。运送弃渣的车辆应密封、包扎、覆盖、尽可能采用密闭式车辆运输，不得沿途泄漏、遗撒

4. 施工现场固体废物的处理

施工现场产生的固体废弃物主要有三种，包括拆建废物、化学废物及生活固体废物。施工工地常见的固体废物建筑渣土、废弃的散装建筑材料、生活垃圾、包装材料、粪便等。

固体废物的主要处理和处置方法有：

（1）物理处理。包括压实浓缩、破碎、分选、脱水干燥等。

（2）化学处理。包括氧化还原、中和、化学浸出等。

（3）生物处理。包括好氧处理、厌氧处埋等。

（4）热处理。包括焚烧、热解、焙烧、烧结等。

（5）固化处理。包括水泥固化法和沥青固化法等。

（6）回收利用。包括回收利用和集中处理等资源化、减量化的方法。

（7）处置。包括土地填埋、焚烧、贮留池贮存等。

第七章　建筑装饰施工组织管理

第一节　划分施工区段，合理确定施工顺序

一、划分顶面、墙面、地面、门窗工程施工区段

1. 确定施工开展程序

施工程序是指装饰装修工程不同施工阶段，各分部工程之间的先后顺序。

在装饰装修工程施工组织设计中，应结合具体工程的设计特征、施工条件和建设要求，合理确定该建筑物的各分部工程之间的施工程序。建筑装饰装修工程的施工总的程序一般有先室外后室内、先室内后室外或室内外同时进行三种情况。选择哪一种施工程序，要根据气候条件、工期要求、劳动力的配备情况等因素进行综合考虑。

(1) 先室外、后室内

一般情况下，室外装修受外界自然条件（风、雨、高温、冰冻等）影响较大。另外，外装修的施工一般在脚手架上作业，对室内装饰工程的整体性有一定影响（如拉结杆的设置)。为保证施工生产的顺利进行和工程质量，一般宜采用先外后内的组织方式。

(2) 先室内、后室外

当室内装饰工程有大量的湿作业或污染性较强的作业项目（如水磨石)，对室外装修工程质量造成影响，或室内空间急需使用时，宜采用先内后外的组织方式。

(3) 内外同时进行

当工期紧，任务重，而室内外装饰做法相互影响较小，在工程资源供应充分的情况下，可采用内外同时的组织方式，这也是目前采用较多的组织方式之一。

对某些特殊的工程或随着新技术、新工艺的发展，施工程序往往不一定完全遵循一般规律，如单元式玻璃幕墙工程施工，铝单板、铝塑板复合墙面施工等，这些均是打破了一般传统的施工程序。因此，施工程序应根据实际的工程施工条件和采用的施工方法来确定。

2. 划分施工区段

(1) 划分施工区段的目的

由于建筑装饰产品生产的单件性，可以说它不适合于组织流水作业；但是，建筑装饰产品体型庞大的固有特征，又为组织流水施工提供了空间条件，可以把一个体型庞大的“单件产品”划分成具有若干个施工段、施工层的“批量产品”，使其满足流水施工的基本要求；在保证工程质量的前提下，使不同工种的专业队在不同的工作面上进行作业，以充分利用空间，使其按流水施工的原理，集中人力、物力，迅速地、依次地、连续地完成各段的任务，为相邻专业工作队尽早地提供工作面，达到缩短工期的目的。

(2) 划分施工区段的原则

施工段的划分可以是固定的，也可以是不固定的。在固定施工段的情况下，所有施工过

程都采用相同的施工段，施工段的分界以所有施工过程来说都是固定不变的。在不固定施工段的情况下，以不同的施工过程分别规定出一种施工段划分方法，施工段的分界对于不同的施工过程是不同的。固定的施工段便于组织流水施工，采用较广，而不固定的施工段则较少采用。

施工段划分的数目要适当，数目过多势必减少工人数而延长工期；数目过少又会造成资源供应过分集中，不利于组织流水施工。因此，为了使施工段划分得更加科学、合理，通常应遵守以下原则：

1）专业工作队在各施工段上的劳动量应大致相等，其相差幅度不宜超过10％～15％。

2）从施工整体性角度出发，施工段的分界同施工对象的结构界限（施工层、伸缩缝、沉降缝和建筑单元等）尽可能一致。

3）为充分发挥工人、主导机械的效率，应保证每个施工段有足够的工作面且符合劳动组合的要求。

施工段划分得多，在不减少工人数的情况下可以缩短工期。但施工段过多，每施工段上安排的工人数就会增加。从而使每一操作工人的有效工作范围减少，一旦超过最小工作面的要求容易发生安全事故，降低劳动效率，反而不能缩短工期。若为保证最小工作面则必须减少工人数量，同样也会延长工期，甚至会破坏合理的劳动组合。

施工段划分过少，既会延长工期，还可能会使一些作业班组无法组织连续施工。

最小工作面是指生产工人能充分发挥劳动效率、保证施工安全时所需的最小工作空间范围。

最小劳动组合是指能充分发挥作业班组劳动效率时的最少工人数及其合理的组合。

4）尽量保证施工段数与施工过程数的相互适应，施工段的数目应满足合理流水施工组织的要求，以保证各专业队连续作业。

对于多层建筑物，施工段数是各层段数之和，各层应有相等的段数和上下垂直对应的分界线，以保证专业工作队在施工段和施工层之间，能进行有节奏、均衡、连续的流水施工。

施工段有空闲停歇，一般会影响工期，但在空闲的工作面上如能安排一些准备或辅助工作，如运输类施工过程，则会使后继工作进展顺利，也不一定有害。而工作队工作不连续，在一个工程项目中是不可取的，除非能将窝工的工作队转移到其他工地进行工地间大流水。

3. 确定施工起点与流向

施工起点及流向是指装饰装修工程在平面或空间上开始施工的部位及其流动方向，主要取决于合同规定、保证质量和缩短工期等要求。

确定施工流向时，一般应考虑以下几个因素：

（1）施工方法是确定施工流向的关键因素。如对外墙进行施工时，当采用石材干挂时，施工流向是从下向上，而采用喷涂时则自上而下。

（2）单位工程各部位的繁简程度。一般对技术复杂、施工进度较慢、工期较长的工段或部位应先施工。

（3）材料对施工流向的影响。同一个施工部位采用不同的材料施工的流向也不相同，如当地面采用石材，墙面裱糊时，则施工流向是先地面后墙面，但当地面铺实木，墙面用涂料时，施工流向则变为先墙面后地面。

（4）用户对生产和使用的需要。对要求急的应先施工，在高级宾馆的装修改造过程中，

往往采取施工一层（或一段）交付一层（或一段），以满足企业经营的要求，

（5）设备管道的布置系统。应根据管道的系统布置，考虑施工流向。如上下水系统，要根据干管的布置方法来考虑流水分段，确定工程流向，以便于分层安装支管及试水。

建筑装饰装修工程的施工的流向一般可分为水平流向和竖向流向，装饰装修工程从水平方面看，通常从哪一个方向开始都可以，但竖向流程则比较复杂，特别是对于新建工程的装饰装修。其室外工程根据材料和施工方法的不同，分别采用自下而上（干挂石材、单元式幕墙等）自上而下（涂料喷涂、面砖镶贴、元件式幕墙等）。室内装饰装修则有三种方式，分别是：

（1）自上而下

室内装饰装修工程自上而下的流水施工方案是指主体结构工程封顶、做好屋面防水层后，从顶层开始，逐层向下进行，一般有水平向下进行［图 7-1（a）］和垂直向下进行［图 7-1（b）］两种形式。

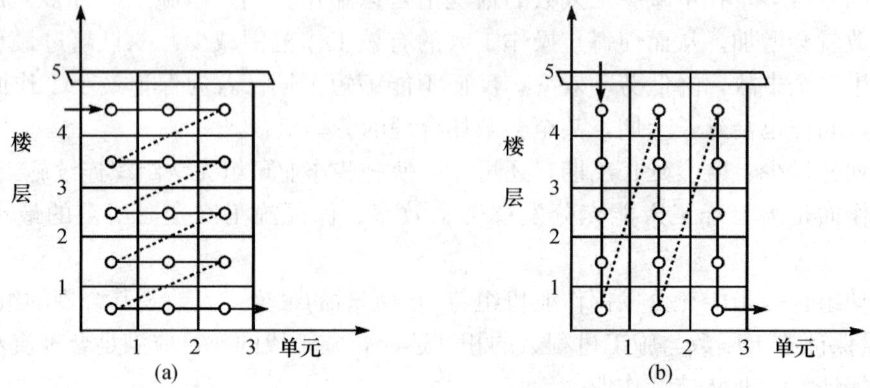

图 7-1　自上而下的施工流向图

（a）水平向下；（b）垂直向下

1）自上而下流向的优点是：

① 易于保证质量。新建工程的主体结构完成后，有一定的沉降时间，能保证建筑装饰装修工程的施工质量，做好屋面防水层，可防止在雨季施工时因雨水渗漏而影响施工质量。

② 便于管理。可以减少或避免各工序之间的交叉相互干扰，便于组织施工，易于从上向下清理装饰装修工程施工现场的建筑垃圾，有利于安全施工。

2）自上而下流向的缺点是：

① 施工工期较长。

② 不能与主体搭接施工，要等主体结构完工后才能进行建筑装饰装修工程施工。

自上而下的施工流向适用于质量要求高、工期较长或有特殊要求的工程。如对高层酒店、商场进行改造时，采用此种流向，从顶层开始施工，仅下一层作为间隔层，停业面积小，将不会影响大堂的使用和其他层的营业；对上下水管道和原有电器线路进行改造，自上而下进行，一般只影响施工层；对整个建筑的影响较小。

（2）自下而上

室内装饰装修工程自下而上的流水施工方案是指主体结构施工到三层以上时（有两个层面楼板，确保底层施工安全），装修从底层开始逐层向上的施工流向。同样有水平向上和垂直

向上）两种形式。

1）自下而上流向的优点是：

① 工期短。装饰装修工程可以与主体结构平行搭接施工。

② 工作面扩大。

2）自下而上流向的缺点是：

① 增大了组织施工的难度，不易于组织和管理工序之间交叉多。

② 影响质量和安全的因素增加。例如，为了防止施工用水渗漏，宜先对上层楼面进行处理，再对本层进行装饰施工，以免渗水影响装饰质量。

自下而上的施工流向适用于工期要求紧，特别适用于高层和超高层建筑工程，该类建筑在结构工程还在进行时，底层已装饰完毕，可投入运营，业主提前获得了经济效益。

（3）自中而下，再自上而中

自中而下，再自上而中的施工流向，综合了上述两者优缺点，适用于新建工程的高层建筑装饰装修工程。

二、确定顶面、墙面、地面、门窗、幕墙工程施工顺序

施工顺序是指分项工程或工序之间的先后次序。

1. 确定施工顺序的基本原则

（1）符合施工工艺的要求。这种要求反映了施工工艺上存在的客观规律和相互制约关系，一般是不能违背的。如吊顶工程必须先固定吊筋，再安装主次龙骨；裱糊工程要先进行基层的处理，再实施裱糊。

（2）房间的使用功能和施工方法要协调一致。如卫生间的改造施工顺序一般是：旧物拆除＋改上下水管道＋改管线—地面找坡—安门框…，大厅的施工顺序一般是：搭架子—墙内管线＋石材墙柱面—顶棚内管线……

（3）考虑施工组织的要求。如油漆和安装玻璃的顺序，可以先安装玻璃后油漆，也可先油漆后安装玻璃，但从施工组织的角度看，后一种方案比较合理，这样可以避免玻璃被油漆污染。

（4）考虑施工质量的要求。如对于装饰抹灰，面层施工前必须检查中层抹灰的质量，合格后进行洒水湿润。

（5）考虑材料对施工流向的影响。同一个施工部位采用不同的材料，施工的流向也不相同。如当地面采用石材，墙面裱糊时，则施工流向是先地面后墙面；但当地面铺实木，墙面用涂料时，施工流向则变为先墙面后地面。

（6）考虑气候条件。如在冬季或风沙较大地区，必须先安装门窗玻璃，再对室内进行装饰施工，用以保温或防污染。

（7）考虑施工的安全因素。如外立面的装饰装修工程施工应在无屋面作业的情况下进行，大面积油漆施工应在作业面附近无电焊的条件下进行，防止气体被点燃。

（8）设备对施工流向的影响。如外墙进行玻璃幕墙装饰，安装立筋时，如果采用滑架，一般从上往下安装，若采用满堂脚手架，则从下往上安装。

2. 装饰装修工程的施工顺序

装饰装修工程分为室外装饰装修工程和室内装饰装修工程。要安排好立体交叉平行搭接

的施工，确定合理的施工顺序。室外和室内装饰装修工程的顺序一般有先内后外、先外后内和内外同时进行，具体确定哪一种施工顺序应视施工条件、气候条件和合同工期要求来确定。通常外装饰湿作业，涂料等施工过程应尽可能避开冬雨季；高温条件下不宜安排室外金属饰面板的施工，如果为了加速脚手架的周转，缩短工期，则采取先外后内的施工顺序。

室外装饰装修工程的施工顺序有两种：对于外墙湿作业施工，除石材墙面外，一般采用自上而下的施工顺序，而干作业施工，一般采用自下而上的施工顺序。

室内装饰装修工程施工的主要内容有：顶棚、地面、墙面的装饰，门窗安装、油漆、制作家具以及相配套的水、电、风口的安装和灯饰洁具的安装。其施工劳动量大、工序繁杂，施工顺序应根据具体条件来确定，基本原则是："先湿作业、后干作业""先墙顶、后地面""先管线、后饰面"。室内装饰装修工程的一般施工顺序如图 7-2 所示。

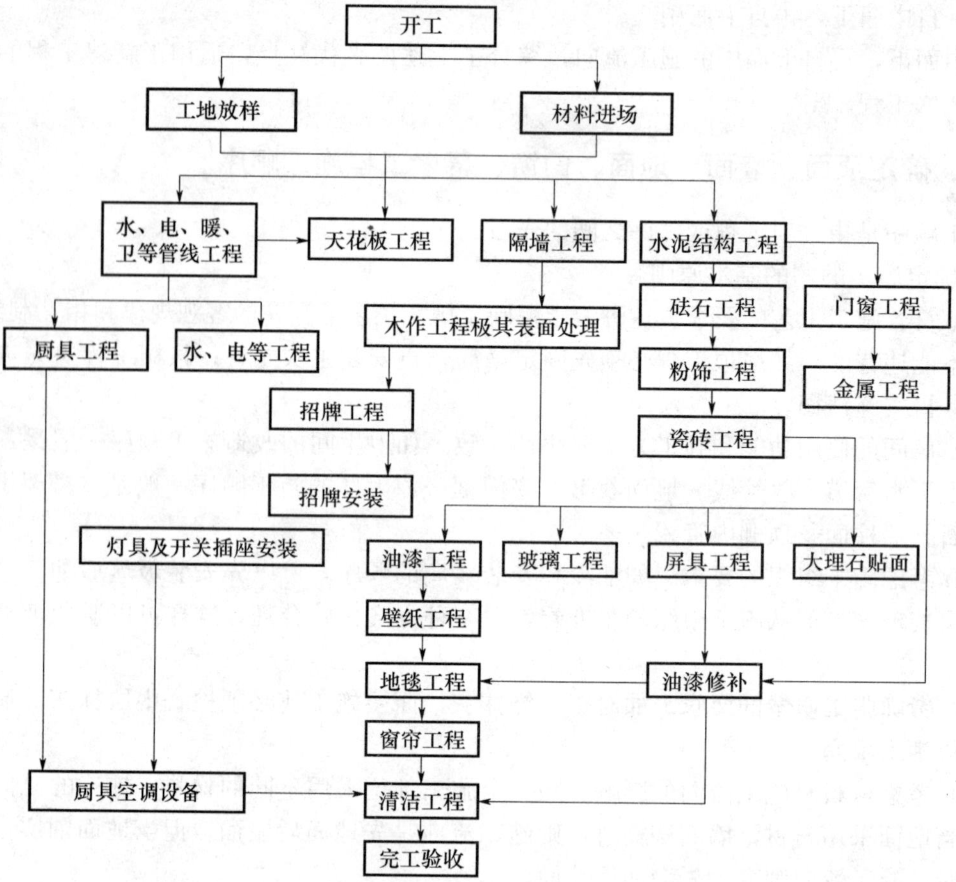

图 7-2　室内装饰装修工程的一般施工顺序

（1）室内顶棚、墙面及地面。室内同一房间的装饰装修工程施工顺序一般有两种：一是顶棚—墙面—地面，这种施工顺序可以保证连续施工，但在做地面前必须将顶棚和墙面上的落地灰和渣滓处理干净，否则将影响地面面层和基层之间的粘结，造成地面起壳现象）且做地面时的施工用水可能会污染已装饰的墙面，二是地面—墙面—顶棚，这种施工顺序易于清理，保证施工质量，但必须对已完工的地面进行保护。

（2）抹灰、吊顶、饰面和隔断工程的施工。一般应待隔墙、门窗框、暗装管道、电线管、预埋件、预制板嵌缝等完工后进行。

(3) 门窗及其玻璃工程施工。应根据气候及抹灰的要求，可在湿作业之前完成。但铝合金、塑料、涂色镀锌钢板门及玻璃工程宜在湿作业之后进行，否则应对成品加以保护。

(4) 有抹灰基层的饰面板工程、吊顶工程及轻型花饰安装工程，均应在抹灰工程完工后进行。

(5) 涂料、刷浆工程、吊顶和隔断罩面板的安装。应安排在塑料地板、地毯、硬质纤维板等楼地面面层和明装电线施工之前，以及管道设备试压后进行；对于木地（楼）板面层的最后一道涂料，应安排在裱糊工程完工后进行。

(6) 裱糊工程。应安排在顶棚、墙面、门窗及建筑设备的涂料、刷浆工程完工后进行。

(7) 幕墙工程。幕墙作为围护构件，应在室内装饰装修前进行。

例如，客房室内装饰装修改造工程的施工顺序一般是：拆除旧物—改电器管线及通风—壁柜制作、窗帘盒制作—顶内管线—吊顶—安角线—窗台板、暖气罩—安门框—墙、地面修补—顶棚涂料—安踢脚板—墙面腻子—安门扇—木面油漆—贴墙纸—电气面板、风口安装—床头灯及过道灯安装—清理修补—铺地毯—交工验收。

三、控制交叉施工面的施工工序

装饰施工时，包含布局施工、机电装置等工序穿插多，彼此控制大。施工之前，现场管理部门一定要确定各工序穿插次序。施工中各工序要彼此和谐合作，做好工序交代和制品维护，以使工程顺利进行，避免出现误工、返工现象。

1. 装饰与水电装置之间的穿插施工

装饰与水电通风装置之间的穿插施工，向来是工程施工中最尖利的穿插对立，装饰作业与水电装置穿插作业面大、内容杂乱，如处置不妥将呈现彼此制约、彼此损坏的晦气局势。土建与水电的穿插问题是悉数穿插中的要点，有必要要点处理，处理对立的准则。

(1) 水电暖装置发展有必要遵守总控发展方案，挑选合理的穿插机遇，要在现场部分一致的和谐指挥下施工，使整个工程构成一盘棋。

(2) 明确职责，做好交底手续。

(3) 树立固定的和谐准则。

(4) 悉数从大局出发，互谅互让，装饰施工要为水电通风装置创造条件，水电通风装置要注意对装饰制品及半制品的维护，装饰过程中也要注意对水电暖专业制品的完善维护。

2. 装饰装饰各工序的穿插施工

装饰各工序彼此影响和穿插污染是施工中难以和谐的对立，因为各工种穿插频频，关于制品和半制品，一般简单呈现二次污染、损坏和丢掉，这样必然影响工程发展和质量，添加额外费用，因而有必要采纳切实可行的制品维护办法。

(1) 现场各区设专人担任制品维护作业。

(2) 拟定合理的施工次序，拟定同运用功用房间或部位的施工工序流程，将土建、水、电、通风、消防等各专业工序彼此和谐，各专业工序均按此流程进行施工，禁止违背施工程序的做法。

(3) 做好工序标志作业，在施工过程中对受污染、损坏的制品、半制品标示“正在施工，注意维护”的标牌。

（4）采纳护、包、盖、封维护。对制品和半制品采纳“护、包、盖、封”的维护办法，对制品和半制品进行维护，并由专门担任人常常巡视查看，发现有维护办法损坏的状况，要及时恢复。

（5）地拟定处分办法，明确职责，对损坏制品的要按章进行处分。

（6）工序交代悉数选用书面形式由两边签字认可，由下道工序作业人员和制品维护担任人一起签字承认，并保管工序交代书面材料，下道工序作业人员对避免制品的污染、损坏或丢掉负直接职责，制品维护专人对制品维护负监督、查看职责。

（7）利用 BIM 技术进行各工序的碰撞检测，生成碰撞报告，解决各专业交叉施工问题。

四、确定各分项细部施工成品保护工序

1. 墙面、地面细部成品保护措施

墙面、地面的表面防护应由施工方执行，总包单位对各分包的成品保护工作进行协调管理，使各工序在各自施工过程中，减少对其他工序成品的破坏。

（1）材料进场后，应进行外观验收，对不符合业主标准的材料应做退场处理。

（2）进场后应入库保存，按规格、品种、类型进行排放，所有大理石成品应有部位标签。

（3）场内用手推车运输时，应用纸盒垫底，防止与推车直接接触。

（4）公用部位墙面除阳角采用上述保护方法外，还应对大面墙体用塑料膜纸进行粘贴保护，包括强弱电间门。

（5）公用部分地面大理石完工后，将所有表面碎屑等杂物清理干净，然后用泡沫塑料纸全铺，再覆盖三夹板。

（6）公用部位地面应在室内湿作业全部完成后进行，大宗装饰材料尽量少经过公用部位。在室内铺贴地板等最后几道工序施工前，应对地面进行磨光。

（7）如有特殊情况，不能按正常工序施工时，应报栋号管理部，由栋号管理部对可能造成的成品影响问题进行现场交底，同时该道工序应由两人以上配合施工，完工后报栋号部进行成品保护验收。

（8）分包（含总包施工）应对自己的产品的保护进行日常巡检，发现有损坏的，应及时更换，并查明其原因，达到举一反三的效果。如检查中发现其他工序施工对本工序成品保护有影响时，应及时报总包栋号部进行协调，和其他分包单位应经常性沟通。

2. 木门安装成品保护措施

（1）成品木门加工质量由木门厂自行控制，进场木门框扇应有泡沫塑料纸包裹保护。

（2）安装前监理和总包对成品木门进行检查，看木门是否有色差、变形、翘曲、开裂或损坏等现象，不合格产品不得安装使用。

（3）木门框应在毛地板施工完进场安装。

（4）门框安装好后，应用不小于 2mm 厚纸板对 1.6m 高度门框进行包角保护。

（5）大量的装修材料进出时，应注意不要碰撞门框，进行门槛条安装时，注意不要污染门框表面。

（6）门扇安装应在室内第三遍涂料完成后，安装完后，应对其内外表面全部用纸板或泡

沫塑料纸进行覆盖保护。

(7) 门锁安装好后，钥匙由专人保管，开启门扇动作要轻，不得用硬物抵开门扇。

(8) 涂料收头时注意不要污染门框，如有污染，应立即用软质湿棉纱擦除，不得用批刀硬铲。

(9) 门框安装时，不得在毛地板或厨卫地砖上加工，木屑应及时清理出场。

(10) 木门厂应按总包的整体进度要求进场安装，并服从工序安排要求，不得与其他工序穿插施工，更不得倒工序施工，如因特殊原因造成非正常工序施工，应报总包栋号管理部，制定适当的保护措施后，方可进行，完工后由总包和监理验收其成品保护情况。

(11) 消防楼梯防火门应在消防楼梯地面和墙面全部完工后进行，同时公用部位装修也已完成。

(12) 地下室防火门应适当放到最后施工，等地下设备与地下室装修完成安装。

(13) 木门厂应有现场巡检制度，发现损伤，及时更换或修补，并查明原因，做到举一反三。

(14) 木门厂应与相关工序施工单位保持经常性沟通，并和总包管理部就成品保护进行协商，从管理层面上抓保护。

第二节　编制并调控施工进度计划及资源需求计划

施工进度计划是以拟建工程为对象，规定各项工程内容的施工顺序和开工、竣工时间的施工计划。施工进度计划是施工组织设计的中心内容，它要保证建设工程按合同规定的期限交付使用。施工中的其他工作必须围绕着并适应施工进度计划的要求安排。

一、应用横道图方法编制一般单位工程、分部（分项）工程、专项工程施工进度计划

1. 施工进度计划的分类

施工进度计划按编制对象的不同可分为：施工总进度计划、单位工程进度计划、分阶段（或专项工程）工程进度计划、分部分项工程进度计划四种。

(1) 施工总进度计划

施工总进度计划是以一个建设项目或一个建筑群体为编制对象，用以指导整个建设项目或建筑群体施工全过程进度控制的指导性文件。它按照总体施工部署确定了每个单项工程、单位工程在整个项目施工组织中所处的地位，也是安排各类资源计划的主要依据和控制性文件。施工总进度计划由于施工的内容较多，施工工期较长，故其计划项目综合性强，较多控制性，很少作业性。施工总进度计划一般在总承包企业的总工程师领导下进行编制。

(2) 单位工程进度计划

单位工程进度计划是以一个单位工程为编制对象，在项目总进度计划控制目标的原则下，用以指导单位工程施工全过程进度控制的指导性文件。由于它所包含的施工内容比较具体明确，施工期较短，故其作业性较强，是进度控制的直接依据。单位工程开工前，由项目经理组织，在项目技术负责人领导下进行编制。

(3) 分阶段工程（或专项工程）进度计划

是以工程阶段目标（或专项工程）为编制对象，用以指导其施工阶段（或专项工程）实施过程的进度控制文件。

(4) 分部分项工程进度计划

是以分部分项工程为编制对象，用以具体实施操作其施工过程进度控制的专业性文件。由于二者编制对象为阶段性工程目标或分部分项细部目标，目的是为了把进度控制进一步具体化、可操作化，是专业工程具体安排控制的体现。此类进度计划与单位工程进度计划类似，由于比较简单、具体，通常由专业工程师或负责分部分项的工长进行编制。

(5) 可视化施工进度计划

依靠BIM技术进行施工进度计划虚拟，将施工进度可视化，直观地进行进度计划的对比及优化。

按照施工进度计划的作用可分为控制性施工进度计划和指导性施工进度计划。

2. 施工进度计划的编制依据

(1) 施工总进度计划的编制依据

1) 工程项目承包合同及招标投标书

2) 工程项目全部设计施工图纸及变更洽商；

3) 工程项目所在地区位置的自然条件和技术经济条件；

4) 工程项目设计概算和预算资料、劳动定额及机械台班定额等；

5) 工程项目拟采用的主要施工方案及措施、施工顺序、流水段划分等；

6) 工程项目需用的主要资源。主要包括：劳动力状况、机具设备能力、物资供应来源条件等；

7) 建设方及上级主管部门对施工的要求；

8) 现行规范、规程和技术经济指标等有关技术规定。

(2) 单位工程进度计划的编制依据

1) 主管部门的批示文件及建设单位的要求；

2) 施工图纸及设计单位对施工的要求；

3) 施工企业年度计划对该工程的安排和规定的有关指标；

4) 施工组织总设计或大纲对该工程的有关部门规定和安排；

5) 资源配备情况。如：施工中需要的劳动力、施工机具和设备、材料、预制构件和加工品的供应能力及来源情况；

6) 建设单位可能提供的条件和水电供应情况；

7) 施工现场条件和勘察资料；

8) 预算文件和国家及地方规范等资料。

3. 施工进度计划的表达方式

施工总进度计划可采用网络图或横道图表示，并附必要说明，宜优先采用网络计划。

单位工程施工进度计划一般工程用横道图表示即可，对于工程规模较大、工序比较复杂的工程宜采用网络图表示，通过对各类参数的计算，找出关键线路，选择最优方案。

4. 组织施工的三种方式

在建筑装饰工程施工过程中，考虑到工程项目的施工特点、工艺流程、资源利用、平面或空间布置等要求，通常可以组织依次、平行、流水施工三种组织方式。

（1）依次施工

依次施工也叫顺序施工，是各施工段或是各施工过程依次开工、依次完工的一种组织施工的方式。

依次施工组合方式具有以下特点：

① 没有充分利用工作面进行施工，工期较长；

② 如果按专业成立工作队，各专业工作队不能连续作业，有时间间歇，劳动力及施工机具等无法均衡使用；

③ 如果由一个工作队完成所有施工任务，不能实现专业化施工，不利于提高劳动生产率和工程质量；

④ 单位时间投入的（劳动力、施工机具、材料等）资源量较少，有利于资源供应的组织；

⑤ 施工现场的组织、管理比较简单。

适用范围：单纯的依次施工只在工程规模小或工作面有限而无法全面地展开工作时使用。

（2）平行施工

平行施工是指所有的施工过程的各个施工段同时开工，同时结束的一种施工组织方式。

平行施工组合方式具有以下特点：

① 充分地利用工作面进行施工，工期短；

② 如果每一个施工对象均按专业成立工作队，则各专业队不能连续作业，劳动力及施工机具等资源无法均衡使用；

③ 如果由一个工作队完成一个施工对象的全部施工任务，则不能实现专业化施工，不利于提高劳动生产率和工程质量；

④ 单位时间内投入的劳动力、施工机具、材料等资源量成倍地增加，不利于资源供应；

⑤ 施工现场的组织、管理比较复杂。

适用范围：由于平行施工，全部施工任务在各施工段上同时开完工的方式。这种方式可以充分利用了工作面，工期短。但单位时间里需提供的劳动资源成倍增加，经济效果不好。但适用于工期紧规模大的建筑群装饰工程。

（3）流水施工

流水施工是指所有的施工过程均按一定的时间间隔投入施工，各个施工过程陆续开工、陆续竣工，使同一施工过程的施工班组保持连续均衡地施工，不同施工过程尽可能平行搭接施工的组织方式。

流水施工的特点：

① 尽可能地利用工作面进行施工，工期比较短；

② 各工作队实现了专业化施工，有利于提高技术水平和劳动生产率，也有利于提高工程质量；

③ 专业工作队能够连续施工，同时使相邻专业队的开工时间能够最大限度地搭接；

④ 单位时间内投入的劳动力、施工机具、材料等资源量较为均衡，有利于资源供应的组织；

⑤ 为施工现场的文明施工和科学管理创造了有利条件。

因此，流水施工是较为合理的一种施工组织方式。

5. 流水施工参数的确定

在组织项目流水施工时，用以表达流水施工在施工工艺、空间布置和时间排列方面开展状态的参量，统称为流水参数。它包括：工艺参数、空间参数和时间参数三类。

（1）工艺参数

工艺参数主要是指在组织流水施工时，用以表达流水施工在施工工艺上开展顺序及其特征的参数；或是在组织流水施工时，将拟建工程项目的整个建造过程分解为施工过程的种类、性质和数目方面的总称。通常，工艺参数包括：施工过程数和流水强度两种。

1）施工过程数（n）

组织建设工程流水施工时，根据施工组织及计划安排而将计划任务划分成的子项称为施工过程，施工过程划分的粗细程度根据实际需要而定。当编制控制性施工进度计划时，组织流水施工的施工过程可以划分得粗一些；当编制实施性施工进度计划时，施工过程可以划分得细一些，施工过程可以是分项工程，甚至是将分项工程按照专业工种不同分解而成的施工工序。施工过程的数目一般用 n 表示。施工过程数目（n）的多少，主要依据项目施工进度计划在客观上的作用、采用的施工方案、项目的性质和建设单位对项目建设工期的要求等进行确定。

2）流水强度（v）

流水强度是指在组织流水施工时，某施工过程（或专业工作队）在单位时间内所完成的工程量，也称为流水能力或生产能力。流水强度又可分为机械施工过程流水强度和手工施工过程流水强度两种。

（2）空间参数

空间参数是指在组织流水施工时，用以表达流水施工在空间布置上开展状态的参数。通常包括工作面、施工段两种。

1）工作面（A）

某专业工种在加工建筑产品时所必须具备的活动空间，称为该工种的工作面。工作面的大小，表明能安排施工人数或机械台数的多少。每个作业的工人或每台施工机械所需工作面的大小，取决于单位时间内其完成的工程量和安全施工的要求。工作面确定的合理与否，直接影响专业工作队的生产效率。因此，必须合理确定工作面。

2）施工段（m）

通常把拟建工程项目在平面上划分成若干个劳动量大致相等的施工段落，这些施工段落称为施工段。施工段的数目以 m 表示。

（3）时间参数

在组织流水施工时，用以表达流水施工在时间排列上所处状态的参数，称为时间参数。它一般包括：流水节拍、流水步距、技术间歇、组织间歇和平行搭接时间和流水施工工期等六种。

1）流水节拍（t）

在组织流水施工时，每个专业工作队在各个施工段上完成相应的施工任务所需要的工作延续时间，称为流水节拍，用 t 表示。

流水节拍是流水施工的主要参数之一，它表明流水施工的速度和节奏性。流水节拍的大小，反映施工速度的快慢、投入的劳动力、机械以及材料用量的多少。根据其数值特征，一般流水施工又可分为：等节奏专业流水、异节奏专业流水和非节奏专业流水等施工组织方式。

2）流水步距（$K_{i,i+1}$）

在组织流水施工时，相邻两个专业工作队在保证施工顺序、满足连续施工、最大限度搭接和保证工程质量要求的条件下，相继投入施工的最小时间间隔，称为流水步距。一般用符号 $K_{i,i+1}$ 表示，通常也取 0.5d 的整数倍。当施工过程数为 n 时，流水步距共有 $n-1$ 个。

流水步距的大小，应考虑施工工作面的允许，施工顺序的适宜，技术间歇的合理以及施工期间的均衡。大小取决于相邻两个施工过程（或专业工作队）在各个施工段上的流水节拍及流水施工的组织方式。

3）平行搭接时间（t_d）

在组织流水施工时，有时为了缩短工期，在工作面允许的条件下，如果前一个专业工作队完成部分施工任务后，能够提前为后一个专业工作队提供工作面，使后者提前进入前一个施工段，两者在同一施工段上平行搭接施工，这个搭接时间称为平行搭接时间。

4）技术搭接时间（t_z）

在组织流水施工时，除要考虑相邻专业工作队的流水步距外，有时根据建筑材料或现浇构件等工艺性质，还要考虑合理的工艺等待时间，这个等待时间称为技术搭接时间。如砂浆抹面和油漆面的干燥时间。

5）组织间歇时间（t_z）

在组织流水施工时，由于施工技术或施工组织原因，造成的在流水步距以外增加的间歇时间，称为组织间歇时间。如测量放线、机器转场、过程验收等。

6）流水施工工期

流水施工工期是指从第一个专业工作队投入流水施工开始，到最后一个专业工作队完成流水施工为止的整个持续时间。流水施工工期用 T 表示。由于一项建设工程往往包含有许多流水组，故流水施工工期一般均不是整个工程的总工期。流水施工工期应根据各施工过程之间的流水步距以及最后一个施工过程中各施工段的流水节拍等确定。

$$T = \sum_{i=1}^{n-1} K_{i,i+1} + t_n \tag{7-1}$$

式中 $\sum_{i=1}^{n-1} K_{i,i+1}$ ——所有的流水步距之和；

t_n——最后一个施工过程的工期。

6. 流水施工的组织方法

根据各施工过程的各施工段流水节拍的关系，我们可以组织有节奏流水和无节奏流水施工方式。有节奏流水是指同一施工过程在每一个施工段上的流水节拍都相等的流水施工组织方式。按不同施工过程中每个施工段的流水节拍相互关系又可以分为：

全等节拍流水：各施工过程流水节拍在每一个施工段上的流水节拍都相等。

异节拍流水：同一施工过程在每一个施工段上的流水节拍相等，不同施工过程之间，每个施工段的流水节拍不完全相等。一般我们也可细分为：一般异节拍流水和成倍异节拍流水。

（1）全等节奏拍流水施工

在组织流水施工时，各施工过程在每一个施工段上的流水节拍相等，且不同施工过程的每一个施工段上的流水节拍互相相等的流水施工组织方式，即 $t_i = K_{i,i+1}$。或在组织流水施工时，如果所有的施工过程在各个施工段上的流水节拍彼此相等，这种流水施工组织方式称为全等节拍专业流水，也称固定节拍流水或同步距流水。它是一种最理想的流水施工组织方式。

基本特点：

a）所有流水节拍都彼此相等；

b）所有流水步距都彼此相等，而且等于流水节拍；

c）每个专业工作队都能够连续作业，施工段没有间歇时间；

d）专业工作队数目等于施工过程数目。

工期计算公式为：

① 无间歇和搭接时间

$$T=(n-1)K+mt=(n-1)K+mK=(m+n-1)K \tag{7-2}$$

② 若存在间歇和搭接时间

$$T=(m+n-1)t+\sum t_{\mathrm{j}}-\sum t_{\mathrm{d}} \tag{7-3}$$

式中　$\sum t_{\mathrm{j}}$ ——所有技术组织间歇之和；

$\sum t_{\mathrm{d}}$ ——所有搭接时间之和；

【例 7-1】 某分部工程划分为 A、B、C、D 四个施工过程，每个施工过程划分为三个施工段，其流水节拍均为 4d，其中施工过程 A 与 B 之间有 2d 的搭接时间，施工过程 C 与 D 之间有 1d 的间歇时间。试组织全等节拍流水，计算流水施工工期，绘制进度计划表。

【解】 第一步：根据已知条件计算工期

∵ $n=4 \quad m=3 \quad t=4 \quad \sum t_{\mathrm{d}}=2 \quad \sum t_{\mathrm{j}}=1$

∴ 根据式（7-3）　$T=(m+n-1)t+\sum t_{\mathrm{j}}-\sum t_{\mathrm{d}}$

$$=(3+4-1)\times 4+1-2=23\ (\mathrm{d})$$

第二步：绘制进度计划，如图 7-3 所示。

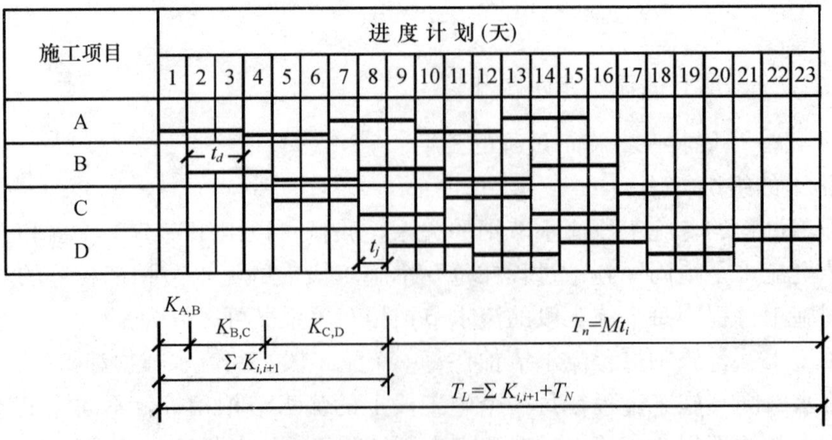

图 7-3　某分部工程全等节拍流水进度计划（横道图）

等节拍专业流水的适用范围：等节拍专业流水能保证各专业班组的工作连续，工作面能充分利用，实现均衡施工，但由于它要求各施工过程的每一个施工段上的流水节拍都要相等，这对于一个工程来说，往往很难达到这样的要求。所以，在单位工程组织施工时应用较少，往往用于分部工程或分项工程。

（2）异节拍流水施工

异节拍流水是指各施工过程在各施工段上的流水节拍相等，但不同施工过程之间的流水节拍不完全相等的流水施工组织方式。

异节拍流水具有以下特点：

① 同一施工过程在各施工段上的流水节拍均相等；

② 不同施工过程的流水节拍部分或全部不相等；

③ 各施工过程可按专业工作队（时间）连续或工作面连续组织施工，但不能同时连续。

异节拍流水工期：

$$T=\sum_{i=1}^{n-1}K_{i,i+1}+t_n$$

流水步距计算方法：

$$当\ t_i\leqslant t_{i+1}时\quad K_{i,i+1}=t_i+t_{\mathrm{j}}-t_{\mathrm{d}} \tag{7-4}$$

$$当\ t_i\geqslant t_{i+1}时\quad K_{i,i+1}=mt_i-(m-1)\ t_{i+1}+t_{\mathrm{j}}-t_{\mathrm{d}} \tag{7-5}$$

式中　t_i——前面施工过程的流水节拍；

t_{i+1}——紧后施工过程的流水节拍；

t_{j}——施工过程中的间歇时间之和；

t_{d}——施工段之间的搭接时间之和。

【例 7-2】 已知某工程可以划分为四个施工过程（$n=4$），三个施工段（$m=3$），各过程的流水节拍分别为 $t_A=2\mathrm{d}$，$t_B=3\mathrm{d}$，$t_C=4\mathrm{d}$，$t_D=3\mathrm{d}$，并且，A 过程结束后，B 过程开始之前，工作面有 1d 技术间歇时间。试组织不等节拍流水，并绘制流水施工进度计划表。

【解】 1）根据计算公式计算流水步距

∵　$t_A=2\mathrm{d}<t_B=3\mathrm{d}$，

又∵　A、B 过程之间有 1d 间歇时间，即 $t_{\mathrm{j}A,B}=1$（d）

∴　$K_{A,B}=t_A+t_{\mathrm{j}A,B}=2+1=3$（d）

∵　$t_B=3\mathrm{d}<t_C=4\mathrm{d}$

∴　$K_{B,C}=t_B=3$（d）

∵　$t_C=4\mathrm{d}>t_D=3\mathrm{d}$

∴　$K_{C,D}=mt_C-(m-1)\ t_D=3\times4-(3-1)\times3=6$（$d$）

2）计算流水工期

$$\begin{aligned}T&=\sum_{i=1}^{n-1}K_{i,i+1}+t_n\\&=K_{A,B}+K_{B,C}+K_{C,D}+m\cdot t_D\\&=3+3+6+3\times3=21(\mathrm{d})\end{aligned}$$

根据流水施工参数绘制流水施工进度计划表，如图 7-4 所示。

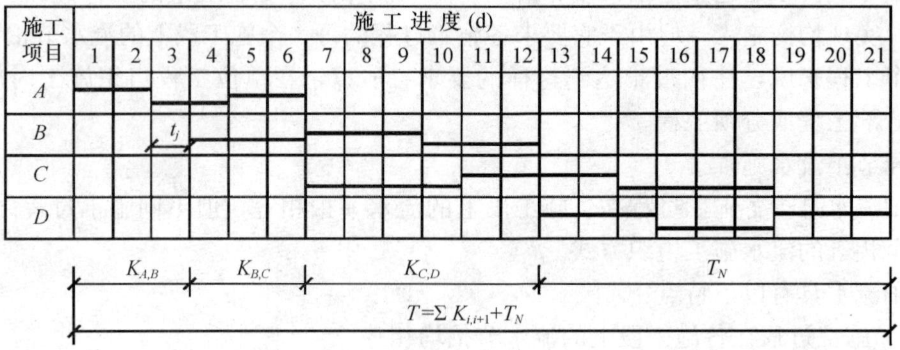

图 7-4　不等节拍流水施工进度计划表

（3）成倍节拍流水

成倍节拍流水，指同一施工过程在各个施工段上的流水节拍相等，不同施工过程之间的流水节拍不完全相等，但符合各个施工过程的流水节拍均为其中最小流水节拍的整数倍的条件。根据组织方式可以组织按工作面连续组织施工或按时间连续组织施工。通过上述两种方式组织施工可以发现它具有一般异节拍流水具有的特点。

在组织流水施工时，同一施工过程在各个施工段上的流水节拍相等，不同施工过程如果在每个施工段上的流水节拍均为其中最小流水节拍的整数倍，为了加快流水施工的速度，在资源供应满足的前提下，对流水节拍长的施工过程，组织几个同工种的专业工作队来完成同一施工过程在不同施工段上的任务，专业施工队数目的确定根据流水节拍的倍数关系而定，从而就形成了一个工期短，类似于等节拍专业流水的等步距的异节拍专业流水施工方案。

1）基本特点

① 同一施工过程在各施工段上的流水节拍彼此相等，不同的施工过程在同一施工段上的流水节拍彼此不等，但均为某一常数的整数倍；

② 流水步距彼此相等，且等于流水节拍的最大公约数；

③ 各专业工作队能够保证连续施工，施工段没有空闲；

④ 专业工作队数大于施工过程数，即 $N'>n$。

2）组织步骤

① 确定施工起点流向，分解施工过程；

② 确定施工顺序，划分施工段；

划分施工段时，不分施工层时，可按划分施工段原则确定施工段数 m。

③ 按异节拍专业流水确定流水节拍；

④ 确定流水步距，按下式计算：

$$K_0=\text{最大公约数}\ \{t_1,\ t_2\cdots,\ t_n\}$$

⑤ 确定专业工作队数；

$$b_i=\frac{t_i}{t_0} \tag{7-6}$$

$$N'=\sum_{i=1}^{n}b_i \tag{7-7}$$

⑥ 工期：

$$T=(m+N'-1)t_0+\sum t_j-\sum t_d \tag{7-8}$$

式中　N'——各施工过程施工队数之和

　　t_0——各施工过程流水节拍最大公约数

其他符号含义同前。

⑦ 绘制流水施工进度计划表。

【例 7-3】 已知某装饰工程可以划分为四个施工过程（$n=4$），六个施工段（$m=6$），各过程的流水节拍分别为 $t_A=2\text{d}$，$t_B=6\text{d}$，$t_C=4\text{d}$，$t_D=2\text{d}$，试组织成倍节拍流水，并绘制成倍节拍流水施工进度计划。

【解】 因为最大公约数=2（d）$=t_{\min}$

则：

$$b_A=\frac{t_A}{t_{\min}}=\frac{2}{2}=1\ （个）$$

$$b_B=\frac{t_B}{t_{\min}}=\frac{6}{2}=3\ （个）$$

$$b_C=\frac{t_C}{t_{\min}}=\frac{4}{2}=2\ （个）$$

$$b_D=\frac{t_D}{t_{\min}}=\frac{2}{2}=1\ （个）$$

施工班组总数为：

$$N'=\sum b_i=b_A+b_B+b_C+b_D=1+3+2+1=7(个)$$

该工程流水步距为：

$$K_{A,B}=K_{B,C}=K_{C,D}=t_{\min}=2\ (\text{d})$$

该工程工期为：

$$T=(m+N'-1)\ t_{\min}=(7+6-1)\times 2=24\ (\text{d})$$

根据所确定的流水施工参数绘制该工程横道计划如图 7-5 所示。

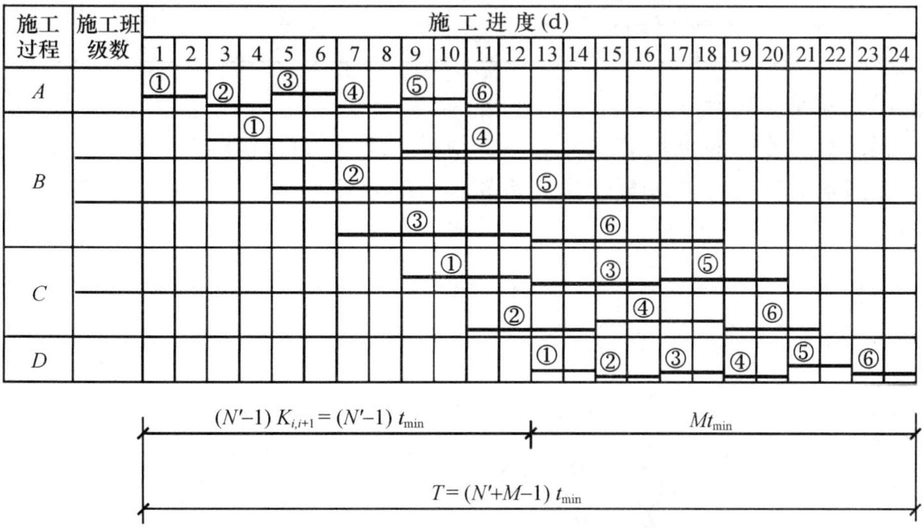

图 7-5　成倍节拍流水施工横道图

在成倍节拍流水施工进度计划图中，除表明施工过程的编号或名称外，还应表明专业工作队的编号。在表明各施工段的编号时，一定要注意有多个专业工作队的施工过程。

各专业工作队连续作业的施工段编号不应该是连续的，否则，无法组织合理的流水施工。

（4）无节奏流水施工

在实际施工中，通常每个施工过程在各个施工段上的工程量彼此不相等，或者各个专业工作队的生产效率相差悬殊，造成多数流水节拍彼此不相等，不可能组织等节拍专业流水或异节拍专业流水。在这种情况下，往往利用流水施工的基本原理，在保证施工工艺、满足施工顺序要求和按照专业工作队连续的前提下，按照一定的计算方法，确定相邻专业工作队之间的流水步距，使其在开工时间上最大限度地、合理地搭接起来，形成每个专业工作队都能连续作业的流水施工方式。这种施工方式称为非节奏流水，也叫做分别流水。它是流水施工的普遍形式。

组织无节奏流水的关键就是正确计算流水步距。计算流水步距可用取大差法，由于该方法是由前苏联专家潘特考夫斯基提出的，所以又称潘氏方法。这种方法简捷、准确，便于掌握。具体方法如下：

1）对每一个施工过程在各施工段上的流水节拍依次累加，求得各施工过程流水节拍的累加数列；

2）将相邻施工过程流水节拍累加数列中的后者错后一位，相减后求得一个差数列；

3）在差数列中取最大值，即为这两个相邻施工过程的流水步距。

【例 7-4】某工程可以分为四个施工过程，四个施工段，各施工过程在各施工段上的流水节拍见表 7-1，试计算流水步距和工期，绘制流水施工进度表。

表 7-1　施工过程在各施工段上的流水节拍

施工段 施工过程	Ⅰ	Ⅱ	Ⅲ	Ⅳ
A	5	4	2	3
B	4	1	3	2
C	3	5	2	3
D	1	2	2	3

【解】（1）流水步距计算

因每一施工过程在各施工段的流水节拍不相等，没有任何规律，因此，采用“逐段累加，错位相减，差值取大”的方法进行计算，无数据的地方补 0 计算，计算过程及结果如下：

① 求 $K_{A,B}$

$$\begin{array}{rrrrrr} & 5 & 9 & 11 & 14 & 0 \\ - & 0 & 4 & 5 & 8 & 10 \\ \hline & 5 & 5 & 6 & 6 & \end{array}$$

$\therefore K_{A,B}=6$（d）

② 求 $K_{B,C}$

$$\begin{array}{rrrrrr} & 4 & 5 & 8 & 10 & 0 \\ - & 0 & 3 & 8 & 10 & 13 \\ \hline & 4 & 2 & 0 & 0 & \end{array}$$

$\therefore K_{B,C}=4$（d）

③ 求 $K_{C,D}$

	3	8	10	13	0
−	0	1	3	5	8
	3	7	7	8	

$\therefore K_{C,D}=8$（天）

（2）工期计算

$$
\begin{aligned}
T &= \sum_{i=1}^{n-1} K_{i,i+1} + t_n \\
&= K_{A,B} + K_{B,C} + K_{C,D} + t_n \\
&= 6+4+8+8 \\
&= 26\ (\mathrm{d})
\end{aligned}
$$

该工程进度计划安排如图 7-6 所示。

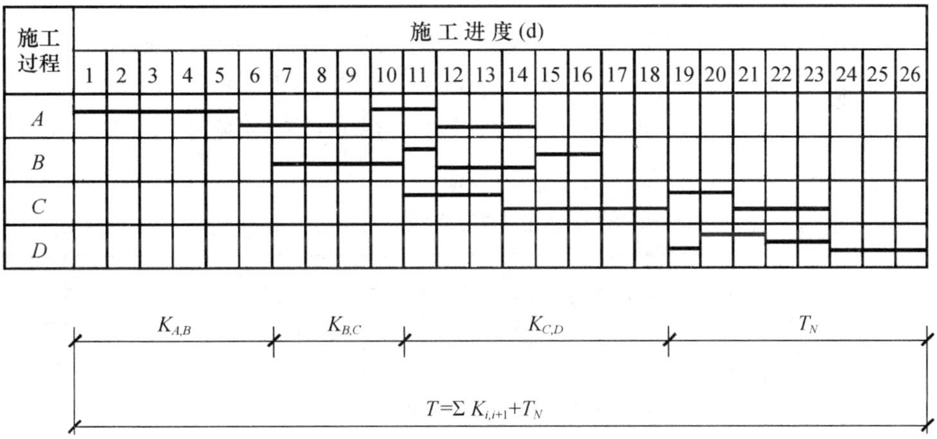

图 7-6 无节奏流水施工横道图

二、进行资源平衡计算，优化横道图进度计划

1. 资源均衡计算

施工进度计划的编制，要求能够连续、均衡施工。资源均衡包括劳动力、主要材料、机械、设备、工具等的均衡，其中，劳动力的均衡可以减少和避免工人的频繁调动及窝工现象；主要机械、设备、工具的均衡，有利于提高使用效率，减少配备的数量；主要材料的均衡，有利于材料的供应、堆放与存储，减少相应临时设施的数量。

资源均衡一般通过资源需要量动态图和不均衡系数来检查评价。

资源需要量动态图是以时间为横坐标，以每天完成施工过程的累计资源需要量为纵坐标而绘制的曲线。一般呈台阶状，常放在施工进度计划表的下方，时间坐标与进度表一致。动态图总是在某一平均水平的上下波动。如果波动幅度较小，反映施工比较均衡；若波动幅度较大，说明施工过程中资源需要量很不均衡，所以动态图上不应出现短时期的高峰和长时期的低谷。

衡量均衡性的程度，通常用不均衡系数 K 表示。

$$不均衡系数 K=\frac{最高峰日需要量}{平均日需要量} \tag{7-9}$$

不均衡系数值越接近于1，施工越趋于均衡。

进度计划的调整，一般采用逐步接近的方法。具体办法：延长或缩短某些工序的施工延续时间。在施工工艺允许的情况下，将某些工序开工时间向前或向后移动；根据实际情况，尽可能组织平行搭接施工；必要时还可以重拟施工方案、改变施工方法等。在可能情况下，应尽量做到均衡施工。

2. 编制横道图施工进度计划

应用横道图方法编制某装饰工程施工进度计划案例。

已知某本工程为正定理疗中心装修工程，主要包括以下内容：按施工图纸说明中所含全部精装修工程的图纸细化、施工及安装内容，包括屋面瓦、外墙抹灰涂料、室内隔墙、顶棚、墙面、柱面、地面等，还包括强弱电、水、消防等设备，全部装饰装修材料的采购和施工全过程。

计划工期：2013年11月8日开工，工期60天，试编制施工进度计划。

横道图绘制时，按照同一专业工作队在各层之间连续作业，由上到下的顺序施工，同一工作面不同专业工作队依次投入施工，工作面尽可能利用的原则编制，初步编制并调整后横道图如图7-7所示。

施工进度计划

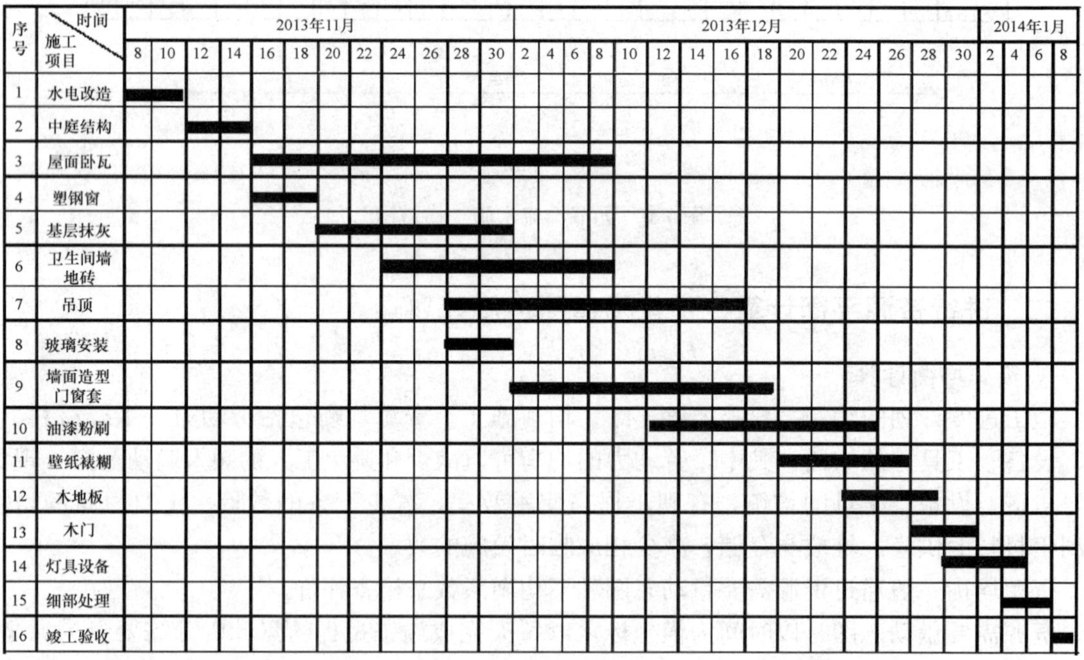

图7-7 施工进度计划图

三、识读建筑工程施工网络计划

网络计划是以网络图的形式来表达任务构成、工作顺序并加注工作时间参数的一种进度计划。网络图是指由箭线和节点（圆圈）组成的、用来表示工作流程的有向、有序的网状图形。

1. 网络计划的分类

网络图按其所用符号的意义不同，可分为双代号网络图和单代号网络图两种，如图 7-8、图 7-9 所示。

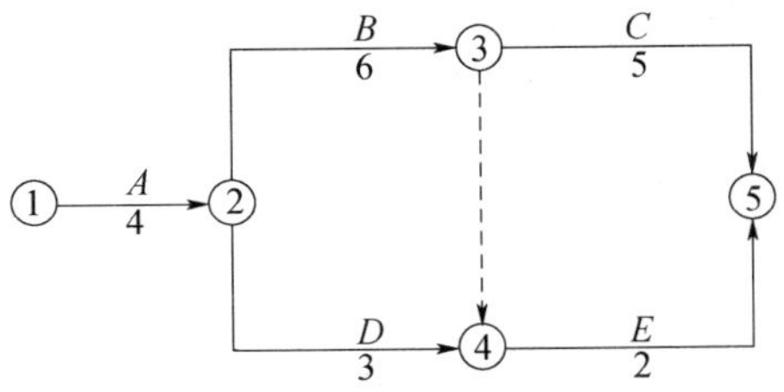

图 7-8　双代号网络图

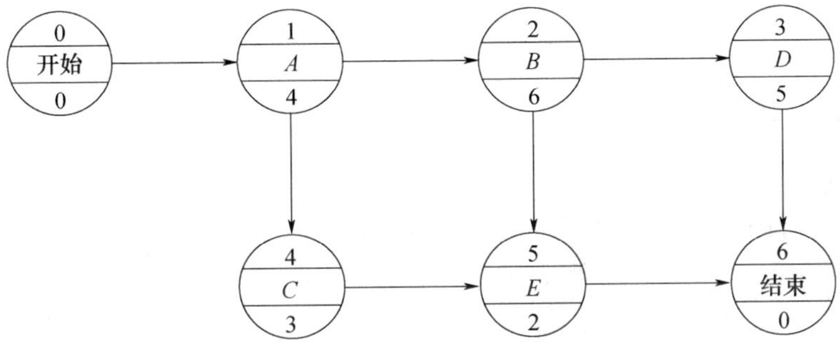

图 7-9　单代号网络图

2. 双代号网络的三要素

双代号网络图是以箭线及其两端节点的编号表示工作的网络图，其基本要素包括箭线、节点和线路。

(1) 箭线（工作）

工作是泛指一项需要消耗人力、物力和时间的具体活动过程，也称工序、活动、作业。

双代号网络图中，每一条箭线表示一项工作。箭线的箭尾节点 i 表示该工作的开始，箭线的箭头节点 j 表示该工作的完成。工作名称可标注在箭线的上方，完成该项工作所需要的持续时间可标注在箭线的下方，如图 7-10 所示。由于一项工作需用一条箭线和其箭尾与箭头处两个圆圈中的号码来表示，故称为双代号网络计划。

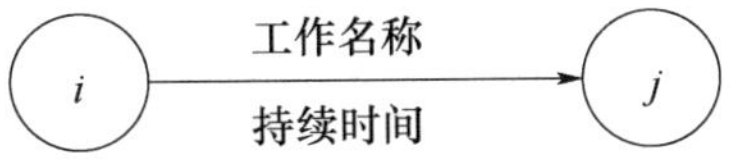

图 7-10　双代号网络图工作的表示方法

在双代号网络图中，任意一条实箭线都要占用时间，并多数要消耗资源。在建设工程中，一条箭线表示项目中的一个施工过程，它可以是一道工序、一个分项工程、一个分部工程或一个单位工程，其粗细程度和工作范围的划分根据计划任务的需要确定。

在双代号网络图中，为了正确地表达图中工作之间的逻辑关系，往往需要应用虚箭线。虚箭线是实际工作中并不存在的一项虚设工作，故它们既不占用时间，也不消耗资源，一般起着工作之间的联系、区分和断路三个作用。

在无时间坐标的网络图中，箭线的长度原则上可以任意画，其占用的时间以下方标注的时间参数为准。箭线可以为直线、折线或斜线，但其行进方向均应从左向右。在有时间坐标的网络图中，箭线的长度必须根据完成该工作所需持续时间的长短按比例绘制。

在双代号网络图中，通常将工作用 i-j 工作表示。紧排在本工作之前的工作称为紧前工作。紧排在本工作之后的工作称为紧后工作。与之平行进行的工作称为平行工作。

(2) 节点（又称结点、事件）

节点是网络图中箭线之间的连接点。在时间上节点表示指向某节点的工作全部完成后该节点后面的工作才能开始的瞬间，它反映前后工作的交接点。网络图中有三个类型的节点。

1) 起点节点

即网络图的第一个节点，它只有外向箭线（由节点向外指的箭线），一般表示一项任务或一个项目的开始。

2) 终点节点

即网络图的最后一个节点，它只有内向箭线（指向节点的箭线），一般表示一项任务或一个项目的完成。

3) 中间节点

即网络图中既有内向箭线，又有外向箭线的节点。

双代号网络图中，节点应用圆圈表示，并在圆圈内标注编号。一项工作应当只有唯一的一条箭线和相应的一对节点，且要求箭尾节点的编号小于其箭头节点的编号，即 $j<i$。

网络图节点的编号顺序应从小到大，可不连续，但不允许重复。

(3) 线路

网络图中从起始节点开始，沿箭头方向顺序通过一系列箭线与节点，最后达到终点节点的通路称为线路。在一个网络图中可能有很多条线路，线路中各项工作持续时间之和就是该线路的长度，即线路所需要的时间。一般网络图有多条线路，可依次用该线路上的节点代号来记述。

在各条线路中，有一条或几条线路的总时间最长，称为关键路线，一般用双线或粗线标注。其他线路长度均小于关键线路，称为非关键线路。

3. 双代号网络的绘制

(1) 双代号网络图必须正确表达已确定的逻辑关系。

网络图中工作之间相互制约或相互依赖的关系称为逻辑关系，它包括工艺关系和组织关系，在网络中均应表现为工作之间的先后顺序。

1) 工艺关系

生产性工作之间由工艺过程决定的，非生产性工作之间由工作程序决定的先后顺序称为工艺关系。

2) 组织关系

工作之间由于组织安排需要或资源（人力、材料、机械设备和资金等）调配需要而确定的先后顺序关系称为组织关系。

网络图必须正确地表达整个工程或任务的工艺流程和各工作开展的先后顺序，以及它们之间相互依赖和相互制约的逻辑关系。

网络图中常见的各种工作逻辑关系的表示方法见表 7-2。

表 7-2　网络图中常见的各种工作逻辑关系的表示方法

序号	工作之间的逻辑关系	网络图中表示方法	说　明
1	有 A、B 两项工作按照依次施工方式进行	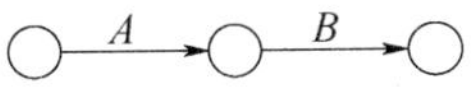	B 工作依赖着 A 工作，A 工作约束着 B 工作的开始
2	有 A、B、C 三项工作同时开始工作	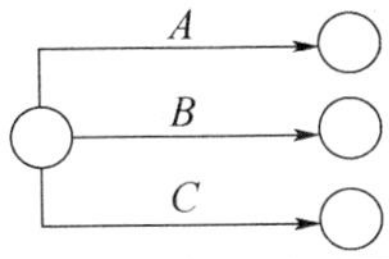	A、B、C 三项工作称为平行工作
3	有 A、B、C 三项工作同时结束	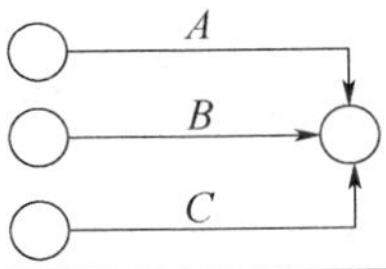	A、B、C 三项工作称为平行工作
4	有 A、B、C 三项工作，只有在 A 完成后 B、C 才能开始	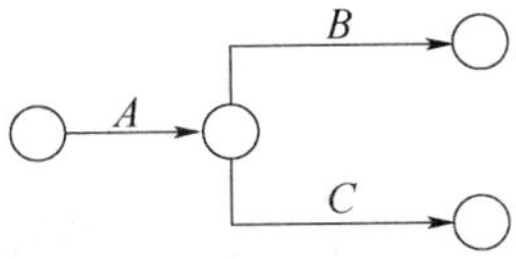	A 工作制约着 B、C 工作的开始。B、C 为平行工作
5	有 A、B、C 三项工作，C 工作只有在 A、B 完成后才能开始	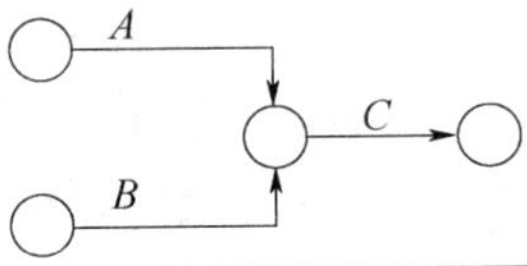	C 工作依赖着 A、B 工作，A、B 为平行工作
6	有 A、B、C、D 四项工作，只有当 A、B 完成后，C、D 才能开始	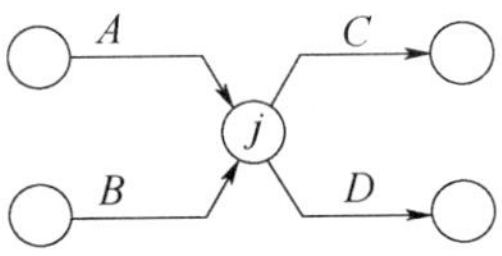	通过中间节点 j 正确地表达了 A、B、C、D 之间的关系
7	有 A、B、C、D 四项工作，A 完成后 C 才能开始；A、B 完成后 D 才开始	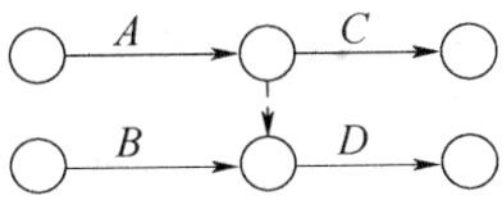	D 与 A 之间引入了逻辑连接（虚工作），只有这样才能正确表达它们之间的约束关系
8	有 A、B、C、D、E 五项工作，A、B 完成后 C 开始；B、D 完成后 E 开始	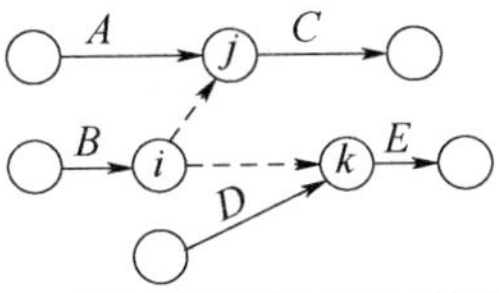	虚工作 ij 反映出 C 工作受到 B 工作的约束，虚工作 ik 反映出 E 工作受到 B 工作的约束
9	有 A、B、C、D、E 五项工作，A、B、C 完成后 D 才能开始；B、C 完成后 E 才能开始	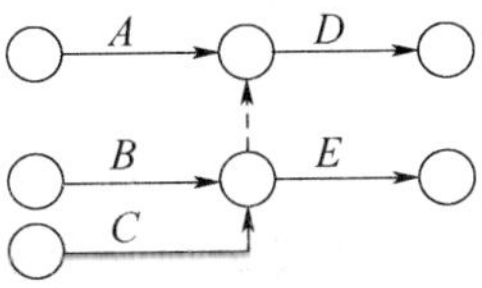	这是前面序号 1、5 情况通过虚工作连接起来，虚工作表示 D 工作受到 B、C 工作制约
10	A、B 两项工作分三个施工段，流水施工	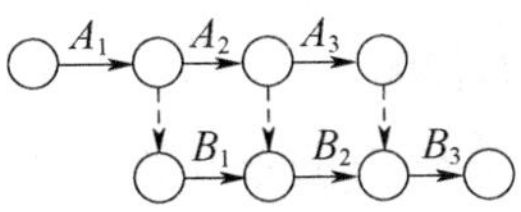	每个工种工程建立专业工作队，在每个施工段上进行流水作业，不同工种之间用逻辑搭接关系表示

(2) 绘制网络图时必须遵循正确的绘图规则。

1）双代号网络图中，不允许出现循环回路。所谓循环回路是指从网络图中的某一个节点出发，顺着箭线方向又回到了原来出发点的线路。如图 7-11（a）所示。

2）双代号网络图中，在节点之间不能出现带双向箭头或无箭头的连线。如图 7-11（b）所示。

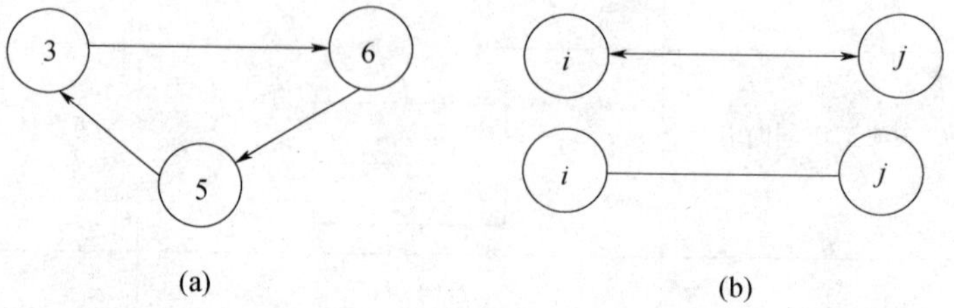

图 7-11　循环线路和箭线的错误画法

3）双代号网络图中，不能出现没有箭头节点或没有箭尾节点的箭线。如图 7-12 所示。

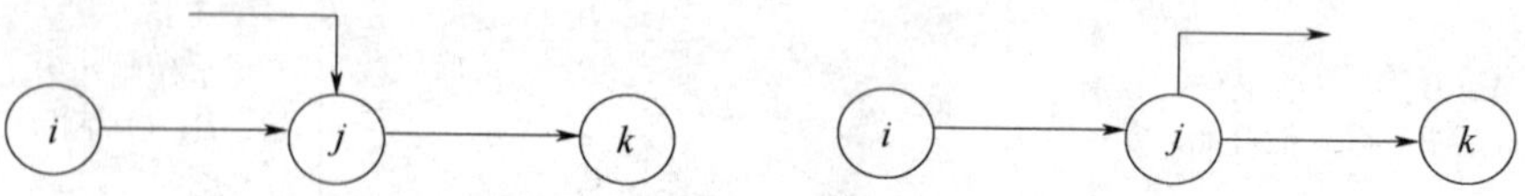

图 7-12　没有箭头和箭尾节点的箭线

4）当双代号网络图的某些节点有多条外向箭线或多条内向箭线时，为使图形简洁，可使用母线法绘制（但应满足一项工作用一条箭线和相应的一对节点表示），如图 7-13 所示。

5）绘制网络图时，箭线不宜交叉。当交叉不可避免时，可用过桥法或指向法，如图 7-14 所示。

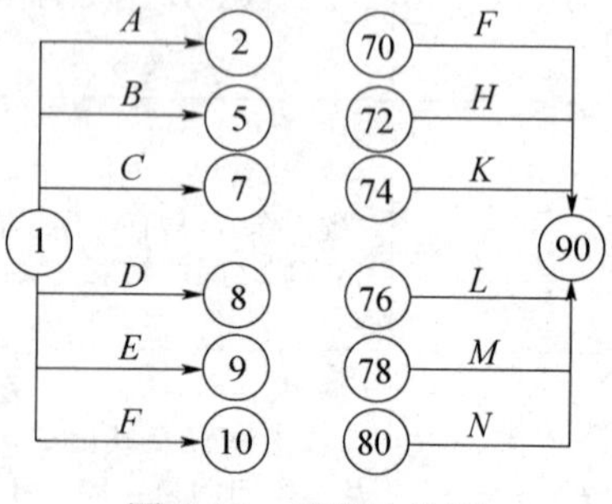

图 7-13　母线法绘图

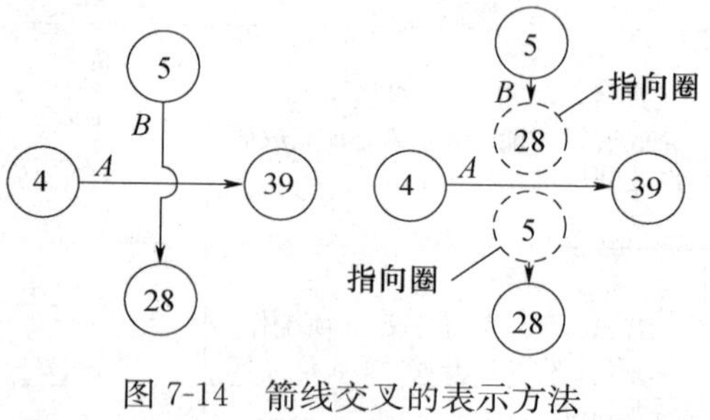

图 7-14　箭线交叉的表示方法

6）双代网络图中应只有一个起点节点和一个终点节点（多目标网络计划除外），而其他所有节点均应是中间节点。

7）双代号网络图应条理清楚，布局合理。例如，网络图中的工作箭线不宜画成任意方向或曲线形状，尽可能用水平线或斜线；关键线路、关键工作尽可能安排在图面中心位置，其他工作分散在两边；避免倒回箭头等。

4. 双代号网络图时间参数的计算

双代号网络计划时间参数计算的目的在于通过计算各项工作的时间参数，确定网络计划的关键工作、关键线路和计算工期，为网络计划的优化、调整和执行提供明确的时间参数。

双代号网络计划时间参数的计算方法很多，一般常用的有：按工作计算法和按节点计算法进行计算；在计算方式上又有分析计算法、表上计算法、图上计算法、矩阵计算法和电算法等。本节只介绍按工作计算法在图上进行计算的方法（图上计算法）。

（1）时间参数的概念及其符号

1）工作持续时间（D_{i-j}）

工作持续时间是对一项工作规定的从开始到完成的时间。在双代号网络计划中，工作 $i-j$ 的持续时间用 D_{i-j} 表示。

2）工期（T）

工期泛指完成任务所需要的时间，一般有以下三种：

① 计算工期：根据网络计划时间参数计算出来的工期，用 T_C 表示。

② 要求工期：任务委托人所要求的工期，用 T_r 表示。

③ 计划工期：在要求工期和计算工期的基础上综合考虑需要和可能而确定的工期，用 T_p 表示。网络计划的计划工期 T_p 应按下列情况分别确定：

当已规定了要求工期 T_r 时，

$$T_p \leqslant T_r \tag{7-10}$$

当未规定要求工期时，可令计划工期等于计算工期，

$$T_p = T_C \tag{7-11}$$

3）网络计划中工作的六个时间参数

① 最早开始时间（ES_{i-j}）

最早开始时间是指在各紧前工作全部完成后，本工作有可能开始的最早时刻。工作 $i-j$ 的最早开始时间用 ES_{i-j} 表示。

② 最早完成时间（EF_{i-j}）

最早完成时间是指在各紧前工作全部完成后，本工作有可能完成的最早时刻。工作 $i-j$ 的最早完成时间用 EF_{i-j} 表示。

③ 最迟开始时间（LS_{i-j}）

最迟开始时间是指在不影响整个任务按期完成的前提下，工作必须开始的最迟时刻。工作 $i-j$ 的最迟开始时间用 LS_{i-j} 表示。

④ 最迟完成时间（LF_{i-j}）

最迟完成时间是指在不影响整个任务按期完成的前提下，工作必须完成的最迟时刻。工作 $i-j$ 的最迟完成时间用 LF_{i-j} 表示。

⑤ 总时差（TF_{i-j}）

总时差是指在不影响总工期的前提下，本工作可以利用的机动时间。工作 $i-j$ 的总时差用 TF_{i-j} 表示。

⑥ 自由时差（FF_{i-j}）

自由时差是指在不影响其紧后工作最早开始的前提下，本工作可以利用的机动时间。工作 $i-j$ 的自由时差用 FF_{i-j} 表示。

按工作计算法计算网络计划中各时间参数，其计算结果应标注在箭线之上，如图 7-15 所示。

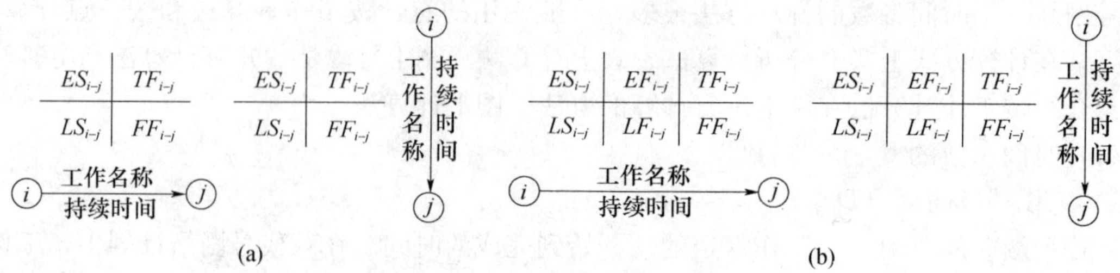

图 7-15　双代号网络计划按工序法计算时间参数标注形式

(a) 四时间参数标注法；(b) 六时间参数标注法

(2) 双代号网络计划时间参数计算

按工作计算法在网络图上计算六个工作时间参数，必须在清楚计算顺序和计算步骤的基础上，列出必要的公式，以加深对时间参数计算的理解。时间参数的计算步骤为：

1) 最早开始时间和最早完成时间的计算

如上所述，工作最早时间参数受到紧前工作的约束，故其计算顺序应从起点节点开始，顺着箭线方向依次逐项计算。

以网络计划的起点节点为开始结点的工作的最早开始时间为零。如网络计划起点节点的编号为 1，则：

$$ES_{i-j}=0\ (i=1) \tag{7-12}$$

顺着箭线方向依次计算各个工作的最早完成时间和最早开始时间。

当工作只有一个紧前工作时，最早完成时间等于最早开始时间加上其持续时间：

$$EF_{i-j}=ES_{i-j}+D_{i-j} \tag{7-13}$$

当工作有多个紧前工作时，最早开始时间等于各紧前工作的最早完成时间 EF_{h-i} 的最大值：

$$ES_{i-j}=\text{Max}\left[EF_{h-i}\right] \tag{7-14}$$

或

$$ES_{i-j}=\text{Max}\left[ES_{h-i}+D_{h-i}\right] \tag{7-15}$$

2) 确定计算工期 T_C

计算工期等于以网络计划的终点节点为箭头节点的各个工作的最早完成时间的最大值。当络计划终点节点的编号为 n 时，计算工期：

$$T_C=\text{Max}\left[EF_{i-n}\right] \tag{7-16}$$

当无要求工期的限制时，取计划工期等于计算工期，即取：$T_P=T_C$。

3) 最迟开始时间和最迟完成时间的计算

工作最迟时间参数受到紧后工作的约束，故其计算顺序应从终点节点起，逆着箭线方向依次逐项计算。

以网络计划的终点节点（$j=n$）为箭头节点的工作的最迟完成时间等于计划工期 T_P，即：

$$LF_{i-n}=T_P \tag{7-17}$$

逆着箭线方向依次计算各个工作的最迟开始时间和最迟完成时间。

当工作只有一个紧后工作时，最迟开始时间等于最迟完成时间减去其持续时间：

$$LS_{i-j}=LF_{i-j}-D_{i-j} \tag{7-18}$$

当工作有多个紧后工作时，最迟完成时间等于各紧后工作的最迟开始时间 LS_{j-k} 的最小值：

$$LF_{i-j}=\text{Min}\ [LS_{j-k}] \tag{7-19}$$

或

$$LF_{i-j}=\text{Min}\ [LF_{j-k}-D_{j-k}] \tag{7-20}$$

4）计算工作总时差

总时差等于其最迟开始时间减去最早开始时间，或等于最迟完成时间减去最早完成时间：

$$TF_{i-j}=LS_{i-j}-ES_{i-j} \tag{7-21}$$

$$TF_{i-j}=LF_{i-j}-EF_{i-j} \tag{7-22}$$

5）计算工作自由时差

当工作 $i-j$ 有紧后工作 $j-k$ 时，其自由时差应为：

$$FF_{i-j}=ES_{j-k}-EF_{i-j} \tag{7-23}$$

或

$$FF_{i-j}=ES_{j-k}-ES_{i-j}-D_{i-j} \tag{7-24}$$

以网络计划的终点节点（$j=n$）为箭头节点的工作，其自由时差 FF_{i-n} 应按网络计划的计划工期 T_P 确定，即：

$$FF_{i-n}=T_P-EF_{i-n} \tag{7-25}$$

5. 关键工作和关键线路的确定

（1）关键工作

总时差最小的工作是关键工作。

（2）关键线路

自始至终全部由关键工作组成的线路为关键线路，或线路上总的工作持续时间最长的线路为关键线路。网络图上的关键线路可用双线或粗线标注。

【例 7-5】 已知网络计划的资料见表 7-3，试绘制双代号网络计划；若计划工期等于计算工期，试计算各项工作的六个时间参数并确定关键线路，标注在网络计划上。

表 7-3　网络计划资料表

工作名称	A	B	C	D	E	F	H	G
紧前工作	/	/	B	B	A. C	A. C	D. F	D. E. F
持续时间（天）	4	2	3	3	5	6	5	3

【解】（1）根据上表中网络计划的有关资料，按照网络图的绘图规则，绘制双代号网络图如图 7-16 所示。

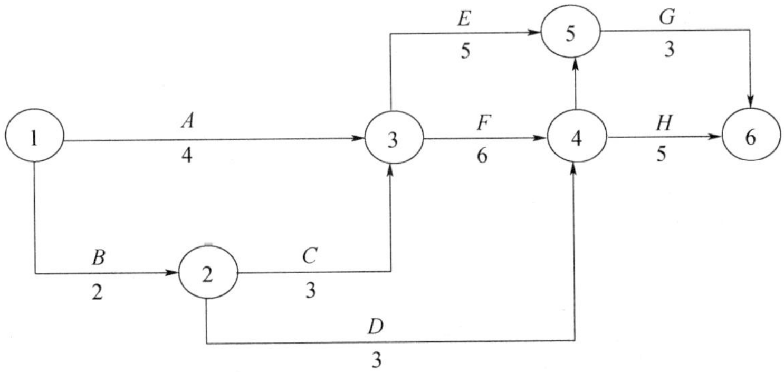

图 7-16　双代号网络计算实例原图

(2) 计算各项工作的时间参数，并将计算结果标注在箭线上方相应的位置。

(3) 确定关键工作及关键线路。

在下图中，最小的总时差是 0，所以，凡是总时差为 0 的工作均为关键工作。该例中的关键工作是：①—②，②—③，③—④，④—⑥（或关键工作是：B、C、F、H）。

在下图中，自始至终全由关键工作组成的关键线路是：①—②—③—④—⑥。关键线路用双箭线进行标注，如图 7-17 所示。

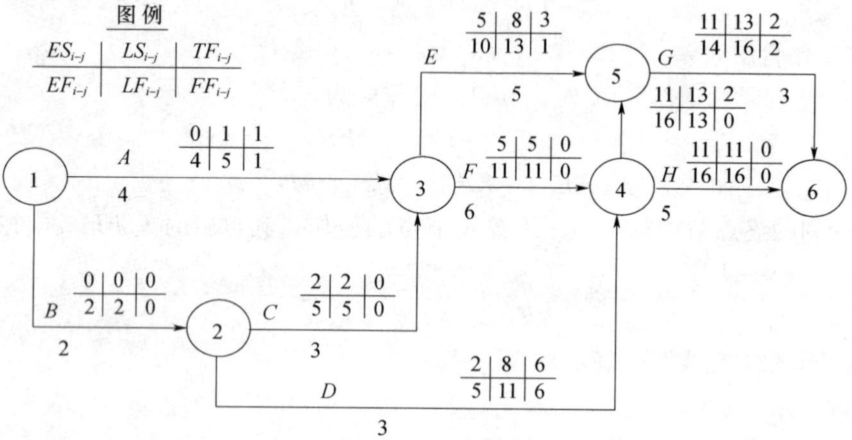

图 7-17 双代号网络计算实例

6. 某工程的施工网络计划案例

某建筑工程的施工网络计划如图 7-18 所示。

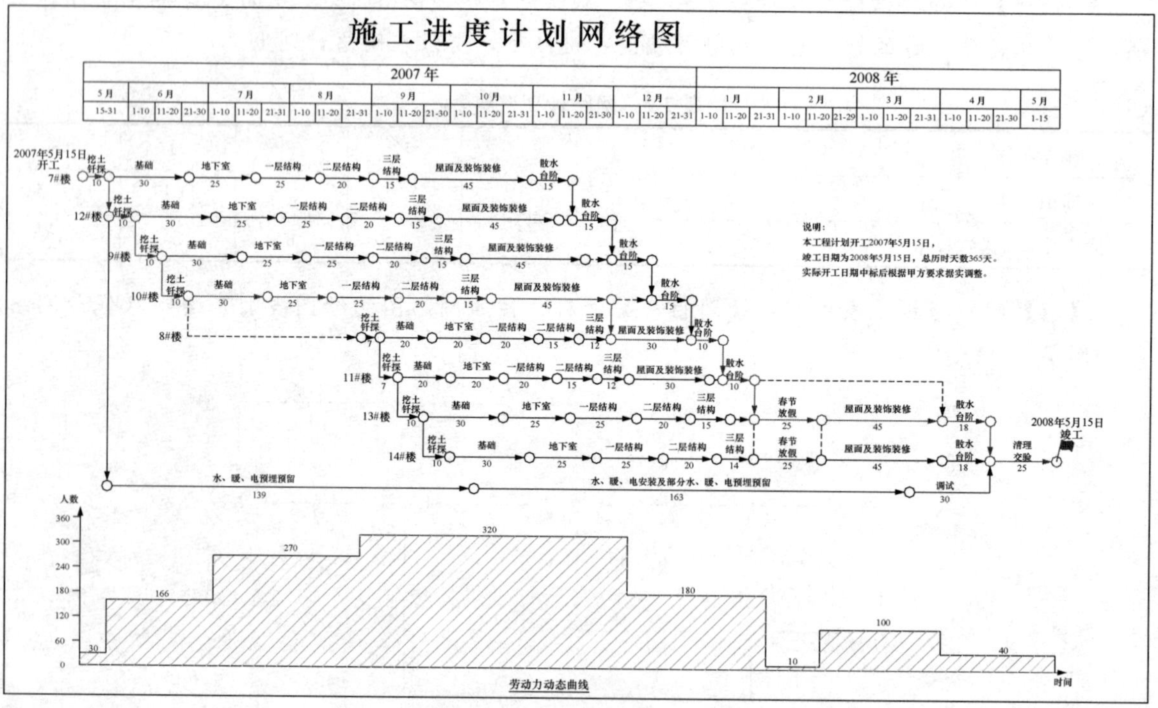

图 7-18 施工进度网络计划图

四、编制施工准备工作计划和资源配置计划

1. 施工准备工作计划

施工准备工作是完成施工任务是重要保证。全场性施工准备工作应根据已拟订的工程开展程序和主要项目的施工方案来编制，其主要内容是：安排好场地平整方案、全场性排水及防洪、场内外运输、水电来源及引入方案，安排好生产和生活基地建设，安排好建筑装饰材料、构件等的货源、运输方式、储存地点及方式，安排好现场区域内的测量工作、永久性标志的设置，安排好新技术、新工艺、新材料、新结构的试制试验计划，安排好各项季节性施工的准备工作，安排好施工人员的培训工作等。

在制定准备工作计划时，应确定各项工作的要求、完成时间及有关的责任人，使准备工作有计划、有步骤、分阶段地进行。其表式见表 7-4。

表 7-4　施工准备工作计划表

序号	施工准备项目	简要内容	负责单位	负责人	开始日期	完成日期	备注
1	人员准备						
2	材料准备						
…	…						

2. 资源需要量计划

装饰装修工程施工进度计划编制完成后，可以着手编制各项资源需要量计划，这是确定施工现场的临时设施、按计划供应材料、配备劳动力、调动施工机械，以保证施工按计划顺利进行的主要依据。

(1) 劳动力需要量计划

劳动力需要量计划，主要是作为安排劳动力的平衡、调配和衡量劳动力耗用指标、安排生活和福利设施的依据。其编制方法是将装饰装修工程施工进度计划表内所列的各施工过程每天（或旬、月）所需工人人数按工种汇总而得。其表格形式如表 7-5 所示。

表 7-5　劳动力需要量计划表

序号	工程名称	工种名称	需要量（工日）	×月份						
				1	2	3	4	5	6	…

(2) 主要材料需要量计划

主要材料需要量计划，是材料备料、计划供料和确定仓库、堆场面积及组织运输的依据。其编制方法是根据施工预算的工料分析表、施工进度计划表、材料的储备量和消耗定额，将施工中所需材料按品种、规格、数量、使用时间计算汇总而得。其表格形式如表 7-6所示。

对于某分部分项工程是由多种材料组成时，应对各种不同材料分类计算。如抹灰工程应变换成水泥、砂、外加剂和水的数量分别列入表格。

表 7-6　主要材料需要量计划表

序号	材料名称	规格	需要量		供应时间	备注
			单位	数量		

（3）构件和半成品需要量计划

编制构件、配件和其他量计划半成品的需要量计划，主要用于落实加工订货单位，并按照所需规格、数量、时间，做好组织加工、运输和确定仓库或堆场等工作，可根据图和施工进度计划编制。表格形式如表 7-7 所示。

表 7-7　构件和半成品需要量计划表

序号	品名	规格	图号	需要量		使用部位	加工单位	供应日期	备注
				单位	数量				

（4）施工机械需要量计划

编制施工机械需要量计划，主要用于确定施工机械的类型、数量、进场时间，并可据此落实施工机具的来源，以便及时组织进场。其编制方法是将装饰装修工程施工进度计划表中的每一个施工过程，每天施工所需的机械类型、数量和施工时间进行汇总，便得到施工机械需要量计划。其表格形式如表 7-8 所示。

表 7-8　施工机械需要量计划表

序号	机械名称	型号	需要量		货源	使用起止时间	备注
			单位	数量			

五、检查施工进度计划的实施情况，调整施工进度计划

在计划执行过程中，由于组织、管理、经济、技术、资源、环境和自然条件等因素的影响，往往会造成实际进度与计划进度产生偏差，如果偏差不能及时纠正，必将影响进度目标的实现。因此，在计划执行过程中采取相应措施来进行管理，对保证计划目标的顺利实现具有重要意义。

进度计划执行中的管理工作主要有以下几个方面：

（1）检查并掌握实际进展情况；

（2）分析产生进度偏差的主要原因；

（3）确定相应的纠偏措施或调整方法。

1. 进度计划的检查

（1）进度计划的检查方法

1）计划执行中的跟踪检查

在网络计划的执行过程中，必须建立相应的检查制度，定时定期地对计划的实际执行情况进行跟踪检查，收集反映实际进度的有关数据。

2）收集数据的加工处理

收集反映实际进度的原始数据量大面广，必须对其进行整理、统计和分析，形成与计划进度具有可比性的数据，以便在网络图上进行记录。根据记录的结果可以分析判断进度的实际状况，及时发现进度偏差，为网络图的调整提供信息。

3）实际进度检查记录的方式

当采用时标网络计划时，可采用实际进度前锋线记录计划实际执行状况，进行实际进度与计划进度的比较。

实际进度前锋线是在原时标网络计划上，自上而下从计划检查时刻的时标点出发，用点画线依此将各项工作实际进度达到的前锋点连接而成的折线。通过实际进度前锋线与原进度计划中各工作箭线交点的位置可以判断实际进度与计划进度的偏差。

例如，图 7-19 所示是一份时标网络计划用前锋线进行检查记录的实例。该图有 4 条前锋线，分别记录了第 47、52、57、62 天的四次检查结果。

当采用无时标网络计划时，可在图上直接用文字、数字、适当符号或列表记录计划的实际执行状况，进行实际进度与计划进度的比较。

（2）网络计划检查的主要内容

1）关键工作进度；

2）非关键工作的进度及时差利用情况；

3）实际进度对各项工作之间逻辑关系的影响；

4）资源状况；

5）成本状况；

6）存在的其他问题。

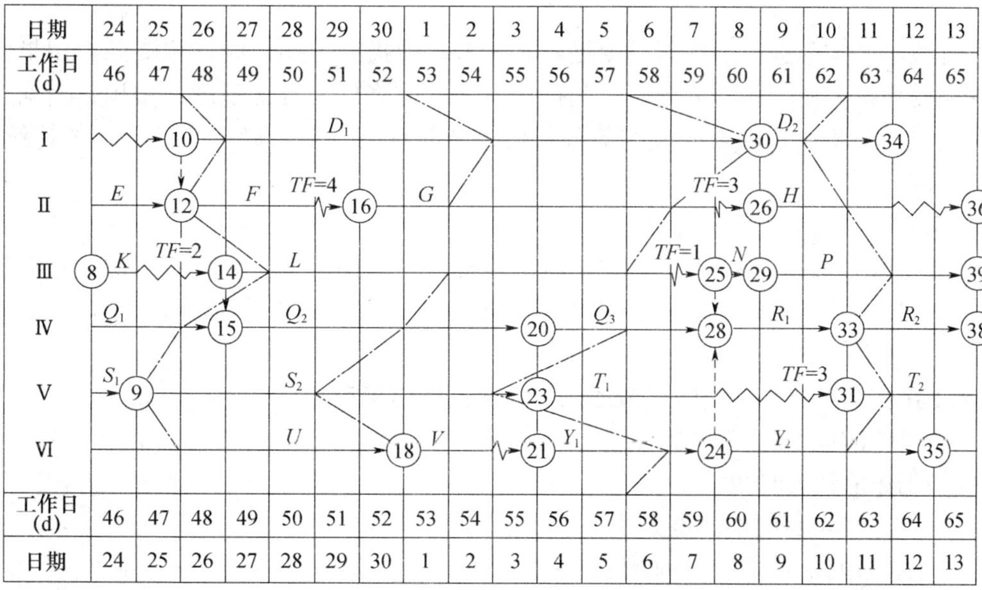

图 7-19　实际进度前锋线实例

（3）对检查结果进行分析判断

通过对网络计划执行情况检查的结果进行分析判断，可为计划的调整提供依据。一般应进行如下分析判断：

1）对时标网络计划宜利用绘制的实际进度前锋线，分析计划的执行情况及其发展趋势，对未来的进度做出预测、判断，找出偏离计划目标的原因及可供挖掘的潜力所在；

2）对无时标网络计划宜按表 7-9 记录的情况对计划中未完成的工作进行分析判断。

表 7-9　网络计划检查结果分析表

工作编号	工作名称	检查时尚需工作天数	按计划最迟完成尚有天数	总时差（d）		自由时差（d）		情况分析
				原有	目前尚有	原有	目前尚有	

2. 进度计划的调整

（1）网络计划调整的内容

1）调整关键线路的长度；

2）调整非关键工作时差；

3）增、减工作项目；

4）调整逻辑关系；

5）重新估计某些工作的持续时间；

6）对资源的投入作相应调整。

（2）网络计划调整的方法

1）调整关键线路的方法

当关键线路的实际进度比计划进度拖后时，在尚未完成的关键工作中，选择资源强度小或费用低的工作缩短其持续时间，并重新计算未完成部分的时间参数，将其作为一个新计划实施。

当关键线路的实际进度比计划进度提前时，若不拟提前工期，应选用资源占用量大或者直接费用高的后续关键工作，适当延长其持续时间，以降低其资源强度或费用；当确定要提前完成计划时，应将计划尚未完成的部分作为一个新计划，重新确定关键工作的持续时间，按新计划实施。

2）非关键工作时差的调整方法

非关键工作时差的调整应在其时差的范围内进行，以便更充分地利用资源、降低成本或满足施工的需要。每一次调整后都必须重新计算时间参数，观察该调整对计划全局的影响。可采用以下几种调整方法：

① 将工作在其最早开始时间与最迟完成时间范围内移动；

② 延长工作的持续时间；

③ 缩短工作的持续时间。

3）增、减工作项目时的调整方法

增、减工作项目时应符合下列规定：

① 不打乱原网络计划总的逻辑关系，只对局部逻辑关系进行调整；

② 在增减工作后应重新计算时间参数，分析对原网络计划的影响；当对工期有影响时，应采取调整措施，以保证计划工期不变。

4）调整逻辑关系

逻辑关系的调整只有当实际情况要求改变施工方法或组织方法时才可进行。调整时应避免影响原定计划工期和其他工作的顺利进行。

5）调整工作的持续时间

当发现某些工作的原持续时间估计有误或实现条件不充分时，应重新估算其持续时间，并重新计算时间参数，尽量使原计划工期不受影响。

6）调整资源的投入

当资源供应发生异常时，应采用资源优化方法对计划进行调整，或采取应急措施，使其对工期的影响最小。

网络计划的调整，可以定期进行，亦可根据计划检查的结果在必要时进行。

六、建筑工程项目进度控制

建筑工程项目进度控制的措施包括组织措施、管理措施、经济措施和技术措施。

1. 项目进度控制的组织措施

组织措施是目标能否实现的决定性因素，为实现项目的进度目标，应充分重视健全项目管理的组织体系。在项目组织结构中应有专门的工作部门和符合进度控制岗位资格的专人负责进度控制工作。

进度控制的主要工作环节包括进度目标的分析和论证、编制进度计划、定期跟踪进度计划的执行情况、采取纠偏措施以及调整进度计划。这些工作任务和相应的管理职能应在项目管理组织设计的任务分工表和管理职能分工表中标示并落实。

应编制项目进度控制的工作流程，如：

(1) 定义项目进度计划系统的组成；

(2) 各类进度计划的编制程序、审批程序和计划调整程序等。

进度控制工作包含了大量的组织和协调工作，而会议是组织和协调的重要手段，应进行有关进度控制会议的组织设计，以明确：

(1) 会议的类型；

(2) 各类会议的主持人及参加单位和人员；

(3) 各类会议的召开时间；

(4) 各类会议文件的整理、分发和确认等。

2. 项目进度控制的管理措施

建设工程项目进度控制的管理措施涉及管理的思想、管理的方法、管理的手段、承发包模式、合同管理和风险管理等。在理顺组织的前提下，科学和严谨的管理显得十分重要。

建设工程项目进度控制在管理观念方面存在的主要问题是：

(1) 缺乏进度计划系统的观念——分别编制各种独立而互不联系的计划，形成不了计划系统；

(2) 缺乏动态控制的观念——只重视计划的编制，而不重视及时地进行计划的动态调整；

(3) 缺乏进度计划多方案比较和选优的观念——合理的进度计划应体现资源的合理使用、工作面的合理安排、有利于提高建设质量、有利于文明施工和有利于合理地缩短建设周期。

用工程网络计划的方法编制进度计划必须很严谨地分析和考虑工作之间的逻辑关系，通过工程网络的计算可发现关键工作和关键路线，也可知道非关键工作可使用的时差，工程网络计划的方法有利于实现进度控制的科学化。

承发包模式的选择直接关系到工程实施的组织和协调。为了实现进度目标，应选择合理的合同结构，以避免过多的合同交界面而影响工程的进展。工程物资的采购模式对进度也有直接的影响，对此应作比较分析。

为实现进度目标，不但应进行进度控制，还应注意分析影响工程进度的风险，并在分析的基础上采取风险管理措施，以减少进度失控的风险量。常见的影响工程进度的风险，如：

(1) 组织风险；

(2) 管理风险；

(3) 合同风险；

(4) 资源（人力、物力和财力）风险；

(5) 技术风险等。

重视信息技术（包括相应的软件、局域网、互联网以及数据处理设备）在进度控制中的应用。虽然信息技术对进度控制而言只是一种管理手段，但它的应用有利于提高进度信息处理的效率、有利于提高进度信息的透明度、有利于促进进度信息的交流和项目各参与方的协同工作。

3. 项目进度控制的经济措施

建设工程项目进度控制的经济措施涉及资金需求计划、资金供应的条件和经济激励措施等。为确保进度目标的实现，应编制与进度计划相适应的资源需求计划（资源进度计划），包括资金需求计划和其他资源（人力和物力资源）需求计划，以反映工程实施的各时段所需要的资源。通过资源需求的分析，可发现所编制的进度计划实现的可能性，若资源条件不具备，则应调整进度计划。资金需求计划也是工程融资的重要依据。

资金供应条件包括可能的资金总供应量、资金来源（自有资金和外来资金）以及资金供应的时间。在工程预算中应考虑加快工程进度所需要的资金，其中包括为实现进度目标将要采取的经济激励措施所需要的费用。

4. 项目进度控制的技术措施

建设工程项目进度控制的技术措施涉及对实现进度目标有利的设计技术和施工技术的选用。不同的设计理念、设计技术路线、设计方案会对工程进度产生不同的影响，在设计工作的前期，特别是在设计方案评审和选用时可借助BIM技术，应对设计技术与工程进度的关系作分析比较。在工程进度受阻时，应分析是否存在设计技术的影响因素，为实现进度目标有无设计变更的可能性。

施工方案对工程进度有直接的影响，在决策其选用时，不仅应分析技术的先进性和经济合理性，还应考虑其对进度的影响。在工程进度受阻时，应分析是否存在施工技术的影响因素，为实现进度目标有无改变施工技术、施工方法和施工机械的可能性。

第三节　成本管理

一、装饰装修工程成本的组成和影响因素

1. 工程成本的组成

施工项目成本从不同的角度有不同的分类。

按控制阶段可分为承包成本、计划成本和实际成本。承包成本是建筑业企业在施工图预算的基础上，考虑本企业的成本水平和竞争态势提出的投标报价中的成本；计划成本是项目经理部根据计划期的有关资料和降耗节约措施计算的成本；实际成本是施工项目在报告期内实际发生的各项生产费用的总和。三种成本的比较，可以反映出施工项目成本管理的水平和成效。

按成本项目的性态可分为固定成本和变动成本。固定成本是在一定期间和一定工程量范围内，其发生的成本额不受工程量增减的影响而相对固定的成本。如折旧费、大修理费、管理人员工资办公费等。变动成本是发生额随工程量的增减成正比例变动的成本。如直接用于工程的材料费、实行计件工资制的人工费等。

按成本归集途径可分为直接成本和间接成本。

（1）直接成本

直接成本是指施工过程中耗费的构成工程实体或有助于工程实体形成的各项费用支出，是可以直接计入工程对象的费用，包括人工费、材料费和施工机具使用费等。

1）人工费。人工费是指直接从事建筑安装工程施工的生产工人开支的各项费用。包括：工资、奖金、工资性质的津贴、生产工人辅助工资、职工福利费、生产工人劳动保护费等。

2）材料费。材料费是指施工过程中耗用的构成工程实体的各种材料费用。包括：原材料、辅助材料、构配件、零件、未成品的费用、周转材料的摊销费和租赁费等。

3）机械使用费。机械使用费是指施工过程中使用机械所发生的费用。包括：使用自有施工机械的费用、外租施工机械的租赁费、施工机械安装、拆卸和进出场费。

4）其他直接费。其他直接费是指除上述三项以外的直接用于施工过程的费用。包括：材料二次搬运费、临时设施摊销费、生产工具使用费、检验试验费、工程定位复测费、工程点交费、场地清理费等 建筑安装工程费用项目组成还列有：冬雨季施工增加费、夜间施工增加费、仪器仪表使用费、特殊工程培训费、特殊地区施工增加费等。

（2）间接成本

间接成本是指项目经理部为施工准备、组织和管理施工生产所发生的，与成本核算对象相关联的全部施工间接支出。包括：

1）工作人员薪金。工作人员薪金指现场项目管理人员的工资、资金、工资性质的津贴等。

2）劳动保护费。劳动保护费指现场管理人员的按规定标准发放的劳动保护用品的购置费和修理费，防暑降温费，在有碍身体健康环境中施工的保健费用等

3）职工福利费指按现场项目管理人员工资总额的14%提取的福利费

4）办公费指现场管理办公用的文具、纸张、账表、印刷、邮电、书报、会议、水、电、

烧水和集体取暖用煤等费用

5）差旅交通费指职工因公出差期间的旅费、住勤补助费、市内交通费和误餐补助费、职工探亲路费、劳动力招募费、职工离退休及职工退职一次性路费、工伤人员就医路费、工地转移费以及现场管理使用的交通工具的油料、燃料、养路费和牌照费等。

6）固定资产使用费指现场管理及试验部门使用的属于固定资产的设备、仪器等折旧、大修理、维修费和租赁费等。

7）工具用具使用费指现场管理使用的不属于固定资产的工具、器具、家具交通工具和检验、试验、测验、消防用具等的购置、维修和摊销费等。

8）保险费指施工管理用财产、车辆保险及高空、井下、海上作业特殊工种安全保险等。

9）工程保修费指工程施工交付使用后在规定的保修期内的修理费用。

10）工程排污费指施工现场按规定交纳的排污费用。

11）其他费用 按项目管理的要求，凡发生于项目的可控费用，均应下沉到项目核算，不受层次限制，必须落实项目经济责任制，所以还包括费用项目。

12）工会经费指按现场管理人员的工资总额的2%计提工会经费。

13）教育经费指按现场管理人员的工资总额的1.5%提取使用的职工教育经费。

14）业务活动经费指按“小额、合理、必需”原则使用的业务活动经费。

15）税金指应由项目负担的房产税、车船使用税、土地使用税、印花税等。

16）劳保统筹费指按工资总额一定比例交纳的劳保统筹基金。

17）利息支出指项目在银行开户的存贷款利息收支净额。

18）其他财务费用指汇兑净损失、调剂外汇手续费、银行手续费用。

2. 工程成本的影响因素

影响工程成本的主要因素包括：项目属性、人员属性、计算机属性、项目成果属性及其他的因素。在进行项目成本估算时，应当综合考虑这些因素。

（1）项目属性

项目本身的属性是影响工程成本最直接的因素，需求的不确定性、计划的不落实性、规模和工作量的不确定性、进度与质量限制、外部环境的影响和项目风险、使用软件的工具以及现代程序设计规范的运用都会影响到工作成本。

（2）人员属性

人员是工程项目的主要角色，由于信息系统工程的知识密集型特点，对技术人员的依赖性强。系统分析员的能力、程序员和测试人员的能力、虚拟机经验、使用程序设计语言的经验、应用经验以及人员的流动都牵涉到项目成本。

（3）计算机属性

计算机的执行时间、主存限制、虚拟机的易变性和计算机的周转时间也会对软件开发成本造成影响。

（4）项目成果属性

项目成果需要注意的有三个方面：

1）可靠性要求越高的软件开发，所投入在开发各阶段上的质量控制方面的成本越高。并不是所有软件都有相同的可靠性要求，对可靠性的要求等级可以根据不同的应用特点具体定义。

2）数据基的规模。

3）软件产品的复杂性。

（5）其他的因素

应用类型、语言水平、其他有关软件规模的度量（复杂性、实体和规格说明）、管理质量、用户接口质量、文档的数量、硬件配置以及安全和保密性的限制等都会影响工程成本。在实际工作中，加强对这些因素的预测和管理，采取合理的措施，做好工程成本控制工作是关键。

二、装饰装修工程施工成本管理的基本内容和要求

1. 施工成本管理的基本内容

成本管理是指企业生产经营过程中各项成本预测、成本计划、成本控制、成本核算、成本分析和成本考核等一系列科学管理行为的总称。成本管理充分动员和组织企业全体人员，在保证产品质量的前提下，对企业生产经营过程的各个环节进行科学合理的管理，力求以最少生产耗费取得最大的生产成果。建筑工程项目施工成本管理应从工程投标报价开始，直至项目保证金返还为止，贯穿于项目实施的全过程。

（1）施工成本预测

施工成本预测就是根据成本信息和施工项目的具体情况，运用一定的专门方法，对未的成本水平及其可能发展趋势做出科学的估计，其是在工程施工以前对成本进行的估算。通过成本预测，可以在满足项目业主和本企业要求的前提下，选择成本低、效益好的最佳成本方案，并能够在施工项目成本形成过程中，针对薄弱环节，加强成本控制，克服盲目性，提高预见性。因此，施工成本预测是施工项目成本决策与计划的依据。施工成本预测，通常是对施工项目计划工期内影响其成本变化的各个因素进行分析，比照近期已完施工项目或将完工施工项目的成本（单位成本），预测这些因素对工程成本中有关项目（成本项目）的影响程度，预测出工程的单位成本或总成本。BIM 技术可支持施工成本的数据生成，为成本预测提供信息化手段。

（2）施工成本计划

施工成本计划是以货币形式编制施工项目在计划期内的生产费用、成本水平、成本降率以及为降低成本所采取的主要措施和规划的书面方案，它是建立施工项目成本管理责任制、开展成本控制和核算的基础，它是该项目降低成本的指导文件，是设立目标成本的据。可以说，成本计划是目标成本的一种形式。

施工成本计划应满足以下要求：

1）合同规定的项目质量和工期要求。

2）组织对项目成本管理目标的要求。

3）以经济合理的项目实施方案为基础的要求。

4）有关定额及市场价格的要求。

5）类似项目提供的启示。

（3）施工成本控制

施工成本控制是在项目成本的形成过程中，对生产经营所消耗的人力资源、物资资源和费用开支进行指导、监督、检查和调整，及时纠正将要发生和已经发生的偏差，把各项生产

费用，控制在计划成本的范围之内，以保证成本目标的实现。

施工成本控制是在施工过程中，对影响施工成本的各种因素加强管理，并采取各种有效措施，将施工中实际发生的各种消耗和支出严格控制在成本计划范围内；通过动态监控并及时反馈，严格审查各项费用是否符合标准，计算实际成本和计划成本之间的差异并进行分析，进而采取多种措施，减少或消除施工中的损失浪费。

建设工程项目施工成本控制应贯穿于项目从投标阶段开始直至保证金返还的全过程，它是企业全面成本管理的重要环节。施工成本控制可分为事先控制、事中控制（过程控制）和事后控制。在项目的施工过程中，需按动态控制原理对实际施工成本的发生过程进行有效控制。

合同文件和成本计划规定了成本控制的目标，进度报告、工程变更与索赔资料是成本控制过程中的动态资料。

成本控制的程序体现了动态跟踪控制的原理。成本控制报告可单独编制，也可以根据需要与进度、质量、安全和其他进展报告结合，提出综合进展报告。

成本控制应满足下列要求：

1）要按照计划成本目标值来控制生产要素的采购价格，并认真做好材料、设备进场数量和质量的检查、验收与保管；

2）要控制生产要素的利用效率和消耗定额，如任务单管理、限额领料、验工报告审核等。同时要做好不可预见成本风险的分析和预控，包括编制相应的应急措施等；

3）控制影响效率和消耗量，进而引起成本增加的其他因素（如工程变更等）；

4）把施工成本管理责任制度与对项目管理者的激励机制结合起来，以增强管理人员的成本意识和控制能力；

5）承包人必须有一套健全的项目财务管理制度，按规定的权限和程序对项目资金的使用和费用的结算支付进行审核、审批，使其成为施工成本控制的一个重要手段。

（4）施工成本核算

施工成本核算包括两个基本环节：一是按照规定的成本开支范围对施工费用进行归集和分配，计算出施工费用的实际发生额；二是根据成本核算对象，采用适当的方法，计算出该施工项目的总成本和单位成本。施工成本管理需要正确及时地核算施工过程中发生的各项费用，计算施工项目的实际成本。施工项目成本核算所提供的各种成本信息，是成本预测、成本计划、成本控制、成本分析和成本考核等各个环节的依据。

施工成本一般以单位工程为成本核算对象，但也可以按照承包工程项目的规模、工期、结构类型、施工组织和施工现场等情况，结合成本管理要求，灵活划分成本核算对象。施工成本核算的基本内容包括：

1）人工费核算；

2）材料费核算；

3）周转材料费核算；

4）结构件费核算；

5）机械使用费核算；

6）措施费核算；

7）分包工程成本核算；

8）间接费核算；

9）项目月度施工成本报告编制。

施工成本核算制是明确施工成本核算的原则、范围、程序、方法、内容、责任及要求的制度。项目管理必须实行施工成本核算制，它和项目经理责任制等共同构成了项目管理的运行机制。组织管理层与项目管理层的经济关系、管理责任关系、管理权限关系，以及项目管理组织所承担的责任成本核算的范围、核算业务流程和要求等，都应以制度的形式做出明确的规定。

项目经理部要建立一系列项目业务核算台账和施工成本会计账户，实施全过程的成本核算，具体可分为定期的成本核算和竣工工程成本核算。定期的成本核算如：每天、每周、每月的成本核算等，是竣工工程全面成本核算的基础。

形象进度、产值统计、实际成本归集三同步，即三者的取值范围应是一致的。形象进度表达的工程量、统计施工产值的工程量和实际成本归集所依据的工程量均应是相同的数值。

对竣工工程的成本核算，应区分为竣工工程现场成本和竣工工程完全成本，分别由项目经理部和企业财务部门进行核算分析，其目的在于分别考核项目管理绩效和企业经营效益。

（5）施工成本分析

施工成本分析是在施工成本核算的基础上，对成本的形成过程和影响成本升降的因素进行分析，以寻求进一步降低成本的途径，包括有利偏差的挖掘和不利偏差的纠正。施工成本分析贯穿于施工成本管理的全过程，其是在成本的形成过程中，主要利用施工项目的成本核算资料（成本信息），与目标成本、预算成本以及类似的施工项目的实际成本等进行比较，了解成本的变动情况；同时也要分析主要技术经济指标对成本的影响，系统地研究成本变动的因素，检查成本计划的合理性，并通过成本分析，深入揭示成本变动的规律，寻找降低施工项目成本的途径，以便有效地进行成本控制。成本偏差的控制，分析是关键，纠偏是核心；要针对分析得出的偏差发生原因，采取切实措施，加以纠正。

成本偏差分为局部成本偏差和累计成本偏差。局部成本偏差包括项目的月度（或周、天等）核算成本偏差、专业核算成本偏差以及分部分项成本偏差等；累计成本偏差是指已完工程在某一时间点上实际总成本与相应的计划总成本的差异。分析成本偏差的原因，应采取定性和定量相结合的方法。

（6）施工成本考核

施工成本考核是指在施工项目完成后，对施工项目成本形成中的各责任者，按施工项目成本目标责任制的有关规定，将成本的实际指标与计划、定额、预算进行对比和考核，评定施工项目成本计划的完成情况和各责任者的业绩，并以此给予相应的奖励和处罚。通过成本考核，做到有奖有惩，赏罚分明，才能有效地调动每一位员工在各自施工岗位上努力完成目标成本的积极性，为降低施工项目成本和增加企业的积累，做出自己的贡献。

施工成本考核是衡量成本降低的实际成果，也是对成本指标完成情况的总结和评价。成本考核制度包括考核的目的、时间、范围、对象、方式、依据、指标、组织领导、评价与奖惩原则等内容。

以施工成本降低额和施工成本降低率作为成本考核的主要指标，要加强组织管理层对项目管理部的指导，并充分依靠技术人员、管理人员和作业人员的经验和智慧，防止项目管理在企业内部异化为靠少数人承担风险的以包代管模式。成本考核也可分别考核组织管理层和项目经理部。

项目管理组织对项目经理部进行考核与奖惩时，既要防止虚盈实亏，也要避免实际成本归集差错等的影响，使施工成本考核真正做到公平、公正、公开，在此基础上兑现施工成本管理责任制的奖惩或激励措施。

施工成本管理的每一个环节都是相互联系和相互作用的。成本预测是成本决策的前提，成本计划是成本决策所确定目标的具体化。成本计划控制则是对成本计划的实施进行控制和监督，保证决策的成本目标的实现，而成本核算又是对成本计划是否实现的最后检验，它所提供的成本信息又对下一个施工项目成本预测和决策提供基础资料。成本考核是实现成本目标责任制的保证和实现决策目标的重要手段。

2. 施工成本控制的基本要求

施工成本控制是指在施工过程中，对影响施工成本的各种因素加强管理，并采取各种有效措施，将施工中实际发生的各种消耗和支出严格控制在成本计划范围内。通过随时揭示并及时反馈，严格审查各项费用是否符合标准，计算实际成本和计划成本之间的差异并进行分析，进而采取多种措施，消除施工中的损失浪费现象。

建设工程项目施工成本控制应贯穿于项目从投标阶段开始直至竣工验收的全过程，它是企业全面成本管理的重要环节。施工成本控制可分为事先控制、事中控制（过程控制）和事后控制。在项目的施工过程中，需按动态控制原理对实际施工成本的发生过程进行有效控制。

合同文件和成本计划是成本控制的目标，进度报告和工程变更与索赔资料是成本控制过程中的动态资料。

成本控制的程序体现了动态跟踪控制的原理。成本控制报告可单独编制，也可以根据需要与进度、质量、安全和其他进展报告结合，提出综合进展报告。

成本控制应满足下列要求：

(1) 要按照计划成本目标值来控制生产要素的采购价格，并认真做好材料，设备进场数量和质量的检查、验收与 保管。

(2) 要控制生产要素的利用效率和消耗定额，如任务单管理、限额领料、验收报告审核等。同时要做好不可预见成本风险的分析和预控，包括编制相应的应急措施等。

(3) 控制影响效率和消耗量的其他因素（如工程变更等）所引起的成本增加。

(4) 把施工成本管理责任制度与对项目管理者的激励机制结合起来，以增强管理人员的成本意识和控制能力。

(5) 承包人必须有一套健全的项目财务管理制度，按规定的权限和程序对项目资金的使用和费用的结算支付进行审核、审批，使其成为施工成本控制的一个重要手段。

三、装饰装修工程施工成本控制的步骤和措施

1. 施工成本控制的步骤

要做好施工成本的过程控制，必须制定规范化的过程控制程序。成本的过程控制中，有两类控制程序，一是管理行为控制程序，二是指标控制程序。管理行为控制程序是对成本全过程控制的基础，指标控制程序则是成本进行过程控制的重点。两个程序既相对独立又相互联系，既相互补充又相互制约。

(1) 管理行为控制程序

管理行为控制的目的是确保每个岗位人员在成本管理过程中的管理行为符合事先确定的程序和方法的要求。从这个意义上讲，首先要清楚企业建立的成本管理体系是否能对成本形成的过程进行有效的控制，其次要考察体系是否处在有效的运行状态。管理行为控制程序就是为规范项目施工成本的管理行为而制定的约束和激励机制，内容如下：

1) 建立项目施工成本管理体系的评审组织和评审程序

成本管理体系的建立不同于质量管理体系，质量管理体系反映的是企业的质量保证能力，由社会有关组织进行评审和认证；成本管理体系的建立是企业自身生存发展的需要，没有社会组织来评审和认证。因此企业必须建立项目施工成本管理体系的评审组织和审程序，定期进行评审和总结，持续改进。

2) 建立项目施工成本管理体系运行的评审组织和评审程序

项目施工成本管理体系的运行有一个逐步推行的渐进过程。一个企业的各分公司、项目经理部的运行质量往往是不平衡的。因此，必须建立专门的常设组织，依照程序定期地进行检查和评审。发现问题，总结经验，以保证成本管理体系的保和持续改进。

3) 目标考核，定期检查

管理程序文件应明确每个岗位人员在成本管理中的职责，确定每个岗位人员的管理行为，如应提供的报表、提供的时间和原始数据的质量要求等。要每个岗位人员是否按要求去履行职责作为一个目标来考核。为了方便检查，应将考核指标具体化，并设专人定期或不定期地检查。表 7-10 是为规范管理行为而设计的考核表。

表 7-10 项目成本岗位责任考核表

序号	岗位名称	职　责	检查方法	检查人	检查时间
1	项目经理	1. 建立项目成本管理组织 2. 组织编制项目施工成本管理手册 3. 定期或不定期地检查有关人员管理行为是否符合岗位职责要求	1. 查看有无组织结构图 2. 查看《项目施工成本管理手册》	上级或自查	开工初期检查一次，以后每月检查一次
2	项目工程师	1. 指定采用新技术降低成本的措施 2. 编制总进度计划 3. 编制总的工具及设备使用计划	1. 查看资料 2. 现场实际情况与计划进行对比	项目经理或其委托人	开工初期检查一次，以后每月检查 1～2 次
3	主管材料员	1. 编制材料采购计划 2. 编制材料采购月报表 3. 对材料管理工作每周组织检查一次 4. 编制月材料盘点表及材料收发结存报表	1. 查看资料 2. 对现场实际情况与管理制度中的要求进行对比	项目经理或其委托人	每月或不定期抽查
4	成本会计	1. 编制月度成本计划 2. 进行成本核算，编制月度成本核算表 3. 每月编制一次材料复核报告	1. 查看资料 2. 审核编制依据	项目经理或其委托人	每月检查一次
5	施工员	1. 编制月度用工计划 2. 编制月材料需求计划 3. 编制月度工具及设备计划 4. 开具限额领料单	1. 查看资料 2. 计划与实际对比，考核其准确性及实用性	项目经理或其委托人	每月或不定期抽查

应根据检查的内容编制相应的检查表，由项目经理或其委托人检查后填写检查表。检查表要由专人负责整理归档。

4）制定对策，纠正偏差

对管理工作进行检查的目的是为了保证管理工作按预定的程序和标准进行，从而保证项目施工成本管理能够达到预期的目的。因此，对检查中发现的问题，要及时进行分析，然后根据不同的情况，及时采取对策。

（2）指标控制程序

能否达到预期的成本目标，是施工成本控制是否成功的关键。对各岗位人员的成本管理行为进行控制，就是为了保证成本目标的实现。施工项目成本指标控制程序如下。

1）确定施工项目成本目标及月度成本目标

在工程开工之初，项目经理部应根据公司与项目签订的《项目承包合同》确定项目的成本管理目标，并根据工程进度计划确定月度成本计划目标。

2）收集成本数据，监测成本形成过程

过程控制的目的就在于不断纠正成本形成过程中的偏差，保证成本项目的发生是在预定范围之内。因此，在施工过程中要定期收集反映施工成本支出情况的数据，并将实际发生情况与目标计划进行对比，从而保证有效控制成本的整个形成过程。

3）分析偏差原因，制定对策

施工过程是一个多工种、多方位立体交叉作业的复杂活动，成本的发生和形成是很难按预定的目标进行的，因此，需要对产生的偏差及时分析原因，分清是客观因素（如市场调价）还是人为因素（如管理行为失控），及时制定对策并予以纠正。

4）用成本指标考核管理行为，用管理行为来保证成本指标

管理行为的控制程序和成本指标的控制程序是对项目施工成本进行过程控制的主要内容，这两个程序在实施过程中，是相互交叉、相互制约又相互联系的。只有把成本指标的控制程序和管理行为的控制程序相结合，才能保证成本管理工作有序地、富有成效地进行。图 7-20 所示是成本指标控制程序图。

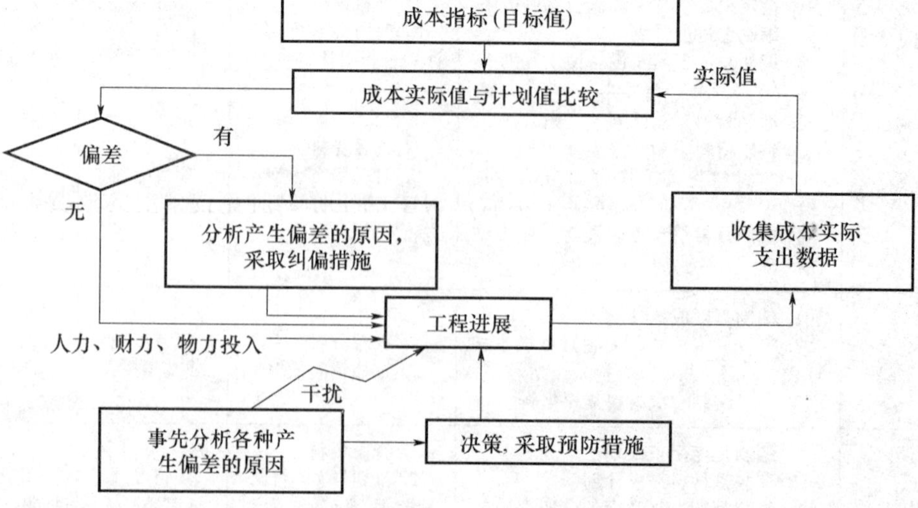

图 7-20　成本指标控制程序图

2. 施工成本控制的措施

施工阶段是成本发生的主要阶段，这个阶段的成本控制主要是通过确定成本目标并按计划成本组织施工，合理配置资源，对施工现场发生的各项成本费用进行有效控制，其具体的控制方法如下。

（1）人工费的控制

人工费的控制实行“量价分离”的方法，将作业用工及零星用工按定额工日的一定比例综合确定用工数量与单价，通过劳务合同进行控制。

1）人工费的影响因素

① 社会平均工资水平。建筑安装工人人工单价必须和社会平均工资水平趋同。社会平均工资水平取决于经济发展水平。由于我国改革开放以来经济迅速增长，社会平均工资也有大幅增长，从而导致人工单价的大幅提高。

② 生产消费指数。生产消费指数的提高会导致人工单价的提高，以减少生活水平的下降，维持原来的生活水平。生活消费指数的变动取决于物价的变动，尤其取决于生活消费品物价的变动。

③ 劳动力市场供需变化。劳动力市场如果供不应求，人工单价就会提高；供过于求，人工单价就会下降。

④ 政府推行的社会保障和福利政策也会影响人工单价的变动。

⑤ 经会审的施工图，施工定额、施工组织设计等决定人工的消耗量。

2）控制人工费的方法

加强劳动定额管理，提高劳动生产率，降低工程耗用人工工日，是控制人工费支出的主要手段。

① 制定先进合理的企业内部劳动定额，严格执行劳动定额，并将安全生产、文明施工及零星用工下达到作业队进行控制。全面推行全额计件的劳动管理办法和单项工程集体承包的经济管理办法，以不超出施工图预算人工费指标为控制目标，实行工资包干制度。

认真执行按劳分配的原则，使职工个人所得与劳动贡献相一致，充分调动广大职工的劳动积极性，以提高劳动力效率。把工程项目的进度、安全、质量等指标与定额管理结合起来，提高劳动者的综合能力，实行奖励制度。

② 提高生产工人的技术水平和作业队的组织管理水平，根据施工进度、技术要求，合理搭配各工种工人的数量，减少和避免无效劳动。不断地改善劳动组织，创造良好的工作环境，改善工人的劳动条件，提高劳动效率。合理调节各工序人数安排情况，安排劳动力时，尽量做到技术工不做普通工的工作，高级工不做低级工的工作，避免技术上的浪费，既要加快工程进度，又要节约人工费用。

③ 加强职工的技术培训和多种施工作业技能的培训，不断提高职工的业务技术水平和熟练操作程度，培养一专多能的技术工人，提高作业工效。提倡技术革新和推广新技术，提高技术装备水平和工厂化生产水平，提高企业的劳动生产率。

④ 实行弹性需求的劳务管理制度。对施工生产各环节上的业务骨干和基本的施工力量，要保持相对稳定。对短期需要的施工力量，要做好预测、计划管理，通过企业内部的劳务市场及外部协作队伍进行调剂。严格做到项目部的定员随工程进度要求及时进行调整，进行弹性管理。要打破行业、工种界限，提倡一专多能，提高劳动力的利用效率。

（2）材料费的控制

材料费控制同样按照“量价分离”原则，控制材料用量和材料价格。

1）材料用量的控制

在保证符合设计要求和质量标准的前提下，合理使用材料，通过定额控制、指标控制、计量控制、包干控制等手段有效控制物资材料的消耗，具体方法如下。

① 定额控制。对于有消耗定额的材料，以消耗定额为依据，实行限额领料制度。

a. 限额领料的形式：

a）按分项工程实行限额领料

按分项工程实行限额领料，就是按照分项工程进行限额，如钢筋绑扎、混凝土浇筑、砌筑、抹灰等，它是以施工班组为对象进行的限额领料。

b）按工程部位实行限额领料

按工程部位实行限额领料，就是按工程施工工序分为基础工程、结构工程和装饰工程，它是以施工专业队为对象进行的限额领料。

c）按单位工程实行限额领料

按单位工程实行限额领料，就是对一个单位工程从开工到竣工全过程的建设工程项目的用料实行的限额领料，它是以项目经理部或分包单位为对象开展的限额领料。

b. 限额领料的依据：

a）准确的工程量。它是按工程施工图纸计算的正常施工条件下的数量，是计算限额领料量的基础；

b）现行的施工预算定额或企业内部消耗定额，是制定限额用量的标准；

c）施工组织设计，是计算和调整非实体性消耗材料的基础；

d）施工过程中发包人认可的变更洽商单，它是调整限额量的依据。

c. 限额领料的实施：

a）确定限额领料的形式。施工前，根据工程的分包形式，与使用单位确定限额领料的形式。

b）签发限额领料单。根据双方确定的限额领料形式，根据有关部门编制的施工预算和施工组织设计，将所需材料数量汇总后编制材料限额数量，经双方确认后下发。

c）限额领料单的应用。限额领料单一式三份，一份交保管员作为控制发料的依据；一份交使用单位，作为领料的依据；一份由签发单位留存，作为考核的依据。

d）限额量的调整。在限额领料的执行过程中，会有许多因素影响材料的使用，如：工程量的变更、设计更改、环境因素的影响等。限额领料的主管部门在限额领料的执行过程中要深入施工现场，了解用料情况，根据实际情况及时调整限额数量，以保证施工生产的顺利进行和限额领料制度的连续性、完整性。

e）限额领料的核算。根据限额领料形式，工程完工后，双方应及时办理结算手续，检查限额领料的执行情况，对用料情况进行分析，按双方约定的合同，对用料节超进行奖罚兑现。

② 指标控制。对于没有消耗定额的材料，则实行计划管理和按指标控制的办法。根据以往项目的实际耗用情况，结合具体施工项目的内容和要求，制定领用材料指标，以控制发料。超过指标的材料，必须经过一定的审批手续方可领用。

③ 计量控制。准确做好材料物资的收发计量检查和投料计量检查。

④ 包干控制。在材料使用过程中，对部分小型及零星材料（如钢钉、钢丝等）根据工程量计算出所需材料量，将其折算成费用，由作业者包干使用。

2）材料价格的控制

材料价格主要由材料采购部门控制。由于材料价格是由买价、运杂费、运输中的合理损耗等所组成，因此控制材料价格，主要是通过掌握市场信息，应用招标和询价等方式控制材料、设备的采购价格。

施工项目的材料物资，包括构成工程实体的主要材料和结构件，以及有助于工程实体形成的周转使用材料和低值易耗品。从价值角度看，材料物资的价值约占建筑安装工程造价的60%甚至70%以上，因此，对材料价格的控制非常重要。由于材料物资的供应渠道和管理方式各不相同，所以控制的内容和所采取的控制方法也将有所不同。

（3）施工机械使用费的控制

合理选择施工机械设备，合理使用施工机械设备对成本控制具有十分重要的意义，尤其是高层建筑施工。据某些工程实例统计，高层建筑地面以上部分的总费用中，垂直运输机械费用占6%～10%。由于不同的起重运输机械各有不同的特点，因此在选择起重运输机械时，首先应根据工程特点和施工条件确定采取的起重运输机械的组合方式。在确定采用何种组合方式时，首先应满足施工需要，其次要考虑到费用的高低和综合经济效益。

施工机械使用费主要由台班数量和台班单价两方面决定，因此为有效控制施工机械使用费支出，应主要从这两个方面进行控制。

1）台班数量

① 根据施工方案和现场实际情况，选择适合项目施工特点的施工机械，制定设备需求计划，合理安排施工生产，充分利用现有机械设备，加强内部调配，提高机械设备的利用率。

② 保证施工机械设备的作业时间，安排好生产工序的衔接，尽量避免停工、窝工，尽量减少施工中所消耗的机械台班数量。

③ 核定设备台班定额产量，实行超产奖励办法，加快施工生产进度，提高机械设备单位时间的生产效率和利用率。

④ 加强设备租赁计划管理，减少不必要的设备闲置和浪费，充分利用社会闲置机械资源。

2）台班单价

① 加强现场设备的维修、保养工作。降低大修、经常性修理等各项费用的开支，提高机械设备的完好率，最大限度地提高机械设备的利用率，避免因使用不当造成机械设备的停置。

② 加强机械操作人员的培训工作。不断提高操作技能，提高施工机械台班的生产效率。

③ 加强配件的管理。建立健全配件领发料制度，严格按油料消耗定额控制油料消耗，做到修理有记录，消耗有定额，统计有报表，损耗有分析。通过经常分析总结，提高修理质量，降低配件消耗，减少修理费用的支出。

④ 降低材料成本。做好施工机械配件和工程材料采购计划，降低材料成本。

⑤ 成立设备管理领导小组，负责设备调度、检查、维修、评估等具体事宜。对主要部件及其保养情况建立档案，分清责任，便于尽早发现问题，找到解决问题的办法。

（4）施工分包费用的控制

分包工程价格的高低，必然对项目经理部的施工项目成本产生一定的影响。因此，施工项目成本控制的重要工作之一是对分包价格的控制。项目经理部应在确定施工方案的初期就要确定需要分包的工程范围，决定分包范围的因素主要是施工项目的专业性和项目规模。对分包费用的控制，主要是要做好分包工程的询价、订立平等互利的分包合同、建立稳定的分包关系网络、加强施工验收和分包结算等工作。

3. 赢得值（挣值）法

赢得值法（Earned value management，EVM）作为一项先进的项目管理技术，最初是美国国防部于 1967 年首次确立的。目前，国际上先进的工程公司已普遍采用赢得值法进行工程项目的费用、进度综合分析控制。用赢得值法进行费用、进度综合分析控制，基本参数有三项，即已完工作预算费用、计划工作预算费用和已完工作实际费用。

（1）赢得值法的三个基本参数

1）已完工作预算费用

已完工作预算费用为 BCWP（Budgeted cost for work performed），是指在某一时间已经完成的工作（或部分工作），以批准认可的预算为标准所需要的资金总额，由于发包人正是根据这个值为承包人完成的工作量支付相应的费用，也就是承包人获得（挣得）的金额，故称赢得值或挣值。

已完工作预算费用（BCWP）＝已完成工作量×预算单价　(7-26)

2）计划工作预算费用

计划工作预算费用，简称 BCWS（Budgeted cost for work scheduled），即根据进度计划，在某一时刻应当完成的工作（或部分工作），以预算为标准所需要的资金总额。一般来说，除非合同有变更，BCWS 在工程实施过程中应保持不变。

计划工作预算费用（BCWS）＝计划工作量×预算单价　(7-27)

3）已完工作实际费用

已完工作实际费用，简称 ACWP（Actual cost for work performed），即到某一时刻为止，已完成的工作（或部分工作）所实际花费的总金额。

已完工作实际费用（ACWP）＝已完成工作量×实际单价　(7-28)

（2）赢得值法的四个评价指标

在这三个基本参数的基础上，可以确定赢得值法的四个评价指标，它们都是时间的函数。

1）费用偏差 CV（Cost variance）

费用偏差（CV）＝已完工作预算费用（BCWP）－已完工作实际费用（ACWP）(7-29)

当费用偏差 CV 为负值时，即表示项目运行超出预算费用；当费用偏差 CV 为正值时，表示项目运行节支，实际费用没有超出预算费用。

2）进度偏差 SV（Schedule variance）

进度偏差（SV）＝已完工作预算费用（BCWP）－计划工作预算费用（BCWS）(7-30)

当进度偏差 SV 为负值时，表示进度延误，即实际进度落后于计划进度；当进度偏差 SV 为正值时，表示进度提前，即实际进度快于计划进度。

3）费用绩效指数（CPI）

费用绩效指数（CPI）＝已完工作预算费用（BCWT)/已完工作实际费用（ACWP）(7-31)

当费用绩效指数（CPI）＜1 时，表示超支，即实际费用高于预算费用；

当费用绩效指数（CPI））＞1 时，表示节支，即实际费用低于预算费用。

4）进度绩效指数（SPI）

进度绩效指数（SPI）＝已完工作预算费用（BCWP）/计划工作预算费用（BCWS）（7-32）

当进度绩效指数（SPI）＜1时，表示进度延误，即实际进度比计划进度慢；

当进度绩效指数（SPI）＞1时，表示进度提前，即实际进度比计划进度快。

费用（进度）偏差反映的是绝对偏差，结果很直观，有助于费用管理人员了解项目费用出现偏差的绝对数额，并依此采取一定措施，制定或调整费用支出计划和资金筹措计划。但是，绝对偏差有其不容忽视的局限性。如同样是10万元的费用偏差，对于总费用1000万元的项目和总费用1亿元的项目而言，其严重性显然是不同的。因此，费用（进度）偏差仅适合于对同一项目作偏差分析。费用（进度）绩效指数反映的是相对偏差，它不受项目层次的限制，也不受项目实施时间的限制，因而在同一项百和不同项目比较中均可采用。

在项目的费用、进度综合控制中引入赢得值法，可以克服过去进度、费用分开控制的缺点，即当发现费用超支时，很难立即知道是由于费用超出预算，还是由于进度提前。相反，当发现费用低于预算时，也很难立即知道是由于费用节省，还是由于进度拖延。而引入赢得值法即可定量地判断进度、费用的执行效果。

【例7-6】某工程项目施工合同于2013年12月签订，约定的合同工期为20个月，2014年1月开始正式施工，承包人按合同工期要求编制了混凝土结构工程施工进度时标网络计划（图7-21），并经专业监理工程师审核批准。

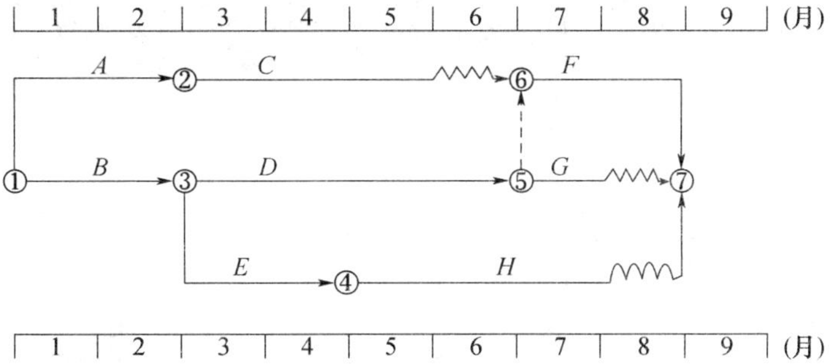

图7-21　时标网络计划

该项目的各项工作均按最早开始时间安排，且各工作每月所完成的工程量相等。各工作的计划工程量和实际工程量见表7-11。工作D、E、F的实际工作持续时间与计划工作持续时间相同。

表7-11　计划工程量和实际工程量表

工作	A	B	C	D	E	F	G	H
计划工程量（m^3）	8600	9000	5400	10000	5200	6200	1000	3600
实际工程量（m^3）	8600	9000	5400	9200	5000	5800	1000	5000

合同约定，混凝土结构工程综合单价为1000元/m^3，按月结算。结算价按目所在地混凝土结构工程价格指数进行调整，项目实施期间各月的混凝土结构工程价格指数见表7-12。

表 7-12 工程价格指数表

时间	2013年12月	2014年1月	2014年2月	2014年3月	2014年4月	2014年5月	2014年6月	2014年7月	2014年8月	2014年9月
混凝土结构工程价格指数（%）	100	115	110	115	110	110	110	120	110	110

施工期间，由于发包人原因使工作H的开始时间比计划的开始时间推迟1个月，并由于工作H工程量的增加使该工作的工作持续时间延长了1个月。

问题：

1. 请按施工进度计划编制资金使用计划（即计算每月和累计计划工作预算费用），并简要写出其步骤。计算结果填入表7-13中。

2. 计算工作H各月的已完工作预算费用和已完工作实际费用。

3. 计算混凝土结构工程已完工作预算费用和已完工作实际费用，计算结果填入表7-13中。

4. 列式计算8月末的费用偏差CV和进度偏差SV。

【解】

1. 将各工作计划工程量与单价相乘后，除以该工作持续时间，得到各工作每月计划工作预算费用；再将时标网络计划中各工作分别按月纵向汇总得到每月计划工作预算费用；然后逐月累加得到各月累计计划工作预算费用。

2. H工作6～9月份每月完成工程量为：5000÷4=1250（m^3/月）；

H工作6～9月已完工作预算费用均为：1250×1000=125（万元）；

H工作已完工作实际费用：

6月份：125×110%=137.5（万元）；

7月份：125×120%=150.0（万元）；

8月份：125×110%=137.5（万元）；

9月份：125×110%=137.5（万元）。

3. 计算结果见表7-13。

表 7-13 计算结果（万元）

项目	数据								
	1	2	3	4	5	6	7	8	9
每月计划工作预算费用	880	880	690	690	550	370	530	310	
累计计划工作预算费用	880	1760	2450	3140	3690	4060	4590	4900	
每月已完工作预算费用	880	880	660	660	410	355	515	415	125
累计已完工作预算费用	880	1760	2420	3080	3490	3845	4360	4775	4900
每月已完工作实际费用	1012	924	726	759	451	390.5	618	456.5	137.5
累计已完工作实际费用	112	1936	2662	3421	3872	4262.5	4880.5	5337	5474.5

4. 费用偏差（CV）=已完工作预算费用－已完工作实际费用=4775－5337=－562万元，超支562万元。

进度偏差（SV）=已完工作预算费用－计划工作预算费用=4775－4900=－125万元，进度拖后125万元。

4. 偏差原因分析与纠偏措施

（1）偏差原因分析

在实际执行过程中，最理想的状态是已完工作实际费用（ACWP）、计划工作预算费用（BCWS）、已完工作预算费用（BCWP）三条曲线靠得很近、平稳上升，表示项目按预定计划目标进行。如果三条曲线离散度不断增加，则可能出现较大的投资偏差。

偏差分析的一个重要目的就是要找出引起偏差的原因，从而采取有针对性的措施，减少或避免相同问题的再次发生。在进行偏差原因分析时，首先应当将已经导致和可能导致偏差的各种原因逐一列举出来。导致不同工程项目产生费用偏差的原因具有一定共性，因而可以通过对已建项目的费用偏差原因进行归纳、总结，为该项目采取预防措施提供依据。

一般来说，产生费用偏差的原因有以下几种，如图 7-22 所示。

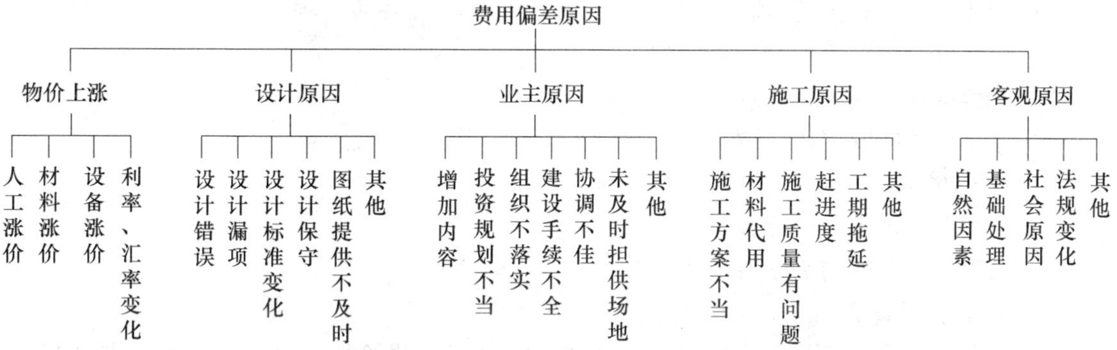

图 7-22　费用偏差原因

（2）纠偏措施

通常要压缩已经超支的费用，而不影响其他目标是十分困难的，一般只有当给出的措施比原计划已选定的措施更为有利，如使工程范围减少或生产效率提高等，成本才能降低。例如：

1）寻找新的、效率更高的设计方案；

2）购买部分产品，而不是采用完全由自己生产的产品；

3）重新选择供应商，但会产生供应风险，选择需要时间；

4）改变实施过程；

5）变更工程范围；

6）索赔，例如向业主、承（分）包商、供应商索赔以弥补费用超支。

四、建筑装饰装修工程量的计算

工程量是以物理计量单位或自然计量单位表示的各种具体工程或结构构件的数量。工程量计算时，通常采用两种方法：一种是工程量计算的一般方法，即按施工顺序计算工程量；另一种方法是按统筹法计算工程量。实际计算时，通常把两种方法结合起来使用。

按施工顺序计算工程量：

（1）按顺时针方向计算工程量。按图纸的顺时针方向计算工程量，适用于外墙面装饰抹灰、镶贴块料面层、外墙身、楼地面、天棚、挑檐等装饰工程量计算。

（2）按先横后竖、先上后下、先左后右的顺序计算工程量。按先横后竖、先上后下、先左后右的顺序计算工程量，适用于内墙面、内墙裙装饰及间壁墙面层装饰等。

（3）按图纸上注明的编号顺序计算工程量。按图纸编号顺序计算工程量，适用于钢筋混凝土构件如柱、板等的装饰面层和铝合金推拉窗等。

统筹法计算工程量：

统筹法计算工程量不是按施工顺序和定额顺序逐项计算的，而是根据工程量自身的规律，抓住共性、先主后次、统筹安排，再结合其顺序计算。其基本要点是：

（1）统筹程序，合理安排。

（2）利用基数，连续计算。

（3）一次计算，多次使用。

（4）结合实际，灵活机动。

工程量计算规则和技巧：

（1）计算口径要一致，避免重复列项。

（2）工程量计算规则要一致，避免错算。

（3）计算尺寸的取定要一致。

（4）计量单位要一致。

（5）要遵循一定的顺序计算。

（6）工程量计算的精确度要一致。

1. 建筑面积的计算

建筑面积是指房屋各层水平投影面积之和。它是表示建筑技术经济指标的重要数据，如它可以表示土地利用系数、每平方米预算造价、每平方米材料消耗量等；同时，它也是计算某些分项工程量的依据，如计算平整场地、综合脚手架、楼地面工程等。

（1）建筑面积的范围

1）单层建筑物，不论其高度如何，均按一层计算，其建筑面积按建筑物外墙勒脚以上外围水平面积计算。单层建筑物内如带有部分楼层者，亦应计算建筑面积。

2）高低联跨的单层建筑物，如图 7-23 所示。如需分别计算建筑面积，当高跨是边跨时，其建筑面积按勒脚以上两端山墙外表面间的水平长度乘以勒脚以上外墙表面至高跨中柱外边线的水平宽度计算；当高跨为中跨时，其建筑面积按勒脚以上两端山墙外表面间的水平长度乘以中柱外边线的水平宽度计算。

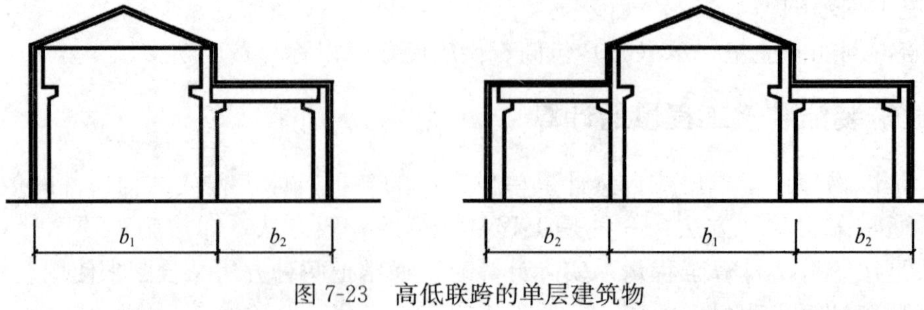

图 7-23　高低联跨的单层建筑物

3）多层建筑物的建筑面积按各层建筑面积的总和计算，其底层按建筑物外墙勒脚以上外围水平面积计算，二层及二层以上按外墙水平面积计算。

4）地下室、地下车间、仓库、商店、地下指挥部及相应出入口的建筑面积按其上口外墙

（不包括采光井、防潮层及保护墙）外围水平面积计算。如图 7-24 所示。

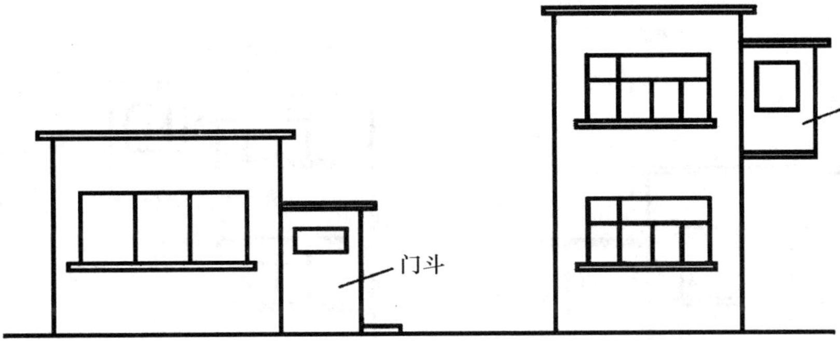

图 7-24　地下室示意图

5）建于坡地的建筑物利用吊脚设置架空层和深基础地下架空层设计加以利用时，其层高超过 2.2m 的，按围护结构外围面积计算建筑面积。如图 7-25 所示。

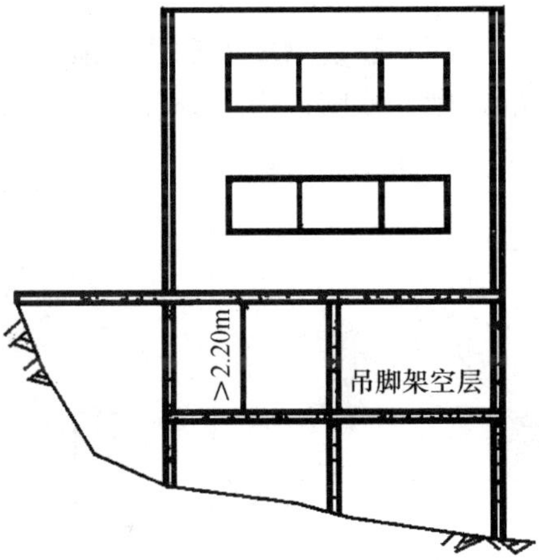

图 7-25　建于坡地的建筑物

6）穿过建筑物的通道，建筑物的门厅、大厅，不论其高度如何，均按一层计算建筑面积。门厅、大厅内回廊部分，按其自然层的水平投影面积计算建筑面积。

7）室内楼梯间、电梯井、提物井、垃圾井、管道井等，均按建筑物自然层计算建筑面积。

8）书库、立体仓库设有结构层的，按结构层计算建筑面积；没有结构层的，按承重书架层或货架层计算建筑面积。

9）有围护结构的舞台灯光控制室，按围护结构水平面积乘以实际层数计算建筑面积。

10）建筑物内设备管道层、储藏室的层高超过 2.2m 时，应计建筑面积。

11）有柱雨篷、车棚、货棚、站台按柱外围水平面积计算建筑面积；独立柱雨篷，单排柱的车棚、货棚、站台等按其顶盖水平投影面积的一半计算建筑面积。如图 7-26 所示。

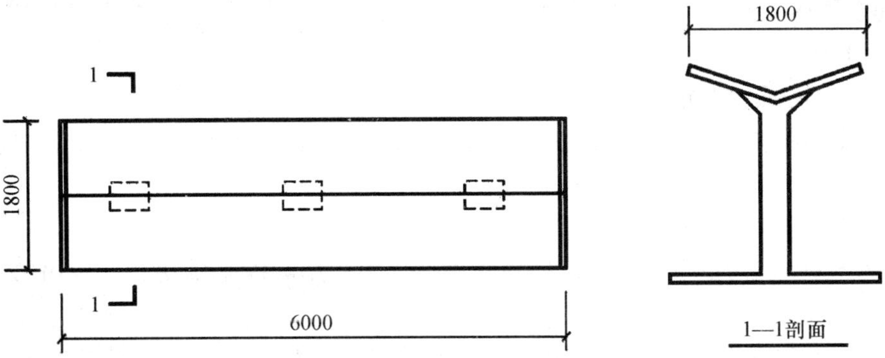

图 7-26　单排柱站台

12）屋面上部有围护结构的楼梯间、水箱间、电梯机房等，按围护结构的外围水平面积计算建筑面积。

13）建筑物外有围护结构的门斗、眺望间、观望电梯间、阳台、橱窗、挑廊等，按其围护结构外围水平面积计算建筑面积。如图 7-27 所示。

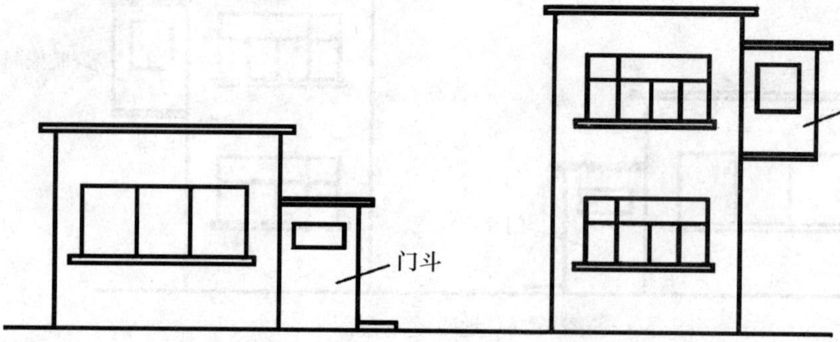

图 7-27 有围护结构的门斗

14）建筑物墙外有柱和顶盖的走廊、檐廊，按柱外围水平面积计算建筑面积；有盖无柱的走廊、檐廊挑出墙外宽度在 1.5m 以上时，按其顶盖投影面积的一半计算建筑面积。如图 7-28所示。

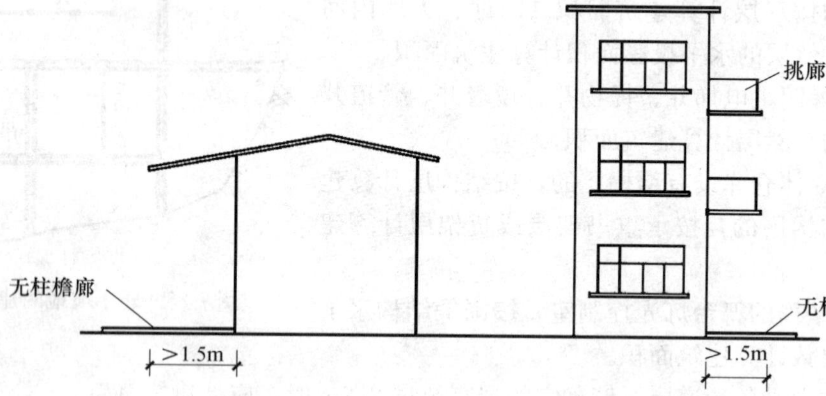

图 7-28 挑廊、无柱走廊、无柱檐廊

15）室外楼梯，按自然层投影之和计算建筑面积。

16）建筑物内变形缝，凡缝宽在 300mm 以内者，均依其缝宽按自然层计算建筑面积，并入建筑物建筑面积内计算。

（2）不计建筑面积的范围

1）突出墙面的构件、配件、附墙柱、垛、勒脚、台阶、悬挑雨篷、墙面抹灰、镶贴块材、装饰面等。

2）用于检修、消防等的室外爬梯。

3）层高 2.2m 以内设备管道层、储藏室、设计不利用的深基础架空层及吊脚架空层，均不计算建筑面积。

4）建筑物内操作平台、上料平台、安装箱或罐体平台，没有围护结构的屋顶水箱、花架、凉棚等，均不计建筑面积。

5）独立烟囱、烟道、油（水）罐、气柜、水塔、贮油（水）池、贮仓、栈桥、地下人防通道等构筑物，均不计建筑面积。

6）单层建筑物内分隔单层房间，舞台及后台悬挂的幕布、布景天桥、跳台，均不计建筑面积。

7）建筑物内宽度大于 300mm 的变形缝、沉降缝，不计建筑面积。

（3）其他

1）建筑物与构筑物连接成一体的，属建筑物部分按上述规定计算。

2）本规则适用于地上、地下建筑物的建筑面积计算，如遇上述未尽事宜，可参照上述规则处理。

【例 7-7】 根据图 7-29 所示，计算其建筑面积（墙厚为 240mm）。

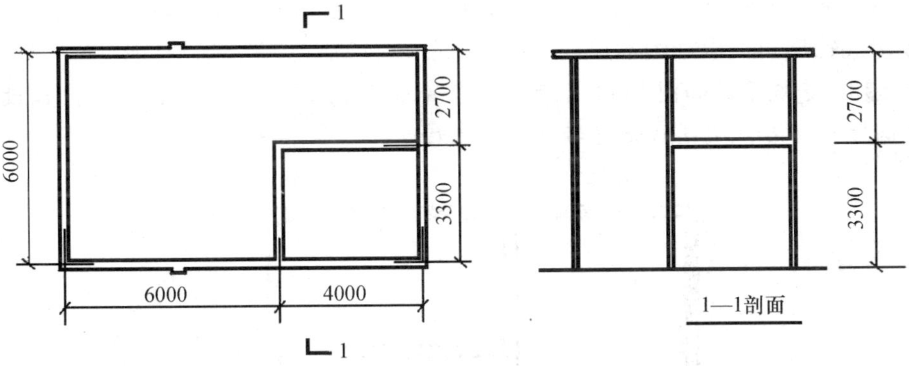

图 7—29　某建筑示意图

【解】

底层建筑面积＝(6.0＋4.0＋0.24)×(3.30＋2.70＋0.24)

＝10.24×6.24＝63.90（m^2）

楼隔层建筑面积＝(4.0＋0.24)×(3.30＋0.24)

＝4.24×3.54＝15.01（m^2）

2. 楼地面工程量的计算

楼地面是指楼面和地面，其主要构造层次一般为基层、垫层和面层，必要时可增设填充层、隔离层、找平层、结合层等。

（1）楼地面工程分部说明

楼地面工程分部包括整体面层、块料面层、橡塑面层、其他材料面层，踢脚线、楼梯装饰，扶手、栏杆、栏板装饰，台阶装饰及零星装饰等项目内容。

1）垫层、找平层、防水层的项目特征包括材料种类、厚度、砂浆配合比等内容。

2）面层的项目特征包括面层材料品种、规格、颜色、嵌缝材料种类、防护材料种类、酸洗、打蜡要求等内容。

3）踢脚线的项目特征包括其高度、底层和面层材料的品种、规格、配合比等内容。

4）扶手、栏杆、栏板的项目特征包括材料种类、规格、品种、颜色、固定配件种类、油漆等内容。

5）扶手、栏杆、栏板适用于楼梯、阳台、走廊、回廊及其他的装饰性扶手、栏杆、栏板。

6）单跑楼梯不论其中间是否有休息平台，其工程量与双跑楼梯同样计算。

7）包括垫层的地面和不包括垫层的楼面应分别计算工程量。

8）零星装饰项目适用于楼梯、台阶侧面装饰、0.5m² 以内少量分散的楼地面装饰。

（2）楼地面分部工程计算规则

1）整体面层和块料面层按设计图示尺寸以面积计算。

2）橡塑面层和其他材料面层按设计图示尺寸以面积计算。

3）踢脚线按设计图示长度乘以高度以面积计算。

4）楼梯装饰按设计图示尺寸以楼梯水平投影面积计算。

5）扶手、栏杆、栏板装饰按设计图示尺寸以扶手中心线长度（包括弯头长度）计算。

6）台阶装饰按设计图示尺寸以台阶（包括最上层踏步边沿加 300mm）水平投影面积计算。

7）零星装饰项目按设计图示尺寸以面积计算。

【例 7-8】 某建筑平面如图 7-30 所示，门窗见表 7-14，墙厚 240mm，室内铺设 500mm×500mm 中国红大理石，试计算大理石地面的工程量。

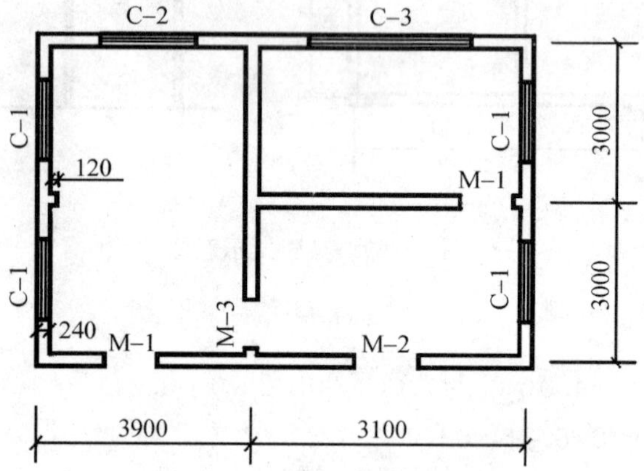

图 7-30 某建筑平面图

表 7-14 门窗表

M-1	1000mm×2000mm
M-2	1200mm×2000mm
M-3	900mm×2400mm
C-1	1500mm×1500mm
C-2	1800mm×1500mm
C-3	3000mm×1500mm

【解】

工程量＝(3.9－0.24)×(3＋3－0.24)＋(5.1－0.24)×(3－0.24)×2

＝21.082＋26.827

＝47.91（m²）

3. 墙柱面工程量的计算

墙面装修按材料和施工方法不同分为抹灰、贴面、涂刷和裱糊四类。抹灰分为一般抹灰和装饰抹灰。块料饰面板包括石材饰面板、陶瓷面砖、玻璃面砖、金属饰面板、塑料饰面板、木质饰面板等。

（1）墙柱面工程分部说明

墙柱面工程分部主要包括（墙面、柱面、零星）抹灰、（墙面、柱面、零星）镶贴块料、墙饰面、柱（梁）饰面、隔断、隔墙、幕墙等工程。

1）墙、柱面和零星抹灰的项目特征包括墙柱面类型、砂浆配合比、厚度、饰面材料种类、分格缝的宽度、材料种类等内容。

2）墙柱面勾缝的项目特征包括墙体类型、勾缝类型、勾缝材料种类等内容。

3）墙、柱面和零星镶贴块料的项目特征包括墙、柱类型，砂浆配合比、厚度，安装方式，面层材料的品种、规格、品牌、颜色，防护材料、磨光、酸洗、打蜡要求等内容。

4）墙、柱饰面的项目特征包括墙柱类型、底层厚度、砂浆配合比、龙骨、隔离层、基层、面层材料种类和规格、防护材料及油漆种类等内容。

5）隔断的项目特征包括骨架、边框材料种类、规格，隔板材料品种、规格、颜色，嵌缝、塞口材料的品种，压条、防护材料、油漆的种类等内容。

6）幕墙的项目特征包括骨架材料的种类、规格、中距，面层材料品种、规格、颜色、固定方式，嵌缝、塞口材料的种类等内容。

7）嵌缝材料指嵌缝砂浆、油膏和密封胶等材料；防护材料指石材等防碱背涂处理剂和面层防酸涂剂等；基层材料指在面层内的底层材料，如木墙裙、木护墙、木板隔墙等，在龙骨上粘贴或铺钉一层加强面层的底板。

8）墙体类型指墙砖、石墙、混凝土墙、砌块墙及内墙、外墙等；勾缝类型指清水砖墙、砖柱的加浆勾缝，如平缝和凹缝，石墙、石柱的勾缝，如平缝、平凹缝、平凸缝、半圆凹缝、半圆凸缝和三角凸缝等。

9）带肋全玻璃幕墙是指玻璃幕墙带玻璃肋，玻璃肋的工程量应合并在玻璃幕墙内计算。

10）零星抹灰和零星镶贴块料面层项目适用于小面积（0.5m^2 以内）少量分散的抹灰和镶贴块料面层。

11）设置在隔断、幕墙上的门窗，可包括在隔墙、幕墙项目报价内，也可单独编码列项，并在清单项目中进行描述。

（2）墙柱面分部工程量计算规则

1）墙面

① 墙面抹灰按设计图示尺寸以面积计算。

② 墙面镶贴块料按设计图示尺寸以面积计算，其中干挂石材钢骨架按设计图示尺寸以质量计算。

③ 墙饰面按设计图示墙净长乘以净高以面积计算。

2）柱面

① 柱面抹灰按设计图示柱断面周长乘以高度以面积计算。

② 柱面镶贴块料按设计图示尺寸以面积计算。

③ 柱（梁）饰面按设计图示饰面外围尺寸以面积计算，柱帽、柱墩并入相应柱饰面工程量内计算。

3）零星抹灰、镶贴块料按设计图示尺寸以面积计算。

4）隔断按设计图示框外围尺寸以面积计算。

5）幕墙

① 带骨架幕墙按设计图示框外围尺寸以面积计算。

② 全玻璃幕墙按设计图示尺寸以面积计算，带肋全玻璃幕墙按展开面积计算。

【例 7-9】 如图 7-31 所示，内墙面为 1：2 水泥砂浆，外墙面为普通水泥白石子水刷石，门窗尺寸分别为：M-1：900mm × 2000mm；M-2：1200mm × 2000mm；M-3：1000mm × 2000mm；C-1：1500mm × 1500mm；C-2：1800mm × 1500mm；C-3：3000mm × 1500mm。试计算外墙面抹灰工程量。

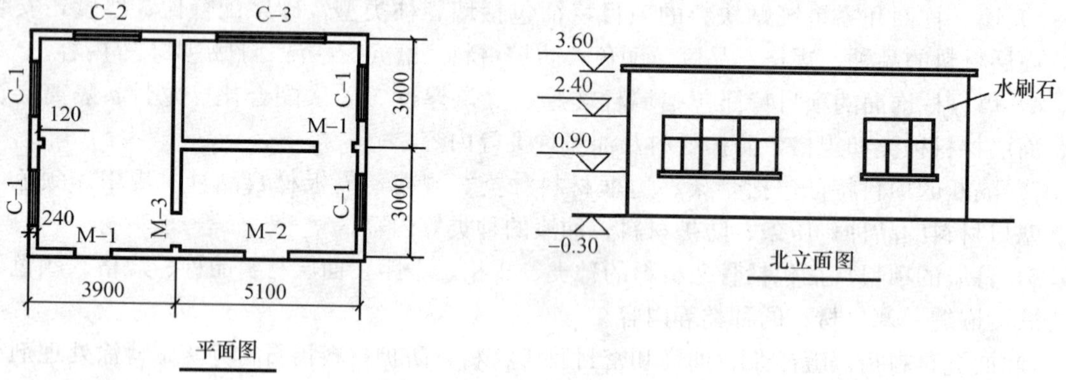

图 7-31　某建筑平立面图

【解】

外墙抹灰工程量＝墙面工程量－门洞口工程量

＝(3.9＋5.1＋0.24＋3×2＋0.24)×2×(3.6＋0.3)－

(1.5×1.5×4＋1.8×1.5＋3×1.5＋0.9×2＋1.2×2)

＝15.48×2×3.9－(9＋2.7＋4.5＋1.8＋2.4)

＝100.34（m^2）

【例 7-10】 某建筑物钢筋混凝土柱的构造如图 7-32 所示，柱面挂贴花岗岩面层。试计算工程量。

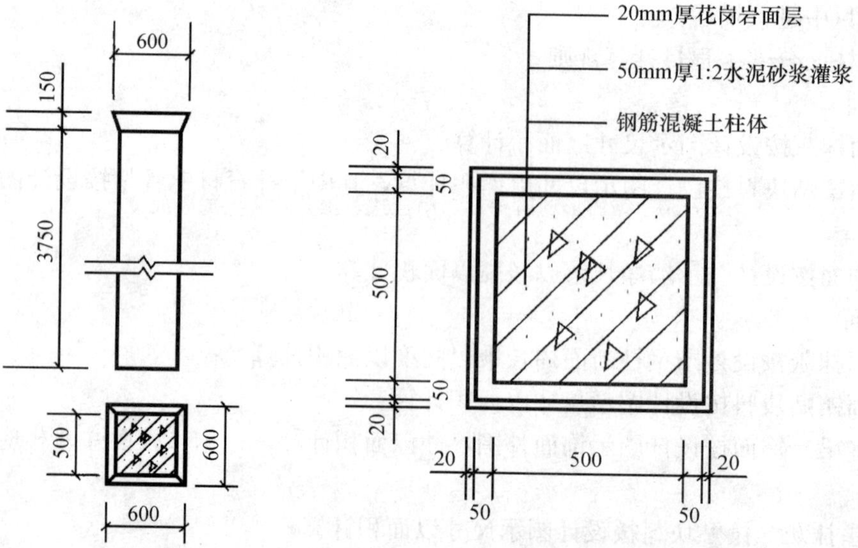

图 7-32　建筑物钢筋混凝土柱构造图

【解】

所求工程量＝柱身工程量＋柱帽工程量

柱身工程量＝0.64×4×3.75＝9.6（m^2）

柱帽工程量＝1.38×0.158×2＝0.44（m^2）

柱面挂贴花岗岩的工程量＝7.5＋0.44＝7.94（m^2）

4. 天棚工程量的计算

天棚按构造形式不同分为直接式天棚和悬吊式天棚（吊顶）。吊顶主要由吊杆（筋）、龙骨、基层材料、面层材料组成。

龙骨有上人与不上人，以及平面、跌级、锯齿形、阶梯形、吊挂式、藻井式及矩形、圆弧形、拱形等类型。

跌级天棚是指形状比较简单，不带灯槽，一个空间内有一个凹或凸形的天棚。

锯齿形、阶梯形、吊挂式、藻井式天棚的断面如图 7-33 所示。

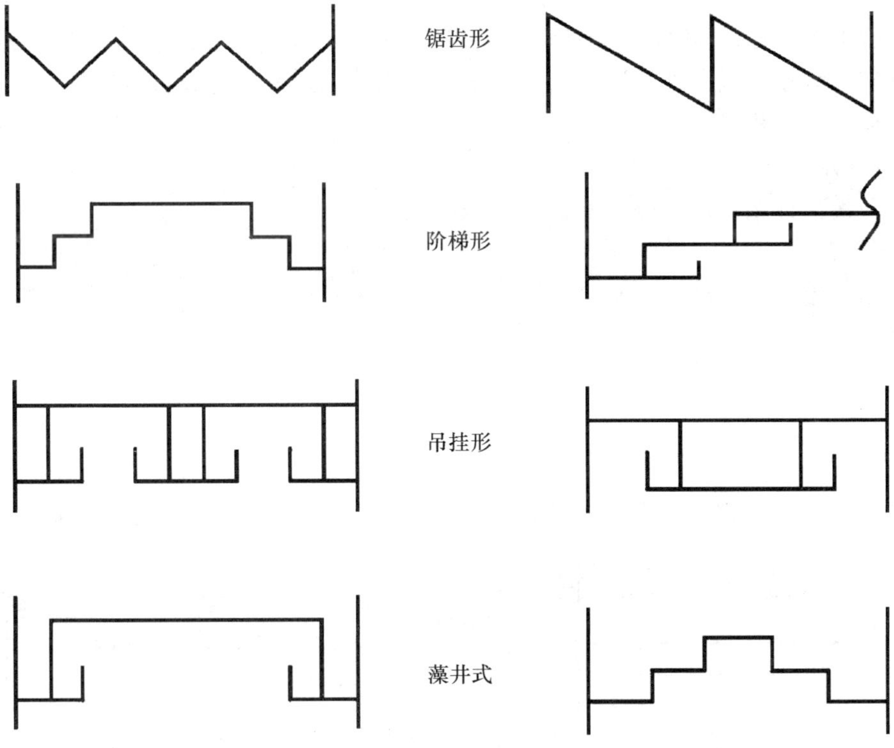

图 7-33　锯齿形、阶梯形、吊挂式、藻井式天棚的断面

基层材料是指底板或面层背后的加强材料。

天棚面层有石膏板、埃特板、装饰吸声罩面板、塑料装饰罩面板、纤维水泥加压板、金属装饰板、木质饰板、玻璃饰面等。

格栅吊顶面层有木格栅、金属格栅、塑料格栅等。

吊筒吊顶有木（竹）质吊筒、金属吊筒、塑料吊筒及圆形、矩形、扁钟形吊筒等。

灯带格栅有不锈钢格栅、铝合金格栅、玻璃类格栅等。

送风口、回风口有金属、塑料、木质风口。

（1）天棚工程分部说明

天棚工程分部主要包括天棚抹灰、天棚吊顶、天棚其他装饰。

1）天棚抹灰的项目特征包括基层类型、抹灰厚度、材料种类、装饰线条道数、砂浆配合比等内容。

2）天棚吊顶的项目特征包括吊顶形式、龙骨、基层、面层材料种类、规格、品牌、颜色，压条、嵌缝、防护材料、油漆种类等内容。

3）灯带的项目特征包括灯带形式、尺寸、格栅片材料品种、规格、品牌、颜色、安装固定方式等内容。

4）送风口、回风口的项目特征包括风口的材料品种、规格、品牌、颜色、安装固定方式、防护材料种类等内容。

5）天棚的检查孔、天棚内的检修走道、灯槽等应包括在报价内。

6）天棚吊顶的平面、跌级、锯齿形、阶梯形、吊挂式、藻井式及矩形、弧形、拱形等应在清单项目中描述。

7）采光天棚和天棚设置保温、隔热、吸声层时，按建筑工程工程量清单的相关项目编码列项。

8）“抹装饰线条”线角的道数以一个突出的棱角为一道线，应在报价时注意。

（2）天棚分部工程量计算规则

1）天棚抹灰

天棚抹灰按设计图示尺寸以水平投影面积计算。

2）天棚吊顶

天棚吊顶按设计图示尺寸以水平投影面积计算。

3）天棚其他装饰

① 灯带按设计图示尺寸以框外围面积计算。

② 送风口、回风口按设计图示数量计算。

【例 7-11】 某客厅天棚尺寸，如图 7-34 所示，为不上人型轻钢龙骨石膏板吊顶。试计算天棚的清单工程量，龙骨、基层的消耗量。

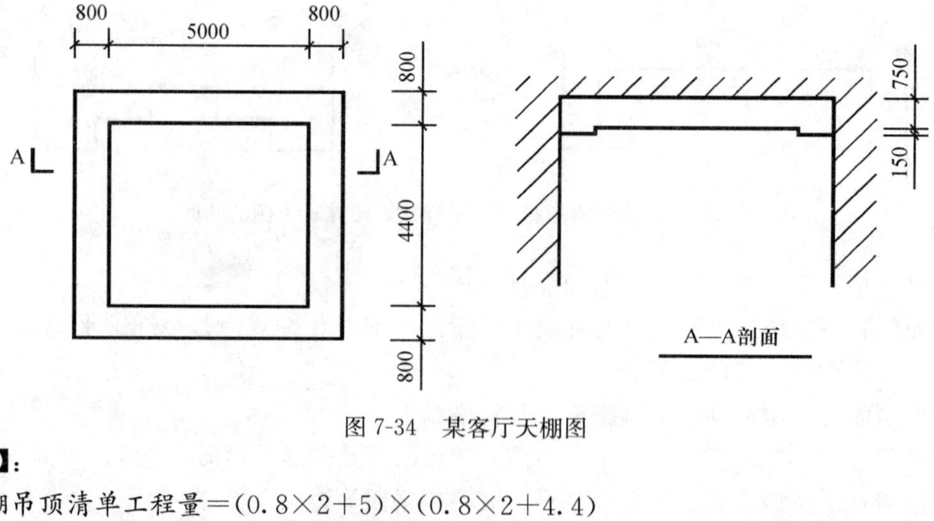

图 7-34　某客厅天棚图

【解】：

天棚吊顶清单工程量＝(0.8×2＋5)×(0.8×2＋4.4)

＝6.6×6＝39.6（m^2）

龙骨的工程量＝(0.8×2＋5)×(0.8×2＋4.4)

＝39.6（m^2）

石膏板基层的工程量＝(0.8×2＋5)×(0.8×2＋4.4)＋(4.4＋5)×2×0.15

＝6.6×6＋9.4×2×0.15

＝42.42（m^2）

5. 门窗工程量的计算

门由门框、门扇、五金配件等组成；窗由窗框、窗扇、五金配件等组成。

（1）门窗工程分部说明

门窗工程分部主要包括木门、金属门、金属卷帘门、其他门等，木窗、金属窗、门窗套、窗帘盒、窗帘轨、窗台板等。

1）门的项目特征包括门类型、框截面尺寸、单扇面积、骨架材料种类，面层材料种类、规格、颜色，玻璃品种及厚度，五金材料、品种、规格，防护材料，油漆的种类等内容。

2）窗的项目特征包括窗类型、框、扇材质及外围尺寸，玻璃品种及厚度，五金材料、品种、规格，防护材料种类，油漆品种等内容。

3）门窗套的项目特征包括底层厚度及砂浆配合比，立筋材料种类、规格，基层材料种类，面层材料品种、规格、颜色，防护材料种类，油漆品种及遍数等内容。

4）窗帘盒、窗帘轨的项目特征包括窗帘盒材质、规格、颜色，窗帘轨材质、规格，防护材料种类，油漆种类及遍数等内容。

5）窗台板的项目特征包括找平层厚度及砂浆配合比，窗台板材质、规格、颜色，防护材料种类，油漆种类及遍数等内容。

6）门窗框与洞口之间缝的填塞，应包括在报价内。

7）实木装饰门项目也适用于竹压板装饰门。

8）转门项目适用于电子感应和人力推动转门。

9）特殊五金项目指贵重五金及业主认为应单独列项的五金配件。特殊五金名称是指拉手、门锁、窗锁等，用途是指具体使用的门或窗，应在工程量清单中进行描述。

10）面尺寸（或面积）指边立梃截面尺寸或面积。

11）面层材料有品种、规格、品牌、颜色要求的，应在工程量清单中进行描述。

12）门窗套、贴脸板、筒子板和窗台板项目，包括底层抹灰，如底层抹灰已包括在墙、柱面底层抹灰内，应在工程量清单中进行描述。

（2）门窗分部工程量计算规则

1）木门、金属门、金属卷帘门和其他门，木窗、金属窗和特殊五金，均按设计图示数量计算。

2）门窗套按设计图示尺寸以展开面积计算。

3）窗帘盒、窗帘轨、窗台板按设计图示尺寸以长度计算。

【例 7-12】 某家庭套房平面，如图 7-35 所示。门 M-1 为防盗门（居中立樘），门 M-2、门 M-5 的门扇为实木镶板门扇（凸凹型），门 M-3、门 M-4 的门扇为实木全玻门扇（网格式）。M-1：800mm×2000mm；M-2：800mm×2000mm；M-5：750mm×2000mm。实木门框断面 50mm×100mm。试计算防盗门的清单工程量及安装工程消耗量，实木门 M-2、M-5 的清单工程量及制作安装工程消耗量。

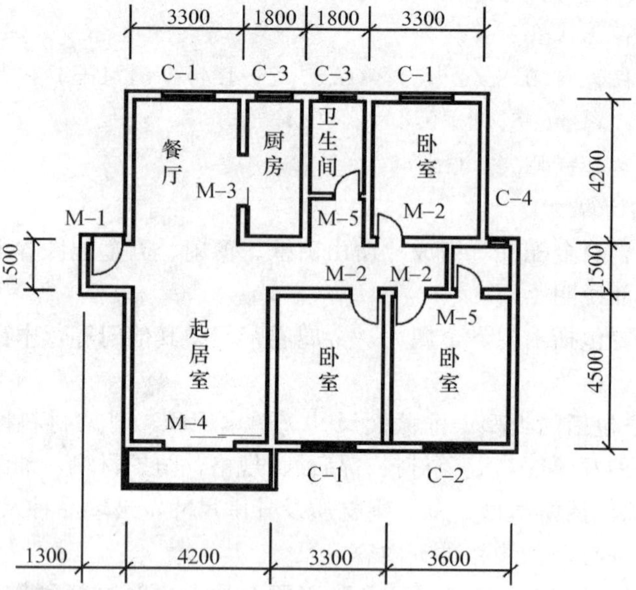

图 7-35　某家庭套房平面图

【解】：

防盗门 M-1 的清单工程量＝1（樘）

门 M-2 的清单工程量＝3（樘）

门 M-5 的清单工程量＝2（樘）

防盗门安装工程量＝0.8×2＝1.6（m²）

M-2、M-5 实木门框制作安装工程量＝(0.8＋2×2)×3＋(0.75＋2×2)×2

＝4.8×3＋4.75×2＝23.9（m²）

M-2、M-5 门扇制作安装工程量

＝(2－0.05)×(0.8－0.05)×3＋(2－0.05)×(0.75 －0.05)×2

＝1.95×0.75×3＋1.95×0.7×2＝7.12（m²）

6. 油漆、涂料、裱糊工程量的计算

油漆施工根据基层的不同，有木材面油漆、金属面油漆、抹灰面油漆等种类。涂料施工有刷涂、喷涂、滚涂、弹涂、抹涂等形式。油漆、涂料施工一般经过基层处理、打底子、刮腻子、磨光、涂刷等工序。裱糊有对花和不对花两种类型。

腻子种类分石膏油腻子（由熟桐油、石膏粉及适量水调制）、胶腻子（由大白、色粉及羧甲基纤维素调制）、漆片腻子（由漆片、酒精、石膏粉及适量色粉调制）、油腻子（由矾石粉、桐油、脂肪酸及松香调制）等。腻子要求分为刮腻子遍数（道数）、满刮腻子和找补腻子等。

（1）油漆、涂料、裱糊工程分部说明

油漆、涂料、裱糊工程分部主要包括门油漆，窗油漆，扶手、板条面、线条面、木材面油漆，金属面油漆，抹灰面油漆，喷刷涂料，裱糊等。适用于门窗油漆，金属面、抹灰面油漆工程。

1）门窗油漆的项目特征包括门、窗类型，腻子种类，刮腻子要求，防护材料种类，油漆品种、刷漆遍数等内容。

2）木扶手及其他板条、线条油漆的项目特征包括腻子种类，刮腻子要求，油漆体单位展开面积，油漆体长度，防护材料种类，油漆品种、刷漆遍数等内容。

3）木材面和金属面油漆的项目特征包括腻子种类，刮腻子要求，防护材料种类，油漆品种、刷漆遍数等内容。

4）抹灰面油漆的项目特征包括基层类型，线条宽度、道数，腻子种类，刮腻子要求，防护材料种类，油漆品种、刷漆遍数等内容。

5）喷刷涂料的项目特征包括基层类型、腻子种类、刮腻子要求、涂料品种、刷喷遍数等内容。

6）花饰线条刷涂料的项目特征包括腻子种类、线条宽度、刮腻子要求、涂料品种、刷喷遍数等内容。

7）裱糊的项目特征包括基层类型，裱糊构件部位，腻子种类，刮腻子要求，黏结材料种类，防护材料种类，面层材料品种、规格、品牌、颜色等内容。

8）有关项目中已包括油漆、涂料的不再单独按本章列项。

9）连窗门可按门油漆项目编码列项。

10）窗油漆应区分单层玻璃窗、双层（一玻一纱）木窗、双层框扇（单裁口）木窗、双层框三层（二玻一纱）木窗、单层组合窗、双层组合窗、木百叶窗、木推拉窗等，分别编码列项。

11）木扶手应区别带托板和不带托板，分别编码列项。楼梯木扶手工程量按中心线斜长计算，弯头长度应计算在扶手长度内。

12）博风板工程量按中心线斜长计算；有大刀头的，每个大刀头增加长度 50cm。

13）清水板条天棚、檐口油漆、木方格吊顶天棚油漆以水平投影面积计算，不扣除空洞面积。

14）暖气罩油漆，垂直面按垂直投影面积计算，突出墙面的水平面按水平投影面积计算，不扣除空洞面积。

15）工程量以面积计算的油漆、涂料项目，线角、线条、压条等不展开。

（2）油漆、涂料、裱糊分部工程计算规则

1）门、窗油漆按设计图示数量计算。

2）木扶手及其他板条、线条油漆按设计图示尺寸以长度计算。

3）木材面油漆按设计图示尺寸以面积计算。

4）金属面油漆按设计图示尺寸以质量计算。

5）抹灰面油漆按设计图示尺寸以面积计算。

6）喷刷涂料按设计图示尺寸以面积计算。

7）空花格、栏杆刷涂料按设计图示尺寸以单面外围面积计算。

8）线条刷涂料按设计图示尺寸以长度计算。

9）裱糊按设计图示尺寸以面积计算。

【例 7-13】 某建筑如图 7-36 所示，外墙刷真石漆墙面，窗连门（图 7-37），全玻璃门、推拉窗，居中立樘，框厚 80mm，墙厚 240mm。试计算外墙真石漆工程量、门窗油漆工程量。

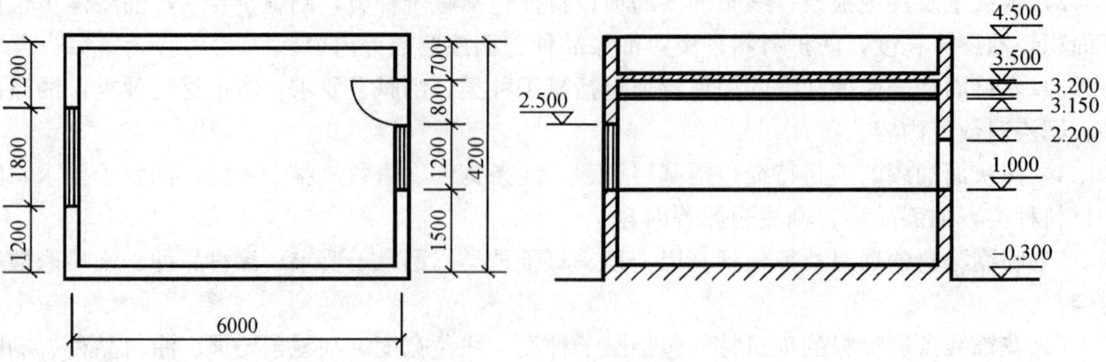

图 7-36　平面图和剖面图

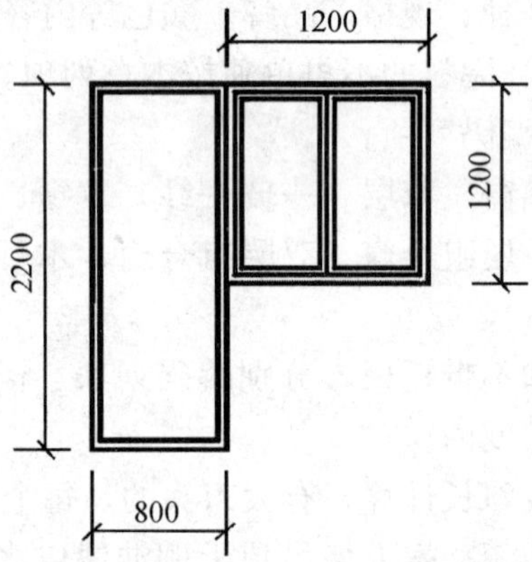

图 7-37　窗连门

【解】：

外墙面真石漆工程量＝墙面工程量＋洞口侧面工程量

$=(6.24+4.44)\times2\times4.8-(1.76+1.44+2.7)+(7.6+6.6)\times0.08$

$=102.53-5.9+1.14$

$=97.77\ (m^2)$

门油漆工程量＝1（樘）

窗油漆工程量＝2（樘）

7. 其他工程量的计算

其他工程分部主要包括柜类、货架、暖气罩、浴厕配件、压条、装饰线、雨篷、旗杆、招牌、灯箱、美术字等项目。

厨房壁柜和厨房吊柜的区别：以嵌入墙内为壁柜，以支架固定在墙上的为吊柜。

台柜的规格以能分离的成品单体长、宽、高来表示。

镜面玻璃、灯箱等的基层材料是指玻璃背后的衬垫材料，如胶合板、油毡等。

腻子要求分为刮腻子遍数（道数）、满刮腻子和找补腻子等。

装饰线和美术字的基层类型是指装饰线、美术字依托体的材料。

旗杆高度指旗杆台座上表面至杆顶的尺寸（包括球珠）。

美术字的字体规格以字的外接矩形长、宽和字的厚度表示。

（1）其他工程分部说明

1）柜类、货架的项目特征包括台柜规格，材料种类、规格，五金种类、规格，防护材料种类，油漆品种、刷漆遍数等内容。

2）暖气罩的项目特征包括暖气罩材质，单个罩垂直投影面积，防护材料种类，油漆品种、刷漆遍数等内容。

3）浴厕配件的项目特征包括材料品种、规格、品牌、颜色，支架配件品种、规格、品牌，油漆品种、刷漆遍数等内容。

4）镜面玻璃的项目特征包括镜面玻璃基层品种、规格，框材质、断面尺寸，基层及防护材料种类，油漆品种、刷漆遍数等内容。

5）镜箱的项目特征包括箱材质、规格，玻璃品种、规格，基层及防护材料种类，油漆品种、刷漆遍数等内容。

6）压条、装饰线的项目特征包括基层类型，线条材料品种、规格、颜色，防护材料种类，油漆品种、刷漆遍数等内容。

7）雨篷的项目特征包括基层类型，龙骨、面层及吊顶材料品种、规格，嵌缝及防护材料种类，油漆品种、刷漆遍数等内容。

8）旗杆的项目特征包括旗杆的材料、种类、高度，基础及基座材料种类，面层材料种类、规格等内容。

9）招牌、灯箱的项目特征包括箱体规格，基层、面层及防护材料种类，油漆品种、刷漆遍数等内容。

10）美术字的项目特征包括基层类型，镌字材料品种、颜色，字体规格，固定方式，油漆品种、刷漆遍数等内容。

11）压条、装饰线项目已包括在门扇、墙柱面、天棚项目内的，不再单独列项。

12）旗杆的砌砖或混凝土台座、台座的饰面可按相关项目另行编码列项，也可纳入旗杆报价内。

13）美术字不分字体，按大小规格分类。

14）台柜项目以“个”计算，应按设计图纸或说明。

1）5 洗漱台现场制作，切割、磨边等人工、机械的费用应包括在报价内。洗漱台项目适用于石质（天然石材、人造石材等）、玻璃等。

（2）其他工程分部工程量计算规则

1）柜类、货价按设计图示数量计算。

2）暖气罩按设计图示尺寸以垂直投影面积（不展开）计算。

3）洗漱台按设计图示尺寸以台面外接矩形面积计算。

4）晒衣架、帘子杆、浴缸拉手、毛巾杆（架）、毛巾环、卫生纸盒、肥皂盒等按设计图示数量计算。

5）镜面玻璃按设计图示尺寸以边框外围面积计算。

6）镜箱按设计图示数量计算。

7）压条、装饰线按设计图示尺寸以长度计算。

8）雨篷吊挂饰面按设计图示尺寸以水平投影面积计算。

9）旗杆按设计图示尺寸以数量计算。

10）平面、箱式招牌按设计图示尺寸以正立面边框外围面积计算。复杂的凹凸造型部分不增加面积；竖式标箱、灯箱按设计图示数量计算。

11）美术字按设计图示数量计算。

【例 7-14】 某店面墙面的钢结构箱式招牌，大小 12000mm×2000mm×200mm，五夹板衬板，铝塑板面层，钛金字 1500mm×1500mm 的 6 个、150mm×100mm 的 12 个。试计算招牌清单工程量及材料消耗工程量。

【解】：

招牌清单工程量＝12×2＝24（m^2）

招牌五夹板、铝塑板的工程量＝12×2＋12×0.2×2＋2×0.2×2＝29.6（m^2）

1500mm×1500mm 美术字工程量＝6（个）

150mm×100mm 美术字工程量＝12（个）

【例 7-15】 某卫生间洗漱台平面图如图 7-38 所示，1500mm×1050mm 车边镜，20mm 厚孔雀绿大理石台饰。试计算大理石洗漱台及装饰线工程量。

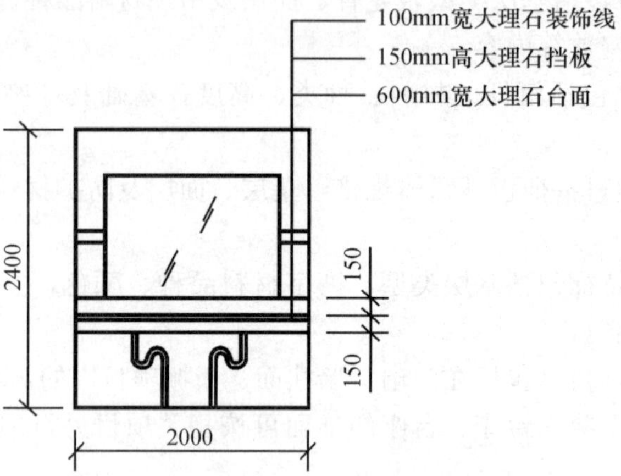

图 7-38　卫生间洗漱台平面图

【解】：

洗漱台的工程量＝台面面积＋挡板面积＋吊沿面积

＝2×0.6＋0.15×(2＋0.6＋0.6)＋2×(0.15－0.02)

＝1.2＋0.15×3.2＋2×0.13＝1.94（m^2）

挂镜线工程量＝2－1.5＝0.5（m）

第四节　施工组织管理辅助技术

建筑信息模型（Building Information Modeling）是以建筑工程项目的各项相关信息数据作为模型的基础，进行建筑模型的建立，通过数字信息仿真模拟建筑物所具有的真实信息。它具有可视化、协调性、模拟性、优化性和可出图性五大特点。

1. 可视化

可视化即“所见所得”的形式，对于建筑行业来说，可视化的真正运用在建筑业的作用是非常大的，例如经常拿到的施工图纸，只是各个构件的信息在图纸上的采用线条绘制表达，但是其真正的构造形式就需要建筑业参与人员去自行想象了。对于一般简单的东西来说，这种想象也未尝不可，但是近几年建筑业的建筑形式各异，复杂造型在不断地推出，那么这种光靠人脑去想象的东西就未免有点不太现实了。所以 BIM 提供了可视化的思路，让人们将以往的线条式的构件形成一种三维的立体实物图形展示在人们的面前；建筑业也有设计方面出效果图的事情，但是这种效果图是分包给专业的效果图制作团队进行识读设计制作出的线条式信息制作出来的，并不是通过构件的信息自动生成的，缺少了同构件之间的互动性和反馈性，然而 BIM 提到的可视化是一种能够同构件之间形成互动性和反馈性的可视，在 BIM 建筑信息模型中，由于整个过程都是可视化的，所以可视化的结果不仅可以用来效果图的展示及报表的生成，更重要的是，项目设计、建造、运营过程中的沟通、讨论、决策都在可视化的状态下进行。

2. 协调性

这个方面是建筑业中的重点内容，不管是施工单位还是业主及设计单位，无不在做着协调及相配合的工作。一旦项目的实施过程中遇到了问题，就要将各有关人士组织起来开协调会，找各施工问题发生的原因及解决办法，然后出变更，做相应补救措施等进行问题的解决。在设计时，往往由于各专业设计师之间的沟通不到位，而出现各种专业之间的碰撞问题，例如暖通等专业中的管道在进行布置时，由于施工图纸是各自绘制在各自的施工图纸上的，真正施工过程中，可能在布置管线时正好在此处有结构设计的梁等构件在此妨碍着管线的布置，这种就是施工中常遇到的碰撞问题。BIM 的协调性服务就可以帮助处理这种问题，也就是说 BIM 建筑信息模型可在建筑物建造前期对各专业的碰撞问题进行协调，生成协调数据，提供出来。当然 BIM 的协调作用也并不是只能解决各专业间的碰撞问题，它还可以解决例如：电梯井布置与其他设计布置及净空要求之协调，防火分区与其他设计布置之协调，地下排水布置与其他设计布置之协调等。

3. 模拟性

模拟性并不是只能模拟设计出的建筑物模型，还可以模拟不能够在真实世界中进行操作的事物。在设计阶段，BIM 可以对设计上需要进行模拟的一些东西进行模拟实验，例如：节能模拟、紧急疏散模拟、日照模拟、热能传导模拟等；在招投标和施工阶段可以进行 4D 模拟（三维模型加项目的发展时间），也就是根据施工的组织设计模拟实际施工，从而来确定合理的施工方案来指导施工。同时还可以进行 5D 模拟（基于 3D 模型的造价控制），从而来实现成本控制；后期运营阶段可以模拟日常紧急情况的处理方式的模拟，例如地震人员逃生模拟及消防人员疏散模拟等。

4. 优化性

事实上整个设计、施工、运营的过程就是一个不断优化的过程，当然优化和 BIM 也不存在实质性的必然联系，但在 BIM 的基础上可以做更好的优化、更好地做优化。优化受三个条件的制约：信息、复杂程度和时间。没有准确的信息做不出合理的优化结果，BIM 模型提供了建筑物的实际存在的信息，包括几何信息、物理信息、规则信息，还提供了建筑物变化以后的实际存在。复杂程度高到一定程度，参与人员本身的能力无法掌握所有的信息，必须借助一定的科学技术和设备的帮助。现代建筑物的复杂程度大多超过参与人员本身的能力极限，BIM 及与其配套的各种优化工具提供了对复杂项目进行优化的可能。基于 BIM 的优化可以做下面的工作：

（1）项目方案优化

把项目设计和投资回报分析结合起来，设计变化对投资回报的影响可以实时计算出来；这样业主对设计方案的选择就不会主要停留在对形状的评价上，而更多的可以使得业主知道哪种项目设计方案更有利于自身的需求。

（2）特殊项目的设计优化

例如裙楼、幕墙、屋顶、大空间到处可以看到异型设计，这些内容看起来占整个建筑的比例不大，但是占投资和工作量的比例和前者相比却往往要大得多，而且通常也是施工难度比较大和施工问题比较多的地方，对这些内容的设计施工方案进行优化，可以带来显著的工期和造价改进。

5. 可出图性

BIM并不是为了出大家日常多见的建筑设计院所出的建筑设计图纸及一些构件加工的图纸，而是通过对建筑物进行了可视化展示、协调、模拟、优化以后，可以帮助业主出如下图纸：

（1）综合管线图（经过碰撞检查和设计修改，消除了相应错误以后）；

（2）综合结构留洞图（预埋套管图）；

（3）碰撞检查侦错报告和建议改进方案。

主要参考文献

[1] JGJ/T 250—2011 建筑与市政工程施工现场专业人员职业标准［S］

[2]《中华人民共和国建筑法》，2011

[3]《建设工程质量管理条例》（国务院令第 279 号）

[4] GB 50300—2013 建筑工程施工质量验收统一标准［S］

[5] GB/T 50326—2006 建设工程项目管理规范［S］

[6]《建设工程安全生产管理条例》（国务院第 393 号令）

[7] GB/T 50502—2009 建筑施工组织设计规范［S］

[8] GB/T 19000—2015/ISC 9000：2015 质量管理体系基础和术语［S］

[9]《关于做好房屋建筑和市政基础设施工程质量事故报告和调查处理工作的通知》（建质［2010］111 号）

[10] 郝永池，薛勇．建筑装饰施工技术［M］．北京：清华大学出版社，2013.

[11] 郝永池．建筑装饰施工组织与管理［M］．北京：机械工业出版社，2010.

[12] 郝永池，谷志华．绿色建筑与绿色施工［M］．北京：清华大学出版社，2015.

[13] 罗中，张涛．建设工程项目管理［M］．哈尔滨：哈尔滨工业大学出版社，2013.

[14] 郝永池．建筑工程项目管理［M］．北京：人民邮电出版社，2016.

[15] 李云峰．建筑工程质量与安全管理［M］．北京：化学工业出版社，2009.

[16] 张瑞生．建筑工程质量与安全管理［M］．北京：中国建筑工业出版社，2007.

模拟试卷（A）

一、单选题（每题 0.5 分，共 40 分）

1. 根据《建筑法》规定，（　　）是安全生产方针的核心和具体体现，是实现安全生产的根本途径。

A. 安全生产　B. 控制防范　C. 预防为主　D. 群防群治

2. 建设工程项目的竣工验收，应当由（　　）依法组织进行。

A. 建设单位　B. 建设单位或有关主管部门

C. 国务院有关主管部门　D. 施工单位

3. 以下法规属于建设行政法规的是（　　）。

A.《工程建设项目施工招标投标办法》

B.《中华人民共和国城乡规划法》

C.《建设工程安全生产管理条例》

D.《实施工程建设强制性标准监督规定》

4. 甲、乙、丙三家公司组成联合体投标中标了一栋写字楼工程，施工过程中因甲的施工的工程质量问题而出现赔偿责任，则建设单位（　　）。

A. 可向甲、乙、丙任何一方要求赔偿

B. 只能要求甲负责赔偿

C. 需与甲、乙、丙协商由谁赔偿

D. 如向乙要求赔偿，乙有权拒绝

5. 根据《建筑法》的规定，以下属于保修范围的是（　　）。

A. 供热、供冷系统工程　B. 因使用不当造成的质量缺陷

C. 因第三方造成的质量缺陷　D. 不可抗力造成的质量缺陷

6. 下列选项中，不属于施工项目管理组织的主要形式的是（　　）。

A. 工作队式　B. 线性结构式

C. 矩阵制式　D. 事业部式

7. 施工项目目标控制包括：施工项目进度控制、施工项目质量控制、（　　）、施工项目安全控制四个方面。

A. 施工项目管理控制　B. 施工项目成本控制

C. 施工项目人力控制　D. 施工项目物资控制

8. 施工项目进度控制的措施主要有（　　）。

A. 组织措施、技术措施、合同措施、经济措施、信息管理措施等

B. 管理措施、技术措施、经济措施等

C. 行政措施、技术措施、经济措施等

D. 政策措施、技术措施、经济措施等

9. 属于水硬性胶凝材料的是（　　）。

A. 石灰　　B. 石膏　　C. 水泥　　D. 水玻璃

10. 按用途和性能对水泥的分类中，下列哪项是不属于的（　　）。

A. 通用水泥　　B. 专用水泥　　C. 特性水泥　　D. 多用水泥

11. 石灰在硬化过程中，体积产生________

A. 微小膨胀　　B. 不收缩也不膨胀　　C. 膨胀　　D. 较大收缩

12. 水泥强度是根据（　　）龄期的抗折强度和抗压强度来划分的。

A. 3d 和 7d　　B. 7d 和 14d　　C. 3d 和 14d　　D. 3d 和 28d

13. 白色硅酸盐水泥加入颜料可制成彩色水泥，对所加颜料的基本要求是（　　）。

A. 酸性颜料　　B. 碱性颜料　　C. 有机颜料　　D. 无机有机合成颜料

14. 砂浆流动性的大小用（　　）表示。

A. 坍落度　　B. 分层度　　C. 沉入度　　D. 针入度

15. 花岗石板材主要应用于（　　）。

A. 室外台阶　　B. 大型公共建筑室外装饰工程

C. 室外地面装饰工程　　D. 室内地面装饰工程

16. 枋材是指截面宽度为厚度的（　　）的木料。

A. 3 倍　　B. 3 倍以上　　C. 不足 3 倍　　D. 3 倍或 3 倍以上

17. [25 表示腰高为（　　）mm 的槽钢。

A. 25　　B. 250　　C. 2500　　D. 500

18. 陶瓷制品分为陶质、瓷质、炻质三大类，其中（　　）制品烧结程度相对较低，孔隙较多，强度较低。

A. 陶质　　B. 瓷质　　C. 炻质　　D. 陶质、瓷质和炻质

19. 夹层玻璃层数达到（　　）层时称为防弹玻璃。

A. 3　　B. 5　　C. 7　　D. 9

20. 使用寿命最长的外墙涂料是（　　）。

A. 丙烯酸酯乳胶漆　　B. 聚氨酯系列外墙涂料

C. 彩色砂壁状外墙涂料　　D. 氟碳涂料

21. 电梯每班首次运行时，应空载及满载试运行，将电梯笼升离地面（　　）m 左右停车、检查制动器灵活性，确认正常后方可投入运行。

A. 0.5　　B. 1　　C. 1.5　　D. 2

22. 起升机构不得使用编结接长的钢丝绳。使用其他方法接长钢丝绳时，必须保证接头强度不小于钢丝绳破断拉力的（　　）。

A. 60%　　B. 70%　　C. 80%　　D. 90%

23. 建筑装饰专业制图中，被遮挡部分的轮廓线用（　　）表示。

A. 中粗实线　　B. 中粗虚线　　C. 细单点长画线　　D. 细点线

24. 顶棚平面图也称天花板平面图，是采用（　　）。

A. 水平投影法　　B. 垂直投影法　　C. 镜像投影法　　D. 剖面投影法

25. 泛水通常先用水泥砂浆在垂直面与屋面交界处做成半径大于（　　）mm 的圆弧。

A. 10　　B. 20　　C. 50　　D. 80

26. 悬山通常是把檩条挑出山墙，用（　　）水泥石灰麻刀砂浆做披水线，将瓦封住。

A. 1∶1　　B. 1∶2　　C. 1∶3　　D. 1∶4

27. 防震缝的设置是为了预防（　　）对建筑物的不利影响而设计的。

A. 温度变化　　B. 地基不均匀沉降　　C. 地震　　D. 荷载过大

28. 下列不属于玻璃幕墙的为（　　）。

A. 有框式幕墙　　B. 有骨架式幕墙　　C. 点式幕墙　　D. 全玻璃式幕墙

29. 下列不属于塑料门窗的材料的是（　　）。

A. PVC　　B. 添加剂　　C. 橡胶　　D. 氯化聚乙烯

30. 裱糊类墙面裱糊顺序是（　　）。

A. 先上后下，先高后低　　B. 先下后上，先高后低

C. 先上后下，先低后高　　D. 先下后上，先低后高

31. 面砖安装时，要抹（　　）打底。

A. 15mm 厚 1∶3 水泥砂浆　　B. 10mm 厚 1∶2 水泥砂浆

C. 10mm 厚 1∶3 水泥砂浆　　D. 15mm 厚 1∶2 水泥砂浆

32. 把金属板直接安装在主体结构的固定件上的是（　　）。

A. 骨架式金属幕墙　　B. 附着式金属幕墙

C. 薄铝板幕墙　　D. 不锈钢板幕墙

33. 刚体受三力作用而处于平衡状态，则此三力的作用线（　　）。

A. 必汇交于一点　　B. 必互相平行

C. 必皆为零　　D. 必位于同一平面内

34. 约束对物体运动的限制作用是通过约束对物体的作用力实现的，通常将约束对物体的作用力称为（　　）。

A. 约束　　B. 约束反力　　C. 荷载　　D. 被动力

35. 箱形基础的混凝土强度等级不应低于（　　）。

A. C15　　B. C20　　C. C30　　D. C40

36. 工程中常见的梁，其横截面往往具有（　　）。

A. 竖向对称轴　　B. 横向对称轴　　C. 纵向对称平面　　D. 横向对称平面

37. 距离测量按（　　）即可得到测量结果。

A. 选择键　　B. 测距键两次　　C. 测距键　　D. 切换键

38. 石膏板标志法观测裂缝，用（　　）的石膏板，固定在裂缝两侧。

A. 厚 40mm，宽约 20～50mm　　B. 厚 30mm，宽约 30～60mm

C. 厚 20mm，宽约 40～70mm　　D. 厚 10mm，宽约 50～80mm

39. 单位工程计算顺序一般按（　　）列项顺序计算。

A. 计价规范清单　　B. 顺时针方向

C. 图纸分项编号　　D. 逆时针方向

40. 建筑安装工程直接费由直接工程费和（　　）组成。

A. 间接费　　B. 利润　　C. 措施费　　D. 税金

41. 饰面砖粘贴工程常用的施工工艺是（　　）。

A. 满粘法　　B. 点粘法　　C. 挂粘法　　D. 条粘法

42. 厕浴间做完防水后，应做（　　）闭水试验。

A. 8h　　B. 12h　　C. 24h　　D. 48h

43. 可以靠龙骨承重的设备有（　　）。

A. 重型设备　　B. 电扇　　C. 大型吊灯　　D. 烟感器

44. 同一幕墙玻璃单元不应跨越（　　）个防火分区。

A. 2　　B. 3　　C. 4　　D. 5

45. 装饰工程中，玻璃板隔墙应采用（　　）玻璃。

A. 彩色　　B. 喷漆　　C. 安全　　D. 压花

46. 裱糊工程中，最终的接缝外观检验应在距墙面（　　）处正视。

A. 1.0m　　B. 1.2m　　C. 1.5m　　D. 2.0m

47. 滴水线应整齐、顺直，并应做到（　　）。

A. 内高外平　　B. 外高内低　　C. 内高外低　　D. 内平外高

48. 框支承玻璃幕墙的安装过程中，密封胶嵌缝时密封胶施工厚度应为（　　）mm。

A. 3.5～4.5　　B. 3.5～4.0　　C. 3.0～4.5　　D. 3.5～5.5

49. 抹灰工程当抹灰总厚度大于或等于（　　）时，应采取加强措施。

A. 15mm　　B. 20mm　　C. 25mm　　D. 35mm

50. 内墙裱糊时，要求室内空气湿度不得大于（　　）。

A. 65%　　B. 75%　　C. 85%　　D. 55%

51. 建筑外墙贴瓷砖应选用（　　）作为粘结材料。

A. 素水泥浆　　B. 水泥砂浆

C. 聚合物水泥砂浆　　D. 混合砂浆

52. 涂料施工时，施工现场的环境温度宜在（　　）℃之间。

A. 10～30　　B. 15～25　　C. 5～35　　D. 5～30

53. 在木质基层上进行涂料装饰时，其木质基层的含水率应不大于（　　）。

A. 12%　　B. 15%　　C. 18%　　D. 10%

54. 陶瓷釉面砖贴墙前应浸水，浸泡时间应在（　　）小时以上。

A. 1　　B. 2　　C. 24　　D. 8

55. 吊顶顶棚龙骨架中的基准龙骨为（　　）。

A. 主龙骨　　B. 中（次）龙骨　　C. 边龙骨　　D. 小龙（间距）骨

56. 浴室墙面的防水层高度应不低于（　　）m。

A. 1.5　　B. 1.0　　C. 1.8　　D. 1.6

57. 花岗岩板块地面铺贴完毕要浇水养护，其养护时间为（　　）天。

A. 1～3　　B. 3～4　　C. 4～5　　D. 2～3

58. 新建筑物的混凝土或抹灰层，涂饰涂料前应涂刷（　　）封闭底漆。

A. 防水　　B. 防腐　　C. 抗酸　　D. 抗碱

59. 吊顶工程距墙边大于（　　）时，应增加吊杆。

A. 300mm　　B. 500mm　　C. 600mm　　D. 200mm

60. 暗龙骨吊顶中不需要防腐处理的是（　　）。

A. 金属吊杆　　B. 木龙骨　　C. 石膏板　　D. 金属龙骨

61. 单位工程施工组织设计的核心内容是（　　）。

A. 工程概况　　B. 施工部署

C. 施工方案　　D. 施工进度计划表

62. 单位工程施工组织设计中，平面布置图表达的内容不包括（　　）。

A. 临时设施　　B. 施工方案　　C. 搅拌场地　　D. 施工道路

63. 各施工过程按一定的施工顺序，前一施工过程完成后，后一施工过程才开始施工；或前一个施工段完成后，后一个施工段才开始施工的施工组织方式是（　　）。

A. 依次施工　　B. 平行施工　　C. 流水施工　　D. 成倍施工

64. 网络计划相比横道图计划，具有的优点不包括（　　）。

A. 逻辑关系表达清楚　　B. 简单明了

C. 便于管理者抓住主要矛盾　　D. 能够应用计算机技术

65. 如图所示双代号网络图，下列属于平行工作的有（　　）。

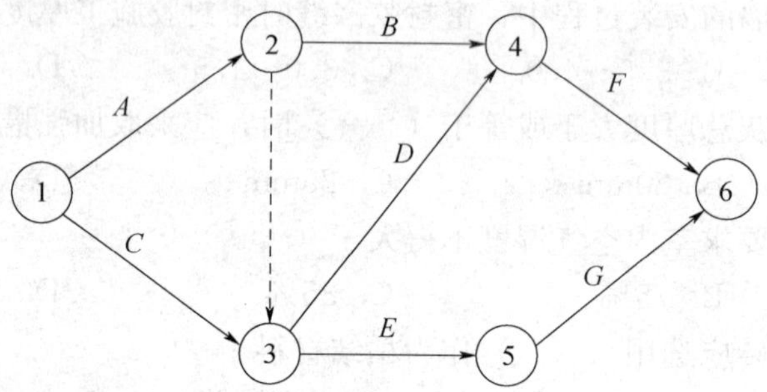

A. 工作 B 和工作 C　　B. 工作 D 和工作 E

C. 工作 D 和工作 F　　D. 工作 F 和工作 G

66. 双代号网络图中，虚箭线是基本要素之一，下列关于虚箭线的说法正确的是（　　）。

A. 消耗时间，消耗资源　　B. 不消耗时间，不消耗资源

C. 消耗时间，不消耗资源　　D. 不消耗时间，消耗资源

67. 如图所示双代号网络图，箭线下方是工作持续时间（天），则关键线路是（　　）。

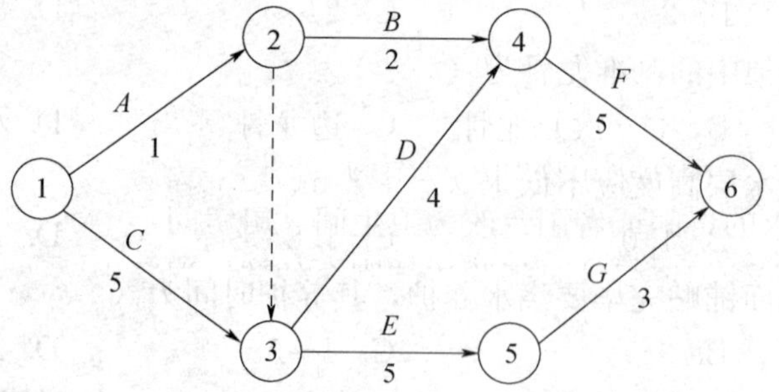

A. ①—③—④—⑥　　B. ①—②—③—④—⑥

C. ①—②—③—⑤—⑥　　D. ①—③—⑤—⑥

68. 下列哪项属于建筑装饰装修工程施工（　　）。

A. 基础工程　　B. 设备工程

C. 楼地面工程　　D. 主体工程

69. 根据《建筑企业职工安全培训教育暂行规定》，新工人必须进行的三级安全教育是指（　　）安全教育。

A. 省、市、县　　B. 省、公司、工地（项目）

C. 公司、工地（项目）、班组　　D. 工地（项目）、班组、安全员

70. 要了解施工现场“洞口”“临边”的防护情况，采用的检查方法是（　　）。

A. 听　　B. 看　　C. 量　　D. 测

71. 发生事故时，采取的消除、减少事故危害和防止事故恶化，最大限度降低事故损失的措施是（　　）。

A. 成立事故调查小组　　B. 认定事故责任

C. 建立事故应急预案　　D. 做好事故安全交底

72. 根据《生产安全事故报告和调查处理条例》，负责重大事故调查的人民政府应当自收到事故调查报告之日起（　　）日内做出批复。

A. 3　　B. 15　　C. 28　　D. 30

73. 某安全生产造成 7 人死亡，根据《生产安全事故报告和调查处理条例》，该事故属于（　　）。

A. 特别重大事故　　B. 重大事故　　C. 较大事故　　D. 一般事故

74. 施工工艺顺序过程中，前道工序已施工完成将被后一道工序所掩盖、包裹而再无法检查其质量情况，前道工序通常被称为（　　）工程。

A. 特种　　B. 隐蔽　　C. 零星　　D. 覆盖

75. 对于重要的工序或对工程质量有重大影响的工序，在自检、互检的基础上，还要组织专职人员进行（　　）检查。

A. 开工前　　B. 隐蔽工程　　C. 成品保护　　D. 工序交接

76. 采用测量工具对完成的施工部位进行检测，通过实测数据与施工规范及质量标准所规定的允许偏差对照，来判断质量是否合格的方法是（　　）。

A. 目测法　　B. 实测法　　C. 试验检查法　　D. 规范对照法

77. 正常使用下，房屋建筑工程的最低保修期限为：屋面防水工程、有防水要求的卫生间、房间和外墙面的防渗漏，最低保修期限为（　　）年。

A. 2　　B. 3　　C. 4　　D. 5

78. 下列关于住宅室内装饰装修活动中禁止行为表述错误的是（　　）。

A. 可根据装修需要变动建筑主体和承重结构

B. 将没有防水要求的房间或者阳台改为卫生间、厨房间

C. 扩大承重墙原有的门窗尺寸，拆除连接阳台的砖、混凝土墙体

D. 损坏房屋原有节能设施，降低节能效果

79. 施工成本控制是指在施工过程中，采取各种有效措施，将施工中实际发生的各种消耗和支出严格控制在（　　）范围内。

A. 施工预算　　B. 施工图预算　　C. 成本计划　　D. 成本预算

80.（　　）是把企业生产经营发生的一切费用全部吸收到产品成本之中。

A. 制造成本法　　B. 完全成本法　　C. 不完全成本法　　D. 经营成本法

二、多选题（每题 2 分，共 40 分）

1. 生产经营单位安全生产保障措施由（　　）组成。

A. 经济保障措施　　B. 技术保障措施

C. 组织保障措施　　D. 法律保障措施

E. 管理保障措施

2. 针对企业的不同要求，管理软件的应用有（　　）。

A. 将集团、企业、分子公司、项目部等多个层次的主体集中于一个协同的管理平台上

B. 单项、多项目组合管理

C. 有效减轻劳动强度

D. 两级管理、三级管理、多级管理多种模式

E. 定期升级

3. 矿渣水泥、火山灰水泥和粉煤灰水泥的共性是（　　）。

A. 早期强度略低，后期强度高　　B. 抗碳化性较差

C. 水化热小　　D. 抗冻性好

E. 耐腐蚀性较好

4. 中空玻璃是将两片或多片平板玻璃相互间隔 12cm 镶于边框中，且四周加以密封，间隔空腔充填（　　），以获得良好的隔热效果。

A. 干燥空气　　B. 还原气体　　C. 惰性气体

D. 真空　　E. 氧气

5. 建筑陶瓷制品最常用的有（　　）。

A. 陶瓷砖　　B. 陶瓷锦砖　　C. 琉璃制品

D. 玻璃制品　　E. 卫生陶瓷

6. 以空气压缩机作为动力的装修装饰机具有：（　　）。

A. 射钉枪　　B. 喷枪　　C. 风动改锥

D. 手风钻　　E. 风动磨光机

7. 下列建筑装饰施工图中被称为基本图的有（　　）。

A. 装饰装修施工工艺说明　　B. 装饰平面布置图

C. 楼地面装修平面图　　D. 天花平面图

E. 节点详图

8. 下列关于变形缝的描述，（　　）是不正确的。

A. 伸缩缝可以兼作沉降缝

B. 伸缩缝应结构从屋顶至基础完全分开，使缝两边的结构可以自由伸缩，互不影响

C. 凡应设变形缝的厨房，二缝宜合一，并应按沉降缝的要求加以处理

D. 防震缝应沿厂房全高设置，基础可不设缝

E. 屋面伸缩缝主要是解决防水和保温的问题

9. 柱中箍筋的作用，下述何项是正确的（　　）。

A. 防止纵向钢筋发生压屈　　B. 增强柱的抗剪强度

C. 固定纵向钢筋的位置　　D. 提高柱的抗压承载力

E. 增加柱子混凝土的耐久性

10. 工程量的计算依据包括（　　）。

A. 施工图纸　　B. 设计变更　　C. 图纸答疑

D. 会审记录　　E. 经济核算

11. 一般抹灰所用材料的质量要求是（　　）。

A. 品种和性能符合设计要求

B. 水泥凝结时间和安定性复验应合格

C. 罩面用的磨细石灰粉的熟化期不应小于 2 天

D. 砂浆配合比符合设计要求

E. 抹灰用的石灰膏的熟化期不应小于 7 天

12. 木门窗制作安装工程中，要求（　　）。

A. 采用烘干木材　　B. 人造木板甲醛含量应符合设计要求

C. 采用含水率不超过 10％的木材　　D. 防火、防腐、防虫处理符合设计要求

E. 预埋木砖防腐处理符合设计要求

13. 采用湿作法施工的饰面板工程，不需要对石材进行处理的选项是（　　）。

A. 防腐背涂处理　　B. 防碱背涂处理

C. 防酸背涂处理　　D. 防潮背涂处理

E. 防裂背涂处理

14. 在幕墙大批量加工安装施工前，必须进行（　　）试验

A. 幕墙雨水渗透性能试验　　B. 幕墙空气渗透性能试验

C. 幕墙风压变形性能试验　　D. 幕墙平面内变形性能试验

E. 幕墙保温性能试验

15. 玻璃组件结构胶的养护正确的是（　　）。

A. 双组分结构密封胶静置 3～5 天后才能运输

B. 运至安装现场，可以直接安装

C. 单组分结构密封胶静置 7 天后才能运输

D. 运至安装现场，还需要在安装现场继续放置 10 天左右

E. 总的养护期达到 14～21 天，达到结构密封胶的黏结强度后方可安装施工

16. 关于单位工程装饰装修工程施工组织设计的内容一般不包括哪些（　　）。

A. 工程概况　　B. 招标文件

C. 施工进度计划　　D. 投标文件

E. 施工平面图

17. 室内装饰装修工程，施工施工顺序应根据具体条件来确定，基本原则有（　　）。

A. 先湿作业、后于作业　　B. 先下后上

C. 先墙顶、后地面　　D. 先外后内

E. 先管线、后饰面

18. 建筑工程施工安全隐患应重点防范（　　）。

A. 高处坠落　　B. 物体打击

C. 职业病　　D. 触电

E. 机械伤害

19. 影响工程质量的因素有（　　）。

A. 人员素质　　B. 管理途径　　C. 机械设备

D. 环境条件　　E. 工程材料

20. 下列有关施工成本考核的说法中，正确的是（　　）。

A. 揭示成本变动规律，寻找降低施工项目成本的途径

B. 以施工成本降低额和降低率作为成本考核的主要指标

C. 可分别考核组织管理层和项目经理部

D. 是对成本指标完成情况的总结和评价

E. 是实现成本目标责任制的保证

三、判断题（正确选 A，错误选 B。每题 0.5 分，共 20 分）

1. 承包建筑工程的单位只要实际资质等级达到法律规定，即可在其资质等级许可的业务范围内承揽工程。（　　）

2.《建筑法》规定，总承包单位和分包单位就分包工程对建设单位承担连带责任。（　　）

3. 生产经营单位使用的涉及生命安全、危险性较大的特种设备，应经国务院指定的检测、检验机构检测、检验合格后，方可投入使用。（　　）

4. 施工项目的生产要素主要包括劳动力、材料、技术和资金。（　　）

5. 混合砂浆强度较高，耐久性较好，但流动性和保水性较差，可用于砌筑较干燥环境下的砌体。（　　）

6. 天然大理石板材是高级饰面材料，一般用于室外饰面。（　　）

7. 常用的安全玻璃有钢化玻璃、夹丝玻璃和夹层玻璃。（　　）

8. 炻质制品烧结程度优于瓷制品。（　　）

9. 主要用于电线套管、水管等的钢型材为方矩形钢管。（　　）

10. 安装时，双层拼花地板是将面层小板条直接粘贴于混凝土基层上。（　　）

11. 房屋建筑施工图是指利用平行投影的方法把所设计房屋的大小、外部形状、内部布置和室内装修，以及各部分结构、构造、设备等的做法，按照建筑制图国家标准规定绘制的工程图样。（　　）

12. 建筑物一般以室外地坪作为装饰装修相对标高的零点。（　　）

13. 地基是建筑物最下部的承重构件。（　　）

14. 勒脚的作用是为了防止雨水侵蚀这部分墙体，但不具有美化建筑立面的功效。（　　）

15. 隔墙应满足自重轻、厚度薄、具有良好的物理性能、便于装拆的构造要求。（　　）

16. 无骨架体系石材幕墙是普遍采用的一种体系。（　　）

17. 经纬仪的安置中，垂球对中的精度高，目前主要采用垂球对中。（　　）

18. 用钢尺丈量出激光垂直面与轴线之间的距离，以此距离即可以控制本楼层的施工。（　　）

19. 沉降观测常用的观测方法是水准测量法。（　　）

20. 白钢板标志法观测裂缝，用两块同样大小的钢板固定在裂缝两侧。（　　）

21. 外墙饰面砖排砖时，要求大墙面不允许出现半砖。（　　）

22. 门窗合页应安装在横档与竖框的交点处。（　　）

23. 油漆木质饰面时，最后一遍油漆宜顺木纹涂刷。(   )

24. 一般装饰施工的顺序为先内后外、先上后下。(   )

25. 油漆作业必须在上一层涂膜安全干燥后进行。(   )

26. 地下室及外墙一般采用水泥砂浆抹灰。(   )

27. 纸面石膏板拼缝处必须安装在宽度不小于 50mm 的龙骨上。(   )

28. T 型龙骨搁置式吊顶必须设压卡装置。(   )

29. 干挂石材饰面应先做外墙防水。(   )

30. 安装双层石膏板时，上下层必须错缝安装。(   )

31. 装饰装修工程施工组织设计是规划和指导拟建工程从施工准备到竣工验收全过程施工的技术经济文件。(   )

32. 根据工程的复杂程度，有些项目不可以合并或简单编写。(   )

33. 施工顺序是指在建筑装饰工程施工中，不同施工阶段的不同工作内容按照其可变的、在一般情况下不可违背的先后次序。(   )

34. 对于达到一定规模、危险性较大的工程，需要单独编制专项施工方案。(   )

35. 施工现场安全“五标志”，即：指令标志、禁止标志、警告标志、电力安全标志和提示标志。(   )

36. 除设有符合规定的装置外，不得在施工现场熔融沥青或者焚烧油毡、油漆以及其他会产生有毒有害烟尘和恶臭气体的物质。(   )

37. 高处坠落一凡在基准面 3m（含 3m）以上作业，建筑物四口五临边、攀登、悬空作业及雨天进行的高处作业，可能导致人身伤害的作业点和工作面。(   )

38. 承担见证取样检测及有关结构安全、使用功能等项目的检测单位应具备相应资质。(   )

39. 在建筑工程的分部工程中，将原建筑电气安装分部工中的强电和弱电部分独立出来各为一个分部工程，称其为建筑电气分部和智能建筑（弱电）分部。(   )

40. 建设工程质量的特性主要表现在六个方面：实用性、耐久性、安全性、可靠性、经济性、与环境协调性等。(   )

模拟试卷（A）答案

一、单选题

题号	1	2	3	4	5	6	7	8	9	10	11	12	13	14	15	16	17	18	19	20
答案	C	B	C	A	A	B	B	A	C	D	D	D	B	C	B	C	B	A	D	C
题号	21	22	23	24	25	26	27	28	29	30	31	32	33	34	35	36	37	38	39	40
答案	B	D	B	C	C	B	C	B	C	A	A	B	A	B	C	A	B	D	A	C
题号	41	42	43	44	45	46	47	48	49	50	51	52	53	54	55	56	57	58	59	60
答案	A	C	D	A	C	C	B	A	D	C	B	A	A	B	C	C	B	D	A	C
题号	61	62	63	64	65	66	67	68	69	70	71	72	73	74	75	76	77	78	79	80
答案	C	B	A	B	B	B	A	C	C	B	C	B	C	B	D	B	D	A	C	B

二、多选题

题号	1	2	3	4	5	6	7	8	9	10
答案	ABCE	ABD	ABCE	AC	ABCE	ABCDE	AB	ABCE	ABC	ABCE
题号	11	12	13	14	15	16	17	18	19	20
答案	ABDE	BCDE	ACD	ABC	ACDE	BD	ACE	ABDE	ACDE	BCDE

三、判断题

题号	1	2	3	4	5	6	7	8	9	10	11	12	13	14	15	16	17	18	19	20
答案	B	A	B	B	B	B	A	B	B	A	B	B	A	B	A	B	B	A	A	B
题号	21	22	23	24	25	26	27	28	29	30	31	32	33	34	35	36	37	38	39	40
答案	A	B	A	B	A	A	B	A	A	A	A	B	B	A	A	A	B	A	A	B

模拟试卷（B）

一、单选题（每题 0.5 分，共 40 分）

1. 建设法规是指国家立法机关或其授权的行政机关制定的旨在调整国家及其有关机构、企事业单位、（　　）之间，在建设活动中或建设行政管理活动中发生的各种社会关系的法律、法规的统称。

A. 社区　　B. 市民
C. 社会团体、公民　　D. 地方社团

2. 下列各选项中，不属于《建筑法》规定约束的是（　　）。

A. 建筑工程发包与承包　　B. 建筑工程涉及的土地征用
C. 建筑安全生产管理　　D. 建筑工程质量管理

3. 石制作分包工程资质等级分为（　　）。

A. 一、二、三级　　B. 不分等级
C. 二、三级　　D. 一、二级

4. 施工总承包单位承包建设工程后的下列行为中，除（　　）以外均是法律禁止的。

A. 将承包的工程全部转让给他人完成的
B. 施工总承包单位将有关专业工程发包给了有相应资质的专业承包企业完成的
C. 分包单位将其承包的建设工程肢解后以分包的名义全部转让给他人完成的
D. 劳务分包企业将承包的部分劳务作业任务再分包的

5. 在建设工程竣工验收后，在规定的保修期限内，因勘察、设计、施工、材料等原因造成的质量缺陷，应当由（　　）负责维修、返工或更换。

A. 建设单位　　B. 监理单位　　C. 责任单位　　D. 施工承包单位

6. 下列选项中关于施工项目管理的特点说法有误的是（　　）。

A. 对象是施工项目　　B. 主体是建设单位
C. 内容是按阶段变化的　　D. 要求强化组织协调工作

7. 下列选项中，不属于施工项目管理组织的主要形式的是（　　）。

A. 工作队式　　B. 线性结构式
C. 矩阵制式　　D. 事业部式

8. 施工项目目标控制包括：施工项目进度控制、施工项目质量控制、（　　）、施工项目安全控制四个方面。

A. 施工项目管理控制　　B. 施工项目成本控制
C. 施工项目人力控制　　D. 施工项目物资控制

9. 能够通过自身的物理化学作用，由浆体变成坚硬的固体，并将散粒状材料、块状材料或片状材料胶结成为一个整体的材料，统称为（　　）。

A. 胶凝材料　　B. 无机材料　　C. 有机材料　　D. 水泥

10. 气硬性胶凝材料一般只适用于（　　）环境中。

A. 干燥　　B. 干湿交替　　C. 潮湿　　D. 水中

11. 建筑石膏的防火性能（　　），耐水性能（　　）。

A. 好，差　　B. 差，好　　C. 好，好　　D. 差，差

12. 国家规范中规定，水泥（　　）检验不合格时，需作废品处理。

A. 储存时间　　B. 初凝时间　　C. 终凝时间　　D. 水化时间

13. 下列对于砂浆与水泥的说法中错误的是（　　）。

A. 根据胶凝材料的不同，建筑砂浆可分为石灰砂浆、水泥砂浆和混合砂浆

B. 水泥属于水硬性胶凝材料，因而只能在潮湿环境与水中凝结、硬化、保持和发展强度

C. 水泥砂浆强度高、耐久性和耐火性好，常用于地下结构或经常受水侵蚀的砌体部位

D. 水泥按其用途和性能可分为通用水泥、专用水泥以及特性水泥

14. 测定砂浆强度等级的标准试件尺寸是边长为（　　）mm 的立方体。

A. 70.7　　B. 100　　C. 150　　D. 200

15. 不能用于室外装饰工程的天然饰面石材有（　　）。

A. 大理石板材　　B. 花岗石板材　　C. 镜面板　　D. 亚光板

16. 木材的优点不包括（　　）。

A. 力学性能好　　B. 声、热性能好

C. 装饰性能好　　D. 耐腐蚀性能好

17. 工字钢的规格用（　　）表示。

A. 长度的厘米数　　B. 宽度的厘米数

C. 腰高的厘米数　　D. 翼缘宽度的厘米数

18. 以下关于釉面砖的说法不正确的是（　　）。

A. 孔隙率高　　B. 主要用于内墙饰面

C. 可用于外墙饰面　　D. 属于陶质砖

19. 以下不属于安全玻璃的是（　　）。

A. 防火玻璃　　B. 钢化玻璃　　C. 浮法玻璃　　D. 夹层玻璃

20. 下列哪一项不属于木器涂料（　　）。

A. 天然树脂漆　　B. 乳胶漆　　C. 调和漆　　D. 硝基清漆

21. 作业开始第一次吊重物时，应在吊离地面（　　）mm 时停止，检查电动葫芦制动情况，确认完好后方可正式作业，露天作业时，应设防雨措施，保证电机、电控等安全。

A. 50　　B. 60　　C. 80　　D. 100

22. 喷枪是装饰装修工程中面层装饰施工常用机具之一，主要用于装饰施工中面层处理，下列选项中不包括（　　）。

A. 清洁面层　　B. 保湿面层　　C. 面层喷涂　　D. 建筑画的喷绘

23. 下列关于常用家具图例对应错误的是（　　）。

A. 单人沙发 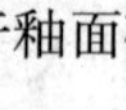　　B. 躺椅 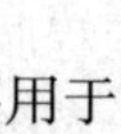

C. 办公桌 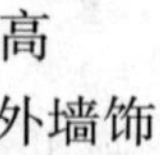　　D. 衣柜 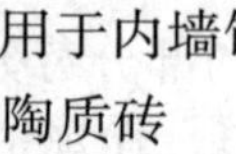

24. 装饰平面图剖切到的部位用（　　），看到的用（　　）。

A. 粗线，细线　　B. 细线，粗线　　C. 粗线，点画线　　D. 细线，点画线

25. 根据投影关系、构造特点和图纸顺序，(　　) 反复阅读。

A. 总览全局　　B. 循序渐进　　C. 相互对照　　D. 重点细读

26. 基础是承担 (　　) 的全部荷载。

A. 地基　　B. 大地　　C. 建筑　　D. 地面一切荷载

27. 钢筋混凝土过梁在墙体上的搁置长度不小于 (　　) mm。

A. 60　　B. 120　　C. 180　　D. 240

28. 我国中原地区应用的比较广泛的复合墙体是 (　　)。

A. 中填保温材料复合墙体　　B. 内保温复合墙体

C. 外保温复合墙体　　D. 双侧保温材料复合墙体

29. 下列对预制板的叙述错误的是 (　　)。

A. 空心板是一种梁板结合的预制构件

B. 槽形板是一种梁板结合的构件

C. 结构布置时应优先选用窄板，宽板作为调剂使用

D. 预制板的板缝内用细石混凝土现浇

30. 按楼梯使用性质分类的是 (　　)。

A. 开敞楼梯间　　B. 钢筋混凝土楼梯

C. 主要楼梯　　D. 防烟楼梯间

31. 下列关于屋顶的叙述错误的是 (　　)。

A. 屋顶是房屋最上部的外围护构件　　B. 屋顶是建筑造型的重要组成部分

C. 屋顶对房屋起水平支撑作用　　D. 结构形式与屋顶坡度无关

32. 伸缩缝是为了预防 (　　) 对建筑物的不利影响而设置的。

A. 荷载过大　　B. 地基不均匀沉降

C. 地震　　D. 温度变化

33. 图示为一轴力杆，其中最大的拉力为 (　　)。

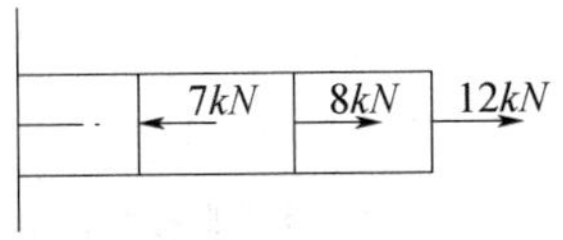

A. 12kN　　B. 20kN

C. 8kN　　D. 13kN

34. 只限物体任何方向移动，不限制物体转动的支座称 (　　) 支座。

A. 固定铰　　B. 可动铰　　C. 固定端　　D. 光滑面

35. 刚性基础基本上不可能发生 (　　)。

A. 挠曲变形　　B. 弯曲变形　　C. 剪切变形　　D. 轴向拉压变形

36. 混凝土宜在 (　　) 环境中工作。

A. 温暖　　B. 寒冷　　C. 酸性　　D. 碱性

37. 以下水准仪中哪一种型号的精度最高 (　　)。

A. DS10　　B. DS3　　C. DS05　　D. DS1

38. 建筑物的放线为做出 (　　)。

A. 基坑 (槽) 开挖边线　　B. 基坑 (槽) 开挖深度

C. 砌筑基础边线　　D. 基础垫层施工边线

39. 工程量计算规则，是确定建筑产品 (　　) 工程数量的基本规则。

A. 工程建设项目　　B. 单项工程　　C. 单位工程　　D. 分部分项

40. 施工企业为组织施工生产经营活动所发生的管理费用，称为（　　）。

A. 间接费　　B. 企业管理费

C. 建设单位管理费　　D. 现场管理费

41. 下列不属于抹灰工程施工工艺的是（　　）。

A. 抹灰饼　　B. 墙面充筋　　C. 刨光　　D. 抹底灰

42. 根据《建筑装饰装修工程质量验收规范》(GB 50210—2001)，当抹灰总厚度满足大于或等于（　　）mm 时，应采取加强措施。

A. 10　　B. 15　　C. 25　　D. 35

43. 根据《建筑装饰装修工程质量验收规范》(GB 50210—2001)，金属门窗和塑料门窗安装应采用（　　）方法施工。

A. 边安装边砌口　　B. 预留洞口

C. 先安装后砌口　　D. 节间安装

44. 根据《建筑装饰装修工程质量验收规范》(GB 50210—2001)，木门窗与砖石砌体、混凝土或抹灰层接触处应进行（　　）处理并设置（　　）。

A. 防水，防潮层　　B. 防水，防水层

C. 防腐，防潮层　　D. 防腐，防冻层

45. 根据《建筑装饰装修工程质量验收规范》(GB 50210—2001)，同一品种的吊顶工程每（　　）间应划分为一个检验批，不足时也应划分为一个检验批。

A. 10　　B. 30　　C. 50　　D. 100

46. 根据《建筑装饰装修工程质量验收规范》(GB 50210—2001)，吊顶工程的木吊杆、木龙骨和木饰面板必须进行（　　）处理。

A. 防冻　　B. 防腐　　C. 防火　　D. 防碱背涂

47.《住宅装饰装修工程施工规范》(GB 50327—2001) 规定，石膏板、钙塑板当采用钉固法安装时，螺钉间距宜为（　　）mm。

A. 100～120　　B. 120～150　　C. 150～170　　D. 180～220

48. 轻质隔墙应对（　　）进行复验。

A. 木材的含水率　　B. 人造木板的甲醛含量

C. 玻璃的强度　　D. 胶粘剂的有害物质含量

49. 外墙陶瓷砖的吸水率（　　）%。

A. ＜10　　B. ＜15　　C. ＜18　　D. ＜21

50. 下列各项中，（　　）室内装修时，必须采用 A 类无机瓷喷砖胶黏剂。

A. 学校教室　　B. 办公楼　　C. 火车站候车厅　　D. 体育馆

51. 玻璃幕墙按其承重方式不同分为（　　）。

A. 框支承幕墙、全玻幕墙和点支承幕墙

B. 明框幕墙、隐框幕墙和半隐框幕墙

C. 构件式幕墙、单元式幕墙

D. 框支承幕墙、单元式幕墙

52. 隐框玻璃幕墙的打胶环境为洁净通风的室内，温湿度条件为（　　）。

A. 温度 5～20℃，湿度不宜低于 30%

B. 温度15～27℃，湿度不宜低于40%
C. 温度15～27℃，湿度不宜低于50%
D. 温度5～35℃，湿度不宜低于50%

53. 涂饰工程基层处理施工时，下列基层含水率不符合要求的是（　　）。
A. 混凝土基层在涂刷溶剂型涂料时，含水率不得大于8%
B. 抹灰基层在涂刷溶剂型涂料时，含水率不得大于10%
C. 混凝土或抹灰基层在涂刷乳液型涂料时，含水率不得大于10%
D. 木材基层的含水率不得大于12%

54. 涂料施工时，施工现场的环境温度宜在（　　）℃之间。
A. 10～30　　B. 15～25　　C. 5～35　　D. 5～30

55. 内墙裱糊时，要求室内空气湿度不得大于（　　）。
A. 65%　　B. 75%　　C. 85%　　D. 55%

56. 裱糊工程中，最终的接缝外观检验应在距墙面（　　）处正视。
A. 1.0m　　B. 1.2m　　C. 1.5m　　D. 2.0m

57. 下列数据中符合建筑地面工程施工时，各层对环境温度控制要求的是（　　）。
A. 采用掺有水泥、石灰的拌合料铺设时，温度不应低于5℃
B. 采用石油沥青胶结料铺设时，温度不应低于10℃
C. 采用有机胶粘剂粘贴时，不应低于5℃
D. 采用砂、石材料铺设时，不应低于－5℃

58. 根据《建筑地面工程施工质量验收规范》（GB 50209—2002），木地板中的木搁栅、毛地板和垫木等必须做（　　）处理。
A. 防冻　　B. 防腐　　C. 防火　　D. 防碱背涂

59. 一般敞开式灯具，室内灯头对地面距离不小于下列数值（采用安全电压时除外）（　　）。
A. 2m　　B. 2.5m　　C. 3m　　D. 3.5m

60. 室内给水下排水管道交叉铺设时，垂直净距不得小于（　　）m。
A. 0.1　　B. 0.15　　C. 0.18　　D. 0.2

61. 单位工程施工组织设计的核心内容是（　　）。
A. 工程概况　　B. 施工部署　　C. 施工方案　　D. 施工进度计划表

62. 组织流水施工时，相邻两个专业队在保证施工顺序、足连续施工、最大限度搭接和保证工程质量要求的前提下，相继进入同一施工段开始施工的最小时间间隔称为（　　）。
A. 流水节拍　　B. 流水步距　　C. 流水强度　　D. 流水工期

63. 采用等步距异节拍组织流水施工时，下列说法错误的是（　　）。
A. 同一施工过程在各施工段之间流水节拍相等
B. 各施工过程之间流水步距相等
C. 专业施工班组数大于施工过程数
D. 流水步距等于流水节拍

64. 双代号网络图中，节点是基本要素之一，下列关于节点的说法正确的是（　　）。
A. 消耗时间，消耗资源　　B. 不消耗时间，不消耗资源
C. 消耗时间，不消耗资源　　D. 不消耗时间，消耗资源

65. 双代号网络图时间参数计算时，除了以起点为开始节点的工作外，最早开始时间的计算方法是（　　）。

A. 沿线累加，逢圈取小　　B. 沿线累加，逢圈取大

C. 逆线累减，逢圈取小　　D. 逆线累减，逢圈取大

66. 用网络图表达任务构成．工作顺序并加注工作（　　）的进度计划称为网络计划。

A. 名称　　B. 节点编号　　C. 时间参数　　D. 持续时间

67. 组织施工时，确定施工顺序应遵循的基本原则不包括（　　）。

A. 先地上，后地下　　B. 先主体，后围护

C. 先结构，后装修　　D. 先土建，后设备

68. 单位工程施工平面布置图设计时，现场运输道路的宽度一般不小于（　　）米。

A. 3　　B. 3.5　　C. 6　　D. 7

69. 工程项目实施施工总承包的，施工项目安全控制目标由（　　）制定。

A. 总承包单位　　B. 分包单位　　C. 监理　　D. 业主

70. 某安全生产造成 32 人死亡，根据《生产安全事故报告和调查处理条例》，该事故属于（　　）。

A. 特别重大事故　　B. 重大事故　　C. 较大事故　　D. 一般事故

71. 安全事故处理的程序是（　　）。

A. 事故报告——事故处理——事故调查

B. 事故报告——事故调查——事故处理

C. 事故调查——事故报告——事故处理

D. 事故处理——事故调查——事故报告

72. 如果用两台起重机同时吊起一件重物时，必须有专人统一指挥，其重物的重量不得超过两机额定起重量总和的（　　）%。

A. 30　　B. 50　　C. 75　　D. 80

73. 下列关于矿山建设项目和用于生产、储存危险物品的建设项目的说法中，正确的是（　　）。

A. 安全设计应当按照国家有关规定报经有关部门审查

B. 竣工投入生产或使用前，由监理单位进行验收并对验收结果负责

C. 涉及生命安全．危险性较大的特种设备的目录应由国务院建设行政主管部门制定

D. 安全设施设计的审查结果由建设单位负责

74. 图纸会审由（　　）单位负责组织并记录。

A. 建设单位　　B. 监理单位　　C. 施工单位　　D. 设计单位

75. 为了保护成品，楼梯间与其他踏步饰面宜在整个饰面工程完成后，再按（　　）顺序进行。

A. 按层分段　　B. 自下而上　　C. 自上而下　　D. 自中间向上下同时进行

76. 装饰装修工程按建筑工程质量验收层次划分属于（　　）。

A. 单位工程　　B. 分部工程　　C. 分项工程　　D. 检验批

77. 施工项目现场进行质量检查的方法不包括（　　）。

A. 目测法　　B. 实测法　　C. 试验法　　D. 问卷法

78. 有关部门接到（　　）关于装修人或者装饰装修企业有违反该办法行为的报告后，应当及时到现场检查核实，依法处理。

A. 设计单位　　B. 施工单位　　C. 物业管理单位　　D. 监理单位

79. 监理工程师根据合同规定，对承包商已完成工程量及进场材料等所进行的核查和测量，并对工程记录的图纸等做检查，这一工作称为（　　）。

A. 计量　　B. 支付　　C. 签证　　D. 索赔

80. 施工成本分析是对成本的形成过程和影响成本升降的因素进行分析，其分析的基础是（　　）。

A. 施工成本预测　　B. 施工成本核算

C. 施工成本计划　　D. 施工成本控制

二、多选题（每题 2 分，共 40 分）

1. 建设活动中的行政管理关系，是国家及其建设行政主管部门同（　　）及建设监理等中介服务单位之间的管理与被管理关系。

A. 建设单位　　B. 劳务分包单位

C. 施工单位　　D. 建筑材料和设备的生产供应单位

E. 设计单位

2. 开始菜单由（　　）组成。

A. 通知栏　　B. 常用程序列表

C. 所有程序　　D. 注销与关闭电脑

E. 桌面

3. 下列水泥，属于通用硅酸盐水泥的是（　　）。

A. 硅酸盐水泥　　B. 普通硅酸盐水泥

C. 白色硅酸盐水泥　　D. 粉煤灰硅酸盐水泥

E. 矿渣硅酸盐水泥

4. 石灰砂浆的特性有（　　）。

A. 流动性好　　B. 保水性好　　C. 强度高

D. 耐久性好　　E. 耐火性好

5. 与锯材相比，人造板材的优点中错误的是（　　）。

A. 幅面大，结构性好，施工方便

B. 膨胀收缩率低，尺寸稳定

C. 材质较锯材均匀，不易变形开裂

D. 长期承载能力好

E. 使用期限比锯材长得多

6. 下列关于滑轮和滑轮组的基本性能表述正确的是（　　）。

A. 使用前应检查滑轮的轮槽、轮轴、夹板、吊钩等部分有无裂缝或损伤，滑轮转动是否灵活，润滑是否良好，同时滑轮槽宽应比钢丝绳直径大 1～1.5mm

B. 使用时，应按其标定的允许荷载度使用，严禁超载使用；若滑轮起重量不明，可先进行估算，并经过负载试验后，方允许用于吊装作业

C. 滑轮使用前后都应刷洗干净，并擦油保养；轮轴经常加油润滑，严防锈蚀和磨损

D. 对高处和起重量较大的吊装作业，不宜用吊钩形滑轮，应使用吊环，链环或吊梁型滑轮，以防脱钩事故的发生

E. 滑轮组的定、动滑轮之间严防过分靠近，一般应保持 1～1.5m 的最小距离

7. 下列关于图示内容说法中正确的是（　　）。

A. 装饰平面布置图打的尺寸标注分外部尺寸和内部尺寸

B. 装饰结构和配套布置尺寸主要在图样外部标注

C. 内部尺寸直接标注在所示内容附近，并尽可能连续标注

D. 为了区别装饰平面布置图上不同平面的上下关系，必要时应该注出标高

E. 标注标高时，取各层室内主要地面的装饰装修完成面为基准点

8. 下列说法中正确的是（　　）。

A. 行车坡道是为了解决车辆进出或接近建筑而设置的

B. 普通行车坡道布置在重要办公楼、旅馆、医院等

C. 回车坡道布置在车库、库房

D. 回车坡道通常与台阶踏步组合在一起，可以减少使用者下车之后的行走距离

E. 轮椅坡道是为使残疾人能平等的参与社会活动而设置的

9. 钢筋与混凝土共同工作的条件为（　　）。

A. 钢筋和混凝土之间存在良好的黏结力

B. 钢筋和混凝土材料不同无法共同受力

C. 钢筋与混凝土具有基本相同的温度曲线膨胀系数

D. 钢材宜在碱性环境中工作

E. 温度变化时两种材料会产生黏结力破坏

10. 工程量是确定（　　）的重要依据。

A. 建筑安装工程费用　　　　B. 安排工程施工进度

C. 编制材料供应计划　　　　D. 质量目标

E. 经济核算

11. 属于装饰抹灰的有（　　）。

A. 纸筋灰面层　　B. 水刷石　　C. 斩假石

D. 干粘石　　E. 假面砖

12. 对防水找平层的施工质量要求是（　　）。

A. 水泥找平层应坚固、洁净、干燥

B. 填缝采用细石混凝土，强度不小于 C15

C. 找平层含水率不大于 15％

D. 找平层应养护

E. 当找平层厚度大于 30mm，应按设计要求配置钢筋

13. 裱糊前，对基层处理的质量要求是（　　）。

A. 旧墙面裱糊前应清除旧墙面，并涂刷界面剂

B. 木材基层含水率不大于 12％

C. 基层腻子无粉化、起皮和裂缝

D. 裱糊前应用封闭底胶涂刷基层

E. 裱糊工程基层立面垂直度要求是 1mm

14. 石材幕墙面板的安装（　　）正确。

A. 石材幕墙的石板，厚度不应小于 25mm

B. 安装石材面板时宜先完成主要立面后做窗洞口四周的石材

C. 安装到每一楼层标高时，要注意调整垂直误差

D. 要按设计要求选用合格和未过期的结构胶嵌缝

E. 安装石材面板时宜先完成窗洞口四周的石材，再做主要立面

15. 金属幕墙防火、保温、防雷节点处理（　　）正确。

A. 幕墙保温材料可与金属板、石板结合在一起，但应与主体结构外表面有 50mm 以上的空气层

B. 幕墙防雷系统直接接地，不应与供电系统合同接地地线

C. 幕墙框架应具有连续而有效的电传导性

D. 幕墙的保温材料可与金属板、石板结合在一起，但应与主体结构外表面贴紧填平

E. 防火棉用镀锌钢板固定，应使防火棉连续地密封于楼板与金属板之间的空位

16. 关于单位工程装饰装修工程施工组织设计的内容一般应包括（　　）。

A. 工程概况

B. 施工方案

C. 施工进度计划

D. 施工准备工作及各项资源需要量计划

E. 施工平面图

17. 施工进度计划根据施工项目划分的粗细程度可分为（　　）。

A. 年进度计划

B. 控制性施工进度计划

C. 季进度计划

D. 指导性施工进度计划

E. 月进度计划

18. 下列属于专项方案编制内容的是（　　）。

A. 工程概况

B. 编制依据

C. 施工工艺技术

D. 施工管理方法

E. 劳动力计划

19. 下列属于强制性标准监督检查的内容的是（　　）。

A. 有关工程技术人员是否熟悉、掌握强制性标准

B. 工程项目的规划、勘察、设计、施工、验收等是否符合强制性标准的规定

C. 工程项目采用的材料、设备是否符合强制性标准的规定

D. 工程施工管理方法是否强制性标准的规定

20. 下列有关施工成本考核的说法中，正确的是（　　）。

A. 揭示成本变动规律，寻找降低施工项目成本的途径

B. 以施工成本降低额和降低率作为成本考核的主要指标

C. 可分别考核组织管理层和项目经理部

D. 是对成本指标完成情况的总结和评价

E. 是实现成本目标责任制的保证

三、判断题（正确选 A，错误选 B。每题 0.5 分，共 20 分）

1. 省、自治区、直辖市以及省会城市、自治区首府、地级市均有立法权。（ ）

2. “安全第一”是安全生产方针的基础。（ ）

3. 承包建筑工程的单位只要实际资质等级达到法律规定，即可在其资质等级许可的业务范围内承揽工程。（ ）

4. 施工阶段的目标是完成施工合同规定的全部任务，达到交工验收条件。（ ）

5. 气硬性胶凝材料只能在空气中凝结、硬化、保持和发展强度，一般只适用于干燥环境，不宜用于潮湿环境与水中；那么水硬性胶凝材料则只能适用于潮湿环境与水中。（ ）

6. 国家标准规定：硅酸盐水泥初凝时间不得早于 45min，终凝时间不得迟于 10h。（ ）

7. 建筑工程中直接使用的木材常有三种形式：即原木、锯材。（ ）

8. 按使用要求不同，抹面砂浆可以分为防水砂浆、耐酸砂浆、绝热砂浆、吸声砂浆等。（ ）

9. 建筑玻璃其主要化学成分是二氧化硅。（ ）

10. 建筑涂料是一种能够均匀涂布于建筑物的表面，并形成一层牢固附着、有一定防护和装饰作用的连续膜状涂装材料。（ ）

11. 装修立面图是装饰工程的主要图样之一，是确定墙面做法的主要依据。（ ）

12. 中填保温材料复合墙体优点是保温材料设置在墙体的内侧，保温材料不受外界因素的影响，保温效果可靠。（ ）

13. 砖及毛石基础属于无筋扩展基础。（ ）

14. 墙身防潮层的作用是为了防止地下土壤中的潮气进入建筑物。（ ）

15. 中型、大型构件装配式楼梯一般是把踏步板和平台板作为基本构件。（ ）

16. 为防止积水外溢，有水房间地面应比相邻房间地面低 20～30mm。（ ）

17. 水准仪粗略整平的目的是使圆气泡居中。（ ）

18. 全站仪只能够测角、测距和测高差。（ ）

19. 测距仪可以完成测角、测距和测高差等测量工作。（ ）

20. 角度前方交会法是利用两点之间的坐标差值，计算该点的水平位移量。（ ）

21. 高级抹灰要求做一层底层、一层中层和一层面层。（ ）

22. 画线时要选光面作为表面，有缺陷的放在背后。（ ）

23. 楼地面装饰包括楼面装饰和地面装饰两部分，两者主要区别是结构层不同。（ ）

24. 木龙骨防火处理一般是将防火涂料涂刷或喷于木材表面，也可把木材置于防火涂料槽内浸渍。（ ）

25. 瓷砖铺贴前要将面砖浸透水，最好浸 48 小时，然后捞起晾干备用。（ ）

26. 底层涂料涂饰后 2h 左右，即可用不锈钢抹压工具涂抹面层涂料，涂层厚度为 2～3mm。（ ）

27. 点支承玻璃幕墙应采用不锈钢爪固定，其钢爪间的中心距离应大于 300mm。（ ）

28. 安装隔墙施工作业前施工现场条板隔墙安装部位的结构应已验收完毕现场杂物应已清理场地应平整。（ ）

29. 幕墙相邻两根立柱安装标高偏差不应大于 3mm，同层立柱的最大标高偏差不应大于

3mm。(　　)

30. 民用建筑护栏高度不应小于有关规范要求的数值，高层建筑的护栏高度应再适当提高，但不宜超过 1.0m。(　　)

31. 装饰装修工程施工组织设计是规划和指导拟建工程从施工准备到竣工验收全过程施工的技术经济文件。(　　)

32. 施工顺序是指在建筑装饰工程施工中，不同施工阶段的不同工作内容按照其可变的、在一般情况下不可违背的先后次序。(　　)

33. 技术交底是指开工之前由各级技术负责人将有关工程的各项技术要求直接传达到施工现场。(　　)

34. 建筑装饰装修工程施工进度计划的作用表现在：是控制工程施工进程和工程竣工期限等各项装饰装修工程施工活动的依据。(　　)

35. 生产经营单位应当按照国家有关规定将本单位重大危险源及有关安全措施、应急措施报有关地方人民政府建设行政主管部门备案。(　　)

36. 施工现场设置钢制大门，大门牢固美观，高度不宜低于 5m，大门上应标有企业标识。(　　)

37. 凡在居民密集区进行强噪声施工作业时，要严格控制施工作业时间，晚间作业不超过 20 时，早晨作业不早于 7 时。(　　)

38. 地基基础和主体结构工程，为设计文件规定的该工程的合理使用年限。(　　)

39. 制定质量监督工作方案，确定负责该项工程的质量监督工程师和助理质量监督师。(　　)

40. 装饰工程湿作业施工环境温度不应低于 10℃。(　　)

模拟试卷（B）答案

一、单选题

题号	1	2	3	4	5	6	7	8	9	10	11	12	13	14	15	16	17	18	19	20
答案	C	B	B	B	D	B	B	B	A	A	A	B	B	A	A	D	C	C	C	B
题号	21	22	23	24	25	26	27	28	29	30	31	32	33	34	35	36	37	38	39	40
答案	D	B	B	A	B	C	D	B	C	C	D	D	B	A	A	D	C	A	D	B
题号	41	42	43	44	45	46	47	48	49	50	51	52	53	54	55	56	57	58	59	60
答案	C	D	B	C	C	C	C	B	A	A	A	D	B	A	C	C	A	B	A	B
题号	61	62	63	64	65	66	67	68	69	70	71	72	73	74	75	76	77	78	79	80
答案	C	B	D	B	B	C	A	B	A	A	B	C	A	A	C	B	D	C	A	B

二、多选题

题号	1	2	3	4	5	6	7	8	9	10
答案	ABDE	BCD	ABDE	AB	DE	BCD	ACDE	ADE	ACD	ABCE
题号	11	12	13	14	15	16	17	18	19	20
答案	BCDE	ABD	ABCDE	ACE	ABCE	ABCDE	BD	ABCE	ABC	BCDE

三、判断题

题号	1	2	3	4	5	6	7	8	9	10	11	12	13	14	15	16	17	18	19	20
答案	B	A	B	A	B	B	A	B	A	A	A	B	A	A	B	A	A	B	B	A
题号	21	22	23	24	25	26	27	28	29	30	31	32	33	34	35	36	37	38	39	40
答案	B	A	B	A	B	A	B	A	B	B	A	B	B	A	B	B	B	A	A	B

模拟试卷（C）

一、单选题（每题0.5分，共40分）

1. 建设法规的调整对象，即发生在各种建设活动中的社会关系，包括建设活动中所发生的行政管理关系、（　　）及其相关的民事关系。

A. 财产关系　　B. 经济协作关系　　C. 人身关系　　D. 政治法律关系

2. 建筑业企业资质等级，是由（　　）按资质条件把企业划分成为不同等级。

A. 国务院行政主管部门　　B. 国务院资质管理部门

C. 国务院工商注册管理部门　　D. 国务院

3. 木工作业分包工程资质等级分为（　　）。

A. 一、二、三级　　B. 不分等级

C. 二、三级　　D. 一、二级

4. 下列关于工程承包活动相关连带责任的表述中，不正确的是（　　）。

A. 总承包单位与分包单位之间的连带责任属于法定连带责任

B. 总承包单位与分包单位中，一方向建设单位承担的责任超过其应承担份额的，有权向另一方追偿

C. 建设单位和分包单位之间没有合同关系，当分包工程发生质量、安全、进度等方面问题给建设单位造成损失时，不能直接要求分包单位承担损害赔偿责任

D. 总承包单位和分包单位之间责任的划分，应当根据双方的合同约定或者各自过错的大小确定

5. 根据《建筑法》的规定，以下属于保修范围的是（　　）。

A. 供热、供冷系统工程

B. 因使用不当造成的质量缺陷

C. 因第三方造成的质量缺陷

D. 不可抗力造成的质量缺陷

6. 下列施工项目管理程序的排序正确的是（　　）。

A. 投标、签订合同→施工准备→施工→验收交工与结算→用后服务

B. 施工准备→投标、签订合同→施工→验收交工与结算→用后服务

C. 投标、签订合同→施工→施工准备→验收交工与结算→用后服务

D. 投标、签订合同→施工准备→施工→用后服务→验收交工与结算

7. 下列关于施工项目管理组织的形式的说法中，错误的是（　　）。

A. 工作队式项目组织适用于大型项目，工期要求紧，要求多工种、多部门配合的项目

B. 事业部式适用于大型经营型企业的工程承包

C. 部门控制式项目组织一般适用于专业性强的大中型项目

D. 矩阵制项目组织适用于同时承担多个需要进行项目管理工程的企业

8. 施工项目控制的任务是进行以项目进度控制、质量控制、成本控制和安全控制为主要内容的四大目标控制。其中下列不属于与施工项目成果相关的是（　　）。

A. 进度控制　　B. 安全控制　　C. 质量控制　　D. 成本控制

9. 石灰属于胶凝材料分类中的（　　）。

A. 水硬性胶凝材料　　B. 液态胶凝材料

C. 气硬性胶凝材料　　D. 气态胶凝材料

10. 硅酸盐水泥的初凝时间不小于（　　），终凝时间不大于（　　）。

A. 45 分钟，600 分钟　　B. 60 分钟，600 分钟

C. 45 分钟，390 分钟　　D. 60 分钟，390 分钟

11. 水泥储存时间不宜超过（　　）。

A. 一个月　　B. 三个月　　C. 六个月　　D. 一年

12. 以下（　　）不宜用于大体积混凝土施工。

A. 普通硅酸盐水泥　　B. 矿渣硅酸盐水泥

C. 火山灰质硅酸盐水泥　　D. 粉煤灰硅酸盐水泥

13. 砂浆流动性（　　），砂浆容易分层、析水；流动性（　　），则施工不便操作。

A. 过小；过小　　B. 过小；过大

C. 过大；过大　　D. 过大；过小

14. 下列关于砌筑砂浆主要技术性质的说法中，有误的是（　　）。

A. 砌筑砂浆的技术性质主要包括新拌砂浆的密度、和易性、硬化砂浆强度和对基面的黏结力、抗冻性、收缩值等指标

B. 流动性的大小用“沉入度”表示，通常用砂浆稠度测定仪测定

C. 砂浆流动性的选择与砌筑种类、施工方法及天气情况有关。流动性过大，砂浆太稀，不仅铺砌难，而且硬化后强度降低；流动性过小，砂浆太稠，难于铺平

D. 砂浆的强度是以 5 个 150mm×150mm×150mm 的立方体试块，在标准条件下养护 28d 后，用标准方法测得的抗压强度（MPa）算术平均值来评定的

15. 目前国内外主要使用的人造石材是（　　）。

A. 水泥型人造石材　　B. 树脂型人造石材

C. 复合型人造石材　　D. 烧结型人造石材

16. 木强化复合木地板构造为三层复合，芯层为（　　）。

A. 含有耐磨材料的三聚氰胺树脂浸渍装饰纸

B. 中、高密度纤维板或刨花板

C. 细工木板或胶合板

D. 浸渍酚醛树脂的平衡纸

17. 钢型材中，（　　）与工字钢的界面相似，但翼缘更宽。

A. 等边角钢　　B. 不等边角钢　　C. 槽钢　　D. H 型钢

18. 以下（　　）也称为马赛克。

A. 陶瓷锦砖　　B. 釉面砖　　C. 地砖　　D. 缸砖

19. 引拉法玻璃按其厚度可分为（　　）种。

A. 3　　B. 5　　C. 7　　D. 9

20. 开式沥青混合料压实后剩余空隙率（　　）。

A. 4%～10%　　B. 小于 10%　　C. 10%～15%　　D. 大于 15%

21. 吊篮严禁超载使用，最大荷载不超过（　　）kg。

A. 400　　B. 450　　C. 500　　D. 600

22. 喷枪的空气压力一般为（　　）MPa，如果压力过大或过小，可调节空气调节旋钮。

A. 0.3～0.35　　B. 0.2～0.25　　C. 0.35～0.4　　D. 0.25～0.3

23. 下列关于常用灯光照明图例对应错误的是（　　）。

A. 吸顶灯 　　B. 射灯 　　C. 台灯 　　D. 壁灯 

24. 地平线用（　　）倍的加粗线画出。

A. 1.6～1.8　　B. 1.4～1.6　　C. 1.0～1.2　　D. 1.2～1.4

25. 基础承担建筑上部结构的（　　），并把这些（　　）有效地传给地基。

A. 部分荷载，荷载　　B. 全部荷载，荷载

C. 混凝土强度，强度　　D. 混凝土耐久性，耐久性

26. 严寒或寒冷地区外墙中，采用（　　）过梁。

A. 矩形　　B. 正方形　　C. T 形　　D. L 形

27. 防潮构造：首先要在地下室墙体表面抹（　　）防水砂浆。

A. 30mm 厚 1∶2　　B. 25mm 厚 1∶3

C. 30mm 厚 1∶3　　D. 20mm 厚 1∶2

28. 下列楼梯中属于按楼梯平面形式分类的为（　　）。

A. 辅助楼梯　　B. 封闭楼梯间　　C. 双跑平行楼梯　　D. 主要楼梯

29. 平屋顶常用的排水坡度为（　　）。

A. 2%～3%　　B. 3%～5%　　C. 0.5%～1%　　D. 1%～5%

30. 温度缝又称伸缩缝，是将建筑物（　　）断开。

Ⅰ. 地基基础　　Ⅱ. 墙体　　Ⅲ. 楼板

Ⅳ. 楼梯　　Ⅴ. 屋顶

A. ⅠⅡⅢ　　B. ⅠⅢⅤ　　C. ⅡⅢⅣ　　D. ⅡⅢⅤ

31. 既可以用在室外，也可以用在室内的石材幕墙为（　　）。

A. 天然石材幕墙　　B. 人造石材幕墙

C. 有骨架体系石材幕墙　　D. 无骨架体系石材幕墙

32. 下面属整体地面的是（　　）。

A. 釉面地砖地面；抛光砖地面　　B. 抛光砖地面；水磨石地面

C. 水泥砂浆地面；抛光砖地面　　D. 水泥砂浆地面；水磨石地面

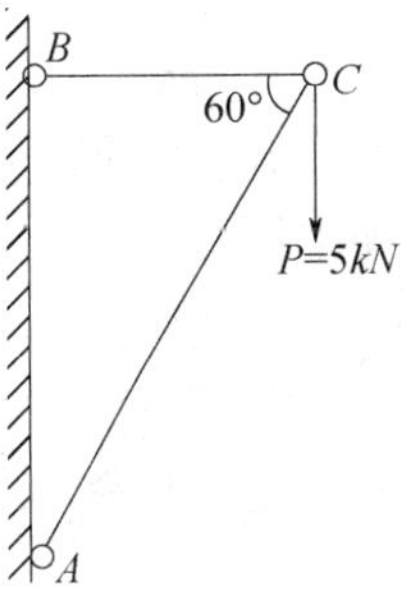

33. 只适用于刚体的静力学公理有（　　）。

A. 作用力与反作用力公理　　B. 二力平衡公理

C. 加减平衡力系公理　　D. 力的可传递性原理

34. 图示结构中 BC 和 AC 杆属于（　　）。

A. 压杆，拉杆　　B. 压杆，压杆

C. 拉杆，拉杆　　D. 拉杆，压杆

35. 扩展基础钢筋混凝土强度等级不应小于（　　）。

A. C15　　B. C20　　C. C30　　D. C45

36. 在混凝土中配置钢筋，主要是由两者的（　　）决定的。

A. 力学性能和环保性　　B. 力学性能和经济性

C. 材料性能和经济性　　D. 材料性能和环保性

37. 在调节水准仪粗平时，要求气泡移动的方向与左手大拇指转动脚螺旋的方向（　　）。

A. 相反　　B. 相同　　C. 不能确定　　D. 无关

38. 每层墙体砌筑到一定高度后，常在各层墙面上测设出（　　）m 的水平标高线，作为室内施工及装修的标高依据。

A. +0.00　　B. +0.50　　C. +0.80　　D. +1.50

39. 基础定额项目主要是以（　　）为对象划分。

A. 最终产品　　B. 实际完成工程

C. 主体项目　　D. 施工过程

40. 下列选项不应归入其他直接费的是（　　）。

A. 流动施工津贴　　B. 施工生产用水电蒸汽费

C. 职工福利费　　D. 工地器材搬运费

41. 根据《建筑装饰装修工程质量验收规范》(GB 50210—2001)，抹灰用的石灰膏熟化期不应少于（　　）d。

A. 3　　B. 7　　C. 15　　D. 28

42. 根据《建筑装饰装修工程质量验收规范》(GB50210—2001)，一般抹灰工程阴阳角方正项目的检验方法是用（　　）检测。

A. 2m 靠尺和塞尺　　B. 2m 垂直检测尺

C. 百格网　　D. 直角检测尺

43. 木地板采用粘贴法施工时，施工工艺不包括（　　）。

A. 弹线找平　　B. 抹灰饼

C. 安装预埋件　　D. 粘贴木地板

44. 根据《建筑地面工程施工质量验收规范》(GB 50209—2002)，木地板面层缝隙宽度项目的检验方法是用（　　）检查。

A. 2m 靠尺和塞尺　　B. 2m 垂直检测尺

C. 尺量和楔形塞尺　　D. 百格网

45. 根据《建筑装饰装修工程质量验收规范》(GB 50210—2001)，埋入砌体或混凝土中的木砖应进行（　　）处理。

A. 防水　　B. 防火　　C. 防腐　　D. 防冻

46. 根据《建筑装饰装修工程质量验收规范》(GB 50210—2001)，建筑外门窗的安装必须牢固，在砌体上安装门窗严禁用（　　）固定。

A. 固定片　　B. 射钉　　C. 膨胀螺栓　　D. 预埋木砖

47. 根据《建筑装饰装修工程质量验收规范》(GB 50210—2001)，吊顶工程的吊杆距主龙骨端部距离不得大于（　　）mm，否则应增设吊杆。

A. 100　　B. 300　　C. 500　　D. 1000

48. 根据《建筑装饰装修工程质量验收规范》(GB 50210—2001)，吊顶工程的当吊杆长度大于（　　）m 时，应设反向支撑。

A. 0.5　　B. 1.0　　C. 1.5　　D. 2.0

49. 点支承玻璃幕墙的连接（　　）不正确。

A. 玻璃之间的空隙宽度不应小于 10mm，且应采用硅酮建筑结构胶嵌缝

B. 采用镀膜中空玻璃时，镀膜面应朝向中空气体层

C. 玻璃之间的空隙宽度不应小于 10mm，且应采用硅酮建筑密封胶嵌缝

D. 玻璃面板支承孔边与板边的距离不宜小于 70mm

50. 隐框和半隐框玻璃幕墙，其玻璃与铝型材的粘结必须采用（　　）硅酮结构密封胶。

A. 中性　　B. 酸性　　C. 黑色　　D. 透明

51. 当轻质隔墙下端用木踢脚覆盖时，饰面板应与地面留有（　　）mm 缝隙。

A. 6～10　　B. 10～16　　C. 16～20　　D. 20～30

52. 下列做法不符合轻质隔墙安装轻钢龙骨要求的是（　　）。

A. 安装支撑龙骨时，应先将支撑卡安装在竖向龙骨的开口方向

B. 卡距宜为 400～600mm，距龙骨两端的距离宜为 20～25mm

C. 潮湿房间和钢板网抹灰墙，龙骨间距不宜大于 450mm

D. 安装贯通龙骨时，低于 3m 的隔墙安装一道，3～5m 以上的安装两道

53. 采用湿作业法施工时，石材应进行（　　）背涂处理。

A. 防裂　　B. 防潮　　C. 防碱　　D. 防酸

54. 在外墙饰面砖工程中，不符合《外墙饰面砖工程施工及验收规程》JGJ126—2000 规定的陶瓷砖是（　　）。

A. 在Ⅰ、Ⅵ、Ⅶ区，吸水率不应大于 3%

B. 在Ⅲ、Ⅳ、Ⅴ区，冰冻期一个月以上的地区吸水率不宜大于 6%

C. 在Ⅰ、Ⅵ、Ⅶ区，冻融循环应满足 50 次

D. 在Ⅱ区，冻融循环应满足 30 次

55. 在木质基层上进行涂料装饰时，其木质基层的含水率应不大于（　　）。

A. 12%　　B. 15%　　C. 18%　　D. 10%

56. 涂饰基层 pH 值应根据所用涂料产品的种类，在允许范围之内，一般要求小于（　　）。

A. 12　　B. 15　　C. 18　　D. 10

57. 裱糊前应用（　　）涂刷基层。

A. 素水泥浆　　B. 防水涂料

C. 封闭底胶　　D. 防火涂料

58. 下列做法不符合裱糊工程要求的是（　　）。

A. 新建筑物的混凝土或抹灰基层墙面上涂刷防水涂料

B. 混凝土或抹灰基层含水率不得大于 8%

C. 木材基层的含水率不得大于 12%

D. 裱糊前应用封闭底胶涂刷基层

59. 一般敞开式灯具，厂房灯头对地面距离不小于下列数值（采用安全电压时除外）（　　）。

A. 2m　　B. 2.5m　　C. 3m　　D. 3.5m

60. 给水管应铺在排水管上面，若给水管必须铺在排水管的下面时，给水管应加套管，其长度不得小于排水管管径的（　　）倍。

A. 1　　B. 2　　C. 3　　D. 4

61. 单位工程施工组织设计中，分部分项工程施工方案的主要内容不包括（　　）。

A. 确定施工顺序　　B. 确定施工方法

C. 布置运输机械　　D. 选择施工机械

62. 组织流水施工时，有时为了缩短工期，在工作面允许的条件下，如果前一工作队完成部分施工任务后，能够提前为后一个专业队提供工作面，使后者提前进入前一个施工段，两者在同一施工段上施工的时间称为（　　）。

A. 流水节拍　　B. 流水步距

C. 平行搭接时间　　D. 组织间歇时间

63. 采用异步距异节拍组织流水施工时，下列说法错误的是（　　）。

A. 同一施工过程在各施工段之间流水节拍相等

B. 各施工过程之间流水步距相等

C. 专业施工班组数等于施工过程数

D. 施工段有空闲

64. 双代号网络图中，关键线路是所有线路中（　　）。

A. 工作个数最多的　　B. 持续时间之和最大的

C. 节点编号之和最大的　　D. 工作个数最少的

65. 双代号网络图时间参数计算时，除了以终点为完成节点的工作外，最迟完成时间的计算方法是（　　）。

A. 沿线累加，逢圈取小　　B. 沿线累加，逢圈取大

C. 逆线累减，逢圈取小　　D. 逆线累减，逢圈取大

66. 对网络计划进行资源优化时，通过改变工作的（　　）达到优化目的。

A. 持续时间　　B. 开始时间　　C. 逻辑关系　　D. 施工方案

67. 某房屋建筑工程，在冬期施工之前，应尽可能完成土建和围护工程，以利于施工中的防寒和室内作业的开展，这说明确定施工顺序的基本原则（　　）。

A. 必须按先主体，后围护　　B. 必须按先结构，后装修

C. 必须按先土建，后设备　　D. 在特殊情况下可以改变

68. 单位工程施工平面布置图设计时，现场运输主干道（双车道）的宽度一般不小于（　　）米。

A. 3　　B. 3.5　　C. 6　　D. 7

69. 在安全目标体系中，最基本的指标是（　　）。

A. 项目安全控制总目标值　　B. 中层项目安全控制目标值

C. 施工队项目安全控制目标值　　D. 班级项目安全控制目标值

70. 某安全生产造成10人死亡，根据《生产安全事故报告和调查处理条例》，该事故属于（　　）。

A. 特别重大事故　　B. 重大事故

C. 较大事故　　D. 一般事故

71. 根据《生产安全事故报告和调查处理条例》，事故发生后，事故现场有关人员应当立即向（　　）报告。

A. 县级人民政府安全生产监督管理部门

B. 省级人民政府安全生产监督管理部门

C. 本单位负责人

D. 国务院

72. 基坑四周及栈桥临空面必须设置防护栏杆，栏杆高度不应低于（　　）m，并且不得擅自拆除．破坏防护栏杆。

A. 1　　B. 1.2　　C. 2.5　　D. 3

73.（　　）应当将危险性较大的分部分项工程列入监理规划和监理实施细则，应当针对工程特点、周边环境和施工工艺等，制定安全监理工作流程、方法和措施。

A. 建设单位　　B. 监理单位　　C. 施工单位　　D. 城建单位

74. 下列是工程参建单位进行图纸会审的意义表述，不正确的是（　　）。

A. 熟悉施工图纸　　B. 领会设计意图、掌握工程特点

C. 调整预算造价　　D. 将设计缺陷消灭在施工之前

75. 装饰工程中，一般先涂刷油漆再安装玻璃，主要目的是有利于（　　）。

A. 缩短工期　　B. 节约成本　　C. 加快进度　　D. 成品保护

76. 油漆粉刷按建筑工程质量验收层次划分属于（　　）。

A. 单位工程　　B. 分部工程　　C. 分项工程　　D. 检验批

77. 施工项目现场采用“目测法”进行质量检查，其手段不包括（　　）。

A. 看　　B. 听　　C. 摸　　D. 敲

78. 正常使用下，房屋建筑工程的最低保修期限为：装修工程为（　　）年。

A. 2　　B. 3　　C. 4　　D. 5

79. 业主根据监理工程师签字认可的付款证书向承包商付给应付的款项，这一程序称为（　　）。

A. 计量　　B. 支付　　C. 签证　　D. 索赔

80. 在施工项目完成后，按照施工成本目标责任制的有关规定，评定施工项目计划的完成情况和各责任者的业绩，并以此给以相应的奖励和处罚，这项工作是（　　）。

A. 成本预测　　B. 成本计划　　C. 成本核算　　D. 成本考核

二、多选题（每题 2 分，共 40 分）

1. 建设法规的调整对象，即发生在各种建设活动中的社会关系，包括（　　）。

A. 建设活动中的行政管理关系　　B. 建设活动中的经济协作关系

C. 建设活动中的财产人身关系　　D. 建设活动中的民事关系

E. 建设活动中的人身关系

2. 关于文字处理的说法正确的有（　　）。

A. 按下 capslock 键，录入大写英文字母

B. Ctrl＋空格键即可录入中文字符

C. 双击状态栏上的“插入”标记即可切换录入状态

D. 将光标置于要选定的文本前，按住右键拖动到选定文本的末尾选定文本

E. 选中要插入总和的单元格，单击“常用”工具栏上的“自动求和”按钮Σ即可完成自动求和

3. 下列关于通用水泥的特性及应用的基本规定中，表述正确的是（　　）。

A. 复合硅酸盐水泥适用于早期强度要求高的工程及冬期施工的工程

B. 矿渣硅酸盐水泥适用于大体积混凝土工程

C. 粉煤灰硅酸盐水泥适用于有抗渗要求的工程

D. 火山灰质硅酸盐水泥适用于抗裂性要求较高的构件

E. 硅酸盐水泥适用于严寒地区遭受反复冻融循环作用的混凝土工程

4. 砌筑砂浆的组成材料包括（　　）。

A. 油膏　　B. 水　　C. 胶凝材料

D. 细骨料　　E. 掺加料

5. 下列关于装饰工程中用得较多的铝合金板材的相关说法中，不正确的是（　　）。

A. 铝合金压型板广泛应用于现代建筑墙面装饰及楼梯、踏板等处

B. 铝合金花纹板及浅花纹板是现代广泛采用的一种新型建筑材料，适用于作工程的围护结构，也可作墙面和屋面

C. 铝合金穿孔平板主要用于具有消声要求的各类建筑

D. 铝合金波纹板主要用于墙面装饰，也可用作屋面

E. 铝合金龙骨被广泛用于各种民用建筑及吸声顶棚的吊顶构件

6. 气动射钉枪射钉的形状，有（　　）几种。

A. 直形　　B. U形　　C. T形

D. 工字形　　E. 十字形

7. 基础所具有的性能有（　　）。

A. 强度　　B. 整体性　　C. 耐久性

D. 变形性　　E. 抵抗地下各种不利因素的能力

8. 下列不属于墙面装饰的基本要求有（　　）。

A. 装饰效果好　　B. 适应建筑的使用功能要求

C. 防止墙面裂缝　　D. 经济可靠

E. 防水防潮

9. 混凝土结构的分类（　　）。

A. 钢骨混凝土结构　　B. 砌块混凝土结构

C. 钢筋混凝土结构　　D. 细石混凝土结构

E. 预应力混凝土结构

10. 工程量清单项目与基础定额项目工程量计算规则的主要调整有（　　）。

A. 计算依据不同　　B. 编制对象不同

C. 综合内容不同　　D. 计算口径的调整

E. 计算单位的调整

11. 内墙抹灰施工工艺流程及施工要点有（　　）。

A. 基层清理　　B. 找规矩、弹线

C. 做灰饼、冲筋　　D. 做阴角护角

E. 抹窗台线、踢脚线、窗台线

12. 下列有关安装门窗扇施工要点正确的是（　　）。

A. 按设计确定门窗扇的开启方向、五金配件型号和安装位置

B. 检查门窗框与扇的尺寸是否符合，框口边角是否方正，有无窜角

C. 第一次修刨后的门窗扇，使框与扇表面平整、缝隙尺寸符合后，在开合页槽

D. 经过第二次修刨后，以刚刚能塞入框口内为宜，塞入后用木楔临时固定

E. 安装对开扇时，应保证两扇宽度尺寸、对口缝的裁口深度一致

13. 石材地面铺设做法与地砖楼地面铺贴方法相同的是（　　）。

A. 基层处理　　B. 弹线找规矩

C. 做灰饼、冲筋　　D. 选板试饼

E. 铺板、打蜡

14. 木龙骨吊顶施工工艺中弹线包括（　　）。

A. 弹吊顶标高线　　B. 吊顶造型位置线

C. 压条定位线　　D. 吊挂点定位线

E. 大中型灯具吊点定位线

15. 外墙面砖铺贴方法与内墙釉面砖铺贴方法的区别有（　　）。

A. 基层处理　　B. 调整抹灰厚度　　C. 贴灰饼设标筋

D. 构造做法　　E. 勾缝

16. 属于建筑装饰装修工程施工的有哪些（　　）。

A. 墙面装饰　　B. 门窗工程　　C. 楼地面工程

D. 主体工程　　E. 基础工程

17. 施工进度计划根据施工项目划分的粗细程度划分不包括哪些（　　）。

A. 年进度计划　　B. 控制性施工进度计划

C. 季进度计划　　D. 指导性施工进度计划

E. 月进度计划

18. 施工安全保证措施包括：（　　）。

A. 安全意识　　B. 技术措施　　C. 组织保障

D. 应急预案　　E. 预测监控

19. 下列属于工程质量管理特点的是（　　）。

A. 工程项目的质量特性较多

B. 工程项目形体庞大，高投入，周期长，牵涉面广，具有风险性

C. 影响工程项目质量的因素多

D. 工程项目质量管理难度较大

E. 工程项目质量具有局限性

20. 施工成本控制需按（　　）进行有效控制。

A. 事先控制　　B. 事中控制　　C. 事后控制

D. 全面控制　　E. 全员控制

三、判断题（正确选 A，错误选 B。每题 0.5 分，共 20 分）

1. 由一个国家现行的各个部门法构成的有机联系的统一整体通常称为法律部门。（　　）

2. 甲建筑施工企业的企业资质为二级，近期内将完成一级的资质评定工作，为了能够承揽正在进行招标的建筑面积 20 万 m^2 的住宅小区建设工程，甲向有合作关系的一级建筑施工企业借用资质证书完成了该建设工程的投标，甲企业在工程中标后取得一级建筑施工企业资质，则甲企业对该工程的中标是有效的。（　　）

3.《中华人民共和国安全生产法》由中华人民共和国第九届全国人民代表大会常务委员会第二十八次会议于 2002 年 6 月 29 日通过，自 2002 年 11 月 1 日起施行。（　　）

4. 建设项目管理的对象是施工项目。（　　）

5. 能够通过自身的物理化学作用，由浆体变成坚硬的固体，并将散粒状材料、块状材料或片状材料胶结成为一个整体的材料，统称为胶凝材料。（　　）

6. 硅酸盐水泥适用于早期强度要求高的工程及冬期施工的工程；严寒地区遭受反复冻融作用的混凝土工程。（　　）

7. 砂浆流动性是指砂浆在自重或外力作用下产生流动的性能，其大小用“稠度”表示。（　　）

8. 天然大理石板材是高级饰面材料，因其抗风化性能较差，一般只用于室内饰面。（　　）

9. 木材的主要特性是力学性能好，声、热性能好，装饰性能好，可加工性能好以及耐腐蚀好。（　　）

10. 当钢中加入足够量的铬（Cr）元素时，这就成为不锈钢。（　　）

11. 总平面布置图常用比例为 1：200～1：100。（　　）

12. 坡道按用途不同可分成行车坡道和轮椅坡道。（　　）

13. 坡度的形成有两种方式，即构造找坡和材料找坡。（　　）

14. 有框式玻璃幕墙存在骨架与主体建筑为刚性连接，受建筑变形影响大的缺陷。（　　）

15. 一般内墙抹灰的厚度 15～20mm 是一次完成的。（　　）

16. 房间内设吊顶就是为了使顶棚平整、美观。（　　）

17. 自动安平水准仪需要使水准仪达到精平状态。（　　）

18. 水准仪使用分为：仪器的安置、粗略整平、瞄准目标、精平、读数等几个步骤。（　　）

19. 水平位移观测的方法包括角度前方交会法和白钢板标志法。（　　）

20. 建筑物的定位是基础放线和细部放线的依据。（　　）

21. 抹灰工程按使用材料和装饰效果不同，可分为一般抹灰、装饰抹灰和特种抹灰三类。（　　）

22. 门窗固定中除混凝土外，均可使用射钉固定门窗框。（　　）

23. 涂刷要求上道涂层干燥后，在进行下道涂层，间隔时间依涂料性能而定（　　）

24. 现浇水磨石地面的找平层要表面平整、密实，并保持光滑。（　　）

25. 闭缝式板缝处理要求吊顶面板平整、板缝顺直。（　　）

26. 饰面砖包括内墙釉面砖、外墙面砖、陶瓷锦砖和玻璃马赛克等。（　　）

27. 隐框玻璃幕墙玻璃板块注胶前应用浸泡在溶剂里并吸足溶剂的擦布把粘结面擦洗干净。（　　）